楼宇自动化技术与应用理实一体化教程

主　编　高安邦　佟　星
副主编　郜普艳　谢越发　谢礼德
参　编　褚雪莲　韩维民　黄志欣
石　磊　张晓辉　董泽斯　审

机 械 工 业 出 版 社

本书基于智能楼宇教学实践装置，坚持以能力为本位，重视职业技能的培养，从凸现工学结合、学用一致、理实并重、“教、学、做”一体化的现代教学特色、注重对职业院校学生进行高素质和高技能培养的实用角度出发，将课程教学目标分解为15个学习情景，即楼宇自动化系统的总体认知；LON现场总线楼宇综合控制系统；THBAZM-1型楼宇照明系统；THBCCB-2型远程抄表系统；THBAHY-3型变频恒压供水系统；THBAGD-1型楼宇供配电系统；THPTC-1型停车场管理系统；THPDM-1型对讲及门禁控制系统；THPFB-1型防盗报警系统；THPXB-1型消防报警联动系统；THPJK-1型智能家居控制系统；THPWX-1型卫星有线电视系统；THPBZ-1型闭路电视监控及周边防范系统；中央空调系统；THPZB-1综合布线系统。每一个学习情景又科学构建了“学习目标、工作任务、任务分析、解决方案、请您做一做及思考与练习”等多个环节，使学生完成“资讯、计划、决策、实施、检查、评价”等一个完整的工作过程，经过理实一体化教学、师生互动，最终完成本课程教学目标。

本书可作为职业院校相关专业的教材及参考书，也适宜科研和工矿企事业单位的工程技术人员在应用中参考，更是一部理想和实用的自学专业教材。

图书在版编目（CIP）数据

楼宇自动化技术与应用理实一体化教程/高安邦，佟星主编．—北京：机械工业出版社，2013.5
ISBN 978-7-111-42221-1

Ⅰ.①楼…　Ⅱ.①高…②佟…　Ⅲ.①智能化建筑-自动化系统-高等职业教育-教材　Ⅳ.①TU855

中国版本图书馆CIP数据核字（2013）第079488号

机械工业出版社（北京市百万庄大街22号　邮政编码100037）
策划编辑：黄丽梅　责任编辑：黄丽梅
版式设计：霍永明　责任校对：张莉娟　任秀丽
责任印制：张　楠
北京京丰印刷厂印刷
2013年6月第1版·第1次印刷
169mm×239mm·32印张·714千字
0 001—4 000册
标准书号：ISBN 978-7-111-42221-1
定价：69.00元

凡购本书，如有缺页、倒页、脱页，由本社发行部调换

电话服务	网络服务
社服务中心：(010)88361066	教材网：http：//www.cmpedu.com
销售一部：(010)68326294	机工官网：http：//www.cmpbook.com
销售二部：(010)88379649	机工官博：http：//weibo.com/cmp1952
读者购书热线：(010)88379203	**封面无防伪标均为盗版**

序

职业学校作为培养技能人才的主阵地，始终坚持为社会经济服务、为企业服务、为促进就业服务的办学宗旨，多年来，为我国经济建设和生产服务一线培养了数千万技艺精湛、素质优良的技能劳动者。实践证明，职业教育是产业转型升级的助推器，是人力资源优化配置的转化器。随着经济社会的发展，特别是知识经济时代的到来，现代企业大量引进了新的管理方式、新的组织流程和新的生产方式，这一变化趋势要求员工不仅具备工作岗位上的功能性能力，还要具备分析解决问题和自我管理能力；要对新的、不可预见的情况作出独立判断和灵活反应；要有专业交流、综合技能、以顾客为导向和团队合作等过程性能力。面对当今世界对技能人才的综合素质和技能水平提出的新要求，职业教育势必要对技能人才的培养进行反思和创新。高技能人才的奇缺已成为制约我国工业经济快速发展的瓶颈，中国社会经济的发展和产业转型升级呼唤着高素质技能人才辈出。

在这职教大变革和大发展的年代，我校抓住机遇，成功整合了三亚地区职业教育资源，将省人力资源和社会保障厅管辖的海南三亚技工学校和三亚市管辖的海南省海洋学校及三亚市职业中专学校合并，创建了海南省三亚高级技工学校/海南三亚中等职业技术学校。从 2007 年开始，学校边建设边招生，仅用不到三年的时间就把学校从在校生不足 500 人发展到近万人规模，建筑面积从不到 3000 平方米到 17 万平方米，占地从不足 20 亩到近 400 亩，固定资产从不到 700 万元到 7 个亿元，学校实现了跨越式的发展。目前学校已被确定为国家级重点高级技工学校、国家高技能人才培养示范基地、首批国家中等职业教育改革发展示范学校，并又开始了新一轮发展：着手进行学校升格——积极申报筹建三亚技师学院和三亚职业技术学院，倾力打造职教航母。

为了使职业教育的办学更有特色，毕业生更有专长，需要建立“校企双制、工学一体、以就业为导向”的新型人才培养模式，构建一套符合现代企业用人需求和关注学生生涯发展的一体化课程体系。而教材则是学校向学生传授知识和技能的主要工具之一，也是人们接受终身教育和职场发展的学习工具。编写一套既能适应时代要求，又能有效地提高人才培养效果的好教材，就等于为推进技能人才提供了成才就业的金钥匙。为了达到这样的目标，教育部提出了“以就业为导向，要从教材异样化开始”的改革思路，打破传统教育使用教材的统一性，根据各职业院校专业和生源的差异性，因材施教。为此，着重编写实用、适用职业教育不同类型的教材，同时根据各院校所在地经济条件的不同和学生兴趣的差异，编写出形式活泼、授课方式灵活、满足社会需求的教材是当务之急。

为了更有效地推进我国的职业教育，完成“投巨资创建万人学校，集众智打造职教航母”的战略部署和雄伟目标，我校在重拳出击，狠抓师资培养内涵建设的同时，还大胆决策引进了一批高层次的专家教授，形成本校优质办学和创示范性职教院校的整体合力。2012 年 3 月 6 日，我校携手三亚老教授协会，签约成立“学校教授顾问委员会”，为我市职业教育发展添砖加瓦，高安邦教授就是我校聘请的特聘教授（教授顾问委员会委员之一）。

高安邦教授不失众望，他从 2012 年 2 月 8 日受聘开始就以主人翁的态度，积极参加了我校的改革建设和创新发展，竭尽全力作出了自己力所能及的贡献。

为了更好地满足我国多层次各高校“智能化楼宇技术”教学的需要，“天煌教仪”与美国埃施朗和国内相关厂家进行合作，成功推出了一系列基于 LON 总线的智能楼宇教学实践装置。利用我校所购买的这些成套设备，我校开展理实一体化教学和专业技能培训，获得了省市和国家级职业技能大赛多项大奖，已成为我校职业教育的一大亮点。本书的编写正是基于我校所拥有的这些优秀资源，由多年来一直从事该技术领域教学研究和科研开发实践的专家教授所主持完成。

我们祝贺这部新书的出版。相信它对提高我国楼宇自动化技术人员的应用能力和水平、提升我校的学术水平和地位、完成我校当前的中心任务都将会起到积极的推动和促进作用，它将为我校新一轮的改革建设和创新发展添砖加瓦，并写下浓墨重彩的一笔。

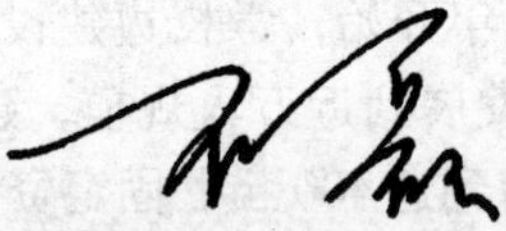

国家级重点技工学校/国家中等职业技术学校教育改革发展示范建设学校/
国家高技能人才培养示范基地/海南省三亚高级技工学校/
中国技工院校杰出校长/高级讲师/硕士

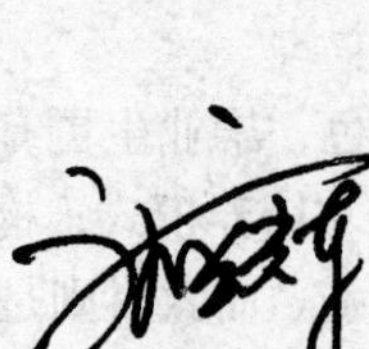

海南省三亚高级技工学校副校长/电气高级讲师/高级技师/高级考评员

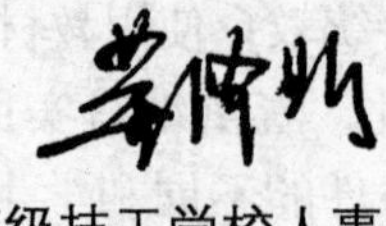

海南省三亚高级技工学校人事处长/高级讲师

前　言

职业教育是“为企业培养用得上的人才为目标、以就业为导向”的一种全新的教育类型。对建筑智能化工程的实践和考查表明，要实现学生零距离就业，就必须以典型建筑智能化工程的技术领域为基准，以建设部制定的相应岗位群职业标准为依据，编写工学结合的具有职教特色的教材。

智能建筑是一种融现代建筑技术、计算机技术、自动控制技术与信息通信网络技术等高新技术于一体的新型建筑，它的飞速发展为建筑行业带来了强大的发展空间和技术革命。另外，城市化建设为建筑行业营造了广阔的发展空间，急需大批懂设计、会施工、能管理的应用型人才。我国加入 WTO 后，国内建筑业市场将融入国际大市场，这更需要我们迅速提高竞争力，提高竞争力的关键在于高素质的技术与管理人才。教育部已将楼宇智能化专业列为紧缺人才培养计划，面对智能建筑的迅速崛起和它所包含的多种学科、多种技术的交叉综合，处于工程建设第一线的设计、施工、管理、运行维修人员迫切需要熟悉和掌握相应的高新技术知识。本书正是为满足这些需求而编写。

本书编写的指导原则是：

1. 以“天煌教仪”与美国埃施朗和国内相关厂家进行合作，成功推出的一系列基于 LON 总线的智能楼宇教学实践装置为平台，以行业职业标准为依据，突出课程的职业定向性；以职业能力作为课程内容配置的基础，贴近实际工程过程，努力体现职教改革的取向，以及与职业活动的对接，力求与行业的职业规范及职业技能鉴定标准的对接，以实现职业教育“双证制度”的紧密结合；使学生获得的实用知识和技能真正满足职业岗位的需求。

2. 注重知识与技能的融合，综合开发学生的职业能力。理论知识以应用为目的，以必需、实用为度，以掌握概念、强化应用为重点；实践技能强调针对性和实用性，使理论知识真正为职业技能服务，强化学生创新能力的培养，提高学生就业上岗和职业变化的适应能力，使教材成为培养职业人才的工具。

3. 在结构和内容上强化了“做中学”的指导思想，针对课程的性质和定位，以情景、任务为载体，设计相关的“实践项目”与“实践活动”，体现以技能操作训练实践为主线，相关知识为支撑的编写思路，较好地处理了理实一体化的关系，有利于帮助学生掌握知识，形成技能，提高素质。

4. 按照现代教学理论和学生的认知规律，合理地编排教材内容。尽量采用图文并茂的编写形式，增加直观性，降低学习难度，提高学生的学习兴趣。

5. 编写的内容既突出针对性与实用性，又考虑具有通用性和先进性，较多地编入新技术、新设备、新材料、新工艺的内容，以期缩短学校教育与企业需要的距离，更好地满足企业用人的需求。

6. 按照教育部高职人才培养目标的要求，结合楼宇智能化技术的工作任务，将本学习领域分为 15 个学习情境，即学习情景 1：楼宇自动化系统的总体认知；学习情景 2：LON 现场总线楼宇综合控制系统；学习情景 3：THBAZM-1 型楼宇照明系统；学习情景 4：THBCCB-2 型远程抄表系统；学习情景 5：THBAHY-3 型变频恒压供水系统；学习情景 6：THBAGD-1 型楼宇供配电系统；学习情景 7：THPTC-1 型停车场管理系统；学习情景 8：THPDM-1 型对讲及门禁控制系统；学习情景 9：THPFB-1 型防盗报警系统；学习情景 10：THPXB-1 型消防报警联动系统；学习情景 11：THPJK-1 型智能家居控制系统；学习情景 12：THPWX-1 型卫星有线电视系统；学习情景 13：THPBZ-1 型闭路电视监控及周边防范系统；学习情景 14：中央空调系统；学习情景 15：THPZB-1 综合布线系统。每一个学习情景又科学构建了“学习目标、工作任务、任务分析、解决方案、请您做一做及思考与练习”等多个环节，使学生完成“资讯、计划、决策、实施、检查、评价”等一个完整的工作过程，经过理实一体化教学、师生互动，最终完成本课程教学目标。

7. 本书紧贴国家职业学校课程改革的新思路，结合初/中级维修技工国家标准，贯穿“以学生为主体，以能力为本位，以应用为目的，以就业为导向”的职教理念，由荣获了 2012 年第十一届国家高技能人才培育突出贡献奖的国家重点职业教育改革发展示范学校——海南省三亚高级技工学校负责编写，充分体现了职业教育示范学校建设中，课程体系改革与教材建设的新理念和新成果。

本书的编写是我校创建国家级重点技术学校、国家中等职业教育改革发展示范建设学校、国家高技能人才培养示范基地的标志性成果之一，也是我校“十二五”发展规划所确定的“倾力打造职业教育航母，着手申办三亚技师学院和三亚职业技术学院，大力开展理实一体化教学，创建精品课程和样板教材”之急需。本书的编写既是编者多年来从事教学研究和科研开发实践经验的概括和总结，又博采了目前各教材和著作之精华，参加本书编写工作的有高安邦教授（策划、选题、立项、制定编写大纲和前言和情景 2 等）、电工电子教学部佟星讲师/高级技师/高级楼宇师（情景 1 和情景 3）、部普艳讲师（情景 4 和情景 10）、谢越发讲师（情景 5 和情景 11）、谢礼德讲师（情景 6 和情景 12）、电工电子教学部主任褚雪莲高级讲师（情景 7 和情景 13）、副主任韩维民高级讲师（情景 8 和情景 14）、黄志欣讲师（情景 9 和情景 15）。全书由海南省三亚高级技工学校特聘教授、哈尔滨理工大学教授、硕士生导师高安邦主持编写和负责统稿，聘请了曾荣获全国职教突出贡献奖及中国技工院校杰出校长称号的海南省三亚高级技工学校校长石磊高级讲师、荣获了 2012 年第十一届国家高技能人才培育突出贡献奖的副校长张晓辉高级讲师/高级技师/高级考评员、人事处长董泽斯高级讲师进行审稿，他们对本书的编写提供了大力支持和提出了宝贵的编写意见，在此表示最衷心的感谢！淮安信息职业技术学院的青年讲师杨帅、薛岚、陈银燕、关士岩、陈玉华、毕洁廷、赵冉冉、刘晓艳、王玲、姚薇和学生邱少华、王宇航、马鑫、邱一启、张纺、武婷婷、司雪美、朱颖、陆智华、余彬等也为本书做了大量的辅助性工作，在此表示衷心的感谢！本书的编写得到了海南省三亚高级技工学校、淮安信息职业技术学院、天煌教仪的大力支持，在此也表示最真诚的感激之意！任何一本新书的出版都是在认真总结和引用前人知识和智慧的基础上创新发展起来的，本书的编写无疑也参考和引用了许多前人优秀教材与研究成果的结晶和精华。在此向本书所参考和引用的资料、文献、教材和专著的编著者表示最诚挚的敬意和感谢！

本书不仅可用作职业教育类院校的实用教材，同时也可作为从事智能建筑施工、管理、运行维修等行业的人员继续教育的参考书。

鉴于编者的水平和经验有限，书中错误、疏漏和不足之处，恳请读者和专家不吝批评指正，以便今后更好地完善、充实和提高。

编　者

目　录

学习情景1　楼宇自动化系统的总体认知

【学习目标】

知识目标

- 了解楼宇自动化系统的总体结构组成
- 熟悉楼宇自动化系统的相关技术
- 了解楼宇自动化系统的集成关键

技能目标

- 能描述自动化系统的总体结构组成
- 掌握计算机控制系统的组成及作用
- 懂得智能化系统的常用关键技术
- 掌握几种常用电量及非电量的测量方法
- 明白楼宇智能化系统的集成关键

情景条件

- 楼宇智能化系统的相关教学模型

1.1　工作任务

楼宇自动化系统作为一种智能建筑，是建筑工程与艺术、自动化技术、现代通信技术和计算机网络技术相结合的复杂系统工程学科，是现代高新技术与建筑艺术相结合的产物，是一门多学科交叉且具有高科技含量的新领域技术。

智能化建筑的发展日新月异，智能化住宅更是人们生活质量提高的重要标志，人们对智能化住宅的需求促进了智能化建筑的发展，目前，世界各地的智能化工程技术正逐步走向创新阶段。楼宇自动化的主要功能是对建筑物内部的能源使用、环境、交通以及供电进行统一监控与管理，以便提供一个既安全可靠、节约能源，又舒适宜人的工作和居住环境，主要包括对中央空调、给排水、变配电、照明、电梯等系统的监控，这些系统一般运用在商场、宾馆、体育馆、智能小区及现代化家居等大型的公共场所里。

随着智能建筑的发展，智能化领域的规范和标准也相继问世，在设计、施工、验收等环节一定都要认真执行。

本工作任务就是对这种新兴的楼宇自动化系统进行整体上的初步认知。

1.2 任务分析

图1-1所示为某楼宇智能化系统的组成，它由网络通信、网关、设备通信、系统管理、人机交互等模块以及数据采集终端和网络设备构成，该系统运用了计算机技术、自动控制技术、网络技术等，在解决楼宇智能化系统集成方面有创新性。系统对智能建筑各子系统进行了系统集成，实现了集中控制、统一管理、资源共享、协调运行，节约了能源和人力资源，降低了运营维护成本。通过多个楼宇的应用，系统稳定性好，具有开放性、实施性、适用性和易用性等特点。系统人机界面友好，操作简单，响应时间快，能够适应现代楼宇智能化管理的需求，具有广阔的市场前景和推广价值。

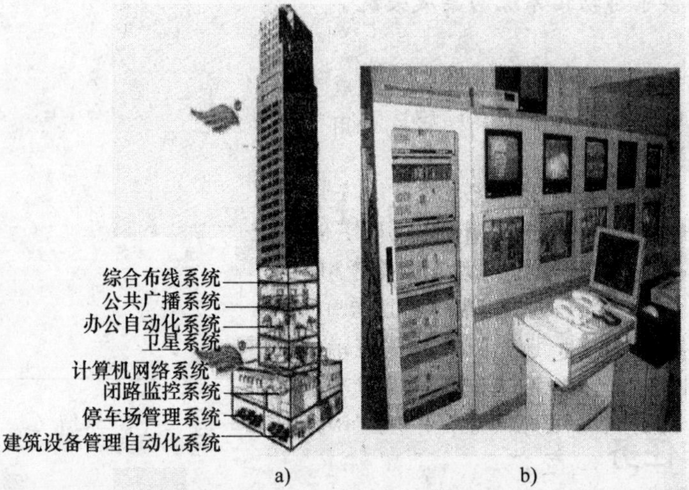

图1-1 楼宇智能化系统的组成

a）系统的集成示意 b）智能化中控室

1.3 知识平台

1.3.1 集散型楼宇自动化系统的体系结构

集散型楼宇自动化系统的体系结构如图1-2所示，其特点是按功能层次化。

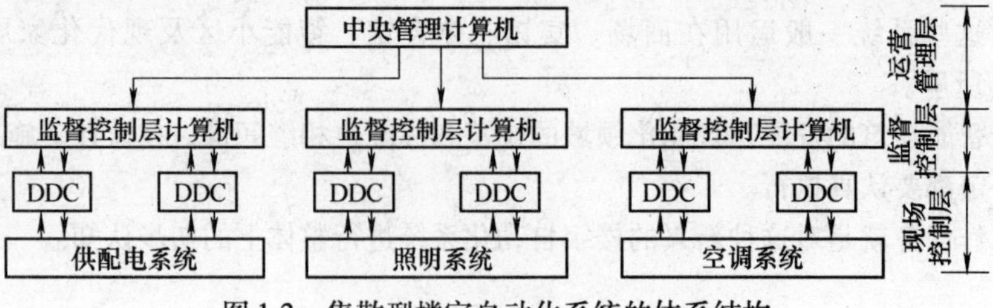

图1-2 集散型楼宇自动化系统的体系结构

1. 现场控制层

现场控制层计算机直接与位于现场的传感器、变送器和执行机构相连，实现对现场各设备的实时监视控制，并且通过通信网络实现与上层计算机之间的信息交换。在现场控制层中实现的是对单个设备的自动控制，即单机自动化，其功能实现是由安装在被控设备附近的现场控制器完成。

现场控制器采用直接数字控制技术，故又称直接数字控制器（DDC），也可称为下位机。现场控制器安装在控制现场，可接收上一层的操作站或监控站（也称上位机）传送来的命令，并将本地的状态和数据传送到上位机，在上位机不干预的情况下，现场控制器可单独对设备执行控制功能，根据设定的参数进行各种算法的运算，控制输出。现场控制器具有可靠性高、控制能力强、可编写程序等特点，它既能独立监控相关设备，又可联入工控网接受统一控制和管理。根据现场控制器规模的大小，每台现场控制器可控制的DO、DI、AO、AI点数一般在几十点到一百点左右。

现场控制层末端装置包括传感器、执行机构。传感器能够将各种不同的被测物理量，如温度、压力、流量、电压或电流等，转换为能被现场控制器接收的模拟量或开关量。执行机构能够对被控设备进行控制。

2. 监督控制层

监督控制层计算机是现场控制层计算机的上位机，它可分为监控站和操作站。监控站直接与现场控制器通信，监视其工作情况并将来自现场控制器的系统状态数据传递给操作站和运营管理层计算机。操作站则为管理人员提供操作界面，并将操作请求传递给监控站，再由监控站实现具体操作。监控站的输出并不直接控制执行器，而只是给出现场控制层计算机的给定值。

监督控制层计算机除了要求功能完善的软件之外，更重要的是要求硬件必须可靠。现场控制器只关系到单个设备的工作，而监督控制层计算机的可靠性则关系到整个系统的运行质量。监督控制层计算机一般选用冗余方式配置的工业控制计算机，一旦主控制计算机出现故障，备用机则自动投入，保障系统继续运行。

通信一般采用多级网络结构，现场控制器完成现场设备的直接数字控制。现场控制器与监督控制层计算机通信构成第一级网，监督控制层计算机之间构成第二级网，上述局域网联入更高速广域网构成第三级网。

3. 运营管理层

运营管理层计算机位于整个系统的最顶端，具有很强大的处理能力。它协调管理各子系统，实现全局优化控制和管理，进而达到综合自动化的目的。

1.3.2 智能建筑的含义

集散型楼宇自动化系统是一种智能建筑，是指利用系统集成方法，将计算机技术、通信技术、信息技术与建筑艺术有机结合，通过对设备的自动监控，对信息资源的管理和对使用者的信息服务及其与建筑的优化组合，所获得的投资合理、适合信息社会需要并且具有安全、高效、舒适、便利和灵活特点的建筑物。其形象描述为钢筋混凝土结构是建筑物的躯体，装饰装潢是建筑物的衣服，智能控制中心是建筑物的大脑，各种智能探测器是建筑物的感觉器官，通信网络是建筑物的神经系统。

1. 智能建筑的特征

（1）复杂性特征 从系统论的角度来看，可以把它看做是一个复杂系统，因为它具备了复杂系统几乎所有的特征。

（2）开放性特征 系统集成的关键问题是解决不同子系统、不同产品间接口和协议的标准化，以使它们之间能达到“互联性”和“互操作性”。它应提供数据接口、网络接口、系统和应用软件接口。开放性的特征是：集成接口遵循开放、通用的国际标准，集成接口互换性好。

（3）技术先进性特征

1）无线通信技术的充分应用。

2）数字化视频传输技术的推广使用。

3）控制系统的全数字化技术。

（4）集成化特征 集成是指把各个自成体系的硬件和软件加以集中，并重新组合到统一的系统之中。智能建筑通常由五个独立的自动化子系统组成：

1）建筑设备管理自动化系统（BAS）。

2）安全防卫自动化系统（SAS）。

3）通信自动化系统（CAS）。

4）防止火灾自动化系统（FAS）。

5）办公自动化系统（OAS）。

通过系统集成中心（SIC）把这些子系统组合在一起，以满足用户的需求。

2. 建筑智能化的内容

智能建筑是由建筑的结构、系统、服务和管理四个基本要素以及它们之间的内在关联进行最优化组合（系统集成），提供一个投资合理而且高效、舒适、方便的建筑环境空间，是在现代建筑内综合利用目前国际上最先进的计算机技术、控制技术、通信技术、图形（图像）显示技术，建立一个由计算机统一管理的集成化系统平台。

智能化建筑结构与内容如图 1-3 所示。

（1）建筑设备管理自动化系统

1）机电设备监控系统。该子系统十分重要，占据全部智能化子系统的三分之一以上，还要与水、电、暖等设备专业密切配合。其主要的机电设备有冷暖空调机组、热源锅炉（热水器）、油系统、通风设备、变配电设备、给排水设备、照明设备（包括公共照明、室外照明、泛光照明等）、电梯、自动扶梯等，机电设备监控系统的组成案例如图 1-4 所示。

①供配电监测。供配电监测分高压侧检测和低压侧检测。高压侧检测主要包括高压进线主开关的分合状态及故障状态，高压进线三相电流检测，高压进线 UV、VW、WU 线电压检测，频率检测，功率因数检测，电量检测，变压器温度检测，以上参数送入供配电系统监测节点中，由系统自动监视及记录，为电力管理人员提供高压运行的数据，

便于管理及分析；监视主开关的状态，发生故障及时报警；监视楼宇的用电情况和负荷的变化情况，便于管理人员分析。

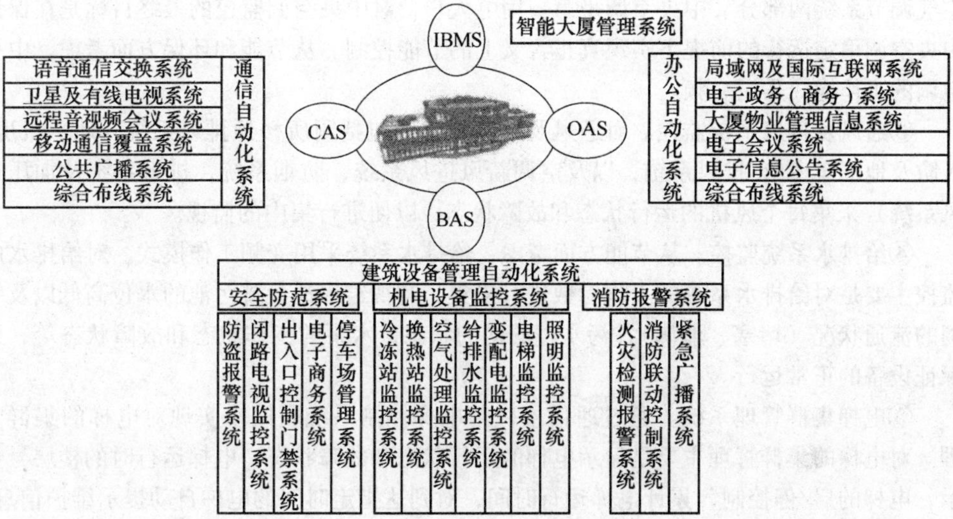

图 1-3　智能化建筑结构与内容

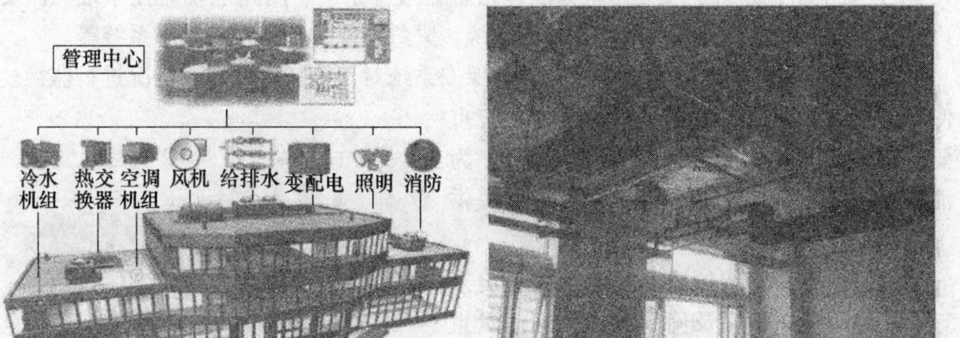

a)　　b)

图 1-4　机电设备监控系统的组成案例

a）机电设备监控系统　b）通风与空调系统

低压侧检测主要为变压器二次侧主开关的分合状态及故障状态，变压器二次侧 UV、VW、WU 线电压，母线开关的分合状态及故障状态，母线的三相电流，各低压配电开关的分合状态及故障状态，各低压配电出线三相电压、电流、电量、谐波电压、浪涌电流、功率参数等。

②中央空调监控。对中央空调的监控，可分成中央空调的水循环系统和中央空调的空气调节系统两部分。中央空调是第一用电大户，对中央空调监控的最终目标是在保证中央空调稳定运行的前提下实现真正含义上的节能控制。从节能和环保方面考虑，中央空调的工作模式采用变频。

③通风及排烟系统监控。对通风及排烟系统（包括厕所楼顶排风系统，地下机房、人防及地下车库给/排风系统，以及空调新风进风系统，防烟系统，排烟系统及加压送风系统）采集每个风机的运行状态和故障状态，以便进行集中的监视。

④给排水系统监控。从节能方面考虑，给排水系统采用变频工作模式。对给排水的监控主要是对给排水系统的工作参数进行采集，监视给水池、排污池的水位高低以及管网的流通状况（堵塞、泄漏），污水过滤网的状态，水泵的工作状态和故障状态等，以保证设备的正常运行。

⑤电梯集群管理系统。通过通信接口与电梯控制系统联网来实现对电梯的集群管理。对电梯的集群管理主要是显示电梯的运行状态和故障状态，电梯运行时的楼层号显示，电梯的启/停控制，累计电梯运行时间，对到达指定时间的电梯自动提示维护信息，在发生火警时要求电梯与消防联动停在首层（消防梯除外）。

⑥照明系统的监控。照明用电设备是仅次于中央空调的第二用电大户，在保证照明稳定可靠的前提下，对照明系统的集中监控还要考虑它的节能性。

2）安全防范系统。安全防范系统包括防盗报警系统、闭路电视监控系统、保安周边防范与巡更系统、出入口控制及门禁系统、紧急报警系统和模拟显示系统等。

闭路电视监控系统的主要功能是辅助保安系统对于楼宇内的现场实况进行监视。它使管理人员在控制室中能观察到楼内所有重要地点的情况（保安人员视觉的延伸），为消防、楼内各种设备的运行和人员活动提供了监视手段，如图1-5所示。

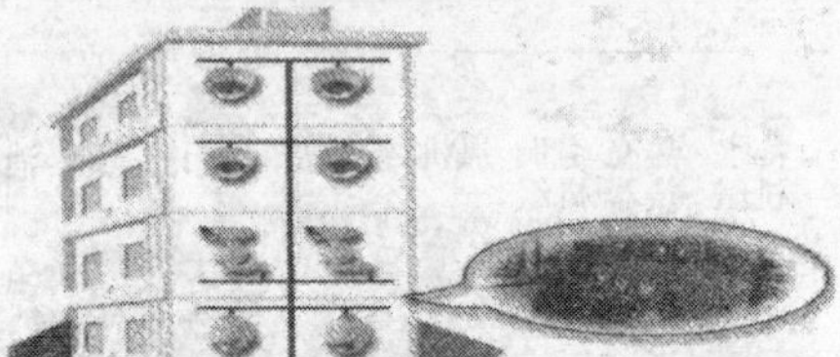

图1-5　闭路电视监控系统

①摄像机的安装位置。在建筑的各出入口、主要通道、车库及停车场出入口、贵重设备机房等重要场所，选择适用于监控不同区域的摄像机和镜头。

②监视及控制。将监测区的情况以图像方式实时传送到管理中心，值班人员通过对中心控制设备的操作（或程控），从电视墙可以时时刻刻地了解这些重要场所的实时情况。

③图像记录。对一些重要场所采用数字压缩技术进行实时图像记录，一般场所采用非实时记录，以便发生意外事件后为公安部门侦察破案提供依据，为防盗报警系统提供图像复核手段（报警联动将自动显示报警区域的实时场面）。

3）消防报警及消防联动。消防报警及消防联动由火灾自动报警系统和消防联动系统组成，实现火灾报警、人员疏散、防排烟控制、消防灭火等。火灾自动报警系统如图1-6所示。

4）停车场管理系统。大型公共建筑、设置地下停车场的建筑工程需要设置该系统。在汽车通道出入口设置管理室，安装系统主机，如图1-7所示。

5）IC卡管理系统。该系统包括IC卡管理系统、IC卡登记结算系统、宾馆IC卡门锁系统和IC卡门禁管理系统等，其作用是提供一个优良的工作环境。

图1-6　火灾自动报警系统

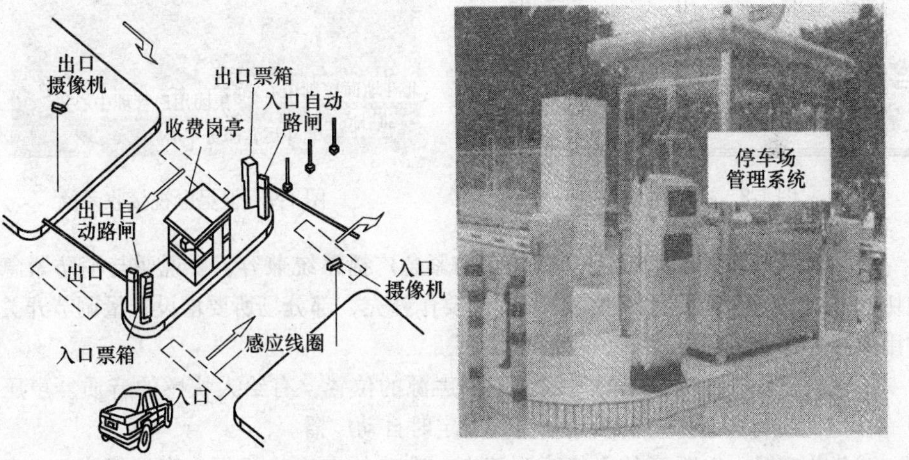

图1-7　停车场管理系统

a）设备布置示意图　b）应用图

（2）通信自动化系统　该系统由有线电视系统、数字式程控电话交换机或接入网系统、光缆传输系统、卫星信息通信系统、电视会议系统、可视图文与传真系统、多媒体系统与无线寻呼等组成，其作用是实现建筑物内外或国内外的信息互通、资料查询和资源共享。

其通信网络系统的主要内容包括语音信息点设置原则，各楼层不同功能用房的信息点设置一览表（可与计算机信息点同表），机房设置，机房设备选择，虚拟交换机，程控交换机等。如果不与计算机网络系统同走综合布线系统，则垂直管线采用通信电缆，水平布线采用四芯通信线，每楼层设置电话分线箱。管线敷设方式为垂直管线走弱线竖井，水平管线走吊顶。部分工程还有无线通信系统等。

1）卫星电视接收及省线电视系统。该系统一般采用860MHz双向邻频传输系统。

对于住宅，一般采用集中式分配分支器系统，原串接分支方式基本不用。有线电视系统应用平面图如图1-8所示，卫星电视接收系统应用如图1-9所示。

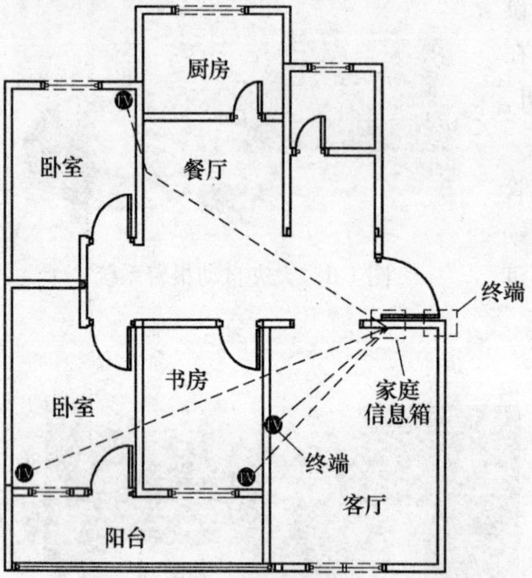

图1-8　有线电视系统

图1-9　卫星电视接收系统

2）公共广播系统。该系统一般与消防紧急广播系统兼容，要说明与消防紧急系统的切换方式，扬声器设置如不完全相同则要作补充，部分场所要增设音量调节开关，其应用如图1-10所示。

①背景音乐。让听音乐的人意识不到声源的位置，有给人快感的音质。声压级为70～85dB，频响宽100～12000Hz。可设置定时自动广播。

②公共广播。以听音的人能听到清晰、准确的声音为目标。声压级为80～90dB，频响宽100～6000Hz。

③紧急事故广播。让听音的人在任何地方都能听到清晰、准确的声音。声压级为88～94dB，频响宽100～6000Hz。具有紧急广播强切功能，并可按消防的有关规范设置紧急广播模式（如N1）。

广播区域内声压级均匀，变化范围为8dB。

3）会议系统。一般办公楼具有各种规模、各种用途的会议室和报告厅时均需设置会议系统，如图1-11所示。由于建设单位要求档次不同，投资不同，选用会议系统内容也不同。主要有会议扩声、投影、摄像系统，会议视频系统，还有会议表决系统、发言系统及多语种同声传译系统等。

电子会议系统的特点为：

①高度集成化。

②各种信息集于一屏。

③多种语言同声传译音质清晰，声音与图像同步匹配。

④音频扩声以自然为本。

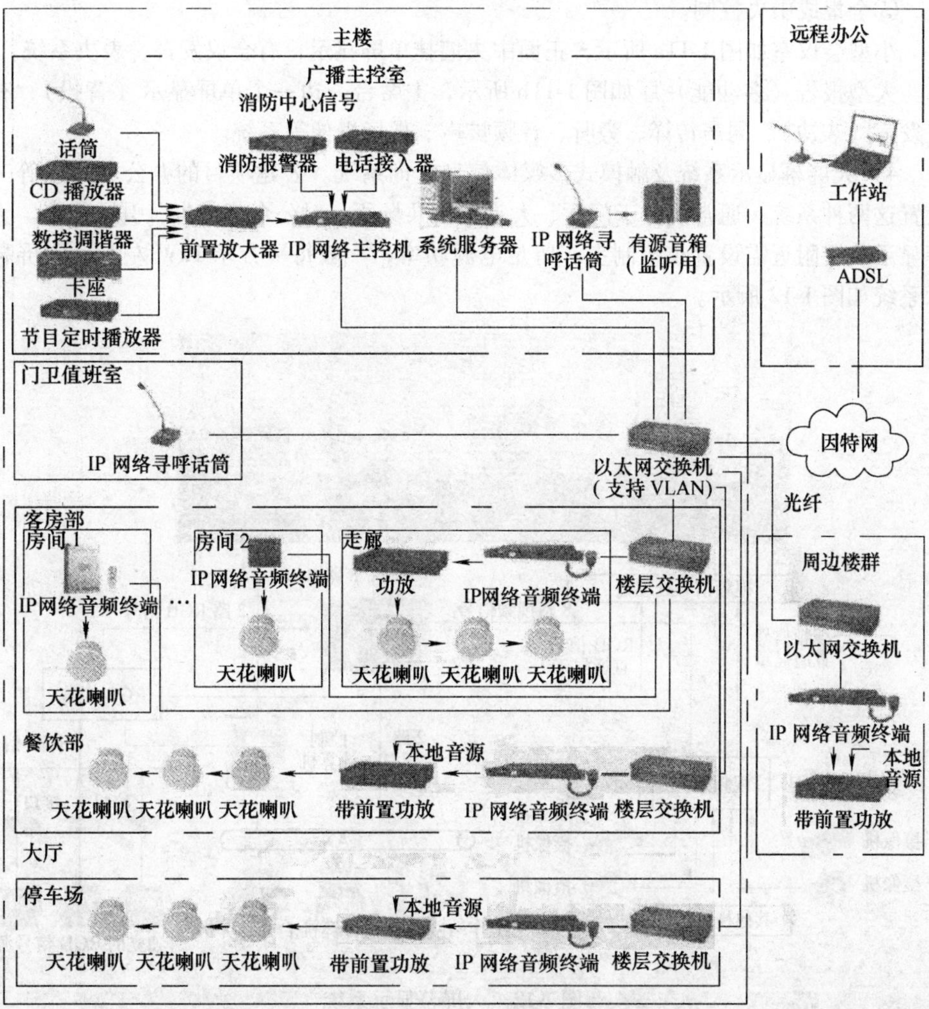

图 1-10　公共广播系统

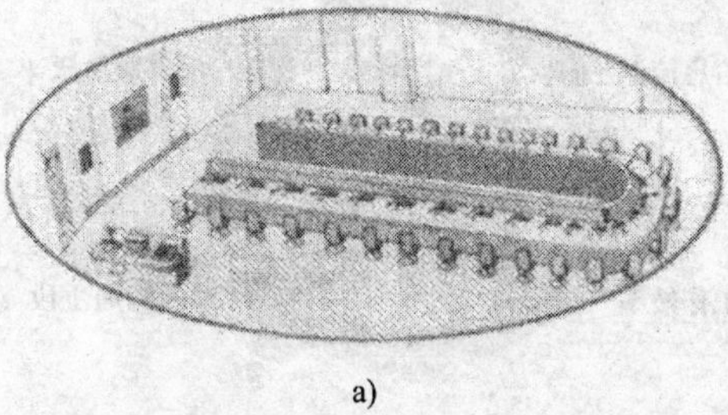

a)

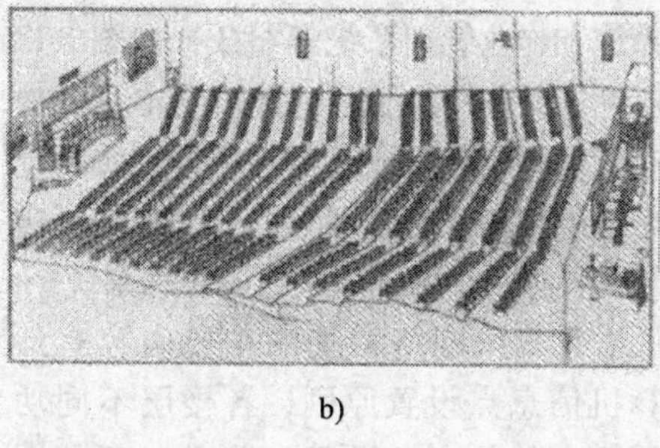

b)

图 1-11　会议系统

a）小型会议系统　b）大型会议系统

⑤全集成中央控制。

小型会议室如图 1-11a 所示，正面中央墙挂单屏显示，有会议发言、表决系统。

大型报告（多功能）厅如图 1-11b 所示，主席台一边一个单屏显示（背投），有会议发言（表决）、同声传译、旁听、音频扩声、现场摄像等系统。

4）大屏幕显示系统及触摸式多媒体信息查询系统。公建项目的办公、商场等一般设置这两种系统，通常设置于门厅、大堂等公共场所，对公众起广告、引导功能。大屏幕显示装置附近需设置小控制室，留足电源功率，一般每平方米 1kW 左右，大屏幕显示系统如图 1-12 所示。

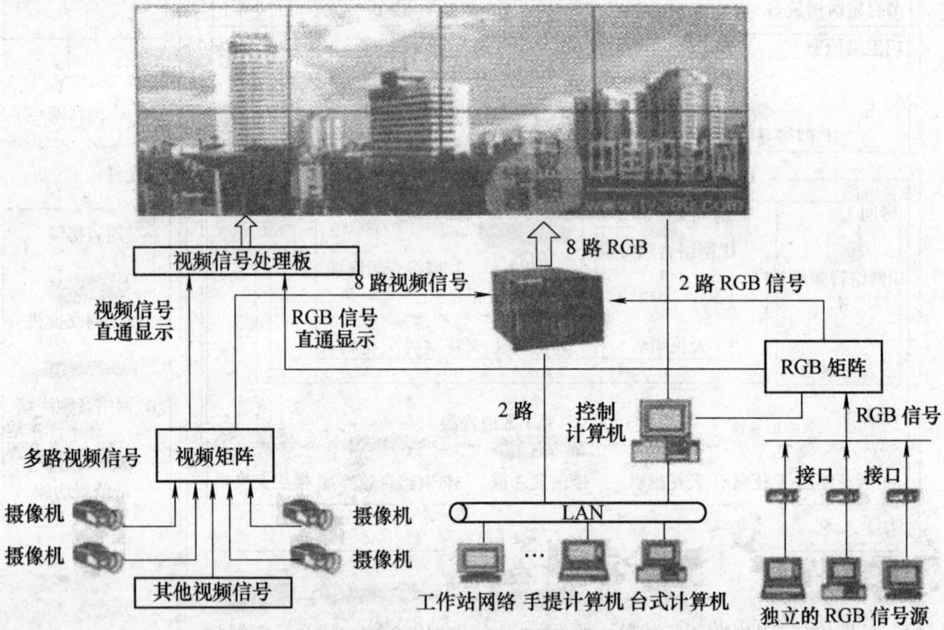

图 1-12 大屏幕显示系统

（3）办公自动化系统 该系统由计算机网络、计算机软件平台、酒店管理系统和物业管理系统等组成，如图 1-13 所示。其作用是服务于建筑物本身的物业管理和运营服务，用户业务领域的金融，外贸和政府部门等办公，它是可实现具体办公业务的人机交互信息系统。

图 1-13 办公自动化系统

计算机网络系统的主要内容有计算机信息点设置原则，各楼层不同功能用房的信息点设置一览表（可与语音信息点同表），机房设置，计算机网络中心机房主网络交换机和楼层网络交换机设置，系统厂商、品牌及系统情况、产品性能的简单介绍。部分政府办公大楼要组建外网、内网，有的业务部门要组建小型局域网。银行计算机网络系统应用案例如图1-14所示，教育城域网解决方案如图1-15所示，校园网如图1-16所示。

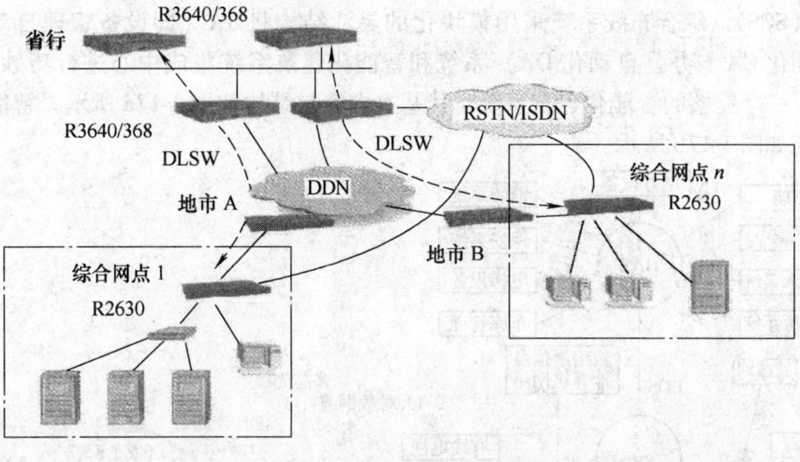

图1-14　银行计算机网络系统应用案例

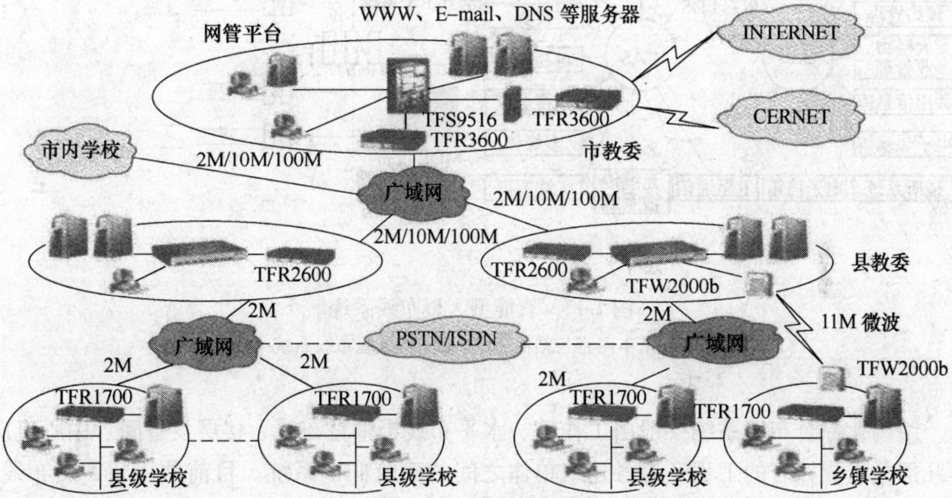

图1-15　教育城域网解决方案

（4）智能化建筑系统集成中心　现代商业机构的运作常常需要把计算机技术、通信技术、信息技术与其办公环境（建筑物）完全集成在一起，实现信息和资源共享，提供舒适的工作环境和完善的安全保障，这就是智能建筑，而这一切的基础就是综合布线。

图1-16　校园计算机网络系统

综合布线系统（PDS）是一个用

于传输语音、数据、影像和其他信息的标准结构化布线系统，是建筑物或建筑群内的传输网络，它使语音和数据通信设备、交换设备及其他信息管理系统彼此相连接。

综合布线系统已发展为智能楼宇布线系统（IBS），并进一步发展为结构化综合布线系统（SCS）。综合布线系统采用模块化的灵活结构将 3A（即设备管理自动化 BA、通信自动化 CA 与办公自动化 OA）系统和智能化建筑系统集成中心进行巧妙的连接，便构成了一个完整的智能化建筑系统，其基本内容与结构如图 1-17a 所示，智能型大厦布线系统如图 1-17b 所示。

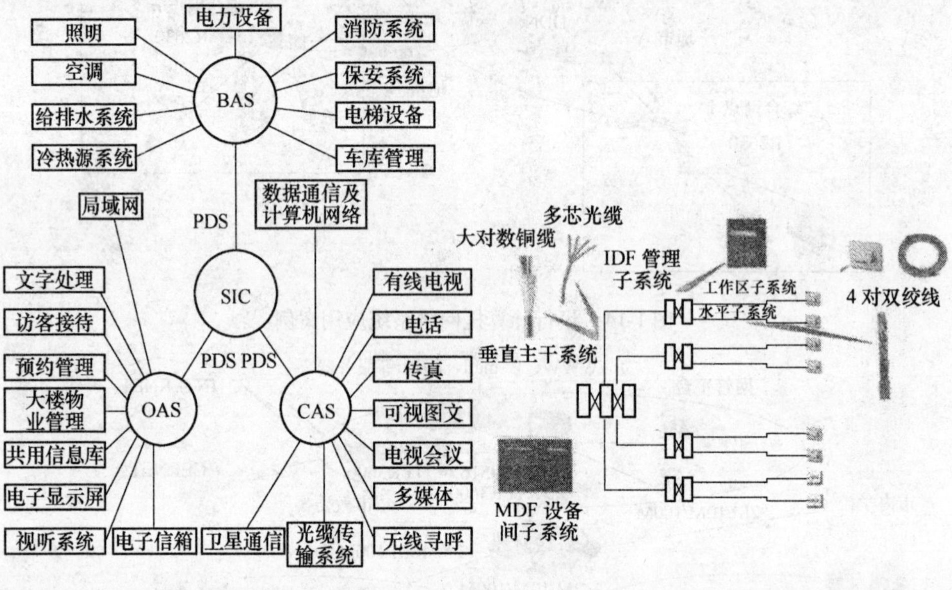

a) b)

图 1-17 智能型大厦布线系统

a）基本内容与结构 b）智能型大厦布线系统

结构化综合布线系统一般由工作区、水平布线、垂直布线、楼层设备间、中心机房等几部分组成，有的工程还有各建筑单体之间的建筑群子系统。目前常用超 5 类布线，采用超 5 类的线缆和信息插座，部分工程采用 6 类线缆和模块。垂直干线采用光纤，进户线一般采用 6 芯单模光纤。

3. 智能建筑的功能及优势

（1）智能建筑的功能

1）信息处理功能。信息范围能在城市、地区或国家间进行。

2）能对建筑物内照明、电力、暖通、空调、给排水、防灾、防盗、运输设备等进行综合自行控制。

3）能实现各种设备运行状态监视和统计记录的设备管理自动化，并实现以安全状态监视为中心的防灾自动化。

4）建筑物应具有充分的适应性和可扩展性，它的所有功能应能随技术进步和社会需要而发展。

智能建筑的功能可用建筑智能化系统汇总（表1-1）和智能建筑的三大服务领域（表1-2）描述。

表1-1　智能建筑总体功能按建筑智能化系统汇总

智能建筑管理系统				
办公自动化系统	建筑设备管理系统			通信网络系统
	安全防范自动化系统	火灾自动报警系统	建筑设备自动化系统	
文字处理	出入控制	火灾自动报警	空调监控	程控电话
公文流转	防盗报警	消防自动报警	冷热源监控	有线电视
档案管理	电视监控		照明监控	卫星电视
电子账务	巡更		给排水监控	公共广播
信息服务	停车库管理		电梯监控	公共通信网接入
一卡通				VSAT卫星通信
电子邮件				视频会议
物业管理				可视图文
专业办公自动化系统				数据通信
				宽带传输

表1-2　智能建筑的三大服务领域

安全性方面	舒适性方面	便利/高效性方面
火灾自动报警	空调监控	综合布线
自动喷淋灭火	供热监控	用户程控交换机
防盗报警	给排水监控	VSAT卫星通信
闭路电视监控	供配电监控	专用办公自动化系统
保安巡更	卫星电缆电视	因特网
电梯运行监控	背景音乐	宽带接入
出入控制	装饰照明	物业管理
应急照明	视频点播	一卡通

（2）智能建筑的优势　相对于传统建筑，智能建筑具有以下优势：

1）提供安全、舒适和高效便捷的环境。智能建筑首先确保安全及健康，其防火与保安系统要求智能化；其空调系统能监测出空气中的有害污染物含量，并能自动消毒，使之成为“安全健康大厦”。智能大厦对温度、湿度、照度均加以自动调节，甚至控制色彩、背景噪声与味道，使人们像在家里一样心情舒畅，从而大大提高工作效率。

2）节约能源。在现代化建筑中，空调作为大型负荷，其耗电量很大。以大厦为例，其空调与照明的能耗约占总能耗的70%。因此，节能问题是智能建筑中必须重视的，在满足使用者对环境要求的前提下，智能大厦应通过其“智慧”，尽可能利用自然光和大气冷量（或热量）来调节室内环境，以最大限度地减少能源消耗。按事先在日历上确定的程序，区分“工作”与“非工作”时间，对室内环境实施不同标准的自动控制，下班后自动降低室内照度与温度、湿度控制标准，已成为智能大厦的基本功能。利用空调与控制等行业的最新技术，最大限度地节省能源是智能建筑的主要特点之一，其经济性也是该类建筑得以迅速推广的重要原因。

3）节省设备运行维护费用。通过管理的科学化、智能化，使得建筑物内各类机电设备的运行管理、保养维护更趋自动化。确保设备运行维护的经济性主要体现在两个方面：一方面系统能正常运行，发挥其作用，可降低机电系统的维护成本；另一方面由于系统的高度集成，操作和管理也高度集中，人员安排更合理，从而使人工成本降到最低。

4）满足用户对不同环境功能的需求。传统的建筑设计是根据事先给出的功能进行的，不允许改进。而智能建筑要求其建筑结构设计必须具有智能功能，除支持3A功能的实现外，必须是开放式、大跨度框架结构，允许用户迅速而方便地改变建筑物自使用功能或更新规划建筑平面。室内办公所必需的通信与电力供应也具有极大的灵活性，通过结构化综合布线系统，在室内分布着多种标准化的弱电与强电插座，只要改变跳接线，就可以快速改变插座功能，如变程控电话为计算机通信接口等。

5）高新技术的运用能大大提高工作效率。在信息时代，时间就是金钱。在智能建筑中，用户可以通过国际可视电话、直拨电话、电子邮件、声音邮件、电视会议、信息检索与统计分析等多种手段，及时获得全球性金融商业情报及各种数据库系统中的最新信息，通过国际计算机通信网络，可以随时与世界各地的企业或机构进行商贸等各种业务活动。由此可见，这种高效率、高速度的性能更加展示了智能建筑的实力所在。

6）系统的集成是实现智能目标的保证。从技术角度看，智能建筑与传统建筑最大的区别就是智能建筑各智能化子系统的系统集成。智能化系统的集成是将智能建筑中分离的设备、各子系统、功能和信息通过计算机网络集成为一个相互关联的统一协调的系统，实现信息、资源和任务的重组与共享。也就是说，智能建筑安全、舒适、便利、节能和节省人工的目标必须依赖集成化才能达到。

1.3.3 家居智能系统

1. 家居智能系统的组成与特征

（1）家居智能化系统的组成　所谓家居智能化，就是通过家居智能管理系统的设施来实现家庭安全、舒适、信息交互与通信的能力。家居智能化系统由家庭安全防范（HS）、家庭设备自动化（HA）和家庭通信（HC）三个方面组成。

在建设家居智能化系统时，依据我国有关标准，具体提出了下述基本要求：

1）应在卧室、客厅等房间设置有线电视插座。

2）应在卧室、书房、客厅等房间设置信息插座。

3）应设置访客对讲和大楼出入数字锁控制装置。

4）应在厨房内设置燃气报警装置。

5）宜设置紧急呼叫求救按钮。

6）宜设置水表、电表、燃气表、暖气（有采暖地区）的自动计量远传装置。

（2）家居布线系统　对于一个智能住宅，需要有一个能支持语音/数据、多媒体、家庭自动化、保安等多种应用的布线系统，这个系统也就是智能化住宅布线系统。

（3）家居智能系统的特征

1）住宅内部具备完善的综合了安保防灾措施与生活服务的智能控制器。

2）住宅小区与社会之间具有高度的信息交互能力。

3）小区内部具备完善的安保措施、全面的公用设施监控管理和信息化的社区服务管理。

4）为小区内住户提供包括多媒体在内的多种信息服务。

总之，智能住宅小区综合运用了计算机技术、通信技术、控制技术，是由家庭智能控制系统、通信接入网、小区安全防范系统、小区物业管理服务系统和小区综合信息服务系统来支持实现的，家居智能系统如图 1-18 所示。

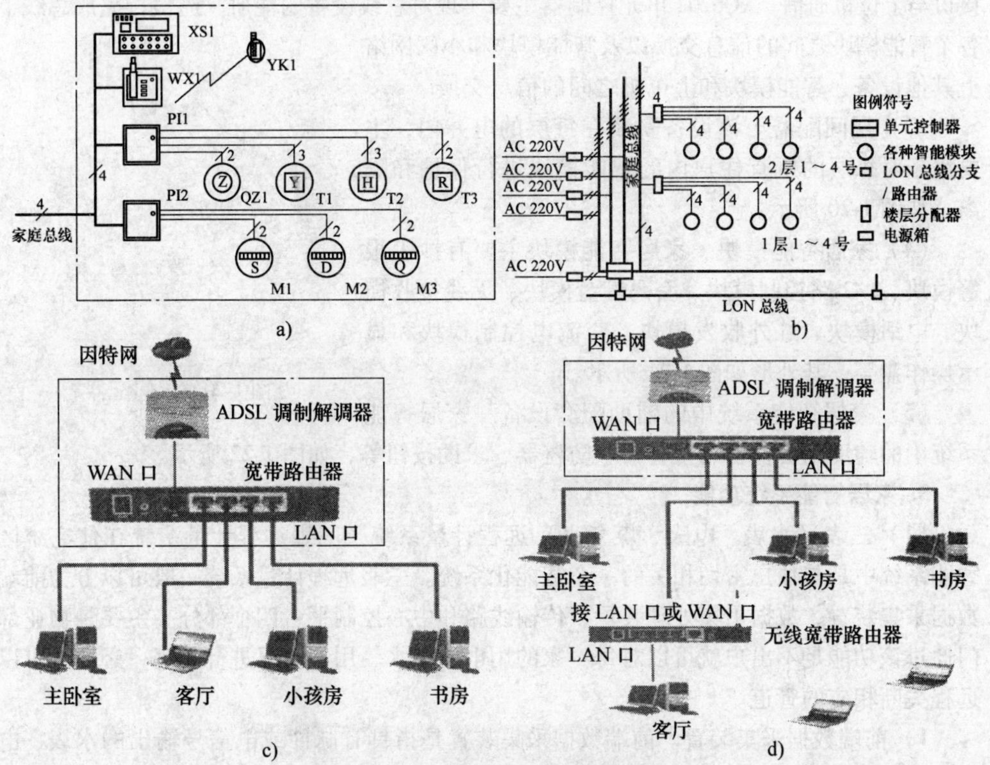

图 1-18　现代家居智能系统

a）现代智能总线配置　b）现代智能系统图　c）ADSL、路由器、房间计算机连接图

d）ADSL、路由器加无线、房间计算机连接图

2. 家居智能系统基本设备

（1）上位计算机及管理软件　上位计算机及管理软件如图 1-19 所示。

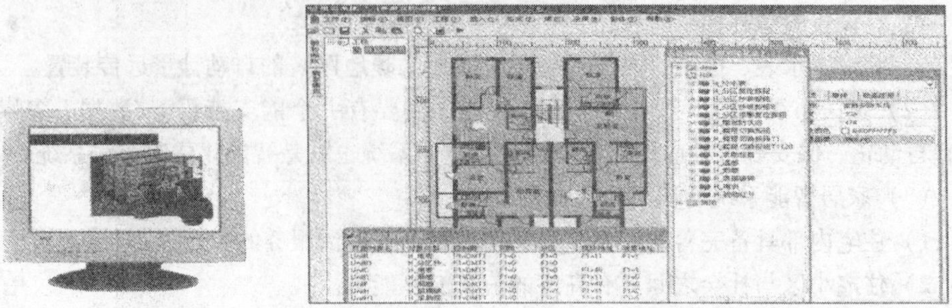

a)　　b)

图 1-19　上位计算机及管理软件

a）上位计算机　b）管理软件

（2）单元控制器　XQ6202-1/2/3/4 单元控制器在系统中作为主控设备，可以提供 1 路到 4 路家庭总线接口，每路总线最多可连接 240 个数字化总线设备，并提供 LonWorks 的接口与上位机通信。XQ6202 单元控制器主要实现对总线设备的注册、巡检，完成总线上各个智能模块之间的信息交换以及智能模块和小区网络上其他设备、智能模块和上位机之间的信息交换。

（3）层间配器　该设备安装在每层的电井内，主要用于对每层的所有住户内的智能模块进行保护和隔离，如图 1-20 所示。

图 1-20　层间配器

（4）家居智能模块　家居智能模块主要有抄表报警模块、1/2 路控制模块、密码键盘模块、无线接收模块、电话模块、红外收发模块、交流电控制模块和显示操作盘等，其外形如图 1-21 所示。

（5）家居智能系统中的辅助配套设备　家居智能系统中的辅助配套设备有报警器、防盗器、求助按钮等，如图 1-22 所示。

3. 家居智能系统功能

（1）三表（水表、电表、煤气表）远程计量系统　三表远程计量系统在住宅小区智能系统中是与住户密切相关的一个智能化系统。三表远程计量系统一般可以分为前端数据采集装置、数据采集处理装置、传输线路和中心控制平台四个部分。主要是物业部门通过该功能足不出户就可以对每一家的用电、用水、用气情况进行了解，必要时可以远程关断相应的管道。

1）前端数据采集装置。前端数据采集装置是指具有脉冲或电信号输出的水表、电表、煤气表等计量装置。从传感器上分类可分为干簧管型和霍尔元件型。

2）数据采集处理装置。在三表远程计量系统中，数据采集器处理装置通常有单片机和 LonWorks 技术两种。

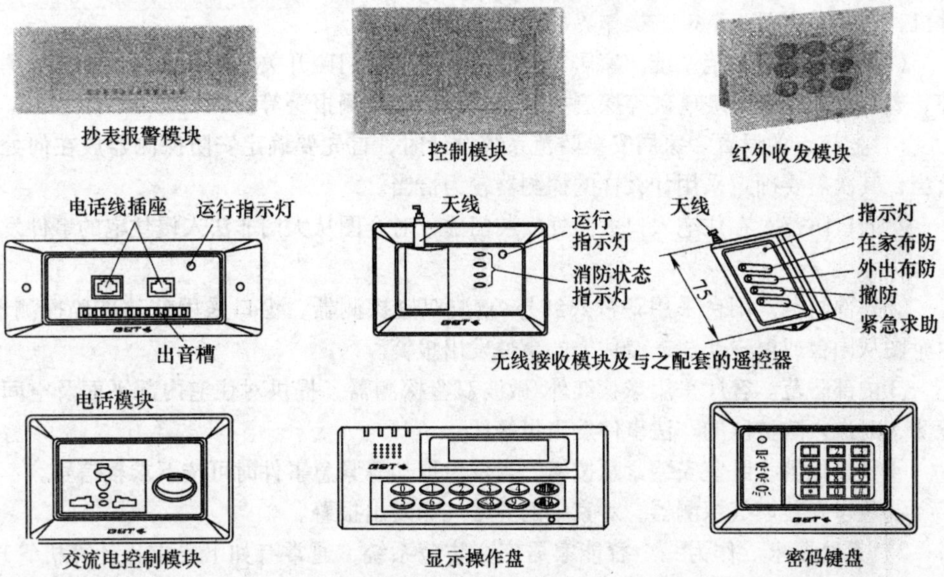

图 1-21　各种模块

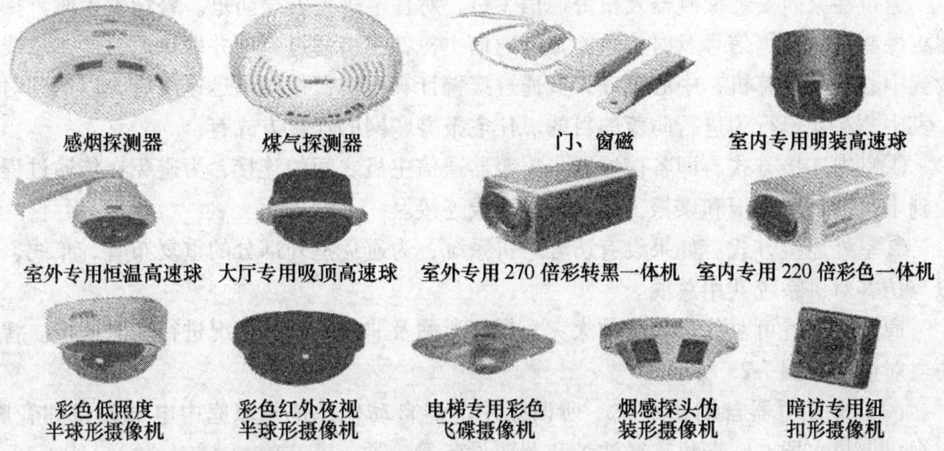

图 1-22　家居智能系统中的辅助配套设备

3）传输线路。三表远程计量智能系统的传输线路可分为：

①总线传输。如采用 RS-485 总线，需独立布线。

②电力载波传输。由于我国电网在传输数据过程中易受到无线电信号、电磁信号、脉冲信号的干扰，导致传输数据错码、丢码的情况时有发生，以电力载波作为三表远程计量系统的传输线路还需要不断提高和完善。

4）中心控制平台。住宅小区三表远程计量系统的中心控制平台就是通常所指的物业管理中心计算机。物业中心计算机接受各家庭智能终端采集的计量数据，由能耗管理软件处理，输出计量结果，实现读表、计费、指引交费的一条龙服务。作为物业中心计算机，通常采用 Windows 的操作界面。

（2）家居安全防范系统　家居安全防范系统包括门磁开关、紧急求助、烟雾检测报警、燃气泄漏报警、玻璃破碎探测报警和红外微波探测报警等。

1）监控点的设置。家居安全防范系统设计时，首先要确定安防探测器放在何处较恰当，其次需要确定采用什么样的探测器较为恰当。

①入口防范。在住宅入口大门处安装门磁，对企图从大门非法入侵住宅的事件发出报警。

②外部防范。阳台采用幕帘式红外/微波双鉴探测器，窗口采用玻璃破碎探测器，对企图从阳台或窗户非法入侵住宅的事件发出报警。

③内部防范。客厅采用球状红外/微波双鉴探测器，提供对住宅内部平面及空间的探测，对进入防护区的非法事件发出报警。

④紧急报警。卧室安装紧急按钮，当发生抢劫等紧急事件时可按下求救信号。

⑤通过安装燃气探测器，对家中的异常气味发出报警。

2）系统要求。作为一个智能家居安全防范系统，通常有如下要求：计算机管理；系统需联网。

通过在家内安装探测器及报警通信主机，对住宅进行安全防范。警情发生时，探测器将探测到的报警信号及时传递给报警通信主机，主机通过判断并确认后，通过总线传输到中心接警计算机，中心管理人员通过接警计算机对警情做出迅速反应，以达到对住户家中非法入侵行为进行防范的目的。住宅报警联网的连接方式有：

①室内连接方式。即各探测器与报警器通信主机之间的连接，为避免在传输过程中受到干扰而出现漏报和误报，要求采用单线连接。

②室外连接方式。如果设有访客对讲系统，为避免室外部分的重复布管、布线，可以与访客对讲系统共用总线。

通过该系统可对住户内部的火灾、煤气泄漏及非法入侵等情况进行实时监控。智能防盗对讲门如图 1-23 所示。

（3）家用电器自动化系统　所谓家用电器自动化，是指家庭中电器设备如音响、电视机、热水器、空调机、微波炉和照明设备等，通过集中化、遥控化和异体化远程控制调节，实现对这些家用电器设备的状态进行监视、控制和调节。

随着科学技术的发展，实现家庭电器设备自动化的方式方法以及解决方案也越来越多。这里所介绍的是基于家庭电力总线网络设计的家庭智能化系统的家用电器自动化系统，其最大的特点在于充分利用了现有家庭网络资源，不需要再穿墙打洞单独布线，工程安装简单，只需将系统的功能终端替换普通的开关、插座，接上电力线即可使用，并且系统可通过不同的接口（网关）终端与各种外部网络如公用电话、小

图 1-23　智能防盗对讲门

区局域网以及 Internet 等互联。

1）家用电器自动化系统的组成。

①系统操作平台。

②传输网络。

③电器控制子系统。

④现场被控电器设备。

家用电器自动化系统主要是通过电话对家里的电器进行任意的控制，以便达到方便、舒适的目的。

2）电器控制子系统。电器控制子系统包括网络接口终端、计算机接口终端、电话接口终端、总线接口终端、遥控器或开关控制终端、插座控制终端、红外线控制终端等。

家用电器控制子系统是家用电器自动化系统的核心，根据所控制对象和功能的不同可分为：

①电器开关控制：具体包括电灯、电风扇、电暖气、电热水器等。

②红外遥感：红外遥感控制对象有电视机、空调机、摄像机、遥控窗帘等。

③家电程序控制：可分为定时控制、程序互控以及模拟控制等。

3）窗帘智能控制。实现窗帘智能控制，可享受安逸自在的生活，实现真正的智能住宅，目前问世的磁悬浮自动窗帘机便可实现这样的梦想。智能门窗（窗帘）控制系统如图1-24所示。

a)

b)

图1-24　智能门窗（窗帘）控制系统

a）智能门窗（窗帘）控制系统　b）磁悬浮自动窗帘机

这是运用磁悬浮直线电机技术设计生产的用于控制窗帘开合的机械控制系统。磁悬浮直线电动机结构简单、安装方便、使用寿命长、运行轻便、无需接触、超静音，克服了传统电动窗帘容易脱位卡机、易损坏和运行不安全等缺陷，同时，实现了手动-自动一体化，解决了传统电动窗帘关闭电源后不能手动操作的缺点。磁悬浮自动窗帘可单独安装，同时也可通过网络与控制中心连接，实现远程控制、集中群控、定时控制等功能。磁悬浮自动窗帘必将成为现代智能建筑和智能住宅不可缺少的重要部分。

其适用于家庭用户、酒店宾馆、商务大厦、会议中心、医院、学校多媒体教室、影院剧院等多种场所。

（4）家居信息服务　网络信息服务系统就是向小区的居民提供优质的10MB以上带宽的网络接入服务，并开展诸如WWW浏览、视频点播、电子邮件、电子商务、网上聊天、网上游戏、远程教学、远程医疗、文化娱乐等各具特色的信息服务。

信息服务系统由Intranet社区网和专线接入Internet两部分组成，它以计算机网络为核心，以智能综合布线为基础，主干采用光纤，各楼内采用5类双绞线，各家庭采用家庭总线系统方式进行布线，使小区内的主干网速度可达1000MB/s，每个信息点达到100MB/s。即所谓的千兆到楼，百兆到户，实现电话、电视、计算机的综合通信和信息交互。当每个信息点达到百兆速度时，可以实现目前所有的网络应用，实现整个小区的信息共享。

物业可以通过家居智能系统随时在整个小区进行信息发布，既方便又高效。

智能建筑显示了越来越强大的生命力，其优势在于：节能运行的经济性；高效优美的居住环境，加上与现代科学技术的巧妙结合，使其用户足不出户便可知天下大事；人们可在家中完成设计，搞科研项目，进行商贸交易。因而，它是人们生活、学习和工作的最佳场所。为突出智能建筑独到的特点，建筑设计中一定要执行相关标准，以满足用户要求。

4. 家居智能系统应用案例

1）已知某用户两层别墅，给出了土建图，要求设计家居智能化系统。

2）根据已知条件，向用户咨询后就可进行方案设计，设计图如图1-25所示。

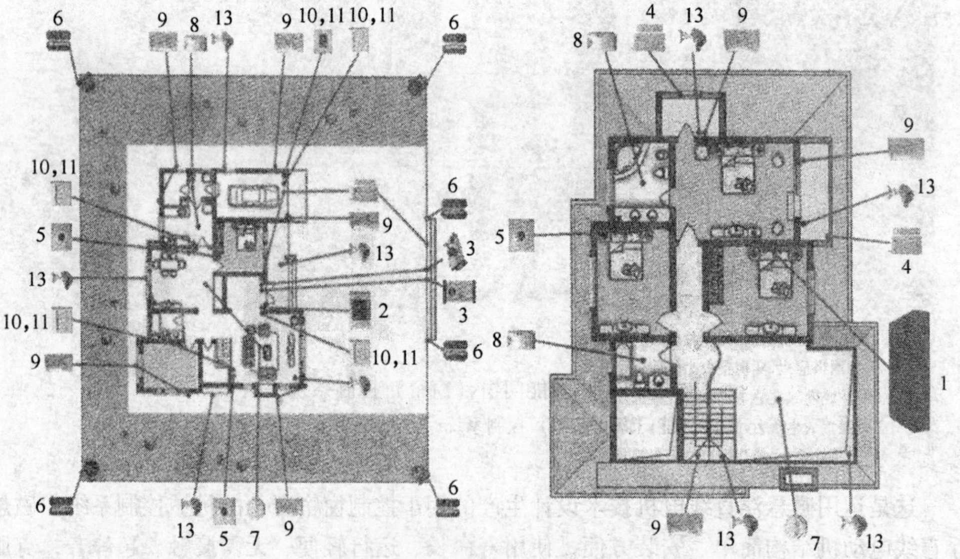

图1-25　家居智能系统图

a）一层平面图　b）二层平面图

3）根据设计图选择设备。设备清单见表1-3。

表1-3　家居智能系统设备清单

序　号	品　名	型　号	单位	数量	主要功能
1	12防区智能家居服务器	H9928	台	1	12防区音、视频监控报警录像，支持TCP/IP网络协议等功能
2	智能信息终端	ZH9213	台	1	家电控制、真彩色可视对讲、防盗报警等
3	门口机	ZH9612-A	台	2	防啸叫高品质对讲功能、支持远程电话开门、支持ID或IC卡开门、闲时省电等功能
4	窗磁		个	2	监控门窗的开关状态、非法开门或窗时远程向主机发出报警信号等功能
5	门磁		个	3	监控门窗的开关状态、非法开门或窗时远程向主机发出报警信号等功能
6	红外栅栏对射		对	5	报警等
7	烟雾传感器		个	3	火灾报警
8	燃气传感器		个	4	燃气报警
9	红外探测器		个	11	报警等
10	遥控开关		个	13	灯光、场景控制等
11	遥控插座		个	13	供电
12	遥控转发器		个	5	转发遥控的信号
13	监控摄像机		个	10	监控

1.3.4　智能建筑中的相关技术

智能建筑是在现代建筑技术的基础上，融合了现代控制技术、现代计算机技术和现代通信技术。自20世纪90年代以来，通信网络技术日新月异地发展，如光纤通信技术、多媒体通信技术、IP宽带技术、蜂窝移动通信技术、高速计算机网络及网络互联技术、接入网技术、智能网技术相继问世。可视电话、可视图文、视频会议、无绳电话、VSAT卫星、ADSL和以太网宽带接入等新的通信业务不断推出，使得智能建筑中通信网络系统的内容十分丰富。

1. 计算机控制技术基础与案例

计算机控制技术是计算机技术与自动控制技术相结合的产物，是构成智能建筑设备自动化系统的核心技术之一。

（1）计算机控制系统　自动控制的任务是连续控制被控对象的物理量按预定规律变化。为达此目的，采用反馈信息构成闭环控制系统，如图1-26所示。控制元件将被控对象测量值反馈到输入端，与给定值进行比较，得到的偏差信号送控制器，控制器经分析判断后经执行机构对被控对象进行调节，直到被控参数满足预定要求为止。

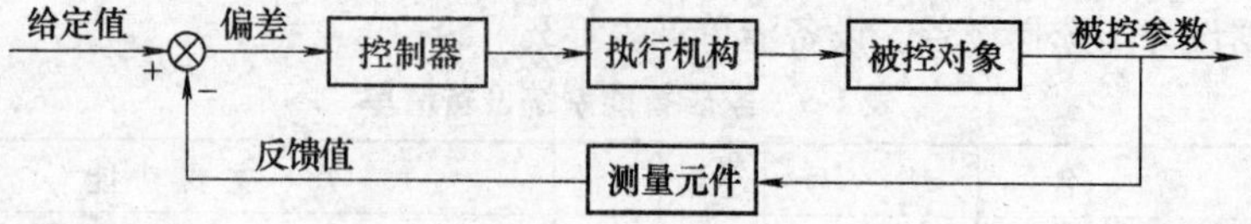

图 1-26　闭环控制系统框图

将图 1-26 中的控制器用计算机来代替，即可构成计算机控制系统，基本框图如图 1-27 所示。由于计算机的输入和输出信号都是数字信号，因而系统中必须有将模拟信号转换为数字信号的 A/D 转换器，以及将数字信号转换为模拟信号的 D/A 转换器。

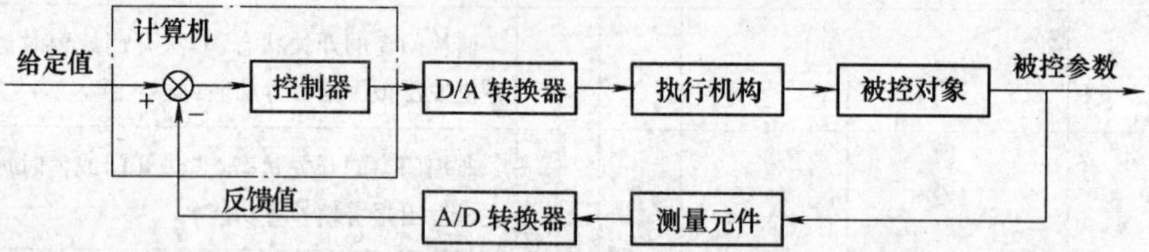

图 1-27　计算机控制系统框图

计算机控制系统由计算机、接口电路、外部通信设备和生产过程等组成，如图 1-28 所示。

计算机控制系统由控制部分和被控对象组成，其控制部分包括硬件部分和软件部分，这不同于模拟控制器构成的系统只由硬件组成。计算机控制系统软件包括系统软件和应用软件。系统软件一般包括操作系统、语言处理程序和服务性程序等，它们通常由计算机制造厂为用户配套，有一定的通用性。应用软件是为实现特定控制目的而编制的专用程序，如数据采集程序、控制决策程序、输出处理程序和报警处理程序等，它们涉及被控对象的自身特征和控制策略等，由实施控制系统的专业人员自行编制。

1）硬件部分。硬件主要包括主机、外围设备、过程输入/输出设备、人机联系设备和通信设备等。由于要求不同，组成的硬件也不同，可根据系统要求进行扩展。

①主机。主机是计算机控制系统的核心，由中央处理器（CPU）和内存储器（RAM、ROM）组成。主机箱、主机板、主机延长器及主机机房等如图 1-29 所示。主机根据过程输入设备送来的反映生产过程的实时信息，按照内存储器中预先存入的控制算法，自动地进行信息处理与运算，及时地选定相应的控制策略，并且通过过程输出设备立即向生产过程发送控制命令。因此，主机的选用将直接影响到系统的功能及接口电路的设计等。

②过程输入/输出设备。它是主机与生产对象之间进行信息交换的桥梁和纽带，过程输入设备包括模拟量输入通道（AI 通道）和开关量输入通道（DI 通道）。AI 通道先把模拟量信号（如温度、压力、流量等）转换成数字信号再输入，DI 通道直接输入开关量信号或数字量信号。过程输出设备包括模拟量输出通道（AO 通道）和开关量输出通道（DO 通道），AO 通道把数字信号转换成模拟信号后再输出，DO 通道直接输出开

关量信号或数字量信号。过程输入/输出设备还必须包括自动化仪表才能和生产过程（或被控对象）发生联系，这些仪表有信号测量变送单元（检测仪表）和信号驱动单元（执行器）等。

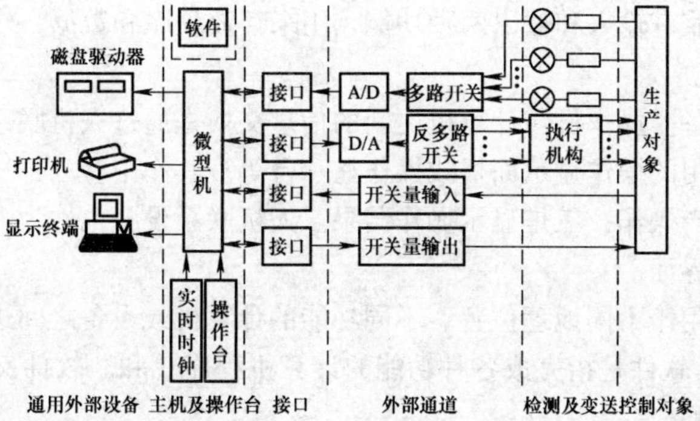

a)

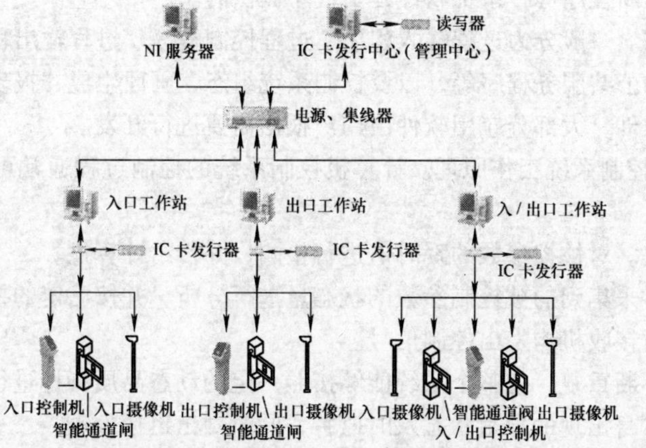

b)

图1-28　计算机控制系统组成

a）组成示意图　b）拓扑图

a)　b)　c)　d)

图1-29　计算机主机

a）主机箱　b）主机板　c）主机延长器　d）主机机房

③通用外围设备。常用外围设备按其功能可分为输入设备、输出设备和存储器。输入设备用来输入程序、数据或操作命令，如键盘终端。输出设备如打印机、绘图机、显示器等，以字符、曲线、表格、画面等形式来反映生产过程工况和控制信息。外存储器有磁盘、磁带等，兼有输入和输出两种功能，用来存放程序和数据，作为内存储器的后备存储设备。

④人机联系设备。操作员与计算机之间的信息交换是通过人机联系设备进行的，如显示器、键盘、专用的操作显示面板或操作显示台等。其作用有三：一是显示生产过程的状态；二是供生产操作；三是显示操作结果。人机联系设备也称为人机接口，是人与计算机之间联系的界面。

⑤通信设备。用于不同地理位置、不同功能的计算机或设备之间进行信息交换。

2）软件部分。软件是指完成各种功能的计算机程序总和。软件又可分为系统软件和应用软件两大类型。

①系统软件。一般包括操作系统、汇编语言、高级算法语言、过程控制语言、数据库通信软件和诊断程序等，系统软件是由厂家提供的。

②应用软件。一般分为过程输入程序、过程控制程序、过程输出程序、人机接口程序、打印程序和公共服务程序等，以及控制系统组态、画面生成、报表曲线生成和测试等工具性支撑软件，大部分应用软件由用户根据需要进行开发。

3）计算机控制系统工作原理。计算机控制系统的控制过程通常可归结为下述两个步骤：

①数据采集。对被控参数的瞬时值进行检测，并传给计算机。

②控制。对采集到的被控制参数的状态量进行分析，并按已定的控制规律决定控制过程，适时地对接收机构发出控制信号。

上述过程不断重复，使整个系统能够按照一定的动态品质指标进行工作，并且对被控参数和设备本身出现的异常状态及时监督，同时做出迅速处理。

对连续量的变化过程进行控制，要求控制系统能满足实时性要求，即在确定的时间内对输入量进行处理并做出反应。超出这个时间，控制就失去了意义。

（2）计算机控制系统的结构形式及分类

1）计算机控制系统的结构形式。一般可分为集中式系统、集散式系统和现场总线控制系统等几种形式。

①集中式系统（CCS）。由单一的计算机控制系统的所有功能和对所有被控对象实施控制的一种系统结构。智能建筑不采用这种结构。

②集散式系统（DCS）。该系统由被控设备处的现场控制器完成对被控设备的实时监测与控制任务，特征是集中管理、分散控制，克服了集中控制带来的危险性及高度集中和常规功能单一的局限性。智能建筑 BAS 产品中大多使用该系统结构。

③现场总线控制系统（FCS）。它突破了 DCS 中通信由应用网络的封闭系统来实现所造成的缺陷，把基于封闭、专用的解决方案变成了基于分开化、标准化的解决方案，即可把来自不同厂商而遵守同一协议规范的自动化设备，通过现场总线网络连接成系

统，实现综合自动化的功能；同时把 DCS 集中与分散相结合的集散系统结构变成了新型的全分布式结构，把控制功能彻底下放到现场，依靠现场智能设备本身即可实现基本控制功能。

2）计算机控制系统的分类。计算机控制系统可分为操作指导控制系统、直接数字控制系统、监督计算机控制系统和分散控制系统四种类型。

①操作指导控制系统。该系统构成如图 1-30 所示，图中模拟量输入通道主要由信号变换器、多路切换开关和 A/D 转换器组成，用来采集模拟信号。开关量输入通道主要由光电耦合器和数字量输入单元组成，用来采集开关触点信号。

该系统为开环控制系统，计算机的输出设备与生产过程没有直接联系，控制动作是由操作人员接受计算机的指示去完成的，计算机通过模拟量输入通道和开关量输入通道采集到实时数据以后，根据一定的控制算法（数学模型）计算出供操作人员选择的最优操作条件及操作方案，操作人员根据 CRT 或打印机输出的操作指导信息去调节控制仪表，从而实现对生产过程的控制。

②直接数字控制系统（DDCS）。该系统的构成如图 1-31 所示，计算机通过 AI 和 DI 采集实时数据，再按一定的控制规律进行计算，最后发出控制信号并通过模拟量输出通道（AO）和开关量输出通道（DO）直接控制生产过程。因此，DDCS 是一个闭环控制系统，是计算机在工业生产过程中最普遍的一种应用方式。所谓直接数字控制，是指以微处理机为基础，不借助模拟仪表而将系统中的传感器或变送器的输出信号直接输入微型计算机中，经微机按预先编制的程序计算处理后直接驱动执行器的控制方式。这种计算机称为直接数字控制器，简称 DDC 控制器，这也是目前楼宇智能化技术中最常用的控制器。

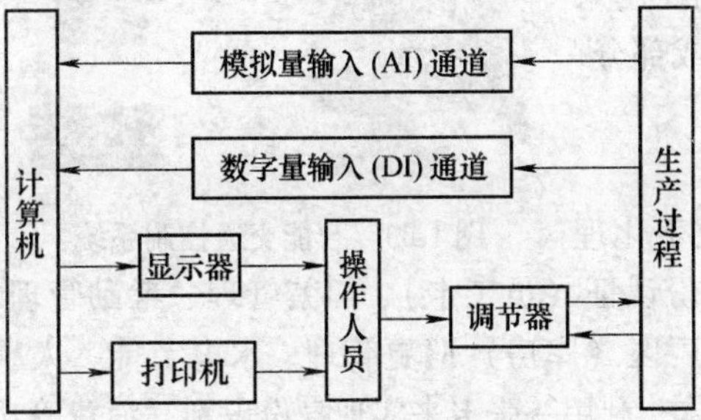

图 1-30　操作指导控制系统

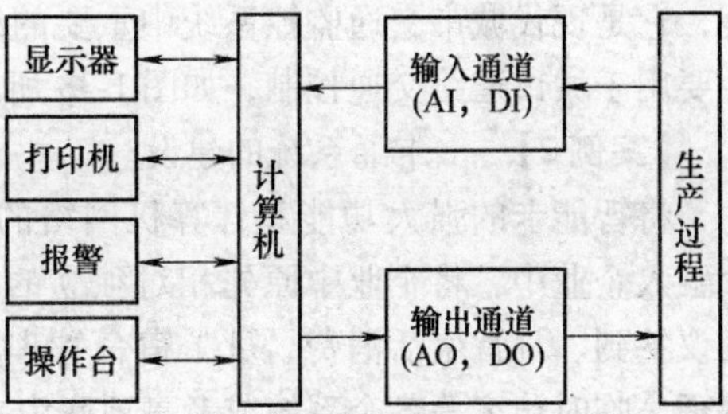

图 1-31　直接数字控制系统

DDCS 中的计算机直接承担着控制任务，因而要求实时性好、可靠性高和适应性强。为充分发挥计算机的利用率，一台计算机通常要控制几个或几十个回路，因此必须合理设计应用软件，使之不失时机地完成所有功能。工业生产现场环境恶劣、干扰频繁，直接威胁着计算机的可靠运行，因此，必须采取抗干扰措施来提高系统的可靠性，使之能适应各种工业环境。

③监督计算机控制系统（SCCS）。SCCS 构成如图 1-32 所示。

SCCS采用两级计算机，其中DDCS用计算机（称第一级）完成上述直接数字控制功能，SCCS用计算机（称为第二级）则根据反映生产过程工况的数据和数字模型进行必要的计算，给DDCS用计算机提供各种控制信息，比如最佳给定值和最佳控制量（如高效、低消耗、低成本）等。

DDCS用计算机与生产过程连接，直接承担控制任务，因而要求其可靠性高、抗干扰强，并能独立工作，一般选用模板机或微型机作为DDCS用计算机。

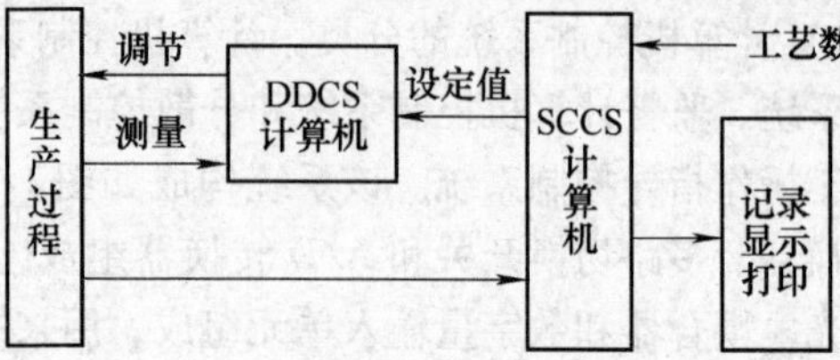

图1-32　监督计算机控制系统

SCCS用计算机承担高级控制与管理任务，信息存储量大，计算任务重，一般选用高档微型机或小型机作为SCCS用计算机。

SCCS结构有两种形式：一种是SCCS + DDCS，另一种是SCCS + 模拟调节器控制系统，本文中为SCCS + DDCS。

④分散控制系统（DCS）

DCS系统采用分散控制、集中操作、分级管理、分而自治和综合协调的设计原则，自下而上分为若干层，分别完成控制、监督和管理的功能。

（3）计算机控制系统应用案例

【案例1】 采用计算机控制的智能交通控制系统无线通信方案

随着城市车辆的增加，人、车、路三者关系的协调已成为交通管理部门所面临的重要问题。城市交通控制系统是面向全市的交通数据监测、交通信号灯控制与交通诱导的计算机控制系统，它是现代城市交通监控系统中重要的组成部分，主要用于城市道路交通控制，如图1-33所示。

图1-33　智能交通控制系统

【案例2】 一卡通系统的建设

将智能卡的强大功能和计算机网络的数字化理念融入企业中，将企业中原先相对独立的身份认证（员工卡）、门禁管理、考勤管理、会议签到、日常生活消费、员工宿舍管理、厂区（库房）巡更管理、水电节能、人事管理、临时访客等各个系统或者事项联为一体，利用一张卡来实现身份识别、消费等功能，并由系统建立统一的身份信息库，为与其他企业资源规划、办公自动化系统的互联互通打好基础，极大地方便职工，提高企业的安全和管理水平，提升企业的形象。企业一卡通系统拓扑图如图1-34所示。

企业一卡通系统的建设目标：

1）建立企业各类管理人员、员工和各种组织机构基本的、统一的信息化标准，强化集中式的信息规范管理，促进企业的人事规范化管理和企业的信息化建设。

2）建立符合企业信息化建设整体规划需求的“一卡通”数据平台，实现相关数据信息的集成及共享。

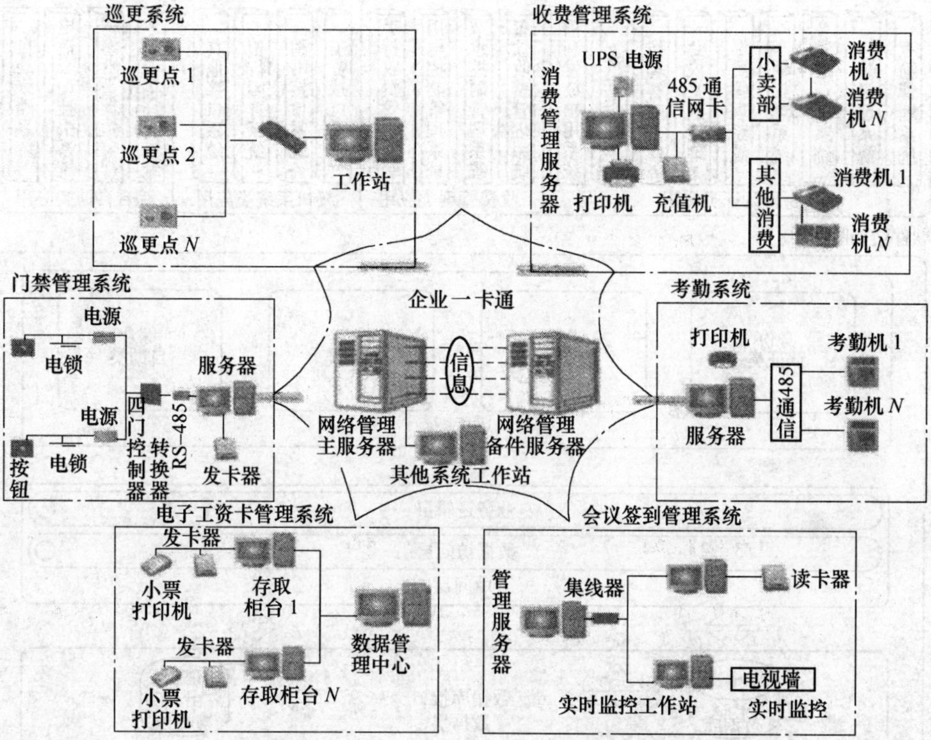

图1-34　企业一卡通系统拓扑图

3）企业内所有的证件都由员工智能IC卡代替，实现身份识别的数据共享。

4）实现员工卡、考勤、门禁、通行身份认证、会议签到、电子巡更、消费、水电节能、人事管理等功能。

5）在企业一卡通系统基础数据总平台的基础上，通过系统预留的扩展接口和智能控制可以实现与企业现在已运行的各类管理信息系统（如人力资源管理、生产管理、企业资源规划、财务管理等管理系统）、OA系统的信息互通，形成全公司范围的数字化管理空间和共享环境，动态实时地反映企业的生产运作情况和统计分析数据，增强领导科学决策的依据，提高企业管理水平。

企业一卡通的总体设计思想是只给使用者每人一张非接触智能卡，使该卡同时具有员工身份证件、工作证、电子钥匙、电子钱包、考勤卡等多种功能，让持卡者在企业内部一卡通行，办公、生活方便快捷，让管理者轻松便利、一目了然，充分享受智能科技给日常工作与生活带来的快捷、高效、安全和舒适。

一卡通系统功能总体分为图1-35所示的四类应用。

表1-4为一卡通子系统内容。

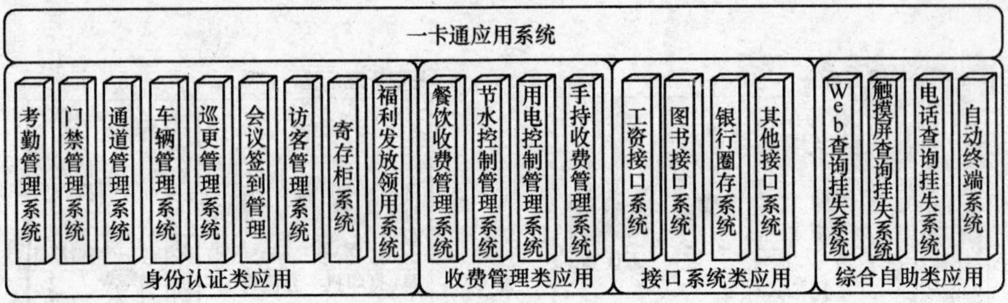

软件结构图示:

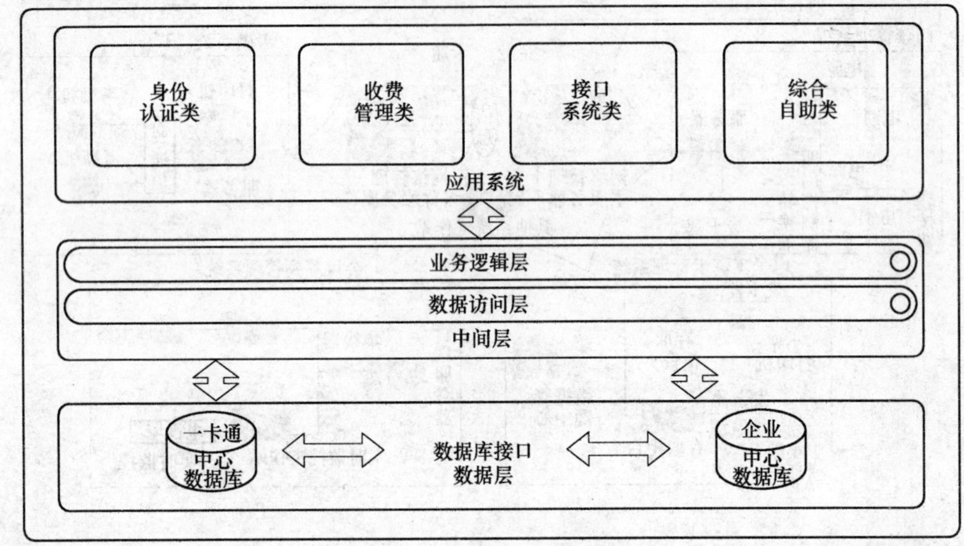

图1-35　一卡通系统功能

表1-4　一卡通子系统内容

身份认证子系统	消费控制子系统	第三方接口系统	综合自助类系统
考勤管理系统	综合消费系统	人事管理系统	综合查询、挂失系统
门禁管理系统	通勤车考勤收费系统	工资管理系统	自助终端
通道出入管理系统	浴室节水(热水)系统	银行圈存系统	
车辆出入管理系统	公寓(公共场所)节水(冷水)		
会议签到系统	智能卡(更衣室、浴室)寄存柜		
保安智能巡更系统	公寓节水系统		
访客管理系统	智能卡自助洗衣机		
职工福利领用系统	智能卡自助电开水器		

2. 计算机网络技术基础

计算机网络技术与通信技术的结合是智能大厦的核心技术，涉及通信网络系统、办公自动化系统和建筑设备自动化系统，延伸到大厦的各个楼层及角落。计算机网络系统已成为智能大厦及楼宇自动化的重要基础设施之一。

（1）计算机网络概述

1）计算机网络的认知。计算机网络是通过通信设备将地理上分散的多个计算机系统连接起来，按照协议互相通信，达到信息交换、资源共享、可互操作和协作处理的系统。

计算机网络由主机、终端、网络节点、通信链路等网络元素组成，如图1-36所示。从逻辑功能上看，一个网络可以分为资源子网和通信子网。

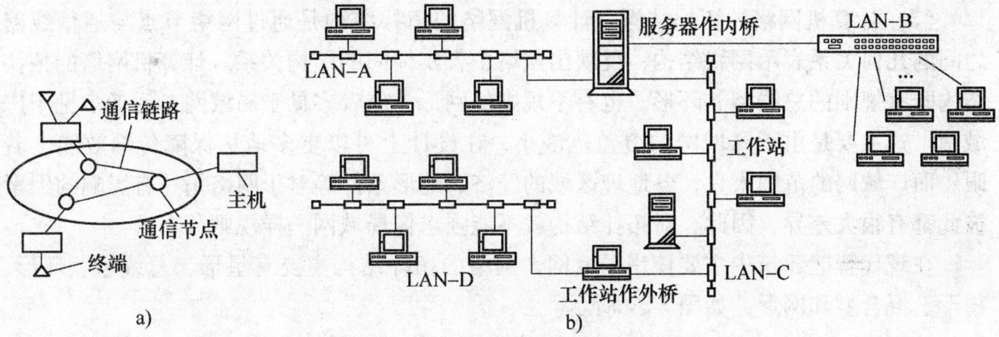

图1-36　计算机网络组成

a）计算机网络组成示意　b）计算机网络设备连接示意

资源子网由主机、终端及相关软件组成。

通信子网由负责信息数据传输和交换等通信处理的设备、线路组成。

从层次上分，资源子网是高层的概念，通信子网是基层的概念。以太网或公用电信网等从要领上讲都属于通信子网的范畴。

2）计算机网络的基本功能。计算机网络一般都具备表1-5所列的基本功能。

表1-5　计算机网络的基本功能

序号	基本功能
1	数据快速传送和集中处理。这是计算机网络的最基本功能
2	资源共享。指的是网上用户能部分或全部地享受这些资源，使网络中各地区资源互通有无，分工协作，从而大大提高系统资源的利用率
3	实现分布处理。对大型的综合性问题，可将任务交给多台计算机完成，达到分布处理的目的
4	提高可用性及可靠性。网络中的各台主机通过网络连接起来后，当某台主机负担过重时，网络可将它的部分任务转交网络中较空闲的主机处理，这样就能均衡各台主机的负载。另一方面，通过网络，各台主机可以彼此互为备份，如果某台主机出现故障，它的任务可由网络中其他主机代为完成，避免了系统瘫痪，系统可靠性提高

3）计算机网络的特点。

①互联群体。计算机网络是多个计算机系统互联而成的一个群体，这些系统在地理上是分散的，小到一间办公室就可容纳（如局域网），大到遍布一个国家甚至全球（如因特网）。

②共同的网络协议。进行通信的每台主机都是独立工作的，它们需要遵循共同的网络协议才能协同工作。

③经通信设施实现系统互联。系统互联需要通过各种有线、无线或卫星等通信线路及相关设备组成的通信设施实现。

④系统通过相互通信进行信息交换、资源共享、互操作及协作处理。

（2）计算机网络的拓扑结构　计算机网络的拓扑结构是通过网络节点与通信线路之间的几何关系表示网络结构，反映出网络中各实体间的结构关系。计算机网络的拓扑结构既有规则的总线型、环形，也有不规则的网形，前者多见于局域网，后者多见于广域网。这主要是由于局域网的覆盖范围小，在设计上可以更多地从保障传输效能上着眼。而广域网的范围太大，各地理区域的经济、地形条件等对于网络拓扑有影响的因素彼此都有很大差异，因此，对拓扑结构就不能强求像局域网一样规则分布。

在现代智能建筑中主要使用局域网，网络的拓扑结构主要有星形、总线型、环形、树形、混合型和网形，如图 1-37 所示。

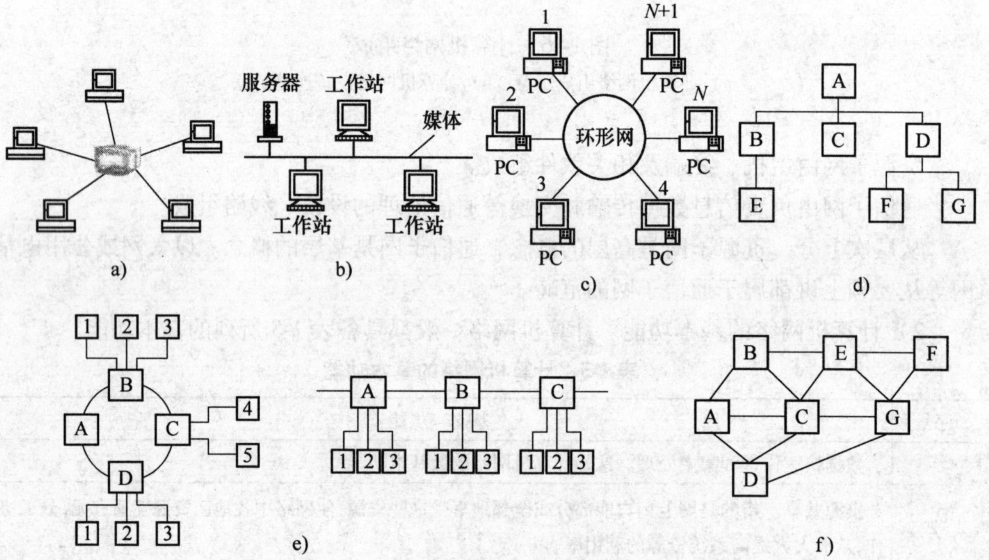

图 1-37　网络的拓扑结构

a）星形拓扑　b）总线型拓扑　c）环形拓扑　d）树形拓扑　e）混合型拓扑　f）网形拓扑

拓扑结构的选择往往与传输媒体的选择及媒体访问控制方法的确定紧密相关。在选择网络拓扑结构时，应该考虑的主要因素有下列几点：

①可靠性。尽可能提高可靠性，以保证所有数据流能准确接收。还要考虑系统的可维护性，使故障检测和故障隔离较为方便。

②费用。建网时需考虑适合特定应用的信道费用和安装费用。

③灵活性。需要考虑系统在今后扩展或改动时能容易地重新配置网络拓扑结构，能方便地处理原有站点的删除和新站点的加入。

④响应时间和吞吐量。要为用户提供尽可能短的响应时间和最大的吞吐量。

1）星形拓扑。星形拓扑是由中央节点和通过点到点通信链路接到中央节点的各个站点组成，目前流行的专用交换机——程控交换机（PBX）就是星形拓扑结构的典型实例。

其优点如下：

①控制简单。在星形网络中，任何一站点只和中央节点相连接，因而媒体访问控制方法很简单，致使访问协议也十分简单。

②故障诊断和隔离容易。在星形网络中，中央节点对连接线路可以逐一地隔离开来进行故障检测和定位，单个连接点的故障只影响一个设备，不会影响全网。

③方便服务。中央节点可方便地对各个站点提供服务和网络重新配置。

其缺点如下：

①电缆长度和安装工作量大。因为每个站点都要和中央节点直接连接，需要耗费大量的电缆，安装、维护的工作量也骤增。

②中央节点的负担较重，易形成瓶颈。一旦发生故障则全网受影响，因而对中央节点的可靠性和冗余度方面的要求很高。

③各站点的分布处理能力较低。星形拓扑结构广泛应用于网络的智能集中于中央节点的场合。从目前的趋势看，计算机的发展已从集中的主机系统发展到大量功能很强的微型机和工作站，在这种形势下，传统的星形拓扑的使用会有所减少。

2）总线型拓扑。总线型拓扑结构采用一个信道作为传输媒体，所有站点都通过相应的硬件接口直接连到这一公共传输媒体上，该公共传输媒体即称为总线。任何一个站发送的信号都沿着传输媒体传播，而且能被所有其他站所接收。

其优点如下：

①总线结构所需要的电缆数量少。

②总线结构简单，又是无源工作，有较高的可靠性。

③易于扩充，增加或减少用户比较方便。

其缺点如下：

①总线的传输距离有限，通信范围受到限制。

②故障诊断和隔离较困难。

③分布式协议不能保证信息的及时传送，不具有实时功能，站点必须是智能的，要有媒体访问控制功能，从而增加了站点的硬件和软件开销。

3）环形拓扑。环形拓扑网络由站点和连接站点的链路组成一个闭合环，每个站点能够接收从一条链路传来的数据，并以同样的速率串行地把该数据沿环送到另一端链路上。

其优点：

①电线长度短。环形拓扑网络所需的电缆长度和总线型拓扑网络相似，但比星形拓扑网络要短得多。

②增加或减少工作站时，仅需简单的连接操作。

③可使用光纤。光纤的传输速率很高，十分适合于环形拓扑的单方向传输。

其缺点如下：

①节点的故障会引起全网故障。这是因为环上的数据传输要通过接在环上的每一个节点，一旦环中某一节点发生故障就会引起全网的故障。

②故障检测困难。这与总线型拓扑相似，因为不是集中控制，故障检测需在网上各个节点进行，因此故障检测困难。

③环形拓扑结构的媒体访问控制协议都采用令牌传递的方式，在负载很轻时，信道利用率相对来说就比较低。

4）树形拓扑。树形拓扑是从总线型拓扑演变而来，形状像一棵倒置的树，顶端是树根，树根以下带分支，每个分支还可再带子分支。

其优点如下：

①易于扩展。这种结构可以延伸出很多分支和子分支，这些新节点和新分支都能便捷地加入网内。

②故障隔离较容易。如果某一分支的节点或线路发生故障，很容易将故障分支与整个系统隔离开来。

其缺点如下：各个节点对根的依赖性太大，如果根发生故障，则全网不能正常工作。从这一点来看，树形拓扑结构的可靠性有点类似于星形拓扑结构。

5）混合型拓扑。将上述的某两种单一拓扑结构混合起来，取两者的优点构成的拓扑称为混合型拓扑结构。一种是星形拓扑和环形拓扑混合成的“星-环”拓扑，另一种是星形拓扑和总线型拓扑混合成的“星-总”拓扑。其实，这两种混合型在结构上有相似之处，若将总线型结构的两个端点连在一起也就成了环形结构。这种拓扑的配置是由一批接入环中或总线的集中器组成，由集中器再按星形结构连至每个用户站。

其优点如下：

①故障诊断和隔离较为方便。一旦网络发生故障，只要诊断出哪个集中器有故障，将该集中器和全网隔离即可。

②易于扩展。要扩展用户时，可以加入新的集中器，也可在设计时在每个集中器留出一些备用的可插入新的站点的连接口。

③安装方便。网络的主电缆只要连通这些集中器即可，这种安装和传统的电话系统电缆安装很相似。

其缺点如下：

①需要选用带智能的集中器。这是为了实现网络故障自动诊断和故障节点的隔离所必需的。

②像星形拓扑结构一样，集中器到各个站点的电线安装长度会增加。

6）网形拓扑。网形拓扑在广域网中得到了广泛的应用，它的优点是不受瓶颈问题和失效问题的影响。由于节点之间有许多条路径相连，可以为数据流的传输选择适当的路由，从而绕过失效的部件或过忙的节点。这种结构虽然比较复杂，成本也比较高，提供上述功能的网络协议也较复杂，但由于它的可靠性高，仍然受到用户的欢迎。

结论：不管是局域网还是广域网，拓扑的选择需要考虑诸多因素：网络既要易于安装，又要易于扩展；网络的可靠性也是考虑的重要因素，要易于故障诊断和隔离，以使网络的主体在局部发生故障时仍能正常运行；网络拓扑的选择还会影响传输媒体的选择和媒体访问控制方法的确定，这些因素又会影响各个站点在网上的运行速度和网络软、硬件接口的复杂性。

3. 现代通信技术基础与案例

现代通信技术基础是实现大厦内部、大厦与大厦以及大厦与国内、国外信息交流不可缺少的关键技术，它在作为未来信息高速公路网站主节点的智能大厦中的地位和作用不言而喻。现代通信的内容涵盖了多媒体通信、计算机通信网络、个人通信、数字图像通信、移动卫星通信程控交换、信息高速公路、语音信箱与电子信箱等。通信网络正在由模拟走向数字，由单一业务走向综合业务，由服务到家到服务到人，由电气通信走向光通信，由封闭式的网络结构走向开放式网络结构。

（1）信息高速公路的组成　信息高速公路由干线、支线和节点构成，它是在光纤干线上将信息（如图像、声音、文字等）转换成数字信号，再经切换送到支线（电缆或电话线）上，最终送到节点（用户终端）。

1）干线部分。干线部分是信息高速公路的骨架，是局域网、有线网、数据网、无线网和程控网之间的桥梁。其中，局域网包括校园网、小型企业的信息网等；有线网包括有线电视、图文电视等；数据库包括图书资料、电子书刊以及各种信息数据等组成的数据网；无线网包括卫星通信、微波通信以及移动通信组成的无线寻呼、电话网、程控交换网等。

2）支线部分。支线部分构成某个局域的现代化信息环境。以校园网为例，它可提供图书资料服务、文件服务、打印服务、行政信息管理等功能。

3）节点部分。节点部分包括各种信息的发送和接收设备，构成用户的信息环境。按照信息环境的差异，可以分为各种不同的用户，如办公室信息环境、家庭信息环境等。

（2）信息高速公路案例　某商场的网上购物为信息高速公路应用案例，如图1-38所示。

a)　　b)

图1-38　信息高速公路应用案例

a）网上购物　b）实物图

购物操作指导：在关键字中填写产品名进行搜索。

下拉菜单中有5项内容可供选择：

“供应信息”⇒得到搜索产品的所有供应信息；

“求购信息”⇒得到搜索产品的所有求购信息；

“产品目录”⇒得到搜索产品的所有商品样品的列表；

“公司库”⇒得到搜索产品的所有公司的介绍；

“行业资讯”⇒得到搜索产品的所有新闻资讯。

如果所需产品专业特殊或者比较冷僻，可以到华典信息高速公路寻找商业伙伴和服务人员的帮助。

(3) 信息高速公路的特点　信息高速公路具有“六化一性”的特点：

1）高速化。速度和容量接近正比例关系。

2）数字化。容量大、成本低、抗干扰性强、失真度小、保密性好，便于与计算机连接。

3）网络化。通信平台和应用信息体系配合便构成了网络，用户的多元“信息媒体”通过应用信息体系置入公用“平台”。

4）小型化。在三维空间的大幅度活动要求个人携带设备小型化。

5）多媒体化。采用多媒体计算机，使多媒体共存，实现综合双向传输。

6）多样化。即功能的兼容性。

7）双向性。在通信过程中，可对信息处理的全过程随时干扰或介入。

4. BA系统的检测技术基础

在智能建筑中，应用到大量检测设备（传感器）及执行机构设备，在智能楼字内对各种物理量的检测和控制的执行与这些设备的运行状态密切相关。

(1) BA系统的检测技术　自动检测技术是以微电子技术为基本手段的检测技术，归纳起来可以分为两大类：一类是对电压、电流、阻抗等电量参数的检测；另一类则是运用一定的转换手段，把非电量（如温度、强度、压力、流速等）转换为电量，然后进行检测。将非电量转换为电量的器件，通常称为传感器。传感器在自动检测技术中占有极为重要的地位，在某些场合成为解决实际问题的关键。非电量自动检测单元的基本结构用图1-39描述。

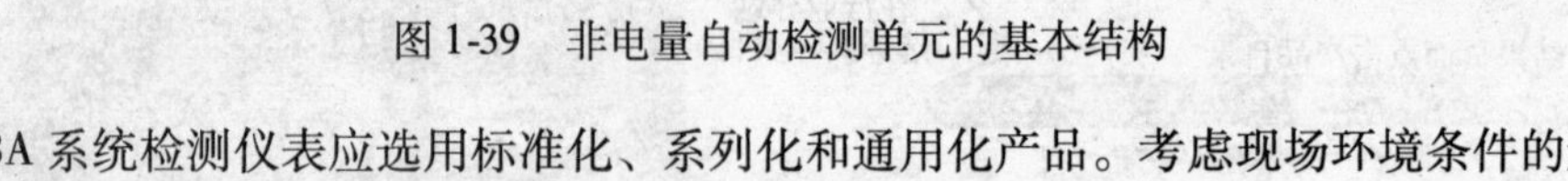

图1-39　非电量自动检测单元的基本结构

BA系统检测仪表应选用标准化、系列化和通用化产品。考虑现场环境条件的影响，根据先进可靠、经济和实用的原则进行选择，以确保检测的准确可靠。

1）传感器的定义及组成。

①传感器（即检测器）的定义。传感器是一种能把特定的被测量（包括物理量、化学量、生物量等）信息按一定规律转换成某种可用信号输出的器件或装置。

传感器的输出信号通常是电量，它便于传输、转换、处理、显示等。电量有很多种形式，如电压、电流、电容、电阻等，输出信号的形式由传感器的原理确定。

②传感器的组成。传感器由敏感元件和转换元件组成，其中，敏感元件是指传感器中能直接感受或响应被测量的部分，转换元件是指传感器中将敏感元件感受或响应的被测量转换成适于传输或测量的电信号部分。

2）传感器的分类。传感器的种类繁多，应用领域极其广泛，可从不同角度进行分类，具体情况见表1-6。

表1-6　传感器的分类

分类法	形式	说明
按基本效应分	物理型、化学型、生物型等	分别以转换中的物理效应、化学效应等命名
按构成原理分	结构型	以其转换元件结构参数变化实现信号转换
	物性型	以其转换元件物理特性变化实现信号转换
按能量关系分	能量转换型（自源型）	传感器输出量直接由被测能量转换而得
	能量控制型（外源型）	传感器输出量能量由外源供给，但受被测输入量控制
按作用原理分	应变式、电容式、压电式、热电式等	以传感器对信号转换的作用原理命名
按输入量分	位移、压力、温度、流量、气体等	以被测量命名（即按用途分类法）
按输出量分	模拟式	输出量为模拟信号
	数字式	输出量为数字信号

除按表1-6分类外，还可按构成敏感元件的功能材料分类，如半导体传感器、陶瓷传感光纤传感器、高分子薄膜传感器等。或与某种高技术、新技术相结合而得名的，如集成传感智能传感器、机器人传感器、仿生传感器等。不同传感器的外形如图1-40所示。

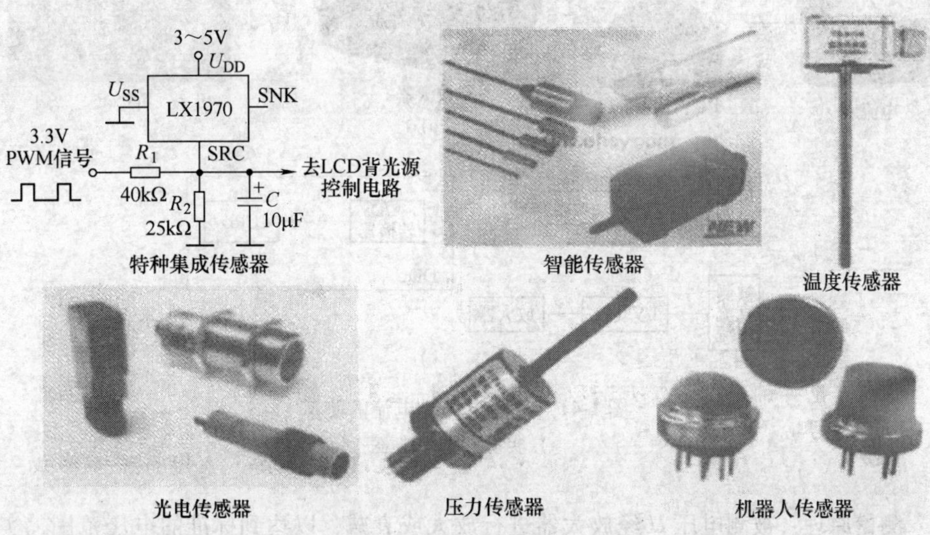

图1-40　各种传感器的外形图

3）传感器的技术要求。作为测量与自动控制系统的首要环节，传感器必须满足如下基本要求：

①灵敏度高，精度适当。即要求其输出信号与被测输入信号成确定关系（通常为线性），且比值要大，传感器的静态响应与动态响应的准确度能满足要求。

②足够的容量。传感器的工作范围或量程足够大，具有一定的过载能力。

③适用性和适应性强。体积小、质量轻，动作能量小，对被测量对象的状态影响小；内部噪声小而又不易受外界干扰和影响；其输出力求采用通用或标准形式，以便与系统对接。

④响应速度快，工作稳定，可靠性好。

⑤使用经济。成本低，寿命长，且便于使用、维修和校准。

（2）典型参数的检测

1）电参数的检测。电参数的检测主要是对电压、电流、功率、阻抗和波形等参数的测量，通常采用以下设备和方法进行。

①直流电压、电流的测量。测量方法有多种，在测控系统中采用数字化测量方法，如图 1-41 所示。

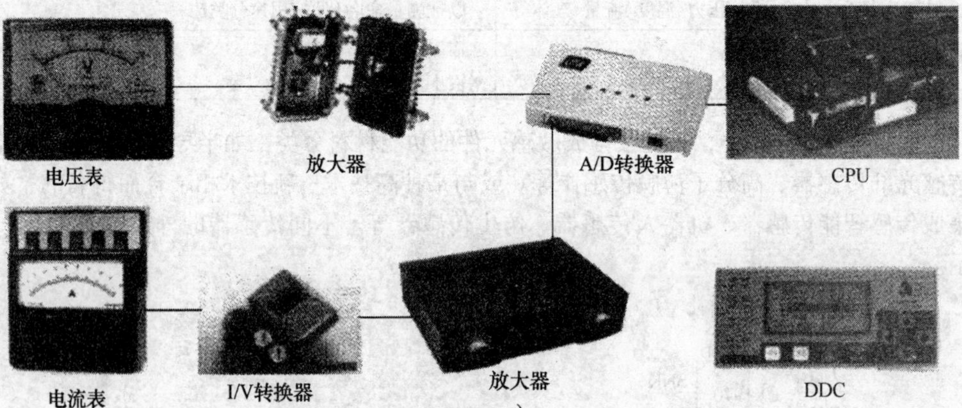

a)

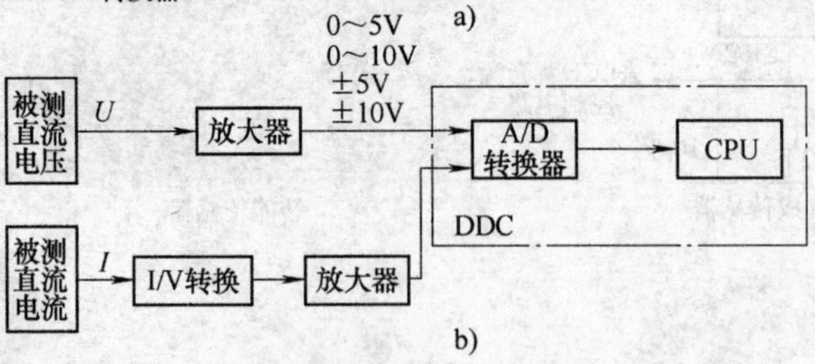

b)

图 1-41　直流电压、电流的测量

a）实物图　b）框图

测量原理：被测电压 U 经放大器进行放大或衰减，以达到标准的电压范围，实现量程变换（单极性的如 0～5V 或 0～10V，双极性的如 ±5V、±10V），变换的标准电压可直接送到DDC的AI输入，DDC内部经A/D转换器将此电压信号转变成一个数字量，该数字量乘以放大器放大或衰减系数即为被测电压的测量值。

在实际工程应用中有许多非电量需转为电量，如压力变送器、温度变送器，转换后变为0～5V直流电压或4～20mA的电流，可直接送到DDC的AI输入端进行测量。

②交流电压、电流的测量。在测控系统中常用数字化测量法检测交流电压、电流，如图1-42所示。

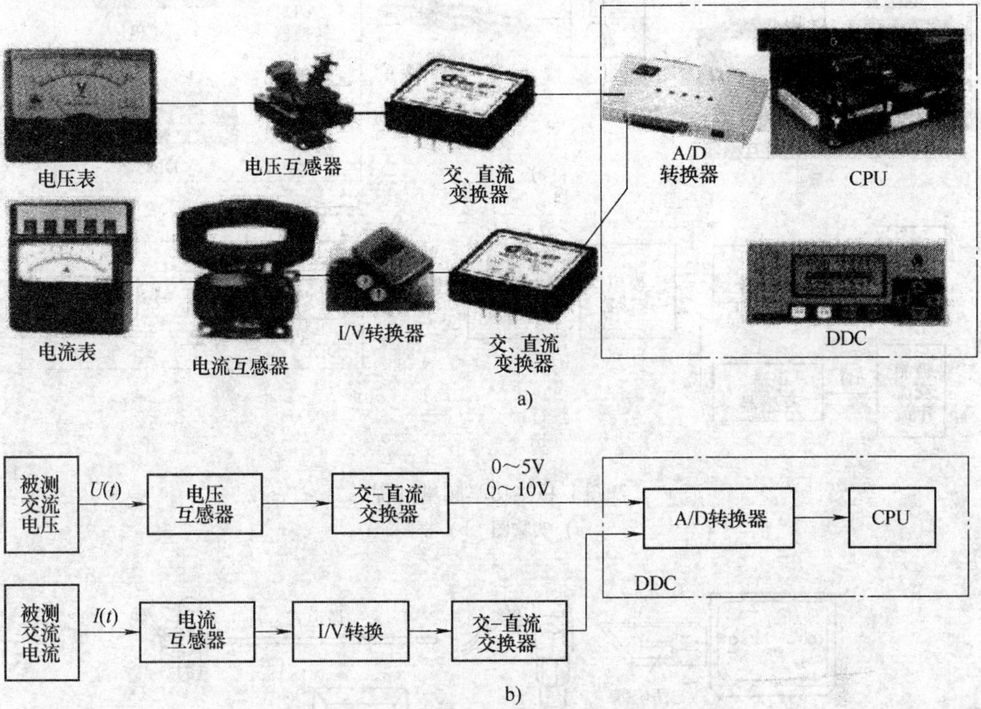

图1-42　交流电压、电流的测量
a）实物图　b）框图

测量步骤：首先是量程变换，由电流互感器或电压互感器完成，再经过交-直流变换，最后将直流电压值测出，可求得被测正弦交流电压、电流的有效值。

③功率的测量。功率测量过程如图1-43所示。

功率测量原理的核心是模拟乘法器。交流电压和电流信号经模拟乘法器相乘后即得瞬时功率信号，再经过低通滤波器得出平均功率值，这是一个直流信号，它代表被测功率的大小。

测出此直流电压值即可求得被测功率的数值。

2）温度、湿度的检测。

①温度的检测。温度检测仪表按检测方式可分为接触式和非接触式两大类。在BA系统中采用接触式检测方法，检测设备为铂热电阻、铜热电阻、热敏电阻、热电偶等，

可对室内外气温（-40～45℃）、风道气温（-40～130℃）、水管内水温（0～90℃）进行检测。这种温度检测器在结构上有室外型、室内墙挂式、风道式和水管式等，如图1-44所示。

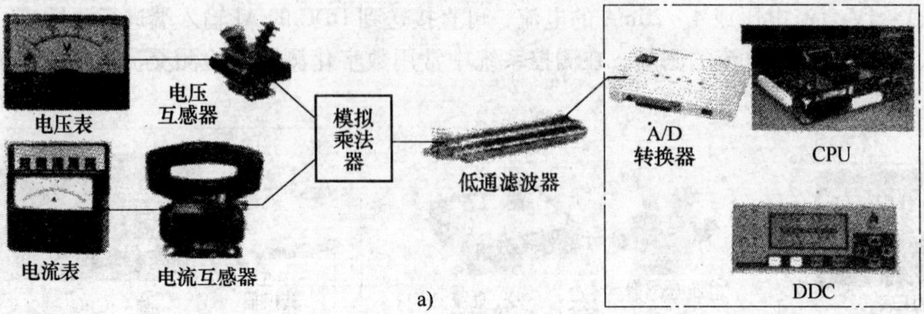

a)

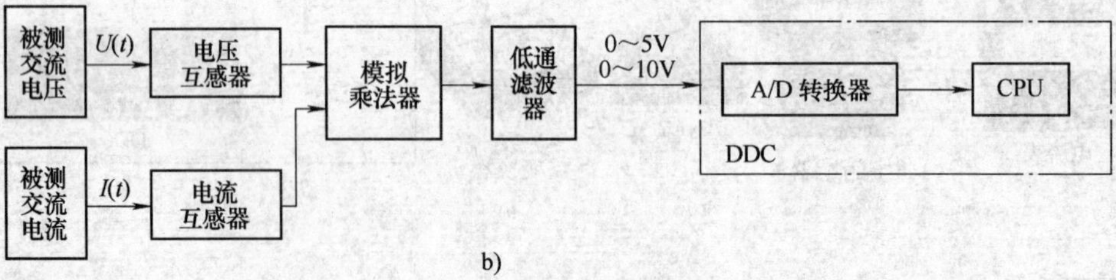

b)

图 1-43　功率测量过程

a）实物图　b）框图

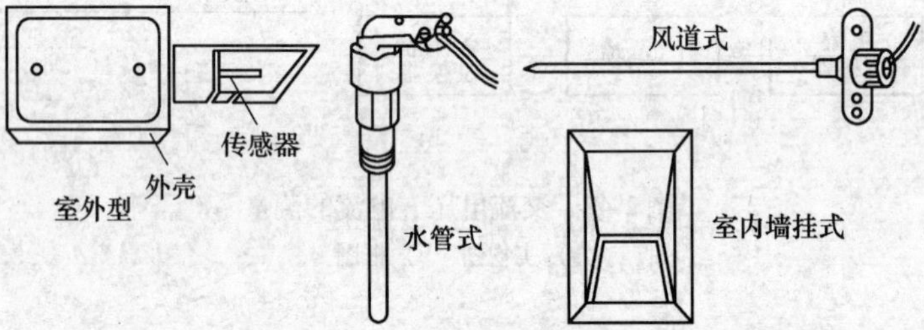

图 1-44　温度检测器的结构

【案例】 热电阻温度检测器

热电阻温度检测器在 BA 系统中应用较多，其测量如图 1-45 所示。

热电阻规格很多，但基本上是线性器件，用以描述其线性关系的公式为

$$R_T = R_0 + \alpha T \tag{1-1}$$

式中，R_T 为热电阻阻值；R_0 为温度为零时的阻值；α 为灵敏度；T 为时间。

由上式可知，虽然热电阻规格不同，由其线性特点说明，只有 R_0 和 α 不同，所以 R-V 变换和信号调理电路的原理是相同的，其输出均为标准的电压（0～5V，0～10V）或标准的电流（4～20mA）。而热敏电阻是非线性的。

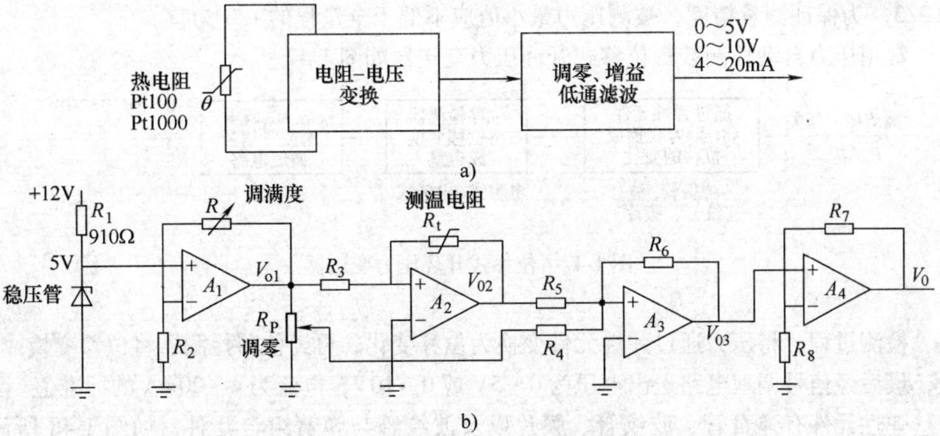

图1-45　热电阻温度检测仪
a）热电阻测量电路原理　b）电压输入型实用的测量电路

②湿度的检测。BA系统中对湿度的检测主要用于室内外的空气湿度和风道内空气湿度的检测。常用的湿度检测元件有烧结型半导体陶瓷湿敏元件、电容式相对湿度传感元件等。

检测元件是利用极板电容器的变化正比于极板间介质的介电常数。如果介质是空气，则其介电常数和空气相对湿度成正比。因此，电容器容量的变化与空气相对湿度的变化成正比。

电容式相对湿度传感器的测量精度可达±2%，测量范围为10%～90%RH，环境湿度一般不超过50%，其输出可以是标准的电压（0～5V，0～10V）或电流（4～20mA）。

在BA系统中，空调子系统中常采用热敏电阻或湿敏电阻检测，如图1-46所示。

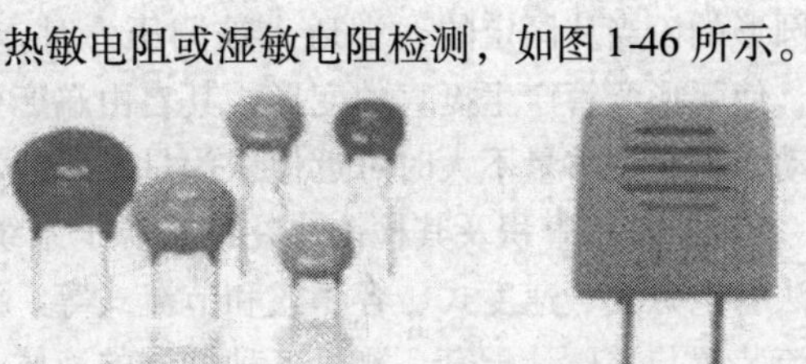

图1-46　温度、湿度检测元件
a）热敏电阻　b）湿敏电阻

3）压力液体检测。在BA系统中，给排水子系统、冷热源子系统等可检测供水管压、差压、水箱水位等，因此压力检测在系统中占有一定位置。

压力检测仪选用的依据主要有：

①控制系统对压力检测的要求，例如测量精度、被测范围以及对附加装置的要求等。

②被测介质的性质，例如介质温度高低、黏度大小、有无腐蚀和易燃易爆情况等。

③现场环境条件，例如高温、腐蚀、潮湿、振动等。

除此之外，对于弹性式压力表，为了保证弹性元件在弹性变形的安全范围内可靠地工作，在选择压力表量程时必须留有余地。一般在被测压力较稳定的情况下，最大压力值应不超过满量程的3/4；在被测压力波动较大的情况下，最大压力值应不超过满量程的 2/3。为保证测量精度，被测压力最小值应不低于全量程的 1/3 为宜。

常用压力自动检测装置位移式开环压力变送器如图 1-47 所示。

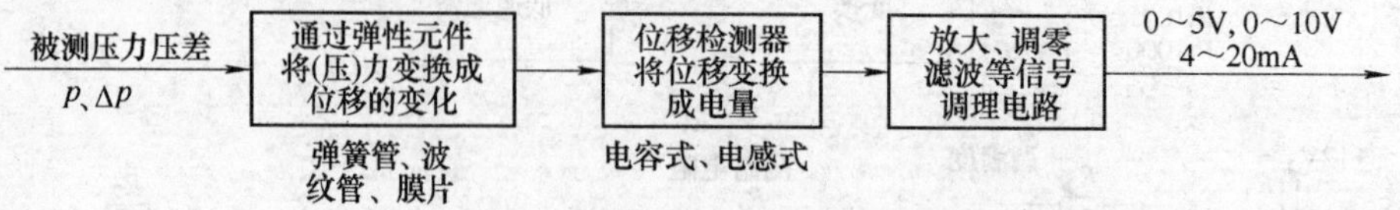

图 1-47　位移式开环压力变送器

检测过程：将压力通过弹性元件变换为位移变化，再经位移检测器将位移变换成电量，最后经信号调理电路送出电压为 0 ~ 5V 或 0 ~ 10V，电流为 4 ~ 20mA 的标准值。

弹性元件有弹簧管、波纹管、膜片以及波纹管与弹簧组合几种，如图 1-48 所示。这里仅以弹簧管为例说明弹性元件如何将压力转为位移的变化过程。

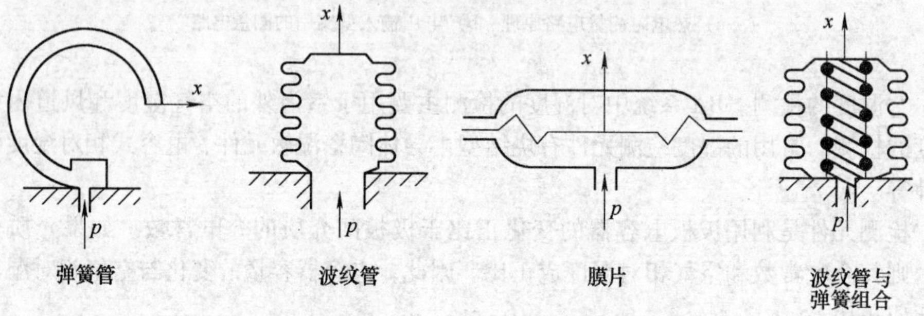

图 1-48　常用弹性元件构造

弹簧管是常用的一种弹性测压元件，它是一种弯成圆弧形的空心管子，其横截面是椭圆形的。当从固定的一端通入被测压力时，由于椭圆形截面在压力的作用下趋向圆形，使弧形弯管产生挺直的变形，其自由端产生向外的位移 x。此位移虽然是一个曲线运动，但在位移量不大时可近似认为是直线运动，且位移大小与压力成正比。

4）流量、容积及其检测。在冷热源子系统中，流量、容积的控制应用最多，检测方法有电磁式、速度式、容积式和节流式等。差压流量计如图 1-49a 所示，它实质上是节流装置与差压计配套，测量各种性质的液体、气体和蒸汽的流量。

涡轮流量计如图 1-49b 所示。涡轮的轴装在导管的中心线上，流体流过涡轮时，推过叶片，使涡轮转动，其转速近似正比于流量 Q。

（3）常用执行机构　执行机构按使用的能源种类可分为气动、电动和液动三种。在智能楼宇中常用电动执行器，执行器在系统中的作用是执行控制器的命令，直接控制能量或物料等被测介质的输送量，是自动控制的终端主控元件。执行器安装在生产现场，常年和生产工艺中的介质直接接触。执行器选择不当或维护不善时常使整个控制系统不能可靠工作，严重影响控制品质。

电动执行器有电动执行机构、电动阀、电磁阀等。

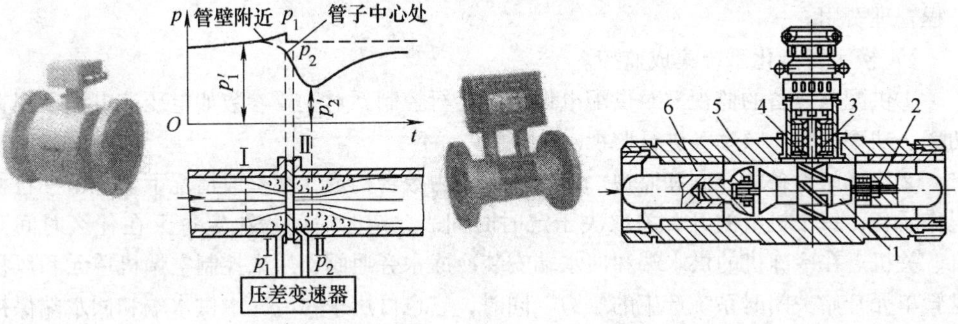

图 1-49　流量计

a）差压流量计　b）涡轮流量计

1—涡轮　2—磁铁　3—支承　4—线圈　5—导流体　6—壳体

5. 楼宇智能化系统的集成技术基础与案例

（1）楼宇智能化系统集成的概念

1）系统集成的定义及意义。

①楼宇智能化系统集成的定义。系统集成是将智能建筑中分离的不同功能的子系统通过相互关联、统一协调，以实现数据综合的系统。

建造智能建筑的目的是为了谋求低造价、高性能，在整个建筑生命周期获得高效益。楼宇控制系统的建立是为了智能建筑有一个舒适的环境，节约能源，尽快回收基本建设投资，并且始终高效益地运行。目前楼宇控制系统的设计人员正在竭力采用标准的、开放的交互操作控制系统，以集成多个暖通空调、照明、消防、安保、电梯、停车场、IC 卡等系统，这种以楼宇控制系统集成为平台的智能建筑集成十分必要。

②系统集成的意义。智能化系统集成不是各系统的简单组合，而是计算机网络技术和分布式数据库技术经最优化的综合统筹设计，将各子系统或设备有机地综合在一起，实现信息共享与综合应用，通过对大楼集中监控和管理，可以全面地利用大楼内的综合信息和数据，提高物业管理水平，降低大楼总体运行费用，实现对大楼内各类事件的全局管理，提高对大楼突发事件的响应能力，提供给用户更安全舒适的工作环境和更高效的办公条件。

系统集成的意义还体现在节省投资、提高工程质量和降低工程管理费用等方面。早期建设的智能化大楼多数是分立系统，即各个智能化子系统独立设置，分开管理，各个子系统互不相关，硬、软件大量冗余，使系统建设费用增加。而集成系统采用最优化的综合统筹设计，可实现整个大厦内物理和逻辑上的硬件设备与软件资源的共享，利用最低限度的设备和资源来最大限度地满足用户对功能上的要求，节省了大厦的投资。从工程建设的角度来看，系统集成有利于智能建筑的工程实施和施工管理。因为系统集成便于采用智能化系统总承包的施工方式，减少工程承包界面，便于各子系统之间的界面协调，不仅提高了工程质量，保证工程进度，为系统的一次性开通打下基础，而且降低了工程管理费用。

2）楼宇智能化系统集成监控。

①供配电设备的监视。对供配电设备不实行控制，对主要参数如电压、电流、视在功率、功率因数、频率等进行监视。

②冷冻站设备的控制和监视。冷冻机一般由数台构成，在一般情况下需预留一台机组作后备，每个机组的开、关取决于定时时间表，定时时间表决定每天在什么时间开机、关机。在冷冻机的供水端和回水端安装冷冻水旁通阀，用来控制空调机单元和风机盘管单元开始关闭时系统产生的压力，同时，它也可用来在冷冻水供水端和回水端保持一定压力，使冷冻水流向空调机。

③空气调节机组的控制和监视。空气调节机组的启动、停止控制要预先在定时时间表中安排程序，空调机一周内每天的开机、关机由楼宇控制系统根据定时时间表自动控制。楼宇控制系统将存储每台空调机的运行时间，这些数据将按需要在工作站向操作员显示。采用回风管温度来控制空调机阀门，当消防报警接点闭合时，关闭空调机。当风量探头在发动机开动后仍未测得风量时，空调机的状态显示将显示故障。空调机过滤网堵塞时，压差开关动作，向系统发出报警信号。当回风湿度低于设定值时，开启加湿装置。当温度低于4℃时，防冻系统报警并执行相应的防冻保护程序。监视的运行参数和控制功能有回风温度、湿度，送风温度、湿度，调节新风风阀、回风风阀、冷冻水阀的开度，风机启停控制以及过滤器阻塞报警。

④新风机组的控制和监视。每台空调机都可选择手动、自动控制。在自动控制模式下，楼宇控制系统将按时间表来操作空调机，执行相关的空调机程序和连锁功能。在手动状态下，楼宇控制系统功能失效，但监视功能仍然保留。新风机组监视的运行参数和控制功能有送风温度，室外新风温度，调节新风风阀、冷冻水阀的开度，风机启停等。

⑤通风设备的控制和监视。每台风机都由选择开关来选择手动、自动控制。根据控制区域内 CO、CO_2 探测器所测参数，控制风机启停。在定时时间表中安排一周内每天开机、关机时间，楼宇控制系统将存储每台风机的整个运行时间，这些数据将按需要向操作员显示。

⑥给、排水系统的控制和监视。整个系统由若干台水泵和各类水池、贮水箱组成，每台水泵都可选择手动、自动控制。楼宇自控系统将根据水位的高低来操作泵的启、停，存储每台泵的整个运行时间，并且自动更换泵的运行，以确保每台水泵有较平均的运行时间。当水位超过设定的高、低位置时，楼宇控制系统将给出报警信号。

⑦安保系统。如果火灾报警发生，或者发生偷盗或坏人破坏等事件，则可通过联动系统使公用广播及火灾事故广播转换到紧急广播，便于发出通知，组织人员进行疏散，另外对摄像机摄取的图像进行录像。

⑧停车场系统。纳入整个楼宇设备管理系统，对工作状态进行监视，在事故状态下如何运行也要由集成系统进行操作管理。

⑨IC 卡系统。对重要区域及门锁实行 IC 卡管理，何人何时进入防范区域及大门都要进行管理，以提高安全程度。此外，IC 卡可一卡多用，这属于办公自动化的一项内容。

⑩火灾报警及自动控制系统。火灾报警的监视报警数据除了反映到消防控制室外，还要反映到楼宇控制室，这样可以起到双重保险的作用。有些连锁接点，如火灾报警后要关断有关风机阀门，则要统一考虑。依据我国消防部门的规范，对于火灾报警的自动控制，主要靠火灾报警和自动控制系统完成。

⑪电梯。应对电梯平时的运行状态进行监视。火灾发生时应就近停靠或者行至首层、停靠。

（2）楼宇智能化系统集成方式　我国对整个智能大厦的系统集成方式还没有一个统一的定论，目前大型公共建筑系统集成主要采用以下四种模式：

1）以节点方式进行系统集成。

2）以串行通信方式进行集成。

3）以 BAS 为平台进行系统集成。

4）基于子系统平等方式进行系统集成。

第一种集成方式是系统集成最初的手段，现在建筑设备管理系统（BMS）集成中很少应用。第二种方式由于采用串行通信在通信速度上过慢。第三种集成方式存在很大的缺陷，由于 BAS 是一个相对封闭的体系，缺少向上开放的能力，与其他子系统的接口设备和接口软件局限于特定产品，因此系统集成能力有限，并且维护、升级成本过高。且 BAS 与 BMS 捆绑过紧，一旦 BAS 出现故障，BMS 也就宣告瘫痪，失去正常工作能力，不能管理和监控仍正常工作的子系统。因此，基于子系统平等的集成方式相对受到青睐。

以楼宇控制系统为平台的系统集成方案可以形成以整个设备管理为中心的集成，这种系统集成比较经济实用，可以适当减少一些硬件设备及软件系统。另外一种方式为整个楼宇的一体化集成，是在楼宇控制系统、火灾报警与自动控制系统、保安系统、通信系统、办公自动化系统之上再加一级中央管理集成系统，这对需要形成最高管理层次的单位来讲是必要的。对于来自不同厂家的产品，真正做到集成需要采用一个统一的通信协议，由于具有共同的通信协议，有些昂贵的硬件、软件或其他的网关配置可以被削减。开放的“点对点”（分散控制）通信技术支持新一代的产品和系统，使其运行起来更经济。此外，它还提供非预制环境，以便将来改变或修改系统，完善子系统的集成性，降低运行成本。关于通信协议，采用 Internet 上使用的 TCP/IP 通用性较大。

楼宇智能化系统的集成技术包括两方面内容：一是分散控制系统，二是现场总线技术。总之，系统的集成是将计算机技术、控制技术、图形显示技术和通信技术汇集于一体，从而对现场设备进行分散控制，又方便集中管理，真正体现其智能化优势。

以前采用 BAC net 开放式通信界面较多，上层通过以太网（Ethernet），主干线采用因特网（Internet）提供系统高速的通信。以太网支持网络控制器，为楼宇中央通信系统提供高效的输入/输出的可扩充性。以太网支持更多工作站及 Windows NT 服务器工作，操作员可通过标准拨号电话线与很多个异地终端通信。以太网控制器包含多至四个可编程的 RS-232 或 RS-485 接口，支持通信、打印机、调制解调器（Modems）的连接。

近年来采用 LonWorks 控制网络技术使得分散控制的目标成为现实。在 LonWorks 网络中，智能控制装置被称为节点，使用一个共同的协议来相互通信。每一个节点都含有嵌入式能执行协议的智能芯片，以完成监控功能。在一个网络中，可以有3至3万个乃至更多的节点，如传感器（温度、湿度、压力、红外线等）、驱动器（开关、整流器、断路器、变风量控制器、变频驱动器等）、操作接口（显示器、触摸终端、人-机接口等）和控制器（空调机、压缩机、冷水机组等）等，通常为减少对中央控制器、可编程序控制器或计算机的需求，可改用分散控制，这将提高系统的可靠性，同时也会降低系统的安装和运行成本。管理通信的任务将由一个强有力的集成电路夹完成。系统允许控制装置作出适当的决定，同时，通过一种或多种通信介质与其有关的网络中的其他智能控制装置进行通信。通信介质可由双绞线、动力线、同轴电缆、光缆或无线方式组成。这种支持多种通信介质的灵活性使得 LonWorks 网络成为改造现存的使用双绞线、结构化综合布线或动力线系统的极具魅力的方案。一个 LonWorks 节点类似数据网络上的一台个人计算机。然而，不同于数据网络采用宽带介质用来传输大量数据文件，控制网络传送由传感器生成的包含“状态信息”的少量控制信息。网络中的执行机构监视这种状态信息并做出相应的指令，协调风门、阀门或其他控制装置，保持对系统的控制。网络中的控制装置可以实现现场安装。使用流行的网络管理软件可在 Windows 95、Windows NT 或其他平台上运行。控制装置安装后，网络管理者既可以使之与网络连接，也可与网络断开。这种智能型现场控制装置无需管理控制器即能正常运行。

1.3.5 楼宇自动化中的 LonWorks 现场总线技术

现代工业过程控制领域对测控系统的速度、精度、成本等方面提出了更高的要求，全数字、双向、多节点的现场总线应运而生。现场总线是一种串行的数字通信链路，它沟通了生产领域中现场设备之间以及更高层次控制过程设备之间的联系。现场总线的出现带来了自动控制领域的革命性变革，为实施大范围智能控制提供了强大的技术支持。这里主要介绍目前最流行，在楼宇自动化中应用最多的主流 LonWorks 现场总线技术。

1. 现场总线技术概述

到目前为止，工业控制自动化技术经历了两次革命，第一次是20世纪五六十年代从电气传动控制到模拟信号为主的自动化仪表系统。第二次是20世纪七八十年代集散控制系统（DCS）的出现，DCS将计算机引入到控制系统，用分散的I/O模板代替控制室仪表，将分散的测量点通过计算机进行集中监控。然而，DCS系统本身具有以下不可克服的问题：

1）一对一接线，不仅增加了安装维护费用，也降低了系统的可靠性。

2）采用“操作站—控制站—现场仪表”三层主从结构模式，仍存在着可靠性隐患。

3）各个 DCS 系统采用封闭的协议不利于系统的互操作。

4）模拟信号传递限制了传输介质和拓扑结构的选择。

近代，工业控制领域正进行着第三次革命——基于现场总线的控制系统。

（1）现场总线系统的特点　现场总线是应用在生产现场和微机化测量控制设备之

间实现双向串行数字通信的系统，它在制造业、工业过程、交通和楼宇等自动化系统中具有广泛的应用前景。

现场总线技术将专用微处理器置入传统的测量控制仪表，使它们各自具有了数字计算和数字通信能力，并且采用可进行简单连接的双绞线作为总线，把多个测量控制仪表连接成网络系统。现场总线系统中还采用公开一致的通信标准，使各个厂家设备可以交互信息，实现互操作，这就是真正意义的开放系统。

现场总线导致传统控制系统结构的变革，形成了新型的网络集成式全分布控制系统——现场总线系统。与传统控制技术相比，现场总线技术具有以下鲜明的特点：

1）开放式控制网络。开放式控制网络允许许多智能设备之间相互通信，而不需加入监控设备并能负责整个系统级的控制算法。网络上的设备构成对等（Peer to Peer）结构，即每个设备负责直接将信息发布到网络上的其他设备。信息由设备的发送器以数据包形式发出，一个或多个接收器接收这些数据包。开放式的控制网络如图1-50所示。

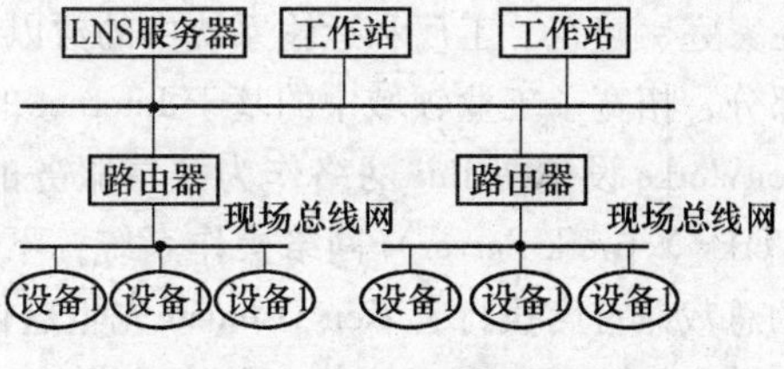

图1-50　开放式的控制网络

2）分布式智能。网络已出现许多年了，除了大型计算机系统外，通常还没有应用到网络控制设备，绝大多数通信协议仍被用来进行计算机或个人之间的数据通信。随着微处理器价格不断下降，可以将微处理器嵌入到价格低廉的控制器和控制设备。在这个意义上说，控制设备具有通信和信息处理的能力（承担传感测量、补偿计算、数据处理和控制任务），该设备亦称为“智能设备”。

3）强大的网络功能。在传统网络中，采用的通信协议通常服务于网络性能的优化。然而在控制网络中，通信协议主要提供智能设备间频繁、可靠、安全的通信，设备间对等的信息传输。现场总线技术采用自由拓扑结构，现场设备自治，以点对点通信方式实现分散基础上的信息融合。通过各种智能网关、桥接器和路由器不仅实现现场设备的分段成组，还可实现现场控制系统向信息系统的集成。

（2）现场总线技术的发展　现场总线技术是计算机技术、通信技术和控制技术的综合与集成，它的出现使传统的自动控制领域产生了革命性的变革，形成了新型的网络集成或全分布控制系统即现场总线系统。由于现场总线适应了工业控制系统向分散化、网络化和智能化发展的方向，它一经产生便成为全球工业自动化的热点，受到全世界的普遍关注。

现场总线自20世纪80年代中期问世以来，传统的自动化仪表、集散控制系统、可编程序控制器的产品功能结构受到了挑战，自动化设备的制造厂家被迫进行产品更新换代，出现了一批集检测、运算、控制功能于一体的变送控制器，具有通信功能的智能化数字仪表，以及带有控制模块和故障信息的执行器，大大改变了现有设备的维护管理方式。现场总线是新型自动化系统，又是低带宽的底层控制网络，它可与Internet的企业内部网相连，沟通生产过程现场级设备与更高控制管理层之间的联系，以分布式的智能和强大的网络能力增强了系统的可靠性和品质，代表了工业自动化的发展方向。由于现场总线担负测量控制的特殊任务，具有信息传输的实时性、高可靠性和短帧传送，其传输速率一般在几 kB/s 至 10MB/s 之间。

目前国际上有几种现场总线技术已逐渐形成其影响，并在一些特定的应用领域显示了自己的优势，它们分别为基金会现场总线（Foundation Field Bus，FF）、美国 Echelon 公司的 LonWorks 现场总线、CAN（Control Area Networks）总线和 HART（Highway Addressable Remote Trasducer）总线等。其中 LonWorks 总线以其支持 OSI/RM 7 层模型、支持多种通信媒介及易于实现等诸多特征，受到了广泛的关注。

现场总线技术产品具有很强的开放性、兼容性、可靠性和互操作性，广泛用于工业过程、楼宇、家庭、能源等自动化领域。现场总线技术促使控制网络与信息网络的集成，极大地改变了人们的生产方式和生活方式，扩大了传统控制领域的范畴。2000 年 3 月，Echelon 公司开始出售 i. Lon1000 Internet 服务器。这是一个突破性产品，可以使用在家庭、建筑、工厂和运输系统中的数以百计的 LonWorks 设备上，并将变成 Web 的一部分，拓宽了工业领域中的基于 Internet 的市场和应用。1999 年 6 月，SUN 公司展示了 LonWorks 设备在 Jini 网络作为共享服务的一幕。Jini 的 LonWorks 代替基于 LNS（LonWorks Network Server）网络操作系统，不需要另外的软硬件和设备驱动。Echelon 公司的总裁兼首席执行官 Ken Dshman 先生这样评价 Jini 技术与 LonWorks 网络的结合："通过结合，LonWorks 成为 Jini 服务提供者；我们可以想象，任何一个设备都能在任何时间、任何地点参与共享其他设备的服务。"

现场总线技术的发展虽然才有十几年的时间，但国外的工业控制基础较好，而且各种总线技术的标准都是由他们提出的。我国近几年也掀起了研究和应用现场总线技术的热潮，中国计算机协会工控专委会成立了 LonWorks 控制网络协作网，成员已达 40 多个，大型建筑业过程控制系统已逐渐推广现场总线系统。

（3）LonWorks 总线技术的优势　美国 Echelon 公司于 1992 年研制成功了 LonWorks 测控网络。LON（Loncal Operating Networks）总线是该公司推出的局部操作网络，Echelon 公司开发了 LonWorks 技术，为 LON 总线设计和成品化提供了一套完整的开发平台。其通信协议 LonTalk 支持 OSI/RM 的所有 7 层模型，这是 LON 总线最突出的特点。LonTalk 协议通过神经元芯片（Neuron Chip）上的硬件和固件（Firmware）实现，提供介质存取、事务确认和点对点通信服务，还有一些如认证、优先级传输、单一/广播/组播消息发送等高级服务。网络拓扑结构可以是总线型、星形、环形和混合型，可实现自由组合。另外，通信介质支持双绞线、同轴电缆光纤、射频、红外线和电力线等。应用程序采用面向对象的设计方法，通过网络变量把网络通信的设计简化为参数设置，大大缩短了产品开发周期。

高可靠性、安全性、易于实现和互操作性，使得 LonWorks 产品广泛应用于过程控制、电梯控制、能源管理、环境监视、污水处理、火灾报警、采暖通风和空调控制、交通管理、家庭网络自动化等。为了便于各个厂商不同设备的互操作，Echelon 公司和一些 LonWorks 用户在 1994 年成立了 LonMark 互操作协会。协会的主要任务是制定和推广

LonMark 技术的设计指导标准，并帮助生产厂商和最终用户制造与使用可互操作的 LonMark 产品。

LonWorks 网络协议已成为诸多组织、行业的标准。消费电子制造商协会（CEMA）将 LonWorks 协议作为家庭网络自动化的标准（EIA-709）。1999 年 10 月，ANSI 接纳 LonWorks 网络的基础协议作为一个开放工业标准，包含在 ANSI/EIA709.1 中。国际半导体原料协会（SEMI）明确采纳 LonWorks 网络技术作为其行业标准，还有许多国际行业协会采纳 LonWorks 协议标准，这将巩固 LonWorks 产品在诸行业领域应用的地位，推动 LonWorks 技术的发展。

2. LonWorks 控制网络的构成

LON 总线是当前最为流行的现场总线之一，它具有很强的开放性、兼容性、灵活性、可靠性和可互换作性。

（1）LonWorks 控制网络结构　LonWorks 控制网络结构包括五个部分：网络协议（LonTalk）、网络传输介质、网络设备、执行机构和管理软件。其中，网络设备包括智能测控单元、路由器和网关等；执行机构包括传感器、变送器等；管理软件包括 LonTalk 开放式通信协议，并为设备之间交换控制状态信息建立了一个通用的标准。在 LonTalk 协议的协调下，以往那些孤立的设备融为一体，形成一个网络控制系统。LonTalk 是面向对象的网络协议、支持 OSI 7 层协议，设备节点之间的数据传递通过网络变量的互联实现。神经元芯片是除 LonTalk 协议之外的又一 LonWorks 技术核心产品，它不仅是 LON 总线的通信处理器，同时也可以作为采集和控制的通用处理器，LonWorks 技术中所有关于网络的操作实际上都是通过它来完成的。

图 1-51 所示为 LonWorks 控制网络结构框图。

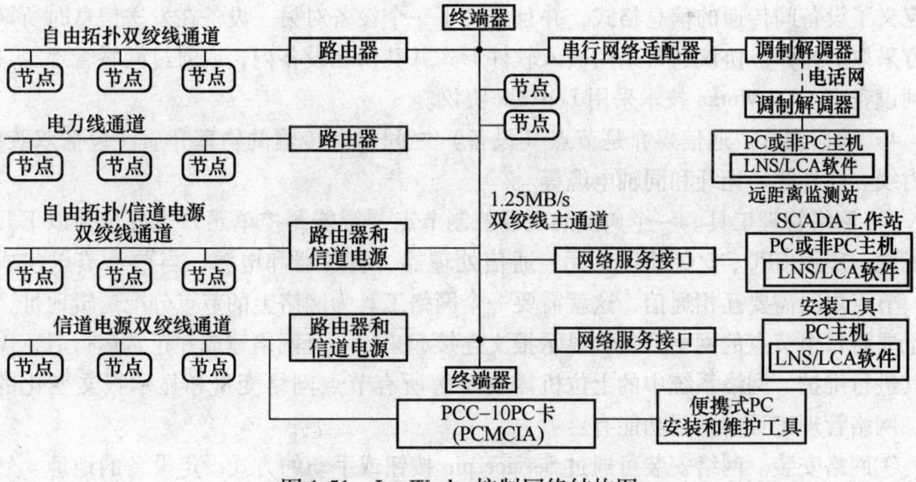

图 1-51　LonWorks 控制网络结构图

1）LonWorks 节点。节点被称为智能设备，它包括一个神经元芯片、LonTalk 收发器、存储器、电源和外围电路。节点是物理节点的抽象，应用设备节点、路由器、网络接口卡都是节点。节点具有两种类型：基于芯片的节点和基于主机的节点。

①基于芯片的节点。神经元芯片是一组复杂的 VISI 器件，一个神经元芯片包含应用 CPU、I/O 处理单元和通信处理器。因此，一个神经元芯片加上收发器就可构成一个典型的现场节点，负责现场设备的通信和简单数据处理任务。图 1-52a 为基于芯片的节点结构框图。

②基于主机的节点。神经元芯片是 8 位总线，最高主频为 10MHz。对于一些复杂的控制，如带有 PID 算法的单回路、多回路，其控制就力不从心。而采用 Host Base 结构是解决这一矛盾的好方法：将神经元芯片作为通信处理器，用高级主机的资源完成复杂的测控功能。图 1-52b 为一个典型的基于主机的节点结构图，其中主处理器可以是微控制器或计算机等。

2）路由器。路由器是 LonWorks 技术的一个主要部分，用来连接不同通信介质的 LON 网络。在 LonWorks 技术中，路由器包括中继器、桥接器和路由器。路由器除连接不同媒介的 LON 网络外，还能控制网络交通，增加信息通量和网络速度。

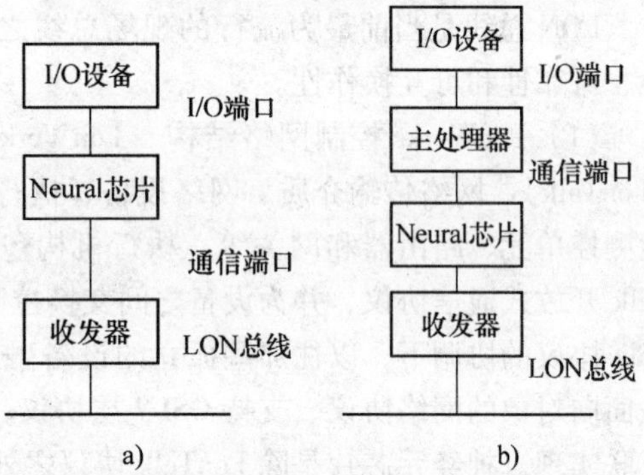

图 1-52　LON 节点

a）基于芯片的节点　b）基于主机的节点

3）网络协议。设备在运行程序的适当时刻发布信息，由于这些程序不是同步运行，也可能有多个设备试图同时对话。因此，设备间的信息传递需要以一系列的规则和进程的形式加以组织，这些规则和进程称为通信协议，通常简称协议。协议定义了设备间传递的信息格式，并且定义了一个设备对另一设备在发送信息时所期望对方采取的操作。协议通常采用嵌入软件形式并驻留在设备内，或通过网络管理工具下载到设备中。LonWorks 技术采用 LonTalk 协议。

4）通信媒介。通信媒介是节点（设备）之间信息传输的物理介质，包括双绞线、电力线、红外线、光纤和同轴电缆等。

5）网络管理工具。一个典型的现场控制节点（智能测控单元）主要包括以下几个功能块：应用 CPU、I/O 处理单元、通信处理器、收发器和电源。当单个节点建成之后，节点之间需要互相通信，这就需要一个网络工具为网络上的节点分配逻辑地址，同时也要将每个节点的网络变量和显示报文连接起来。一旦网络建成并正常运行后，需要对其进行维护。网络系统中的上位机需要了解所有节点网络变量和显示报文变化的情况。网络管理工具的主要功能有：

①网络安装。网络安装可通过 Service pin 按钮或手动的方式设定设备的地址，然后将网络变量互联起来，并且可以设置四种报文方式：发送无响应、重复发送、应答和请求响应。

②网络维护。网络维护主要是在系统正常运行情况下，增加、删除设备以改变网络变量和显示报文的内部连接。网络维护还是一个错误设备的检测和替换的过程，检测过

程可以查出设备出错是应用层的问题（例如一个执行器由于电动机故障而不能开闭）还是通信层问题（例如设备脱离网络）。由于采用动态分配地址方式，只需将数据库中提取的旧设备的网络信息下载到新设备即可，而不必修改网络上其他设备。

③网络监控。应用设备只能得到本地的网络信息，即网络传送给它的数据。然而在许多大型的控制设备中，往往有一个设备需要查看网络所有设备的信息。例如，在过程控制中需要一个超级用户，用户可以在网上，甚至以远程的方式（如 Internet）监控整个系统。通过节点、路由器和网络管理这三部分的有机结合就可以构成一个带有多种介质和完整的网络。

（2）LonWorks 网络的技术支持　LonWorks 技术的目标是提供建造开放控制系统所需的便捷、具有优良性价比的开发平台，该平台提供一套完整的设计、创建和安装智能控制设备的工具。LonWorks 技术的关键部件包括：

1）神经元芯片。神经元芯片是一种专用于价格低廉的控制设备使之具有智能和网络功能的半导体器件。神经元芯片包括通信功能，含有用户代码的应用处理功能和由设备开发商提供的 I/O 设备。

2）神经元芯片应用程序。LonWorks 应用程序用 Neuron C 编写。一旦编写完毕，Neuron C 代码就被编译成机器码形式并下载到或连接到芯片上。Neuron C 是以 ANSI C 为基础，并具有三项重要扩展功能：

①新的语句类型——When 语句，引入了“事件”并定义了任务执行顺序。

②对显示和隐式报文格式的集成信息处理机制。

③新的对象类——网络变量，简化了节点间的数据共享。

3）收发器（Transceivers）。收发器提供神经元芯片与 LonWorks 网络的物理通信接口。收发器简化了可互操作的 LonWorks 节点的开发并用于许多类型的通信介质的拓扑结构，具有不同收发器类型的产品需要通过路由器实现节点之间的互操作。

4）LonWorks 节点。每个连接到网络上的 LonWorks 设备称为节点，节点包括一个神经元芯片和收发器。根据节点的功能，节点可以嵌入传感器、执行器、I/O 外围电路等。节点的应用程序不仅接收和发送网络上的信息，而且可以进行传感信号和控制逻辑的数据处理，例如 PID 控制、数据采集和调度。

5）路由器（Routers）。路由器支持多种通信介质，路由器也可以控制网络流量，增加网络的吞吐率。一个路由器通常由两个互联的神经节点构成，每个节点的收发器类型与路由器所连接的信道兼容。

6）开发工具（Development Tools）。开发工具包括多节点开发环境、调试应用程序环境、安装和配置节点的网络管理器和监视网络流量的协议分析仪。开发工具使产品开发商便于设计基于 LON 控制网络的节点。其中，LonBuilder 工具是一个开发多节点的集成工具，包括许多可选的工具，而 Node Builder 是单节点开发工具，LonMaker for Windows 是网络设计和系统管理工具。

7）网络适配器（Network Adapters）。网络适配器是网络接口设备，它并不连接传感器和执行器，而是外部主机（例如计算机）的物理接口。该设备的应用程序提供通信协议和 API（应用程序接口），使得基于主机的程序（例如网络工具）可以访问 LON 网络。Echelon 公司 PLCTA-1 网络适配器就是一个网络接口设备，把它插入计算机内部的 ISA 总线槽，就可以用网络工具（LNS 和 LonMaker）访问 LON 网络。

8）网络操作系统（Network Operating System，NOS）。网络操作系统提供一个公共的、支持诊断、控制、安装和配置的面向网络的系列服务。网络操作系统考虑了单个或多个用户使用的多个工具之间的并发服务问题，它支持访问 LonMark 对象和配置属性的 LonMark 服务，支持多生产厂家生产的每个设备配置标准插入（Plug-ins）。

（3）LonWorks 控制网络特征　LonWorks 是一种具有强劲实力的全新现场总线技术，它提供了一个开放性强的局部操作网络，其显著的特征在于：功能强大的神经元芯片、系统的互操作性和 LonTalk 通信协议。

1）功能强大的神经元芯片。神经元芯片是 LonWorks 系统设备的核心器件。对于开发商来说，神经元芯片的特征在于它的完整性。神经元芯片内的处理器和内嵌的通信协议简化了系统编程。准确地说，神经元芯片已提供了 ISO/OSI 通信协议模型的前 6 层，仅需要开发商进行应用层编程和参数配置。因此，基于神经元芯片的系统开发相当简便。

神经元芯片包括 3 个 8 位微处理器、随机存储器 RAM、只读存储器 ROM 以及通信和 I/O 接口。ROM 中驻存一个操作系统、LonTalk 协议和 I/O 函数库。RAM 用于存储从网络上下载的配置数据和应用程序，每一个神经元芯片在制造期间被赋予一个唯一的 48 位码的标识，称为标识码。神经元芯片由两个最大的半导体生产商（Toshiba 和 Motorola）生产，这保证了芯片的低价位。1997 年 9 月，20 MB 芯片的出现使网络的反应时间降至 3～4ms，使 I/O 性能提高了一倍。新出现的低能耗芯片 MC143120LE2FD 采用 3V 工作电压，减小了电力消耗，广泛适用于传感器、执行器、安全检测器和自动调温器，尤其适用于建筑物内嵌的分散控制网络。

2）系统的互操作性。在过去的 20 多年中，控制系统的结构随着技术的进步发生了很大的变化。连接到局域网的分布处理的微机替代了连接到哑终端的集中式的大型机设备，进而由功能强大的计算机组成的分布式对等网络替代了分散式控制网络。信息系统产品的巨大成功关键在于微处理器、通信协议、操作系统和硬、软件产品的工业标准化。LonWorks 系统提供了一个开放系统设计平台，使得不同厂家的产品在 LON 网上都可以实现无缝地互操作。

LonWorks 系统的互操作性是指开放网络中的许多智能设备之间可以相互通信，不需加入监控设备负责整个系统的控制流程。LonWorks 系统的互操作标准由 LonWorks 互操作协会负责制定。LonWorks 互操作协会的工作主要在于：

①建立标准收发器及相关物理通道规范。

②设备应用程序的建立和文档化的标准化定义。

LonWorks 规范详细描述了设备的应用层接口，包括网络变量、配置属性、一般和特殊的控制所用的默认和上电行为等。

③通信协议 LonTalk。LonTalk 协议是 LonWorks 系统的灵魂，它固化于神经元芯片

中，是直接面向对象的网络协议。LonTalk 支持 OSI/RM 模型的 7 层协议，支持多种传输介质和多种传播速度。其地址设置方法提供了巨大的寻址能力，提供了可靠的通信服务，保证了数据的可靠传输。

3. LonWorks 通信协议

LonWorks 协议称为 LonTalk 协议和 ANSI/EIA709.1 控制网络标准，是 LonWorks 系统的核心。该协议提供一系列通信服务，使得一个设备的应用程序可以在不了解网络拓扑、名称、地址或其他设备功能的情况下发送和接收网络上其他设备的报文。LonTalk 协议能提供报文确认、报文认证、打包业务和优先传送服务，提供网络管理服务的支持，并允许远程网络管理工具与网络设备进行交互。

（1）LonTalk 协议简介　1993 年，美国 Echelon 公司推出了 LonWorks 新技术，提供了开放的低层通信网络——局部操作网络，称为 LonTalk 协议。采用神经元芯片的网络节点含有 LonTalk 协议固件，使得网络节点可以可靠地通信，完成各种功能。网络节点是相互独立的，可以做到在任一节点发生故障时，不会影响整个网络工作，从而提高了系统的可靠性和可维护性。另外，由于各节点具有本地存储和处理能力，系统的安全性很高，并且在系统规模大时避免网络通信的冲突和网络速度的局限性。

LonTalk 协议符合 ISO/OSI 参考模型的 7 层体系结构，即含有物理层、链路层、网络层、传输层、会话层、表示层和应用层，是一套完整、安全、有效的通信协议系统。

1）LonTalk 协议特点。

①LonTalk 协议采用分级编址方式，即域、子网和节点地址。

②LonTalk 协议支持多种通信介质，包括双绞线、电力线、同轴电线、无线电和红外线、光纤传输介质等。

③互操作性强。网络上任一节点可以对其他节点进行操作，传输控制信息。

④响应时间快，通信安全可靠。

2）LonTalk 协议的功能。LonTalk 协议符合 ISO 制订的开放系统互联 OSI 标准，具有完备的 7 层协议，见表 1-7。由表中可以看出，LonTalk 提供的服务包括：物理信息管理；命名机制、数据包寻址和路由选择；通信的高可靠性；优先级管理和外部帧及数据表示等。

3）LonTalk 协议标准。LonTalk 协议是一个分层的、基于数据包的对等通信协议，像 Ethernet 和 Internet 协议一样，它是一个公认的标准并遵循 OSI 模型分层规则。为了确保满足控制网络的可靠和对等的通信标准，LonTalk 协议为控制应用提供了一个高可靠、高性能、抗干扰性强的通信机制。

表 1-7 给出了 OSI 7 层协议模型以及对应的 LonTalk 协议服务。

表 1-7　LonTalk 协议的各层功能

层次	OSI 层次	服　务	LonTalk 提供的服务	处理器
7	应用层	网络应用	标准网络类型	应用 CPU
6	表示层	数据表示	网络变量，外部帧传输	网络处理器

（续）

层次	OSI 层次		服　务	LonTalk 提供的服务	处理器
5	会话层		远程遥控	请求/响应，认证，网络管理	网络处理器
4	传输层		端对端可靠传输	应答、非应答、点对点及双重检查	网络处理器
3	网络层		传输分组	地址，路由	网络处理器
2	链路层	链路层	帧结构	帧结构，数据解码，CRC 错误检查	MAC 处理器
		MAC 子层	介质访问	可预测 CSMA，冲突避免，优先级	
1	物理层		电路连接	介质，电气接口	MAC 处理器

①物理层。物理层定义了在通信信道上位流的传输。物理层确保一个源设备发送的位流准确地被目的设备所接收。LonTalk 协议基于传输介质，多个物理层协议支持不同的通信介质（如双绞线、电力线等）。

②数据链路层。数据链路层定义介质访问方法和确保有效利用单一信道的数据编码。物理层的位流被分割成数据帧，数据链路层定义源设备发送数据帧的时刻，目的设备如何接收数据帧以及检测传输错误，同时还定义了优先级机制以确保重要信息的传送。

③网络层。网络层定义了来自源设备的报文是如何选择路由到达一个或多个目的的设备。网络层定义设备名称和地址，还定义了当源设备和目的设备不在同一信道上时，如何确定报文路由。

④传输层。传输层确保可靠的报文传输。报文可以用一种确认服务方式来进行数据交换，即源设备等待来自接收设备的确认信号并且当未收到确认信息时重发报文。同时，传输层还定义了由于丢失确认报文重发时，如何排除重发报文。

⑤会话层。会话层对较低层数据交换加以控制，它支持远程操作，使得客户可以对远程服务提出请求，并接收对请示的响应。它还定义了一个认证协议，使得报文接收者确认发送者是否有权发送该报文。

⑥表示层。表示层定义报文数据的编码，报文被编码为网络变量、应用报文或外部帧，用标准化网络变量类型 SNVTS 支持网络变量的互操作。

⑦应用层。应用层定义为一种低层交换数据的公共语义解释，使不同的应用程序中网络变量改变时，均能自动将更新的网络变量值下传（发送）或上传（接收）。应用层还定义了一个文件传输协议，用来传输应用程序间的传输流。

（2）LonTalk 提供的服务

1）物理通道管理。LonTalk 协议支持一种或多种不同传输介质构成的网络，这些传输介质包括双绞线、电力线、无线射频、同轴电缆和光纤等。不同介质的传输距离、传输速率、网络拓扑结构以及所使用的收发器均不相同。每个网络节点连接到物理信道上，一个或多个信道具有特定频率的射频，一条电力线信道是与交流电力线相连的线段。多条信道由网桥和路由器连接，收发器是神经元芯片与信道的接口，信道的传输速率与传输介质和收发器有关。

2）LonTalk 协议的命名机制和寻址方式。

①神经元芯片命名。神经元芯片具有一个特有的 48 位标识（Neuron ID），Neuron ID 由芯片生产厂家唯一确定，并且终生不变。由此，Neuron ID 作为神经元芯片的名字，可以唯一地区别于其他神经元芯片。

②地址。地址是一个对象或一组对象的特有标识，与名字不同，地址是可以改变的。LonTalk 地址唯一地确定一个 LonTalk 数据包的源节点或目标节点，路由器则利用这些地址在信道之间选择数据包的传输路径。尽管 Neuron ID 也可以作为地址，但它不能作为寻址的唯一方式，这是因为该寻址方式只支持一对一的传输，将需要庞大的节点路由表以优化网络流量，仅当网络安装和配置时，才使用芯片的 Neuron ID 寻址方式。

为了简化路由选择，LonTalk 协议定义了分级的地址形式，如域、子网和节点地址，除此之外，还有组地址。

③寻址方式。该方式由域地址、子网地址和节点地址等方式组成。

a）域地址（Domain）。域是一个信道或多个信道上的节点的逻辑集合。一个域就是一个实际意义上的网络，通信只能在同一域中配置的节点之间进行。多个域可以占有同一个信道，所以域地址可以用来隔离不同网络上的节点。例如，两个相邻的建筑物或许在同一信道上，并且建筑物使用的网络节点装备有同一频率的无线射频收发器。为了避免这些节点所运行的应用程序的相互干扰，每个建筑物内的节点可以被配置为分属不同的域。域地址用域标识符 ID 来表示，域标识符（ID）可以分为 0B、1B、3B 或 6B，域标识符是唯一的。

b）子网地址（Subnet）。一个子网是在同一域中节点的逻辑集合。一个子网最多可有 127 个节点，一个域最多可有 255 个子网。子网中的所有节点必须在同一信道上，并且子网不能跨越智能路由器。如果一个节点属于两个域，该节点必须属于每个域中的一个子网。

c）节点地址（Node）。一个子网内的节点被赋予该子网内的唯一的节点标识码，节点标识码为 7 位，所以每个子网最多可以有 127 个节点。一个域中最多可以有 32 385 个节点（255×127）。

d）组地址（Group）。组是一个域内节点的逻辑集合。与子网不同，组不需要考虑节点的物理位置。组可以包括路由器，一个节点最多可以属于 15 个组，一个域最多可以有 256 个组。组地址的长度为 1B。

e）芯片地址（Neuron ID）。除了子网/节点地址之外，节点可以用 Neuron ID 寻址。Neuron ID 为 48 位长，这个 ID 码是唯一的。

域/Neuron ID 寻址方式是在网络安装期间对节点进行初始配置时，由网络管理工具将每个节点配置给一个或两个域，并且配置子网和节点标识码。

④寻址格式。节点有 5 种寻址方式，寻址格式确定了地址格式的字节数，每种寻址格式的字节数见表 1-8。注意，在计算整个地址长度时，应在表 1-8 中给出的地址长度基础上再加上域地址长度（该域地址长度范围为 0～6B）。

表 1-8　LonTalk 协议的 5 种地址格式

地址格式	目　标	地址长度/B
域(子网 =0)	域内所有节点	3
域、子网	子网内所有节点	3
域、子网、节点	子网内的特定节点	4
域、组	组内所有节点	3
域、Nueron	特定节点	9

3）网络管理与网络设备。

①网络管理。一个 LonWorks 网络是否需要一个网络管理节点，取决于实际应用的需求。一个网络管理节点具有以下功能：

a）寻找未配置的节点并下载网络地址。

b）停止、启动和复位应用程序。

c）访问节点通信统计。

d）配置路由器。

e）下载新的应用程序。

f）提取运行网络的拓扑结构。

在一个开发环境中，网络管理节点的应用相当于 LonBuilder 开发平台的网络管理器，其任务包括定义、配置、下载和控制 LonWorks 网络。LonBuilder 协议分析仪具有监视、采集和显示网络通信流量以及性能统计等功能。

②路由器。一个路由器连接两个信道并且在信道间转发数据包。路由器可以用以下 4 种路由算法之一来配置。

a）中继器。中继器是一个最简单的路由器，数据包只能前向传输。利用中继器，一个子网可以跨越多个信道。

b）网桥。网桥在两个信道间前向转发，并与本域的所有数据包相匹配。利用网桥，子网可以跨越多个信道。

c）学习路由器。学习路由器监视网络流量并在域/子网级感知网络的拓扑结构，并利用所学知识在信道间为数据包选择路径。

d）配置路由器。与学习路由器相似，配置路由器借助其内部的路由表在信道间为数据包选择路径。与学习路由器不同的是，其内部路由表的内容由网络管理工具定义，网络管理工具可以为子网和组寻址定义路由表以优化网络流量。

4）LonTalk 提供的通信服务。

①网络效率。网络的响应时间、安全性和可靠性是相互关联的。例如：应答服务方式是最可靠的，但它与非应答方式和非应答重发方式相比需要较大的网络带宽；它具有优先权的报文实时发送，对其他报文的发送是不利的；使用报文认证服务可使安全性增加，但要传送的报文数量将是无报文认证服务的两倍。

②LonTalk 报文服务。LonTalk 协议提供以下 4 种可选择的报文服务：

a）确认服务（Acknowledged）。这是最可靠的服务方式，以这种方式发送报文，发送方必须收到每个接收节点的确认信号。如果事务定时器溢出还没有收到所有节点的全部确认信号将重新发送，而重发次数和事务定时是可以任选的。确认信号由神经元芯片的网络 CPU 产生，而无需应用程序干涉。事务 ID 号用于跟踪报文和确认信号，以避免应用程序不会收到重复的报文。

b）请求/应答服务（Request/Response）。请求/应答服务与确认服务有相同的可靠性，发送方需要接收到每个接收节点的应答信号，也包括重发次数和事项定时。应答信号包含数据，所以该方式适用于远程过程调用或客户机/服务器应用。

c）非确认重发服务（Unacknowledged repeated）。这是一种比较可靠的方式，报文向一个或一组节点发送多次，而不等待应答信号。这种报文方式适合于向节点数较多的组进行广播传送，这时如果组内节点都产生应答，网络就会过载。

d）非确认服务（Unacknowledged）。非确认服务是最不可靠的一种服务，它不需要等待接收节点的应答信号，它适用于对网络效率要求很高而网络带宽有限，且对报文的丢失不敏感的应用场合。

③冲突检测。LonTalk 协议的冲突退避的算法是特有的，称为预测 P-坚持 CSMA（Predictive P-presistence CSMA），它在保留 CSMA 优点的同时，克服了其缺点，保证在过载情况下不会因为冲突而降低吞吐量。当使用支持硬件冲突检测的传输介质（双绞线）时，一旦收发器检测到冲突，LonTalk 协议就可以有选择地取消报文的发送，这使节点可以马上重新发送并使冲突不再重发。

④报文认证。LonTalk 协议支持报文认证服务，即允许报文的接收者确定报文的发送方是否有权发送，它用于防止未授权节点介入应用。报文认证的实现是在节点安装时，分配到一个 48 位的密钥。一个报文被接收方接收，发送方和接收方要有相同的密钥。

⑤LonTalk 协议中的定时器。在使用 LonTalk 协议服务之前，需正确设置以下几个定时器：

a）事务定时器（Tramsaction Timer）。

b）重发定时器（Repeat Timer）。

c）组接收定时器（Group Receive Timer）。

d）非组接收定时器（Non-Group Receive Timer）。

e）缓冲器释放定时器（Free Buffer Wait Timer）。

在使用确认报文服务时，事务定时器定义在重发之前对确认信号的等待时间，这个时间可在报文地址表中的目的地址中定义。如果一个节点在事务定时器送出之前没有收到确认信号，将重新发送同一报文，重新控制计数器重发的次数。

重发定时器用于非确认重发报文服务，当要访问的节点数量很大时，确保报文被每个需接收的节点都接收到。因为节点数量很大，如果使用确认方式的报文，服务时网络中的数据流量会变得很大，使反应时间变慢，重发次数最多为 15 次。

当一报文到达目标节点时，接收节点检查报文的源地址和事件 ID。如果在源地址和事务 ID 中都没有发现有效的“接收事务”，就产生了一个新的接收事务。如果因为节点用完而使有效事务不能产生时，报文就会丢失。假设节点能够为报文分配一个有效的事务记录，节点将启动接收定时器，节点根据发送节点的寻址方式选择启动哪个接收定时器。如果发送者用组地址寻址，在报文的地址表中就有一个组地址的入口地址，接收节点则启动组接收定时器。如果使用其他寻址方式，则节点启动非组接收定时器。

⑥网络接口。LonTalk 协议包含一个可选择的网络接口协议，该协议支持在任一主处理器上运行的 LonWorks 应用，主处理器可以是微处理器、微控制器或计算机。主处理器管理 LonTalk 协议的第 6 和 7 层，并且使用 LonTalk 网络接口管理协议的 1 ~ 5 层。LonTalk 网络接口定义网络接口和主处理器之间的数据交换格式。

不同的网络接口具有不同的网络接口协议。在主处理器上执行的应用程序通过网络驱动器与网络接口通信，网络驱动器管理缓冲器分配，将来自或发往网络接口的数据送入缓冲器，并且在网络接口层协议中屏蔽主机应用的任何差异。LonTalk 网络驱动器定义了主机应用与网络驱动器之间的标准报文格式。

⑦数据表示。LonTalk 协议采用面向数据的应用协议，在这种方式下，节点间以标准工程单位或其他预定义的单位交换诸如温度、压力、状态和文字串等应用数据，而命令语句封装在接收节点的应用程序中且不是将命令在网上传送。这种方式同一工程量可送到多个节点，每个节点对该数据有不同的应用程序。

“数据表示”由基于芯片节点的芯片固件完成，在基于主机的节点中，“数据表示”由主处理器完成。

a）网络变量。网络变量是 LonTalk 协议中表示层的数据项，网络变量可以是数据项或是一个结构，网络变量用关键字 Network 定义，每个网络变量由应用程序表明其数据类型。对于基于芯片的节点来说，当在一个应用程序中通过赋值操作引起了输出网络变量的变化，神经元芯片固件自动地用 LonTalk 协议服务在网络上传播其更新的值。

b）显示报文。将报文的目的地址、报文服务方式、数据长度和数据组成 APDU（应用层数据单元）下传并发送，将发送结果上传并激活相应的发送结果处理进程。当收到信息时，能根据上传 APDU 判断是否显示报文，并根据报文代码激活相应的处理进程。

（3）介质访问控制和 MAC 层协议　介质访问控制层（Media Access Control，MAC）是数据链路层的一部分。由于网络介质多种多样，相应的就有多种介质访问控制方法，所以，为了使数据帧传输独立于所采用的物理介质和介质访问的控制方法，将数据链路层分为两个子层：逻辑链路控制（LLC）和介质访问控制（MAC）。LLC 与介质无关，MAC 则依赖于介质。所谓 MAC 协议就是确定设备怎样才可以安全地先送数据包，以减少冲突的控制算法。

LonTalk 在物理层协议上支持多种通信协议，也就是为适应不同的通信介质而支持不同的数据解码和编码。例如，通常双绞线使用差分曼彻斯特编码；电力线使用扩频；无线通信使用频移键控（FSK）。由于 LonTalk 考虑对各种介质的支持，LON 总线可以允许使用非常广泛的通信介质，如双绞线、电力线、无线电、红外线、同轴电线、光纤甚至是用户自定义的通信介质。

LonTalk 支持在通信介质上的硬件碰撞检测，LonTalk 可以自动地将正在发生碰撞的报文取消，重新再发。如果没有碰撞检测，当碰撞发生时，只有到响应或应答时才会重发报文。

1）LonTalk MAC 子层。LonTalk 协议的 MAC 子层是链路层的一部分，使用 OSI 各层协议的标准接口和链路层的其他部分进行通信，如图 1-53 所示。局域网中存在多种介质访问控制协议，其中使用最广泛的是载波多路监听（CSMA），LonTalk 的 MAC 是该协议的一种改进。

对于常用的 CSMA/CD，在轻负载的情况下具有很好的性能，但当在重负载情况下，一包数据在发送，可能有许多网络节点等待网络空闲。一旦这包数据发送完毕，网络空闲，这些等待发送的节点就会马上发送报文，而同时发送必然产生碰撞。产生碰撞后，由避让算法使之等待一段时间再发，假如这段时间相同的话，重复的碰撞仍会发生，使得网络效率大大降低。

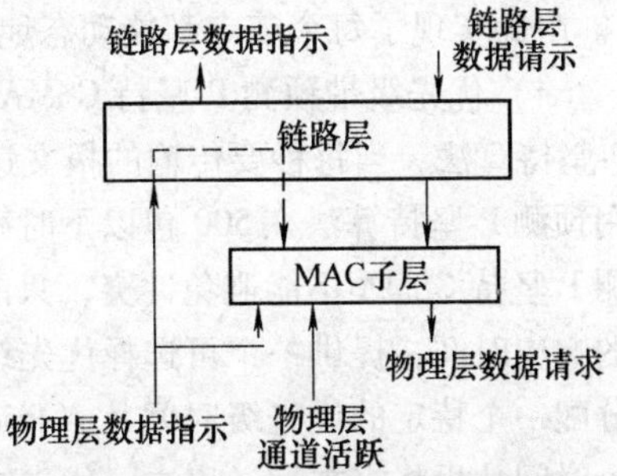

图 1-53　MAC 子层通信框图

2）带预测 P-坚持 CSMA。LonTalk MAC 子层协议使用改进的 CSMA 介质访问控制协议，该协议称为带预测 P-坚持 CSMA，它在保留 CSMA 协议优点的同时，克服了它在控制网络中的不足。带预测 P-坚持 CSMA 的所有节点根据网络积压参数等待随机时间片来访问介质，这就有效地避免了网络的频繁碰撞。每个节点发送前随机地插入 0 ~ W 个很小的随机时间片，因此网络中任一节点在发送普通报文前平均插入 $W/2$ 个随机时间片。而 W 则根据网络积压参数（Backlog）变化进行调整，其公式为

$$W = BL \times W_{\text{base}}$$

式中，W 为随机时间片的个数；BL 为网络积压的估计值；W_{base} 为 16。

图 1-54 给出了带预测 P-坚持 CSMA 概念示意图，图中 Beta1 为空闲时间周期，Beta1 > 1bit + 物理延时 + MAC 响应时间；Beta2 为随机时间周期，Beta2 > 2bit × 物理延时 + MAC 响应时间。

当一个节点试图占用通道发送信息时，首先在 Beta1 周期检测通道有没有信息发送，以确定网络空闲。若空闲，节点产生一个随机等待 T，T 为 0 ~ W 时间片中的一个。当延时结束时，节点发送报文。否则节点检测有无信息发送和接收信息，然后再重复 MAC 算法。

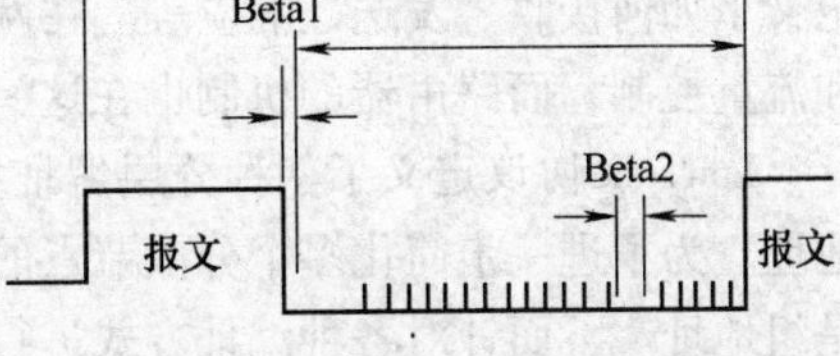

图 1-54　带预测 P-坚持 CSMA 概念示意图

3）带预测 P-坚持 CSMA 实现。带预测 P-坚持 CSMA 在保留 P-坚持 CSMA 优点的前提下，通过对网络负载的预测，在网络轻载时，给网上节点分配数目较少的随机时隙以减少节点媒介访问延时；在网络重载时，给网上节点

分配数目较多的随机时隙以减少各节点因同时发送消息带来的冲突。由此可见，由于实现了随机时隙数目的动态调整，从而实现了概率 *P* 值的动态调整。可以看出，随机等待时间 *T* 等于随机时隙数目乘以时隙长度。

节点对某一时刻网络负载进行预测的结果反映在 *BL* 的网络积压取值上。*BL* 是对当前网络繁忙程度的估计，每一个节点都有一个 *BL* 值。某个要发送消息的节点在它发送的消息包中插入将要应答该消息的接收节点的数目，所有收到该消息包的节点的 *BL* 值通过加上该应答数使自身的 *BL* 值更新。每个节点在消息包发送结束时，*BL* 值自动减 1。由此实现了每个节点都能动态地预测在某一时刻有多少节点要发送消息包。

4）优先级带预测 P-坚持 CSMA。实验表明，36 个 LonWorks 节点互联，采用一般的 P-坚持算法，当每秒要传输的报文达 500～1000 包时，碰撞率由 10% 上升到 54%。而采用预测 P-坚持算法在 500 包以下时碰撞率很低，在 500～1000 包时稳定在 10%，可见预测 P 坚持 CSMA 不能避免冲突，只能降低冲突至最小。在 MAC 层中，为提高紧急事件的响应时间，提供一个可选择优先级的机制。该机制允许用户为每个需要优先级的节点分配一个特定的优先级时间片（Priority Slot），在发送过程中，优先级数据报文将在那个时间片里将报文发送出去。优先级时间片从 0～127：0 表示不需等待立即发送；1 表示等待一个时间片；……。低优先级的节点需等待较多的时间片，而高优先级的节点需等待较少的时间片。这个时间片加在 P-概率时间片之前（即节点的随机等待时间 *T* 之前）。非优先级的节点必须等待优先级时间片都完成后，再等待 P-概率时间片后发送。这样，加入优先级的节点具有更快的响应时间。图 1-55 为优先级带预测 P-坚持 CSMA 示意图。

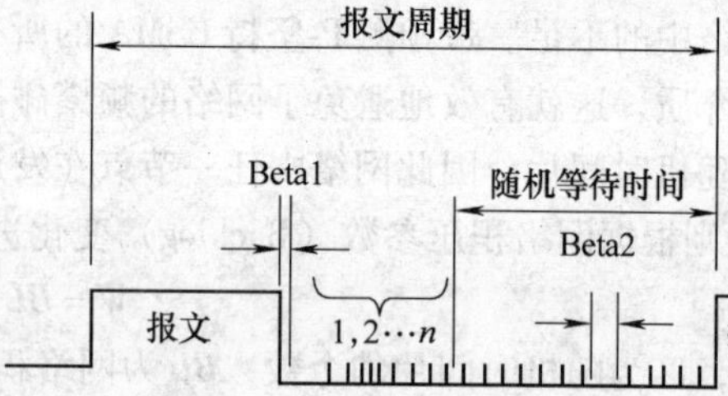

图 1-55　优先级带预测 P-坚持 CSMA 示意图

（4）LonTalk 协议的链路层及网络层

1）LonTalk 协议的链路层。LonTalk 协议链路层提供在子网内，链路层协议数据单元（LPDU）帧顺序的无响应传输。它提供错误检测能力，但不提供修正错误的能力。当一帧数据 CRC 校验错时，该帧数据被丢掉。

在直接互联模式下，物理层和链路层接口的编码方案是曼彻斯特编码，在专用模式下根据不同的电气接口采用不同的编码方案。CRC 校验码加在 NPDU（网络层数据单元）帧的最后。

2）LonTalk 协议的网络层。LonTalk 协议在网络层给用户提供一个简单的通信接口，定义了如何接收、发送、响应等。在网络管理上有网络地址分配、出错管理、网络认证和流量控制，而路由器的机制也在这一层实现。

LonTalk 协议定义了一种分层编址方法，这种方式使用了域地址、子网地址、节点地址。为了进一步简化多个分散节点的编址，LonTalk 协议还定义了另一级地址，这就是组地址。下面针对各种编址方式进行叙述。

①域地址。LonTalk 编址的最顶层是域，是一个或多个通道上的节点的一个逻辑集

合（一个通道是指在物理上能独立发送报文而不需转发的一段介质）。只有在一个域中的节点才能互相通信。换句话说，在同一通道上的节点完全可以通过赋予不同的域名而执行不同的网络应用，并绝对做到不同的网络应用之间完全独立、互不干扰地运行。所以，域又称为虚拟网络。

域标识使用域标识符，域标识符对应的字节数可在0B、1B、3B、6B的4个值中选择。

②子网地址。编址的第二层是子网，子网是域中节点的一个逻辑集合。每个子网的节点数最多为127个，而每个域最多可有255个子网。子网中的所有节点必须是在同一区段上，子网不能跨越智能路由器。

③节点地址。编址的第三层是节点。子网中的每个节点都被赋予一个唯一的数值，该数是7位二进制值，这样每个子网最多可配置的节点数为127个。

④组地址。一个组是一个域中的节点的逻辑集合。与子网不同，作为一个组的节点无需考虑它在域中所处的物理位置。一个域中最多可指定256个组，而且对采用应答服务或请求/响应服务的组节点数最多为64个，对采用非应答服务的组节点数不限制。单独的一个节点可同属于多个组（最多15个组）。组编址的优点是降低随同消息发送的地址信息的字节数，同时也使同一组中的多个节点可同时接收网上发出的单个消息。节点的组不仅可跨越同一域中的多个子网，而且可跨越多个通道。

⑤神经元芯片标识。已知神经元芯片的标识符ID可用做地址，并且这个ID值只在网络安装及配置时用做网络寻址。网络管理工具用在节点安装时，用它给安装的节点配置属于一个域还是两个城，对应用消息不使用这种编址格式。

节点使用的编址格式有5种，不同的编址格式决定了原地址及目标地址将占用的字节数，编址格式见表1-8。

4. LonTalk高层协议

（1）LonTalk协议的传输层和会话层　LonTalk协议的核心部分是传输层和会话层，传输层管理着报文执行的顺序和报文的二次检测，传输层是无连接的，它提供一对一节点、一对多节点的可靠传输，信息认证也是在这一层实现的。

会话层主要提供了请求/响应的机制，它通过节点的连接来进行远程数据服务（remote servers），使用该机制可以遥控以实现远端节点的过程建立。LonTalk协议的网络功能虽然是在应用层上来完成的，但实际上也是由提供会话层的请求/应答机制来完成的。

（2）LonTalk协议的表示层和应用层　LonTalk协议的表示层和应用层提供以下5类服务。

1）网络变量服务。在LonTalk协议表示层的数据项被称为网络变量（NV）。网络变量可以是单个的数据项（Neuron C变量），也可以是数据结构或数组，其最大长度可达31B。每个网络变量都有一个数据类型，它在应用程序中定义。当定义为输出网络的变量改变时，能自动地将网络变量的值变成APDU（应用层协议数据单元）下传并发送，使所有把该变量定义为输入的节点收到该网络变量的改变。当上传信息时，能根据上传的

APDU 判断是否是网络变量，以及是哪一个输入网络变量并激活相应的处理进程。

2）显示报文的服务。将报文的目的地址、报文服务方式、数据长度和数据组织成 APDU 下传并发送，将发送结果上传并激活相应的发送结果处理进程。当收到信息时，能根据上传的 APDU 判断是否显示报文，并根据报文代码激活相应的处理进程。

3）网络管理服务。LonTalk 网络管理提供地址分配服务，分配所有的节点地址单元，包括域号、子网号、节点号以及所属的组名和组员号，值得注意的是 Neuron ID 是不能分配的。网络管理体制还包括设置路由器的配置表。

4）网络跟踪服务。网络跟踪提供对节点的查询和测试，查询节点的工作状态以及一些网络的通信错误统计，包括通信 CRC 校验错误、通信超时等。LonTalk 协议还发送一些测试命令并对节点进行测试。

5）通信服务。LonTalk 协议支持网络的消息服务、冲突检测和避免。消息服务提供了四种类型的报文服务，包括确认服务、请求/响应、重发服务和非确认服务。除此之外，还有冲突避免和冲突检测。

LonTalk 的 MAC 子网层采用带预测 P-坚持 CSMA 算法，是一种有效的冲突避免算法，它使得网络即使在过载的情况下，仍可以达到最大的通信量，而不至于发生因冲突过多致使网络吞吐量急剧下降。如果收发器（双绞线）支持硬件冲突检测，LonTalk 协议就支持冲突检测和自动重发。一旦收发器检测到冲突，LonTalk 协议便能立刻重发因冲突而损坏的消息包。如果无冲突检测，在采用应答服务或请求/响应服务时，发生冲突后的发送节点不能立即知道已发生冲突而确定重发，只有在未收到接收节点返回的确认或响应并且事务定时器超时发生后才能确定发送失败，然后重发。如果采用非确认服务，在冲突发生时消息包必将丢失。为了设计快速响应并可靠通信的网络，必须综合考虑服务类型并采用冲突检测电路。

5. 基于 LonWorks 技术设计开放系统

Echelon 公司发明了 LonWorks 协议并作为 LonWorks 系统的主要维护商，成千上万的控制产品制造商应用 LonWorks 系统。Echelon 公司的宗旨是创建一个标准的，具有优良性价比的解决方案，使得底层的控制设备方便地相互通信，并且采用标准通信方式使各种制造商的产品可以在同一网络上进行互操作。Echelon 公司开发的 LonWorks 系统具有三个基本目标：第一，优化的控制网络协议；第二，设备中使用的协议在价格上具有竞争力；第三，协议的引入必须使运行程序不受卖方产品的影响，因为这样会破坏其互操作性。基于这些目标，Echelon 公司提供了一个用于设计、创建、安装智能控制设备的完整系统。也就是说，该系统提供了除设备应用和特定应用工具之外的所有设备开发商和系统集成商所需的工具。

（1）LonWorks 系统硬件　LonWorks 系统由以下部件组成：神经元芯片、收发器、LonWorks 设备以及网络设备（如网络接口、路由器和网关等）。

1）LonWorks 设备硬件。

①神经元芯片。为了实现控制网络系统的标准性和经济性，Echelon 公司设计了神经元芯片。“神经”这个名字意指人类大脑与网络控制运行之间的相似性。在人类大脑

中没有中央控制部件，数千万的神经元连接成网络。每个神经元通过各种通道提供信息。每个神经元具有其特定功能，但缺少任一个并不影响网络的整体性能。神经元芯片的优势在于它的完整性，它由一个内嵌的协议和多个处理器组成。人们知道，网络通信协议标准是国际标准化组织制定的 OSI/RM 7 层协议，然而神经元芯片提供了前 6 层协议（系统开发商不需要对这一部分进行任何开发和编程），开发商仅需对应用层编程和配置，这使得系统开发变得相当简便。

绝大部分 LonWorks 设备利用了神经元芯片的功能，并把神经元芯片用做控制处理器。设备制造商提供在神经元芯片上运行的应用程序，把 I/O 设备连接到神经元芯片。神经元芯片中含有多处理器、只读存储器 ROM、随机存储器 RAM、通信和 I/O 子系统。只读存储器 ROM 包含操作系统 LonWorks 协议和 I/O 函数库，芯片由非易失存储器存放配置数据和应用程序，这些可以通过 LonWorks 网络下载。每个神经元芯片在制造过程中被赋予一个永久性的、唯一的 48 位码，称为 Neuron ID。神经元芯片系列产品很多，具有不同的速度、存储器类型和容量以及接口。在 1999 年末，神经元芯片产量达到 1 千万只，价格只有 3 美元。目前，著名的 Motorola 司和 Toshiba 公司成为神经元芯片的指定提供商。

一个完整的包括 LonWorks 协议程序的操作系统被称为神经元芯片固件（Firmware），神经元芯片固件包含在每个芯片 ROM 中或连接到每个神经元芯片，每个神经元芯片有三个 8 位微处理器，其中两个微处理器执行 LonWorks 协议，称为网络通信处理器，另一个作为设备应用，称为应用处理器。神经元芯片的结构图如图 1-56 所示，其处理器结构及存储区分配如图 1-57 所示。

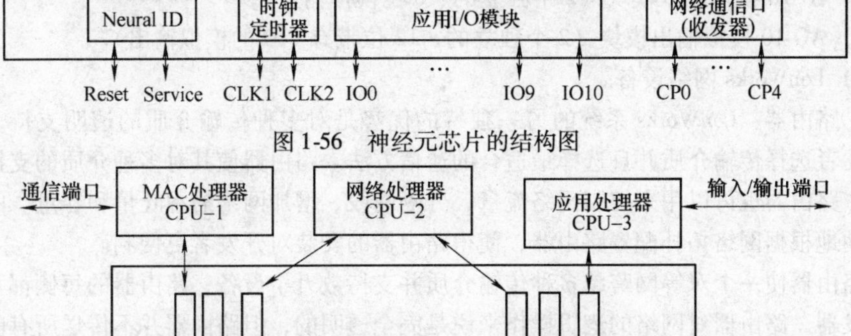

图 1-56　神经元芯片的结构图

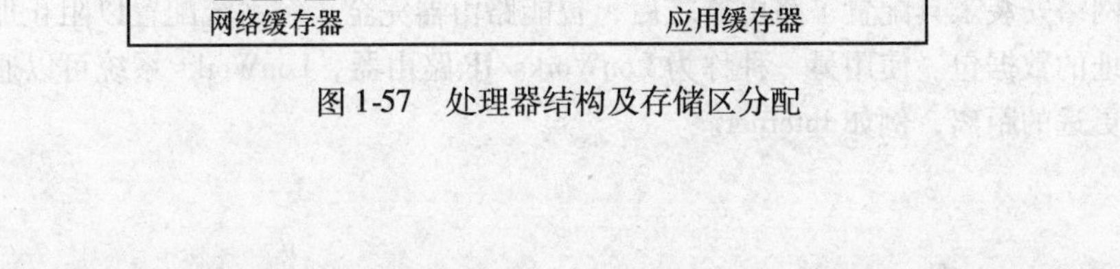

图 1-57　处理器结构及存储区分配

②收发器（Tranceivers）。每个网络设备包括一个收发器，收发器提供一个 LonWorks 设备与 LonWorks 网络的物理通信接口。收发器简化了可互操作的网络设备的开发，适用于不同的通信介质和不同的网络拓扑。在任一给定的设备中，设备所使用的收发器类型是很重要的。这是因为具有相同类型收发器的设备在网络上可以直接通信，具有不同收发器类型的设备必须通过路由器才能实现互操作。Echelon 公司提供双绞线收发器和电力线收发器，而其他公司提供用于无线电、光纤和各种其他介质的收发器。

③LonWorks 设备。通常每个连接到网络的 LonWorks 设备包括一个神经元芯片和一个收发器。依据设备的功能，LonWorks 设备还可以包括嵌入的传感器、执行器以及与主机（例如计算机）的接口电路，或与另一神经元芯片和一个路由器中的收发器的接口。神经元芯片中所执行的应用程序完成设备特定的功能，这些应用程序可以驻存在 ROM 或通过网络下载到非易失的只读存储器（NVRAM、FlashPROM 或 EEPROM）。

LonWorks 网络中绝大多数设备的任务是感知和控制构成被控物理系统的部件的状态。设备中的应用程序不仅通过网络发送和接收信息，并且对感知的变量进行数据处理和控制逻辑。

④LonPoint 模块。LonPoint 模块提供一系列产品，这些产品把传感器、执行器和 LonWorks 设备集成为具有优良性价比的、可互操作的智能大厦和工业应用中的控制系统。LonPoint 系统提供一个开放分布式系统结构，在这个框架中，每一个设备完成某种控制处理并能被网络中任一处的设备访问。

LonPoint 接口、序列发生器、数据记录器和路由器模块提供了 I/O 处理、应用资源、任务排序、数据记录和网络寻径。这些接口模块无缝连接传感器、执行器和控制器，形成一个开放分布的网络。目前具有 5 种接口模块：

a）DI-10 数字输入模块（4 个数字输入，每个输入都带有指示灯）；

b）DO-10 数字输出模块（4 个数字输出，每个都带有一个手动/自动/关闭开关和状态指示灯）；

c）DIO-10 数字输入输出模块（两个数字输入和两个继电器输出）；

d）AI-10 模拟输入模块（2 个独立的、6 位模拟输入）；

e）AO-10 模拟输出模块（2 个独立的、12 位带有 PID 的模拟输出）。

2）LonWorks 网络设备。

①路由器：LonWorks 系统的另一独特的优势是对多种传输介质的透明支持，它允许开发者选择传输介质并且选择最适合的通信方法。路由器使其对多种介质的支持成为可能。路由器也可以用来控制网络流量、分隔网段、增加网络的吞吐量和容量。网络工具自动地根据网络拓扑配置路由器，使得路由器的安装对开发者更便利。

路由器使一个对等网跨越多种传输介质并支持数万个设备，路由器的每侧都具有一个收发器。路由器对网络的逻辑操作来说是完全透明的，但路由器并不传送所有的数据包。当网络安装工具配置了路由器之后，智能路由器完全了解系统配置以阻止那些没有远端地址的数据包。使用另一种称为 LonWorks/IP 路由器，LonWorks 系统可以通过广域网跨越更远的距离，例如 Internet。

②网络接口。网络接口不连接控制传感器和执行器，它提供了LonWorks网络与外部主机（例如计算机或便携式维护工具）的物理接口。网络接口的应用程序提供了通信协议，允许像网络工具那样的基于主机的应用程序访问LonWorks网络。Echelon公司的PCLTA 20PC LonTalk适配器就是一个网络接口设备，该设备插入计算机内部的PCI总线，使得网络工具（例如LonMaker工具）可以访问LonWorks网络。

③网关。网关允许专用的控制系统连接到LonWorks系统，一个网关具有对异型系统设备或总线的物理接口，它的应用程序为异型系统提供专用的通信协议。网关按需要进行两种协议之间的转换并允许两个系统传送信息，不能把网关混同为网络中的一个设备，网关是一个异构的对象并连接到一个异构的系统。甚至当所选择的信息可以在两个系统间传送时，其连接根本谈不上无缝，该连接把另外的操作系统和网络工具引入集成系统。

④Web服务器。Web服务器是为LonWorks网络提供Web浏览器的一种特殊的网关。Web服务器有一个连接到LonWorks网络的LonWorks收发器和一个HTTP服务器，而HTTP服务器可以从Web浏览器观看Web页。为了简便配置，可以动态地创建Web服务器上的网络变量，该变量被连接到任一LonWorks网络上的网络变量，便通过Web服务器提供的Web页方便地访问网络变量。Echelon公司的i. LON 1000IP服务器提供了这种Web服务器，并与LonWorks/IP路由器集成。

（2）LonWorks操作系统　LonWorks操作系统为全网提供了公共的、支持监视、监控、安装和配置的网络服务，网络操作系统也提供了便于使用网络管理和网络维护工具的编程扩展手段。LonWorks操作系统必须提供人机接口（Human Machine Interface，HMI）和监控应用的数据访问服务以及通过LonWorks或IP网的远程访问。

为使网络操作系统支持完全的互操作性，支持访问LonWorks对象和配置属性的LonWorks服务，以及创建LonWorks动态网络变量的服务，操作系统必须具有制造商标准的Plug-in产品，以方便设备配置。

需要指出的是，对于正常的系统工作来说，并不需要网络操作系统。网络操作系统在网络设备初期安装和以后更新时，提供安装和维护服务。一旦网络安装完毕，就不需要网络操作系统支持设备间的通信，这是LonWorks系统对等网结构的重要优势。

为了在网络工具和应用之间提供互操作，LonWorks系统提供包括一个称为LNS的网络操作系统，因为LNS提供了一个标准的支持互操作应用的平台。由于LNS是一个提供了互操作的LonWorks网络工具和应用的基础，所以该产品可以用于设计、安装、操作和维护LonWorks系统。LNS支持基于任意一种平台的客户机、基于Windows NT、Windows 98和Windows 95的服务器。

LNS使用客户/服务器结构，因此多个应用可以在同一时间内运行多个网络，并允许多个用户同时安装设备，操作一个系统诊断问题。

LNS Plug-in标准鼓励LonWorks设备制造商通过他们产品中软件组件为用户提供更好的服务。网络集成商用Plug-in对项目中要使用的设备进行配置，这些设备（智能软件）通常包含内嵌的问题求解工具、用户对话框以帮助确认配置的选择，以及用户界面监视设备数据并对数据绘图。实际上，制造商只需在其产品中一次写入这些智能软件，就可以简化在数千 LonWorks 网络上的产品应用。

(3) 网络工具　网络工具是位于网络操作系统的上层，用于网络设计、安装、配置、监测、监控、诊断和维护的软件。网络工具有以下几类：

①网络集成工具。为设计、配置、安装和维护网络提供基本服务。

②网络诊断工具。实现监测、分析和诊断网络流量和监视网络负荷的专用工具。

③HMI 开发工具。创建人机界面应用的工具，HMI 应用服务于操作人员介入操作系统的需要。

基于 LNS 网络操作系统的网络工具是可互操作的，即这些工具在网络上同时运行，可以持续地观测网络设备和设备的配置。

1）网络集成工具 LonMaker。网络集成工具 LonMaker 是进行设计、文档化、安装、维护多厂商的、开放的、可互操作的 LonWorks 网络软件包。它基于 LNS 网络操作系统，并将功能强大的客户服务器结构与可视用户界面相结合，使开发者在人机界面的引导下完成网络设计、安装和维护工作。

LonMaker 工具具有以下特点：

①LonMaker 工具支持 LonMaker 设备和其他 LonWorks 设备。例如，在 LonMaker 的图形工具箱中放置了 LonMaker 功能块图标，可以方便地使控制系统的逻辑文档化。

②LonMaker 工具遵循 LNS、Plug-in 的标准，这使得工程师和技术人员容易定义、安装、维护和测试相关的设备。

③对于一般工程系统，网络设计一般是离线进行，即 LonMaker 工具并不连接到网络上。然而网络设计也可以是在线的，网络工具 LonMaker 可以连接到一个运行网络。这个特征对小型网络是理想的，或对那些经常添加、移动和改变网络配置的系统也是适用的。

④LonMaker 工具包括许多 LonMaker 网络的智能块，用户可以创建新的用户智能块。用户智能块可以像一个单一设备或功能块那样简单，也可以像一个具有预定设备、功能模块以及它们之间连线的完整子系统那样复杂。若要使用用户子系统模块，只需把该模块图标拖放到一个新的设计绘图页中就可以创建一个子系统。

⑤LonMaker 中网络安装也是非常方便的。设备可以用 Service 管脚、神经元芯片的条形码（Neuron ID）闪烁或人工键入芯片 ID 码进行标识。设备的配置和测试可以通过浏览网络变量和配置属性的集成应用程序实现。网络管理窗口可以测试、使能或禁止一个设备的某些功能块，或者设置设备的在线和离线状态。

2）LonManager 协议分析仪　LonManager 协议分析仪是一个带有网络接口卡的软件包，它可以观测、分析和诊断 LonWorks 网络的行为。

3）LNS DDE 服务器。LNS DDE 服务器是一个不需编程就可以使任一与微软 DDE 兼容的 Windows 应用程序监督和控制 Windows 网络的软件包。LNS DDE 服务器的典型应用包括与 HMI 应用的接口、数据跟踪和趋势分析以及图形处理显示。

通过建立 LNS 与微软的 DDE 协议的连接，DDE 兼容的 Windows 应用可以用以下任一方法与 LonWorks 设备进行交互：

①读取、监测和修改任一网络变量的值。

②监督和改变配置属性。

③接收和发送应用报文。

④测试、使能、禁止和配置 LonMaker 对象。

⑤测试和控制设备。

LNS DDE 服务器将 LonWorks 网络与操作界面连接起来，实现对建筑物、工厂、商业、过程对象和工业应用的控制。LNS DDE 服务器与 InTouch、Intellution Fix、National Instrument 的 Labvlew、微软的 Excel Visual Basic 兼容。

一旦一个网络运行了 Windows 集成工具 LonMaker，LNS DDE 服务器就自动访问由 LonMaker 工具创建的 LNS 数据库，LNS 保证所有的信息都可以在 LNS 数据库中获取。

（4）LonWorks 网络结构和开发手段。

1）网络结构。LonWorks 网络的基本组成单元是所谓智能节点，即一些 LonWorks 的生产公司开发的智能控制模块，它的核心是神经元芯片，根据实际需要配以相应的外围接口电路，以完成控制现场的各种要求，如模拟量的输入/输出、数字量的输入/输出、24V 继电器的开关量输出以及继电器接触输入等。图 1-58 所示是一个以总线拓扑为例的 LonWorks 的基本系统结构图。

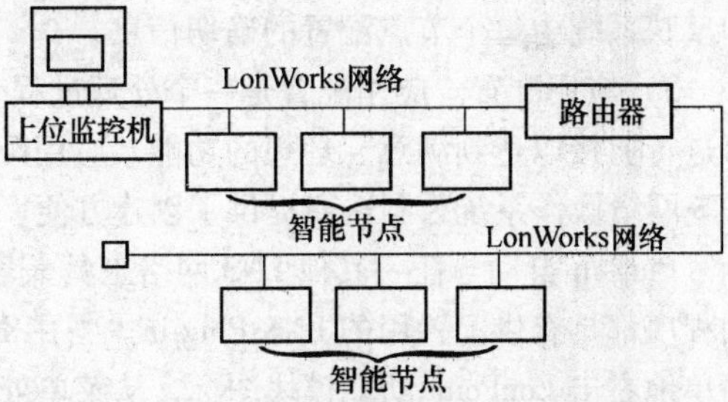

图 1-58　LonWorks 网络应用基本结构图

图 1-58 中的上位监控机通常是一台带有 LonWorks 网络适配卡的计算机，路由器通常只有中继器及不同通信介质间信息转换的功能，传输的距离受节点中收发器类型的限制。当网络采用 78kB/s 速率传输时，传输距离可以达到 2km（不加中继设备），smart I/O 与网络总线连接的距离最长不能超过 3m。

可以将较大的 LonWorks 网络系统分成若干个域，每个域中又分成若干个特定区域，即一种子域的概念。子域又由若干节点设备构成，尤其在用 LonWorks 的网络组态软件 LonMaker 进行系统管理时，可以深刻地体会到这种网络系统的划分。

2）LonWorks 开发手段。目前 LonWorks 网络系统有两种开发途径：一种是基于开发系统 LonBuider 或 NodeBuider，它使用一种专门的编程语言——Neuron C，即针对具体控制系统的要求编写应用代码，然后经过编译再与通信协议代码连接生成总的目标代码，一起烧录到节点的存储器中；另一种是基于图形方式的软件开发工具——Visual Control，它基本上无需编程，只是通过对一些系统提供的图形符号的连接组态而构成控制系统，并自动编译生成总的目标代码，然后直接下载到节点的 Flash ROM 中。当然对复杂一些的系统，需要编制自定义模块。但总的来说它使系统开发变得简单、方便，在不太熟悉 Neuron C 编程语言的情况下，使用户可以很快地构建一个实用的 LonWorks 网络系统。

（5）基于 LonWorks 系统的网络构建　基于 LonWorks 技术构建一个网络控制系统需要四个步骤：系统设计、网络配置、应用配置和安装，每个步骤都依赖于像 Echelon LonMaker 那样的 Windows 网络集成工具。

1）系统设计。系统设计由两个步骤构成：第一，选择与输入、输出部件相配合的LonWorks设备，并选择运行诸如PID控制应用程序的LonWorks设备；第二，确定适当的通信信道数量和信道类型，并选择连接信息的路由器，还包括选择骨干网，即大型系统一般用IP网，中型系统可以用IP或TP/XF-1250骨干网，小型系统可以用TP/FT-10骨干网。

2）网络配置。网络配置包括以下步骤：

①给所有的设备和设备组赋予域ID和逻辑地址。

②捆绑网络变量，创建设备间的逻辑连接。

③为了达到理想的特性和性能，在每个设备中配置各种各样的LonWorks协议参数。该参数包括信道位率、应答、确认和优先级服务。网络配置可以相当复杂，但其复杂性被网络开发工具隐蔽起来。网络功能的设计可以通过把设备功能块拖放到设计图中，并连接其输入、输出。

网络配置有现场安装和设计安装两种模式。在现场安装模式中，设备在被连接到网络并加电后，配置数据是通过网络下载的。而设计安装模式中，网络集成工具将信息收集到数据库，这些信息在安装时下载到设备中。在任一模式下，网络集成工具自动地维护反映系统中每个节点配置的确切信息。

3）应用配置。应用配置是一个处理过程，通过应用配置，使每个设备的应用程序可进行剪接以达到满意、理想的功能。应用配置是通过选择合适的配置特性来实现的，LNS网络操作系统为制造商提供了创建方便、图形化的配置接口平台，被称为Plug-in。

Plug-in自动与任一其他LNS网络工具兼容。例如，Echelon公司的LonPoint模块应用程序都具有供配置用的LNS Plug-in。当用LonMaker工具配置了设备之后，用户可以简单地右击LonPoint功能模块图标，从菜单处选择“Configure”，则Plug-in立即从LonMaker工具中启动。

4）安装。安装包括以下步骤：

①安装信道的物理通信介质。

②把LonWorks设备连接到网络，包括路由器。

③把I/O部件连接到LonWorks设备。

④用网络集成工具下载网络配置数据和设备的应用配置数据，这被称为提交一个设备。

⑤对于那些应用程序不是制造商预置的设备，网络工具把应用程序下载到设备的非易失存储器中。

1.4 楼宇智能化系统的认知

1.4.1 设备自动化系统

设备自动化系统将建筑物或建筑群内的空调、电力、给排水、照明、送排风和电梯等设备或系统以集中监视、控制和管理为目的，构成楼宇设备自动化系统。对于自有控制系统的设备系统，通过高阶接口集中到楼宇设备自动化系统统一管理，对于部分系统可做到只监视不控制。智能建筑设备自动化系统的组成如图1-59所示。

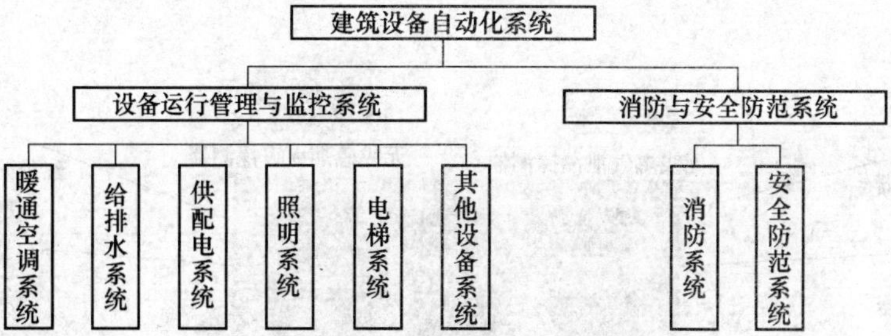

图1-59　智能建筑设备自动化系统的组成

1.4.2　安全自动化系统

安全自动化系统包括闭路电视监控系统，保安防盗系统，一卡通系统，出入口控制、巡更、停车场管理等，安全防范系统的组成如图1-60所示。

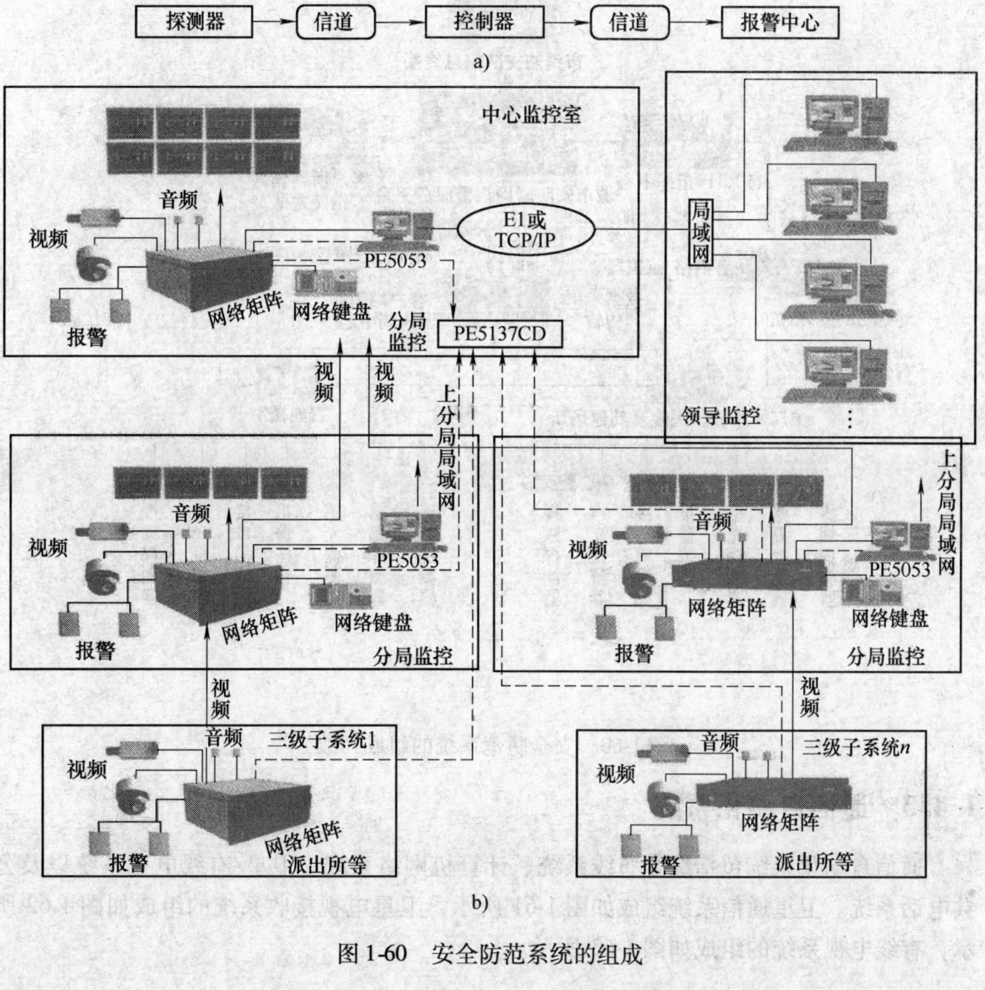

图1-60　安全防范系统的组成

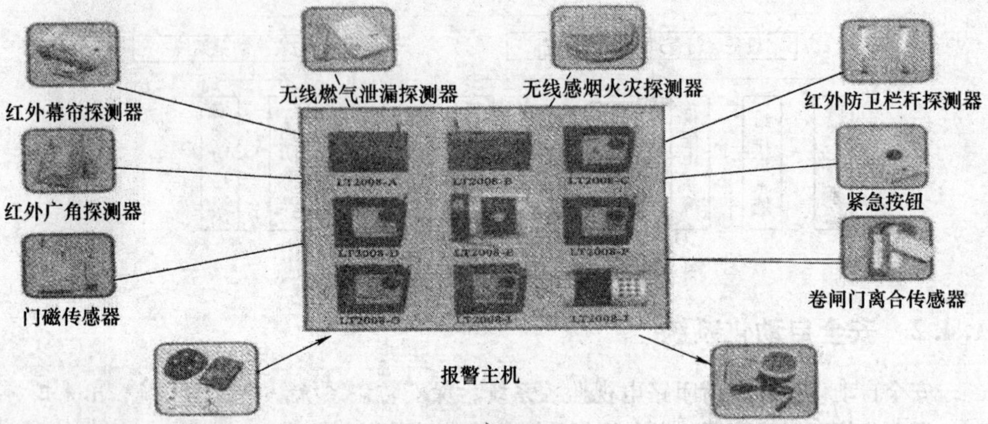

c)

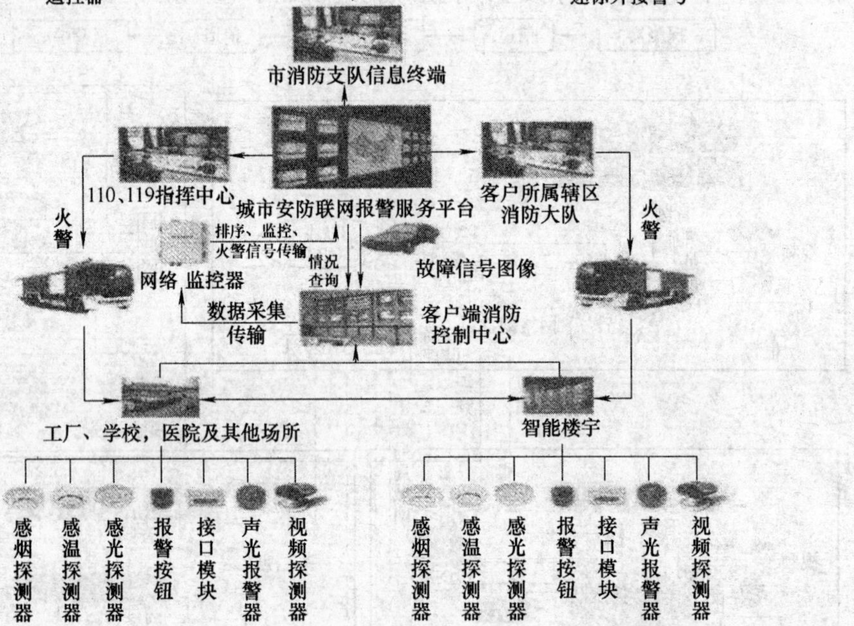

d)

图 1-60　安全防范系统的组成（续）

1.4.3　通信自动化系统

通信自动化系统包括综合布线系统、计算机网络系统、卫星/有线电视系统以及公共电话系统。卫星通信系统组成如图 1-61 所示，卫星电视接收系统的组成如图 1-62 所示，有线电视系统的组成如图 1-63 所示。

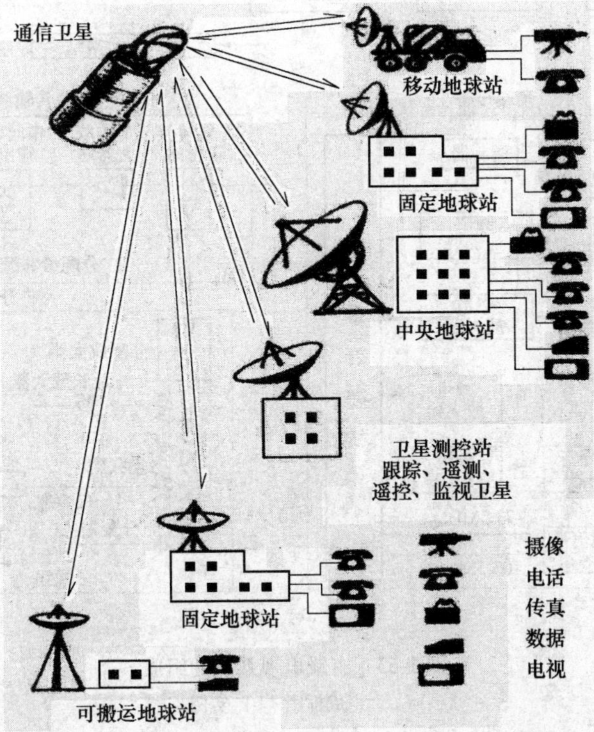

图1-61　卫星通信系统组成

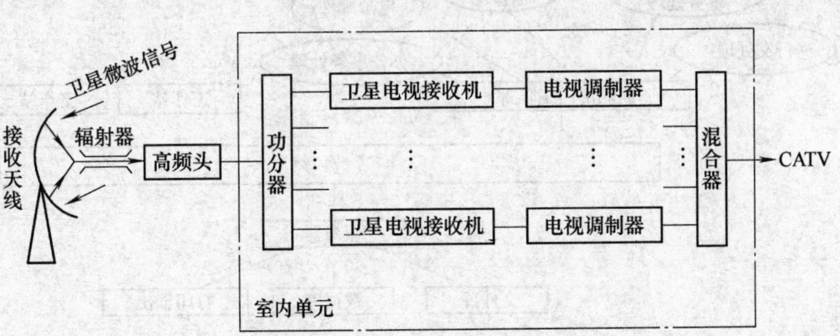

图1-62　卫星电视接收系统的组成

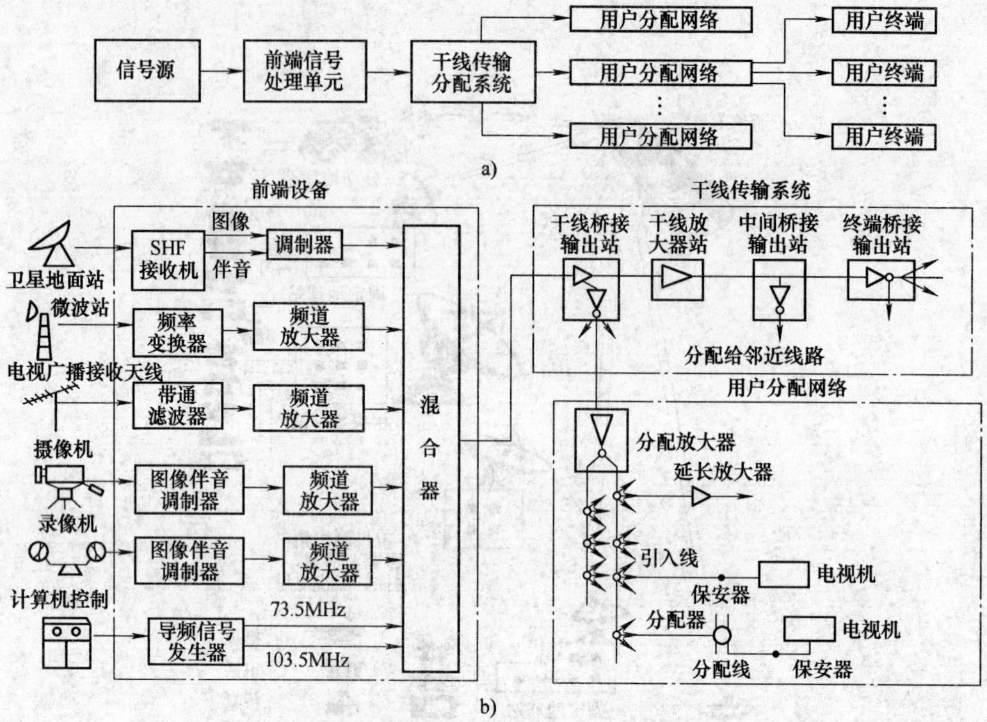

图 1-63　有线电视系统的组成

a）组成框图　b）实例

1.4.4　办公自动化系统

办公自动化系统包括因特网/内网系统、电视会议系统以及多媒体信息互动系统，事务性办公系统如图 1-64 所示。

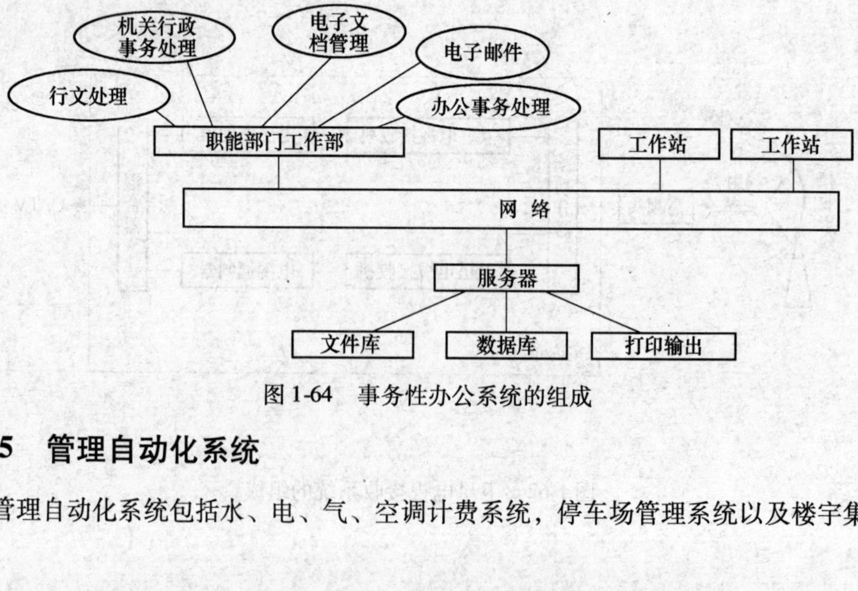

图 1-64　事务性办公系统的组成

1.4.5　管理自动化系统

管理自动化系统包括水、电、气、空调计费系统，停车场管理系统以及楼宇集成管理系统。楼宇集成管理系统将建筑物内不同功能的子系统在物理、逻辑和功能上连接在一起，以实现信息、资源共享。小区智能化系统组成如图1-65所示。

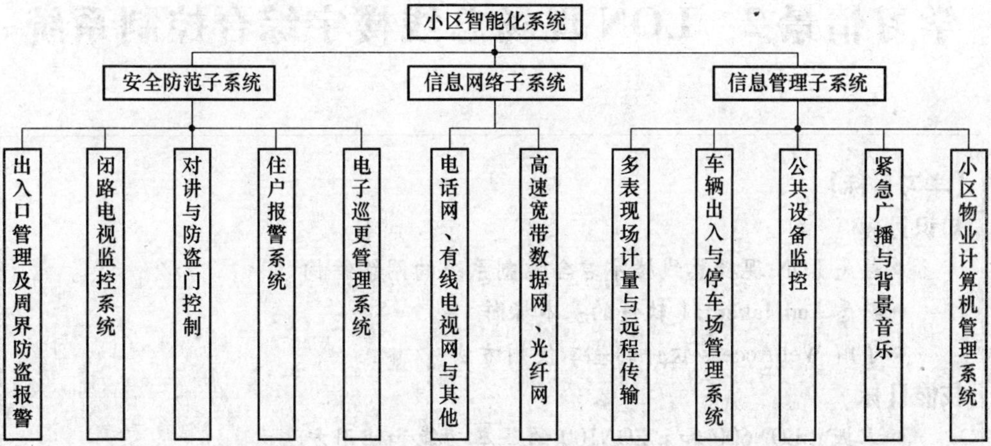

图1-65　小区智能化系统组成

1.5　请您做一做

1）由图1-1所示，试说明楼宇自动化系统的总体结构组成。

2）由图1-3所示，试说明智能化建筑工程结构与主要内容。

3）由图1-3所示，试说明智能建筑中所涉及的主要相关技术。

4）由图1-50和图1-51，试简要说明楼宇自动化中的LonWorks现场总线技术。

1.6　思考与练习

1. 集散型楼宇自动化系统的体系结构特点是如何按功能层次化的？
2. 智能化建筑工程的结构与内容主要有哪些？
3. 家居智能系统的组成与特征主要有哪些？
4. 家居智能系统的功能主要有哪些？
5. 智能建筑中所涉及的相关技术主要有哪些？
6. 楼宇自动化中的LonWorks现场总线技术有哪些特点和优势？
7. 楼宇智能化系统的组成主要有哪些子系统？

学习情景2　LON现场总线楼宇综合控制系统

【学习目标】

知识目标

- 熟悉LON现场总线楼宇综合控制系统的网络结构
- 熟悉LonMaker3.1软件的基本操作
- 了解WebAccess软件的基本使用方法

技能目标

- 掌握i.LON600和i.LON100的基本功能和使用方法
- 掌握DDC模块的基本功能和使用方法
- 掌握i.LON100和i.LON600组网的使用方法
- 掌握WebAccess与LON网络建立通信时的基本操作

情景条件

- THBCZX-2现场总线楼宇综合控制系统控制柜1套
- 计算机（安装有WebAccess和LonMaker软件）1台

2.1　工作任务

为了更好地满足智能楼宇教学，“天煌教仪”与美国埃施朗和国内相关厂家进行合作，推出了一系列基于LON总线的智能楼宇教学实训装置，LON现场总线楼宇综合控制系统是在此类产品的基础上设计出的一套“网络化综合楼宇控制系统”，其网络架构如图2-1所示。它将抄表系统、安防报警系统、供配电系统、中央空调系统等子系统组合起来，具备智能大厦管理系统（IBMS）两级网络和三层管理（控制）的典型结构。本工作任务就是首先要熟悉LON现场总线楼宇综合控制系统的网络结构，掌握i.LON600和i.LON100的基本功能和使用方法。

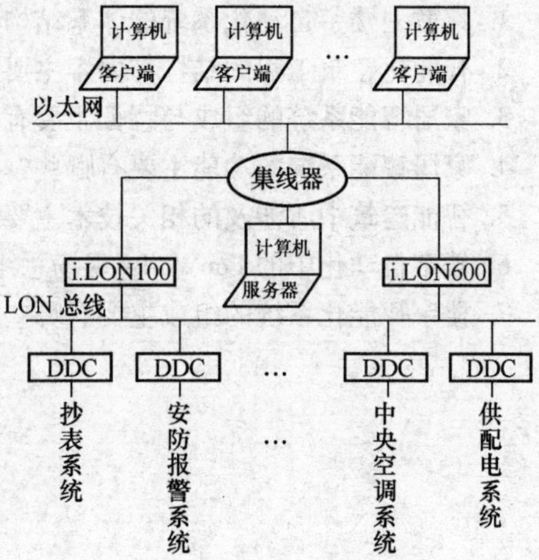

图2-1　系统的网络架构

2.2　任务分析

该系统是一种完全基于LON总线技术的现场总线楼宇综合控制系统，由LonWorks/IP服务器、Internet服务器、LON DDC控制器、LNS服务端、远程客户端组成。从网络层次上看，可以分为现场控制网段（LON网）与普通局域网段（以太网）两个层次；而从功能上可分为现场（DDC）控制、过程监控（服务器）、远程客户管理三层管理控制结构。在现场控制层采用DDC模块作为现场控制器，利用LonMaker软件完成各子系统间LON网的组建，对各子系统完成现场级的数据采集、处理和逻辑控制；在以太网层，利用带有Web功能的组态软件构建B/S局部网结构，服务器端通过对各子系统信息的统一管理和过程控制，可完成状态监控、数据保存、子系统间联动等功能，客户端经服务器能远程实现对各子系统的状态控制和数据查询等管理功能。它是一种真正开放的、具有标准对等体系网络结构的楼宇控制集成系统。

架构中DDC模块完成对现场设备的数据采集、处理和现场控制，各DDC模块采用LonWorks总线技术，在设备层构成一个开放的LON网络系统；通过i. LON600路由器和i. LON100服务器实现了设备层数据从LonWorks信道到IP信道的转换，同时利用i. LON100服务器的Web发布功能可以直接实现数据在以太网上的网络发布。在以太网上采用一台安装有LonMaker和网络组态软件（如WebAccess）的计算机作为服务器，即可以完成LonWorks网络的构建和维护，还可以利用网络组态软件强大的网络发布功能，实现大批量的数据发布，客户端可以通过以太网直接访问和控制各个子系统。

2.3　知识平台

2.3.1　LonWorks技术概述

LonWorks是由美国Ecelon公司推出并与摩托罗拉、东芝公司共同倡导，于1990年正式公布而形成的。它采用了ISO/OSI模型的全部7层通信协议，采用了面向对象的设计方法，通过网络变量把网络通信设计简化为参数设置，其通信速率从300bit/s至15Mbit/s不等，直接通信距离可达到2700m（78kbit/s，双绞线），支持双绞线、同轴电缆、光纤、射频（RF）、红外（IR）、电源线等多种通信介质，并开发相应的安防产品，被誉为通用控制网络。

传统的集中控制系统中，远端传感器向中心控制器提供反馈信号，每个系统都要有自己的I/O及处理过程，这样使得开发、安装、调试复杂化，成本高，扩展性差。同传统的集中控制系统相比，LonWorks控制网络技术拥有诸多优点，集中体现在以下几个方面。

1. 系统具有开放性和互操作性

LonWorks网络由节点（即智能控制器）通过固化在内部的符合OSI 7层参考模型的

LonTalk 网络通信协议互联，组成“Peer to Peer”对等、平坦的网络架构，开发人员只需将主要精力花在系统应用设计方面，而不需要专门去构建与测试传输线路和通信系统，这样省去复杂的布线，降低了安装和维护成本。

2. 分布式无中心控制

网络节点靠近现场传感器和执行机构，每个节点都能完成控制和通信功能，部分节点故障不会造成系统瘫痪，节点可随意安装在网络的任何位置，并且位置也可以随时变换，节点之间功能完全对等。这些特点对系统的调试、维护和稳定性都有着重要的意义。

3. 系统组态灵活、开发周期短、应用媒体范围广泛

采用不同类型的收发器，系统可利用双绞线、光缆、同轴电缆、电力线、无线、红外线等多种媒体进行信号传输。根据传输距离的远近、传输速度和现场设备等具体要求组成自由拓扑结构或总线型等结构，这些都给系统设计和维护升级改造带来极大的方便。

LonWorks 技术以其技术完善、价格低廉、实用性强、灵活方便等优势，从 1992 年一推出就得到众多计算机厂家、系统集成商、仪器仪表及软件公司的支持，成为新一代现场控制技术的代表。

采用 LonWorks 技术的控制系统，不但功能强大，性能稳定可靠，而且由于其网络拓扑结构的灵活性和对多种通信媒体的支持，从而大大简化了工程的施工，降低了施工和系统的维护费用。LonWorks 技术支持不同厂家开发的产品之间的互操作性，允许不同厂家生产的产品可以直接互联应用，这给集成商和用户提供了一个可在全球范围内选购不同厂家的产品，以便组成最优控制系统的机会，而在系统建成后的改扩建或维修中，其所提供的方便更是其他控制系统所没有的。

在美国，LonWorks 已经被空调暖通制冷工程师协会（ASHRAE）确定为楼宇自动化系统和控制网络（BAKNET）的标准。2006 年，中国建设部智能建筑推广中心已把 LonWorks 技术作为推荐采用的控制网络技术在中国智能建筑中推广应用，LonTalk 协议已成为中国国家标准化指导性技术文件 GB/Z 20177.1/2/3/4-2006。

2.3.2　现场总线楼宇综合控制系统简介

THBCZX-2 型现场总线楼宇综合控制系统由总线控制柜和网络软件两部分组成，其中总线控制柜主要由 i. LON600 LonWorks/IP Server、i. LON100 Internet Server、入口交换机、系统结构图和相关附属设备构成，它们是构成网络系统的硬件基础，其关键设备是 i. LON600 LonWorks/IP 服务器和 i. LON100 Internet 服务器。

1. i. LON600 LonWorks/IP 服务器

i. LON600 LonWorks/IP 服务器是一个遵从 EIA 852 协议的 LonTalk 到 IP 的路由器。它为日常设备的存取访问提供一个可靠的、安全的 Internet 通道，这些日常设备是指连接在现场控制器（DDC）上的泵、电动机、阀传感器、执行器以及照明设备等。它所提供的空前大的数据包吞吐量、强大的结构以及简单的启动能力，使其非常适用于要求较高的过程控制、楼宇自动化、公共设施、交通运输以及电信等领域。i. LON 600 产品得到 U. L、cU. L. 、TÜV 认证，并符合 FCC、CE Mark 技术规范认证。

i. LON 600 LonWorks/IP 服务器将 Internet 或者任何基于 10/100 Base-T 的 LAN 或者 WAN 作为本地或者远程传递 LonWorks 控制信息的通道。它使用 MD5 认证确保存取访问的安全性，内部采用一个 32 位 RISC 处理器和 Echelon 公司的 LonWorks/IP 体系结构，从而为高速控制、显示、监视应用程序提供了最佳的服务。

2. i. LON100 Internet 服务器

i. LON100 Internet 服务器是一个高性能的网络接口，用于连接 LonWorks 网络到企业 IP 网络或者 Internet。i. LON 100 服务器作为一个网关适合于不同的设备类型，包括 LonWorks、ModBus、M-Bus、数字量的 I/O 设备以及脉冲表。它所提供的通用的连通性很容易将现场设备连接到 i. LON100，并使这些设备的数据有效地应用到企业 IP 网络和 Internet，还可以通过内置的时序调度、报警和数据记录等应用，以实现本地设备的监控。

3. 现场总线楼宇综合控制系统功能

1）管理员类型及权限。管理员类型及权限见表 2-1。

表 2-1 用户名称列表

用户名	密码	权限	备注
admin	admin	拥有监控所有子系统权限	服务器使用
hy _ p manager	无	恒压供水实验系统	客户端使用
Paf _ p manager	无	安防监控实验系统	客户端使用
pcb _ p manager	无	远程抄表实验系统	客户端使用
pgp _ p manager	无	供配电实验系统	客户端使用
zkc _ p manager	无	空调实验系统	客户端使用
zm _ p manager	无	照明实验系统	客户端使用

2）照明系统时间控制表。照明系统时间控制表见表 2-2。

表 2-2 照明系统时间控制表

代号	i. LON100 中的名称	地点	周期	时刻表
HKZM	ILON100HKZM	航空照明	全周	18:00 ~ 次日 6:00 开
LDZM	ILON100LDZM	楼层照明	周一到周五	8:00 ~ 21:00 开
JLZM	ILON100JLZM	应急照明	全周	24 小时全开
HYZM	ILON100HYZM	停车场照明	全周	8:00 ~ 21:00 开

3）中央空调实验系统可以观察风道中的温度、湿度值，对加湿器、加热器、送风机等设备实现开环控制。

4）楼宇供配电实验系统可监视和控制系统中各供配电线路状态。

5）楼宇照明实验系统可监视和控制系统中各照明线路状态。控制方式分为手动控制和时间排程控制两种。

6）安防监控实验系统可以实现布防、撤防功能。

7）远程抄表实验系统可以实现对远程水、电、气三表表值计量的实验操作。

8）变频恒压供水实验系统可以实现对当前生活给水压力的监控和各泵运行状态的监控。

9）火灾联动控制。

①火灾信号触发源为楼宇供配电系统设备上的“火灾信号模拟”按钮。

②供配电系统中的火灾模拟按钮按下后，消防和紧急照明电源保持启动状态，并立即启动紧急照明开关。

③供配电系统中的火灾模拟按钮按下30s后，其他动力系统电源关闭（跳闸）。

④供配电系统中的火灾模拟按钮按下30s后，变频恒压供水系统中的消防泵启动。

说明：

1）变频恒压供水实验系统的PI控制参数参考范围是比例：0.1 ~ 1；积分时间：1 ~ 20s。

2）远程抄表实验系统的表盘数值校准和费率的修改，当实际表盘与上位机表盘显示数值不一致时，需要进行校表，校表功能可以通过直接双击对应的上位机表盘进行操作，但只有“admin”管理员具有该权限。

3）相关实验子系统的具体使用操作和使用请参考其实验指导书或使用说明等资料。

2.3.3　LonMaker3.1 软件简明安装和工程释放步骤

1. LonMaker3.1 软件安装

1）安装准备。

①Windows 2000 或 Windows XP 操作系统安装盘。操作系统使用 Windows 2000 为 SP4 及以上或 Windows XP 为 SP1 及以上。

②Office2000 应用软件安装盘。

③LON 网络管理软件安装程序。包含三个文件夹：LonMaker for Windows 3.1、LNS SP8 补丁及 LonMaker SP2 补丁。

④网卡。PCLTA-20，含驱动程序。

⑤常用工具。普通数字万用表、小一字螺钉旋具刀、偏口钳或其他可替代工具。

2）安装 LON 网络卡（如果不需要网卡，可以省略这一步）。

①关闭计算机，将 LON 网卡安装在主板 PCI 插槽上，确认接触良好后，重新上电开机。

②安装网卡驱动程序，并更新网卡驱动程序。

3）安装 LonMaker3.1。只需选择 Microsoft Viso 和 Echelon LonMaker 两项即可。

4）安装 LonMaker3.1 SP2。

5）安装 LNS3.0 的 SP8 补丁程序。

6）LON 网卡属性配置与通信测试（如果不需要网卡，可以省略这一步）。

7）复制资源文件到安装路径 C:\Lonworks\types\user\的下面（复制“下位机工程”文件夹下的资源文件）。

8）安装 Node Builder 软件。

9）导入资源文件。

10）复制节点程序（只需要复制“下位机工程”文件夹下各模块的节点程序）到 C:\Lonworks\Import 文件夹下。

11）注册插件程序（只需注册“下位机工程”文件夹下各模块的 Plug_in 插件程序）。

说明： 以上步骤为安装过程的简要叙述，每一步的具体操作请参考 LonMaker 安装手册。如果需要通过 i. LON600 连接 LON 设备或者需要使用 i. LON100，这时即可安装其相关软件。

2. 安装 i. LON600 和 i. LON100 软件，创建虚拟接口

按照 2.6 节中的操作步骤 1）~7），完成 i. LON600 和 i. LON100 软件安装和虚拟接口的创建，并测试成功。

说明： 因为已建好的上位机工程所扫描的通信口名称为“cfy”，所以虚拟接口（VNI）的名称必须使用“cfy”，IP 地址使用“192.168.1.2”，IP port 为 80，这样上位机才能与下位机建立通信。

3. 工程释放和程序下载

1）在 LonMaker 中将现场总线控制系统的下位机工程释放到安装路径下。

①在桌面上双击“LonMaker for Windows”打开 LonMaker 软件，如图 2-2 所示。

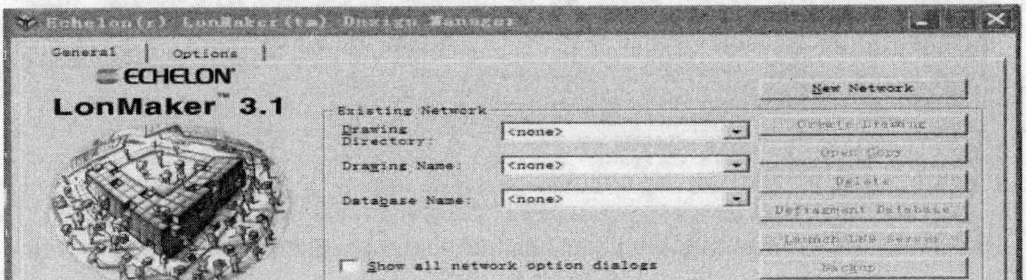

图 2-2　LonMaker 软件页面

②单击“Restore”按钮，选择“下位机工程”所在的路径打开备份文件。

2）释放完成后，在 LonMaker 中打开“IBMS”工程，替换设备（Replace）。

①选中设备右键单击，选择 Replace（替换）。

②在替换设备向导（Replace Device Wizard）的三个步骤，分别选中“Existing template”（存在的模板）、“Load Application Image”（下载应用图形）、“on line”（在线）“old device values”（旧的设备值），以保证原先的参数配置下载到当前的模块中。

③选中设备右键单击，选择 commision，在 commision Device Wizard 中选中“on line”和“current values in database”。

2.3.4 上位机工程释放步骤

前提：WebAccess 软件安装完成。

1）将“上位机工程\config”文件夹下的所有内容复制到 WebAccess 软件安装路径的 config 文件夹下（如 D:\WebAccess\Node\config）。

2）将“上位机工程\”文件夹下的 LON _ MAP. INI 文件复制到 WebAccess 软件安装路径下（如 D:\WebAccess）

3）按照 2.7.2 节的操作步骤 1）~3），打开工程设定页面（登录名称“admin”，密码：“admin”），如图 2-3 所示，就可以看到复制进去的“THPFL”工程了。

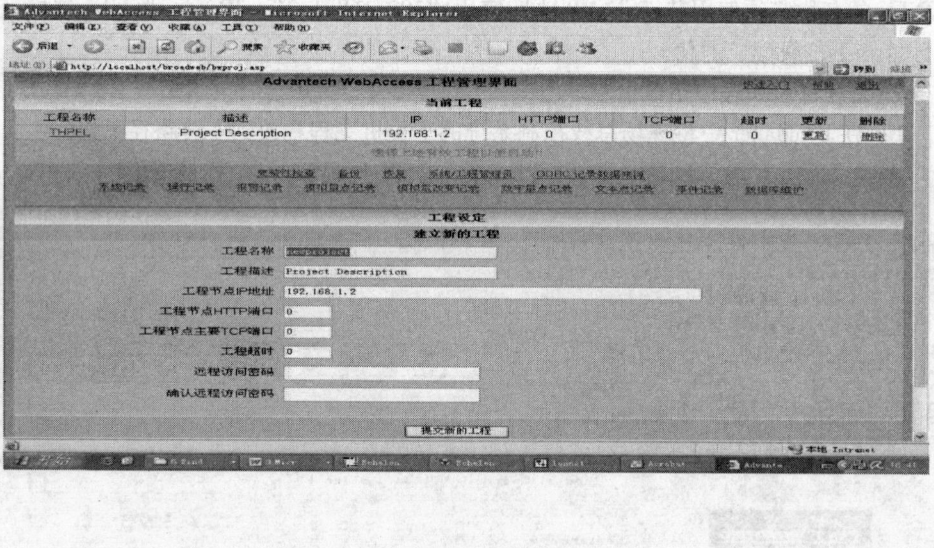

图 2-3　工程设定页面

4）单击工程名称“THPFL”，就可以进入新工程了（要求控制柜通电，交换机开启），如图 2-4 所示。

5）先进行“下载完整配置”，将工程节点下载到监控节点后，就可以“启动节点”和“启动监控”了。

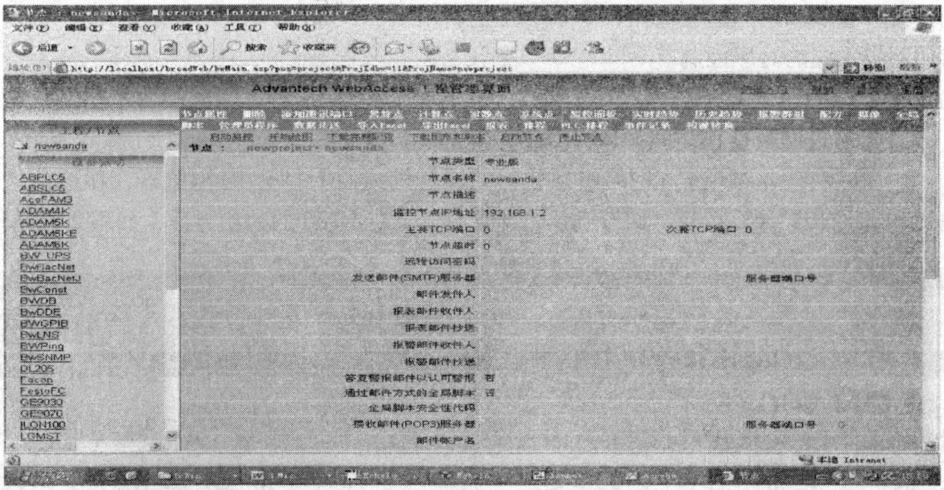

图2-4　建立的新工程页面

2.4　解决方案

2.4.1　i. LON100的基本功能和基本操作

1. i. LON100的基本功能

i. LON100 Internet服务器是一个高性能的网络接口，用于连接LonWorks网络到企业IP网络或者Internet。它有LonWorks、ModBus、M-Bus、数字量的I/O等多种丰富的设备接口，其中数字量I/O包含了2路脉冲输入（M1、M2）、2路开关量输入（Input1、Input 2）和2路开关量输出（Out1、Out2），从而很容易地将现场设备连接到i. LON100，并使这些设备的数据有效地应用到企业IP网络和Internet。i. LON100的结构和扩展接口图如图2-5所示。

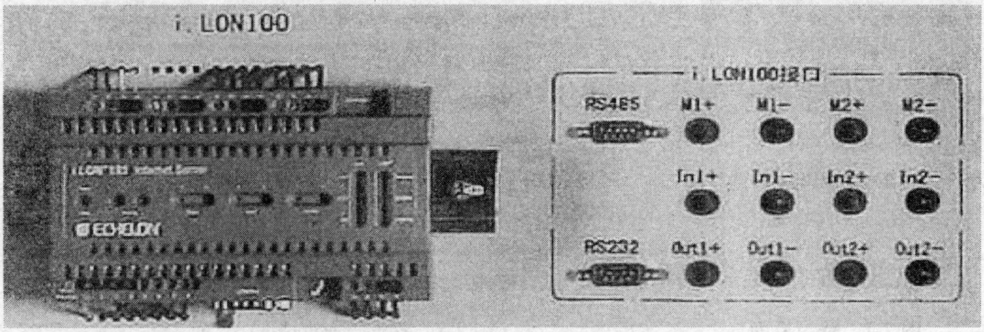

图2-5　i. LON100的结构和扩展接口图

i. LON100内置有时序调度、报警和数据记录等功能模块，用户可以使用其内置的网页接口存取和访问这些应用，本系统正是利用了 i. LON100 的时序调度功能，实现了对照明子系统的时序控制。

2. i. LON10 基本操作

(1) 通过网页接口访问 i. LON100 并修改其 IP 地址

1) 在装有 LonMaker 和网络组态软件的计算机桌面上打开 IE 浏览器，在地址栏里输入 http://192.168.1.3/，回车确认，即可打开 i. LON100 的初始界面，如图 2-6 所示。

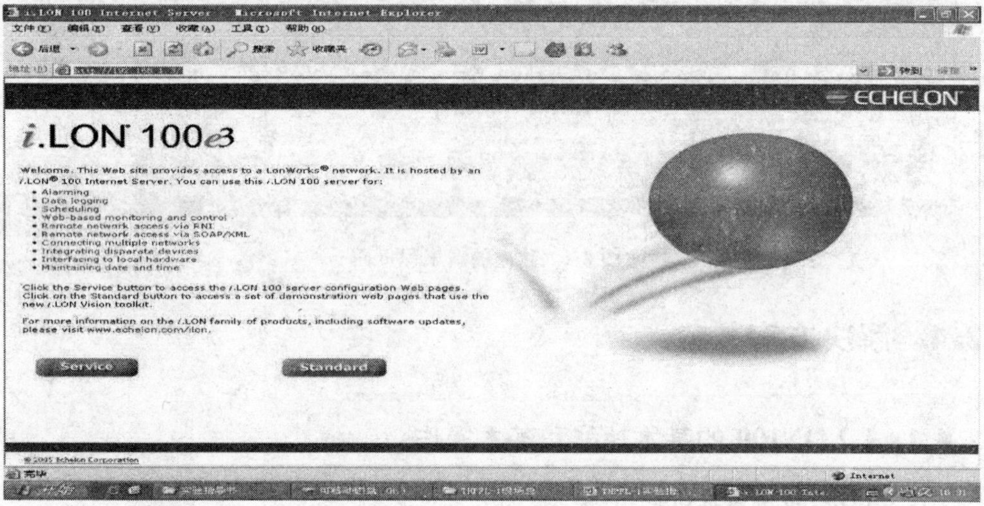

图 2-6　i. LON100 的初始界面

2) 鼠标单击 “Service” 按钮，进入图 2-7 所示的登录界面。

3) 输入用户名 “ilon” 和密码 “ilon”，鼠标确定，进入图 2-8 所示的欢迎界面。

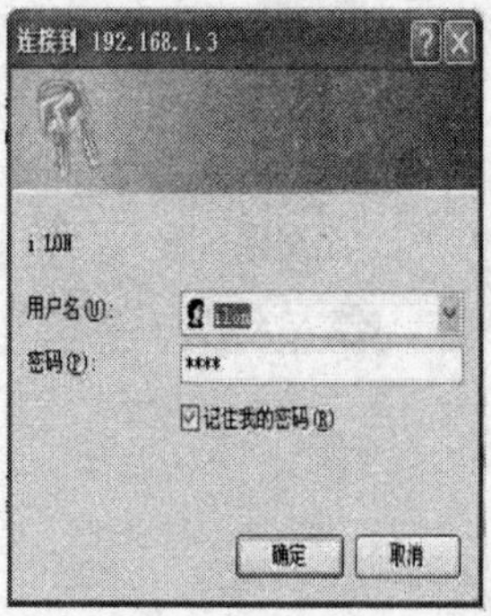

图 2-7　登录界面

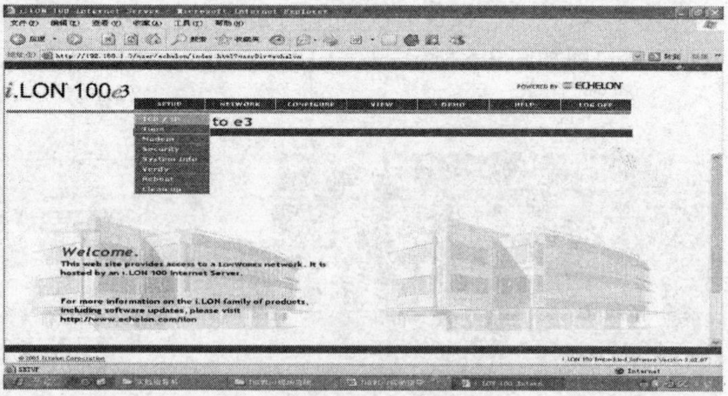

图 2-8　欢迎 (welcome) 界面

4) 将鼠标移至 “SETUP” 处，展开下拉菜单，再将鼠标移至 “TCP/IP” 确定，进入 TCP/IP 配置界面，如图 2-9 所示。

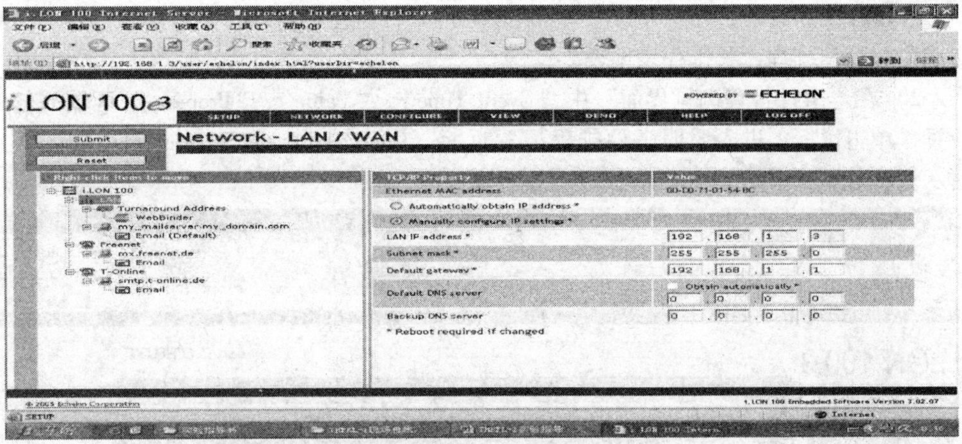

图 2-9　TCP/IP 配置界面

5）输入 TCP/IP 参数（如：IP 192. 168. 1. 5），然后用鼠标单击“Submit”按钮。

6）重新启动 i. LON100，使所修改的 TCP/IP 参数生效，下次从 IE 登录 i. LON100 时，就需要输入所设置的 IP 地址（如：http：//192. 168. 1. 5）。

说明：当 i. LON100 被复位后，其 IP 为：192. 168. 1. 222。i. LON100 设备的正面针形小孔为复位按钮，复位方法请参考资料“i. LON100configUG. pdf”文件。

（2）查看和修改照明系统时序调度表

1）仿照上面的操作，进入欢迎（welcome）界面，将鼠标移至“VIEW”处，展开下其拉菜单，再将鼠标移至“Eevent Scheduler”确定，进入照明事件排程（也叫时序调度）浏览界面（View-Event Scheduler），如图 2-10 所示。

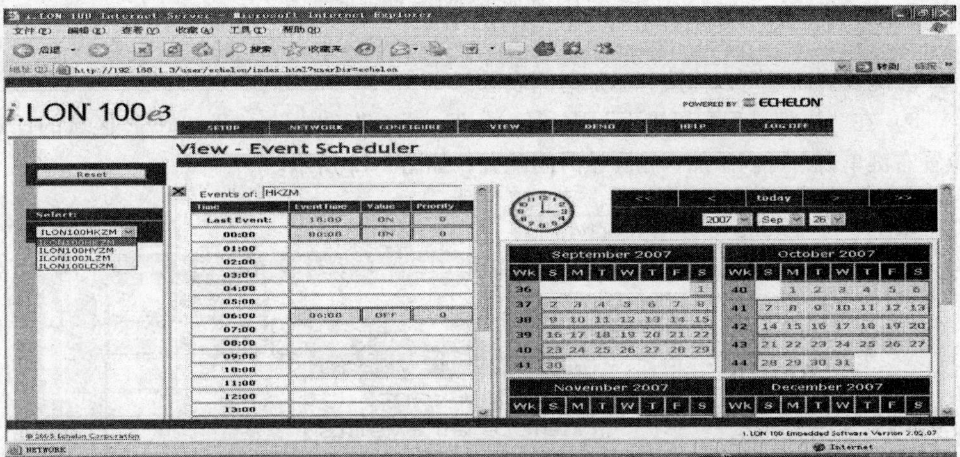

图 2-10　照明事件排程浏览界面

在左面的 Select 下方，可以选择四种不同的事件，在右面可以查看该事件在一天和一周内的时间排程，其排程表见表 2-2。

2）在“事件排程浏览界面”中“Event Time”、“Value”、“Property”区域的任意位置，单击鼠标，进入照明事件排程配置页面（Configer-Eevent Scheduler），如图 2-11 所示。

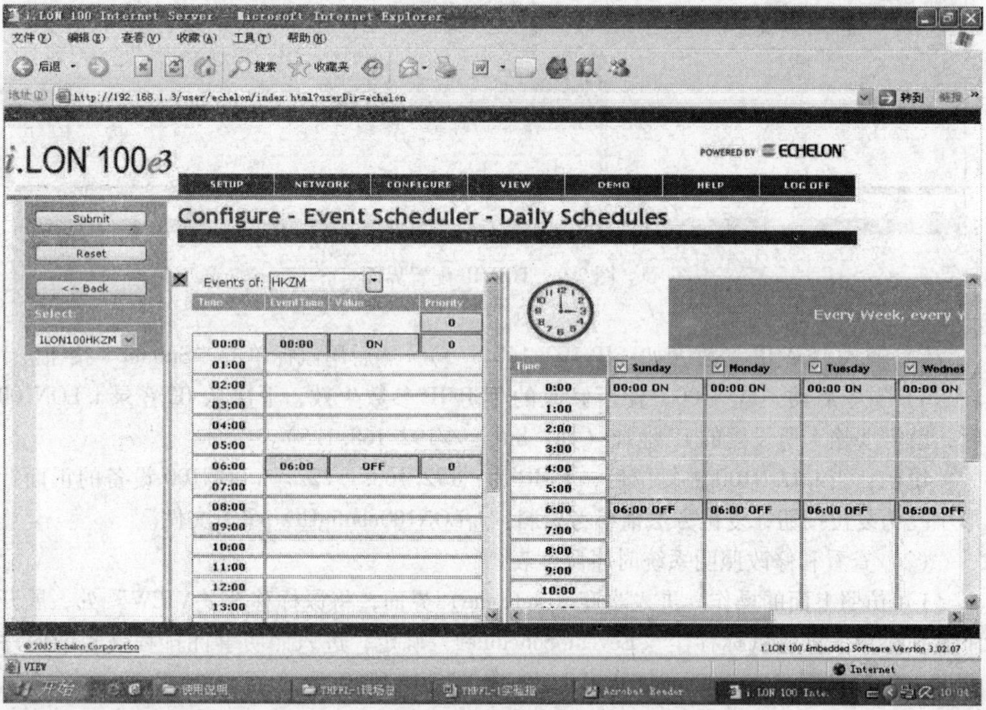

图 2-11　照明事件排程配置页面

在配置页面里可以修改和添加时间表。

3）在“事件排程配置界面”中“Event Time”、“Value”、“Property”区域的任意位置右键单击，可以添加、删除该时间配置，如图 2-12 所示。

图 2-12　添加、删除时间配置页面

4）再双击“Event Time”或“Value”栏中的数值，可以修改该时间和该时刻的状态值，如图2-13所示。

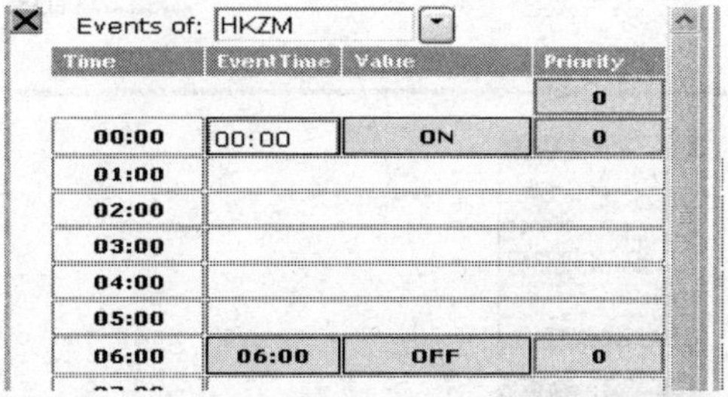

a)

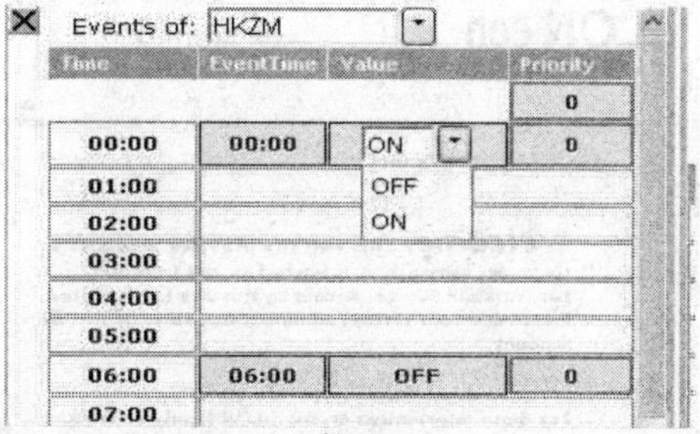

b)

图2-13　修改该时间和该时刻的状态值页面

a）修改时间　b）修改时刻的状态

5）修改完毕后，鼠标单击“Submit”按钮，修改即时生效。

（3）i. LON100的其他功能和使用方法　i. LON100的其他功能和使用方法请参考其软件安装盘中的资料手册，资料手册所在的路径位置：i. LON100安装光盘\iLON100\LonWorks\iLON100下。

2.4.2　i. LON600的基本功能和基本操作

1. i. LON600的基本功能

i. LON600 LonWorks/IP服务器是一个遵从EIA 852协议的LonTalk到IP的路由器。它为日常设备的存取访问提供一个可靠的、安全的Internet通道。它所提供的强大的数据包吞吐量，有利于其在大型楼宇控制网络中的广泛应用，本系统正是利用了i. LON600强大的数据包吞吐能力实现对各子系统的数据采集。

每个i. LON600有自己的IP地址和网页应用接口，用户可以通过IP访问和修改其数值。

2. i. LON600的基本操作

1）在装有LonMaker和网络组态软件的PC机桌面上打开IE浏览器，在地址栏里输入http://192. 168. 1. 4/，回车确认，即可打开i. LON600的初始界面，如图2-14所示。

2）鼠标单击“TCP/IP”确定，第一次进入时，会弹出登录窗口，输入用户名“ilon”和密码“ilon”，如图2-7所示。鼠标确定，即进入i. LON600的TCP/IP配置页面，如图2-15所示。

3）输入你欲设置的TCP/IP参数（如：IP 192. 168. 1. 6），然后鼠标单击“Submit”按钮。

4）重新启动i. LON600，使你修改的TCP/IP参数生效，下次从IE登录i. LON600时，就需要输入你自己设置的IP地址（如：http://192. 168. 1. 6）。

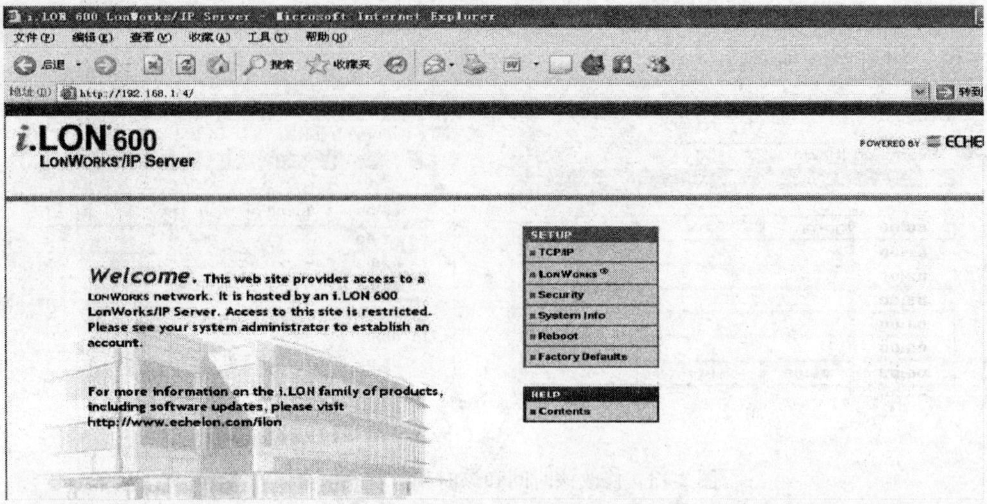

图 2-14　i. LON600 的初始界面

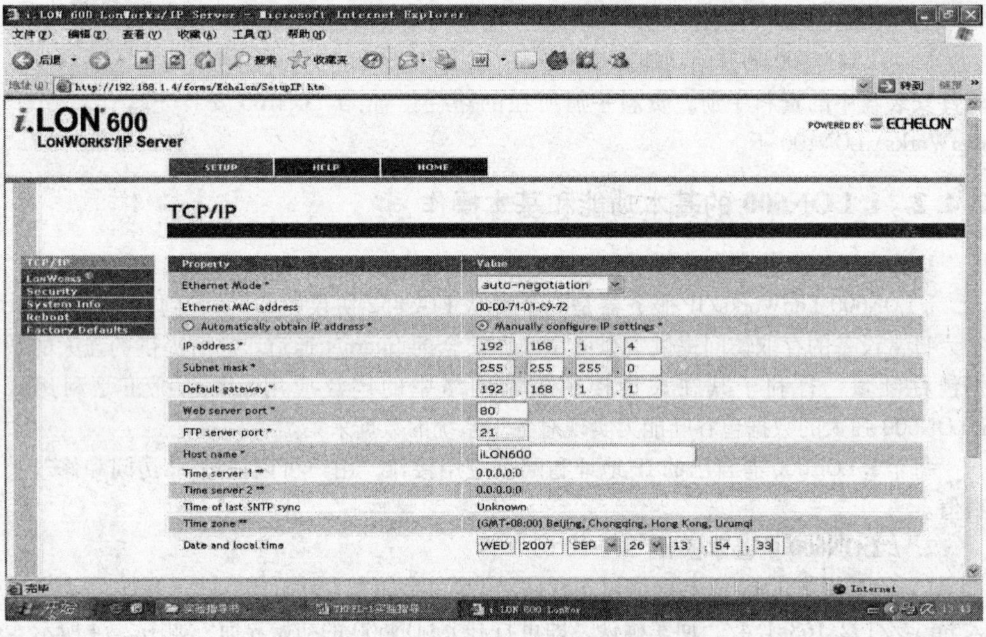

图 2-15　i. LON600 的 TCP/IP 配置页面

说明：当 i. LON600 被复位后，其 IP 为：192. 168. 1. 222，i. LON600 设备的正面“output”灯下方的小孔为复位按钮，复位方法请参考资料“i. LON600configUG. pdf”文件的第 28 页。

5）i. LON600 的其他功能和使用方法请参考其软件安装盘中的手册，手册所在的路径位置：i. LON600 安装光盘\LonWorks\iLON600。

2.4.3　请您做一做

1）记录“现场总线楼宇综合控制系统”的网络结构，描述其实现过程。

2）登录i.LON100，修改其日期和时间，使其内部时钟与当前的时间相一致，简要叙述你的操作过程。

2.5　LON DDC模块的开发使用

2.5.1　LON DDC模块的基本功能

DDC（Direct Digital Controler）的中文意思是直接数字控制器。近几年来，它代替了传统的控制组件，如温度开关、接收控制器或其他电子机械组件等，成为各种建筑环境控制的通用模式。DDC系统是利用微处理器执行各种逻辑控制功能，它主要采用电子驱动，但也可用传感器连接气动机构，所有的控制逻辑均由微处理器完成。这些微处理器接收传感器、常用触点或其他仪器传送来的输入信号，并根据软件程序对这些信号进行处理，然后输出控制信号到外部设备。

通常的DDC控制器都有其特定的应用场合，实现某种专用的控制功能，当然也存在着大量的通用DDC控制器，它们是由其内部的功能模块来满足多种应用场合的需要。本系统采用的是海湾公司的HW-BA系列通用楼宇控制模块，它具有I/O点数灵活、点类型丰富、通用性强的特点。

DDC模块完成其中特定的功能，需要借助其内部的节点程序来实现。节点程序是一系列后缀名为*.xif的文件，它们由设备厂商提供给系统集成商，便于系统集成商实现某种特定的逻辑和数据处理。系统集成商根据自己的应用要求，配置这些节点程序，这时还需要一种直观的人机接口，这就是plug-in。plug-in也是设备厂商根据自己的程序提供给系统集成商的，它实际上是利用VB编制的一组人机画面。通过人机画面，系统集成商可以轻松地修改程序的内部参数或编制某种逻辑关系，以满足自己的应用需求。

2.5.2　LON DDC模块的基本操作

操作前提：LonMaker3.1软件安装完成，LON网卡测试成功。

1. 选一DDC模块，上电并将其正确连接到Lon总线上，然后测试LON网卡与DDC模块的通信是否正常

1）在控制面板里找到“

”图标，双击该图标进入图2-16所示的诊断测试页面。

2）按照图2-16中的显示配置各选择项，然后单击“诊断测试”按钮，出现图2-17所示的测试数值对话框（一些数值可能会不同）。

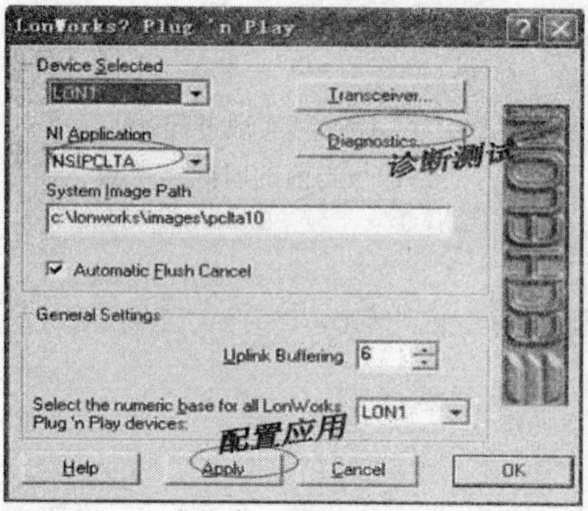

图 2-16　诊断测试页面

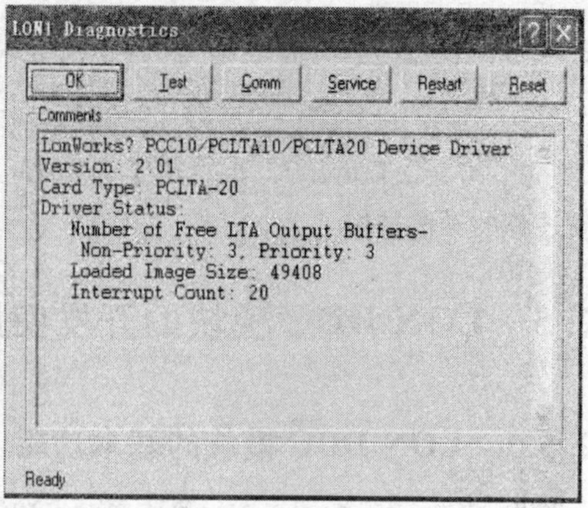

图 2-17　测试数值对话框

3）单击图 2-17 中的“Test”按钮，如果网卡正常通信会上传测试数据（一些数值可能会不同），如图 2-18 所示。

说明：如果收到出错信息，或者在单击“Test”按键后程序挂起，则应卸载网卡驱动程序，重新启动计算机，并重新安装驱动程序，再进行“诊断”测试。

4）如果网卡通过测试，表示计算机已经可以跟 LON 网络接口进行通信了。接着就可以测试网卡能否也能跟设备（模块）进行正确的通信，单击“Comm”按钮，如图 2-19 所示。

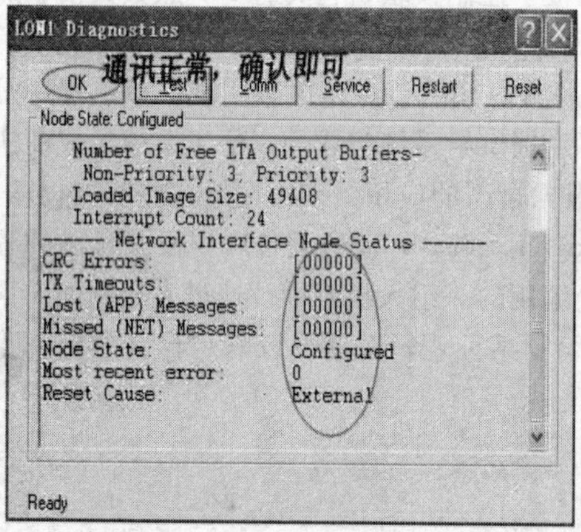

图 2-18　网卡正常上传测试数据页面

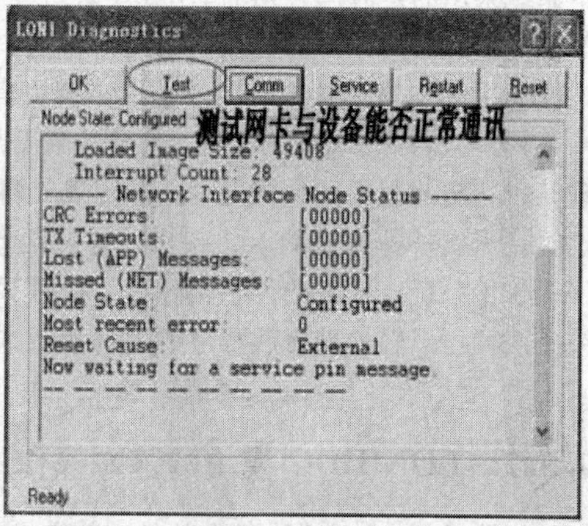

图 2-19　测试网卡能否与设备正常通信页面

5）系统将弹出图 2-20 所示的确认对话框，单击“是（Y）”按钮。

图 2-20　确认对话框

6）系统显示等待 pin 按键消息，如图 2-21 所示。

7）用小一字螺钉旋具按一下模块左上方的“维护”按键，出现图 2-22 所示页面。

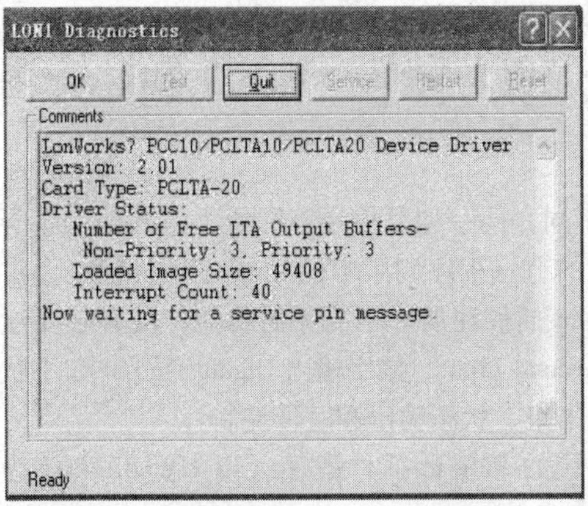

图 2-21　系统显示等待 pin 按键消息页面

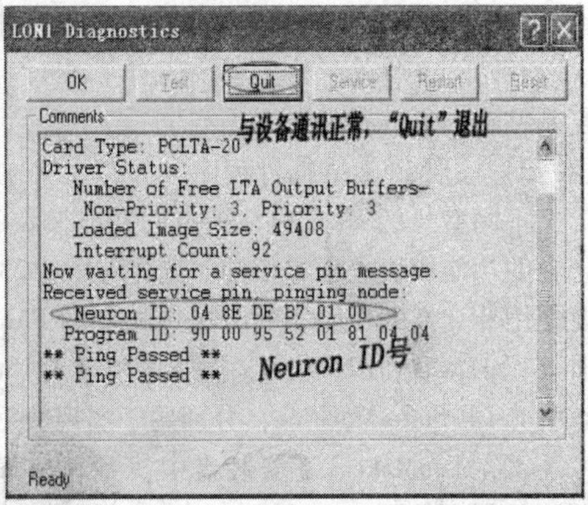

图 2-22　显示模块的 Neuron ID 号页面

说明：如果系统收不到 pin 按键信息，则需检查网卡的接线端子、模块接线端子是否虚接，网线是否短路或断路。系统收到 pin 按键信息时，显示该模块的 Neuron ID 号，它是 12 位十六进制数字，对于每个 DDC 模块而言，该号码是唯一的。

8）完成对 LON 总线所有设备的通信测试后，单击“OK”键退出“诊断测试”框。

9）再次单击“OK”键退出“LonWorks Plug’n Play application”。

2. 复制节点程序，注册插件（Plug-in）

前提：资源文件已经导入。资源文件是楼控模块节点程序的支持性文件，它是对 DDC 模块一些定义、规范的说明。要调试和使用 DDC 模块，必须把该模块的一些定义说明提供给 LNS（LON 网络服务），才能让 LonMaker 识别设备。

说明：海湾楼控系列模块的资源文件和节点程序有多种版本，通常需要同版搭配使用。

1）在 LonMaker3.1 安装盘中找到如图 2-23 所示相应模块的节点程序 *.APB、*.XIF文件复制（以 HW-BA5202 模块为例），将复制的文件粘贴到 LonMaker 的安装路径下（如 C:\LonWorks\Import），如图 2-24 所示。

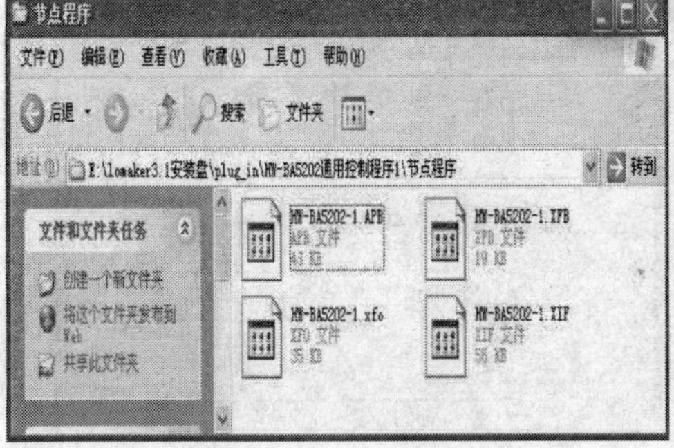

图 2-23　节点程序页面

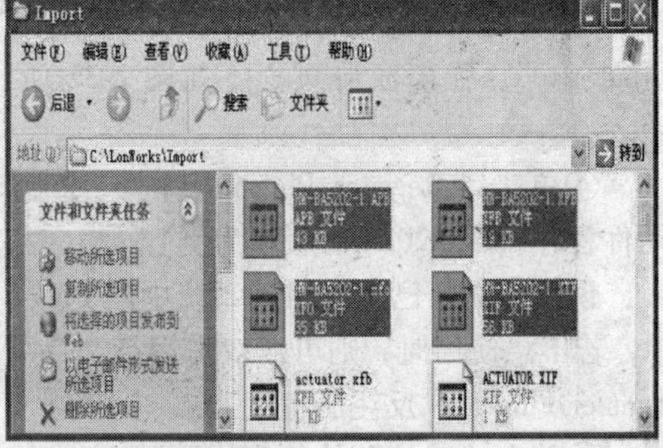

图 2-24　复制到 Lonmaker 的安装路径页面

说明：在节点程序文件夹中，同一型号的 DDC 模块有时具有不同的版本。不同版本主要针对不同的现场要求（如 AC、PID 等）提供不同功能模块的组合。如不同版本皆可满足现场需要，则以最新版本为最佳选择。由图 2-24 可以看出，除 *. APB 、*. XIF两个文件外，许多模块还有 *. xfo、*. XFB 文件类型，要跟 APB、XIF 文件一起复制粘贴到 Import 目录下。

2）注册 Plug-in 插件程序

不同型号的 DDC 模块拥有的功能模块不同，同一型号模块不同版本的插件程序所包含的功能模块也不尽相同。选择与图 2-23 的节点程序同版本的 Plug-in 插件注册。需要使用什么样的功能，则应选择相应的 Plug-in 插件注册。不需要的功能，没有必要注册（以 HW-BA5202 为例，注册通用输入 Universal Input、数字输出 Digital Output 和小状态机 Small State Machine，分别用于实现数据采集、状态输出和逻辑控制）。

①在 LonMaker3. 1 安装盘中找到相应模块的 Plug-in 插件程序（以 HW-BA5202 为例）注册，如图 2-25 所示。

②打开“Universal Input”文件夹（以 5202 _ 1 版本为例），如图 2-26 所示。

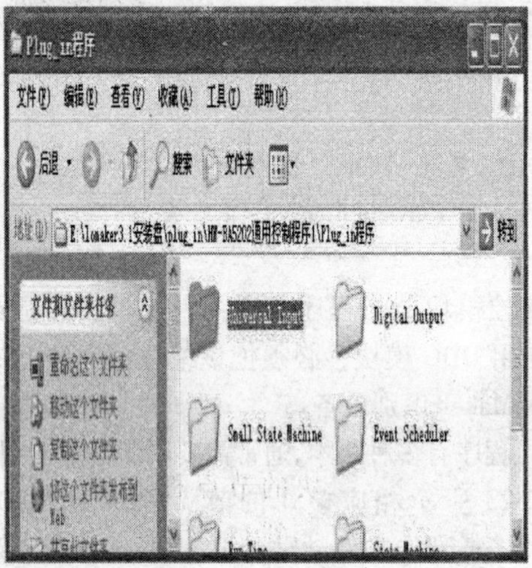

图 2-25　Plug-in 插件程序页面

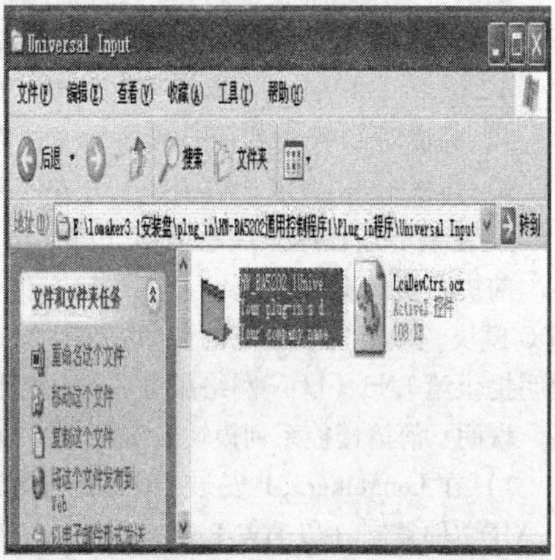

图 2-26　“Universal Input”文件夹

③双击“HW _ BA5202 _ 1 Universal Input. exe”，弹出注册页面，如图 2-27 所示。

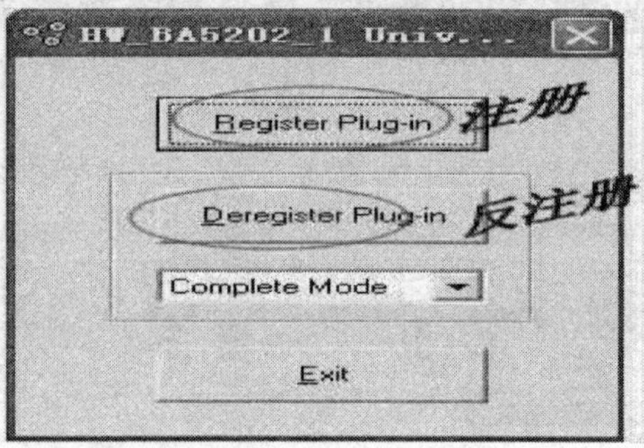

图 2-27　注册页面

④单击“Register Plug-in”按钮注册插件程序（以 5202 _ 1 版本为例）。

说明：对于已经注册到系统中的 Plug-in，若不想使用时，则可以双击运行“Deregister Plug-in”反注册程序。

⑤单击“确认”按钮完成注册。

⑥用同样的方法，完成“Small State

Machine”小状态机、“Digital Output”数字输出的注册。

3. 利用 LonMaker3.1 创建一个设备（使用 HW-BA5202 模块），**完成通用输入**（UI）**的配置和逻辑控制**（使用 Small State Machine 小状态机）

1）打开 LonMaker3.1 软件，选择“new network”，新建 LON 网络，进入网络向导页面，如图 2-28 所示。

2）输入网络名称如：HW5202，单击“Next”按钮，如图 2-28 所示。

3）选中复选框，在下拉框里选择网络接口 LON1，单击“Next”按钮，如图 2-29 所示。

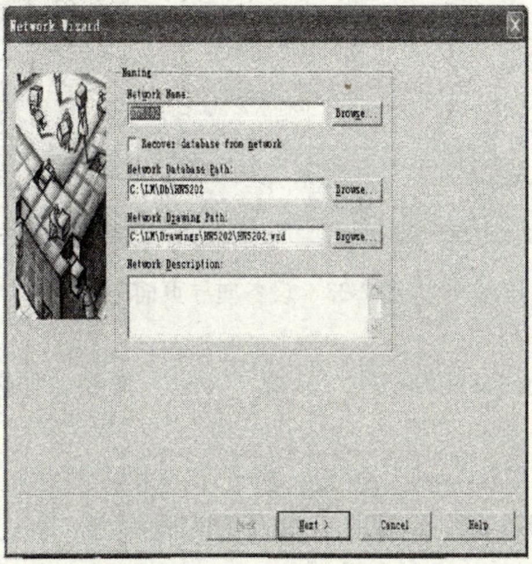

图 2-28　网络向导页面

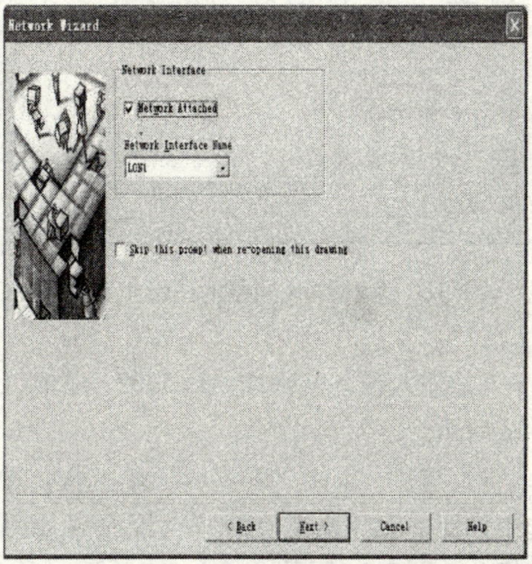

图 2-29　输入网络名称页面

4）选择 Onnet，单击“Finish”按钮，如图 2-30 所示。

5）通过 Add 和 Remove 按钮将没有注册的插件（not Registered）添加到准备注册（To be Registered）的显示栏里（图 2-27 中的注册只是将 Plug-in 插件注册到操作系统中，这里才是真正注册到 LonMaker 当中），单击“Finish”按钮，开始注册，如图 2-31 所示，并打开 microsoft visio（它是编辑 LON 网络的图形工具），如图 2-32 所示。

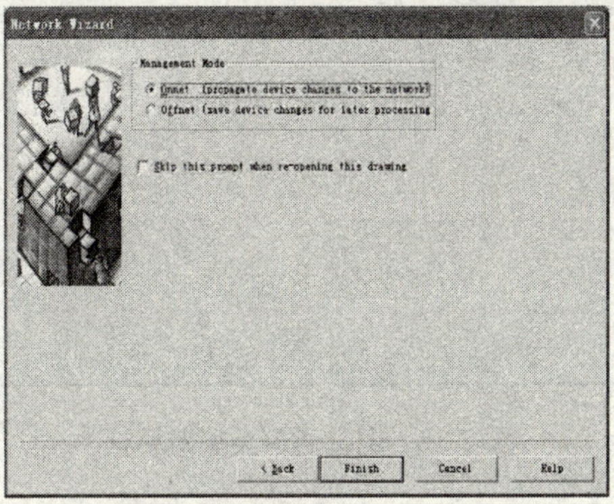

图 2-30　选择网络状态对话框

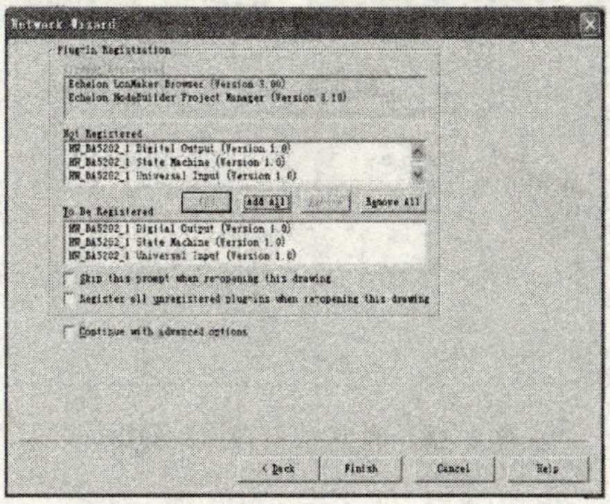

图 2-31　将插件注册到 LonMaker 对话框

6）从左边的图形（shapes）中选择设备图标（device），左键拖动到右边的编辑区域，然后松开左键，会弹出设备向导（Device Wizard），如图 2-33 所示。

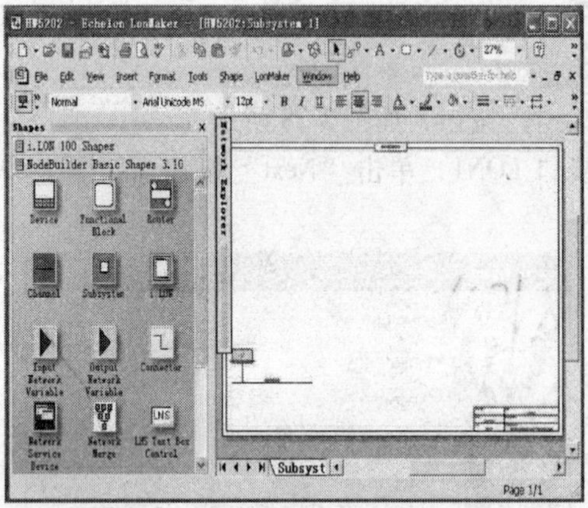

图 2-32　编辑 LON 网络的图形工具页面

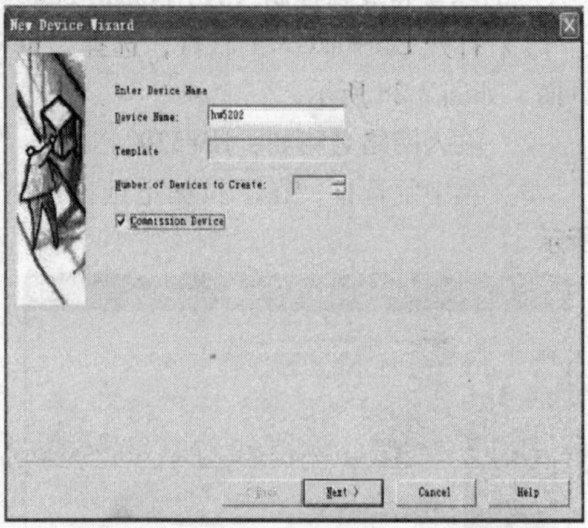

图 2-33　设备向导页面

7）输入设备名称如：hw5202，选中 Commission Device，单击“Next”按钮，如图 2-33 所示。

8）选中“load XIF files”单选框，单击“Browser”按钮，打开节点程序对话框，选中你要下载到该模块的节点程序（如 HW-BA5202-1. XIF），打开，然后单击“Next”按钮，如图 2-34 所示。

9）按照图 2-35 配置通道类型（Channel），然后，单击“Next”按钮，一直到出现图 2-36 所示的画面为止。

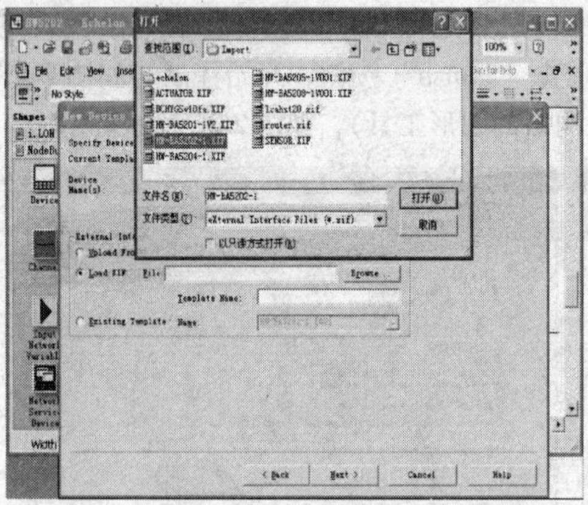

图 2-34　打开节点程序对话框

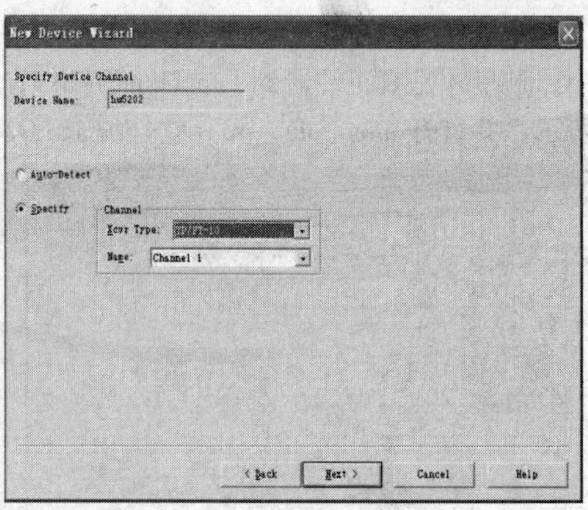

图 2-35　配置通道类型对话框

10）选中图 2-36 中的复选框，单击“Next”按钮，结果如图 2-37 所示。

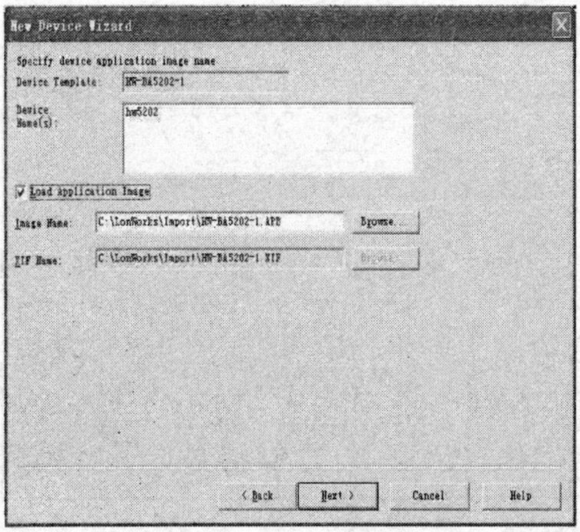

图2-36　通道类型选择1

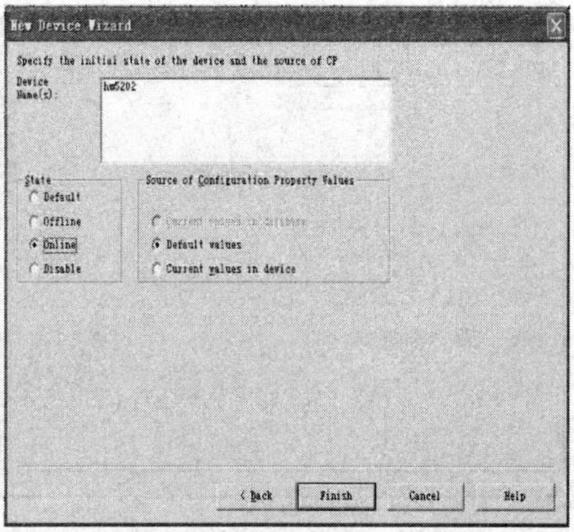

图2-37　通道类型选择2

11）按照图2-37选择单选框后，单击“Finish”按钮，结果如图2-38所示。

12）按一下DDC模块左上方的“维护”按键，如果设备通信成功，将显示如左面接口（LNS Network Interface）一样的绿色。如果设备不在线（offnet）将显示为黄色或红色，如图2-39所示。

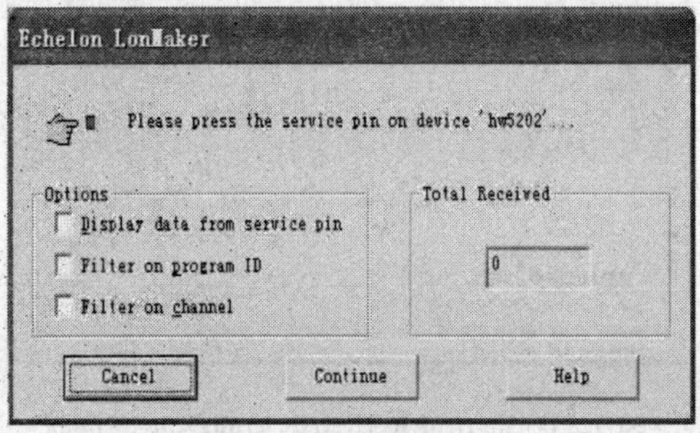

图2-38　通道类型选择3

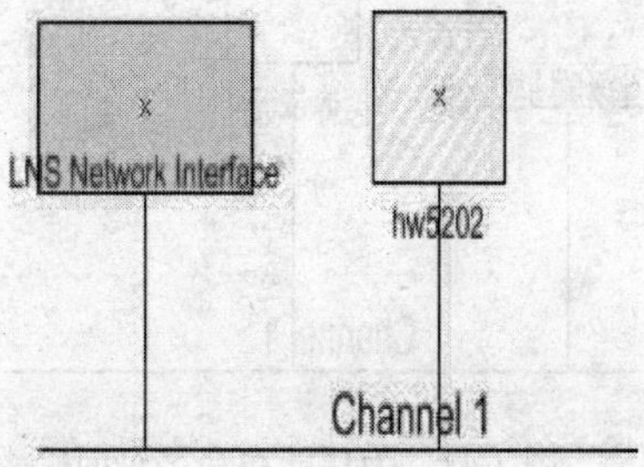

图2-39　通道类型显示

13）上面已经创建了一个设备，如果总线上带有多个设备，可用同样的方法添加更多的设备。下面介绍如何配置设备的输入通道，以完成数据采集。

14）按照5）的拖动方法，从左边图形中拖动Functional Block图标，到右边的编辑区。会弹出功能模块向导，如图2-40所示。

15）按照图2-40选择该模块所属的设备（hw5202），选择功能模块（以第一通用输入通道UI［0］为例），单击“Next”按钮，结果如图2-41所示。

16）将该功能块命名（FB Name）为UI1。不要选中复选框，单击“Finish”按钮，生成功能模块（如选中复选框则选择创建所有变量，同类模块将生成同名变量，将不容易区分），如图2-42所示。

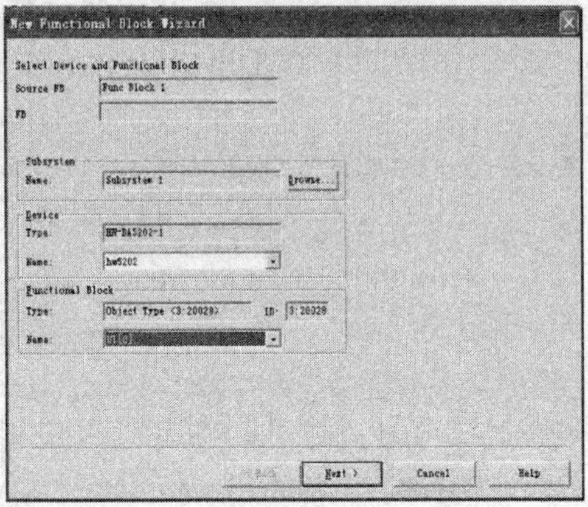

图 2-40　功能模块向导页面

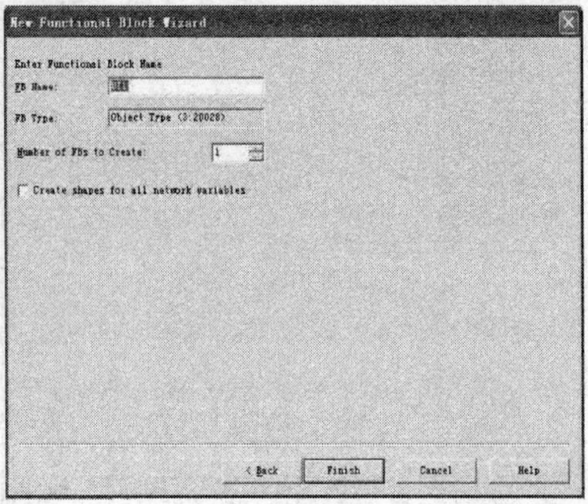

图 2-41　功能模块页面

17）向功能模块中添加网络变量。从左边图形中拖动“Output Network Variable”图标到所创建的模块图形上，如图 2-43 所示。

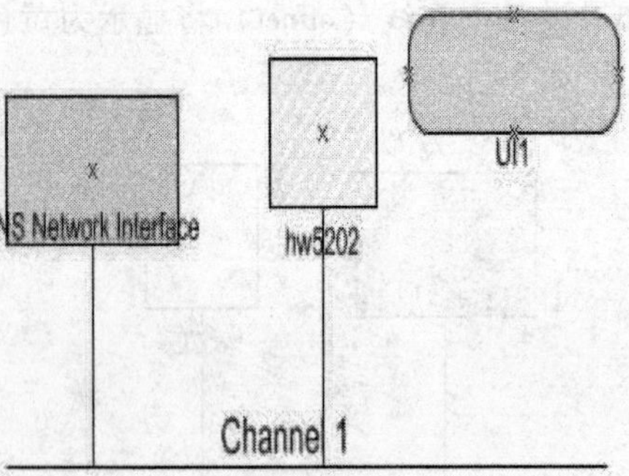

图 2-42　为功能块命名页面

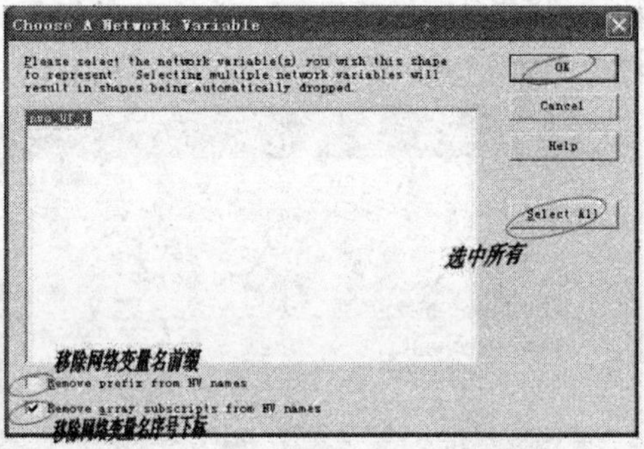

图 2-43　向功能模块中添加网络变量页面

说明：UI、DI 口添加的是输出型网络变量（Output Network Variable），UO、AO、DO 口添加的是输入型网络变量（Input Network Variable）。对于其他类型的功能模块（例如 AC、PID、ST 等），它们同时具有输入、输出两种类型的网络变量，添加时注意不要遗漏。如对此不太熟悉，可进行试添加，如果该功能块已添加所有变量或者不具备要尝试添加的变量类型，LonMaker 将会给出相应的错误提示。

18）选择需要添加的网络变量，单击“OK”按钮，成功添加网络变量的图形，如图 2-44 所示。

19）左键选中新建的功能模块，单击右键在弹出的快捷菜单中选择 Configure（也可以从弹出的快捷菜单中选择 plug _ in，然后再选择 Configure）。正在初始化功能模块的配置属性，如图 2-45 所示。

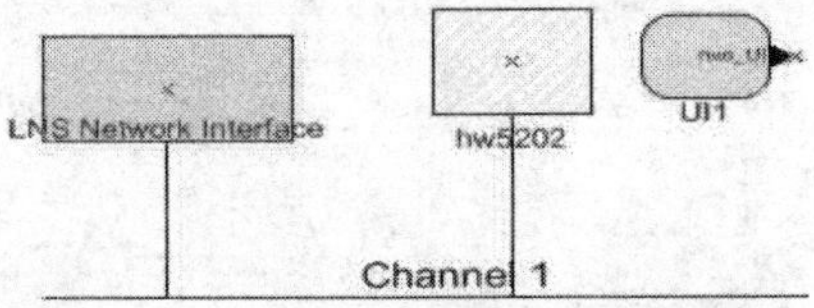

图 2-44　成功添加网络变量的图形

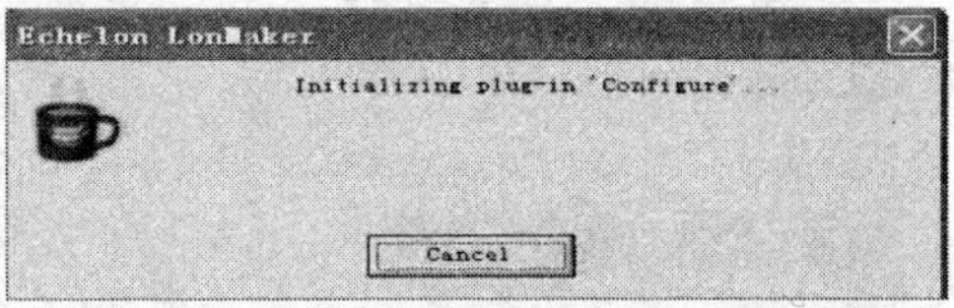

图 2-45　初始化功能模块的配置属性

设置功能模块的配置属性，如图 2-46 所示。

20）HW-BA5202 的通用输入可以配置成多种类型的输入信号。以配置成数字输入（DI）为例，按照图 2-46，选择输出类型（OnputType）为 digital，单击输出类型按钮出现网络变量（Network Variable）对话框，如图 2-46 所示。选择 Change type 按钮，打开，如图 2-47 所示。

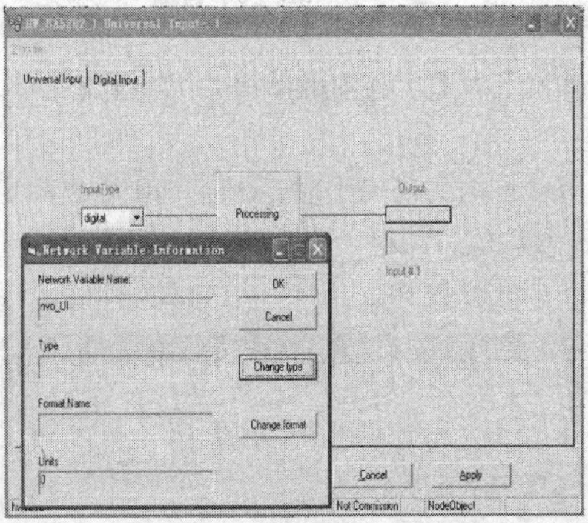

图 2-46　设置功能模块的配置属性

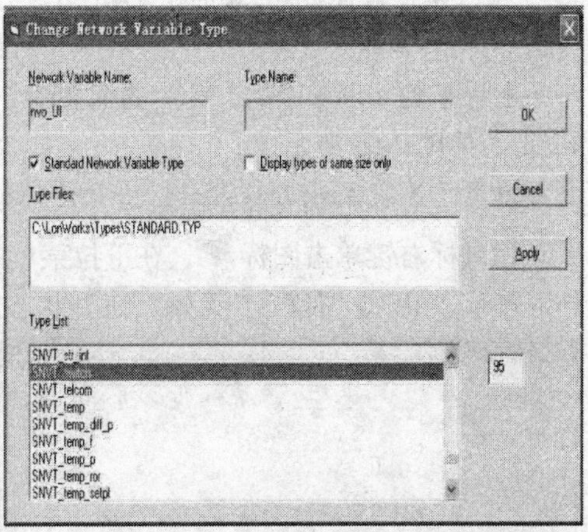

图 2-47　选择 Change type 后的页面

选择 SNVT _ switch 网络变量类型“Apply”后，按“OK”按钮确定，返回到上一级的对话框，再次按“OK”按钮确定，返回到上上一级的对话框，按“Apply”按钮完成网络变量的类型配置。

21）选择 digital Input 选项卡，设置功能模块的配置属性，如图 2-48 所示。

说明：设置好功能模块的各个属性选项后，单击“Apply”按钮，此时 LonMaker 将把新的配置属性下载到 DDC 模块中去，同时在 LON 网络文件中作更新。至此，就完成了通用输入通道的配置，此时若设备在线，即可看到输入信号的状态。

22）仿照添加功能块 UI［0］的步骤，再添加功能块（UI［1］）、DO［0］和小状态机（Small ST［0］）。其中 UI［1］的配置与 UI［0］相同，DO［0］配置如图 2-49 所示。

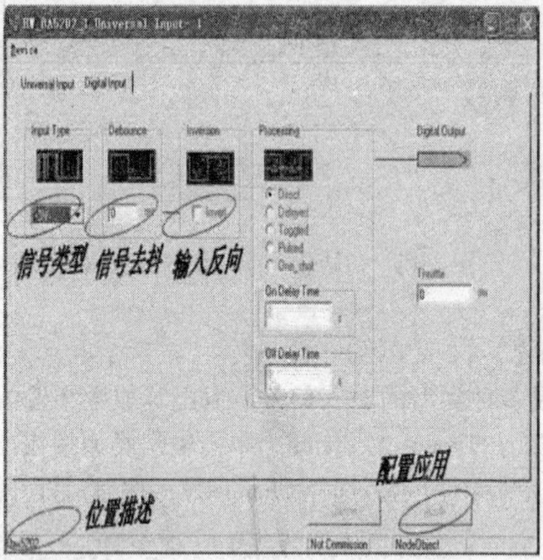

图 2-48　设置功能模块的配置属性

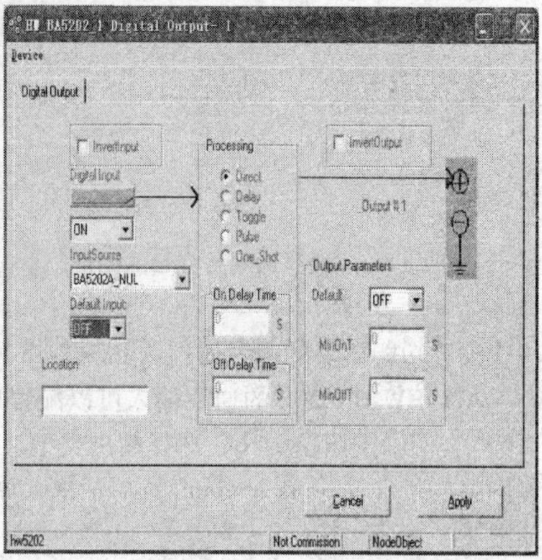

图 2-49　DO［0］配置

小状态机（Small ST［0］）的配置为：将 UI1 和 UI2 分别绑定到 nvo _ in1 和 nvo _ in2 上，如图 2-50 所示。

填写任务表 Task list1：nvo _ in1 和 nvo _ in2 同时为高电平时，nv1 _ out1 输出高电平（用鼠标右键单击图标▶，在下拉菜单中选择“set high”、“set low”、“set invalid”，分别表示“高”、“低”、“无效”三种状态），如图 2-51 所示。

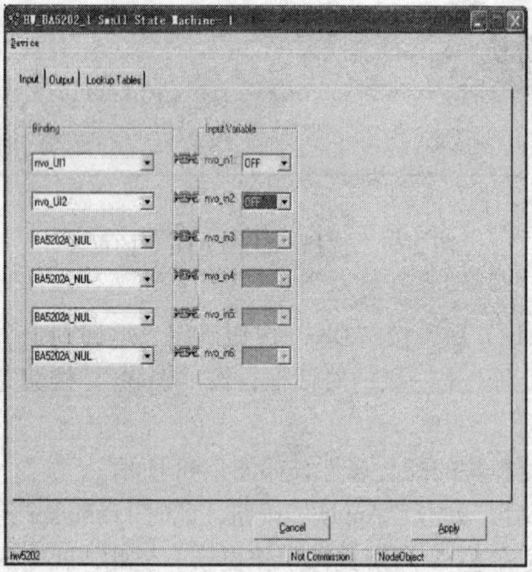

图 2-50　小状态机（Small ST［0］）的配置

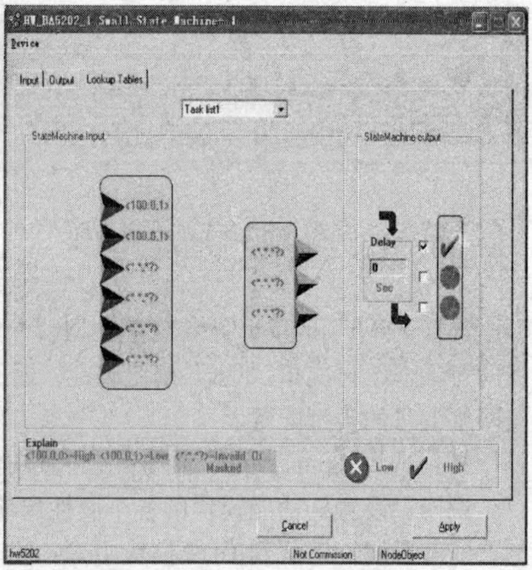

图 2-51　填写同时为高电平任务表

填写任务表 Task list2：nvo _ in1 和 nvo _ in2 同时为低时电平时，nv1 _ out1 输出低电平，如图 2-52 所示。

23）将“Apply”各项进行的配置下载到 DDC 模块当中，添加和配置好后的结构如图 2-53 所示。

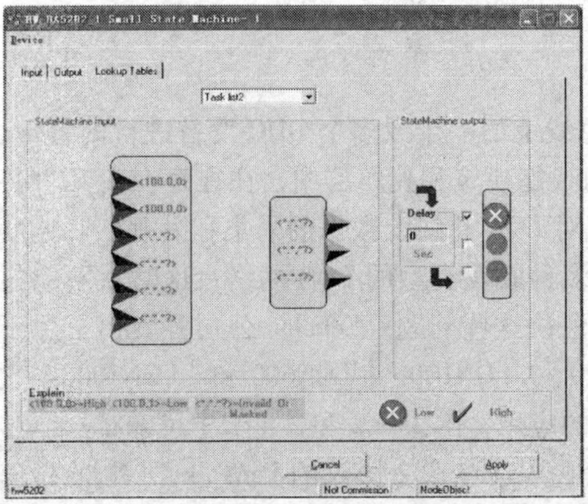

图 2-52　填写同时为低电平任务表

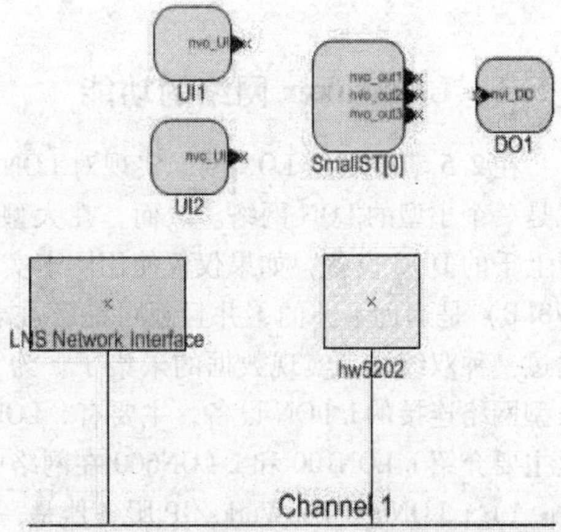

图 2-53　添加和配置好后的结构

24）从左边图形中，拖动 Connector 图标到右边的编辑区。然后，将其一端连接到 Small ST［0］的 nv1 _ out1 输出端，另一端连接到 DO1 的 nvi _ DO 输入端，如图 2-54 所示。

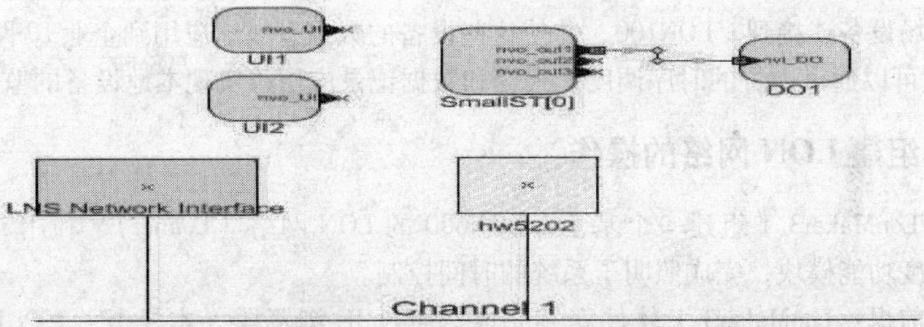

图 2-54　连接好的 DDC 模块

至此就完成了一种简单的逻辑控制，当第一通道和第二通道同时为高电平输入时，第一输出通道 DO1 输出高电平；当第一通道和第二通道同时为低电平输入时，第一输出通道 DO1 输出低电平（设备必须在线）。

2.5.3　请您做一做

1）简要叙述在 LonMaker 中创建设备和配置功能块的过程。

2）在 LonMaker 中再创建一个设备（如 HW5201），并完成其输入输出通道的配置，记录你的操作过程。

2.6　LonMaker 网络应用技术（LON 网组建）

2.6.1　LonMaker 网络的功能

在 2.5 节中利用 LON 网卡实现对 LON 总线上的一个或多个 DDC 设备进行的管理，就是一个小型的 LON 网络。然而，在大型的智能建筑和建筑群中，往往存在着几百甚至上千的 DDC 设备，如果仅仅使用网卡实现对 LON 总线上数据的采集和处理，其速度（78kB）是远远不够的，并且还可能存在着多种收发类型的 LON 网络，这时就不能仅通过一种双绞线来实现数据的采集了。为了解决这些问题，Echelon 公司开发出了用于大型网络连接的 i. LON 设备，主要有 i. LON10、i. LON100、i. LON600 和 i. LON1000，这里主要介绍 i. LON100 和 i. LON600 在网络中的应用，由 2. 3. 2 和 2. 4 节中可知：

1）i. LON600 LonWorks/IP 服务器是一个遵从 EIA 852 协议的 LonTalk 到 IP 的高速路由器。它可以实现从 LonTalk 信道到 IP 信道之间的信息交换，多个 i. LON600 之间通过 LAN 或 Internet 互联后，可以将同种或多种类型的 LON 信道，通过高速的 IP 信道实现数据交互，从而组建成大型的网络系统。

2）i. LON100 Internet 服务器是一个高性能的网络接口，用于连接 LonWorks 网络到企业 IP 网络或者 Internet。i. LON 100 服务器作为一个网关适用不同的设备类型，包括 LonWorks、ModBus、M – Bus、数字量的 I/O 设备以及脉冲表。它所提供的众多接口很容易将现场设备连接到 i. LON100，并使这些设备的数据有效地应用到企业 IP 网络和 Internet，还可以通过内置的时序调度、报警和数据记录应用等实现本地设备的监控。

2.6.2　组建 LON 网络的操作

使用 LonMaker3. 1 组建一个基于 i. LON600 的 LON 网络（Lonnet），利用 i. LON100 的时序调度功能模块，完成照明子系统的时间控制。

操作前提：LonMaker3. 1 软件安装完成，通过 IE 浏览器（本机 IP：192. 168. 1. 2）可以访问 i. LON100（192. 168. 1. 3）和 i. LON600（192. 168. 1. 4）。

1）打开 i. LON600 安装盘，按照提示安装 i. LON600 LonWorks/IP Server，安装路径为 C 盘。

2）打开 i. LON100 安装盘，依次单击 Setup\install products\Echelon i. LON100e3 SR2 software 完成对 i. LON100 软件的安装（提示：安装过程中要求对 LonMaker 的升级，选择确定即可），安装路径为 C 盘。

3）配置虚拟网络接口（VNI）。在网络系统中作为服务器（server）的计算机，在 LON 网中同时也作为一种虚拟 LON 设备使用，因此需要将本机设置为虚拟网络接口（VNI）。

①在控制面板下双击

图标，打开 LonWorks Interfaces 界面。

②选择 IP-852 选项卡，单击“Add”按钮，将 name 项设置为 cfy 或其他，将设备

IP设为：192.168.1.2（本机IP），IP port设为80，通道选择LAN。配置好以后，关闭LonWorks Interfaces界面。

③按照路径：开始\所有程序\Echelon i.LON600\Lonworks IP configuration Server打开LonWorks IP configuration Server界面。

④将i.LON600和虚拟网络接口（本机）配置到通道New Channel（1）下。New Channel（1）是安装i.LON600软件时自动创建的，用户也可以自己创建新的通道，双击configuration Server，可以修改通道的属性。该通道的IP地址一定要使用本机IP地址，如图2-55所示（IP：192.168.1.2，Port：1629，Channel Mode选择Backward Compatible）。

⑤添加ilon600。选择New Channel（1），右击选择new device，将其命名为ilon600（也可以使用其他名字），双击ilon600设备，出现该设备属性对话框，将其IP地址设为192.168.1.4，同时将port设置为1628。用同样的方法，添加虚拟网络接口设备，并将其IP设置为192.168.1.2，port设置为80，在“Network”下拉菜单中选中“Enabled”，使网络开启。

⑥不要关闭LonWorks IP Configuration Server界面，再次打开控制面板，双击LonWorks Interfaces图标，打开LonWorks Interfaces界面，在IP-852选项卡中，选择设备cfy，测试（单击test出现test界面，开始测试设备，直到出现“Test was Successful”）。

⑦在LonWorks IP Configuration Server界面中，选择New Channel（1），右击选择update members，直到cfy和i.lon600两个设备的图标显示绿色，说明虚拟网络接口配置完成，如图2-56所示。

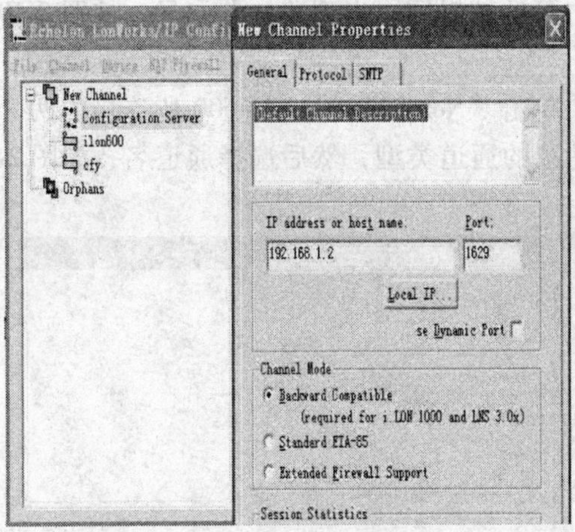

图2-55　本机IP地址设置

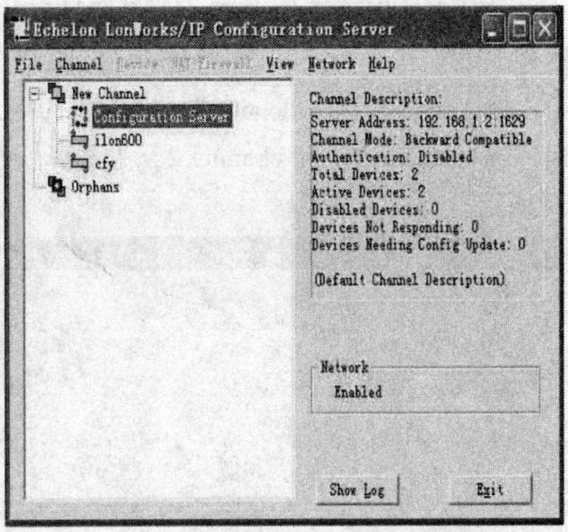

图2-56　虚拟网络接口配置完成

⑧按照2.5节中的方法，将你要使用的节点程序复制到LonMaker的安装路径下，如C:\LonWorks\Import，然后注册相应的Plug-in插件。

⑨按照2.5节中的方法，新建一网络（Lonnet）。在网络向导的网络接口页面中，

可以看到新的网络接口 cfy，如图 2-57 所示，它就是刚才创建的虚拟网络接口。选择该接口，单击“Next”，以下步骤参考 2.5 节的操作，在此不再赘述。

⑩最后打开的画面与 2.5 节中 5）打开的画面相同，但是其通道类型不同，选择 Channel1 信道，右击选择 property，其通道类型为 IP-10L。

⑪从左边图形中拖动“channel”图标到右面的编辑区，按照 2.5 节的操作，将通道类型设置为 TP/FT-10，单击“OK”确定，如图 2-58 所示。

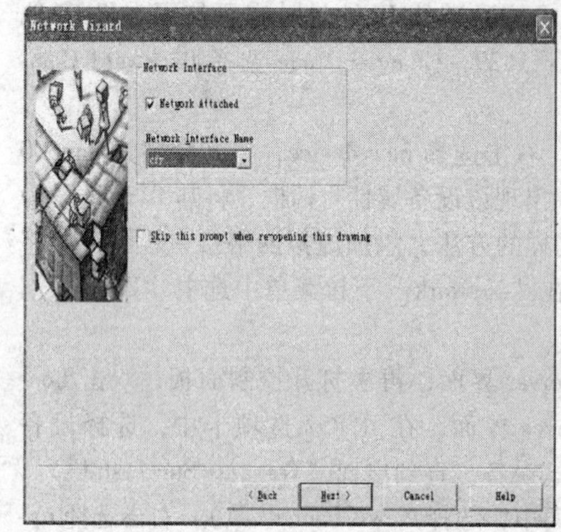

图 2-57　新创建的虚拟网络接口

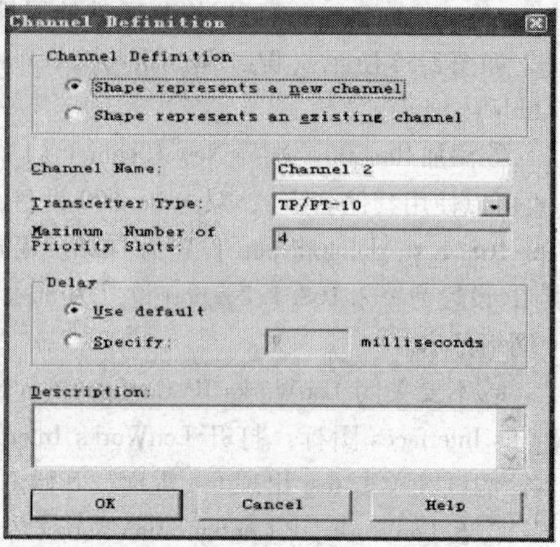

图 2-58　设置通道类型

⑫从左边图形中拖动“router”图标到右面的编辑区，出现路由器向导，按图 2-59 操作。

输入路由器名“ilon600”，选中复选框，单击“Next”按钮，ilon600 所连接的两个通道选择 channel 1 和 channel 2，先选择所连接的通道类型，然后选择通道名，如图 2-60 所示。

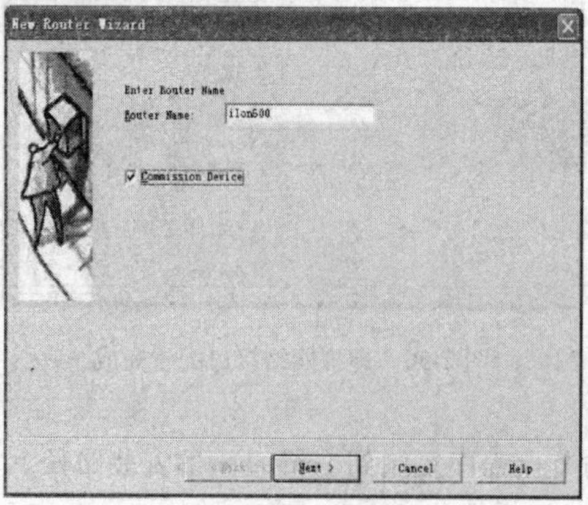

图 2-59　路由器向导

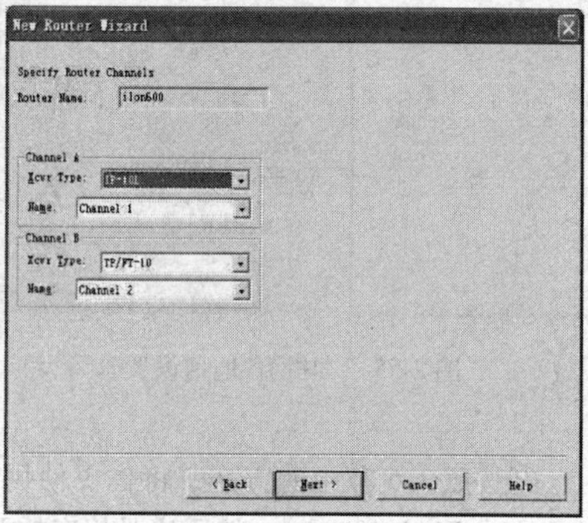

图 2-60　选择通道类型和通道名

连续单击“Next”直到出现图 2-61 所示对话框，然后按下 ilon600 上的“Service”按钮。

⑬最后建立的图形如图 2-62 所示。

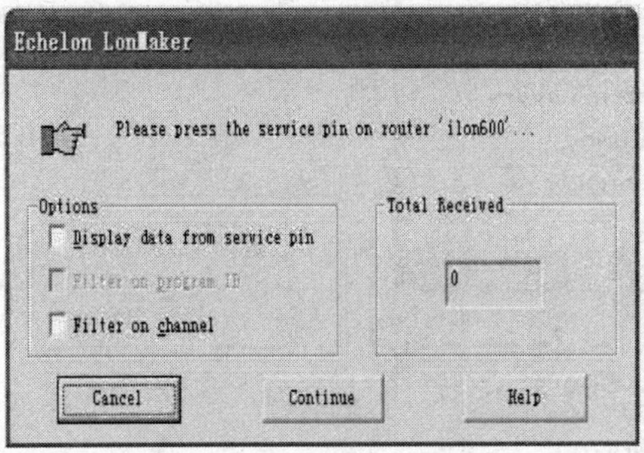

图 2-61　通道类型选择对话框

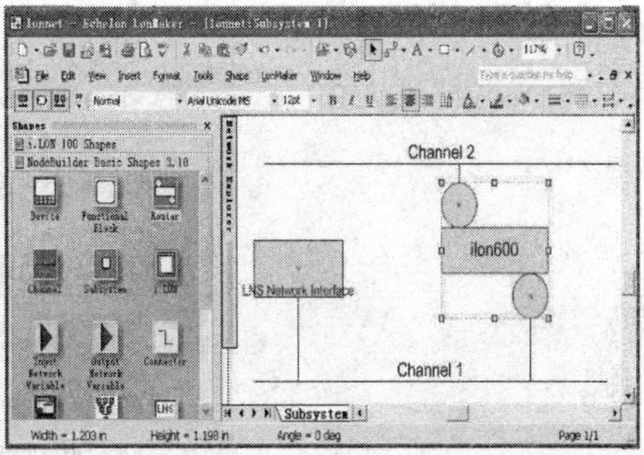

图 2-62　最后建立的图形

⑭接着就可在 LON 信道（Channel 2）上按照 2. 6 节的方法创建设备了，如图 2-63 所示。

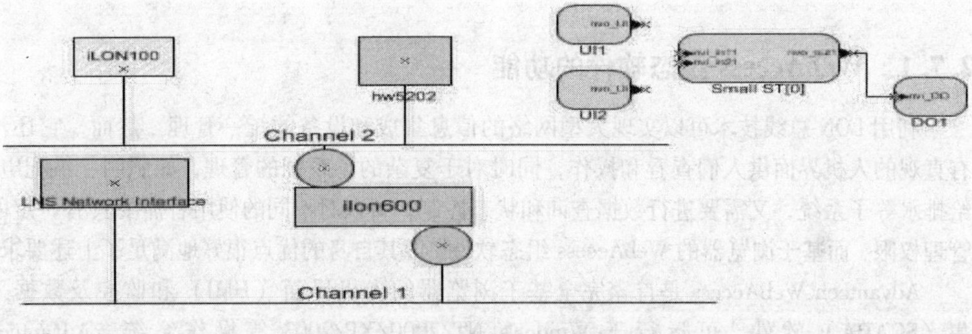

图 2-63　在 LON 信道上创建设备

说明：通常 DDC 设备和其功能模块的创建使用 NodeBuilder Basic Shapes 中的图标；而 ilon100 和其功能模块的创建必须使用 i. Lon100 Shapes 中的图标。

2. 6. 3　请您做一做

1）记录创建虚拟接口的过程。

2）在创建的网络上添加 i. Lon100 设备（FTT 类型），根据 LON 总线上的实际设备（如 HW-BA5202）在 LonMaker 中创建出来，并完成 2. 5 节中的逻辑功能。

3）在编辑区域的设备或空白区域上，鼠标右键单击，会弹出如图 2-64 所示的操作命令，参考 LonMaker 安装手册，学习常见的“commission”、“decommsion”、“plug-ins”、“load ”、“replace”等常见命令的操作。熟悉后，描述各命令操作的含义。

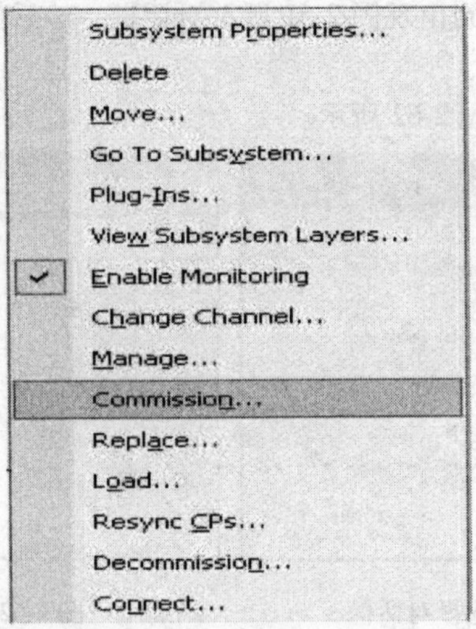

图 2-64　操作命令

2.7　WebAccess 组态软件开发应用技术（B/S 网络组建）

2.7.1　WebAccess 组态软件的功能

利用 LON 总线技术可以实现大型网络的信息集成和设备的统一管理。然而，它还没有直观的人机界面供人们查看和操作，同时对于复杂的子系统的管理，如照明、供配电、给排水等子系统，又需要进行数据查询和状态控制，所以对不同的使用者需要具有一定的管理权限，而基于浏览器的 WebAccess 组态软件，以其自身的优点很好地满足了上述要求。

Advantech WebAccess 是首家完全基于浏览器的人机界面（HMI）和监控及数据采集（SCADA）软件，可运行于 Windows NT/2000/XP/2003 等操作系统。Advantech WebAccess 具有以下功能特点：

1）使用 Web 浏览器完成整个工程的创建与运行，Advantech WebAccess 对所有工程的创建、组态、绘图与管理都可通过标准的浏览器实现。

2）基于 Web 浏览器的客户端既可监视又可控制，Advantech WebAccess 客户端插件程序是一个允许在 Internet Explorer 5.5 或 6.0 及以上浏览器中运行的 ActiveX 控件。同时对于 PocketPC、TablePC、PDA 和其他不适合安装全功能客户端插件的计算机，提供了真正的瘦客户端接口，瘦客户端无须安装任何软件。

3）Advantech WebAccess 可以将用户划分为多种类型，不同的用户类型具有不同的界面访问权限；同时 Advantech WebAccess 还使用了区域和安全等级的概念以保护监控点。

2.7.2　组建 B/S 网络的操作

使用 WebAccess 建立一个工程，实现对 2.5 节所创建 LON 网络（lonnet）的数据采集。

操作前提：LonMaker3.1 软件与 WebAccess 软件安装完成（安装步骤参考 WebAccess 安装光盘\Manual\Advantech Webaccess 快速入门，安装工程和监控节点，并且安装客户端和演示工程），LON 网络已经在 LonMaker 中创建完毕，并在功能插件中可查看数据值的状态。本操作以 2.5 节创建的 LON 网络为例。

1）双击桌面上的“Internet Explorer”图标，连接到本地计算机，输入 http://localhost/或 http://127.0.0.1/，进入首页，如图 2-65 所示。

2）单击“工程管理”按钮，打开登录界面，如图 2-66 所示。

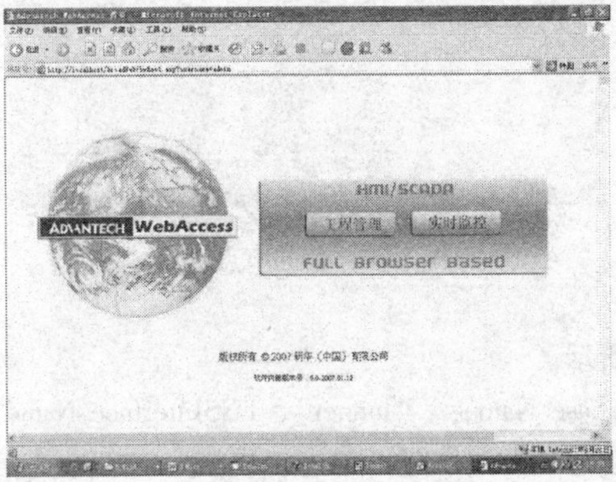

图 2-65　进入首页

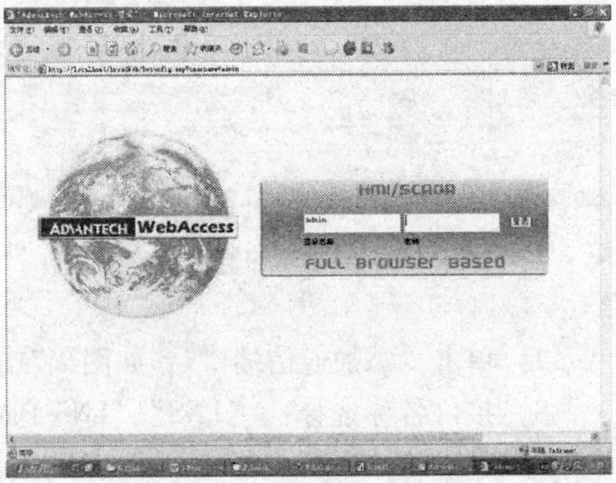

图 2-66　打开登录界面

3）输入用户名“admin”，默认密码为空，单击“登录”按钮，打开 WebAccess 工程页面，如图 2-67 所示。

4）输入工程名“newproject”，工程节点 IP 为本机 IP：192.168.1.2，单击“提交工程按钮”，工程成功被提交到当前工程栏里后，单击“newproject”工程名，进入图 2-68 所示页面。

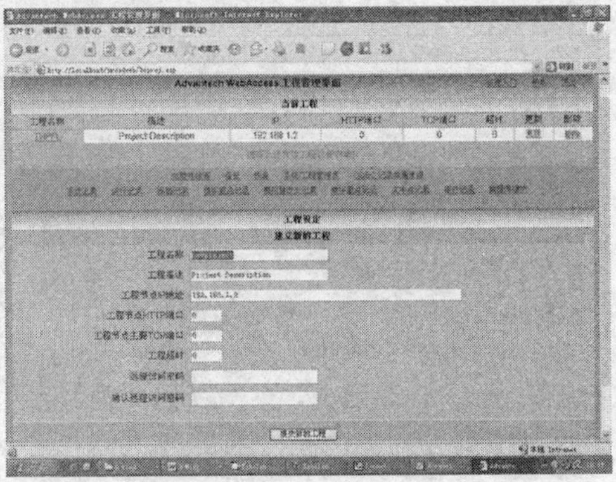

图 2-67　工程页面

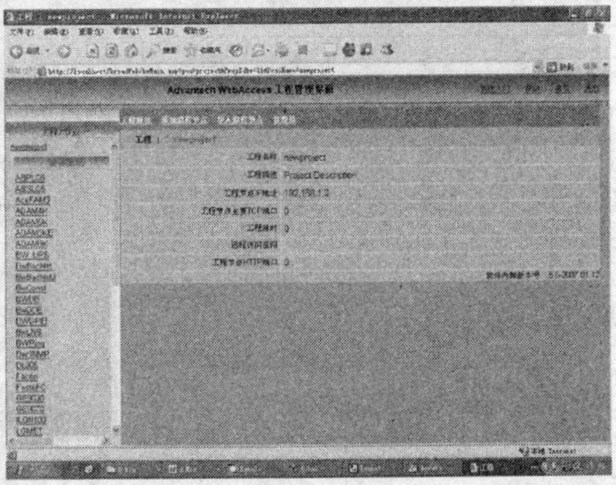

图 2-68　工程属性页面

5）单击“添加监控节点”，创建新的监控节点，如图 2-69 所示。

6）输入节点名称“newscanda”，监控节点 IP：192.168.1.2（本机 IP），单击“提交”按钮，如图 2-70 所示。

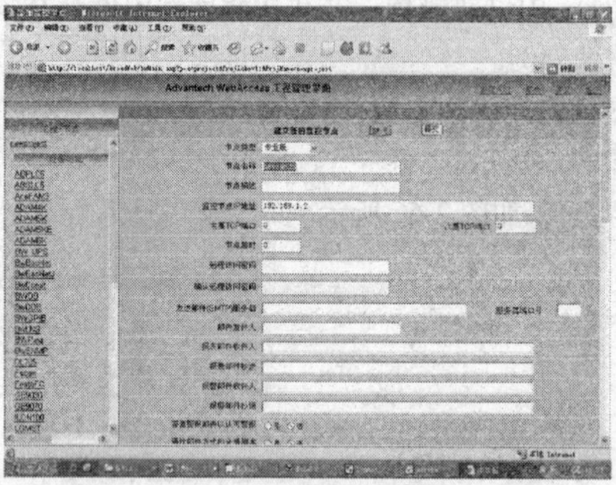

图 2-69　创建新的监控节点

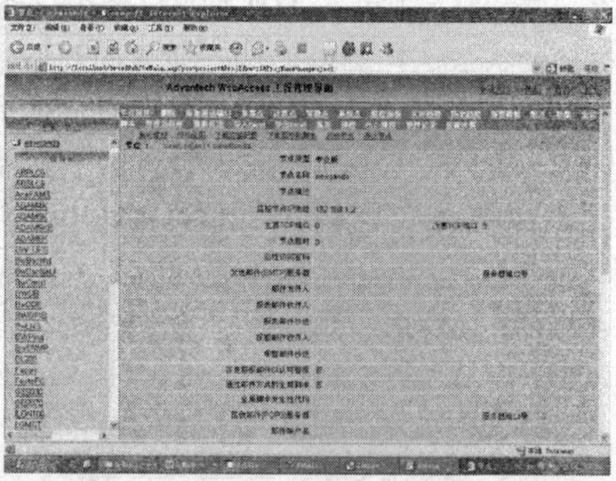

图 2-70　新的节点页面

7）单击“添加通信端口”，如图 2-71 所示。

8）接口名称选择：“LNS”，LNS Database Name：“lonnet”，LNSInterface Name：“cfy”，Subsystem Name：“Subsystem 1”，（注意区分大小写）单击“提交”按钮。通信端口 1（lns）被添加到工程/节点目录下，单击“通信端口 1（lns）”，进入图 2-72 所示页面。

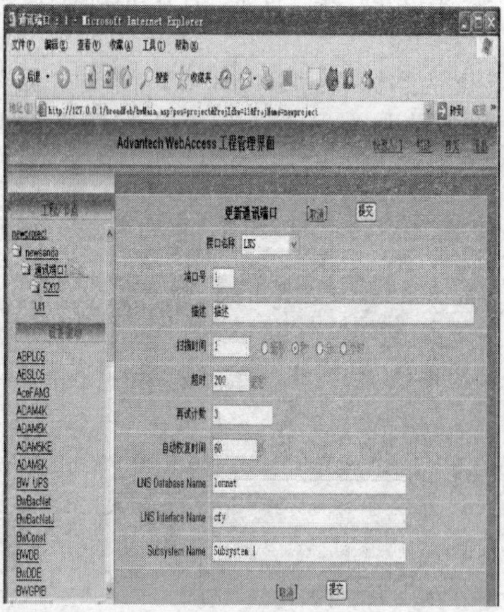

图 2-71　添加通信端口页面

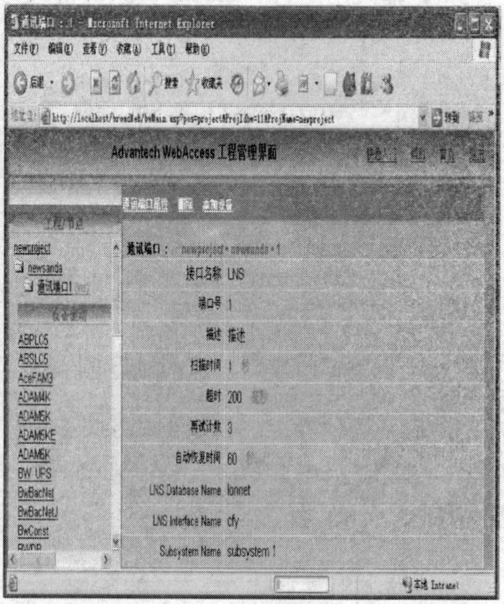

图 2-72　新通信端口页面

9）单击“添加设备”，如图 2-73 所示。

10）输入设备名称如 5202，Lon Device Name：“hw5202”，Lon Device Name 必须与你在 LON 网络中创建的设备名称一致。单击“提交”按钮。设备添加到工程/节点目录下，单击“添加点”，如图 2-74 所示。

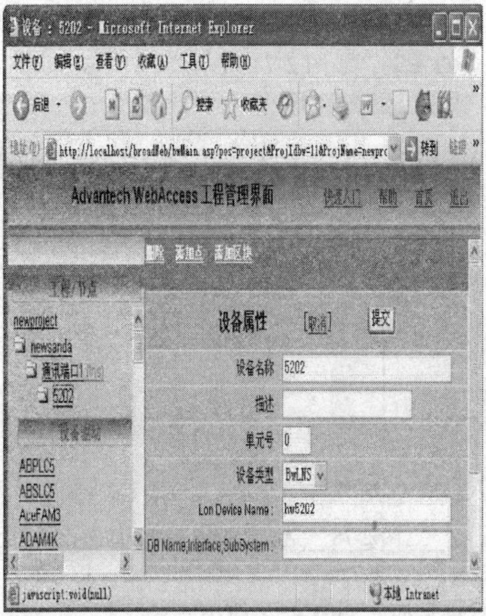

图 2-73　设备属性页面

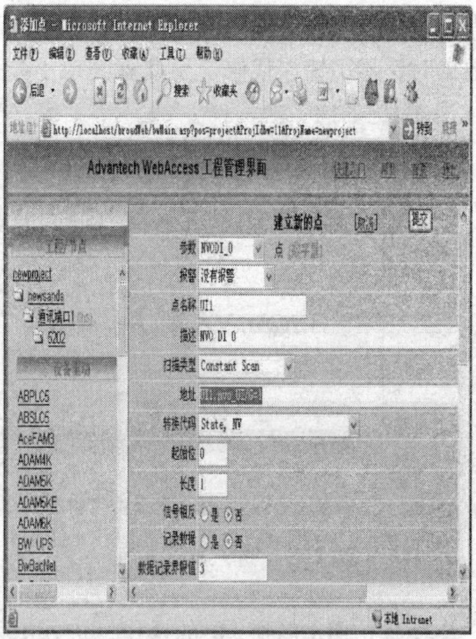

图 2-74　建立新的点页面

11）参数选择数字量输入“NVODI _ 0”，点名称：“UI1”，地址：UI1. nvo _ UI/G =1，注意地址格式一定要按照 LON 网络中的格式书写正确（格式为：功能模块名称．网络变量名称/转换格式或其他参数）其他不用改动，单击“提交”按钮，点被创建完成，如图 2-75 所示。

12）单击监控节点名称“newscanda”，如图 2-76 所示。

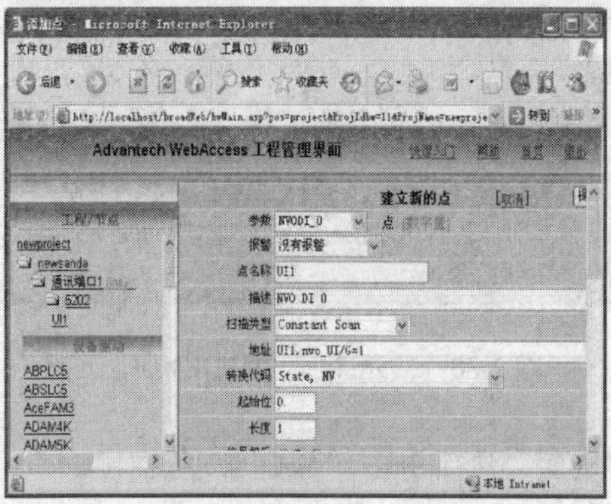

图 2-75　创建完成的新点

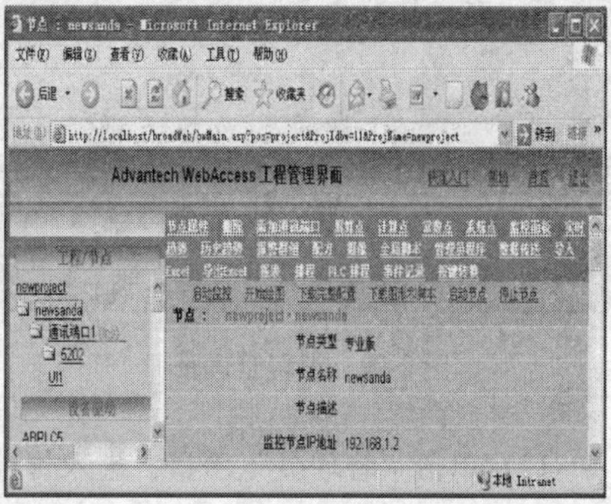

图 2-76　节点属性页面

13）单击“下载完整配置”，下载完成后，再单击“启动节点”。启动后，计算机显示屏右下角红色的计算机标识变成绿色，再单击“启动监控”，进入欢迎页面，如图2-77所示。

14）在欢迎页面上单击，弹出登录窗口，以用户名：admin登录，然后单击，查看监控点状态。输入高电平时，显示ST _ ON；低电平时，显示ST _ OFF；采集不到数据时，显示错误代码。至此就完成了数据点的采集，如图2-78所示。

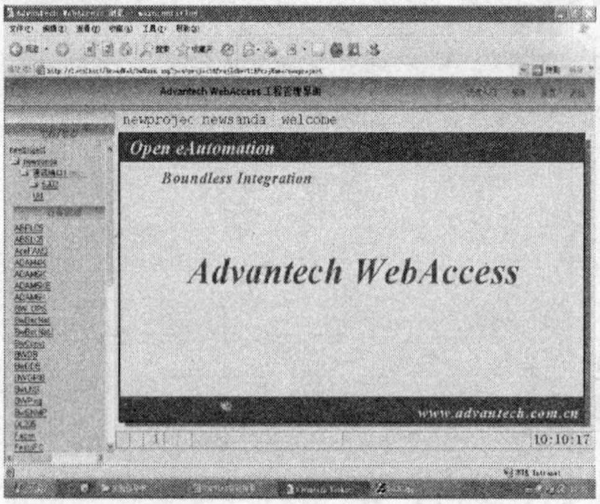

图2-77　进入欢迎页面

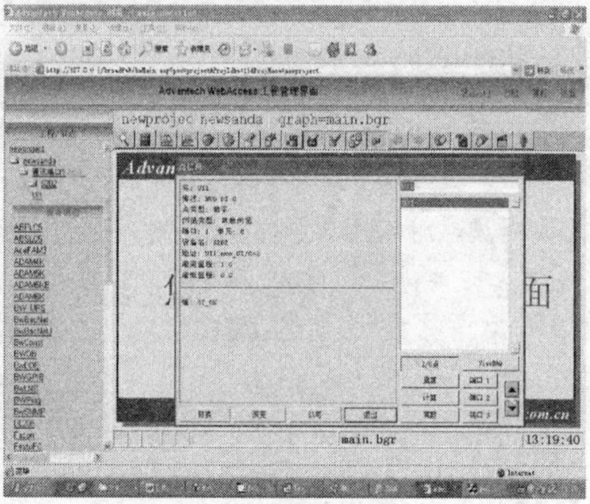

图2-78　完成数据点采集的页面

15）仿照1）到3）的操作，进入工程管理页面，如图2-79所示。

16）打开演示工程“XPDEMO”，如图2-80所示。

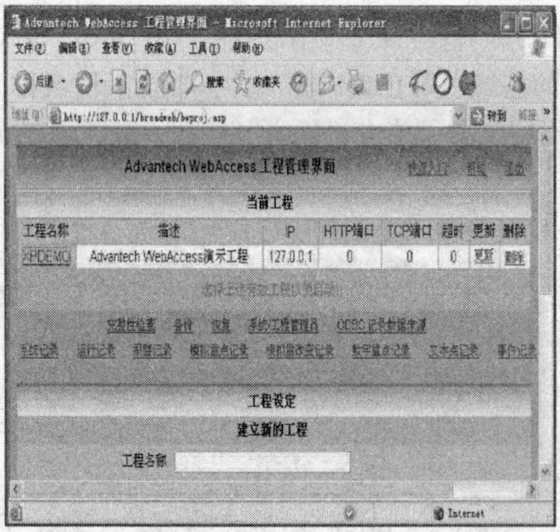

图2-79　工程管理页面

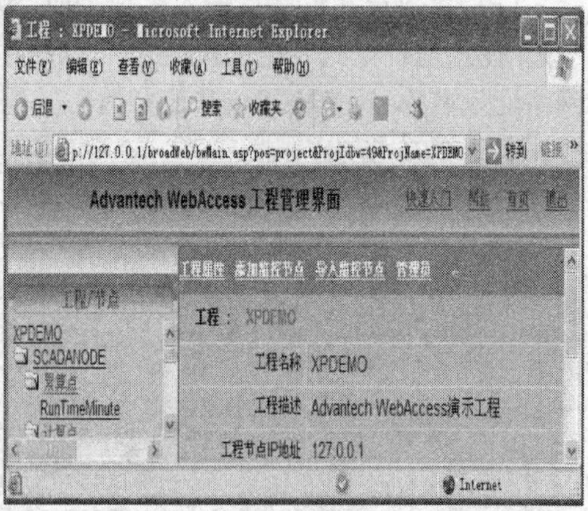

图2-80　演示工程“XPDEMO”页面

17）单击“管理员”项目，进入管理员页面，然后单击“添加管理员”项目，进入图2-81所示页面。

18）按照图2-81，选择管理员类型：个体管理员，输入管理员名称（如zm _ p）和密码（如 cfy），然后单击底部的“高级选项（个体管理员）”按钮，进入图 2-82 所示页面。

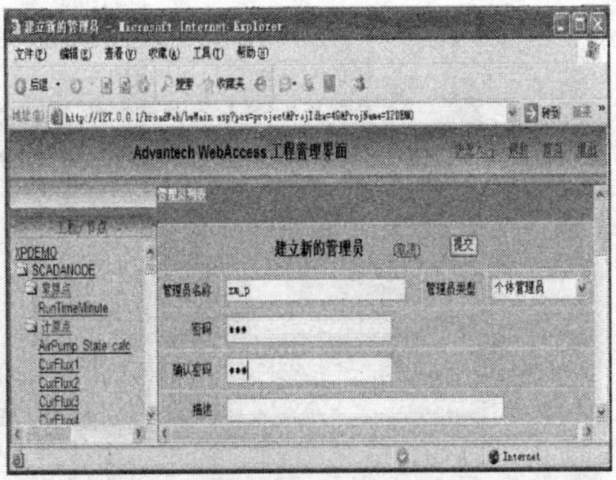

图 2-81　建立新的管理员页面

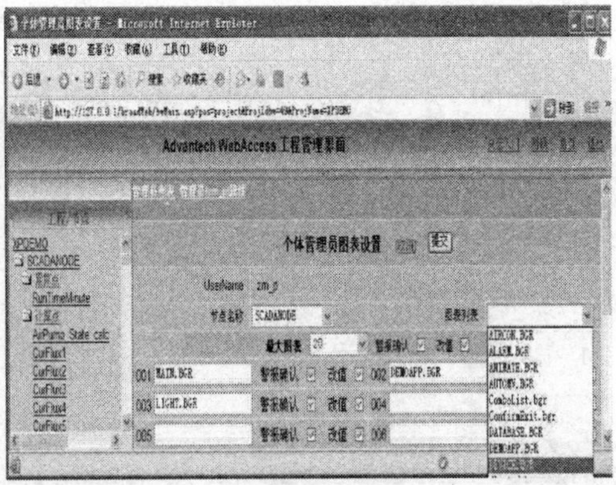

图 2-82　个体管理员图表设置页面

19）从图表列表中分别选择“MAIN. BGR”、“DEMOAPP. BGR”、“LIGHT. BGR”、“combolist. bgr”和“confirmexit. bgr”分别填写到 001、002、003、004 和 005 中，单击“提交”按钮，确定后，再单击“管理员列表”，可看到新添加的管理员，如图 2-83 所示。该管理员只具有打开上面添加的五个页面的权限。

20）单击“下载完整配置”，按图 2-84 选择监控节点后，单击“提交”。

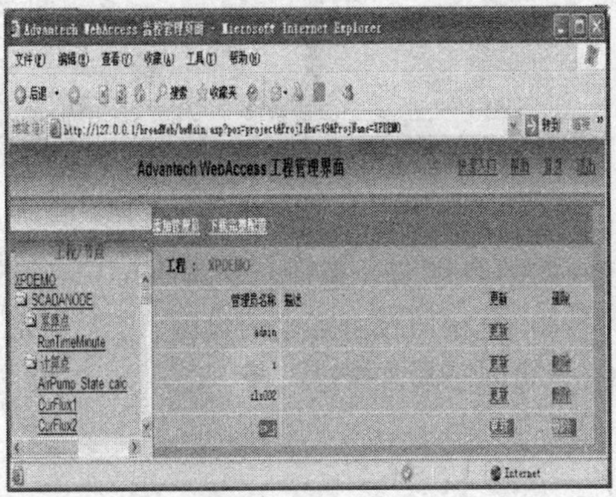

图 2-83　新添加的管理员

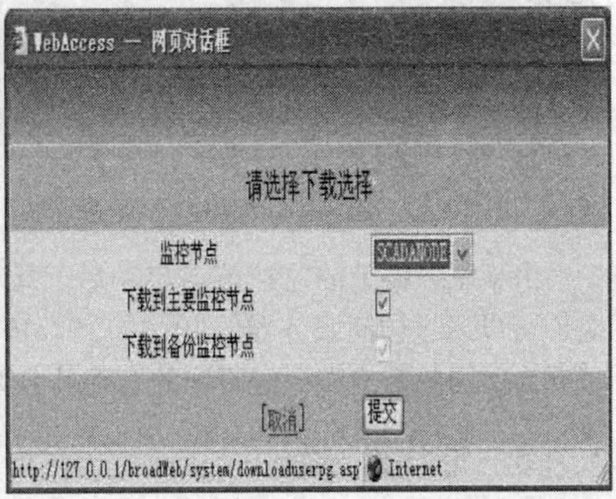

图 2-84　WebAccess-网页对话框

21）单击“SCADANNODE”监控节点名称，进入监控节点页面，在该页面中再次单击“下载完整配置”，下载完成后，单击“启动节点”。

22）双击桌面上的“Internet Explorer”图标，连接到本地计算机，输入 http://localhost/或 http：//127. 0. 0. 1/，进入首页，如图 2-85 所示。

23）单击“实时监控”监控按钮，用管理员“zm _ p”和密码“cfy”登录，则只能监控“MAIN. BGR”、“DEMOAPP. BGR”、“LIGHT. BGR”三个页面（“combolist. bgr”

和“confirmexit. bgr”两个页面，分别为“切换页面”和“退出页面”，用于切换监控画面和退出系统，通过按钮“”和“”打开)，如图 2-86 ~ 图 2-88 所示。

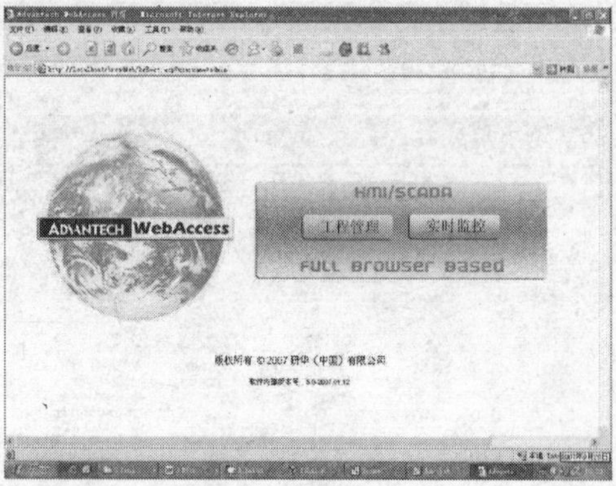

图 2-85　进入首页

图 2-86　“MAIN. BGR”页面

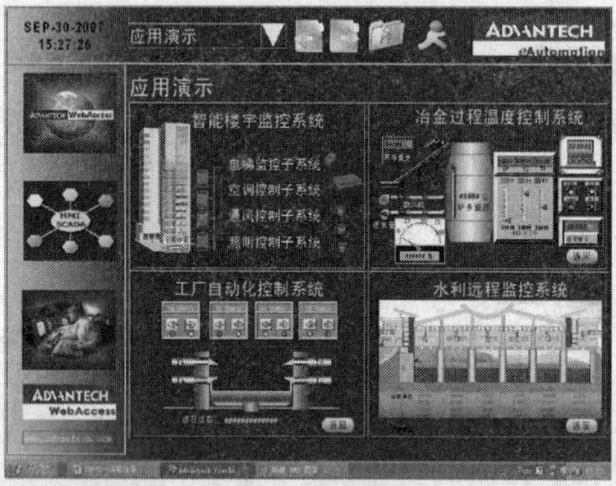

图 2-87　“DEMOAPP. BGR”页面

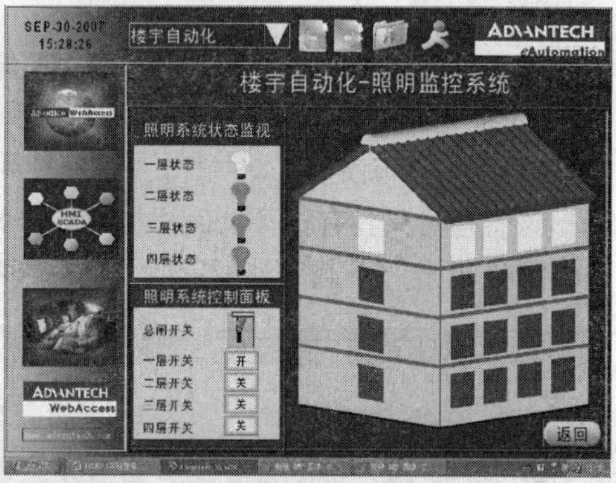

图 2-88　“LIGHT. BGR”页面

由于服务器上的监控节点启动后，局域网内的客户端（必须安装 WebAccess 客户端）可以通过访问服务器的 IP（如 192. 168. 1. 2）直接监控节点上的设备状态。因此，只要为不同的客户端分配不同的管理员名称，就可限制其监控权限。

2. 7. 3　请您做一做

1）记录在 WebAccess 中创建工程节点和监控节点的过程。

2）记录在 WebAccess 中创建点（采集通道）的过程。

3）记录创建用户的过程。

4）在 WebAccess 中创建更多的点（采集通道），然后保存工程，记录操作过程。

2. 8　思考与练习

1. 什么是 LonWorks 技术？它有哪些优点？

2. 什么是 i. LON600？它有什么作用？
3. 什么是 i. LON100？它有什么作用？
4. 现场总线楼宇综合控制系统有哪些功能？
5. 如何安装 LonMaker3. 1 软件？
6. 如何进行工程释放和程序下载？
7. i. LON100 有哪些基本功能？如何进行 i. LON100 的基本操作？
8. i. LON600 有哪些基本功能？如何进行 i. LON600 的基本操作？
9. LON DDC 模块有哪些基本功能？如何进行 LON DDC 模块的基本操作？
10. 如何利用 LonMaker3. 1 创建一个设备，完成通用输入的配置和逻辑控制？
11. LonMaker 网络有哪些基本功能？如何组建 LON 网络？
12. WebAccess 组态软件有哪些基本功能？如何组建 B/S 网络？

学习情景3　THBAZM-1 型楼宇照明系统

【学习目标】

知识目标

- 认识楼宇照明系统
- 认知常用灯具的作用和使用
- 了解楼宇照明配电线路结构和运行

技能目标

- 掌握照明灯具和控制设备的应用操作
- 掌握各种控制模式下线路的组建操作

情景条件

- THBAZM-1 型楼宇照明系统实验装置 1 套
- 计算机 1 台
- LON 通信线 1 根、485 通信线 1 根

3.1　工作任务

图 3-1 所示 THBAZM-1 型楼宇照明系统实训装置是天煌教仪为配合高校楼宇专业的教学和实验而设计开发的楼宇自动化系列实验设备。本工作任务首先要认识楼宇照明系统，然后进行楼宇照明的各种相关操作。

图 3-1　THBAZM-1 型楼宇照明系统实训装置

3.2 任务分析

智能建筑以其先进的技术、完善的功能为人们提供舒适、高效、安全的服务，而智能建筑的电气照明更为其增添光彩。电气照明不仅为人们工作、学习、生活提供良好的视觉条件，而且对环境产生重要的影响，利用灯光造型及其光色的协调，使室内环境具有某种气氛和意境，体现一定的风格，增加了建筑艺术的美感，使环境空间更符合人们的心理和生理的要求，从而得到美的享受和心理的平衡。

作为智能楼宇重要组成部分的照明系统，面对不断发展的需要，要求照明系统智能化，具备场景模式等复杂功能，便于控制和监督，并能与安防、三表等系统集成。微电子技术、网络通信技术的纵深发展，照明控制技术面临革命性的变革，变革所呈现的三大趋势是：

1）电子化——电子元器件替代传统的机械式开关。

2）网络化——网络通信技术成为智能照明系统的技术平台

3）集成化——系统集成技术平台使照明、安防、三表成为一个整体解决方案。

建筑照明以“安全、适用、经济、美观”为原则设计，智能建筑照明按其用途来分种类很多：一是为了创造一个良好舒适的视觉照明，也就是为了满足人的视觉需要的办公或生活的局域照明；二是为了美化环境，渲染空间环境气氛的艺术照明；三是楼梯、走廊等公共照明；四是特殊照明，如航空障碍照明、景观照明、应急照明、疏散指示照明等。按其控制功能分为环境照度控制，即保证建筑物内各区域的照度及视觉环境而对灯光进行的控制，以及为了节约电能对照明设备采用的控制，即照明节能控制。

THBAZM-1 型楼宇照明系统实训装置满足了智能建筑照明系统的基本要求，是一种模拟智能照明控制系统的实训装置。系统包括：楼层照明配电线路、照明场景模拟部分和照明系统综合控制，同时配备“THBAZM-1 型上位机软件”，可实现远方监控照明系统，方便组建楼宇自控系统。

3.3 知识平台

3.3.1 楼宇照明控制部分（控制屏）简介

1. 楼宇照明控制部分

楼宇照明控制部分由楼层配电线路以及照明场景控制开关组成，楼层照明配电模拟典型楼层配电形式，照明控制开关包括以下几类：

1）传统照明控制方式。包括手动开关组件（单路开关、双路开关）、手动调节组件（调光开关）。

2）智能照明控制方式。包括触摸延时开关、人体感应开关、声控延时开关、遥控开关、一键切换、THPIL-1 智能调光控制器。

3）自动照明控制方式。包括上位机远动控制各楼层配电箱以及公共照明的通断，下位机采用 DDC 控制器。

在控制屏左侧设有一个“照明运行方式”选择开关，用于照明线路的手动/远动切换控制。手动时，照明线路由现场按钮控制；远动时，照明线路由远方上位机控制。

2. 通信接口部分

在控制屏右侧设置有两个通信接口（DB9 针），其中一个是 LonWorks 通信接口（前），另一个为备用（后），可实现与其他网络互连。

3. 消防告警模拟部分

在控制屏左下方，设有消防告警按钮，按下此按钮，模拟消防信号发出，DDC 检测该按钮触点信号后，可通过上位机联动跳闸相关照明线路。

4. 短路保护告警部分

本控制屏电源部分设有专用保护装置——火线与屏外壳短路保护。在操作时，一旦发生火线与屏外壳短路，屏内安装的蜂鸣器就会发出告警声，面板上“告警”灯亮，屏内安装的总电源接触器会自动断开，此时整个控制屏失电。只有当短路故障切除，按下“复位”按钮后，接触器再次吸合，整个屏正常供电运行。

3.3.2 THBAZM-1 型照明系统演示柜概要

照明系统演示柜模拟智能化综合大楼，集成了多种灯具和控制开关作为照明控制部分的演示对象。按照综合大楼设计思路，可把演示柜分成以下 5 层。

地下一层为停车场，第一层为大堂和楼道一，第二层为多功能会议厅和楼道二，第三层分为经理办公室、员工办公室和楼道三，第四层分为卧室、客厅和楼道四。

各控制方式以及开关如下：

1）卧室设有白炽灯，采用调光开关控制，以改变照度来适应各种不同的场合，如看电视、学习、休息等。客厅采用两位单路开关控制，控制两种不同的灯光，以满足不同的场合需求，如待客、聚会等。楼道四采用触摸延时开关控制，可达到节约电能的目的。

2）经理办公室采用多场景按钮切换控制，切换的场景有全亮、全灭、办公、会客、休息。员工办公室采用荧光灯调光控制，可以根据太阳光的强弱来人为改变荧光灯的明暗，节约能源。楼道三采用人体感应开关控制，根据人体的红外线来控制灯的开和关。

3）多功能会议厅采用智能调光控制器控制。控制器中已经设置多种场景，如入场、会议、休息、投影、散会等，通过按键可设置对应场景。楼道二采用双路开关控制，实现两地控制同一盏灯。

4）大堂采用无线遥控装置控制，通过手持遥控器的按键或面板开关来进行场景设置。楼道一采用声光控开关控制，通过检测声音来控制灯的开和关。

5）地下层停车场采用光电开关控制，当车挡住光电开关发射的红外线时，接收装置无法接收信号，光电开关输出触点信号控制地下层灯光的开启。

采用两根航空电缆，将演示柜的电源以及控制信号，从演示柜后面的航空插座连接到控制屏的左面航空插座。

3.3.3　THBAZM-1 型上位机工程软件的安装与使用

1. 产品介绍

“THBAZM-1 型楼宇照明系统实训装置上位机软件 V2.1”是基于 Windows 操作系统的综合自动化、集成化应用平台，用于 THBAZM-1 型楼宇照明系统实训装置，可完成照明系统的实时监控。

本系统模拟现场运行楼宇自控管理系统，具备基本的监控和数据采集（SCADA）功能。系统在整体技术指标、实时性等方面都达到较高的程度，在易操作、保护及友好的人机接口等方面也充分发挥了现代计算机技术和通信技术特点，可以满足用户多方面的需求，达到照明系统监控软件用于教学的目的。

本系统软件采用北京三维力控组态软件开发设计，界面丰富，功能全面，具有良好的扩展性。力控组态软件的使用方法详见《力控用户手册》。

2. 运行环境

本监控系统软件采用力控组态软件编写设计，软件运行后，接口显示在最前端，并且屏蔽了 Cral + Alt + Del 组合键以及禁止了 Alt 和右键，此时，最好不要调用和运行其他软件。

（1）软件运行平台

操作系统：Microsoft Windows 2000 + SP2 或 Windows XP 中文操作系统

分辨率：1024 × 768。

（2）硬件平台

并口硬件锁：力控组态软件并口密码锁。

特别注意：在运行监控系统软件时，尽量不要运行其他软件，以减少系统内存的消耗，提高软件工作的可靠性。更不能运行需要占用 COM1 的软件，因为本监控软件需要占用 COM1，否则会出现串口冲突的现象，影响软件的正常使用。

3. 安装运行软件

打开安装光盘，运行“安装工程”文件夹中的“THBAZM-1 上位机软件 V2.1”文件中的“setup”图标（如图 3-2 所示），出现图 3-3 所示安装界面，选择对应选项，单击“开始”按钮，安装软件。

图 3-2　“setup”图标

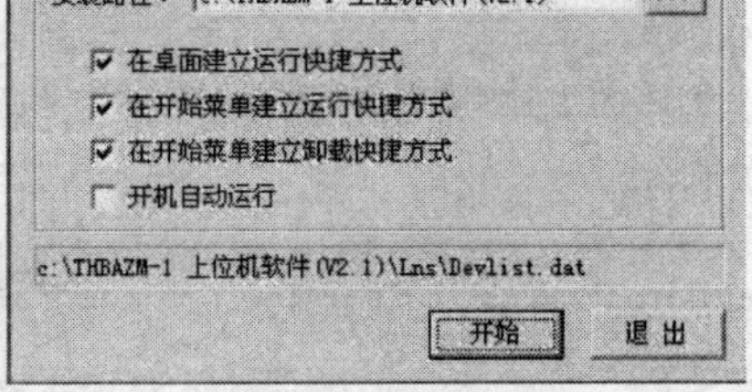

图 3-3　安装界面

安装过程中会出现“深思Ⅲ驱动安装向导”（如图3-4所示），选择“安装驱动程序”，单击“下一步”，出现图3-5所示页面。单击“下一步”，出现图3-6所示页面，单击“完成”按钮。

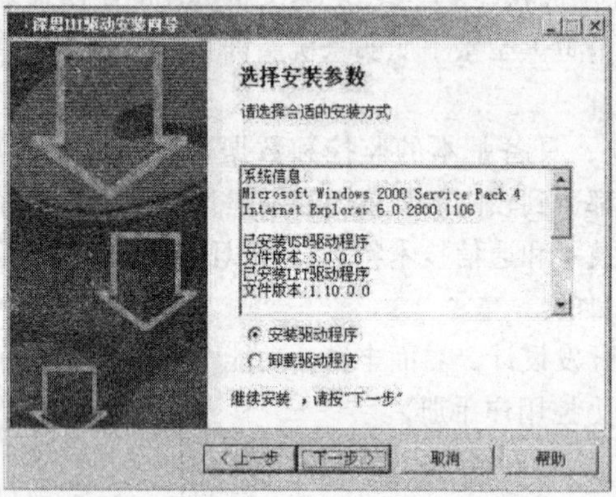

图3-4 安装向导

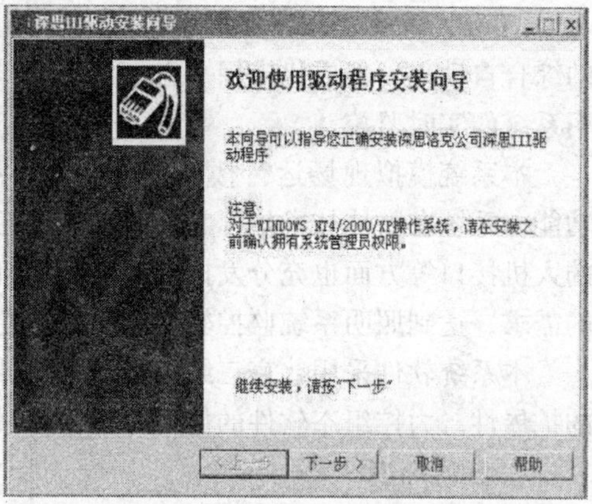

图3-5 选择“安装驱动程序”

“THBAZM-1上位机软件V2.1”安装完成后出现图3-7所示页面，单击“确定”按钮，完成安装。

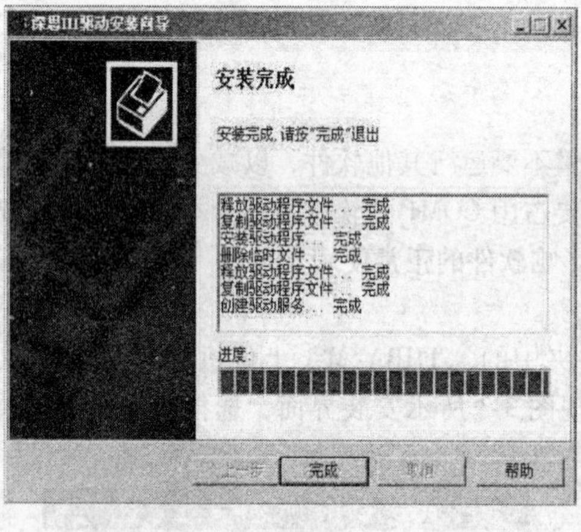

图3-6 安装完成

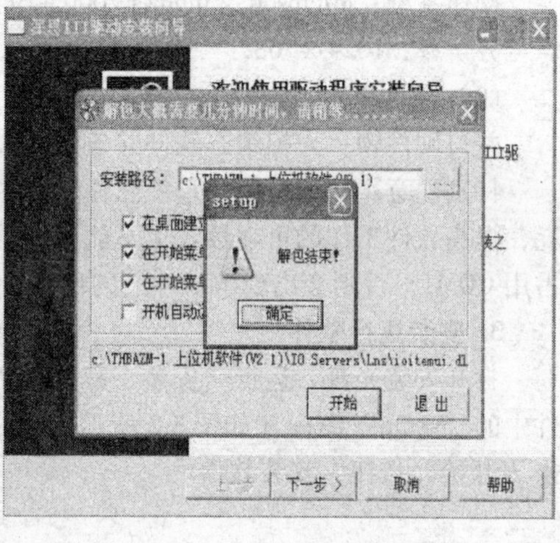

图3-7 解包结束

在桌面上出现图3-8所示图标，双击该图标进入“THBAZM-1上位机软件V2.1”运行系统。

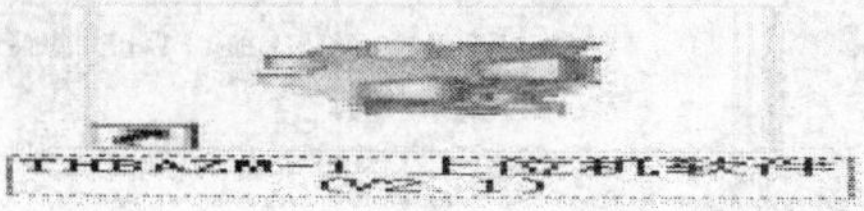

图3-8 快捷方式图标

3.3.4 THPIL-1 型智能调光控制器使用说明

1. 概述

THPIL-1 型智能调光控制器用于多功能会议厅的调光控制。

2. 键盘使用说明

（1）面板功能说明　装置面板布置包括 12 只操作按键和 1 只液晶显示单元。

（2）各键功能

1）复位键：用于控制装置复位。

2）“+”键：模式选择时，改变场景，数字加 1。

3）“-”键：模式选择时，改变场景，数字减 1。

4）确认键：确定选择当前项。

5）▲键：上移一行。

6）▼键：下移一行。

7）取消键：取消当前操作并返回上一级菜单。

3. 液晶显示内容

采用树状中文菜单结构，初始画面包括：

1）运行状态：升级使用。

2）情景设置：进入后，可设置场景变化。

3）通信信息：升级使用。

4）系统版本：V1.0。

4. 场景对应表

代码	场景	代码	场景
0	入场	4	休息
1	会议	5	散会
2	讨论	6	情景一
3	投影	7	情景二

3.4 解决方案

3.4.1 THBAZM-1 型楼宇照明系统的认知实践

1. 初始登录窗口

运行工程项目后，第一窗口为软件登录窗口。如图 3-1 所示。单击“进入系统”按钮，进入监控系统，开始信息的下发和上传工作。单击“退出系统”按钮，可退出监控系统。

2. 照明系统监控窗口

如图 3-9 所示，在此窗口中，可监控以下信息：

1）运行控制：在此框中，单击各照明线路开、关按钮，可控制线路通、断。

2）时间表计划任务设置：单击此按钮，出现图 3-10 所示页面，此时可控制各路照明线路按计划时间启动和停止。

3）运行线路状态：可监测各照明线路的通、断状态以及卧室照度。

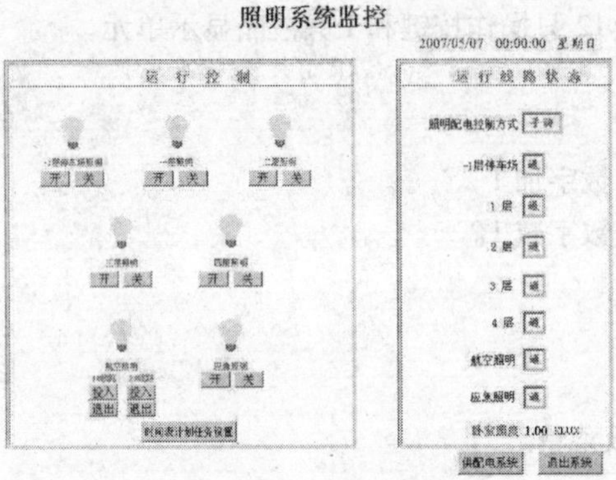

图 3-9　照明系统监控窗口

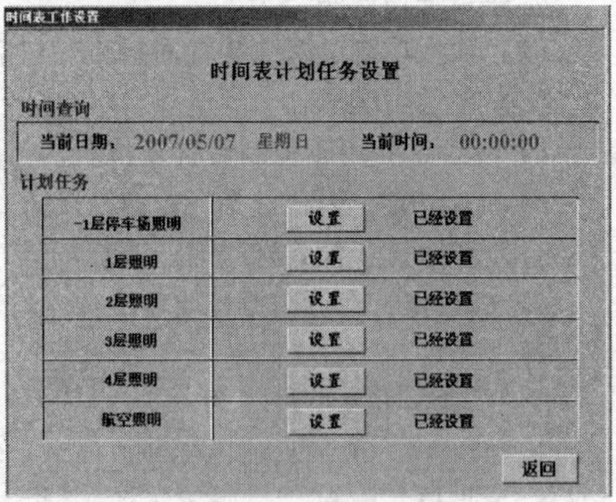

图 3-10　时间表计划任务设置

3. 时间表计划任务设置窗口

如图 3-10 所示，在此窗口中，“时间查询”显示当前时间，“计划任务”可设置各照明线路的运行时间。单击“设置”按钮，出现图 3-11 所示窗口，设定“开时间”和“关时间”，单击“确定”按钮，颜色变灰（不可选状态），说明设置成功。如果设置时间不对，会有相应提示。设置时间完成后，图 3-10 所示窗口中，“未设置”变为“已经设置”。

图 3-11　设定“开时间”和“关时间”

4. 消防告警提示窗口

当发生消防告警信号时（按下控制台面板上的消防告警按钮），在右上角会弹出如图 3-12 所示窗口。单击该窗口，会出现如图 3-13 所示窗口。

1）确定：自动跳开所有照明线路。

2）返回：关闭该窗口。

5. 系统管理窗口

在供配电监控管理系统主功能窗口单击“退出系统”按钮，弹出如图 3-14 所示对话框。单击“确定”按钮，退出工程运行。单击“取消”按钮，返回“供配电监控管理系统”窗口。

图 3-12　消防告警

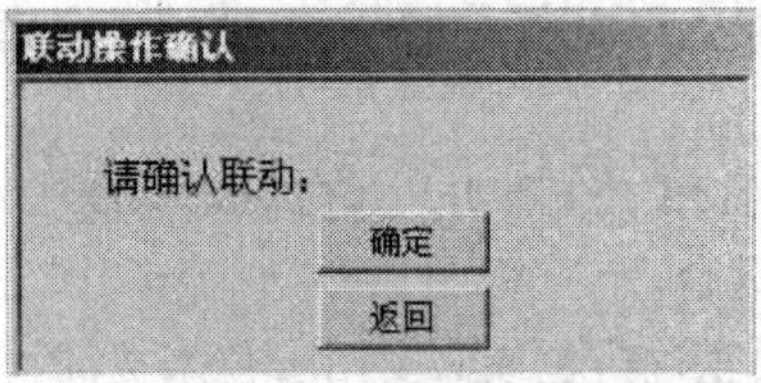

图 3-13　确认联动操作

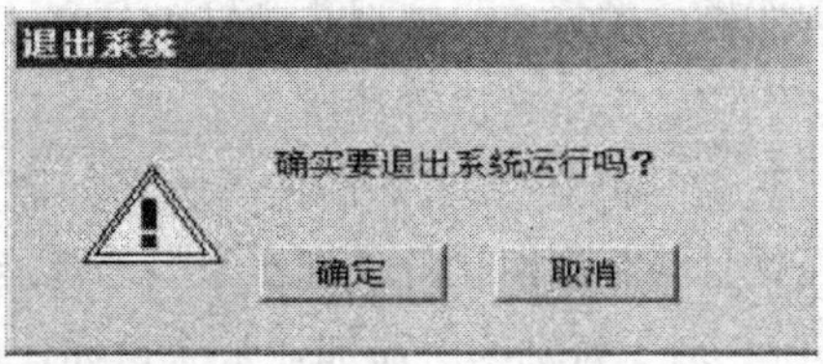

图 3-14　确认“退出系统”

6. 请您做一做

1）简要描述楼宇照明系统的组成。

2）列举楼宇照明系统主要有哪些功能。

3）简要说明楼宇照明监控系统有哪些作用。

3.4.2　常用灯具的认知操作实践

1. 实践目的

1）了解灯具的作用和特点。

2）了解灯具的分类。

3）了解灯具的选择。

2. 实践原理

（1）光源性能　电光源按发光原理分为热辐射光源与气体放电光源，目前，用于智能建筑照明的光源主要是热辐射类的卤钨灯，气体放电类的荧光灯、高压汞灯、金属卤化物灯与高压钠灯。白炽灯和荧光灯主要用于建筑物内部照明，高压汞灯、金属卤化物灯、高压钠灯和卤钨灯则用于广场道路、建筑物立面、体育馆等的照明。

电光源的主要特性指标有功率、色温（K）、显色性（平均显色指数 Ra）、光效（lm/W）、启动特性和功率因数等。

（2）光源的选择　光源的选择应考虑选择的基本原则和具体应用场合，选择的基本原则包括：

1）满足照明质量的要求，如光通量、色温、显色性等。

2）适应视觉条件和环境条件，如视觉紧张程度、防火要求或防尘要求等。

3）考虑使用方式和外界影响，如开关频繁程度、电压波动等。

4）注意经济合理性，如发光效率、电能消耗等。

不同场合下光源的选择依据包括：

1）在照明开关频繁、要求无频闪效应、防电磁干扰、光效要求高的场所，宜选白炽灯和卤钨灯。卤钨灯较白炽灯有明显的优点，被广泛用于大面积照明和定向照明，特别是强光照明、电视电影摄像照明、舞台照明等。

2）在视觉工作精细、工作时间长的场所，常用荧光灯或卤钨灯。荧光灯的品种多，显色性和色温可根据环境不同具体选择，被广泛应用于高层建筑中。日光灯光源接近自然光，有明亮感，使人精力集中，适用于办公室、会议室、教室、设计室、阅览室和展览橱窗等场所。暖白色较其他红光成分多，给人以温暖、健康感，适用于家庭、宿舍、医院、宾馆客房等场所。

3）在有光色要求的高大场所（如体育馆），宜用混合照明，如白炽灯与高压汞灯、高压钠灯与金属卤化灯、高压汞灯与高压钠灯等混合。

4）对于特别场所需加强某项指标，例如需要正确辨色或需要用着色来提高物体与背景颜色对比的场所，宜用显色性高的三基荧光灯。

5）光源的选择要与环境装饰相协调，应与建筑融为一体。

（3）灯具的选择和分类　灯具是光源、灯罩（控制器）和附件的总称，它的功能是将光源所发出来的光通量进行再分配，并具有装饰和美化环境的作用。因此，灯具有功能性和装饰性双重作用，只是对于不同的灯具侧重不同。功能灯具以提高光效、降低眩光影响，保护光源不受损失为目的。装饰灯具则以美化环境、烘托气氛为主要目的，故将造型和色泽放在首位，适当兼顾效率和限制眩光等要求。

1）灯具的选择。选择灯具时，应综合考虑以下几点：

①灯具的光学特性（灯具效率、配光、利用系数、表面亮度、眩光等）。

②经济性（价格光通比、电消耗、维护费用等）。

③灯具使用的环境条件（是否要防水、防潮、防尘等）。

④灯具的外形与建筑物或室内装修是否协调等。

2）灯具的分类。根据安装方式，灯具大致可分为吸顶灯、壁灯、嵌入式灯、半嵌入式灯、吊灯等。壁灯主要用于局部照明、装饰照明以及不适合在顶棚安装或没有顶棚的场所。吸顶灯主要用于没有吊顶的房间内。嵌入式和半嵌入式灯具主要用于有吊顶的房间内，其中嵌入式灯具的限制眩光作用比半嵌入式要好。吊灯是应用最广泛的一种，它主要是利用吊链、吊管、吊线来吊装灯具，以达到不同的效果。

从应用环境来分，灯具又可分为民用建筑灯具、工业建筑灯具、专用灯具（如水下照明灯、艺术欣赏灯、舞厅舞台灯等），还可分为防潮型、防水防尘型、防爆安全型、隔爆型和防腐蚀型等。

3. 实践步骤

1）观察 THBAZM-1 照明系统演示柜里面安装的光源，分析它们显色性的不同。

2）观察 THBAZM-1 照明系统演示柜里面安装的灯具，分析它是属于哪一种灯具。

4. 请您做一做

1）写出白炽灯与荧光灯在光通量、色温、显色性方面的不同。

2）写出灯具的一般分类。

3.4.3 楼宇普通照明配电方式组建操作实践

1. 实践目的

1）了解楼宇照明配电线路结构。

2）掌握楼宇普通照明配电方式的组建。

2. 实践原理

楼宇照明配电根据负荷性质，可分为普通楼层照明配电、应急照明配电和航空照明配电。应急照明和航空照明有专用的配电线路，应急照明配电方式为双电源切换。普通楼层照明配电主要有四种方式，如图 3-15 所示。

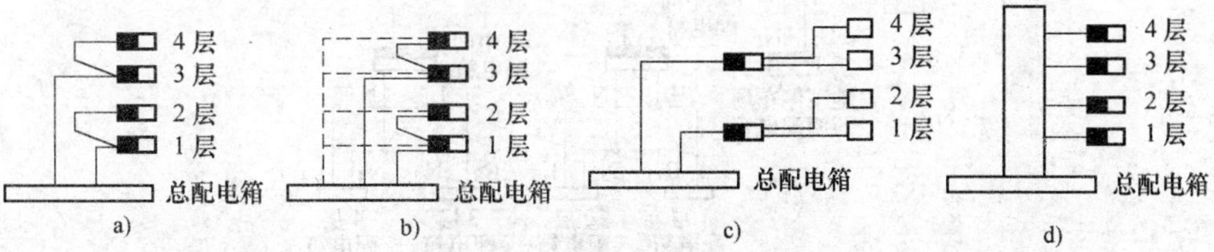

图 3-15　楼层照明配电结构图

3. 实践步骤

（1）楼层配电运行方式 1（如图 3-16 所示）

1）打开侧面总电源，将照明“运行方式选择”开关切换为手动，按图 3-16 所示接线，“照明配电出线”在 DDC 控制器下方。

2）在各层选择一种场景控制灯亮，验证接线的正确性，控制开关的使用参考相关实训。

3）分析楼层配电运行方式 1 配电网络结构和运行特点。

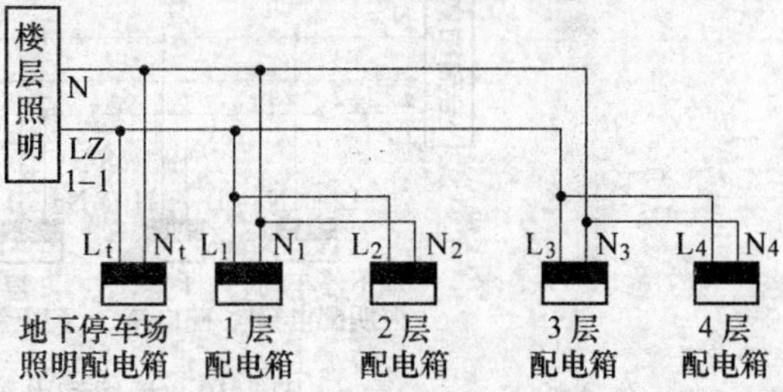

图 3-16　楼层配电运行方式 1

（2）楼层配电运行方式 2（如图 3-17 所示）　操作步骤同楼层配电运行方式 1，按图接线，完成配电线路组建，分析楼层配电运行方式 2 配电网络结构和运行特点。

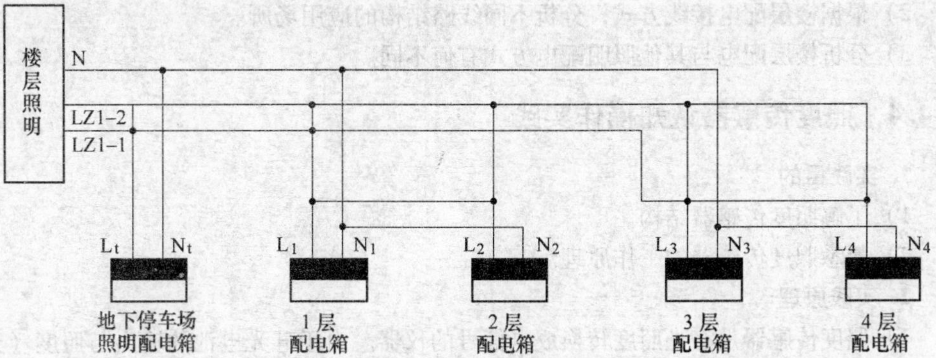

图 3-17　楼层配电运行方式 2

（3）楼层配电运行方式 3（如图 3-18 所示）　操作步骤同楼层配电运行方式 1，按图接线，完成配电线路组建，分析楼层配电运行方式 3 配电网络结构和运行特点（虚线部分接线已经完成，不需要再接线，按下中间配电箱 1、2 船形开关“通”，即可接通线路）。

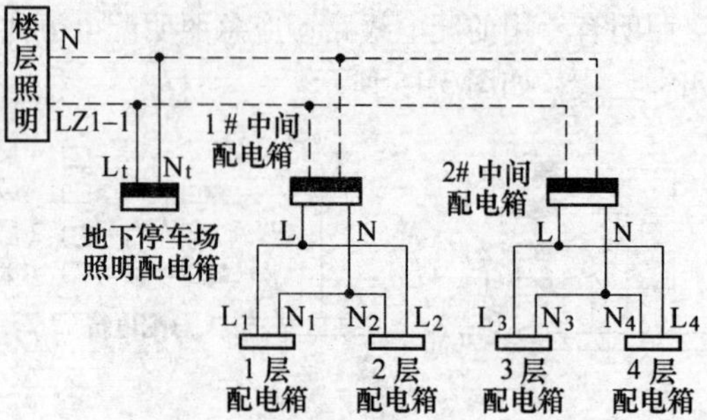

图 3-18　楼层配电运行方式 3

（4）楼层配电运行方式 4（如图 3-19 所示）　操作步骤同楼层配电运行方式 1，按图接线，完成配电线路组建，分析楼层配电运行方式 4 配电网络结构和运行特点。

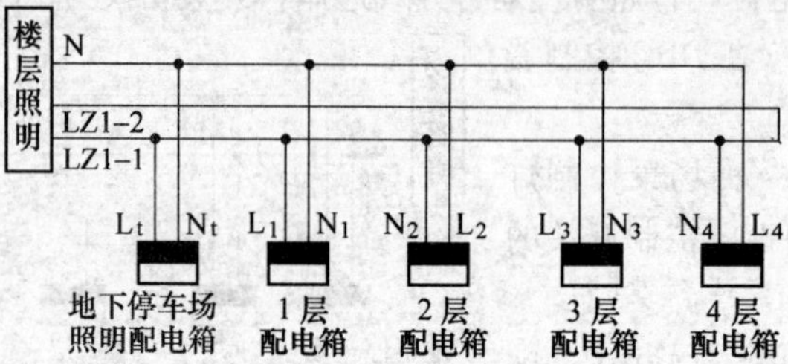

图 3-19　楼层配电运行方式 4

4. 请您做一做

1）说明 4 种典型楼层配电线路的特点。

2）根据楼层配电接线方式，分析不同线路结构的应用场所。

3）分析楼层配电与其他照明配电方式有何不同。

3.4.4　照度传感器认知操作实践

1. 实践目的

1）了解照度传感器结构。

2）熟悉照度传感器的工作原理。

2. 实践原理

1）照度传感器是将光照度转换成电信号的仪器。由于硅光电池的输出与照度（光流量/感光面积）成比例，因此可构成照度计（其他光度值的测量都可以采取相应办法将其变换为感光面的照度进行测量），并通过运放再将光电流进行电流—电压转换。设备中，照度计将 0 ~ 10klx 光照度转变为 0 ~ 20mA 的电流信号，然后将 0 ~ 20mA 的电流信号转换为 0 ~ 10klx 照度在面板数码管中进行显示。

2）设备中所用的照度传感器的技术参数为：

供电电压：24V DC。

最大允许误差：±7%。

重复测试：±5%。

温度特性：±0.5%。

感光体：带滤光片的硅光伏探测器。

波长范围：380～730nm。

测量范围：0.00～10000lx。

输出形式：电流输出4～20mA。

工作温度：0～40℃，0～70% RH。

存储温度、湿度：-10～50℃，0～80% RH。

3）照度传感器控制原理如图3-20所示。其中从左开始，第一位数码管一般不显示，正常情况下不会出现。第二位为照度的千位，第二位下面有个小数点，第三位为百位，第四位为十位。如□3.56计数为3.56klx照度。

3. 实践步骤

1）参考3.4.3，选择一种楼层照明配电方式，将控制台接上电。

2）按面板上卧室接线图把卧室线路连接好，如图3-21所示。

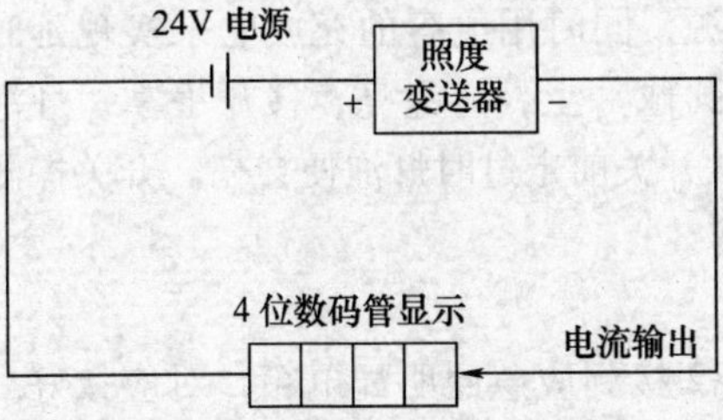

图3-20　照度传感器控制原理

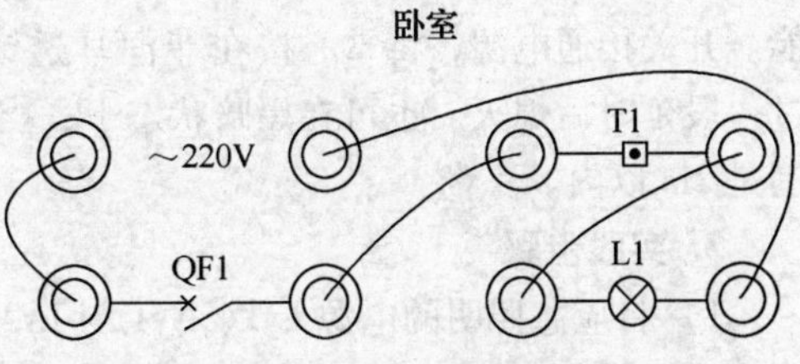

图3-21　卧室照明接线图

3）将4层照明配电箱的“启动”按下，使4层照明得电。

4）将卧室的空气开关合上，调节卧室的调光器，当光照改变时，观察左边数码管显示有何变化。

5）调节调光器，使光照依次增强，记录几组数码管显示的值到表3-1中。

表3-1　记录数码管显示的值

数码管显示值/lx	计算的照度传感器输出电流值/mA

6）将记录的照度值对应的照度传感器输出电流值算出并填入表中。

7）关闭设备电源。

4. 请您做一做

1）列出照度传感器特性。

2）写出本装置中照度传感器照度值与电流值的对应关系。

3）写出各种环境下的照度大概值，如白天，夜晚，阳光下。

3.4.5 动静探测器认知操作实践

1. 实践目的

1）熟悉动静探测器的工作原理。

2）观察动静探测器的控制效果。

2. 实践原理

在现实生活中有一些公共设施，比如楼道出入口、公共厕所等地方，常常采用的是一些感应开关，它们具有这样的特点：在白天它们一般不工作，但到了晚上，当人们发出它们能接收到的一些信号时，便接通电源，使照明灯开始工作，在延时一段时间后又能自行断开电源。

动静探测器开关的主要元件是一片新型热释电红外探测模块 HN911L 和一只 V-MOS 管。热释电红外传感器遥测移动人体发出的微热红外信号，送入 HN911L，在输出端得到放大的电信号使 V－MOS 管导通从而接通电源，同时用电容的充放电来实现延时功能。开关接通电源，将掌心按在菲涅耳透镜（圆球）上，灯泡亮，移开手掌，灯泡经过一段延时后熄灭。也可在黑暗状态下，当人从开关前走过时灯泡便会亮。开关探测范围是 2m 以内。

3. 实践步骤

1）将应急照明的电源 Ly1、Ny1 与 Ly2、Ny2 接到应急照明配电箱，对应接好。不要接错，避免短路。

2）将控制台上电，按下应急照明配电箱进线 1 按钮，闭合右边空气开关 QF8。

注意：人体感应延时开关接通电源后，首先芯片自检，此时白炽灯可能会闪三下（视周围环境），属正常现象。

3）用手捂住楼道 3 的人体感应延时开关，观察灯光的变化。

4）操作完成后，关闭设备电源。

4. 请您做一做

1）根据操作步骤，说明动静探测器开关的工作原理。

2）说明动静探测器的控制效果。

3.4.6 遥控照明控制器认知操作实践

1. 实践目的

1）了解遥控照明控制器的工作原理。

2）熟悉遥控照明控制器的使用。

2. 实践原理

智能建筑的门厅和大堂如同建筑的眼睛，是客人进入的第一印象，其灯具的选用、灯光的布置不只是为了照明的需要，更应考虑照明的气氛及照明与建筑装潢的协调。由于大堂和多功能会议大厅一样，灯具数量较多但使用时间不定，不同场合对照明需求差异较大，因此往往设定几种照明场景，使用时根据具体场合切换。

智能遥控装置是由手持遥控器和接收装置组成，手持遥控器按下不同的按键发送指令到接收装置，接收装置控制灯亮灭。

实训装置中，设置三路灯光。一路由4个荧光灯筒灯（模拟装饰灯）组成，一路由2个白炽灯（模拟吸顶灯）组成，另一路由一个T4 日光灯（模拟日光灯带）组成。该三路灯由一个手动/遥控双路开关同时控制，控制原理如图3-22所示。

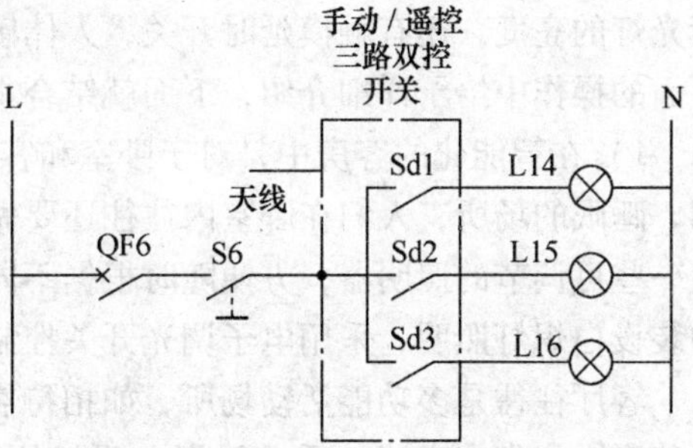

图3-22　大堂照明控制原理图

3. 实践步骤

1）参考3.4.3，选择一种楼层照明配电方式，将控制台上电。

2）按面板上大堂接线图把大堂线路连接好，如图3-23所示。

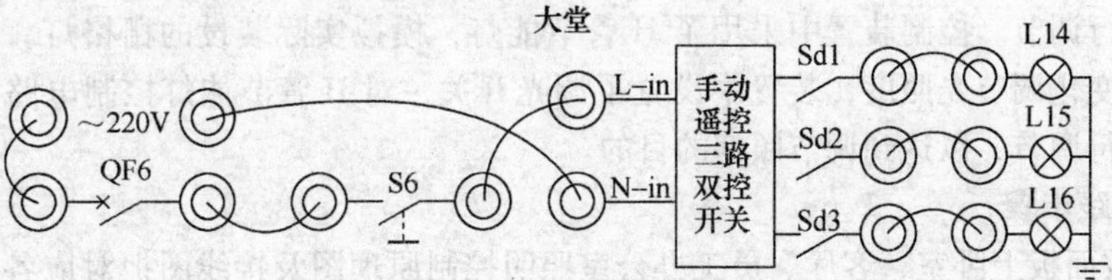

图3-23　大堂照明接线图

3）按下1层照明配电箱的“启动”按钮，使1层照明得电。

4）闭合大堂的空气开关QF6，循环按下大堂控制开关S6，观察大堂灯光亮、灭情况。

5）取下面板上的遥控器，按下遥控器上的各个按键，观测各路灯光的亮、灭情况及大堂灯光效果。

6）实训完成后，关闭设备电源。

4. 请您做一做

1）分析手动/遥控三路智能灯光遥控器的工作原理。

2）写出如何组合设计大堂的灯光效果。

3.4.7　照明灯具及普通控制设备的调试操作实践

1. 实践目的

1）了解单路和双路开关特性。

2）熟悉电子调光开关的特性。

3）熟悉可调光电子整流器的特性。

2. 实践说明

在现代楼宇中，照明开关各种各样：最常用的开关有单路开关，实现一一对应控制；双路开关，实现两地控制；电子调光开关，调节白炽灯的亮度；电子整流器，调节荧光灯的亮度，还有触摸延时开关，人体感应开关，声光控开关等。后面几种开关将在下面的操作中给予详细介绍，下面就结合本控制台把几种常用开关给予详细介绍。

1）在智能化的客房中，对于卧室和客厅应该设计不同的灯光效果。卧室是人们休憩、睡眠的场所，人们在卧室内往往还要做一些家务、阅读书报或看电视，所以可以设置一些可调节的照明器，方便随时根据不同的需求更改卧室内照度。本控制台在此场景中装设白炽灯照明，采用电子调光开关控制。

客厅往往是多功能活动场所，如招待客人、家人团聚，很多客厅还兼有就餐功能。招待客人如带有商谈性质，希望有明亮的荧光灯。朋友之间交谈最好在柔和的白炽灯下，好比家人般亲热。因此照明的手法要适应环境和气氛的变化而选用不同的光源或它们的组合。本控制台在此场景中装设一盏荧光灯和一盏白炽灯照明，采用单路开关控制。

2）对于大型的员工办公室，它主要是用来工作，所以对光线要求较高，一般采用荧光灯类照明灯具。为了节约能源，办公室内必须根据室外光线照度的变化，对室内灯光照度进行调节。控制装置中采用了 H 管节能灯，模拟实际装设的栅格灯。为了根据室外光线变化调节光照度，装置中设置了调光开关，对 H 管节能灯控制电路中的电子整流器进行调节，以达到调节照度的目的。

3. 实践步骤

1）按面板上卧室、客厅、员工办公室照明控制原理图及接线图把对应各部分电路连接好。如图 3-24 ~ 图 3-29 所示。

2）参考 3.4.3，选择一种楼层照明配电方式，将控制台上电。

3）将 4 层照明配电箱启动按钮按下，闭合空气开关 QF1 和 QF2，调节卧室白炽灯的手动调节开关，观察卧室灯光变化。客厅的单路开关分别打到开、关位置，记录不同灯光下的效果。

4）将 3 层照明配电箱启动按钮按下，闭合空气开关 QF4，调节员工办公室的旋钮开关，观察员工办公室内的灯光效果。

5）操作完成后，关闭设备电源。

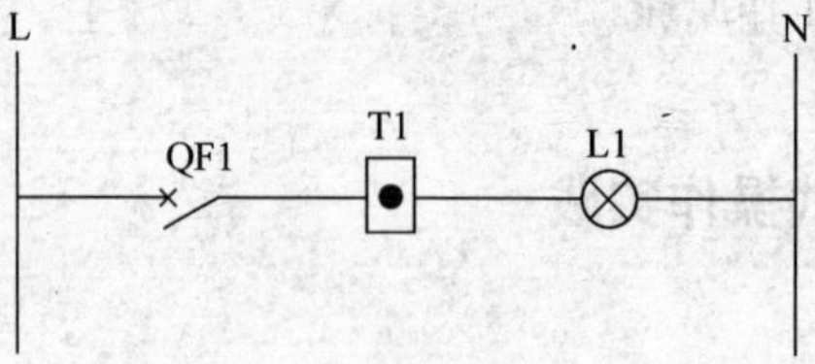

图 3-24　卧室照明控制原理图

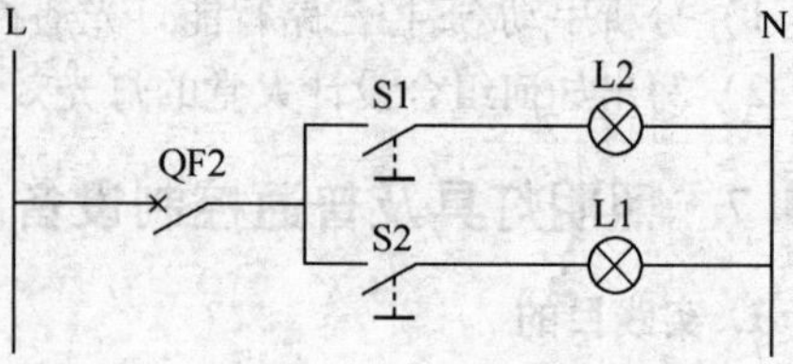

图 3-25　客厅照明控制原理图

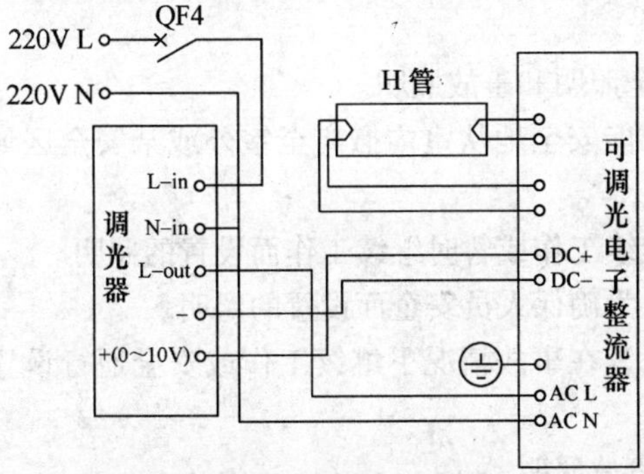

图 3-26　员工办公室照明控制原理图

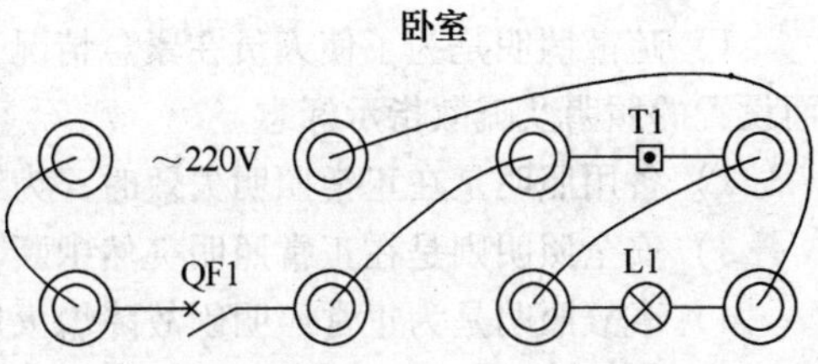

图 3-27　卧室面板接线图

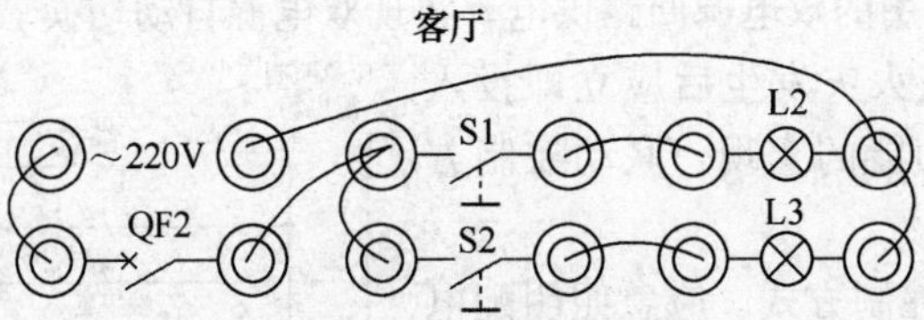

图 3-28　客厅面板接线图

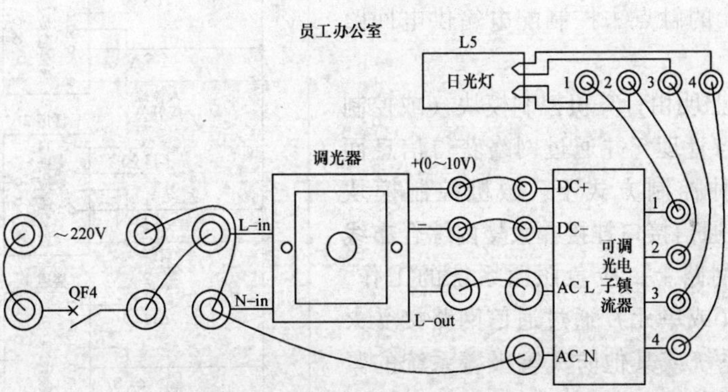

图 3-29　员工办公室面板接线图

4. 请您做一做

1）如何设计卧室和客厅的灯光效果，该选用何种灯具和光源。

2）分析白炽灯调光的工作原理及电路图。

3）阐述荧光灯调光电路及工作原理。

3.4.8　应急照明设备的控制操作实践

1. 实践目的

1）了解应急照明的种类。

2）熟悉应急照明的配电方式。

2. 实践原理

应急照明包括疏散照明、备用照明、安全照明和事故照明。

1）疏散照明是为了使人员在紧急情况下能安全地从室内撤离至室外或某安全区域而设置的照明及疏散指示标志。

2）备用照明是在正常照明失效时，为继续工作或暂时继续工作而设置的照明。

3）安全照明则是在正常照明突然中断，为确保人员安全而设置的照明。

4）事故照明是为正常照明因故障熄灭后，在事故情况下继续工作或安全通行设置的照明。

本装置照明演示柜上设置了疏散照明和事故照明。

应急照明的供电应按其负荷等级要求来确定。应急照明在智能建筑中为一级负荷，因此应急照明应由专用的双电源回路供电，实现双电源自动切换。

应急照明系统在火灾发生后应立即投入运行工作，确保其功能的实现。联动控制方式有两种：

1）传统的联动控制方式。应急照明配电箱受消防联动系统的直接控制，即采用联动控制模块单元的触点去控制配电箱供电回路的闭合。

2）应急照明由计算机控制模块（或控制单元）监控与管理，并通过网络获得信息而启动。在这种控制方式下，微机控制模块（或单元）的通信接口挂接在大楼内综合布线系统的通信网路上，应急照明系统的工作，由控制模块（或单元）通过通信网路接受火灾消防报警系统或其他防灾害报警系统的紧急信息而控制启动。同时控制模块（或单元）将应急照明系统的工作状态信息传送到大楼控制中心，并接受大楼控制中心的指令信息。

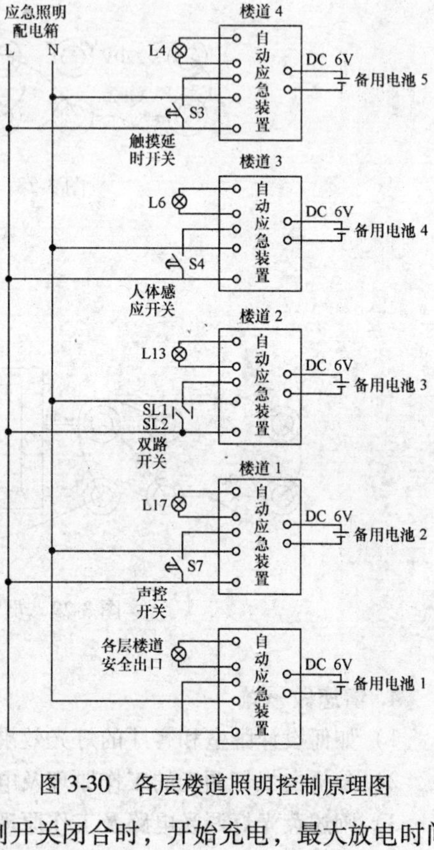

图 3-30 各层楼道照明控制原理图

本控制装置中，楼道照明与应急照明共用一个配电箱统一供电，当进线失电时，它们都由备用电池供电，控制原理如图 3-30 所示。本装置内设置的电池充电条件：当进线控制开关闭合时，开始充电，最大放电时间为 0.5h。如果满足此条件，电池还是不能正常工作，请通知技术人员更换电池。

3. 实践步骤

1）将控制台上电，将“低压配电母线出线”的应急照明出线连接到应急照明配电箱进线上，对应护套柱接好。

2）将应急照明投入按钮“进线 1”及“进线 2”依次按下，将断路器 QF7 ~ QF11

全部合上，观察楼道的安全出口光字牌的亮、灭情况。

3）依次控制各楼道开关，使各个楼道灯点亮。

4）观察“进线1”及“进线2”按钮哪个亮，将按钮灯亮的那个按钮按起，看看另一个按钮指示灯有什么变化。同时观察楼道灯的亮、灭情况的动作变化情况。同理，将刚按起的那个按钮按下，按起另一个按钮，看情况有什么变化。双电源切换原理如图3-31所示。

5）单独只按下一个按钮，再按起，应急照明进线失电。进线一旦失电，应急装置应该自动供电。观察楼道及光字牌的亮、灭情况。在这个过程中，应急装置自动供电，需要各个应急装置之前充过电，即各楼道及安全出口亮过一段时间。充电时间越长，应急时间越长。

6）当进线按钮被再次按下时，进线得电，电池不在供电，观察灯的亮、灭变化。

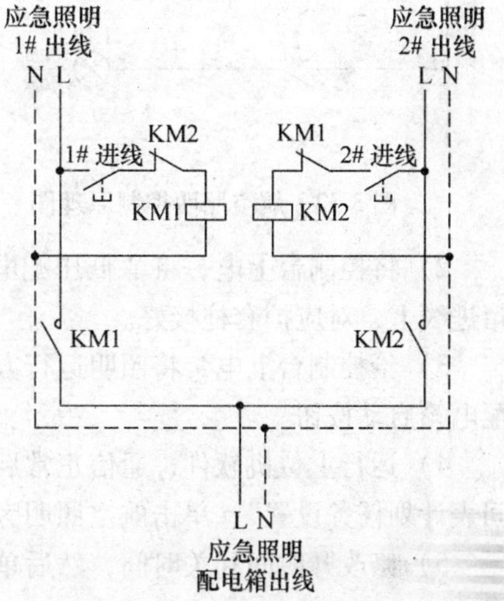

图3-31　双电源自动切换控制原理图

4. 请您做一做

1）根据操作步骤，说明应急照明的配电形式。

2）根据操作步骤，分析应急照明及正常照明配电方式的区别及各自的特点。

3.4.9　时间表控制模式下照明线路组建操作实践

1. 实践目的

1）了解时间表控制的作用。

2）熟悉时间表控制的设计方法。

2. 实践原理

时间表控制模式是楼宇照明控制中最常用的控制模式，工作人员预先在上位机编制运行时间表，并下载至相应控制器，控制器根据时间表对相应照明设备进行启/停控制。时间表中可以随时插入临时任务，如某区域所在单位的加班任务等。临时任务的优先高于正常时间配置，且一次有效，执行后自动恢复至正常时间配置的安排。

以航空障碍照明为例说明时间表控制方式，航空障碍照明设置与控制是智能建筑照明系统的一个组成部分，智能建筑一般都为高层或超高层建筑，必须在建筑物的顶部设置障碍照明指示灯，并对其进行自动监控和管理。

障碍灯最好采用频闪灯，障碍照明控制一般由计算机远程控制。这种方式的时间标准由建筑物内控制中心统一定时并制定时间表，计算机程序根据季节的日落时间调整工作启动和关闭时间。一般由感光组件作为日光亮度的测量，用以辅助计算机程序控制，如图3-32所示，上位机设置时间表，下载到DDC控制器，DDC的开关量输出触点控制航空照明配电箱的KM接触器按时间分、合闸，完成控制。

3. 实践步骤

1）按面板上航空照明接线图把对应各部分电路连接好，如图 3-33 所示。

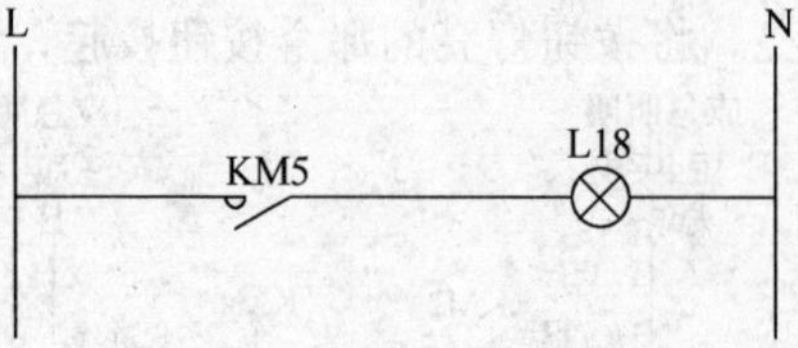

图 3-32　航空照明控制原理图

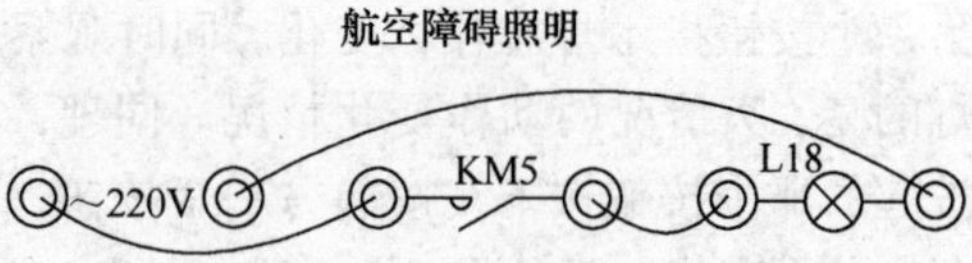

图 3-33　航空照明面板接线图

2）将控制台上电，将“低压配电母线出线”的航空照明出线连接到航空照明配电箱进线上，对应护套柱接好。

3）给控制台上电，将照明运行方式选择开关切换到“远动”位置，按下航空照明配电箱启动按钮。

4）运行上位机软件，通信正常后，进入照明系统窗口。单击主窗口左下角的“时间表计划任务设置”，单击航空照明旁边的“设置”进行时间表设置。

5）修改开时间和关时间，然后单击“确定”按钮，观察航空照明警示灯的得电情况。

6）按以上同样的步骤对其他场所进行时间表控制设置，观察效果。

7）实训完成后，关闭设备电源。

4. 请您做一做

1）列出时间表控制的应用场所。

2）分析时间表控制的上位机设计方法。

3）分析如何设计航空照明的灯光效果，该选用何种光源。

3.4.10　情景切换控制模式下照明线路组建操作实践

1. 实践目的

1）了解情景切换的应用场所。

2）熟悉情景切换的设计方法。

2. 实践原理

情景切换控制模式一般是指工作人员预先编写好几种常用场合下的照明方式，并下载至相应控制器。控制器读取场景切换按钮状态或远程系统情景设置，并根据读入信号切换至对应的照明模式。本控制装置中设置了三种场景切换控制方式，分别如下：

1）第一种方式采用继电器组合控制，实现一键切换控制达到场景切换目的。有的总经理办公室环境相对比较复杂，灯光较多，每一盏灯设置一个按钮控制很不方便。如果采用了智能照明系统，通过场景设定需要哪种模式只需按相应的按键，这样既方便也不会忘掉关灯。这种一键切换的场景切换模式在智能办公室用的非常普遍。装置中设置五种场景，全亮、全灭、办公、会客、休息，用五个按钮进行切换。控制原理如图 3-34 所示。

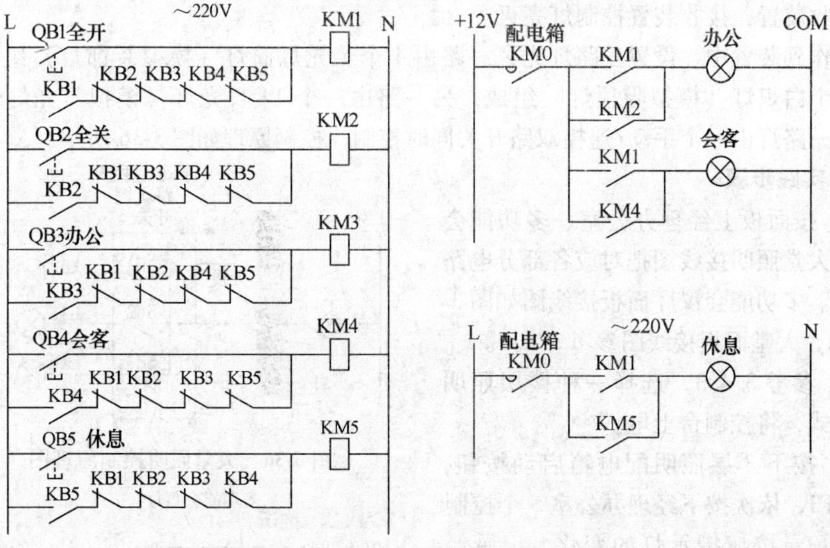

图 3-34　经理办公室照明控制原理图

2）第二种方式采用微机装置完成控制，即采用专门的调光模块。调光模块是一种数字式调光器，具有限制电压波动和软启动开关的作用，开关模式有开关作用，是一种继电输出，调光模块具有调光功能，可对白炽灯进行无级调光。

在装置中，可预先设置好几种常用的场景模式：入场、会议、讨论、投影、休息、散会、情景 1 和情景 2，在需要进行场景切换时只需在调光装置中选择具体的场景。在调光装置里，除了预先设置好的多个场景模式外，还可以根据不同场合或不同需要自己设定场景模式和灯光效果。在多功能会议厅中，仿真会议厅中有两个场所：观众席（正视左侧）和主席台（正视右侧）。观众席顶部装有 4 个白炽灯，而主席台顶部装有 2 个白炽灯，两场所中间有一定间隔。在场景设置时可以对这两路灯进行照度调节。多功能会议厅中间均匀分布安装了 4 个荧光灯，用于调光模块中的开关控制，控制原理如图 3-35 所示。

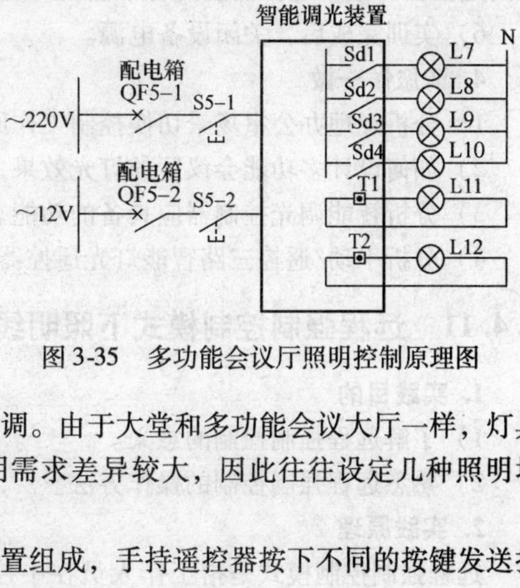

图 3-35　多功能会议厅照明控制原理图

3）第三种方式采用无线遥控装置控制。智能建筑的门厅和大堂如同建筑的眼睛，是客人进入的第一印象，其灯具的选用、灯光的布置不只是为了照明的需要，更要考虑照明的气氛及照明与建筑装潢的协调。由于大堂和多功能会议大厅一样，灯具数量较多但使用时间不定，不同场合对照明需求差异较大，因此往往设定几种照明场景，使用时根据具体场合切换。

智能遥控装置是由手持遥控器和接收装置组成，手持遥控器按下不同的按键发送指令给接收装置，接收装置控制灯亮灭。

操作到装置中，设置三路灯光，一路由 4 个荧光灯筒灯（模拟装饰灯）组成，一路由 2 个白炽灯（模拟吸顶灯）组成，另一路由一个 T4 日光灯（模拟日光灯带）组成。该三路灯由一个手动/遥控双路开关同时控制，控制原理如图 3-36 所示。

3. 实践步骤

1）按面板上经理办公室、多功能会议厅和大堂照明接线图把对应各部分电路连接好。多功能会议厅面板接线图如图 3-37 所示，大堂面板接线图参考 3.4.6。

2）参考 3.4.3，选择一种楼层照明配电方式，将控制台上电。

3）按下 3 层照明配电箱启动按钮，闭合 QF3，依次按下经理办公室 5 个控制按钮，记录按钮指示灯的变化，记录经理办公室内不同的场景下哪些灯亮，哪些灯灭，观察对应场景下的灯光效果。

4）按下 2 层照明配电箱启动按钮，闭合 QF5，按下多功能会议厅电源开关，设置智能调光装置，选择各种场景，记录多功能会议厅的哪些灯亮，哪些灯灭，观察不同场景的灯光效果。

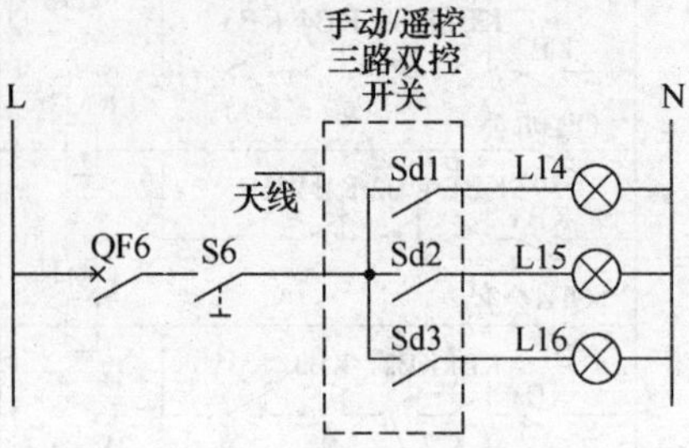

图 3-36　大堂照明控制原理图

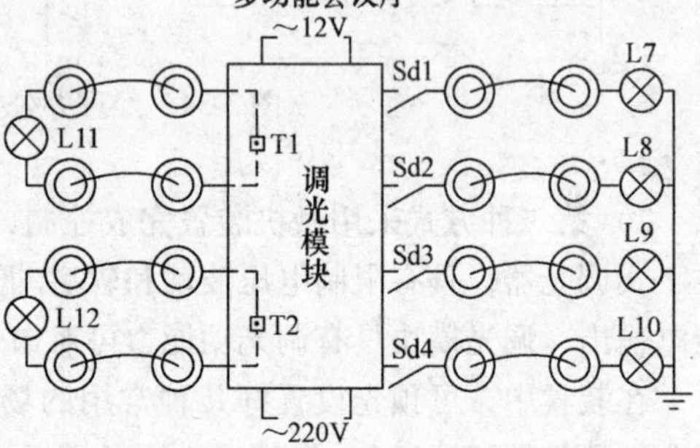

图 3-37　多功能会议厅面板接线图

5）按下 1 层照明配电箱启动按钮，闭合 QF6，大堂得电后，循环按下大堂控制开关，观察大堂灯光亮、灭情况。取出面板上的遥控器，按下遥控器上的各个按键，观测各路灯光的亮、灭情况及大堂灯光效果。

6）实训完成后，关闭设备电源。

4. 请您做一做

1）分析经理办公室场景切换控制工作原理。

2）如何设计多功能会议厅的灯光效果，该选用何种灯具和光源。

3）分析智能调光控制器应具备的功能。

4）分析手动/遥控三路智能灯光遥控器的工作原理。

3.4.11　远程强制控制模式下照明线路组建操作实践

1. 实践目的

1）了解远程强制控制的意义。

2）熟悉远程强制控制的操作方法。

2. 实践原理

远程强制控制模式是指工作人员在中控室对固定区域的照明系统进行远程强制控

制，即远程强制改变其照明开关状态。

上位机系统可以对楼层的各个场所照明系统进行强制控制，当照明控制箱的控制状态为远动时，上位机系统发出强制信号，下位机 DDC 输出信号并对照明配电箱中的接触器进行控制。

3. 实践步骤

1）参考 3.4.3、3.4.8 和 3.4.9，选择一种楼层照明配电方式，将控制台上电。

2）将照明运行方式选择开关切换到“远动”。

3）运行上位机软件，通信正常后，进入照明系统运行控制窗口。

4）在主窗口的左侧，单击各楼层照明配电控制，对各个照明配电箱进行远程强制控制。

5）观察楼层照明配电箱的变化情况。

6）操作完成后，关闭软件和设备电源。

4. 请您做一做

1）分析远程控制的特点。

2）分析上位机系统控制照明配电的设计方法。

3.4.12 动态控制模式下照明线路组建操作实践

1. 实践目的

1）了解动态模式的多种方式。

2）熟悉照度传感器的工作特性。

2. 实践原理

动态控制往往和一些传感器设备配合使用。如根据照度自动调节的照明系统中需要有照度传感器，控制器根据照度回馈自动控制相应区域照明灯具的启/停或照度的调节。又如有些走道可以根据相应的声感、红外感应等传感器判别是否有人经过，借以控制照明灯具的启/停。

照度传感器是将光照度转换成电信号的仪器。设备中所用的照度传感器是将 0 ~ 10000lx 光照度转换为 4 ~ 20mA 的电流信号，传送到显示单元加以显示。

地下车库照明一般在出入口处会设有适应区照明，而对于停车场内部，控制方式主要有两种：一种为在入口地面设置探测线圈，检测车体的运动状态从而控制停车场的灯光；另一种为在入口处安装红外对射开关，当车体经过时，挡住红外对射探测器后，控制室内照明。停车场照明控制原理如图 3-38 所示，本装置设置延时 10s 左右。

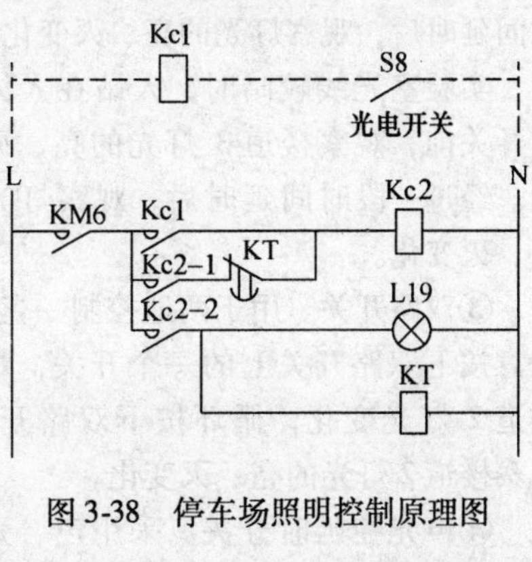

图 3-38 停车场照明控制原理图

红外线光电开关是利用被检测物体对调制的红外光束遮光，由同步回路导通，来检测物体的有或无，并产生开关的作用。光电开关的检测不局限于金属，对其他物体均可检测。本实训装置上采用的是对射型红外线光电开关。

实训装置的四个楼道设置了四种控制开关：楼道 4 设置触摸延时开关，开关得电后，用手触摸开关，楼道 4 灯亮；楼道 3 设置人体感应开关，开关得电后，在光线较暗时有人体从开关前方经过，楼道 3 灯亮；楼道 2 设置双路开关，开关得电后，打开任何一个开关，都能控制楼道 2 的灯亮（即两地控制）；楼道 1 设置声光控开关，开关得电后，在光线较暗的情况下，当有一定响度的声音传入开关，楼道 1 的灯亮。各层楼道照明控制原理如图 3-39 所示。

3. 实践步骤

1）参考 3.4.8，将控制台上电，按下应急照明配电箱进线 1#、2#启动按钮。

①触摸延时开关。通过触摸感应片，使灯点亮，延时 1～3min 后灯关断。

用手触摸楼道 4 照明控制开关，观察楼道 4 灯光的亮、灭变化。经过一段时间延时后，观察灯光的亮、灭变化。

②人体感应开关。人体感应延时开关通过对人体所辐射红外线进行探测，实现人到灯亮、人离灯灭的功能。在周围光度足够的情况下，开关不会工作，当周围环境暗到一定程度时便能开始工作，实现节能效果。可重复触发，在延时时间内，如再次探测到活动人体，则重新延时 30s，开关探测范围为 2m 以内。

实验室光线较强时，用手捂住人体感应开关的透光片，不让光线进入，观察楼道 3 灯光的亮、灭变化。经过一段时间延时后，观察灯光的亮、灭变化。

实验室光线较暗时，人站在人体感应开关前，观察楼道 3 灯光的亮、灭变化。经过一段时间延时后，观察灯光的亮、灭变化。

③双路开关。用于两地控制一盏灯，任意按下双路开关上的一个开关，观察楼道 2 灯光变化，循环按下双路开关，观察楼道 2 灯光的亮、灭变化。

④声光控延时开关。采用声、光双

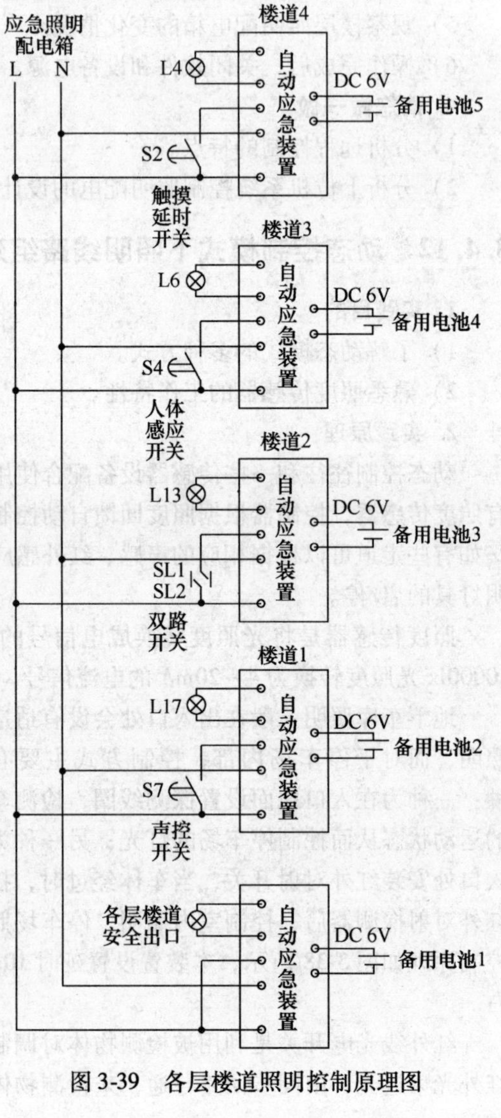

图 3-39　各层楼道照明控制原理图

重控制，当周围光度足够的情况下（>4lx），开关不会触发；当周围环境暗到一定程度（<1lx），遇到一定响度的声音>70dB 时，开关触发导通并延时 60s 自动断开。

实验室光线较强时，用手指按住声光控延时开关上的感光片（模拟外部光线较暗），然后在开关前距离较近的地方击掌，观察楼道 1 灯光的亮、灭变化。经过一段时间延时后，观察灯光的亮、灭变化。

实验室光线较暗时，不用遮住感光片，直接击掌，观察楼道 4 灯光的亮、灭变化。经过一段时间延时后，观察灯光的亮、灭变化。

2）参考 3.4.3，选择一种楼层照明配电方式，将控制台上电。

①按下 1 层照明配电箱启动按钮，将卧室的空气开关合上，调节卧室的调光器，当光照改变时，观察数码管显示有何变化。

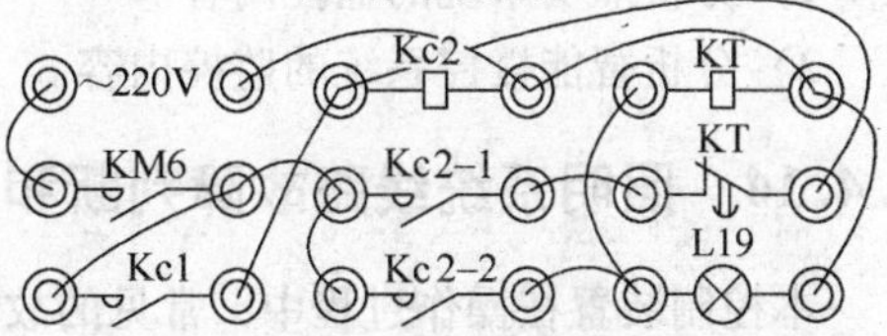

图 3-40 地下停车场照明面板接线图

②按下地下一层停车场照明配电箱启动按钮，按面板上地下停车场照明接线图把对应电路连接好，如图 3-40 所示。将停车场的空气开关合上，用手遮挡地下停车场安装的光电开关，观察地下停车场灯光的亮、灭变化。经过 10s 左右延时后，观察灯光的亮、灭变化。

③实训完成后，关闭设备电源。

4. 请您做一做

1）分析照度传感器的特点。

2）分析楼道各种控制开关的工作原理和使用方法。

3）分析地下停车场照明的设计方法。

3.4.13 楼宇照明运行线路整体设计操作实践

1. 实践目的

1）熟悉照明监控系统的运行管理。

2）熟悉楼宇自控系统的功能和作用。

3）熟悉楼宇自控系统的运行管理。

2. 实践原理

在楼宇自控系统中，对 BA 系统中的照明系统要完成实时监控。

网络化是智能楼控系统的发展方向，而基于 LonWorks 总线的楼控网络系统是目前智能建筑发展的一种主流。THBCZX-2 型现场总线楼宇综合控制实训系统可将带 LON 总线的设备网络集成化，实现集中控制。本控制装置可以接入楼宇系统的 LonWorks 网络。

3. 实践步骤

1）照明系统整体运行控制。

①参考相关操作步骤，照明运行方式选择开关切换到“手动”，使整个照明系统正常运行工作。

②照明运行方式选择开关切换到“远动”，运行上位机软件。在照明系统监控窗口中，操作各子菜单功能，熟悉各监控画面内容，分析运行状态变化情况。

③关闭软件和实训设备电源。

2）智能楼控系统整体运行控制。具体操作步骤参考“THBCZX-2 型现场总线楼宇综合控制实训系统”相关内容。

4. 请您做一做

1）分析照明系统的监控内容。

2）分析智能楼控系统的监控内容。

3.4.14 照明系统线路故障判断和排除操作实践

本控制装置在操作过程中，常见的故障及处理方法说明如下：

1）3.4.3 楼宇普通照明配电方式组建操作实践。

现象：楼层配电箱没电。

解决方法：先检查控制屏内部的熔丝是否熔断，再检查面板上的熔丝是否熔断。如果熔断，进行更换。

2）3.4.4 照度传感器认知操作实践。

现象：卧室的调光开关不能控制灯。

解决方法：检查接线是否正确。

3）3.4.5 动静探测器认知操作实践。

现象：人在感应开关前，人体感应开关不能动作控制灯亮。

解决方法：首先检查接线，然后判断是否满足人体感应开关动作条件——当周围环境暗到一定程度（光线 <11lx），人体在探测范围内（2m 以内）移动。

4）3.4.6 遥控照明控制器认知操作实践。

现象：遥控器不能控制灯。

解决方法：更换电池。

5）3.4.7 照明灯具及普通控制设备的调试操作实践。

现象：员工办公室的调光器不能控制灯。

解决方法：检查接线是否正确。

6）3.4.8 应急照明设备的控制实践。

现象：应急备用电池不能正常充放电控制楼道灯亮。

解决方法：本装置内设置的电池充电条件——当进线控制开关闭合时，开始充电，最大放电时间为 0.5h。如果满足此条件，电池还是不能正常工作，请通知技术人员更换电池。

7）3.4.9 时间表控制模式下照明线路组建操作实践、3.4.11 远程强制控制模式下照明线路组建操作实践、3.4.13 楼宇照明运行线路整体设计操作实践。

现象：上位机不能控制照明配电箱。

解决方法：“照明运行方式”选择开关切换到“远动”，计算机与控制屏的通信线连接到控制屏的右侧 DB9 针（前）上，并可靠连接。

8）3.4.10 情景切换控制模式下照明线路组建操作实践。

现象：经理办公室和多功能会议厅不能控制照明。

解决方法：检查接线是否正确。

9）3.4.12 动态控制模式下照明线路组建操作实践。

现象：发出声音后，声控延时开关不能动作。

解决方法：首先检查接线，然后判断是否满足声控延时动作条件——当周围环境暗到一定程度（光线 <11lx），发出一定响度的声音（>70dB）。

3.5　思考与练习

1. “THBAZM-1 型楼宇照明系统实训装置”有什么特点和功能？
2. 楼宇照明系统的控制屏主要包括哪些部分？
3. THBAZM-1 型照明系统演示柜有哪些控制方式以及控制开关？
4. “THBAZM-1 型上位机软件”有何作用？如何进行安装？
5. THPIL-1 型智能调光控制器有何作用？如何使用？
6. 选择照明光源的基本原则是什么？不同场合下照明光源的选择依据有哪些？
7. 普通楼层照明配电主要有哪几种方式？各有什么特点？
8. 照度传感器有何作用？技术参数主要有哪些？
9. 动静探测器有何作用？如何使用？
10. 遥控照明控制器有何作用？如何使用？
11. 在现代楼宇中，常用的照明开关有哪些？各有何作用？如何使用？
12. 应急照明包括哪些照明？其配电方式如何？
13. 时间表控制模式下照明线路应该如何进行组建？
14. 情景切换控制模式下照明线路应该如何进行组建？
15. 远程强制控制模式下照明线路应该如何进行组建？
16. 动态控制模式下照明线路应该如何进行组建？
17. 楼宇照明运行线路应该如何进行整体设计？
18. 照明系统线路的故障应该如何进行判断和排除？

学习情景4　THBCCB-2型远程抄表系统

【学习目标】

知识目标

- 认识远程抄表系统
- 了解脉冲表计的构造和工作原理
- 观察三表（水表、燃气表、电表）产生的脉冲信号

技能目标

- 了解抄表的整体流程
- 掌握整个抄表的操作过程

情景条件

- THBCCB-2型远程抄表系统实验装置1套
- 计算机1台
- LON通信线1根，485通信线1根

4.1　工作任务

图4-1所示THBCCB-2型远程抄表系统实验装置是天煌教仪为配合高校楼宇专业的教学和实验而设计开发的楼宇自动化系列实验设备。本工作任务首先要认识远程抄表系统，然后进行三表的抄表操作。

图4-1　THBCCB-2型远程抄表系统实验装置

4.2 任务分析

随着国家“康居工程”的推广，智能化小区的建设，自动抄表系统已逐渐普及应用。并且出现了三种抄表表计：一种是输出脉冲式的表计；另一种是内嵌 CPU 的智能式表计；再一种是直读表。三种表各有优缺点。本装置以输出脉冲式的表计作为基表，采用单片机做数据处理器，并将单片机处理后的数据传送给 DDC 模块，上位机采用力控组态软件，使学生可以自主进行上位机程序设计，更大的发挥学生的主动性。

4.3 知识平台

4.3.1 LonMaker for Windows 软件安装

LonMaker for Windows 软件是美国埃施朗（Echelon）公司开发的 LonWorks 网络安装维护软件。它通过密码保护为操作人员提供操作与维护权限。该软件的图形化界面使操作人员能直接明了地对各个智能节点进行安装、下载应用程序以及参数设置，操作人员利用其完善的自诊断功能对各个智能节点或网络的故障进行检测。

LonMaker for Windows 集成工具是一个用于设计、安装和维护多节点供应商的、开放的、互操作性的 LonWorks 控制网络的软件包。LNS 网络操作系统是为 LonWorks for Windows 集成工具控制网络提供目录、管理、监视和控制服务的网络操作系统。LonMaker 工具基于 Echelon 公司的 LNS 网络操作系统，包含功能强大的客户/服务器体系结构以及简单易用的 Visio 用户界面。这个工具有强大的功能可用来设计、启动和维护分布式的控制网络，而又经济地可以用作一个网络维护工具。

LonMaker for Windows 集成工具包括一个 LNS 3 运行软件和 LNS 3 服务器。LNS 网络操作系统提供一个支持 LonWorks 网络的互操作的应用程序的标准平台。LNS 允许多个应用程序和用户同时管理以及和一个网络进行交互。LonMaker 用户可以通过 LonWorks 网络、局域网和 Internet 访问一个共享的 LNS 服务器。LonMaker for Windows 集成工具的页面如图 4-2 所示。

LonMaker for Windows 集成工具具有以下特点：

1）提供图形化设计、启动和维护 LonWorks 控制网络。

2）提供 LNS 网络操作系统和 Visio® 2000 技术版。

3）具有强大的互操作性，完全能够与其他 LNS 应用程序的互操作。

4）支持通过 LonWorks 网络或 IP 网的远程访问。

5）支持使用通过 Internet 和其他 IP 网络的集成变得简单。

6）集成的 LonMarker 应用程序简化了安装。

7）包含用于配置 LonPoint 节点的 Plug-in。

8）支持多用户。

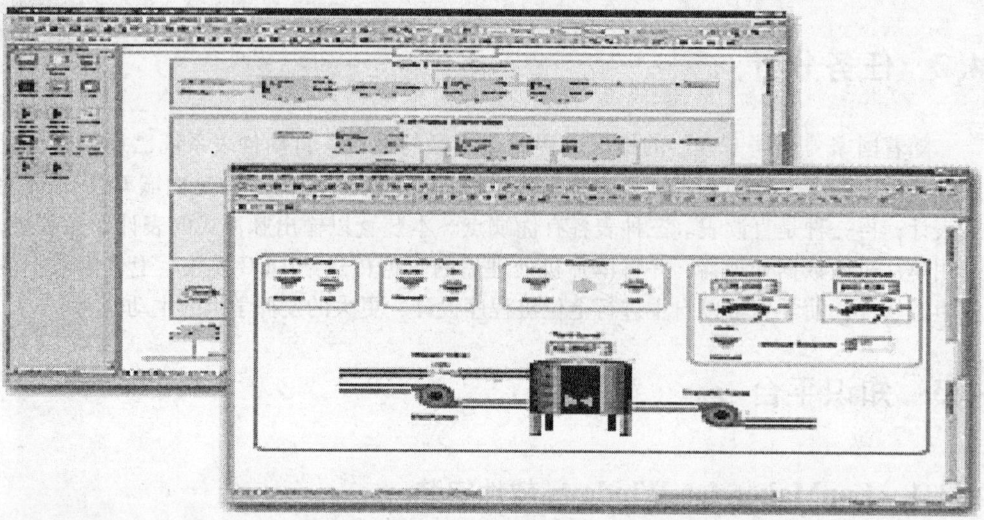

图 4-2　LonMaker for Windows 集成工具页面

对于监控应用，LonMaker 可用于开发简单的人机界面应用，对于复杂的人机界面，LonMaker 工具和 LNS DDE Server 相兼容。LNS DDE Server 用于第三方操作员界面产品的 I/O 驱动，例如 Wonderware 公司的 InTouch，亚控公司的组态网等。

其安装详见“LonMaker 软件安装——百度文库”

——http://wenku. baidu. com/view/6f77fd4b767f5acfa1c7cd62. html

4.3.2　远程抄表系统上位机软件安装

1）运行光盘里“远程抄表系统软件”文件夹下“setup. exe”文件，出现“包解压安装”对话框，如图 4-3 所示。

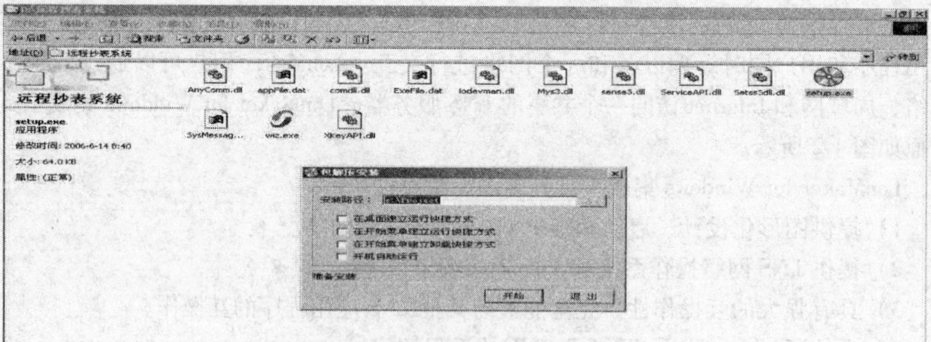

图 4-3　“包解压安装”对话框

2）根据提示进行设置，设置好后，单击“开始”按钮开始安装，如图4-4所示。

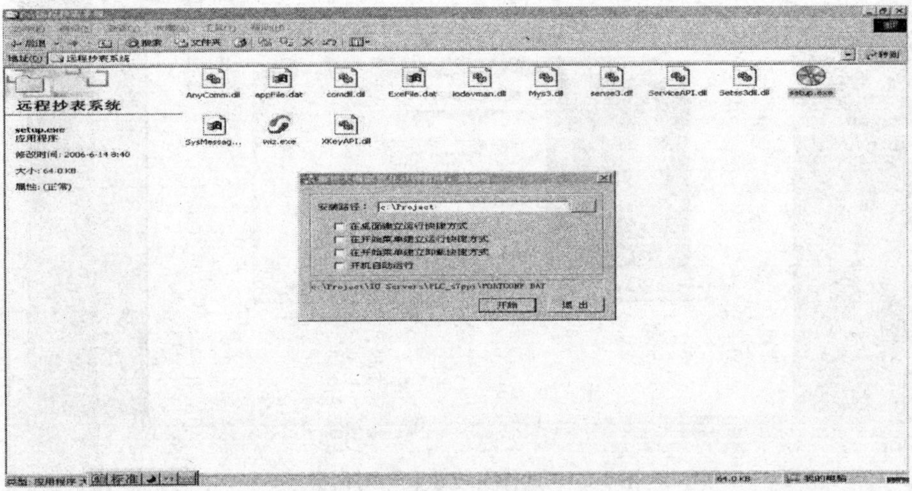

图4-4 “解包等待”对话框

3）安装过程中出现图4-5所示“欢迎使用驱动程序安装向导”对话框 。

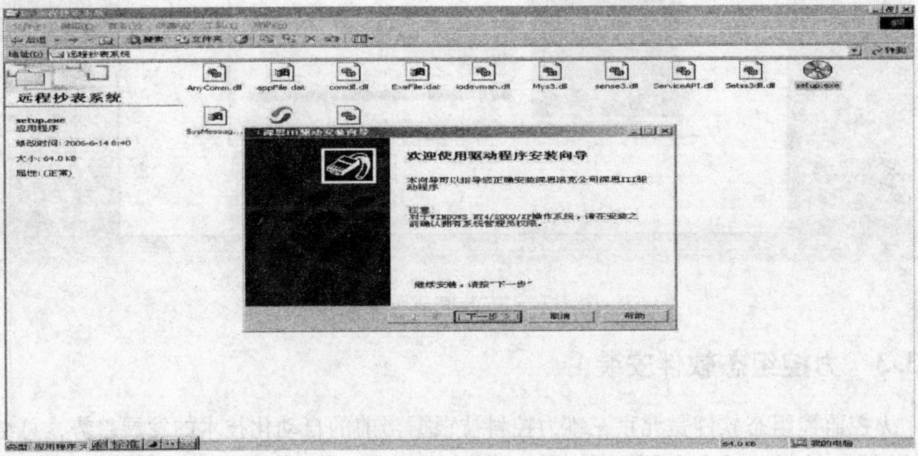

图4-5 “欢迎使用驱动程序安装向导”对话框

4）单击“下一步”按钮继续安装，出现图4-6所示“选择安装参数”对话框。

5）选择“安装驱动程序”项后，单击“下一步”按钮，出现图4-7所示“安装完成”对话框。

6）单击“完成”按钮，完成安装。

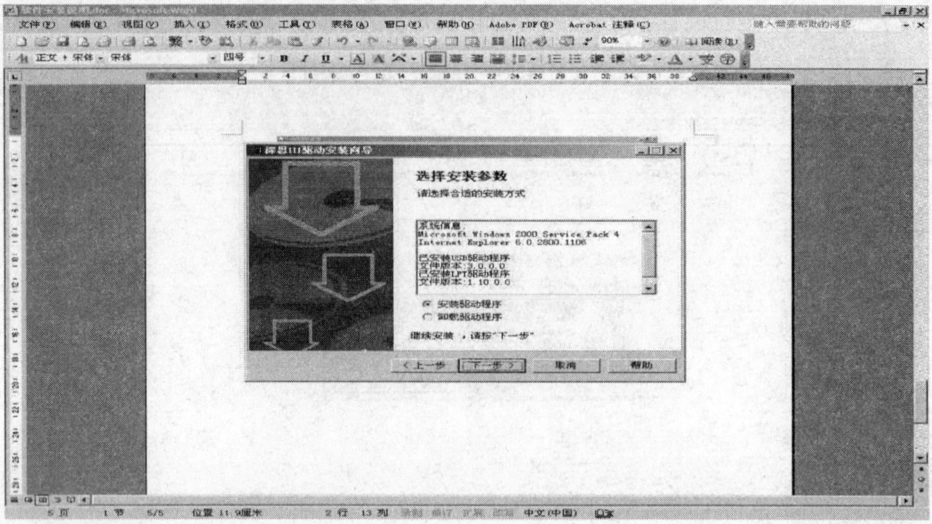

图 4-6　“选择安装参数”对话框

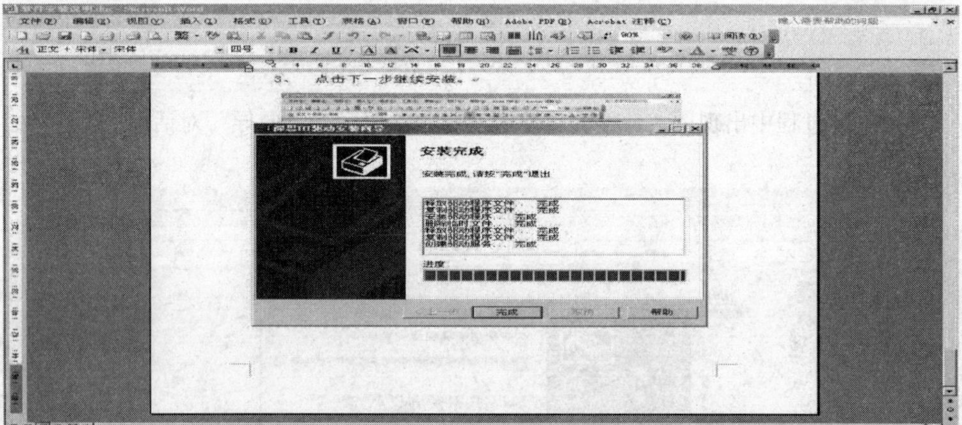

图 4-7　“安装完成”对话框

4.3.3　力控组态软件安装

力控监控组态软件是北京三维力控科技根据当前的自动化技术的发展趋势，总结多年的开发、实践经验和大量的用户需求而设计开发的高端产品，是三维力控全体研发工程师集体智慧的结晶。该产品主要定位于国内高端自动化市场及应用，是企业信息化的有力数据处理平台，力控组态软件已开发有多种版本。

力控 6.0 在秉承力控 5.0 成熟技术的基础上，对历史数据库、人机界面、I/O 驱动调度等主要核心部分进行了大幅提升与改进，重新设计了其中的核心构件。力控 6.0 面向网络开发技术，开发过程采用了先进软件工程方法——测试驱动开发，产品品质得到充分保证。与力控早期产品相比，力控 6.0 产品在数据处理性能、容错能力、界面容器、报表等方面产生了巨大飞跃。其主要指标：

1）方便、灵活的开发环境，提供各种工程、画面模板，大大降低了组态开发的工作量；高性能实时、历史数据库，快速访问接口在数据库 4 万点数据负荷时，访问吞吐量可达到 20000 次/秒。

2）强大的分布式报警、事件处理能力，支持报警、事件网络数据断线存储和恢复功能，支持操作图元对象的多个图层，通过脚本可灵活控制各图层的显示与隐藏。

3）强大的 ActiveX 控件对象容器，定义了全新的容器接口集，增加了通过脚本对容器对象的直接操作功能，通过脚本可调用对象的方法、属性。

4）全新的、灵活的报表设计工具。提供丰富的报表操作函数集，支持复杂脚本控制，包括脚本调用和事件脚本，可以提供报表设计器和设计多套报表模板。

其安装详见“三维力控组态软件概述——百度文库”

——http://wenku. baidu. com/view/baf8b30b7cd184254b3535f0. html

4.4　解决方案

4.4.1　三表的认识实践

1. 三表的工作原理

脉冲水表和脉冲燃气表一般采用干簧管来实现物理量到电信号的转换。其工作原理如下：当水表内有水通过时，使水表内部的齿轮转动，齿轮上带有永久磁铁，当永久磁铁经过干簧管的位置时，会使干簧管导通，这样便将水量转换成开关信号。通过转换电路再将开关信号转换成脉冲信号。脉冲燃气表的工作原理和水表的工作原理基本相同。

脉冲电表一般采用光耦来实现物理量到电信号的转换。有电通过电表时，电表内部的主轮转动。当转轮上的小孔转到发光管的位置时，发光管的光照到光敏三极管，三极管导通，产生脉冲信号。

干簧管是一种有触点的无源电子开关元件，具有结构简单，体积小便于控制等优点。其外壳是一根密封的玻璃管，管中装有两个铁质的弹性簧片电板，灌有惰性气体金属铑。无磁性物质靠近时，玻璃管中的两个由特殊材料制成的簧片是分开的。当有磁性物质靠近玻璃管时，在磁场磁力线的作用下，管内的两个簧片被磁化而互相吸引接触，簧片就会吸合在一起，使结点所接的电路连通。外部磁力消失后，两个簧片由于本身的弹性而分开，线路也就断开了。在实际运用中，通常用永久磁铁控制这两根金属片的接通与否，所以又被称为“磁控管”。

2. 观察三表产生的脉冲，了解脉冲的特性

1）在上位机的桌面上单击图标打开上位机软件，出现如图 4-1 所示页面。

2）单击“进入系统”按钮，出现抄表主页面，如图 4-8 所示。

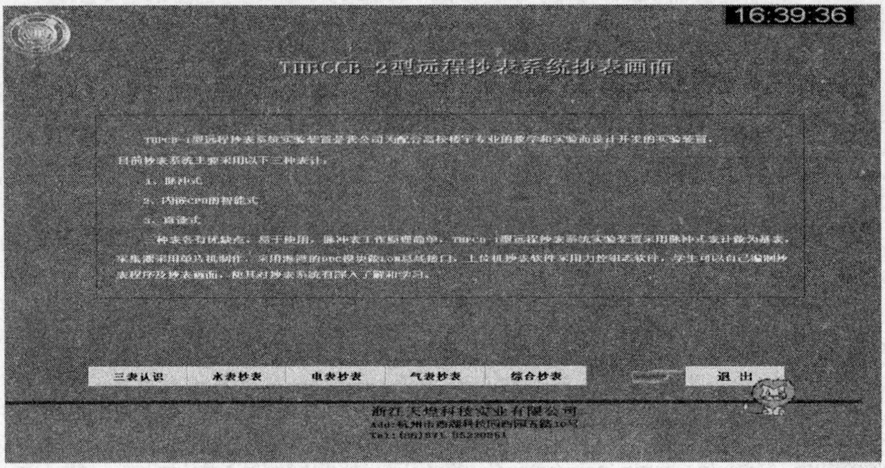

图 4-8　抄表主页面

3）单击“三表认识”按钮进入实验一，如图 4-9 所示。

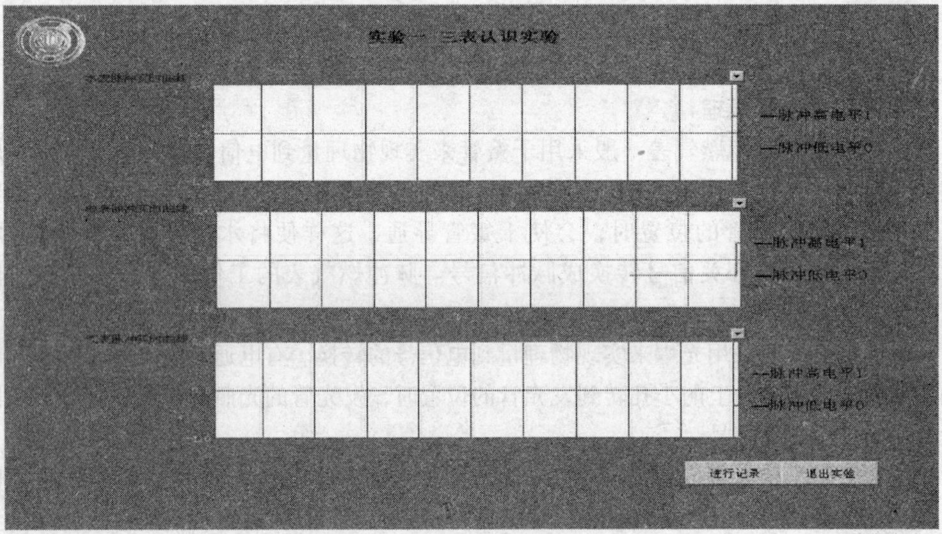

图 4-9　“实验一　三表认识实验”页面

4）打开水泵电源开关，水泵开始工作，带动水表工作。观察上位机上的水表脉冲实时曲线。可以单击“进行记录”按钮，记录水表脉冲的周期和宽度。记录后单击“实时刷新”按钮，各曲线继续实时刷新。

5）打开风机电源开关，风机开始工作，带动燃气表工作。观察上位机上的气表脉冲实时曲线。可以单击“进行记录”按钮，记录气表脉冲的周期和宽度。记录后单击“实时刷新”按钮，各曲线继续实时刷新。

6）风机和水泵工作时，电表开始工作。观察上位机上的电表脉冲实时曲线。可以单击“进行记录”按钮，记录电表脉冲的周期。记录后单击“实时刷新”按钮，各曲线继续实时刷新。

3. 请您做一做

1）简单描述一下脉冲水表、脉冲电表、脉冲燃气表的工作原理。

2）列举当今常用的几种表计。

4.4.2　水表的抄表操作实践

1. 水表的抄表原理

水表在工作时，通过对水表产生的脉冲进行计数，得到一段时间内的总脉冲个数，然后除以转换率便得到了这段时间内的总用水量，再加上原来的用水量便是现在的用水量。此实验设备采用的水表转换率是 60 脉冲/立方米。

即　　　　原用水量 + 脉冲数/转换率 = 实际用水量

2. 观察水表产生的脉冲与水表表值的关系、了解如何通过脉冲来测量用水量

1）打开图 4-8 所示远程抄表软件主页面，然后单击“水表抄表”按钮打开实验二窗口，如图 4-10 所示。

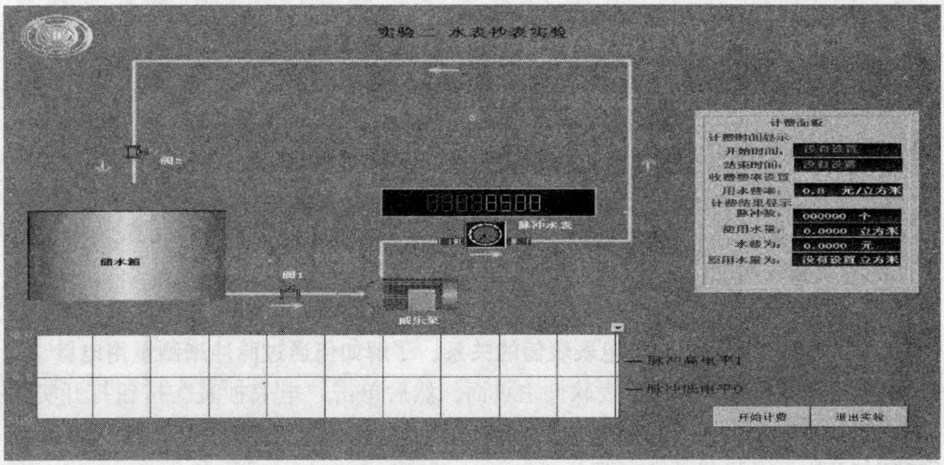

图 4-10　“实验二　水表抄表实验”页面

2）打开水泵电源开关，水泵开始工作，水表开始转动。

3）在上位机的实时曲线观察采集的脉冲，水表的读数 ×0.01 表盘转动一周，产生 6 个脉冲，可以在上位机实时曲线上观察。关闭水泵电源开关。

4）记下此时水表的初始值，单击实验二窗口的“开始计费”按钮，计费功能开始执行。打开水泵电源开关，原用水量显示此时下位机内所记忆的水表值，脉冲数记录当前采集到的脉冲个数，使用水量显示从开始计费到现在所用的水量。水费也将直接显示从开始计费到现在用水的费用。当脉冲数为 7 ~ 10 个时，关闭水泵电源开关，单击上位机“停止计费”按钮，把上位机上使用水量记下来，此值是这段时间内使用的水量测

量用量。记录此时水表上的表值，减去初始水表值，得到这段时间内实际用量，它们的关系是

实际用水量 = 测量用量 − 初始水表值

5）收费时，输入此时的费率。直接单击 0.8 元/立方米 便会出现如图 4-11 所示的“文本输入”对话框。

图 4-11 “文本输入”对话框

输入此时的费率，单击“确定”按钮，画面中显示应缴水费额。

3. 请您做一做

1）简述在应用中，水表计量的准确性与转换率的关系是不是非常重要？

2）简要描述一下水表的抄表过程。

4.4.3 电表的抄表操作实践

1. 电表的抄表原理

在电表工作时，通过对电表产生的脉冲进行计数，得到一段时间内的总脉冲个数，然后除以转换率便得到了这段时间内的总用电量，再加上原来的用电量便是现在的用电量。此实验设备采用的电表转换率是 1600 脉冲/度。

即　　原用电量 + 脉冲数 /转换率 = 实际用电量

2. 观察电表产生的脉冲与电表表值的关系、了解如何通过脉冲来测量用电量

1）打开图 4-8 所示远程抄表软件主页面，然后单击“电表抄表”按钮打开实验三窗口，如图 4-12 所示。

2）打开水泵及风机的电源开关。

3）在上位机的实时曲线观察采集的脉冲。当电表上的指示灯闪烁时，在上位机的实时曲线上出现脉冲，关闭水泵及风机的电源开关。

4）记录此时电表的初始值，单击实验三窗口的“开始计费”按钮，计费功能开始执行，打开水泵及风机的电源开关。原用电量显示此时下位机内所记忆的电表值，脉冲数记录当前采集到的脉冲个数，用电量显示从开始计费到现在所用的电量，电费显示从开始计费到现在用电的费用。当脉冲数为 100 ~ 200 个时，关闭水泵及风机的电源开关，单击“停止计费”按钮，把上位机上使用电量记下来，此值是这段时间内使用的电量测量用量。记下此时电表上的表值，然后减去刚才记下的电表值，得到这段时间实际用量，它们的关系是

实际用电量 = 测量用量 − 初始电表值

因为电表的最小刻度是 0.1，而一个脉冲对应为 0.000625 度，很难精确观察电表的值，可以进行较长时间的测量来确定上式的正确性。

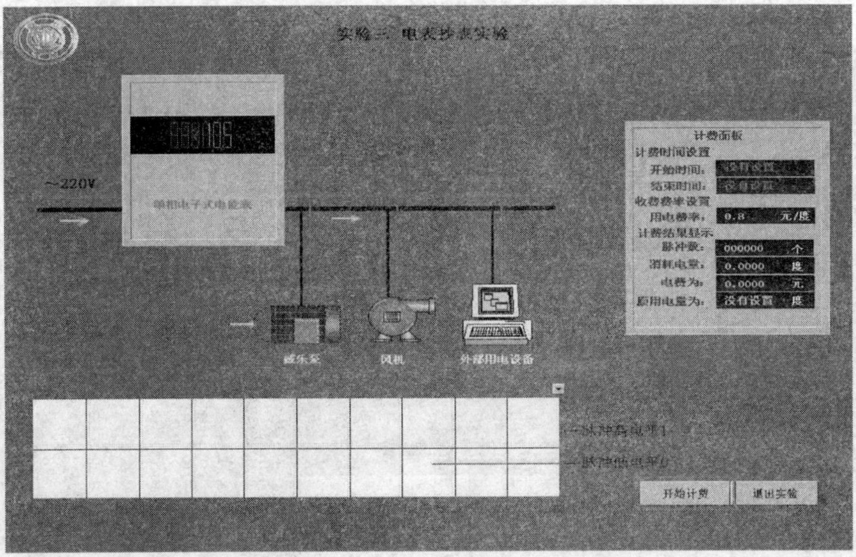

图 4-12　“实验三　电表抄表实验”页面

5）收费时，输入此时的费率。直接单击 0.8 元/度 便会出现如图 4-13 所示的“文本输入”对话框。

图 4-13　“文本输入”对话框

输入费率后单击“确定”按钮，画面中显示应缴电费额。

3. 请您做一做

1）为什么电表的转换数率很高，而水表的转换数率却很低。

2）简单描述一下电表的抄表过程。

4.4.4　气表的抄表操作实践

1. 气表的抄表原理

气表在工作时，通过对气表产生脉冲进行计数，得到一段时间内的总脉冲个数，然后除以转换率得到了这段时间内的总用气量，再加上原来的用气量便是现在的用气量。此实验设备采用的气表转换率是 10 脉冲/立方米。

即　　　　原用气量 + 脉冲数 / 转换率 = 实际用气量

2. 观察气表产生的脉冲与气表表值的关系、了解如何通过脉冲来测量用气量

1）打开图 4-8 所示远程抄表软件主页面，然后单击“气表抄表”按钮打开实验四窗口，如图 4-14 所示。

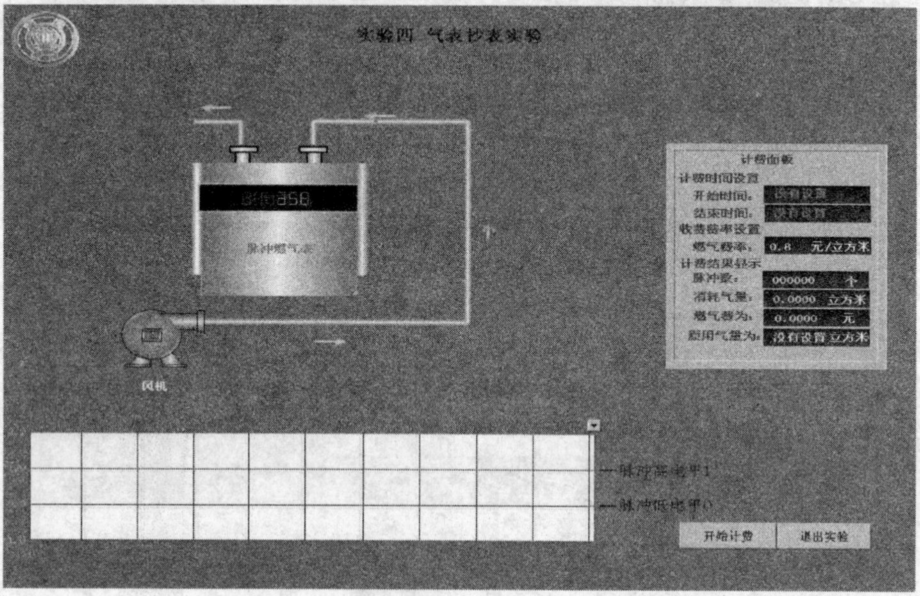

图 4-14　“实验四　气表抄表实验”页面

2）打开风机电源开关，风机开始工作，气表开始转动。

3）在上位机的实时曲线看到采集的脉冲，观察气表的 0.01 表盘，每当表盘转到 0 的位置时，在上位机上出现上升沿，当表盘转到 1 的位置时，在上位机上出现下降沿。关闭风机电源开关。

4）记下此时气表的初始值，单击实验四窗口的“开始计费”按钮，计费功能开始执行，打开风机电源开关。原用气量显示此时下位机内所记忆的气表值，脉冲数记录当前采集到的脉冲个数，用气量显示从开始计费到现在所用的气量，气费显示从开始计费到现在用气的费用。当脉冲数为 7 ~ 10 个时，关闭风机电源开关，单击上位机“停止计费”按钮，把上位机上使用气量记下来，此值是这段时间内使用的气量的测量用量。记下此时气表上的表值，减去初始的气表值，得到这段时间内实际用量，它们的关系是

实际用气量 = 测量用量 - 初始气表值

5）收费时，输入此时的费率。直接单击 0.8 元/立方米 便会出现图 4-15 所示的“文本输入”对话框。

输入费率后单击“确定”按钮，画面中显示应缴气费额。

3. 请您做一做

1）思考燃气表测量值与实际值之间的较大偏差会不会给应用带来不便。

2）简单描述一下燃气表的抄表过程。

图 4-15　“文本输入”对话框

4.4.5　综合表抄表操作实践

1. 综合表抄表的原理

保存上一次抄表的值，当有用水、用电、用燃气时，把相应脉冲直接加在相应测量值上。下一次抄表时，测量值减去上一次抄表的值，此值是这段时间内的使用量。

远程抄表的用户是以表计上的值作为基准，进行三表抄表前，对三表的值要进行修正，便于用户观察和系统的维护。

2. 抄表数据的修正、抄表的操作过程

1）打开图 4-8 所示远程抄表软件主页面，然后单击“综合抄表”按钮打开实验五窗口，如图 4-16 所示。

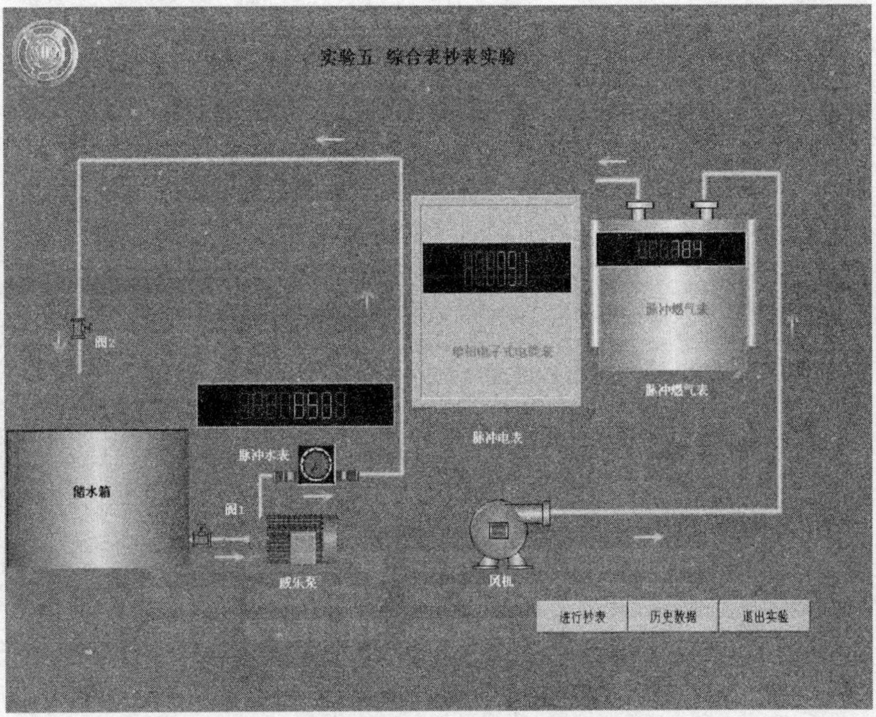

图 4-16　“实验五　综合表抄表实验”页面

2）对照水表的值与上位机上水表显示的数据是否相同，如果不同，可以进行修正。打开“远程抄表修正软件”，出现图 4-17 所示页面。

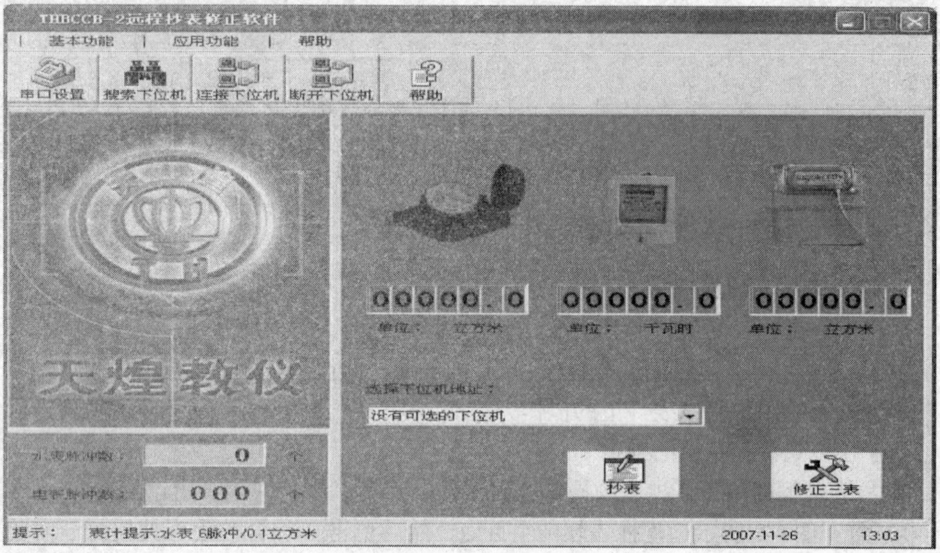

图 4-17　“远程抄表修正软件”页面

3）单击“搜索下位机”，开始搜索下位机，如图 4-18 所示。

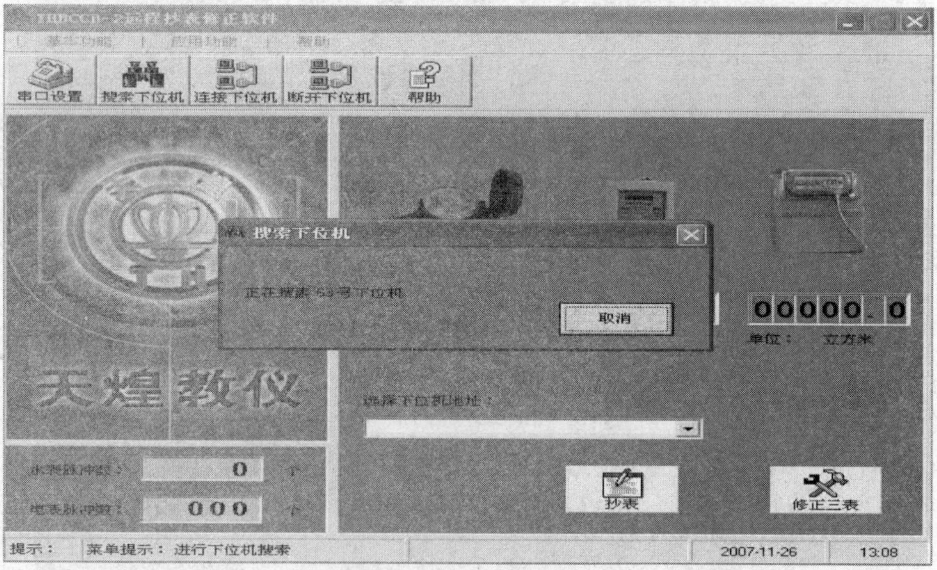

图 4-18　“搜索下位机”页面

4）然后单击“抄表”图标进行抄表，如图 4-19 所示。

图 4-19　“抄表”结果页面

5）然后修改三表的值，单击“修正三表”图标，如图 4-20 所示。

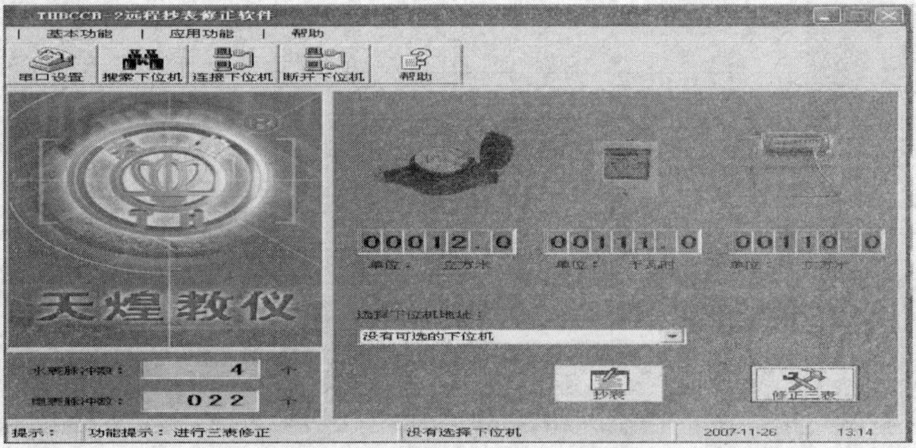

图 4-20　“抄表”结果修改页面

当状态栏上显示“已经对 x 号下位机修改”后，说明已经对下位机进行修改。

6）单击“进行抄表”按钮进入三表抄表页面，如图 4-21 所示。

7）输入三表的费率，单击“进行抄表”按钮，上位机会进行抄表，把本次抄表和上一次抄表之间的时间作为抄表时间，在图表上显示本次抄表三表的原用量、现在量、使用量和费用，以供查抄。单击“退出按钮”退出页面。

8）单击“历史数据”按钮进入三表历史报表窗口，如图 4-22 所示。观察用水、用电、用气量的历史记录。

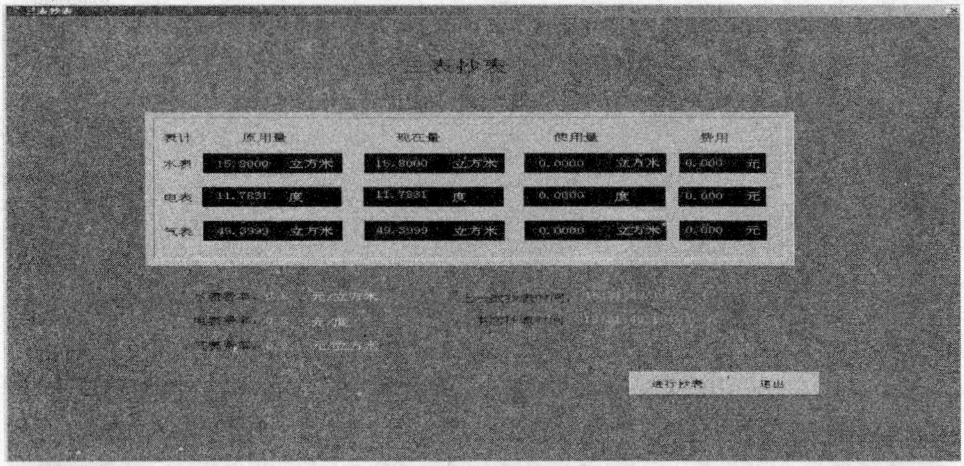

图 4-21　“三表抄表”页面

图 4-22　“三表历史抄表”窗口

3. 请您做一做

1）简单描述一下三表抄表的过程。

2）查阅相关资料，简述三表系统在实际应用中的情况。

4.5　思考与练习

1. LonMaker for Windows 软件有何特点？如何安装？

2. 如何安装远程抄表系统上位机软件？
3. 力控6.0软件的主要指标有哪些？如何安装？
4. 三表的工作原理是什么？如何观察三表产生的脉冲，了解脉冲的特性？
5. 水表的抄表原理是什么？如何进行水表的抄表操作？
6. 电表的抄表原理是什么？如何进行电表的抄表操作？
7. 气表的抄表原理是什么？如何进行气表的抄表操作？
8. 综合表的抄表原理是什么？如何进行综合表的抄表操作？

学习情景 5 THBAHY-3 型变频恒压供水系统

【学习目标】

知识目标

- 认识变频恒压供水系统
- 熟悉控制屏的内部结构
- 熟悉变频恒压供水系统的原理
- 了解生活水系统的分时控制
- 熟悉供水系统中消防泵的控制过程
- 熟悉楼层综合供水系统的设计原则

技能目标

- 掌握控制屏的基本操作
- 掌握变频恒压供水系统的操作
- 测试控制系统的稳/动态性能
- 掌握生活水系统的分时控制操作
- 掌握消防泵的控制操作
- 掌握楼层综合供水的控制操作

情景条件

- THBAHY-3 变频恒压供水系统实训装置 1 套
- THPHY-2 变频恒压供水系统对象装置 1 套
- 计算机 1 台（配力控组态软件 1 套）

5.1 工作任务

图 5-1 所示 THBAHY-3 型变频恒压供水系统监控平台是天煌教仪为配合高校楼宇专业的教学和实验而设计开发的楼宇自动化系列实验设备。本工作任务首先要认识变频恒压供水系统，然后进行变频恒压供水系统的相关控制操作。

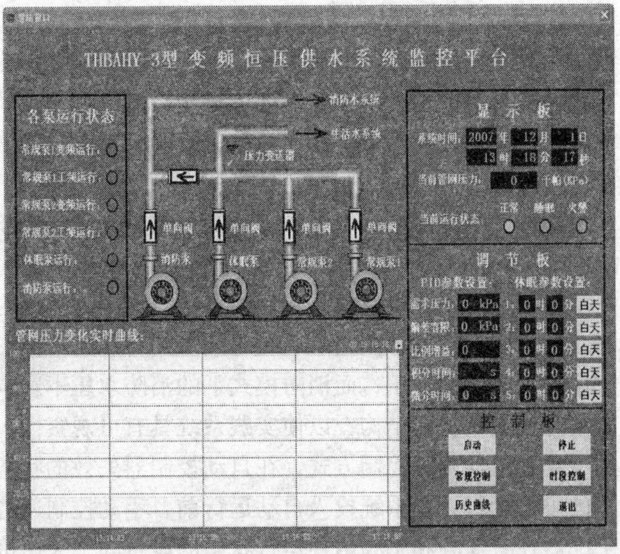

图5-1　THBAHY-3型变频恒压供水系统监控平台

5.2　任务分析

变频恒压供水系统是现代建筑中普遍采用的一种水处理系统，随着变频调速技术的发展和人们节能意识的不断增强，变频恒压供水系统的节能特性被越来越广泛地应用于住宅小区、高层建筑的生活及消防供水系统。在智能建筑教学领域，恒压供水系统已成为一个研究的重要课题，其典型结构由压力传感器、可编程控制器、变频器、供水泵组等组成。然而实际应用的变频恒压供水系统因其结构庞大、分布广、不形象直观，故不适宜直接作为教学实践装置。为满足科研和教学要求，目前市场上也出现了不少恒压供水的实践设备，但其性能大多参差不齐，缺乏系统的全面性、集成性。有些厂家生产的恒压供水系统采用继电器接触器控制电路，通过控制水泵的起停和调节泵出水阀的开度来实现恒压供水，这样不但线路复杂，操作麻烦，维护困难，而且由于驱动电机是恒速运转，而水量是靠水泵出水阀开度的控制，还浪费了大量能源。许多厂家虽然也生产出了变频恒压供水系统的实训装置，但仅模拟了一路管道和一台或几台水泵机组，采用PLC进行简单的逻辑控制，这种过于简化的系统，完全忽略了工程的概念，只是一种简单的单回路控制实训装置，失去了楼层供水的意义。有些厂家虽然也设计出了楼层模型，但其水网仅有一路系统，无法模拟真实的楼层供水系统（包含消防水系统、生活水系统、生产水系统）。在控制系统设计上，仅靠PLC等控制设备独立完成自动控制过程，缺乏牢靠的手动控制措施，从而使系统投运前的不确定因素无法排除。

“THBAHY-3型变频恒压供水系统实训装置（LON总线型）”是在“THBAHY-1型变频恒压供水系统实训装置”的基础上改进的一种实训设备，它同样满足了变频恒压供水系统中的基本要求，是一种模拟楼层现场恒压供水系统的实践装置，是由储水系统、动力系统、输送系统、回水系统和控制系统（手动控制、自动控制）组成。它利用流量与转速成正比，而电机的消耗功率与转速的三次方成正比的关系来实现节能，即当需求的压力降低时，电动机转速降低，泵出口流量减少，电动机的消耗功率大幅度下降，从而达到节能的目的。

对象系统由4台不同功率的水泵机组组成，功能上划分为常规变频循环泵（2台）、消防增压泵（1台）、休眠小泵（1台），分别用于模拟正常模式下的生活供水动力系统和夜间小流量的生活供水动力系统以及消防水动力系统。输送系统结构上划分为生活水系统和消防水系统，生活水和消防水两路水系统之间采用特殊的单向影响结构，保证了消防管道在非火灾模式下的内部水压，而消防模式下的消防水压不影响正常的生活供水压力。回水系统采用有机玻璃材料结构，以使实践系统具有可观察性。

控制系统采用手动和自动两种控制方式，在自动控制器失效的状态下，用手动控制系统也能保证系统的可靠运行。在系统投入自动运行前，手动控制还可用于检验动力线路和动力设备的工况。在有变频和工频两种运行状态的设备间，采用机械互锁和逻辑互锁的双重保护设计，以保障设备的安全运行。该系统同时采用过载保护、漏电保护、接地保护等多重保护机制，充分保障了操作者的人身安全和设备的运行安全。

5.3　知识平台

5.3.1　LonMaker3.1软件安装说明与工程释放

1. LonMaker3.1软件安装

1）安装准备。

①Windows 2000或Windows XP操作系统安装盘。操作系统使用Windows 2000为SP4及以上或Windows XP为SP1及以上。

②操作系统必须安装Internet信息服务（IIS）组件。

③LON网络管理软件安装程序。该程序包含三个文件夹：LonMaker for Windows 3.1、LNS SP8补丁及LonMaker SP2补丁。

④网卡。PCLTA-20，含驱动程序。

⑤常用工具。普通数字万用表、小一字螺钉旋具、偏口钳或其他可替代工具。

2）安装LON网络卡。

①关闭计算机，将LON网卡开安装在主板PCI插槽上，确认接触良好后，重新上电开机。

②安装网卡驱动程序，并更新网卡驱动程序。

3）安装LonMaker3.1。只需选择Microsoft Viso和Echelon LonMaker两项即可。

4）安装LonMaker3.1 SP2。

5）安装LNS3.0的SP8补丁程序。

6）LON 网卡属性配置与通信测试。

7）复制资源文件到安装路径 C：\ LonWorks \ tyPes \ user \ 的下面（复制“下位机工程”文件夹下的资源文件）。

8）安装 Node Builder 软件。

9）导入资源文件。

10）复制节点程序（只需要复制“下位机工程”文件夹下的恒压供水节点程序）到 C：\ LonWorks \ ImPort 文件夹下。

11）注册插件程序（只需注册“下位机工程”文件夹下的恒压供水 Plug _ in 插件程序）。

注：以上步骤为安装过程的简要叙述，每一步的具体操作请参考 LonMaker 安装手册。

2. 工程释放和程序下载

1）在 LonMaker 中将变频恒压供水系统的下位机工程释放到默认的安装路径下。

①在桌面上双击“LonMaker for Windows”打开 LonMaker 软件，如图 5-2 所示。

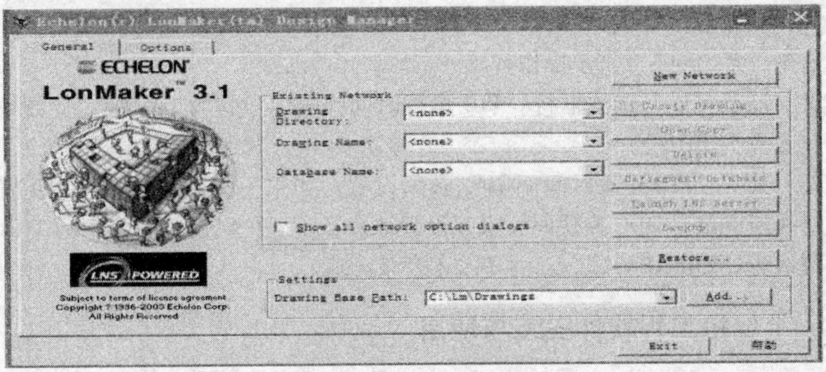

图 5-2　LonMaker 软件

②单击“Restore”按钮，选择“下位机工程”所在路径打开备份文件，如图 5-3 所示。

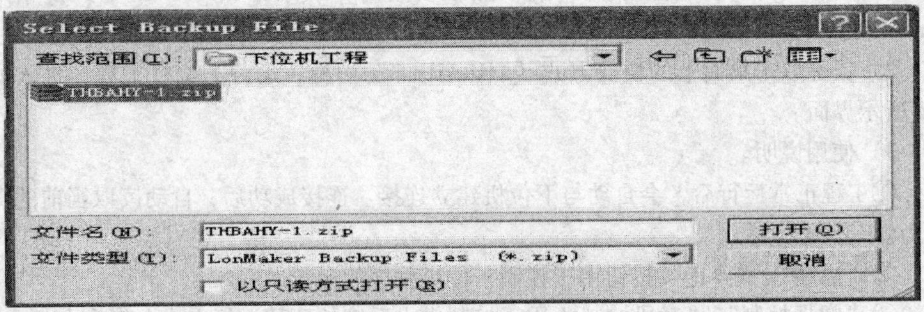

图 5-3　备份文件

2）释放完成后，在 LonMaker 中打开“THBAHY-1”工程，替换设备（RePlace）。

①选中设备，右键单击，选择 RePlace。

②在替换设备向导（RePlace Device Wizard）的三个步骤，分别选中“Existing template”（存在的模板）、“ Load APPlication Image”（下载应用图形）、“ on line”（在线）“ old device values”（旧的设备值）以保证原先的参数配置下载到当前模块中。

③选中设备，右键单击，选择 commision（赋予），在 commision Device Wizard（赋予设备向导）中选中“on line”（在线）和“current values in database（数据库的当前值）”。

3）DDC 内部时间校准。

①选中设备，右键单击，选择 plug-ins/configure，然后点击 OK（确认）。

②在“联机测试”选项框中单击“运行时间校准”按钮，然后单击“应用”，使 DDC 模块的时间与当前操作系统中的相一致。该时间必须经过校准，才能进行休眠实验。

说明：DDC 掉电后，时间将复位，需要重新进行时间校准。

4）PID 运算参数设置。

①选中设备，同 3）①步操作。

②在“联机测试”选项框将“PID 运算时间间隔”设置为 1s，将“变频输出最大变化量”设置为 10Hz。

说明：其中“PID 运算时间间隔”必须设置，如果不设置该参数，PID 将无法运行。在每次断电重启 DDC 模块时，必须设置该参数。下位机使用的版本为 THBAHY-1，所以工程名为“THBAHY-1”，这并不与上位机矛盾。

5.3.2　上位机工程软件安装与使用

本系统的上位机采用力控组态软件（PCAauto5.0）设计，其使用方法如下：

1）打开资料光盘中的“THBAHY-3 上位机工程”文件夹，鼠标双击“Setup”图标，选择桌面快捷方式，根据提示，完成该软件的安装。此软件与 DDC 通信时，使用 LON 网络卡。注意：在安装“THBAHY-3 上位机工程”时要把发货光盘中“上位机工程”下面的“lns”复制到 D 盘（默认路径安装时）Project/IO Servers 下，将原来的“lns”替换掉。

2）鼠标双击桌面上的快捷方式“THBAHY-3”图标，运行上位机工程，进入如图 5-1 所示界面。

3）使用说明。

①工程正常运行后，会自动与下位机建立连接。连接成功后，自动读取当前的管网压力。

②“启动”、“停止”按钮用于控制下位机程序的运行。

③“常规控制”、“时段控制”用于控制供水系统的两种运行方式，每次在“启动”前要选择好是哪一种控制方式。运行方式切换时，需要先“停止”运行，具体使用可

以参考 5.4.7 生活水系统的分段定时控制。

④“历史曲线”按钮用于打开历史画面，查看历史曲线。

⑤“退出”按钮用于退出工程，退出之前要先“停止”DDC 运行。

⑥ 每次“启动”之前要先在调节板里设定好 PID 参数和休眠参数。

⑦ PID 控制器的三个基本参数（比例带宽、积分时间、微分时间权限保留）的修改需要在“停止”后进行修改，然后重新“启动”才有效，其他参数可以在线运行过程中实时修改。

5.4　解决方案

5.4.1　变频恒压供水系统的认知实践

1. 变频恒压供水系统的控制结构

“THBAHY-3 型变频恒压供水系统实训装置（LON 总线型）”采用“DDC + 变频器 + 手动控制器”的控制模式，其控制结构如图 5-4 所示。

2. 变频恒压供水系统的对象模型结构

其对象模型系统主要有四台水泵构成，其中两台为常规变频循环泵，一台为休眠小泵，一台为消防泵。该系统能够模拟供水现场的各种复杂状况，使实训设备更加贴近与实际工程。

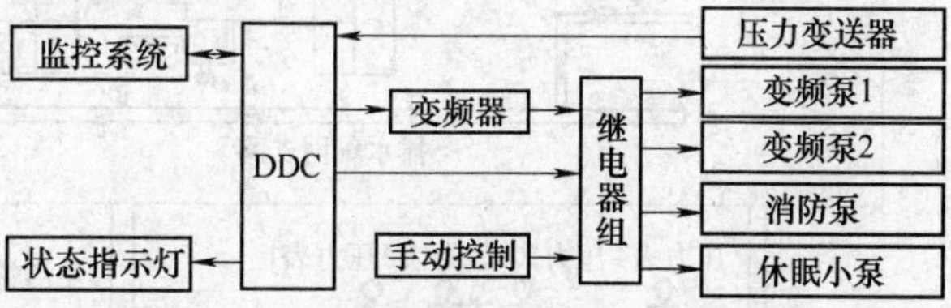

图 5-4　变频恒压供水系统的控制结构

本实训装置可实现的功能如下：

1）生活供水管网的恒压供水。

2）特定时日供水压力控制。每日可设定四段压力运行，以适应供水压力变化的需求。

3）夜间可启动休眠小泵运行，以实现最大限度的节能。

4）火警状态，可自动启动消防泵。

5）可实现上位机控制。

对象模型如图 5-5 所示。

对象主要设备的技术指标如下：

1）对象高度 2m。

2）输水管道口径 12mm。

3）生活水系统。

①生活水系统支路出水口（水龙头）数量 12 个（每层 2 个），口径 12mm。

②按照每个水龙头出水 100ml/s = 6L/min = 6kg/min 计算，需求工作流量 1000ml/s = 60L/min，额定工作扬程 > 3m。

③生活水动力系统由 2 台水泵（变频运行）构成，每台功率为 370W，扬程 12m，

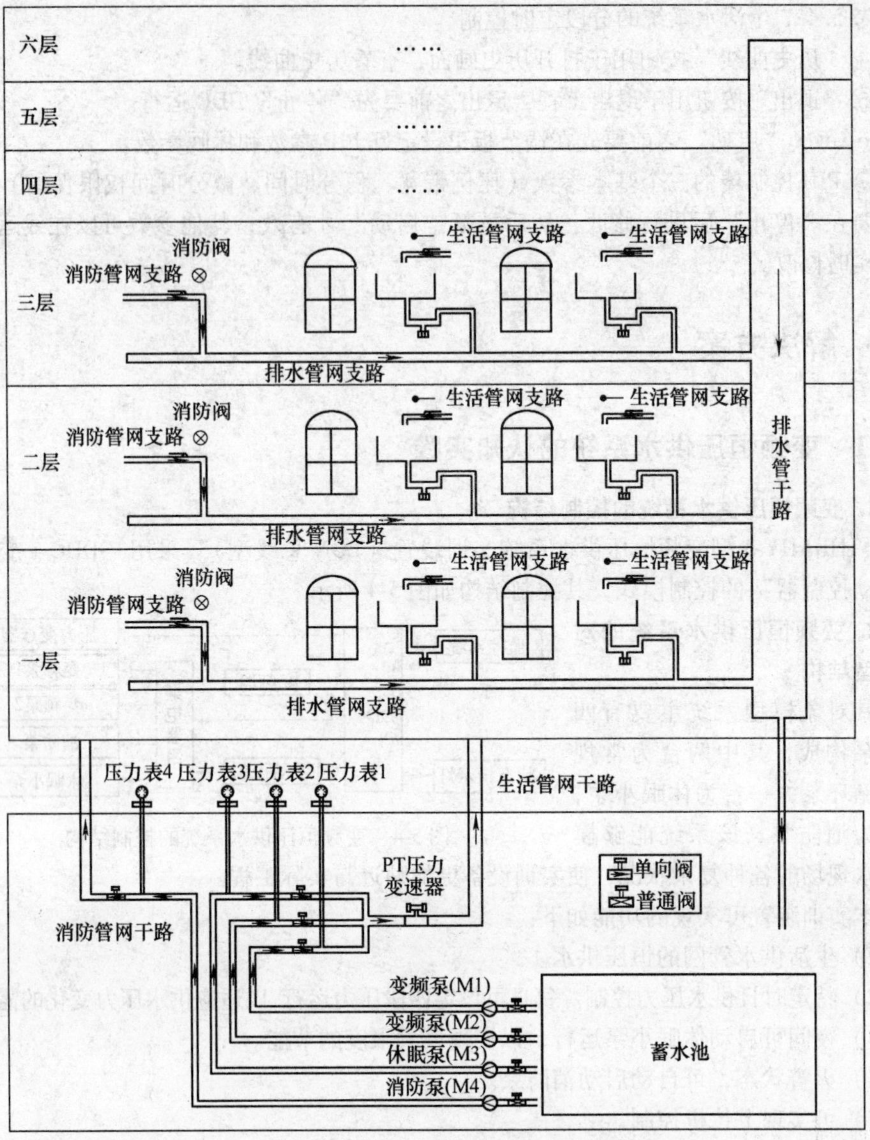

图 5-5　变频恒压供水系统的对象模型结构

流量 50L/min，进水口径 20mm，出水口径 12mm（另有一台小功率工频水泵功率为 180W，扬程 8m，流量 30L/min，进水口径 16mm，出水口径 12mm，它用于在夜间小流量时对生活管网的供水）。

4）消防水系统。

①消防供水支路出水口数量 6 个（每层 1 个），口径 12mm。

②按照每个消防栓出水 100ml/s = 6L/min = 6kg/min 计算，额定工作流量 600ml/s = 36L/min，需求工作扬程 > 3m。

③消防供水支路水泵功率为 370W，扬程 12m，流量 50L/min，进水口径 20mm，出水口径 12mm（技术参数与恒压供水支路的 2 台变频水泵一样）。

说明：以上管径指内径。

5.4.2　控制屏结构认识与调试操作实践

1. 控制屏系统结构图

控制屏系统结构图如图 5-4 所示。

变频恒压供水对象系统主要由四台不同功能的水泵、一只压力变送器和输水系统组成。从图 5-4 的结构图上可以看出：DDC 控制器实时检测恒压供水对象总管压力值，然后经过一系列的数据处理和 PID 运算，控制变频器输出，以实现压力的回路控制和状态切换。同时，DDC 通过检测外部的火灾信号，完成对消防水泵的启停控制。DDC 和上位机监控系统实时通信，监控系统提供直观、形象的人机界面，监视和控制系统的运行状态，“手动控制”可以完成对水泵的紧急起停，也可以用于对系统的调试和检修。

2. 控制屏启动说明

1）“三相电源总开关”带有漏电保护器，用于控制整个系统的电源通断。

2）“启动”、“停止”按钮用于控制“工频输出”端的电源输出和“手动/自动开关”。

3）8 只红色运行状态指示灯用于指示系统手动、自动状态和水泵的 6 种工作状态。

4）“手动/自动”开关用于系统在手动和自动控制两种状态下的切换。

5）8 只手动控制按钮在手动状态下有效（在自动状态下无效），分别用于在手动状态下控制 4 台水泵。

3. 工频旁路与热过载保护结构

在 THBAHY-3 型变频恒压供水系统中有四台水泵，由于其中两台常规泵工作在变频循环方式，所以这两台泵有变频和工频两种工作状态，其电气控制原理图如图 5-6 所示。

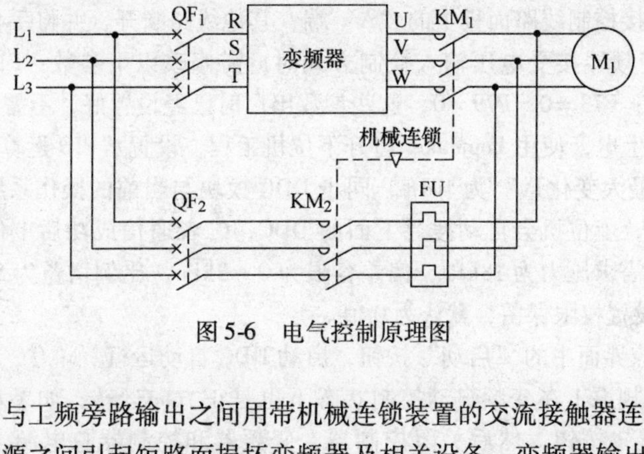

图 5-6　电气控制原理图

变频器输出与工频旁路输出之间用带机械连锁装置的交流接触器连接，以防止变频器输出与工频电源之间引起短路而损坏变频器及相关设备。变频器输出 U、V、W 应与工频旁路电源 L1、L2、L3 相序一致。否则，在电机变频向工频切换过程中，会因为切换前后的相序不一致而引起电机的突然反向，容易造成跳闸甚至损坏设备。

变频器内部有电子热保护开关（用户亦可单独外配过流保护装置），但应注意电机的工频旁路中应有相应的过流保护装置，控制柜底部为四只热过载保护器，分别用于对四台水泵的电机实施过流保护。

4. 系统调试操作实践

1）通电准备。打开“三相电源总开关”（“手动/自动开关”要置于“手动”位置），三相电源指示灯亮，手动指示灯亮，四台水泵的“停止”手动控制按钮指示灯亮。

2）打开生活水系统总阀和生活用水系统与消防用水系统的的所有阀门。

3）首先按下“启动”按钮，然后依次手动启动、停止各台水泵，确定各水泵工频运行指示灯的正常与否。

4）关闭“三相电源总开关”，然后用 19 芯航空电缆将对象和控制屏连接起来。

5）按下“停止”按钮，关闭工频电源输出，控制线路面板上的“工频输出”接主电路面板上“工频输入”（U0、V0、W0 对接），其他线路断开。

6）打开对象中所有阀门，依次手动启动和停止常规泵 1、常规泵 2、休眠泵、消防泵，观察水泵的运转情况。对于运行反转的水泵，断开电源，打开接线盒，调整其中任意两根线序，确定水泵正方向运转（如果四台水泵同时反转，只需调整控制屏电源输入端插头内三相线的相序）。

7）将变频器“工频输入”接“工频输出”（R、S、T 分别接入 U0、V0、W0）；变频器“变频输出”接主电路的“变频输入”（U、V、W 对接）；变频器控制端口“STF”与“SD”短接；变频器控制端口“2”、“5”分别接 DDC 的模拟量输出（AO1）“+”、“GND”两端；DDC 通用输入（UI1）“C”、“B”端分别接“压力信号”4～20mA 的“+”、“-”端；DDC 数字量输出（DO1）“E”端接控制线路面板中的“常规泵 1 变频控制端（Y1）”端，DDC 数字量输出的所有“F”端和通用输出的所有“I”端短接起来后再接控制线路面板中的“A”端；其他线路断开，并将手自动控制开关拨到“自动”。（变频器接受电压输入控制方式时，需修改以下参数：P13 = 2；P30 = 1；P53 = 1；P62 = 2；P73 = 0；P79 = 0，这些参数出厂时已经设置好，不需再修改）。

8）给 DDC 上电，使用 LonMaker 打开下位机工程，设置“PID 运算时间间隔”为 1 秒，“变频输出最大变化量”为 10Hz，同步 DDC 模块与当前的操作系统的时间。然后运行上位机程序，上位机会自动搜寻下面的 DDC，二者通信成功后上位机将显示当前管网压力。设置需求压力为 18kPa，偏差容限为 0～3kPa，比例增益为 50，积分时间为 5，微分时间的设置权限保留，默认为 0 值。

9）按下监控界面中的“启动”按钮，启动 DDC 自动运行。

10）确定常规泵 1 在变频自动控制状态下也是正方向运转，如果水泵运转方向不对，按下“停止”按钮，然后关闭控制器、变频器和控制器总电源，变频器放电约 5min 后调整变频器输出端其中任意两根线序，然后重新启动运行。

5. 实践注意事项

1）在每次（尤其是第一次）操作时要严格按照以上步骤操作，先手动运行，观看系统是否异常，然后再投入自动运行。否则因误操作，可能会造成水泵的反转，变频器输出端与工频电源相连等故障。

2）启动手动控制状态时，为了控制器的安全，需断开 DDC 与控制线路的接线或将 DDC 停机（在上位机按下“停止”按钮或者关闭 DDC 电源），否则会损坏 DDC 触点和交流接触器。

3）本操作指导书中所有操作项目中的参数设置只是给出一般的参考数值，操作者可根据打开的出水阀门数量具体设置相关的参数。

4）由于 LON 总线本身的传输速率不高的缺陷，DDC 模块程序的执行与 IO 动作有一定时间的延迟，这种缺陷并不影响其在楼控领域的应用，因此属正常现象。

5）由于 DDC 模块本身的抗干扰能力不强，所以在控制变频器的过程中，偶尔有造成程序复位的现象，这属正常现象，出现该情况时在上位机重新“启动”程序即可。

6. 安全警告

1）严禁将变频器的输出端接到工频电源上。工频电源接入变频输出后，有爆炸或损坏设备的危险。当确认变频器电源完全断开的情况下，才能进行变频器的接线操作，否则有触电的危险。

2）严禁在变频器输出相序与工频相序不一致的状态下运行系统。在启动系统前一定要按照上面的方法依次检查系统的工作状态，保证系统启、停正常，并且变频输出的相序要和工频输入相序相一致，使各台水泵在该相序下呈正方向运转。

3）为保证人身安全，请将该装置和对象系统的外壳可靠接地。

5.4.3　单泵控制变频恒压供水操作实践

1. 实践原理

变频恒压供水系统是一个包含了单回路定值控制和逻辑状态切换的综合控制系统。单泵控制变频恒压供水的操作实际上是一个单回路压力定值控制系统的操作，它是变频恒压供水系统中最简单也是最基本的一种控制模式，其逻辑状态的切换是依靠单回路控制 PID 运算的结果、时间逻辑（休眠控制）和外部信号（消防控制）输入 3 种条件的组合进行控制。

2. 实践接线

将变频器“工频输入”接“工频输出”（R、S、T 分别接入 U0、V0、W0）；变频器“变频输出”接主电路的“变频输入”（U、V、W 对接）；主电路面板上的“工频输入”（UI、VI、WI）接“工频输出”（U0、V0、W0 对接）。

DDC 数字量输出 DO1、DO2、DO3、DO4 的“E”端和通用输出 UO1、UO2 的“H”端分别接控制线路面板中的“常规泵 1 变频控制端（Y1）”端、“常规泵 1 工频控制端（Y2）”端、“常规泵 2 变频控制端（Y3）”端、“常规泵 2 工频控制端（Y4）”端、“休眠泵工频控制端（Y5）”端、“消防泵工频控制端（Y6）”端，DDC 数字量输出的所有

"F"端和通用输出的所有"I"端短接后再接到控制线路面板中的"A"端。

变频器控制端口"STF"与"SD"短接，变频器控制端口"2"、"5"分别接DDC的模拟量输出（AO1）"+"、"GND"两端，DDC通用输入（UI1）"C"、"B"端分别接"压力信号"4~20mA的"+"、"-"端。

3. 实践步骤

参照5.4.2，做好系统投运前的测试工作，检查系统的工作状态。当各泵运转正常后，可按如下步骤进行操作。

1）将总电源和DDC电源打开，并将手动/自动控制开关拨到"手动"。

2）打开生活水系统的总阀和该系统的所有支路阀门，消防用水支路阀门保持关闭状态。

3）手动启动"常规泵1"。

4）运行上位机系统，读取当前的管网压力，记下该压力数值（如18~22kPa）。

5）手动停止"常规泵1"后，将手动/自动控制开关拨到"自动"。

6）在第4）步测得的压力范围内设置好需要的压力值（参考数值为15~22kPa之间），偏差容限为0~3kPa，比例增益为50，积分时间为5，微分时间的设置权限保留，默认为0值。

7）按"启动"按钮，系统会自动调整变频器的输出，常规泵1在变频状态下运行。等待当前管网压力达到需求压力后，且在偏差容限内基本稳定时，变频器将稳定在一个固定的频率值。

8）系统稳定后，调节用水量大小（如关闭三、四层的生活用水阀），DDC会自动调节变频器的输出频率，直到达到新的平衡点为止。

5.4.4 双泵切换变频恒压供水操作实践

1. 实践原理

双泵切换变频恒压供水实训是依靠单回路控制（PID）的运算结果和时间逻辑来控制两台常规水泵（常规泵1和常规泵2）之间的切换实训。系统启动后，常规泵1变频运行一直到50Hz，如果当前管网压力仍达不到系统需求压力时，系统将常规泵1投入工频运行，然后常规泵2变频启动运行（从0Hz上升）直到满足需求压力，这是上切过程。如果当前管网压力大于系统需求压力值时，常规泵2运行频率下降。当运行频率下降到0Hz，当前管网压力仍大于系统需求压力时，系统经过一定的判断时间后，将常规泵2停止，常规泵1投入变频运行（从50Hz向下调整）直到满足需求压力，这是下切过程。

2. 实践接线

同5.4.3单泵控制变频恒压供水操作接线。

3. 实践步骤

参照5.4.2做好系统投运前的测试工作，当各泵运转正常后，按如下步骤进行操作。

1）将总电源和DDC模块电源打开，并将手动/自动控制开关拨到“手动”。

2）打开生活水系统总阀和生活用水系统的所有阀门，消防用水阀门保持关闭状态。

3）手动启动“常规泵1”，约10s水泵运行稳定后再手动启动常规泵2。

4）运行上位机系统，读取当前的管网压力，记下该压力数值（如46~50kPa）。

5）手动停止“常规泵1”和“常规泵2”后，并将手动/自动控制开关拨到“自动”。

6）在第4）步测得的压力范围内设置需求压力，同时该压力值还必须大于在5.4.3中（1台常规泵状态下）测得的压力数值约3kPa以上（经验数值为25~40kPa之间），以保证满足上切条件。偏差容限为0~3kPa，比例增益为30，积分时间为5，微分时间的设置权限保留，默认为0值。

7）单击“启动”按钮，系统会自动调整变频器的输出，“常规泵1”变频运行到50Hz后，“常规泵1”投入工频运行。再经过4s延迟后，“常规泵2”从0Hz开始变频启动，等当前管网压力达到需求压力，且基本稳定不变时，变频器将稳定在一个固定的频率值。

8）系统稳定后，减小用水量（逐渐关闭生活用水龙头），使变频器运行频率下降为0Hz，观察水泵的下切过程。

注意事项：当水泵上切过程中，有时会出现“常规泵1”切换到工频，电机正常运转，但却没有压力，这是由于磁力驱动泵电压冲击过大，导致联轴器打滑，出现这种状况时请及时停止操作，并关闭DDC电源，然后重新给DDC上电，重新启动运行。

5.4.5 生活水系统静态压力控制操作实践

1. 实践接线

同5.4.3单泵控制变频恒压供水操作接线。

2. 实践背景

在用户用水量一定的情况下，楼宇供水系统的管网压力和流量也是一定的，供水系统只要保证一定的输出功率，就可以满足系统的供水要求。因此在这种情况下，只要知道了系统的需求压力，水泵机组可以工作在开环控制状态。

由于人群数量和用水时段的不同，楼层用水量一般是变化的，所以恒压供水系统一般应工作在闭环控制状态。楼层用水量恒定只是供水时的一种特殊状态，而通过在闭环控制状态下维持系统的管网静态压力试验，则可以观测系统的稳态性能，从而判别供水闭环控制系统的稳定性，管网静态压力实训就是用来测试控制系统的稳定性。

3. 实践步骤

参照5.4.2做系统投运前的测试工作，各泵运转正常后，按如下步骤操作。

1）将总电源和DDC电源打开，并将手自动控制开关拨到“自动”。

2）打开生活水系统总阀，打开生活用水系统的所有阀门，消防用水阀门保持关闭状态。

3）运行上位机系统，在5.4.3中测得的压力范围内设置需求压力（参考数值为15~20kPa之间），偏差容限为0kPa，比例增益为50，积分时间为5，微分时间的设置权限保留，默认为0值。

4）单击“启动”按钮，系统会自动调整变频器输出，等待当前管网压力达到需求压力，且基本稳定不变时，变频器将稳定在一个固定的频率值，系统进入稳态运行。

5）多次调整比例增益和积分时间（请在给出的参数范围附近调整，如比例增益可在1~100内调整，积分时间可在1~10范围内调整），并重新运行系统，比较每次系统压力基本稳定后，测量数值（当前管网压力）与设定数值之间的偏差百分比，其中偏差较小的几组参数（5%以内）表明在该参数控制下系统具有较好的稳定性。

5.4.6 生活水系统动态压力控制操作实践

1. 实践接线

同5.4.3单泵控制变频恒压供水操作接线。

2. 实践背景

由于各楼层中人群的数量和用水时段的不同，各楼层用水量一般是变化的，对应的供水压力也是在不断变化的过程中，所以在管网压力变化过程中，恒压供水系统的闭环控制器一定要能及时地跟踪压力变化过程，这就要求系统不但要有较好的稳态性，而且还要有较好地动态性。通过管网动态压力的操作，可以测试控制系统的动态性能。

3. 实践步骤

1）将总电源和DDC电源打开，将手动/自动控制开关拨到“自动”。

2）打开第二、三、四、五、六层的生活用水龙头，所有消防水龙头和第一层生活用水龙头关闭。

3）运行上位机系统，在5.4.2中测得的压力范围内设置需求压力（参考数值为15~20kPa之间）。偏差容限为0kPa，比例增益为30，积分时间为5，微分时间的设置权限保留，默认为0值。

4）单击“启动”按钮，系统会自动调整变频器输出，系统到达压力设定值并稳定运行一段时间后，同时打开第一层的两个生活用水龙头。记录从打开第一层水龙头开始到系统再次进入稳定状态（偏差在5%以内）所需要的时间。

5）多次调整比例增益和积分时间（请在给出的参数范围附近调整，如比例增益可在1~100内调整，积分时间可在1~10范围内调整），仿照上面的操作，记录每次得到的时间。在测出的历时（约100s以内）较短的几组参数下，控制系统具有较好的动态性能；

6）将此次测得的数据和管网压力静态控制实训中测得的数据作比较，在两次实训中都满足要求的数据，用于控制系统时具有较好的稳态性和动态性。

注：操作项目中的PID参数中比例增益为30，积分时间为5，是多次测试过程中比较理想的PID控制器参数，用该参数控制“THPHY-2变频恒压供水对象模型”在多种状态下都具有较好的稳定性和动态性，该参数仅供参考。

5.4.7　生活水系统的分时控制操作实践

1. 实践接线

同5.4.3 单泵控制变频恒压供水操作接线。

2. 实践背景

生活用水在一天内往往存在着若干个用水高峰和用水低谷区间，如0:00～5:00为夜间休息期间，一般用水量最少，5:00～8:00，11:00～14:00，17:00～21:00为起床、午饭和晚饭时间，用水量较大，其余时间用水量一般。为了适应生活供水中的压力/流量波动特性（如通常白天的3个用水高峰期流量波动，以及其他一些特殊应用），系统提供了最多4段的定时压力给定控制，以满足用户的需要，并能起到节水和节能的作用。一天的流量波动和多段压力控制如图5-7所示。

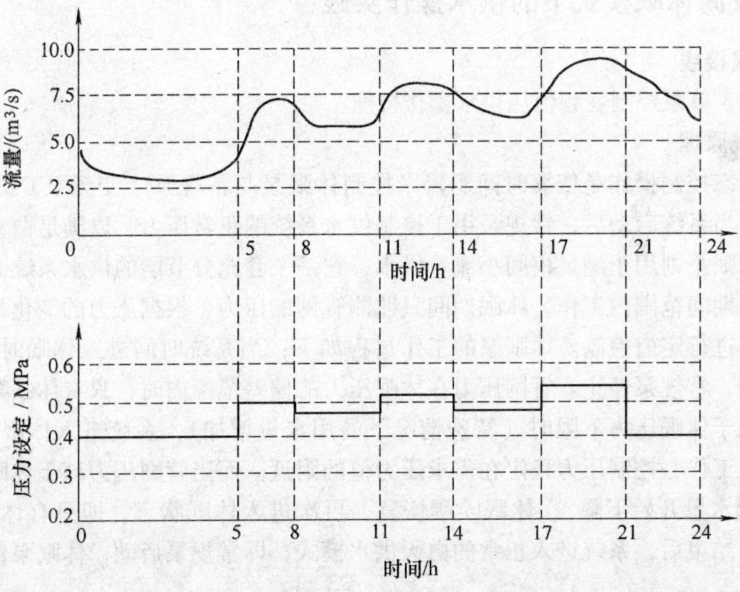

图5-7　一天的流量波动和多段压力控制波形图

3. 实践步骤

1）将总电源和DDC电源打开，并将手动/自动控制开关拨到“自动”。

2）打开生活水系统总阀和该水系统所有支路阀门，消防用水阀门保持关闭状态。

3）运行上位机系统，在“常规控制”面板上设置偏差容限为2kPa，比例增益为30，积分时间为5，微分时间的设置权限保留，默认为0值。

4）单击“时段控制”按钮，控制面板内的参数显示“时段控制”参数。

5）参数设置举例。以当前时间为8:55为例，参数设置为：T1时刻设置为9:00，T1压力设置为10kPa；T2时刻设置为9:05，T2压力设置为15kPa；T3时刻设置为9:10，T3压力设置为18kPa；T4时刻设置为9:15，T4压力设置为0kPa（要观察操作效果，请根据操作时的具体时间设置时间段）。

6）按下“启动”按钮，系统会根据上面设置的压力值运行。

7）按下“停止”按钮，系统停止运行。

4. 实践说明

1）用户使用时，先确定时间段，分别设定4个时间段。设定过程中必须满足时间关系：T1≤T2≤T3≤T4。

2）设定实时时间时，小时和分钟同时设定，其中前两位表示小时，后两位表示分钟。例如：设置时间20:08时，则输入：2008，画面显示：20:8。

注：上面设置的参数只是一般参考数值，操作者可根据不同的阀门数量具体设置相关的参数。

5.4.8 夜间休眠模式下的供水操作实践

1. 实践接线

同5.4.3单泵控制变频恒压供水操作接线。

2. 实践原理

休眠状态控制操作是依靠时间逻辑来控制休眠泵与常规泵（变频泵）之间状态的切换操作。当系统启动后，常规泵用于控制供水系统的正常压力，以满足白天的正常供水需要。休眠泵则用于满足夜间小流量供水，它是一套充分节能的供水系统。休眠泵在设定的休眠期间范围内工作，休眠期间只监测管网的压力，根据压力的变化只做逻辑状态切换，不进行定值控制。休眠泵的工作过程如下：当系统时间进入休眠时间范围后，休眠泵启动，常规泵停止。管网压力在休眠压力的偏差范围内时，只有休眠泵运行。当管网压力低于休眠压力下限时（特殊情况下的用水量增加），系统进入休眠唤醒状态，常规泵投入工作，控制压力稳定在需求压力值的附近。而当管网压力高于休眠设定数值上限时（用水量开始下降），休眠唤醒恢复，再次进入休眠状态，即只有休眠泵工作。当休眠时间结束后，系统进入正常的白天供水模式，即常规泵启动，休眠泵停止，如图5-8所示。

3. 实践步骤

参照5.4.2，做好系统投运前的测试工作，检查系统的工作状态，各泵运转正常后，按如下步骤进行操作。

1）将总电源和DDC电源打开，并将手动/自动控制开关拨到“自动”。

2）打开生活水系统总阀，打开生活用水系统第1、6层的阀门，2、3、4、5层关闭，消防用水阀门保持关闭状态。

3）打开上位机系统，设置好需求压力45kPa，偏差容限为5kPa，比例增益为30，积分时间为5，微分时间的设置权限保留，默认为0值。

4）根据当前的系统时间设置好5个休眠时间段，时间周期为24小时方式（其中第一时间段的起始时间必须设置为0时0分。最多可设置5个时间段。当设置的时间段小于5个时，如设置N（N<5）个时间段，则第N+1个时间段的起始时间的小时必须设

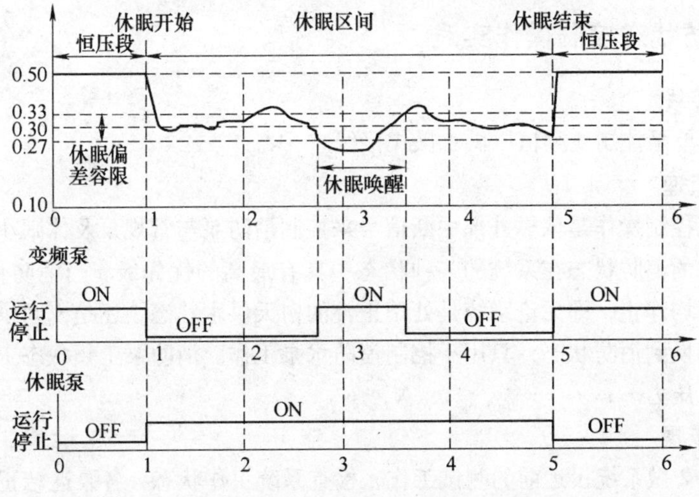

图 5-8　自动休眠进入和唤醒示意图

置为大于 23 的数）。例如图 5-9 所示：当前时间为 11:06，00:00 ~ 6:00 为夜间，6:00 ~ 11:10 为白天，11:10 ~ 11:15 为夜间，11:15 ~ 00:00 为白天。所以从当前时间 11:06 开始，4 分钟后将进入休眠状态，再过 5 分钟，将从休眠状态退出。

5）单击“启动”按钮，系统会自动调整变频器的输出，常规泵 1 变频运行。等待当前管网压力达到需要压力，且基本稳定不变时，变频器将稳定在一个固定的频率值，系统进入稳定运行状态。系统进入休眠时间后，休眠泵运行，常规泵停止。

6）休眠泵稳定运行后，增加用水量（打开 4、5 层生活用水阀），当管网压力低于压力下限（40kPa）时，休眠被唤醒，常规泵 1 启动。系统压力被补充到压力控制范围内（45kPa ± 5kPa）。

7）当系统压力稳定后，减小用水量（关闭 4、5 层生活用水阀），管网压力增加，并超过休眠压力上限值（50kPa），此时休眠恢复，常规泵停止。系统恢复到休眠状态。

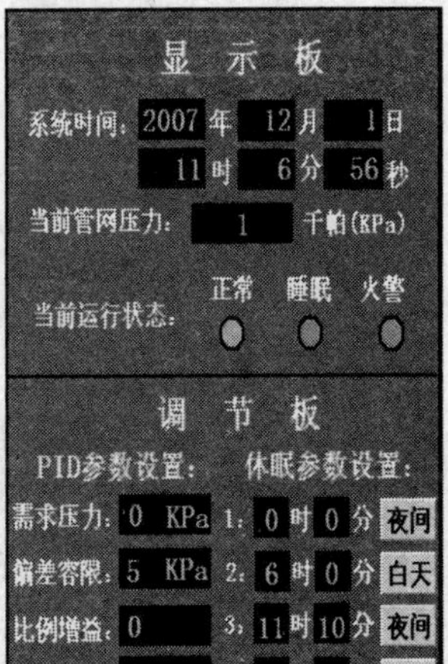

图 5-9　显示/调节板

8）当系统到达结束时间后，休眠结束，休眠泵停止，常规泵启动。

说明：

1）上面的设置参数只是给出的一般参考数值，操作者要根据不同的阀门数量具体设置相关参数。

2）进行该实验前，必须将 DDC 模块的内部时间校准。

5.4.9　消防状态控制操作实践

1. 实践接线

同5.4.3单泵控制变频恒压供水操作接线。

2. 实践原理

消防状态控制操作是依靠外部中断信号来控制消防泵与常规泵及休眠小泵之间的状态切换。系统的消防状态在系统的各种状态中具有最高的优先级。当消防信号发生时，系统其他状态均停止，即无论系统是处于正常的白天供水状态，还是夜间供水状态，系统强制将其切换到消防状态，只用于控制消防水泵工作。消防泵工频状态工作，以提供最大的消防水压力。

3. 实践步骤

参照5.4.2做系统投运前的测试工作，检查系统工作状态，各泵运转正常后，按如下步骤操作。

1）将总电源和DDC电源打开，并将手动/自动控制开关拨到“自动”。

2）打开生活水系统总阀和该水系统所有支路阀门，消防用水阀门保持关闭状态。

3）运行上位机系统，在5.4.3中测得的压力范围内设置需求压力（参考数值为15～20kPa之间），偏差容限为3kPa，比例增益为50，积分时间为5，微分时间的设置权限保留，默认为0值。

4）按“启动”按钮，系统会自动调整变频器输出，常规泵1变频运行。待当前管网压力达到需求压力，且基本稳定不变时，变频器将稳定在一个固定的频率值，系统进入稳定运行状态。

5）系统稳定后，将火警信号开关打开（将通用输入UI11的“A”、“C”两端短接）。

6）系统立即启动消防泵，并停止常规泵，进入消防状态。

7）消防泵启动后，尽快打开消防用水阀，以防止消防泵长时间堵转。

8）要停止消防泵，需先将系统停机（在上位机按下“停止”按钮），然后断开火警信号连线。

9）重新开机（在上位机按下“启动”按钮），系统将进入常规供水模式。

10）休眠状态下的消防泵启动可以参照以上步骤，在进入休眠状态后打开消防信号进行实训，这里不再赘述。

说明：上面设置的参数只是给出的一般参考数值，操作者要根据不同的阀门数量具体设置相关参数。

5.4.10　综合控制系统操作实践

1. 实践接线

同5.4.3单泵控制变频恒压供水操作接线。

2. 实践原理

动力系统的临界压力点是系统控制水泵的上切和下切的分界点，它是在一定的管道结构下单台水泵能够提供的最大压力点。最大压力点是动力系统中用于维持压力恒定的所有水泵在一定的管道结构下同时工作在工频状态下所能够提供的最大压力。动力系统临界压力点和最大压力点是设计楼层供水系统的两个关键参数。在选择动力系统的功率和扬程时，将常规状态下的需要压力设计在临界压力点与最大压力点之间，系统就能够稳定可靠地运行。若将需要压力设置在临界压力点以下时，另一台常规水泵就可以作为备用泵使用。应避免需要压力太接近临界压力点，这样系统容易反复切换水泵，造成系统的不稳定。同样如果设置的需要压力超过最高压力点，系统就达不到控制要求。

3. 实践步骤

在每次操作前都要根据自己要准备打开和关闭阀的数量来准确找出临界压力点和最大压力点，然后设置合适的需要压力和休眠压力及偏差容限，这样才能成功地完成操作。其操作步骤如下。

1）将总电源和 DDC 电源打开，并将手动/自动控制开关拨到“手动”。

2）打开生活水系统总阀和该水系统所有支路的阀门，消防用水阀门保持关闭状态。

3）手动启动常规泵 1。

4）运行上位机系统，读取当前的管网压力，记下该压力数值，即临界压力点（如 18～22kPa）。然后再手动启动常规泵 2，记下此时的压力，即为最大压力点（如 46～50kPa）。

5）假设在休眠状态时 2、3、4、5 层的生活用水阀关闭，1、6 层开。在此状态下手动启动休眠泵（其他泵关闭），测出压力数值（如 41～46kPa）。

6）将手动/自动控制开关拨到“自动”。

7）将对象上的生活用水阀全部打开，消防用水阀门保持关闭状态。并根据上面测量的数据，设置系统的需求压力为 45kPa，偏差容限为 5kPa，比例增益为 30，积分时间为 5，微分时间的设置权限保留，默认为 0 值。

8）设置好以后按下“启动”按钮，系统会自动调整变频器输出，常规泵 1 变频运行到 50Hz 后，常规泵 1 投入工频运行。再经过 4s 常规泵 2 从 0Hz 变频启动，待当前管网压力达到需求压力，且基本稳定不变时，变频器将稳定在一个固定的频率值。

9）根据当前的系统时间设置约 10min 后的时间为休眠开始时间，约 20min 后的时间为休眠结束时间。

10）系统稳定后，逐渐减小用水量（关闭 2、3、4、5 层生活用水阀），使变频器运行频率下降为 0Hz，观察水泵下切过程。

11）进入休眠时间后，休眠泵启动，系统进入休眠状态。

12）进入休眠状态后，增加用水量（逐渐打开 3、4、5 层生活用水阀）休眠唤醒。

13）待系统稳定后，再关闭 3、4、5 层生活用水阀，恢复状态。

14）打开消防信号（将通用输入 UI11 的“A”、“C”两端短接），系统进入消防状态，启动消防水泵。此时打开消防用水阀。

要停止消防泵，需先将系统停机（在上位机按下“停止”按钮），然后断开火警信号连线。

15）重新开机（在上位机按下“启动”按钮）。如果系统仍在休眠时间范围内，系统将进入休眠供水模式。如果休眠时间已经结束，将进入常规供水模式。

说明：上面设置的参数只是给出的一般参考数值，操作者请根据不同的阀门数量具体设置相关参数。

5.5 思考与练习

1. THBAHY-3 型变频恒压供水系统监控平台有什么功能和作用？
2. 如何安装 LonMaker3.1 软件与工程释放？
3. 如何安装与使用上位机工程软件？
4. 变频恒压供水系统的控制结构是怎样的？
5. 变频恒压供水系统的对象模型结构是怎样的？
6. 在 THBAHY-3 型变频恒压供水系统中，两台常规泵的变频和工频是如何切换的？
7. 如何操作调试 THBAHY-3 型变频恒压供水系统？
8. 如何进行单泵控制变频恒压供水操作？
9. 如何进行双泵切换变频恒压供水操作？
10. 如何进行生活水系统静态压力控制操作？
11. 如何进行生活水系统动态压力控制操作？
12. 如何进行生活水系统的分时控制操作？
13. 如何进行夜间休眠模式下的供水操作？
14. 如何进行消防状态控制操作？
15. 如何进行综合控制系统操作？

学习情景 6　THBAGD-1 型楼宇供配电系统

【学习目标】

知识目标

- 认识楼宇供配电系统
- 熟悉常用低压供配电设备的特点和使用方法
- 熟悉智能电量变送器的特点和使用方法
- 了解楼宇供电线路结构
- 熟悉各类负荷的运行线路特点

技能目标

- 掌握备用/急电/双电源等自动切换操作
- 掌握无功补偿等相关操作
- 掌握供配电系统的相关操作

情景条件

- THBAGD-1 型楼宇供配电系统实验装置 1 套
- 计算机 1 台
- LON 通信线 1 根、485 通信线 1 根

6.1　工作任务

图 6-1 所示 THBAGD-1 型楼宇供配电系统实验装置是天煌教仪为配合高校楼宇专业的教学和实验而设计开发的楼宇自动化系列实训设备。本工作任务首先要认识楼宇供配电系统，然后进行供配电系统的相关操作。

图 6-1　THBAGD-1 型楼宇供配电系统实验装置

6.2 任务分析

供电系统是智能建筑的心脏，是大厦的动力系统。近年来，智能建筑在国内外不断兴建，成为现代化城市的重要标志。各种先进技术与智能化设备的不断应用和发展，给智能建筑供配电提出了许多新的要求，把供配电的可靠性、安全性摆到了更为重要的位置，同时也给建筑电气的设计技术提出了新的研究课题。

智能建筑与一般建筑相比，对电气设备的要求有所不同，有其自身的特点：

1）用电设备多。

2）用电量大。

3）供电可靠性要求高。

4）电气系统复杂。

5）电气线路多。

6）电气用房多。

7）自动化程度高。

“THBAGD-1 型楼宇供配电系统实训装置”是一种模拟智能建筑中现场供配电系统线路结构的实训装置，满足了智能建筑供配电系统的基本要求，其一次系统包括楼宇供电部分、楼宇配电部分和楼层照明配电。控制系统包括备自投控制、无功补偿控制、双电源供电负荷运行线路控制。同时配备“THBAGD-1 型监控工程软件”，可实现远方监控，方便组建楼宇自控系统。

本实训装置主要特点是：自身设置了模拟楼宇负荷，可独立完成实训；还设置有扩展接口，可以给其他楼宇实训装置集中供电，并可进行上位机实时监控。

6.3 知识平台

6.3.1 楼宇供配电系统的控制柜

楼宇供配电系统的控制柜包括以下 9 个部分：

1）电源控制部分。它由以下两个部分组成。

①进线电源。在柜正上方有一个塑壳断路器（额定电流 40A），控制楼宇供电线路总电流的通断。

②操作电源。在控制柜后部面板的中部，有一个单相电源（额定电流 10A，带漏电保护器），控制各电量变送器、DDC 控制器以及楼宇供配电控制回路电源。

2）楼宇供电部分。各路高压电源进线采用市电 400V 模拟，进线方式：两路外部电源进线，并配有自备电源系统。出线母线方式：单母分段。

断路器的分、合闸通过操作 QF1 ~ QF4 选择开关（带自复位功能），旋至合闸，红灯亮，线路接通；旋至分闸，绿灯亮，线路断开。

通过母线下方的电压表可监测 1#、2#母线电压，调节电压表下方的选择开关，可实现线电压显示值和相电压显示值之间的切换。

3）楼宇配电部分。配电母线为单母分段形式，楼宇负荷以建筑设备系统来区分，包括 7 个部分：照明系统、动力系统、空调系统、给排水系统、消防与安全防范系统、通信及有线电视系统和电梯系统，其中照明系统包括正常照明系统和应急照明系统两部分。根据各负荷的供电要求以及负荷类型特点，负荷线路设置如图 6-2 所示。

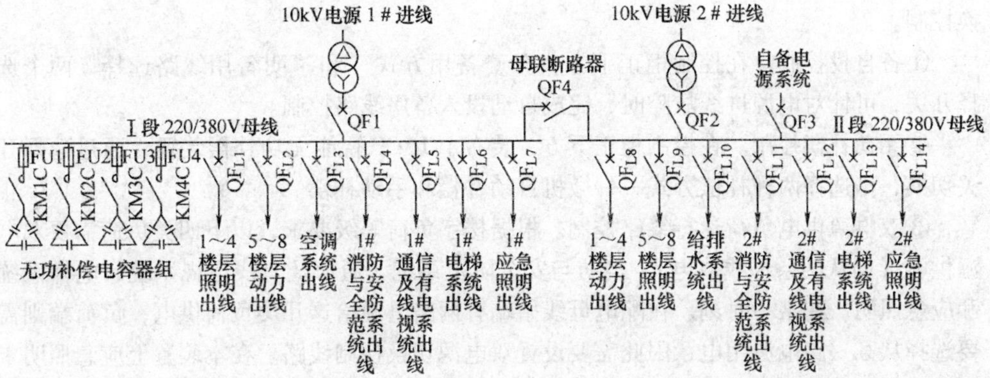

图 6-2　楼宇配电的负荷线路图

各出线回路电流表量程设置如表 6-1 所示。

注意：当楼宇系列其他系统消耗的电流小于此表量程时，才允许接入本系统。

线路通断采用 ABB 微型断路器控制，该设备主要特点是在主通断触点左边增加了两个辅助单元——分励脱扣器（~220V 动作跳闸脱扣）和辅助触点（1NC、1NO），前者用于消防联动时跳开非重要负荷，后者用于上位机监测断路器分、合闸状态。

表 6-1　各出线回路电流表量程

负荷类型	电流表量程/A
1~4 层照明 动力系统 应急照明	1
5~8 层照明 通信及有线电视系统 电梯系统	5
空调系统 给排水系统 消防与安全防范系统	10

每一回路负荷出线上都有一个通断指示灯，当此回路断路器合闸后，并且线路上有电则该指示灯亮。

4）楼层配电部分。在柜后部面板上方，设置有楼层照明配电接线区，模拟楼宇1～4层照明配电结构。可完成四种典型楼层配电形式接线，采用光字牌模拟照明总配电箱、中间配电箱和楼层配电箱，船形开关可控制配电箱通断，完成楼层照明供电运行。

5）控制系统部分。包括备自投控制、低压无功补偿控制和双电源供电负荷线路切换控制。

①备自投控制。在控制柜正下方，有“备用方式”和“明备用线路选择”两个选择开关，可针对电源进线故障时，完成自动投入备用线路控制。

②无功补偿控制。在控制柜正下方，装有JKL5CF智能无功补偿装置，通过选择开关切换，可选择两种补偿方式——微机自动补偿和手动补偿。

③双电源供电负荷运行线路控制。根据楼宇负荷等级要求，以下四类负荷需要双电源供电（即从两条母线取电）：消防与安全防范系统、通信及有线电视系统、电梯系统和应急照明。在某一时刻，在配电母线始端有两路电源给这几类负荷供电，负荷端则需要选择从某一路电源用电，因此需要设置双电源切换控制线路。在本装置上应急照明末端取电线路需要接线，才能完成自动切换控制。其他几类内部负荷，内部接线已经完成，可完成自动切换控制。

6）负荷选择部分。在控制柜后部面板下方，可选择本实训装置的负荷类型切换：内部负荷和外部负荷。内部负荷包括以下6种：照明（5～8层照明）系统、给排水系统、空调系统、消防与安全防范、通信及有线电视系统、电梯系统。内部负载采用阻抗形式模拟实际楼宇各类负荷，负载参数如表6-2所示。

表6-2　负载参数

负荷 类型	电阻/Ω	电感/mH	负荷 类型	电阻/Ω	电感/mH
照明系统	1000	—	消防与安全防范系统	700	1400
给排水系统	500	950	通信及有线电视系统	1000	1100
空调系统	500	1000	电梯系统	300	1300

7）DDC控制部分。该部分由传感器测量装置和DDC控制装置组成。

①智能电量变送器。采集三相电压、电流，输出为总线信号，总线网络采用Modbus RTU，通过485/232接口，传送给上位机各电量参数。

②DDC控制装置。采用HW-BA5202和HW-BA5205控制模块，可实现各断路器分、合状态的监测，消防联动对应负荷线路的通断控制。

HW-BA5202 的通用输入 UI1 ~ UI5、HW-BA5205 的通用输入 UI1 ~ UI11 和数字量输入 DI1 ~ DI7 接至各断路器的辅助触点，以及消防报警信号触点，HW-BA5202 的数字量输出 DO1 ~ DO7 用于控制消防联动断路器。

8）通信接口部分。在控制柜左侧设置有两个通信接口：Modbus RTU 通信接口和 LonWorks 通信接口，整个通信控制网络如图 6-3 所示。

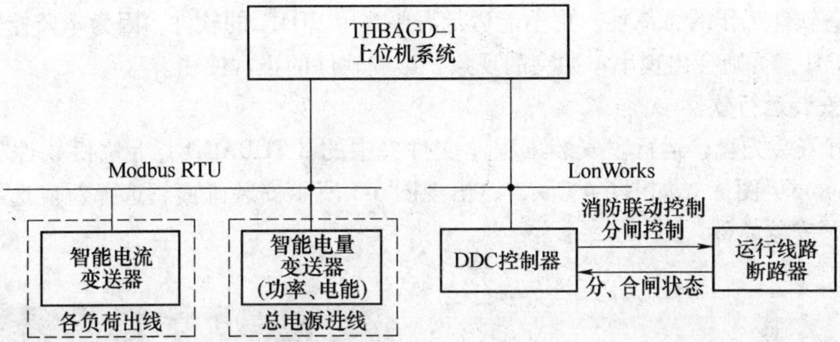

图 6-3 通信控制网络

9）消防报警模拟部分。在控制装置后部面板中部，设有消防报警按钮。按下此按钮，模拟消防信号发出，DDC 检测到该按钮触点信号后，可通过上位机联动跳闸相关负荷线路。

6.3.2 THBAGD-1 型上位机工程软件的安装与使用

1. 产品介绍

THBAGD-1 型上位机软件 V2.1 是基于 Microsoft Windows 操作系统的综合自动化、集成化应用平台，用于 THBAGD-1 型楼宇供配电系统实训装置，可完成供配电系统的实时监控。

本系统模拟现场运行管理系统，具备基本的监控和数据采集（SCADA）功能。系统在整体技术指标、实时性等方面都达到较高的程度，在易操作、保护及友好的人机界面等方面也充分发挥了现代计算机技术和通信技术特点，可以满足用户多方面的需求，达到供配电系统监控软件用于教学的目的。

本系统软件采用北京三维力控组态软件开发设计，界面丰富，功能全面，具有良好的扩展性。力控组态软件的使用方法详见《力控用户手册》。

2. 运行环境

本监控系统软件采用力控组态软件编写设计，软件运行后，界面显示在最前端，并且屏蔽了 Cral + Alt + Del 组合键以及禁止了 Alt 和右键，此时，最好不要调用和运行其他软件。

软件运行平台：

操作系统：Microsoft Windows 2000 为 SP2 及以上的中文操作系统。

分辨率：1024×768。

硬件平台：

并口硬件锁：力控组态软件并口密码锁。

特别注意：在运行监控系统软件时，尽量不要运行其他软件，以减少系统内存的消耗，提高软件工作的可靠性。更不能运行需要占用 COM1 的软件，因为本监控软件需要占用 COM1，否则会出现串口冲突的现象，影响软件的正常使用。

3. 安装运行软件

打开安装光盘，运行“安装工程”文件夹中的“THBAGD-1 上位机软件”文件夹中的“setup”图标（如图 6-4 所示），出现图 6-5 所示安装画面，选择对应选项，单击“开始”，安装软件。

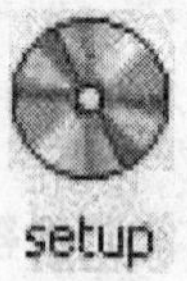

图 6-4 “setup”图标

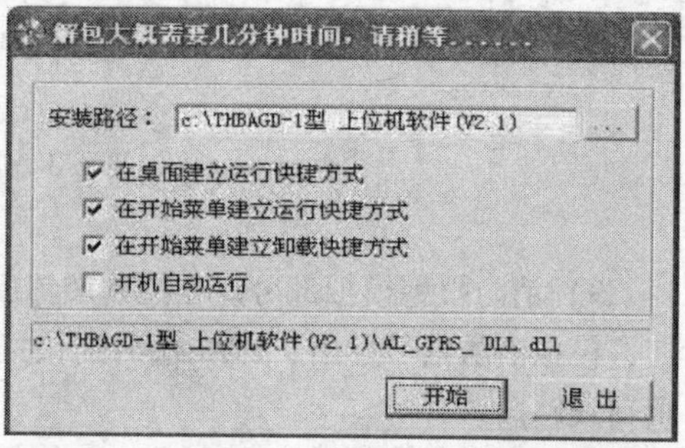

图 6-5 安装画面

安装过程中会出现“深思Ⅲ驱动安装向导”（如图 6-6 所示），单击“下一步”，出现图 6-7 所示页面。选择“安装驱动程序”，单击“下一步”，出现图 6-8 所示页面，单击“完成”。

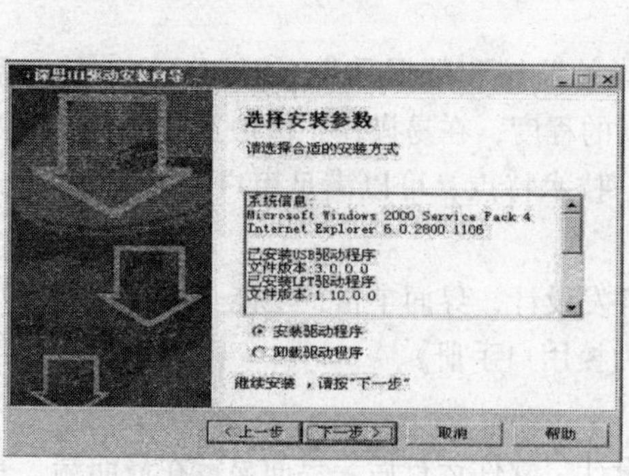

图 6-6 安装向导页面

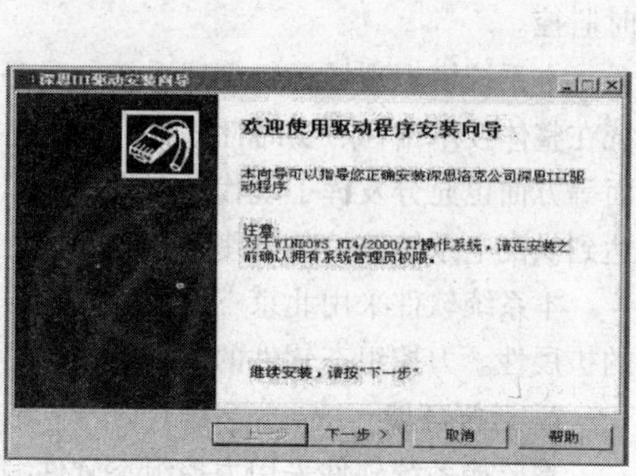

图 6-7 安装驱动程序页面

“THBAGD-1 上位机软件”安装完成后出现图 6-9 所示页面，单击“确定”，完成安装。

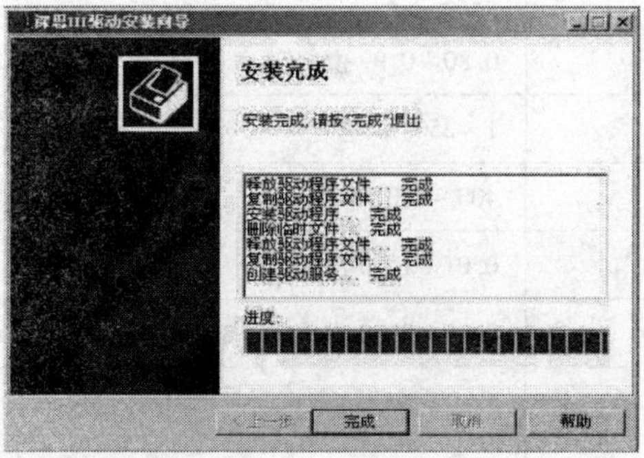

图 6-8　安装完成页面

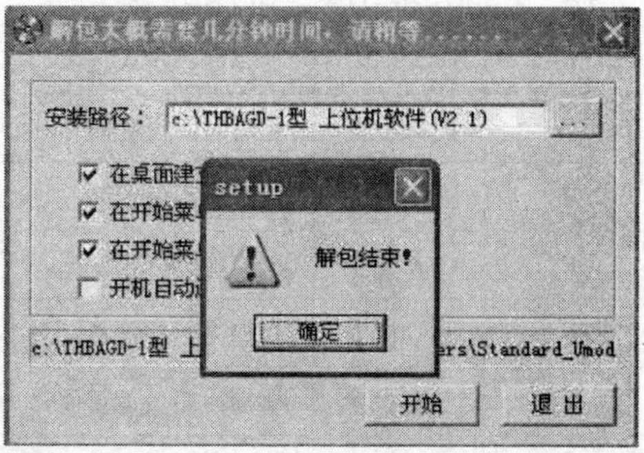

图 6-9　解包结束页面

在桌面上出现图 6-10 所示图标，双击该图标可进入“THBAGD-1 上位机软件”运行系统。

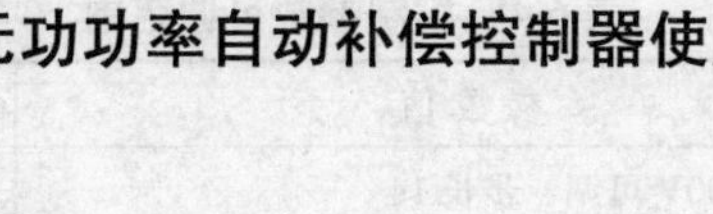

图 6-10　快捷方式图标

6.3.3　JKL5CF 智能无功功率自动补偿控制器使用说明

1. 功能选择

数码管第一位显示功能代码，根据代码表，在自动时若按住“选择”键时长少于 0.5s 则直接接入手动状态，若超过 1s，可以循环选择所有功能代码（见表 6-3）。

2. 参数修改

当选定某种功能代码后，释放“选择”键，按“递增”键参数增加，按“递减”键参数减少。参数修改后，释放按键，30s 内操作“选择”键切换到自动状态，这时候新参数将会自动保存。若是在 30s 内，无按键操作则控制器会返回自动状态，这时候修改的参数将不能保存。

3. 手动运行

自动时，单击“选择”键，可以直接进入手动运行状态。数码管第一位显示“H”，按“递增”键手动投入，按“递减”键手动切除。

4. 代码表（见表6-3）

表6-3　代　码　表

代　码	代码含义	数码显示内容	操作递增或递减
A	自动运行	电网功率因数	无效
b	投入门限	功率因数投入点	0.80～0.99 供选定
C	时间设置	延时时间设置值	1～250s 供选定
d	过压设置	过压电压设置值	400～500V 供选定
E	C/K 设置	电容除以电流变比	0.01～1.00 供选定
F	切除门限	功率因数切除点	0.91～0.90 供选定
L	路数设置	输出回路数设置值	1～12 路供选定
U	显示电压	取样电压值（V）	无效
P	显示电流	取样电流值（A）	无效
H	手动运行	电网功率因数	电容器组将依次投入或切除

注意：路数设置出厂整定为4组，不要更改，否则该装置无法正常工作。

说明：1）操作“选择”、“递增”、“递减”键时，按住时间必须超0.5s才有效。

2）在代码为b～L等六种状态时，30s内无按键均可自动返回自动状态。

3）在代码为U、P、H三种状态时，必须通过操作“选择”键，才能切换到自动运行状态。

4）在A、U、P三种状态时，控制器自动控制电容的投切动作，面板上也会有相应的指示。

5. 控制参数可调范围（见表6-4）

表6-4　控制参数可调范围

技术参数	参 数 值	出厂设定值
过压预置	400～500V 可调　步长1s	450
延时预置	1～250s 可调　步长1s	10
C/K 比值	0.01～1.00 可调　步长0.01	0.00
投入门限	0.8～0.99 可调　步长0.01	0.98
切除门限	滞后0.91～超前-0.90 可调 步长0.01	-0.99
控制组数	1～12 回路可设置	4

6.3.4　THBAGD-1型楼宇供配电系统实训装置DDC程序配置说明

1. LonMaker 安装

参考LonMaker使用说明，安装LonMarker开发软件。

复制节点程序时，只需在 LonMaker 安装文件中，复制如图 6-11 所示 HW-BA5202-1、HW-BA5205-1V001 节点程序。注册 Plug-in 插件程序说明如下：

1）找到 LonMaker 安装文件夹，如图 6-12 所示（5202 _ 1Plug _ in 和 5205 _ 1Plug _ in）。

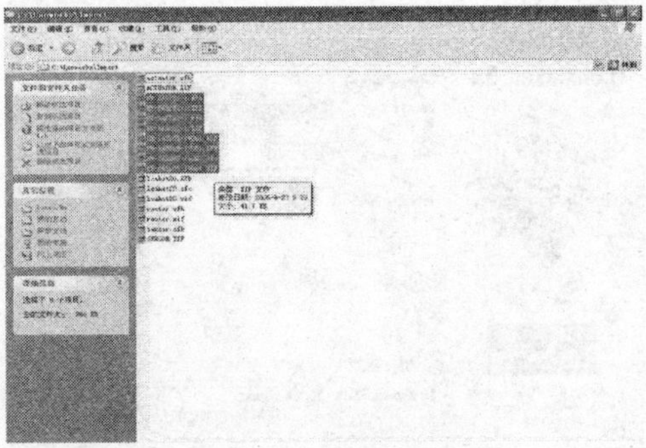

图 6-11　复制节点程序

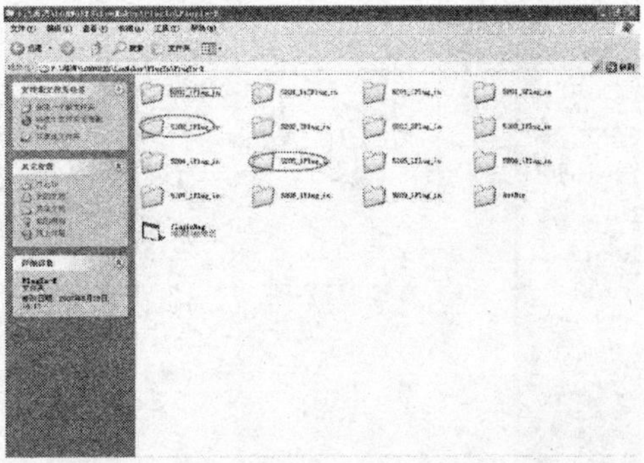

图 6-12　安装文件夹

2）对所需功能进行注册。5202 需要注册的如图 6-13 所示（Digital Output 与 Universal Input）；5205 需要注册的如图 6-14 所示（HW _ BA5205 _ 1）。注册步骤请参考 LonMarker 使用说明。

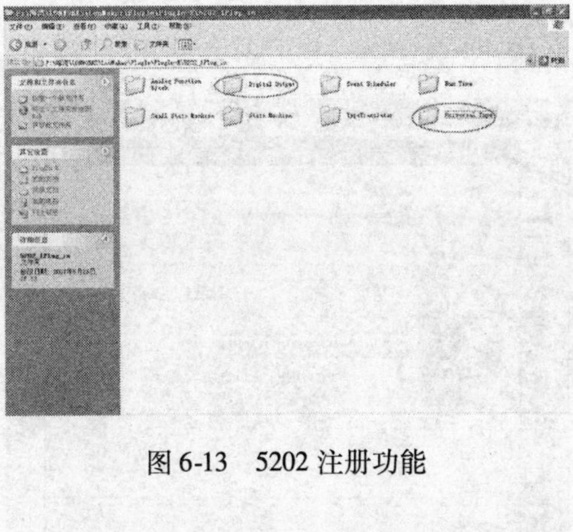

图 6-13　5202 注册功能

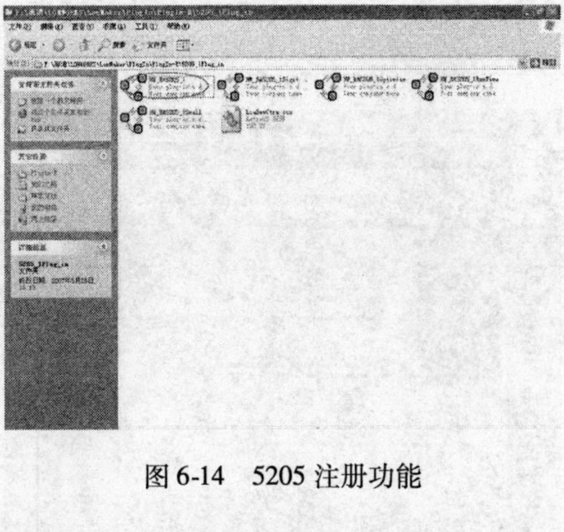

图 6-14　5205 注册功能

说明：如果 LonMaker 使用过程中出现问题，可以先反注册这两个功能模块插件，再重新注册。

2. DDC 程序下载

1）将“下位机程序及配置说明”文件夹中 LM 文件夹复制到 C 的根目录下，如图 6-15 所示，复制时选择“全部”。

2）打开 LonMaker 软件，找到所用工程，如图 6-16 所示。单击“Open Network”打开工程，单击“Enable Macros”。

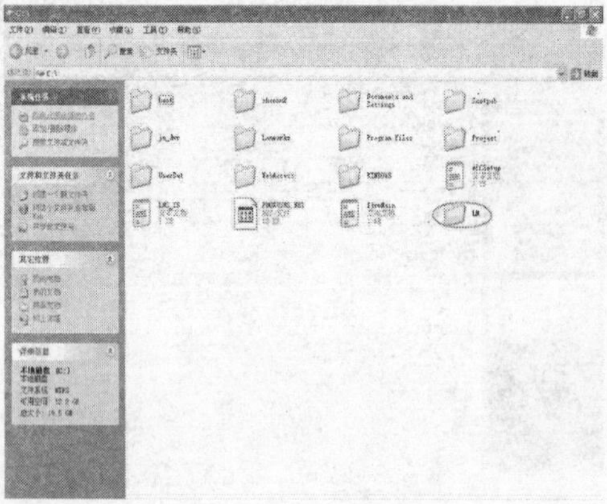

图 6-15　复制 LM 文件夹

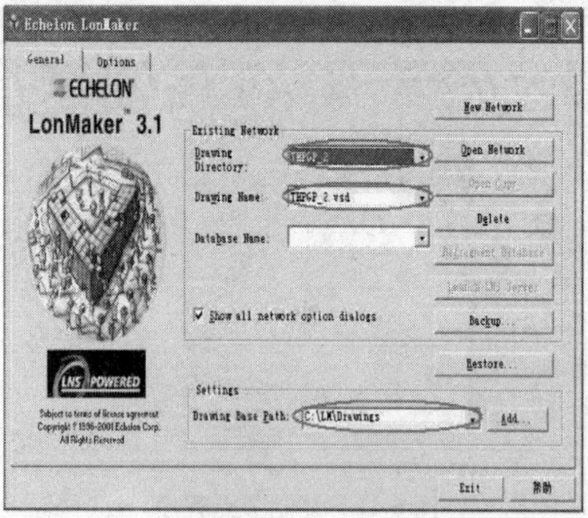

图 6-16　寻找所用工程

3）装载数据，出现图 6-17 ~ 图 6-22 所示选择页面，选择单击“Next”。

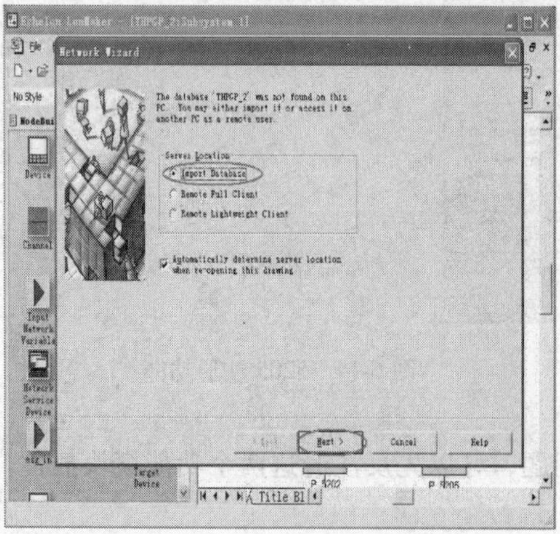

图 6-17　装载数据选择画面 1

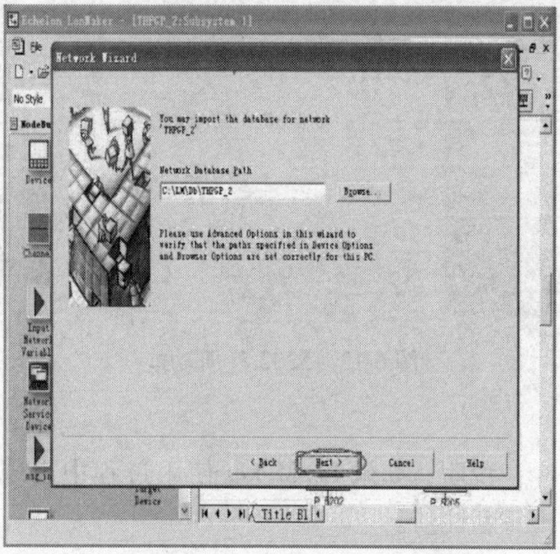

图 6-18　装载数据选择画面 2

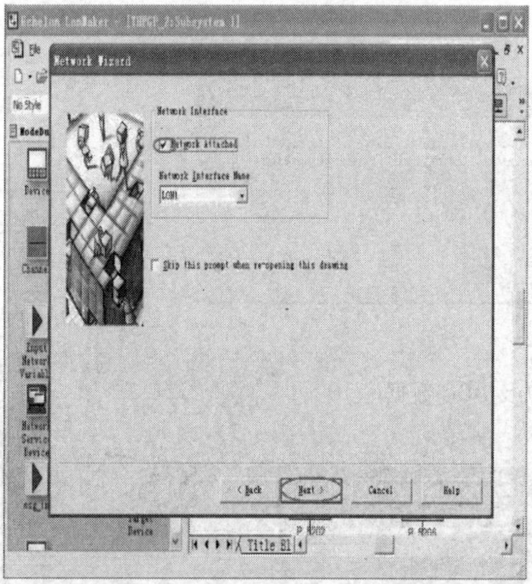

图6-19　装载数据选择画面3

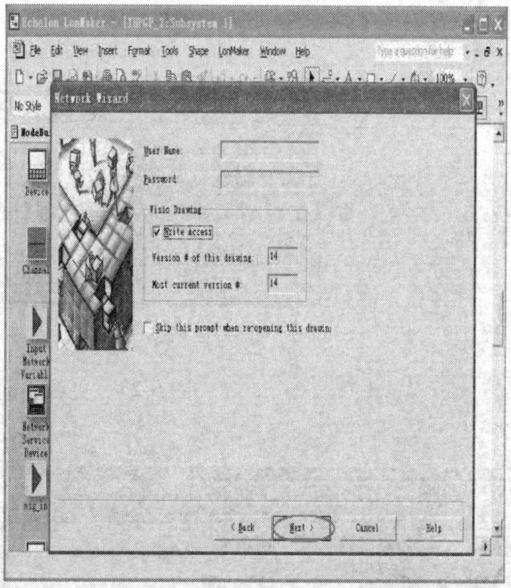

图6-20　装载数据选择画面4

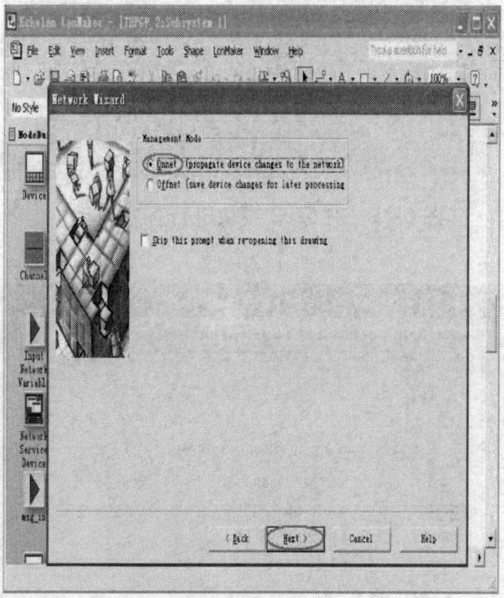

图6-21　装载数据选择画面5

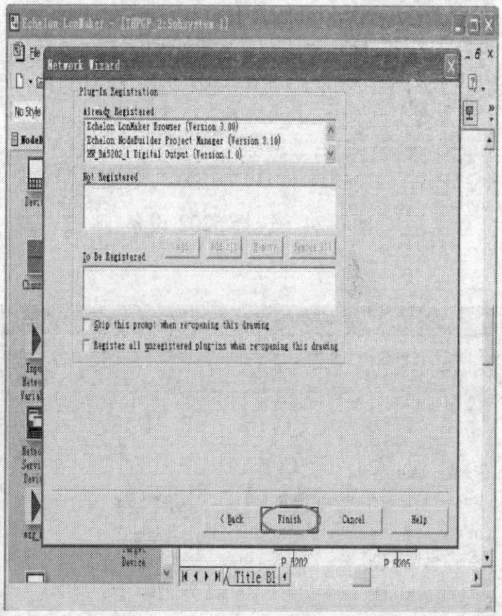

图6-22　装载数据选择画面6

4）更新界面以及DDC数据库ID。单击图6-22中Finish后，出现图6-23所示页面，单击“是”。

5）更新DDC程序（Replace）。选择5202设备，单击右键，在弹出菜单中单击Replace选项，如图6-24所示。再按图6-25～图6-29所示页面步骤操作。

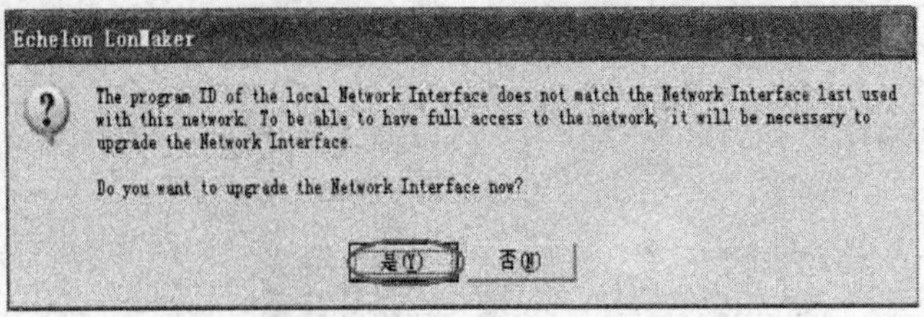

图 6-23　更新界面以及 DDC 数据库 ID

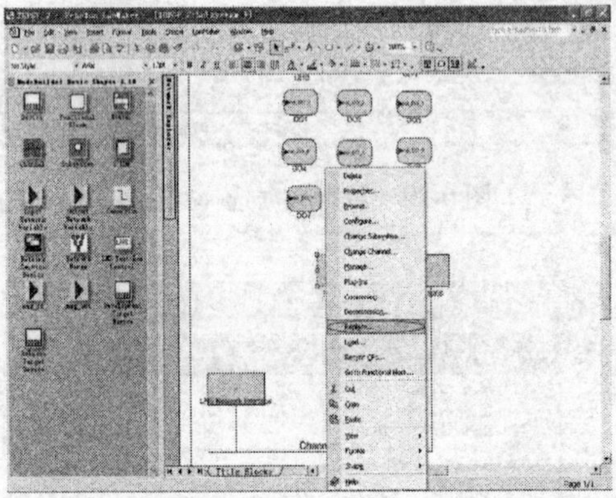

图 6-24　选择 5202 设备

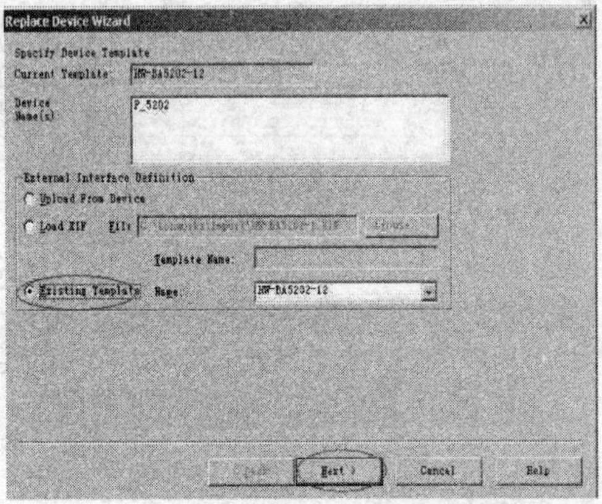

图 6-25　对 5202 模块进行程序更新 1

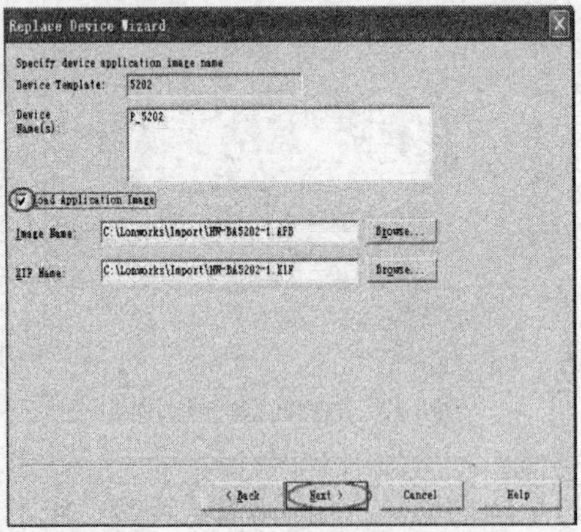

图 6-26　对 5202 模块进行程序更新 2

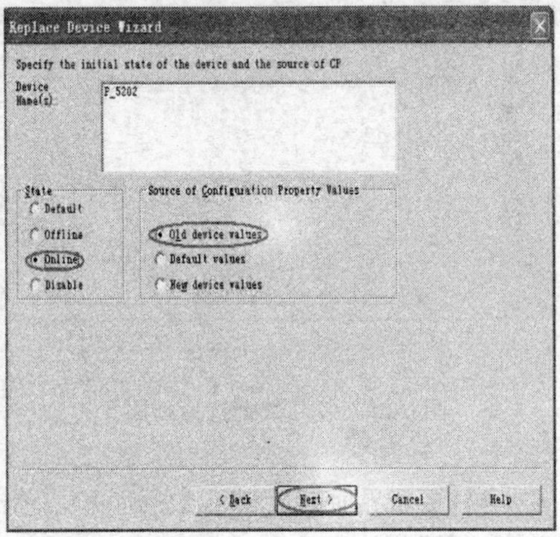

图 6-27　对 5202 模块进行程序更新 3

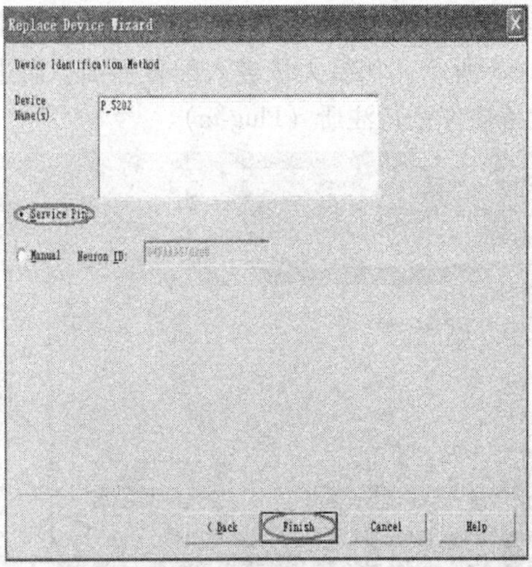

图 6-28　对 5202 模块进行程序更新 4

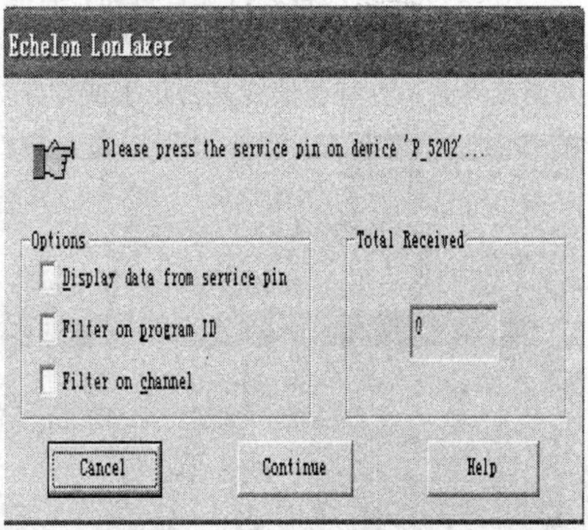

图 6-29　对 5202 模块进行程序更新 5

6）在出现图 6-29 所示页面时，用小一字螺钉旋具按下实验台上 5202 模块的维护按钮，等待程序更新。用同样的方法对 5205 模块进行程序更新（Replace）。

7）配置检测。将设备 THBAGD-1 上电，连接设备与计算机的 LonWorks 通信线。

对 5202 各端口进行配置检测，看能否正常进入配置界面，如图 6-30 所示。右击各个模块端口，选择配置（Configure），如能正常进入界面，会出现类似于图 6-31 所示页面。如果无法进入配置界面，而进入浏览界面，查看通信线是否正确，或重新对设备插件进行注册（Plug-in）。

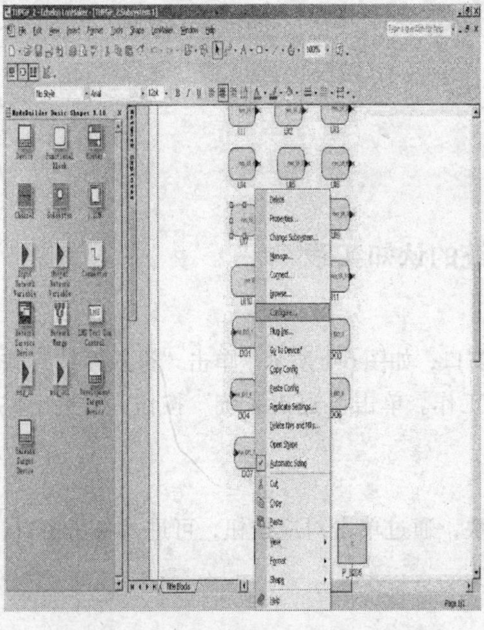

图 6-30　对 5202 各端口进行配置检测

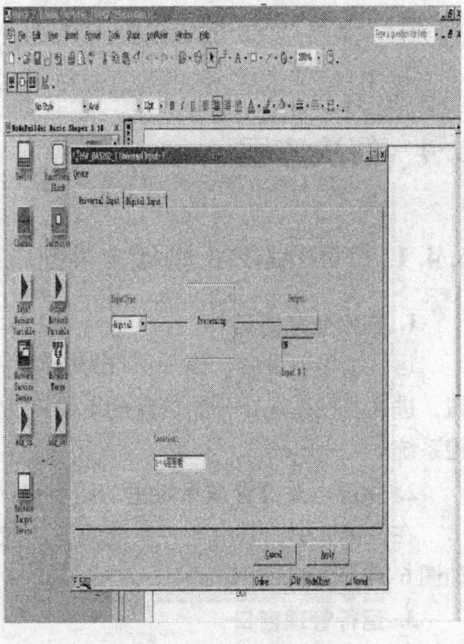

图 6-31　正常进入界面

对 5205 整个设备进行配置检测，看能否正常进入配置界面，如图 6-32 所示。右击模块，选择 Configure，能正常进入界面如图 6-33 所示。如果无法进入配置界面，而进入浏览界面，查看通信线是否正确或重新对设备插件进行注册（Plug-in）。

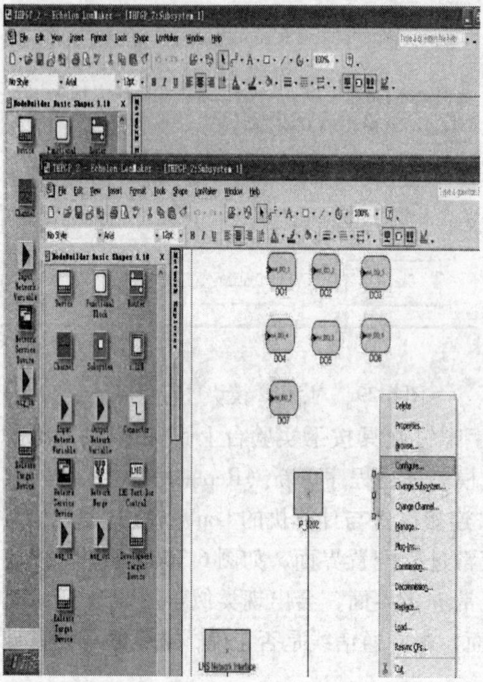

图 6-32　对 5205 各端口进行配置检测

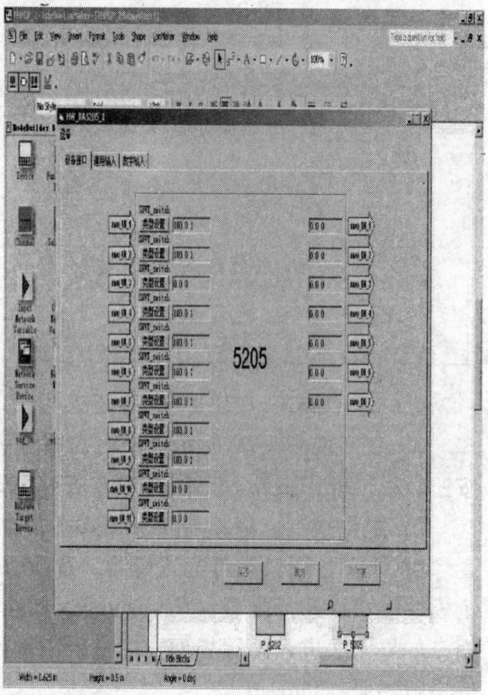

图 6-33　正常进入界面

6.4　解决方案

6.4.1　THBAGD-1 型楼宇供配电系统的认知实践

1. 初始登录窗口

运行工程项目后，第一窗口为软件登录窗口，如图 6-1 所示。单击“进入系统”按钮，进入监控系统，开始信息的下发和上传工作。单击“退出系统”按钮，可退出监控系统。

2. 供配电监控管理系统主功能窗口

在该窗口中，显示监控系统的各功能模块，通过单击对应按钮，可进入各子窗口，如图 6-34 所示。

3. 运行管理窗口

1）1#电源进线和母线。如图 6-35 所示，在此窗口中可监测总进线电源的各电量：

电压、电流、功率等参数；各负荷线路的电流以及各断路器的通、断。单击“2#母线”可进入“2#电源进线和母线”窗口。当各负荷线路对应断路器闭合时，负荷由灰变成红色。

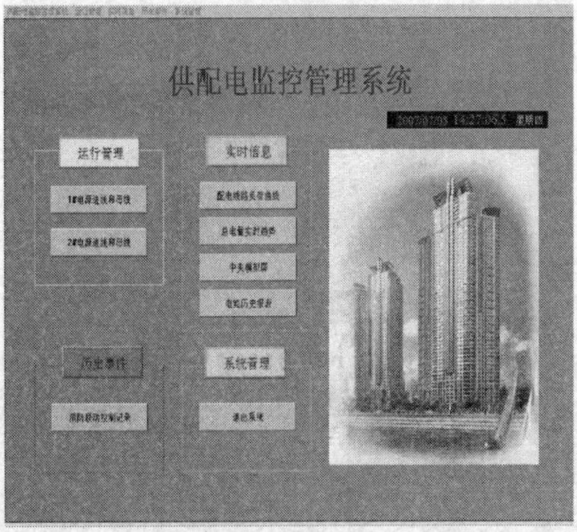

图 6-34　主功能窗口

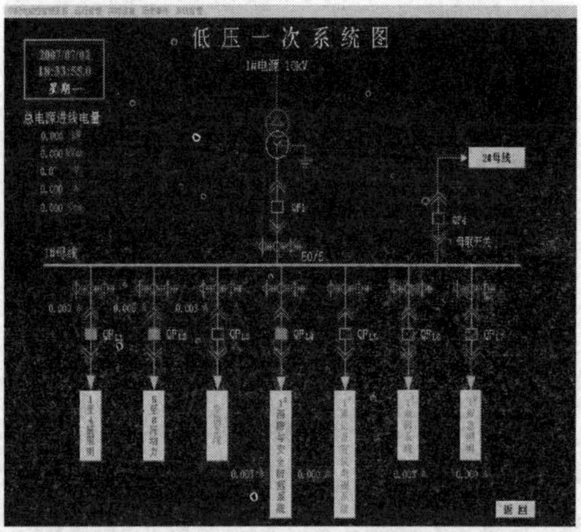

图 6-35　1#电源进线和母线

2）2# 电源进线和母线。如图 6-36 所示，在此窗口中功能与“1#电源进线和母线”基本类似，单击“1#母线”可进入“1#电源进线和母线”窗口。

4. 实时信息窗口

1）配电线路负荷曲线。如图 6-37 所示，在此窗口中可监测各负荷的电流变化情况。

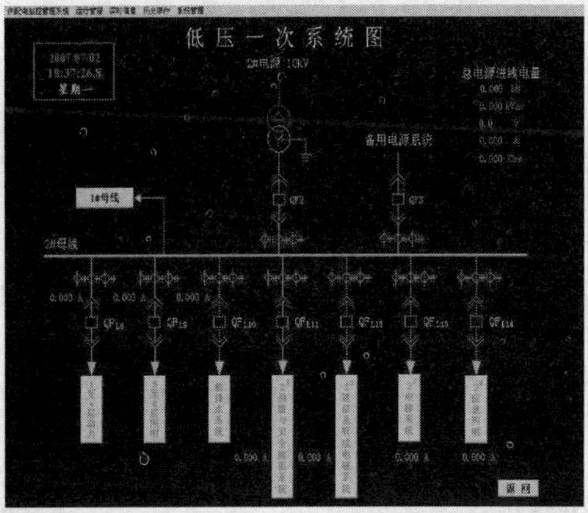

图 6-36　2#电源进线和母线

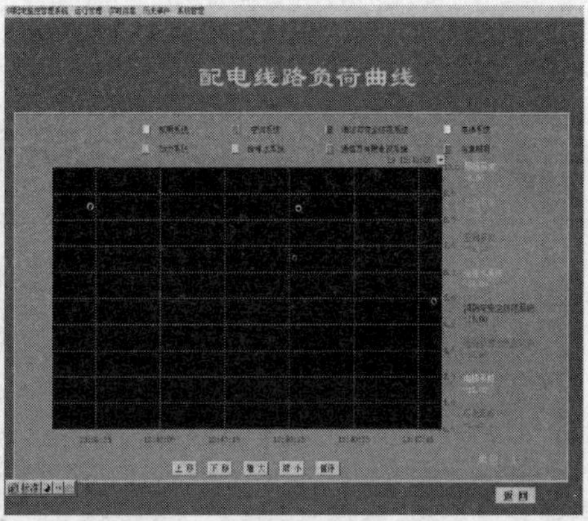

图 6-37　配电线路负荷曲线

2）总进线电量实时趋势。如图 6-38 所示，在此窗口中可监测总电源进线各电量的实时趋势。

3）中央模拟屏。如图 6-39 所示，中央模拟屏有三个部分：电源进线、低压 1#母线和低压2#母线。窗口中动态反映各电量的变化情况。

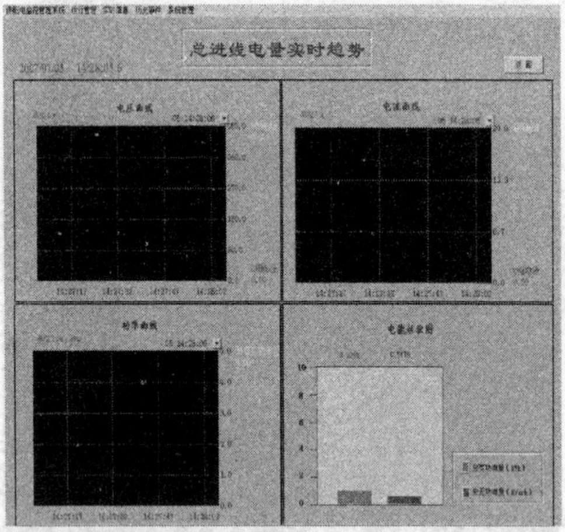

图 6-38　总进线电量实时趋势

图 6-39　中央模拟屏

4）电能历史报表。如图 6-40 所示，在此窗口中以报表的形式，完成电能的统计和历史记录。

5. 历史事件窗口

如图 6-41 所示。在此窗口中，有遥控记录报表，具体含义如下：

1）断路器位置：显示"除消防、应急其他线路"。

2）操作方式：显示"手动或自动"。

3）操作人：显示"消防供配电联动"。

4）操作时间：显示"联动控制时间"。

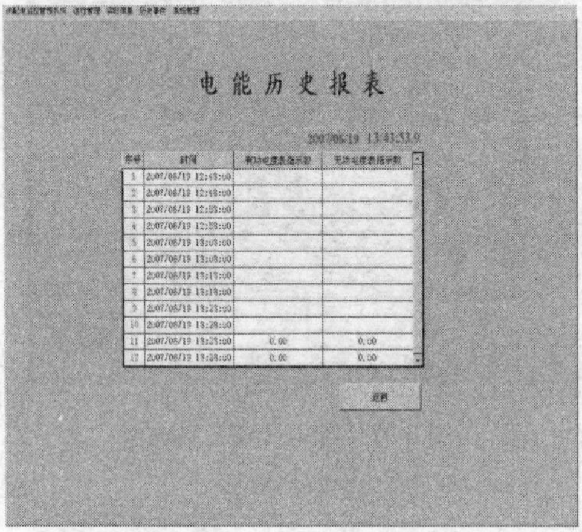

图 6-40　电能历史报表

图 6-41　历史事件窗口

6. 消防报警提示窗口

当发出消防报警信号时（按下控制台反面的消防报警按钮），在右上角会弹出如图6-42所示窗口。单击该窗口，会出现如图6-43所示窗口。

图6-42　消防报警窗口

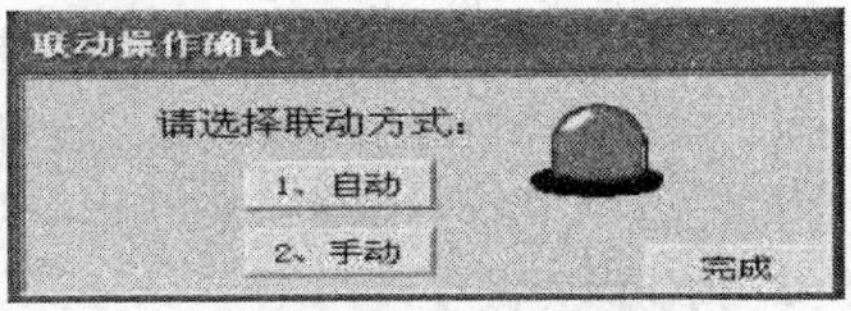

图6-43　选择联动方式窗口

1）自动：自动跳开非消防和应急电源。

2）手动：手动切除非消防和应急电源。

说明：在有消防信号发出时，按下"自动"联动后，强制分闸非消防和应急电源，这时不能合闸跳开的这些断路器。只有当消防信号按钮弹起时（消防信号消失），才能再次合闸这些线路。

7. 系统管理窗口

在供配电监控管理系统主功能窗口单击"退出系统"，弹出如图6-44所示对话框。单击"确定"，退出工程运行。单击"取消"，返回"供配电监控管理系统"窗口。

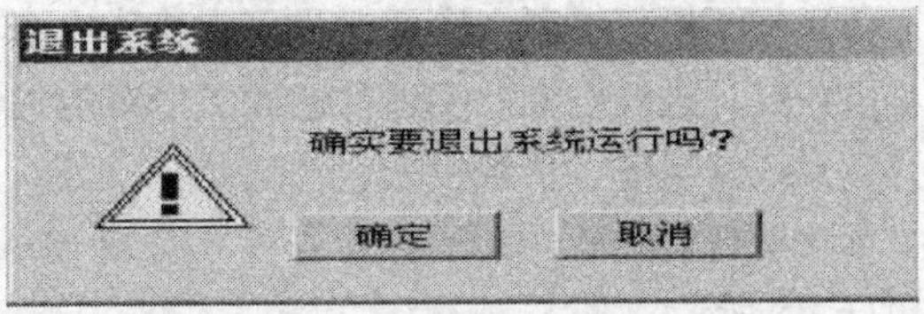

图6-44　"退出系统"对话框

8. 请您做一做

1）简要描述楼宇供配电系统的组成。

2）列举楼宇供配电系统主要有哪些功能。

3）简要说明楼宇供配电监控管理系统有哪些作用。

6.4.2　常用供配电设备的认知实践

1. 实践目的

在本楼宇供配电系统控制装置上，其供配电部分所用的控制开关器件都是常用的低压电器。首先要熟知这些常用低压供配电设备的特点和使用方法，才能进行供配电系统的相关操作。

2. 认真仔细观察该控制装置上所装设的供配电设备，了解其相关作用

1）进线电源。在控制柜正上方有一个塑壳断路器（额定电流40A），控制楼宇供电线路总电流的通断。

2）操作电源。在控制柜后部面板中部，有一个单相电源（额定电流10A，带漏电保护器），控制各电量变送器、DDC控制器以及楼宇供配电控制回路电源。

3）QF1～QF4分、合闸控制开关。采用两位带自复位的凸轮开关，联动接触器。

4）各负荷出线空气开关。采用ABB微型断路器控制，主要特点是：在主通断触点左边增加了两个辅助单元——分励脱扣器（~220V 动作跳闸脱扣）和辅助触点（1NC、1NO），前者用于消防联动时跳开非重要负荷，后者用于上位机监测断路器分、合闸状态。

5）母线电压监测。1#和 2#母线下方各有一块电压表（85L17　450V），通过下方的开关，可实现线电压显示值和相电压显示值之间的切换。

6）出线电流监测。各负载出线设置了一块电流表（85L17）。

7）智能无功补偿装置：采用 JKL5CF 智能无功功率自动补偿控制器。

3. 请您做一做

1）举例说明常用供配电设备的分类。

2）简要说明各供配电设备的作用。

6.4.3　电量传感器的认知实践

1. 实践目的

在本楼宇供配电系统控制装置上，装设有山东力创的 EDA9033E 智能电量变送器，以实现总进线电量参数的监测。首先要熟知这些电量传感器的特点和使用方法，才能熟练进行供配电系统的相关操作。

2. 操作步骤

1）打开操作电源。实训台背面“操作电源”空气开关向上扳至“ON”。

2）打开进线电源。实训台正面“进线电源”塑壳断路器向上扳至“ON”。

3）线路组建、负载投入。合闸 QF1、QF2，投入动力负载。

4）运行监测软件。运行计算机，安装 EDA90 系列产品通用测试软件，运行软件，如图 6-45 所示。

在图 6-45 中单击广播指令 EDA9033E，弹出如图 6-46 所示图标，单击“读配置”，“通信状态”显示“成功”，说明通信正常。在 9033E 模块当前地址中设置 11，在当前协议中选择 MODBUS-RTU-11 位，单击“写配置”，显示“成功”，说明配置成功。

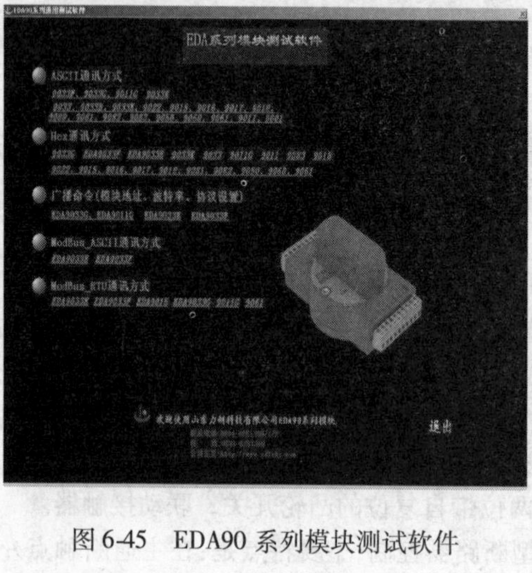

图 6-45　EDA90 系列模块测试软件

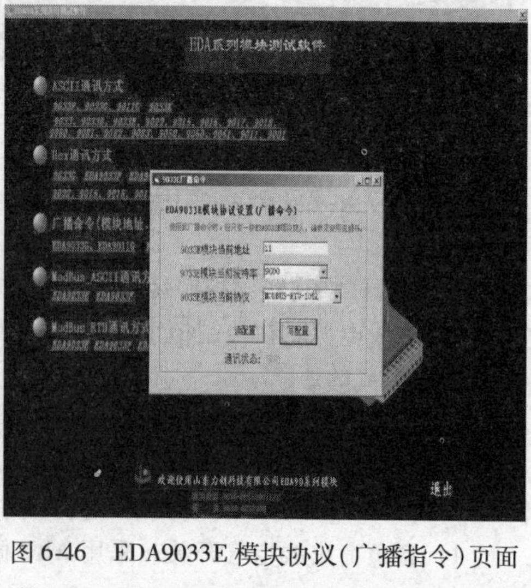

图 6-46　EDA9033E 模块协议（广播指令）页面

注意：地址和协议不能修改，否则上位机软件将不能与该设备正常通信。

关闭图6-46所示页面中的9033E广播指令窗口，单击图6-45所示页面中ModBus_RTU通信方式中的EDA9033E，弹出图6-47所示窗口。单击“OK”，开始查找设备（如图6-48所示）。当找到设备时，在Searching窗口中单击Stop，然后关闭Searching窗口，如图6-49所示。

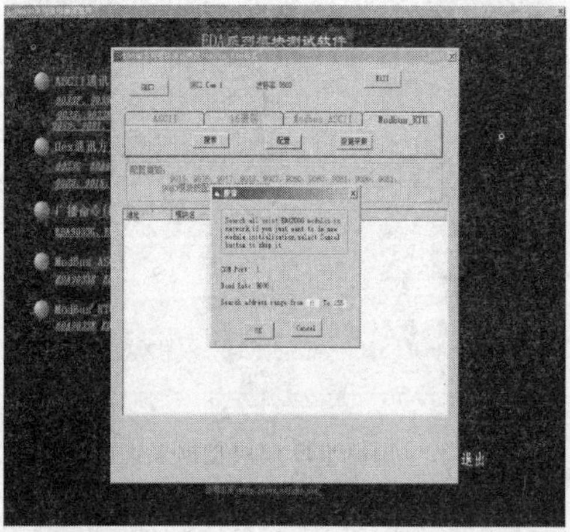

图6-47　搜索窗口

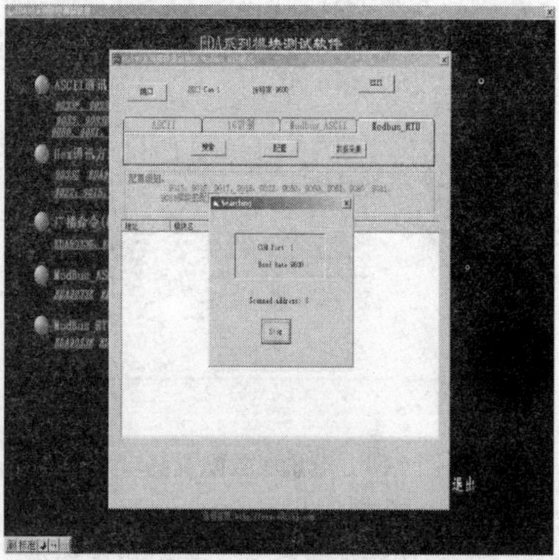

图6-48　Searching窗口

在图6-49所示窗口中单击配置，弹出图6-50、6-51所示窗口，可设置相关参数。由于出厂时已经配置完成，不能修改这些参数，否则装置不能正常工作。

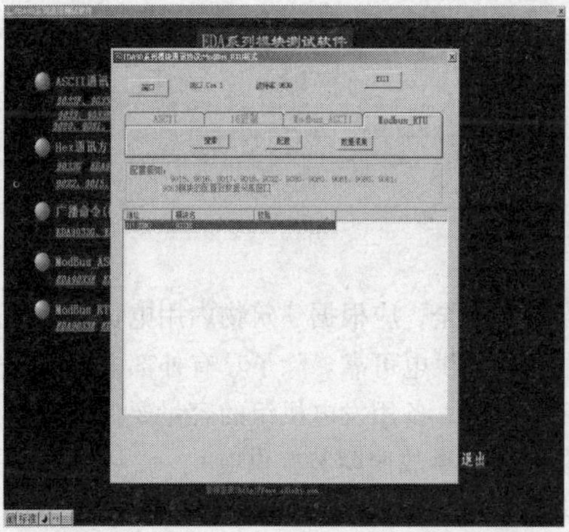

图6-49　关闭Searching窗口

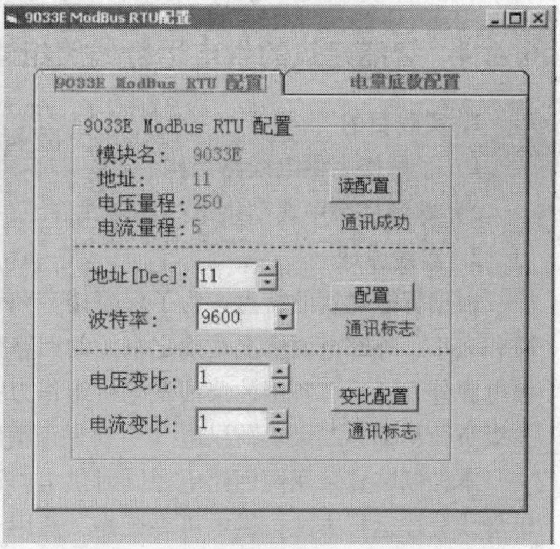

图6-50　9033E ModBus RTU配置窗口

在图 6-49 所示窗口中单击“数据采集”，弹出图 6-52 所示窗口，单击“开始”，可实时监测相关电量参数。

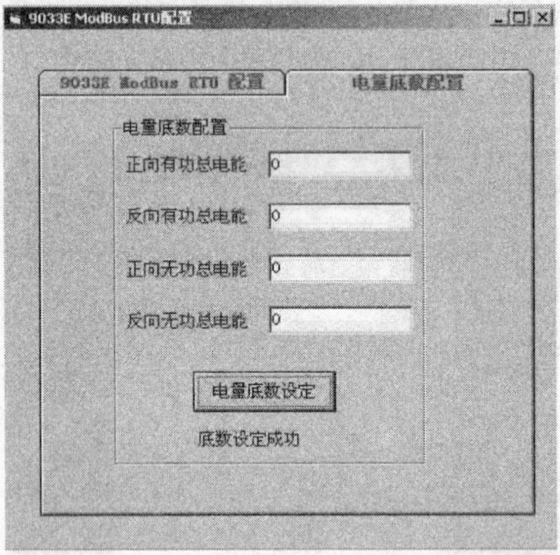

图 6-51　电量底数配置窗口

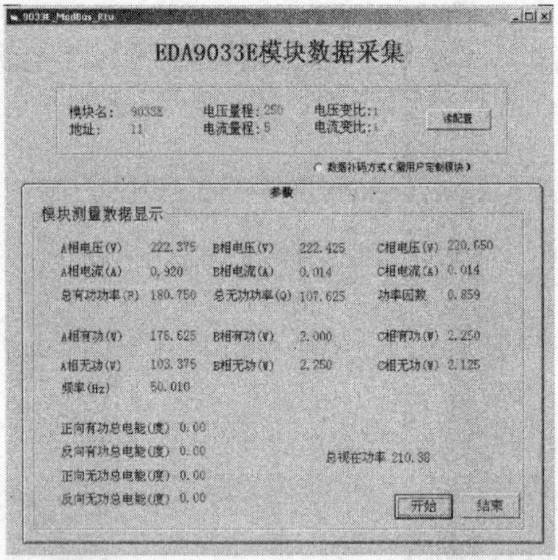

图 6-52　EDA9033 模块数据采集窗口

5）关闭软件和设备。关闭测试软件，切除动力负载，分闸 QF1、QF2。关闭进线电源和操作电源。

3. 请您做一做

1）列举智能电量变送器采集电量的类型。

2）简述电量传感器认知的相关操作。

6.4.4　智能建筑的供电运行线路组建操作实践

1. 实践目的

1）了解楼宇供电线路结构。

2）熟悉楼宇中典型供电线路形式。

2. 实践原理

根据智能建筑的特点，为了保障楼宇和设备的安全，应根据建筑物内用电负荷的性质和大小、外部电源情况，确定电源的回路数，保证供电可靠。除了具有外部电网的可靠电源外，还应有备用的柴油发电机组作为应急电源，备用发电机组的容量要保证全部一级负荷和部分二级负荷供电（主要保证消防设备和事故照明装置供电）。

本控制装置采用两回路电源同时供电，设有自备电源系统（均由市电模拟），采用单母线分段运行方式，供电可靠性高，适用于负荷大、高压出线回路少的智能建筑，图 6-53 所示为其供电网络结构。

3. 实践步骤

1）打开总操作电源。控制柜后面空气开关向上扳至“ON”。打开总进线电源：控

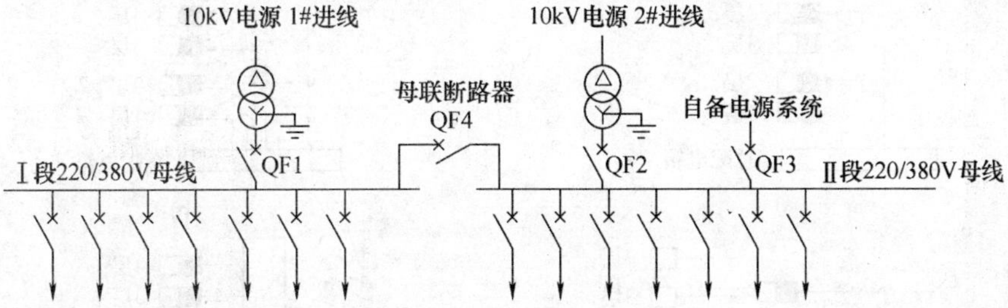

图 6-53　供电网络结构

制柜正面塑壳断路器向上扳至“ON”。

2）供电运行。将选择开关 QF1、QF2 旋至合闸，观察 1#、2#母线电压指示。旋转切换开关，观察电压变化。将 QF1、QF2 旋至分闸。

3）供电线路结构变化。将选择开关 QF1、QF4 旋至合闸，观察 1#、2#母线电压指示。旋转切换开关，观察电压变化。重新将选择开关 QF3、QF4 旋至合闸，观察 1#、2#母线电压指示，旋转切换开关，观察电压变化。

4）供电线路运行闭锁控制。将选择开关 QF1、QF2 旋至合闸，合闸 QF4，能否合上，分析原因。

将选择开关 QF1、QF2 旋至合闸，合闸 QF3，能否合上，分析原因。

4. 请您做一做

1）比较两路独立电源和一路电源供电在供电面积和可靠性方面的区别。

2）说明变压器低压侧采取单母线分段方式的特点。

3）根据操作过程中的现象，分析供电线路各种运行状态下的特点。

6.4.5　典型楼层配电运行线路组建操作实践

1. 实践目的

1）了解楼宇楼层配电线路结构。

2）熟悉楼宇中典型楼层配电线路形式。

2. 实践原理

低压配电系统可分为放射式和干线式两大类，在高层民用建筑中，由于各楼层用电负荷比较均匀，对各楼层电力、照明设备的供配电，采用干线式配电系统比较合理。

对于大型的智能建筑，多采用放射式和干线式相结合的混合式配电系统。本系统通过楼层照明配电线路的变化，演示典型楼层的配电方式，主要有四种方式，如图 6-54 所示。

3. 实践步骤

1）楼层配电运行方式 1（如图 6-55 所示）。

①打开总操作电源，合闸进线电源总开关 QF1，1#母线得电，观察母线电压指示 220/380V。

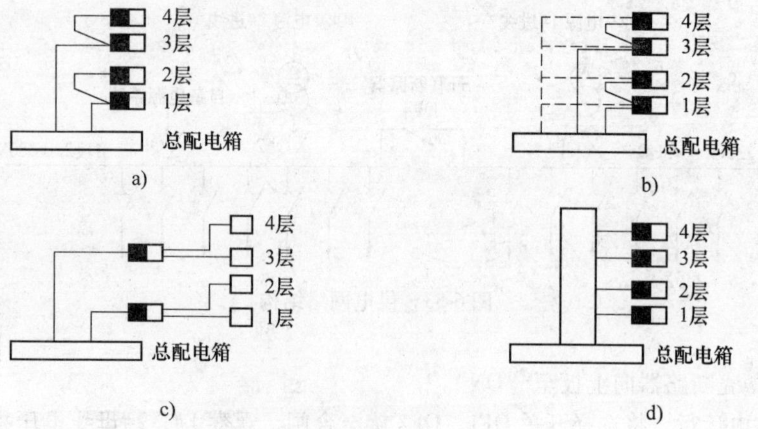

图 6-54　典型楼层的配电方式

②在“楼层照明配电接线”区按图接线，完成配电线路组建。

③合闸断路器（1～4 楼层照明出线），按下照明总配电箱通断开关，光字牌亮。不亮，说明母线未得电或照明回路出线断路器未合闸。

④依次接通各楼层照明的船形开关，对应光字牌亮。

说明：船形开关用于控制光字牌的通断。当 L 接火线、N 接零线时，接通开关，光字牌亮。

⑤分析楼层配电运行方式 1 配电网络结构和运行特点。

⑥依次断开各船形开关、分闸出线断路器、QF1 和进线电源断路器，最后断开总操作电源，切断实训柜电源。

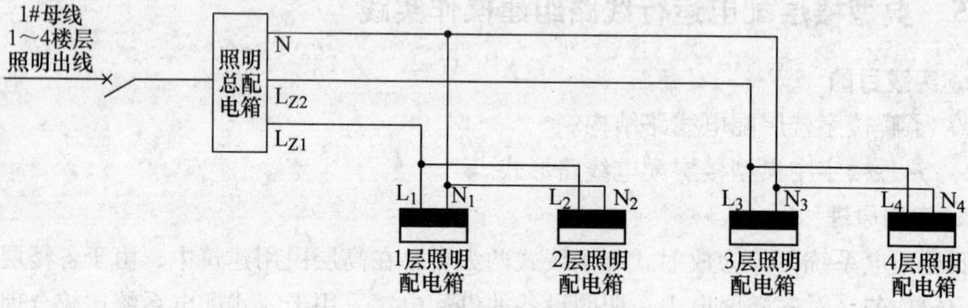

图 6-55　楼层配电运行方式 1

2）楼层配电运行方式 2（如图 6-56 所示）。操作步骤同楼层配电运行运行 1，按图接线，完成配电线路组建。分析楼层配电运行方式 2 配电网络结构和运行特点。

3）楼层配电运行方式 3（如图 6-57 所示）。操作步骤同楼层配电运行 1，按图接线，完成配电线路组建。分析楼层配电运行方式 3 配电网络结构和运行特点（虚线部分已经接好，不需要接线）。

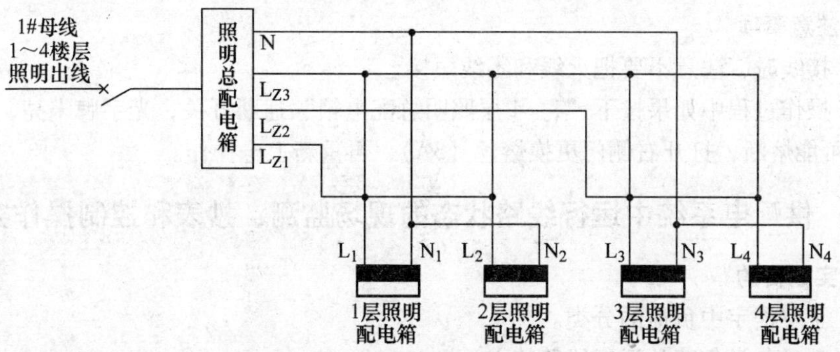

图 6-56　楼层配电运行方式 2

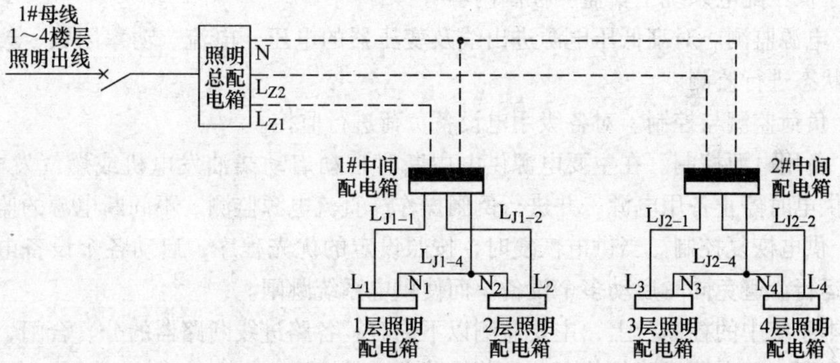

图 6-57　楼层配电运行方式 3

4）楼层配电运行方式 4（如图 6-58 所示）。操作步骤同楼层配电运行 1，按图接线，完成配电线路组建。分析楼层配电运行方式 4 配电网络结构和运行特点。

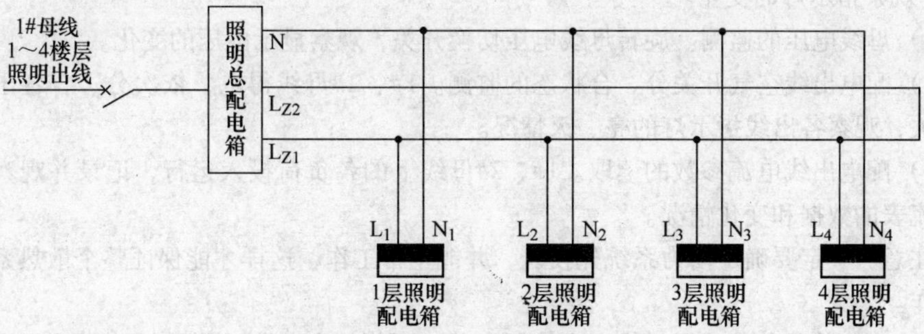

图 6-58　楼层配电运行方式 4

4. 请您做一做

1）说明四种典型楼层配电线路的特点。

2）根据楼层配电接线方式，分析不同线路结构的应用场所。

5. 注意事项

1）接线时，注意不要把火线和零线短接。

2）操作过程中如果按下“1～4 层照明总配电箱”通断开关，光字牌未亮，说明内部熔丝可能熔断，打开右侧门更换熔丝（3A），再重新上电操作。

6.4.6 供配电系统中运行线路状态的现场监测、抄表和控制操作实践

1. 实践目的

1）了解楼宇中负荷的分类。

2）熟悉各类负荷的运行线路特点。

2. 实践原理

对于低压配电系统主要监测控制内容有：

1）电源监测。对高低压电源进出线及变压器的电压、电流、功率因数、频率、断路器的状态进行监测。

2）负荷监测与控制。对各级用电设备负荷进行监控。

3）备用电源控制。在主要电源供电中断时自动启动柴油发电机或燃气发电机组。在恢复供电时停止备用电源，并进行倒闸操作、直流电源监测、不间断电源的监测。

4）供电恢复控制。当供电恢复时，按照设定的优先程序，启动各个设备电机，迅速恢复运行。避免同时启动多个设备，而使供电系统跳闸。

在本系统中的控制台上，主要监测以下内容：各路进线断路器的分、合闸，各配电线路通和断，双电源线路的状态，负荷线路电流的读取。

3. 实践步骤

1）进线断路器的分、合闸状态监测。打开总操作电源，合闸进线电源总开关，将选择开关 QF1 旋至合、分闸，观察分、合闸指示灯的变化。同样操作 QF2、QF3 和 QF4，观察指示灯的变化。

2）母线电压的监测。旋转母线电压切换开关，观察显示电压的变化。

3）配电出线空气开关分、合状态的监测。1#、2#母线得电，依次分、合各出线空气开关，观察各出线指示灯的亮、灭情况。

4）配电出线电流参数的读取。1#、2#母线上的各负荷投入运行，记录并观察指针式电流表的数据和变化情况。

注意：一定要确定动力系统先投入，并能正常工作，这样才能保证整个散热系统正常工作。

5）内、外部负荷选择切换。在控制台后面下部，有负荷选择区域，可选择本系统连接两种类型负荷：内部电阻与电抗模拟负荷，外部楼宇系列控制台。

6）功率因数监测。在智能无功功率自动补偿器 JKL5CF 上可以监测总进线的功率因数变化。

4. 请您做一做

1）分析供配电系统中监测和控制的内容。

2）观察操作过程中相关状态的变化。

6.4.7 备自投联动运行控制和调试操作实践

1. 实践目的

1）了解电力系统自动装置概念。

2）熟悉备自投工作方式。

2. 实践原理

备用电源自动投入装置（BZT）的作用是当正常供电电源因供电线路故障或电源本身发生事故而停电时，它可将负荷自动、迅速切换至备用电源，使供电不至中断，从而确保用电设备连续正常运转，把停电造成的经济损失降到最低程度。

常用的备用电源自动投入方式主要有：

1）进线备自投方式。

2）变压器备自投方式。

3）桥开关备自投方式。

4）分段开关备自投方式。

本装置通过开关设置，可完成进线备自投、分段开关备自投和自备电源系统自动投入。

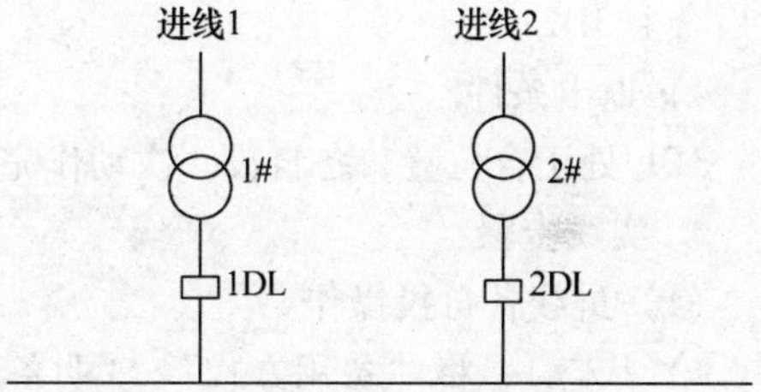

图 6-59 进线备自投

（1）进线备自投工作原理（如图 6-59 所示）

1）正常运行条件。

①情况 1。进线 2 备用进线 1：1DL 处于合位置，2DL 处于分位置，进线 1、进线 2 均有电压，备自投投入开关处于投入位置。

②情况 2。进线 1 备用进线 2：2DL 处于合位置，1DL 处于分位置，进线 1、进线 2 均有电压，备自投投入开关处于投入位置。

2）启动条件。

①进线 2 备用进线 1：进线 2 有电压，进线 1 无电压，且无电流。

②进线 1 备用进线 2：进线 1 有电压，进线 2 无电压，且无电流。

3）动作过程。

①对启动条件①，1DL 处于分位置，经延时后合上 2DL。

②对启动条件②，2DL 处于分位置，经延时后合上 1DL。

4）退出条件。

①对启动条件①，2DL 处于合位置，备自投一次动作完毕，备自投投入开关处于退出位置。

②对启动条件②，1DL 处于合位置，备自投一次动作完毕，备自投投入开关处于退出位置。

（2）分段开关备自投工作原理（如图 6-60 所示）

1）正常运行条件。

①3DL 处于分位置，1DL、2DL 处于合位置。

②Ⅰ段、Ⅱ段母线均有电压。

③备自投投入开关处于投入位置。

2）启动条件。

①Ⅱ段备用Ⅰ段：Ⅰ段母线无电压，1DL 进线 1 无电流，Ⅱ段母线有电压。

②Ⅰ段备用Ⅱ段：Ⅱ段母线无电压，2DL 进线 2 无电流，Ⅰ段母线有电压。

3）动作过程。

①对启动条件①，当 1DL 处于分位置，经延时后合上 3DL。

②对启动条件②，当 2DL 处于分位置，经延时后合上 3DL。

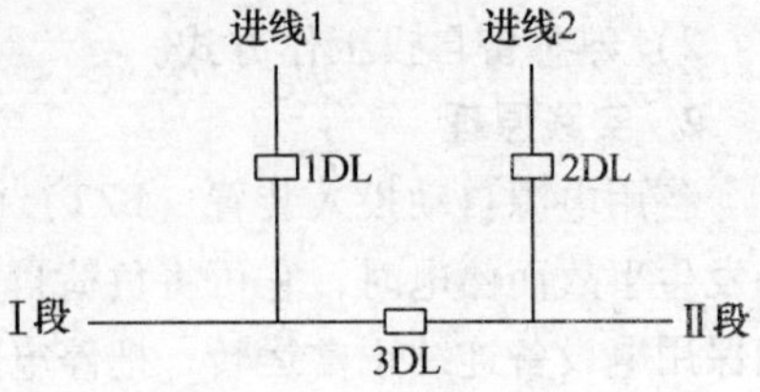

图 6-60 分段开关备自投

4）退出条件。

3DL 处于合位置，备自投一次动作完毕，备自投投入开关处于退出位置。

3. 实践步骤

（1）进线备自投操作

1）状态 1：将“备用方式”、“明备用线路选择”旋至空挡（垂直状态），备用方式“手动”为手动控制备用开关。

①打开操作电源，合闸进线电源总开关，将选择开关 QF1、QF4 旋至合闸。

②将“备用方式”旋至“明备用”，将“明备用线路选择”旋至“2#进线”。

③将选择开关 QF1 旋至分闸，观察各进线断路器动作。

④将备自投控制选择开关恢复初始状态。

2）状态 2：将“备用方式”、“明备用线路选择”旋至空挡（垂直状态）。

①打开操作电源，合闸进线电源总开关，将选择开关 QF2、QF4 旋至合闸。

②将“备用方式”旋至“明备用”，将“明备用线路选择”旋至“1#进线”。

③将选择开关 QF2 旋至分闸，观察各进线断路器动作。

④将备自投控制选择开关恢复初始状态。

（2）分段开关备自投实训

1）状态 1：将“备用方式”、“明备用线路选择”旋至空挡（垂直状态）。

①打开操作电源，合闸进线电源总开关，将选择开关 QF1、QF2 旋至合闸。

②将“备用方式”旋至“暗备用”。

③将选择开关 QF1 旋至分闸，观察各进线断路器动作。

④将备自投控制选择开关恢复初始状态。

2）状态 2：将“备用方式”、“明备用线路选择”旋至空挡（垂直状态）。

①打开操作电源，合闸进线电源总开关，将选择开关 QF1、QF2 旋至合闸。

②将“备用方式”旋至“暗备用”。

③将选择开关 QF2 旋至分闸，观察各进线断路器动作。

④将备自投控制选择开关恢复初始状态。

4. 请您做一做

1）根据操作现象分析备自投各种运行方式的工作原理。

2）仔细观察选择开关操作过程中各进线断路器的动作情况。

6.4.8　应急电源配电线路运行和联动控制操作实践

1. 实践目的

1）认识应急电源的作用。

2）熟悉应急电源投入和退出的工作运行条件。

2. 实践原理

自备电源系统是防止各外部电源停电时，给配电母线提供交流电源，保证楼宇内重要负荷的持续供电运行。

备自投工作原理如图 6-61 所示。

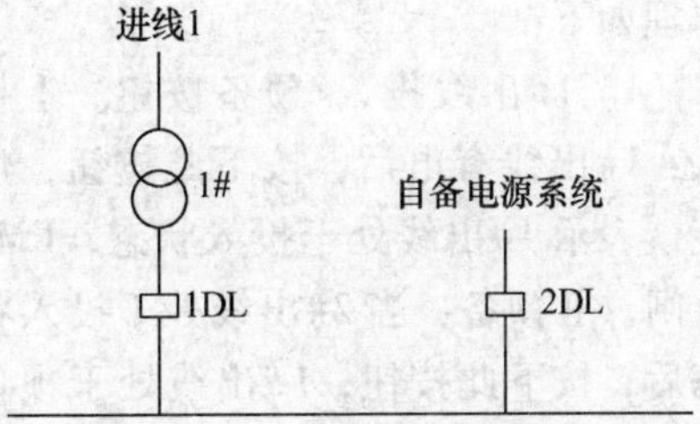

图 6-61　备自投工作原理

（1）正常运行条件

1）2DL 处于分位置，1DL 处于合位置。

2）母线有电压。

3）备自投投入开关处于投入位置。

（2）启动条件　母线失压。

（3）动作过程

1）投入：1DL 分位置，2DL 合位置。

2）退出：1DL 合位置，2DL 分位置。

3. 实践步骤

（1）自备电源系统自动投入　将“备用方式”、“明备用线路选择”旋至空挡（垂直状态）。

1）打开操作电源，合闸进线电源总开关，将选择开关 QF1 和 QF4 旋至合闸。

2）将“备用方式”旋至“自备电源系统”。

3）将选择开关 QF1 旋至分闸，观察各进线断路器动作。

4）将备自投控制选择开关恢复初始状态。

（2）自备电源系统自动退出　将选择开关 QF1 旋至合闸，观察各进线断路器动作。

4. 请您做一做

1）根据操作现象，分析自备电源系统投入和退出工作原理。

2）分析电源进线与自备电源系统为什么不能同时投入运行？

6.4.9　双电源自动切换控制线路的组建和运行操作实践

1. 实践目的

1）了解双电源自动切换装置概念。

2）熟悉双电源供电负荷线路运行方式。

2. 实践原理

楼宇中有些重要负荷，需要两路电源供电，而用电设备某一时刻只能从一路电源取电，因此在线路末端设置有双电源自动切换装置。在本装置上，在“应急照明双电源自动切换接线区”可完成该装置原理操作。

3. 实践步骤

（1）双电源供电负荷线路控制　“消防与安全防范系统”、“通信及有线电视系统”、“电梯系统”和“应急照明”回路设置有双电源切换装置，前三者内部接线已完成控制（原理如图6-62所示），“应急照明”需要外部接线才能完成控制。各按钮和指示灯以及工作原理如下：

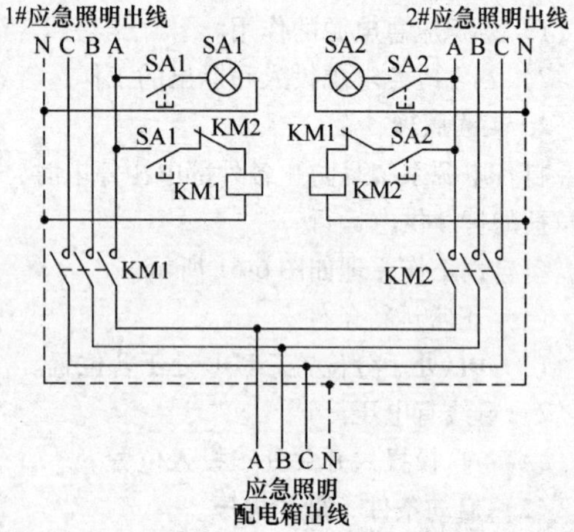

图6-62　“应急照明”接线（1）

1）1#出线投入/预备按钮。Ⅰ投入：1#出线有电后，按下此按钮，灯亮，表示1#出线处于投入状态，KM1合闸。Ⅱ预备：当2#出线处于投入状态后，按下此按钮，1#出线处于预备状态。

2）1#出线运行指示灯。负荷从1#出线取电时，该指示灯亮。

3）2#出线预备/投入按钮。Ⅰ投入：2#出线有电后，按下此按钮，灯亮，表示2#出线处于投入状态，KM2合闸。Ⅱ预备：当1#出线处于投入状态后，按下此按钮，2#出线处于预备状态。

4）2#出线运行指示灯。负荷从2#出线取电时，该指示灯亮。

其操作实践步骤如下：

1）1#、2#电源进线同时供电，合闸消防与安全防范系统1#出线、2#出线断路器。

2）按下1#出线投入/预备按钮，按钮灯亮，运行灯亮，1#出线处于投入运行状态。

3）按下2#出线预备/投入按钮，按钮灯亮，运行灯不亮，2#出线处于预备状态。

4）断开1#出线断路器，观察1#出线、2#出线运行指示灯的变化。

5）再次合闸1#出线断路器，观察1#出线投入/预备按钮灯变化。

6）断开2#出线断路器，观察1#出线、2#出线运行指示灯的变化。

同上操作步骤，熟悉通信及有线电视系统、电梯系统双电源运行线路切换控制。

（2）应急照明双电源切换控制　在“应急照明双电源自动切换接线区”，按以下三种操作接线：SA1、SA2为“双电源供电负荷线路控制区”内应急照明，1#出线投入/预备按钮、2#出线预备/投入按钮。

（1）互为备用　按图 6-62 所示完成接线。接线前，确定应急照明 1#、2#出线微型断路器为分闸状态（向下扳至 OFF）。

1）完成接线后按下面控制步骤操作：

①先按下应急照明 1#出线投入/预备按钮，按钮灯亮，运行灯亮，再按下 2#出线预备/投入按钮。

②依次分闸、合闸应急照明 1#出线空气开关，观察 1#、2#运行指示灯的变化、接触器的动作。

③再依次分闸、合闸应急照明 2#出线空气开关，观察 1#、2#运行指示灯的变化、接触器的动作。

2）动作过程：

①SA1 按下后，KM1 线圈得电动作，KM1 主触点闭合，常闭触点断开，应急照明配电箱从 1#线路取电，此时按下 SA2。

②1#应急照明出线失电，KM1 线圈失电，KM1 主触点断开，常闭触点闭合，KM2 主触点闭合，常闭触点断开，应急照明配电箱从 2#线路取电。

③当 1#应急照明出线再次得电，一旦 2#出线失电，应急照明配电箱自动从 1#应急照明出线取电。

（2）互为备用（防触点竞争）　按图 6-63 所示，完成接线，操作步骤参考（1）。

（3）带自适应功能　按图 6-64 所示，完成接线，操作步骤参考（1）。

4. 请您做一做

1）分析双电源自动切换装置的工作原理。

2）观察双电源自动切换操作过程中相关状态的变化。

5. 注意事项

实训过程中如果接触器不能正常动作，查线后确定不是接线问题，说明应急照明 1#、2#出线上熔丝可能熔断，打开左侧门更换熔丝（3A），再重新上电实训。

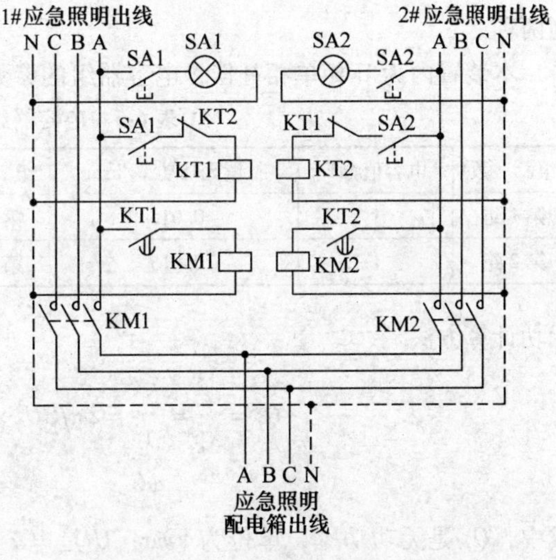

图 6-63 “应急照明”接线（2）

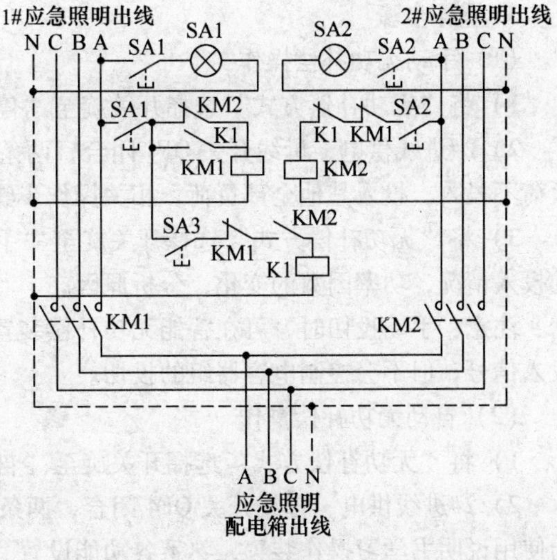

图 6-64 “应急照明”接线（3）

6.4.10 配电线路功率因数补偿运行控制操作实践

1. 实践目的

1）认识无功补偿的意义。

2）熟悉智能无功补偿装置的使用方法。

2. 实践原理

无功补偿的重要目的是防止低压线路功率因数较低，导致电压下降或发电机组感性功耗增加，所以低压无功补偿的作用非常重要。

无功补偿的主要方法为补偿电容器组，本装置的补偿控制方式有手动和微机自动控制两种。

本装置内为U相单相补偿，电容器组的参数见表6-5。

表6-5 电容器组的参数

组　数	电容值/μF	补偿无功功率/kvar	组　数	电容值/μF	补偿无功功率/kvar
第1组	1	0.015	第3组	2.2	0.033
第2组	1	0.015	第4组	4.7	0.071

无功计算方法

$$Q_C = \frac{U^2}{X_C} = \frac{U^2}{\frac{1}{\omega C}} = 2\pi f C U^2 \times 10^3 = 0.314 C U^2$$

式中，Q_C是无功功率，单位为kvar；U是电容两端的电压，单位为kV（本装置内按220V计算）；X_C是电容器的容抗，单位为Ω；C是电容值，单位为μF。

3. 操作步骤

（1）手动无功补偿操作

1）将“无功补偿方式”选择开关旋至“停止”。

2）2#进线供电，母线开关QF4闭合，两条母线同时投入。1～4层照明和应急照明负荷不投入，投入其他全部负荷，相关操作步骤可参考6.4.6。

3）将“无功补偿方式”选择开关旋至“手动”、“2”、“3”、“4”，观察电容器组的投入情况，功率因数的变化，分析原因。

注意：手动投切时，可在智能无功补偿装置上查看功率因数变化，该装置也会发出投入信号，但不会控制电容器组的投切。

（2）自动无功补偿操作

1）将“无功补偿方式”选择开关旋至“自动”。

2）2#进线供电，母线开关QF4闭合，两条母线同时投入。按照智能无功补偿装置的使用说明书学习操作装置，熟悉各功能设置。

注意：2#母线失电时，智能无功补偿装置停止工作。

3）1 ~4 层照明和应急照明负荷不投入，投入其他全部负荷，相关操作步骤可参考 6. 4. 6。

4）设置参数如 6. 3. 3 出厂设置参数，观察电容器组的投入情况，投入指示灯的变化规律，功率因数的变化，分析原因。

5）切除 1#母线上全部负荷，逐渐切除 2#母线上的负荷，观察电容器组变化情况，分析变化规律。

6）切除全部负荷，关闭电源开关。

注意：可以在智能无功功率自动补偿器 JKL5CF 上监测总进线电源的功率因数，在 2#母线上投切电容器组。

4. 请您做一做

1）分析手动和自动无功补偿的区别。

2）说明无功补偿的工作原理。

3）分析欠补偿和过补偿的区别。

6. 4. 11　供配电监控系统运行调度操作实践

1. 实践目的

1）熟悉供配电监控系统的功能和作用。

2）熟悉供配电系统的操作。

2. 实践原理

供配电综合自动化系统以计算机为核心，实现对系统全面的自动监控，实现供配电系统工作的安全性、可靠性、节能性、灵活性。供配电统上位机系统运行调度包括以下两方面内容：

（1）供配电系统设备的自动控制　供配电综合自动化系统可对系统的主开关、断路器等设备的工作状态进行自动控制，控制内容如下：

1）高低压断路器、开关设备按顺序自动接通、分断，高/低压母线联络断路器按需要自动接通、分断。

2）柴油发电机组备用电源开关设备按顺序自动投入或自动脱离，即由开关设备的自动分、合闸实现备用电源与市电供电的转换。

根据实践证明，楼宇自控系统对供配电系统的监控要求是“只监不控”，这样可保证供配电系统的安全可靠。

（2）供配电系统的监测与保护　为了对供配电系统设备的运行状态及供电情况及时、准确地了解和掌握，为了保证供配电质量与系统安全，要对供电系统以下内容进行监测：

1）开关状态监测与报警。高压进线、出线，低压进线、部分重要负荷出线及母线的断路器状态监测，故障报警。

2）线路状态监测与报警。电源电压、电流、有功功率、无功功率、功率因数、频率自动监测及供电质量计算。

3）负荷监测与报警。各级负荷的电压、电流自动监测显示与报警。

4）系统有功电度、无功电度、功率因数等测量与系统报警。

3. 实践步骤

1）上电运行设备，操作方法同前述操作。

2）运行上位机软件，在“供配电监控管理系统”窗口中，操作各子菜单功能，熟悉各监控画面内容，分析运行状态变化情况。

3）关闭软件，关闭设备各电源。

4. 请您做一做

1）根据操作步骤，分析供配电系统的监控原理。

2）分析供配电监控系统的主要功能。

6.4.12　与消防自动报警系统的联动控制操作实践

1. 实践目的

了解消防报警信号发生时，供配电系统的运行变化状态。

2. 实践原理

当建筑发生火灾或其他灾害时，会自动发出消防报警信号，此时，供配电系统将根据消防信号进行相关联动措施，主要是切除非重要负荷的供电，同时要保证消防电源以及应急电源的持续供电。

在本装置上，供配电系统上位机接受消防报警信号，采取自动和手动两种方式，进行相关的联动措施。

3. 实践步骤

1）给装置上电，各线路断路器工作在 ON 状态，投入各条运行线路。

2）运行上位机软件。

3）按下“消防报警信号模拟按钮”，发出消防信号。

4）观察上位机画面的变化，进行相关联动操作。

5）再次按下“消防报警信号模拟按钮”，取消消防信号。

4. 请您做一做

1）根据实践步骤，分析发生消防联动信号时，供配电系统运行状态的变化。

2）分析消防自动报警系统的主要功能。

6.5　思考与练习

1. THBAGD-1 型楼宇供配电系统实训装置有什么特点和功能？
2. 楼宇供配电系统的控制柜主要包括哪些部分？
3. THBAGD-1 型上位机软件有何作用？如何进行安装？
4. JKL5CF 智能无功功率自动补偿控制器有何作用？如何使用？
5. THBAGD-1 型楼宇供配电系统实训装置 DDC 程序有何作用？如何配置？

6. 供配电监控管理系统主功能窗口包含哪些内容？如何运行管理窗口等各子窗口？
7. 在本楼宇供配电系统控制装置上装设了哪些供配电设备？各有什么作用？
8. EDA9033E智能电量变送器有何作用？如何进行相关操作？
9. 如何进行智能建筑的供电运行线路组建操作？
10. 如何进行典型楼层配电运行线路组建操作？
11. 如何进行供配电系统中运行线路状态的现场监测、抄表和控制操作？
12. 如何进行备自投联动运行控制和调试操作？
13. 如何进行应急电源配电线路运行和联动控制操作？
14. 如何进行双电源自动切换控制线路的组建和运行操作？
15. 如何进行配电线路功率因数补偿运行控制操作？
16. 如何进行供配电监控系统运行调度操作？

学习情景7　THPTC-1型停车场管理系统

【学习目标】

知识目标

- 认识停车场管理系统
- 了解停车场入/出设备
- 学习使用纸票方式的停车管理

技能目标

- 掌握ID卡方式的停车管理
- 掌握入/出口控制机的使用

情景条件

- THPTC-1型停车场管理系统实验装置1套
- 计算机1台
- ID卡

7.1　工作任务

图7-1所示THPTC-1型停车场管理系统实验装置是天煌教仪为配合高校楼宇专业的教学和实验而设计开发的楼宇自动化系列实验设备。本工作任务首先要认知停车场管理系统，然后进行停车场管理的相关操作。

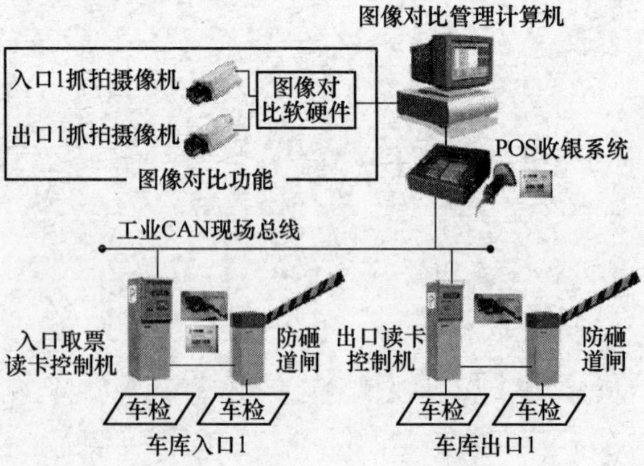

图7-1　THPTC-1型停车场管理系统实验装置

7.2　任务分析

THPTC-1 型停车场管理系统为一进一出配置，采用卡/票结合型系统，既有固定月租车辆，又有临时车辆的收费型停车场，主要特点为：

1）非接触智能卡自动管理固定月租车辆，读卡进出，无人值守，一卡一车。

2）条形码票管理临时车辆，一车一票，计算机计费管理，票面即时打印，收费结果客观、规范、有效，而且可以杜绝收费漏洞，防止费源流失。

3）入口设备无人值守，车辆自助读卡或取票进场，无人值守。

4）出入口中文液晶显示屏，提示操作信息和系统信息，使自助操作界面简单、友好。

5）轻松应付大车流量，出口计费系统采用 POS 收银系统取代传统的计算机收费，明显增强系统稳定性，延长系统使用寿命。

6）微机管理软件为管理者提供实用详尽的监控管理功能，管理人员不用理会系统硬件的具体操作，只是简单地设置或查询相关车辆数据即可，如发行/修改月卡、设定收费标准、数据统计查询、打印报表等。

7）长距离通信使用 CAN 现场总线取代传统的 RS-485 总线，增强抗干扰能力，增加通信距离及提高隔离电气冲击的能力等。

8）图像对比，抓拍车辆进出照片供值班及管理人员人工对比，以保障停车安全，解决丢票争议及事后资料核查等。

本停车场管理系统是根据目前我国建筑电气、楼宇智能化专业的实际应用精心设计的，它可全面反映停车场系统工作原理及当前先进的识别技术。

7.3　知识平台

7.3.1　停车场硬件设备现场安装简介

1. 入口控制机安装与接线

1）安装位置如图 7-2 所示。入口控制机推荐安装在专门制作的混凝土安全岛上，与其他入口设备保持合理的安装距离。

2）入口设备固定。入口设备固定如图 7-3 所示。

入口控制机机箱底座有 4 个 ϕ16mm 的安装孔，用 4 个 ϕ12mm × 100mm 膨胀螺栓固定在混凝土安全岛的安装位置上，锁紧机箱时确保膨胀螺栓与基础连接牢固。

3）入口设备接线图（注意：接线前必须确保电源已切断）。入口设备接线图如图 7-4 所示。

①接线时，确保电源已切断。接线后，用万用表测量接线的正确性，确定接线正确后才能通电调试。

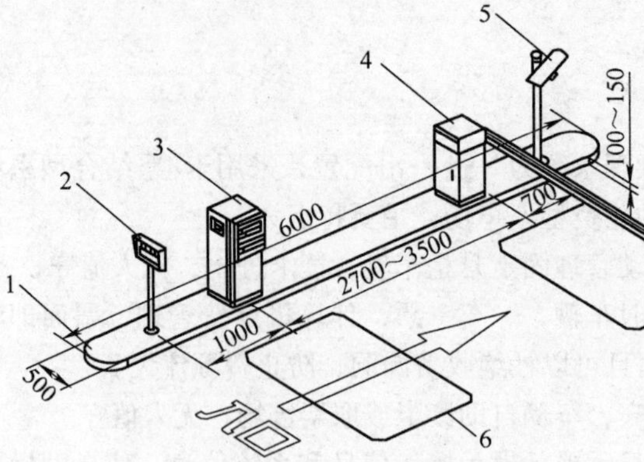

图 7-2 入口控制机的安装位置

1—混凝土安全岛 2—车位指示屏 3—入口控制机 4—电动道闸 5—抓拍摄像机 6、7—车辆检测器

②测量地感接线。测量电阻应在 2 ~ 5Ω，小于 2Ω 可能线圈短路，大于 5Ω 可能接触不良。

③测量通信接线。通信线间测量电阻不应小于 50Ω，否则可能出现通信线短路情况。

2. 出口控制机安装与接线

1）安装位置。安装位置如图 7-5 所示。

出口控制机推荐安装在专门制作的混凝土安全岛上，与其他出口设备保持合理的安装距离，如图所示。

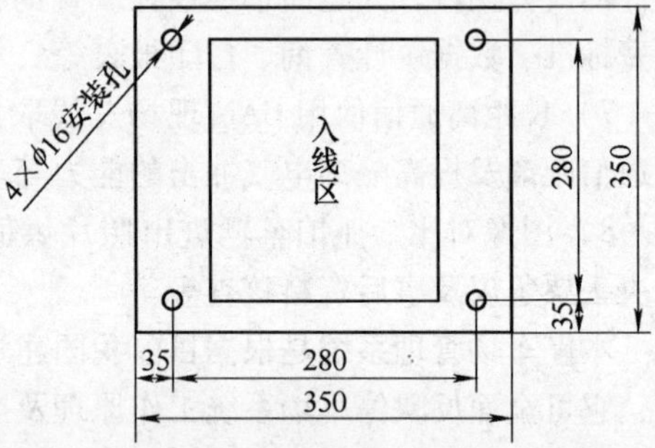

图 7-3 入口设备固定

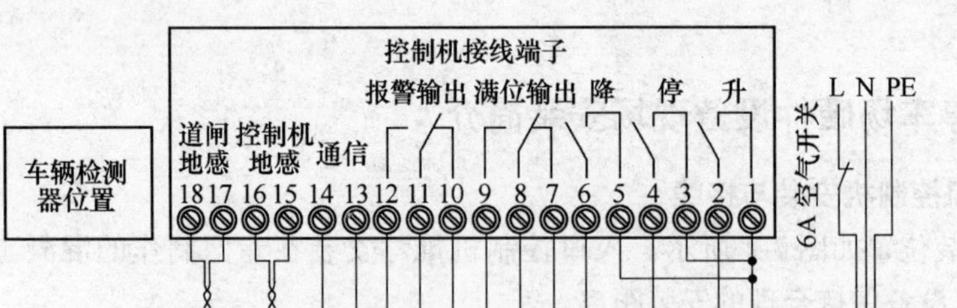

图 7-4 入口设备接线图

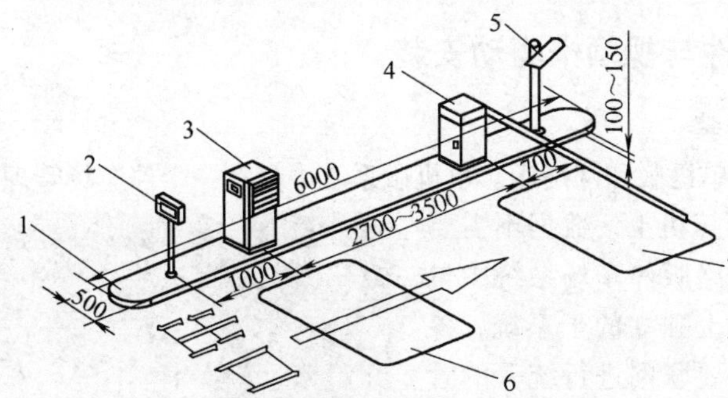

图 7-5　出口控制机安装位置

1—混凝土安全岛　2—车位指示屏　3—出口控制机

4—电动道闸　5—抓拍摄像机　6、7—车辆检测器

2）出口设备固定。出口设备固定如图 7-6 所示。

出口控制机机箱底座有 4 个 ϕ16mm 的安装孔，用 4 个 ϕ12mm × 100mm 膨胀螺栓固定在混凝土安全岛的安装位置上，锁紧机箱时确保膨胀螺栓与基础连接牢固。

3）出口设备接线图（注意：接线前必须确保电源已切断）。设备接线图如图 7-7 所示。

①接线时，确保电源已切断。接线后，用万用表测量接线的正确性，确定接线正确后才能通电调试。

②测量地感接线。测量电阻应在 2 ~ 5Ω，小于 2Ω 可能线圈短路，大于 5Ω 可能接触不良。

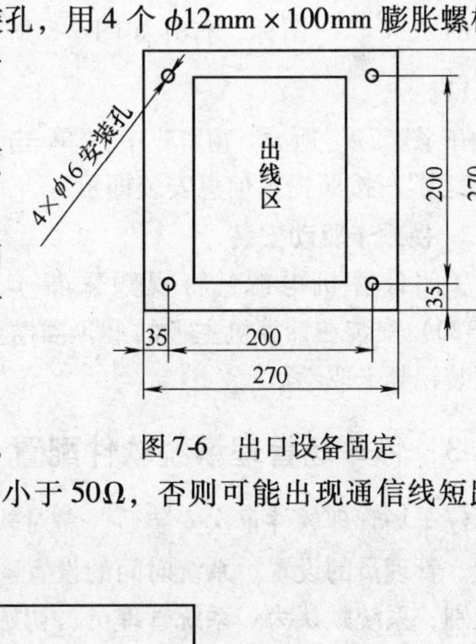

图 7-6　出口设备固定

③测量通信接线。通信线间测量电阻不应小于 50Ω，否则可能出现通信线短路情况。

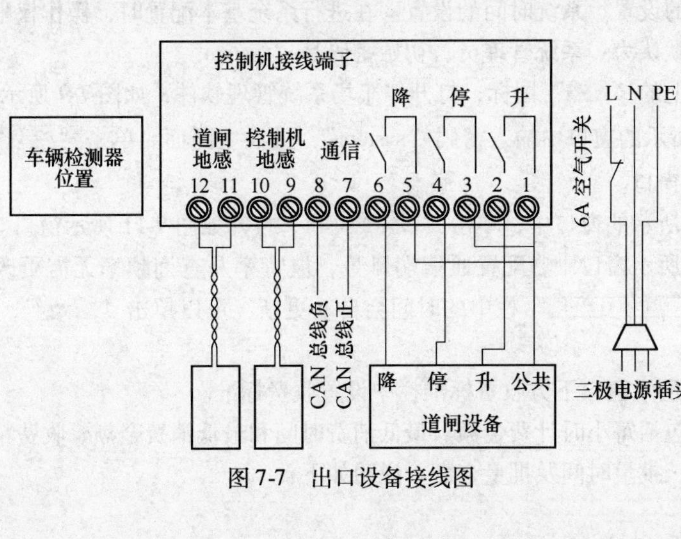

图 7-7　出口设备接线图

7.3.2　系统软件与视频卡驱动安装

1. 系统软件安装

系统软件分为单机版和网络版。单机版系统中只有一个停车场管理子系统，所有的数据保存在现场计算机上，数据不需要进行网络共享。网络版停车场系统中包含 2 个或者 2 个以上独立的子系统，各个独立的子系统需要联网进行统一的管理。在安装软件时需要先设定一台计算机为服务器，作为服务器的计算机必须先安装“SQL server 2000”。

THPTC-1 型停车场管理系统实训装置安装停车场单机版管理软件，单击光盘中的“SETUP.EXE”图标，打开如图 7-8 所示窗口。

在图 7-8 所示窗口中，单击“Next >”，按照提示信息安装即可。

图 7-8　单机版管理软件安装窗口

2. 视频卡驱动安装

关闭计算机电源，将视频采集卡（VT320）安装在计算机主板的 PCI 插槽上，启动计算机。在系统启动后，按照提示信息安装视频卡驱动。

7.3.3　停车场管理系统软件配置

停车场管理软件首次安装后，需对软件进行配置。配置包括通信端口配置、车位数配置、管理员的设置、系统时间的设置。在进行系统基本配置时，操作权限必须是管理员级别，系统默认为：系统管理员，初始密码是“system”。

双击桌面上的“P”图标，打开停车场系统管理软件，如图 7-9 所示。

在图 7-9 所示的窗口中输入密码“system”，进入主画面。单击“系统管理”，打开如图 7-10 所示窗口。

在图 7-10 所示的窗口中，单击“基本参数”，打开如图 7-11 所示窗口。

在图 7-11 所示窗口中，配置通信端口号，波特率及查询频率无需更改。配置正确后，“控制机时间 2007-01-11 11:22:53”栏中的时间会自动更新，可以单击“对时”，校对 POS 机与计算机时间。

在图 7-11 所示窗口下方收费标准栏中设置收费标准。

收费标准包括每小时计费金额、最低消费时间和最低消费金额、收费精度、免费时间、最高金额、批量时间及批量金额。说明如下：

1）每小时计费金额。以元为单位，24h 共 23 个设置项，即停车每超过 1h 加收多少停车费。可以为每天不同的时间段设置不同的收费标准，如：晚上 8h 每小时设置为 1.0 元，白天每小时设置为 2.0 元，或停车高峰期的几个小时设置一个计费标准，非高峰期设置另一个计费标准。

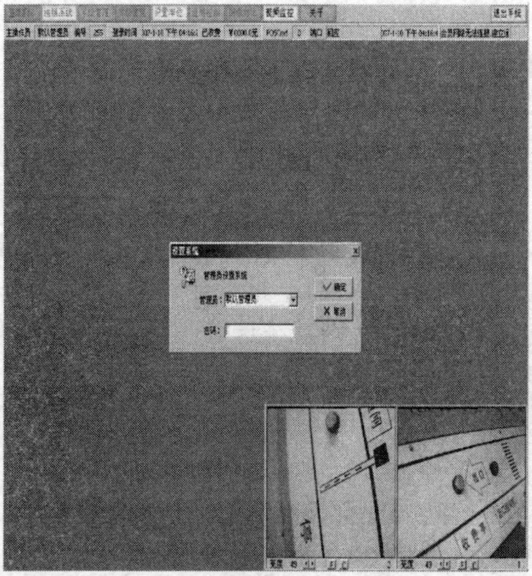

图 7-9　停车场系统管理软件

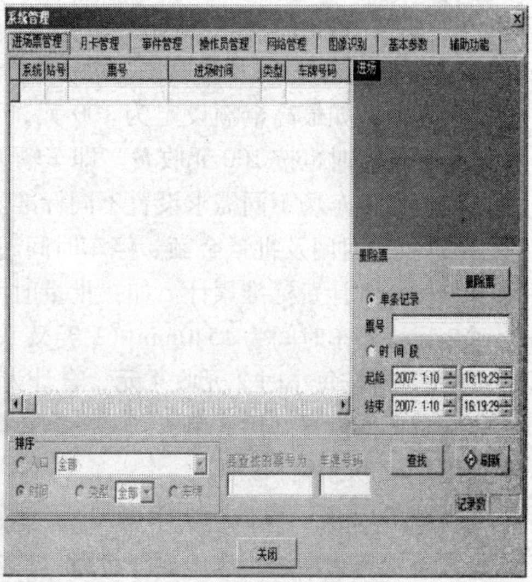

图 7-10　系统管理窗口

2）最低消费时间及最低消费金额。车辆进场一旦超过免费时间且没有超过最低消费时间，就要按最低收费金额标准收费。如：某停车场最低消费时间是 4h，免费时间是 30min，最低消费金额是 5.0 元。车辆在此停车场停车，时间只要在 30min 以内就不要收费，但只要超过 30min 而不超过 4 个 h 就收费 5 元，时间由计算机自动计时准确有效。

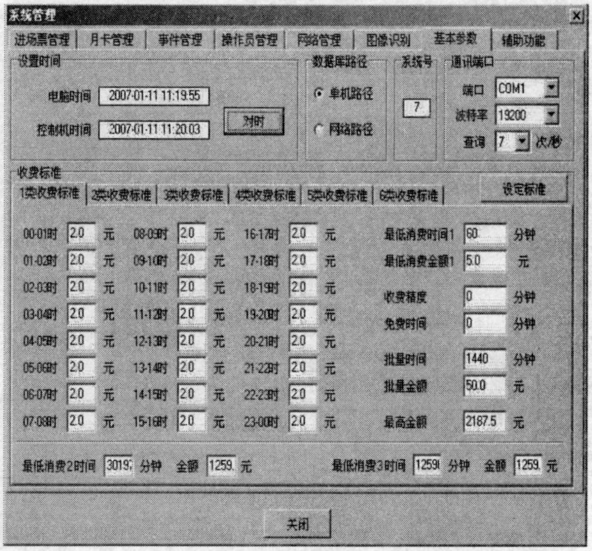

图 7-11　系统配置窗口

3）收费精度。该项用来实现人性化的收费，停车时间超过下一个计费档次的时间不足收费精度设置的时间，将按照没有超过下一个计费档次计费。如：收费精度设置为

3min，每小时收费标准为 2 元，某车停了 62min（1 小时 2 分钟），本应该按两个小时收费，即收 4 元，但因收费精度为 3min，停车时间只超过了 2min，因此最后按 1h 收费，即收 2 元。

4）免费时间。以分钟为单位，停车时间没有超过免费时间，自动免费处理。超过免费时间，免费时间要一并累加进行计费。如：免费时间设为 30min，停车时间为 80min，要按照 2h 计费。

5）最高金额。以元为单位，设定一个最高限，即不论停多长时间，收费最多不会超过设定值。如最高金额设定为 100 元，当车辆在停车场内停车费用累计超过 100 元时，车辆出场时也按 100 元收费。即车辆无论停多久最多一次只能收取 100 元，此设定可以根据各停车场不同需求设置不同标准。

6）批量时间及批量金额。停车时间超过批量时间，收费金额将累计批量金额，超出部分按正常计费标准累计。如：批量时间是 1440min（1 天），批量金额是 20 元，每小时 2 元，停车时间为 1540min（1 天又 1 小时 40 分钟），则系统计算收费金额时先累计 20 元，再按每小时 2 元收 4 元，合计为 24 元，即收费 24 元。

收费标准设置好后，单击“设定标准”，保存收费标准设置。单击“网络管理”，打开如图 7-12 所示窗口。

在图 7-12 所示窗口中，单击“刷新”，系统列表中会显示当前通信成功的设备，如有设备状态为离线，选中离线设备，单击“删除”，删除离线设备。

单击“图像识别”，打开如图 7-13 所示窗口。

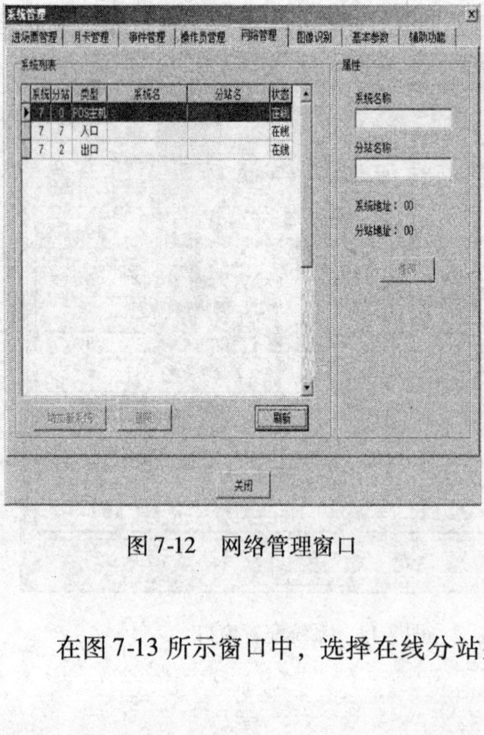

图 7-12　网络管理窗口

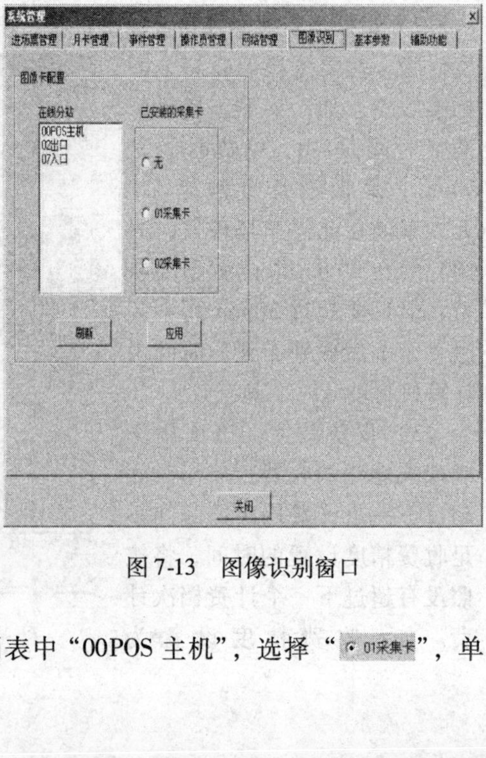

图 7-13　图像识别窗口

在图 7-13 所示窗口中，选择在线分站列表中“00POS 主机”，选择“01采集卡”，单击“应用”。用同样的方法设置“02 出口”为“01 采集卡”，“07 入口”为“02 采集卡”。

单击“关闭”，返回停车场系统管理软件主界面。

在停车场系统管理软件主界面上单击“设置车位”，打开如图 7-14 所示窗口。

在图 7-14 所示窗口中，总车位是停车场停车的最大容量。如一个停车场有 500 个车位，这时总车位数就可以设置为 500。在场持卡车辆数和在场持票车辆数初始化为 0。输入停车场总车位数、在场持卡车辆数及在场持票车辆数，单击“设定车位”，单击“关闭”，返回停车场系统管理软件主界面。

在停车场系统管理软件主界面上单击“道闸控制”，打开如图 7-15 所示菜单。选择要打开或者关闭的道闸，并选择开关动作，在弹出的窗口中输入操作原因，单击“确定”，对应道闸执行动作。

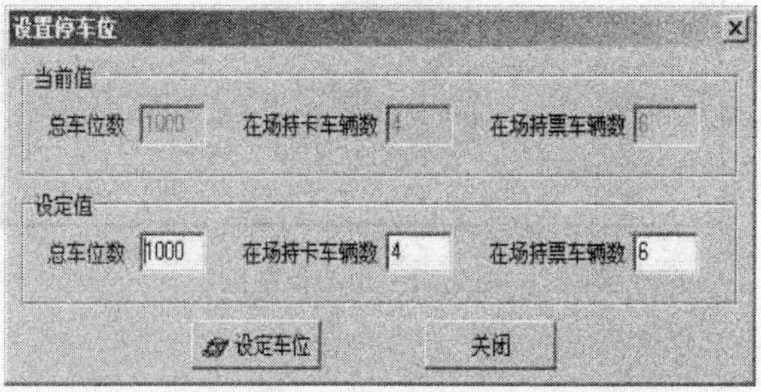

图 7-14　设置停车位窗口

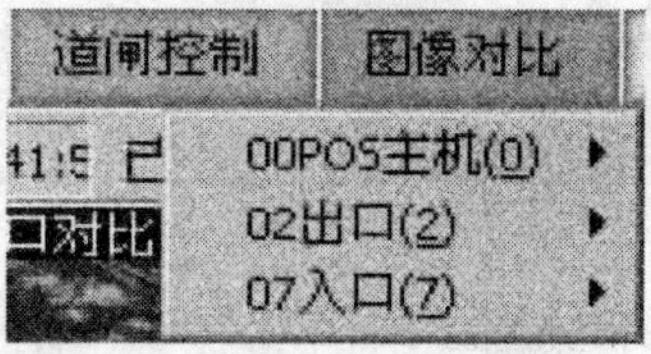

图 7-15　道闸控制菜单

单击“图像对比”，图像对比界面显示或隐藏。单击“视频监控”，视频监控界面显示或隐藏。

7.4　解决方案

7.4.1　停车场管理系统的认知实践

1. 系统功能原理图的认知

系统功能原理图如图 7-1 所示。

2. 入口控制机认知

入口控制机是内嵌智能控制单元的入口控制核心，提供自动控制功能，用于既有月卡车辆自助进场、又有临时车辆自助进场的停车管理系统中，如图 7-16 所示。入口控制机可以联网工作，也可以脱机独立工作。智能控制单元不仅有独立的控制程序、时钟、存储器及各种输入、输出，而且还具备 CAN 总线联网接口。脱机独立工作时可以暂存上万条的脱机记录，联网后自动上传。

3. 出口控制机认知

出口控制机是内嵌智能控制单元的出口自助读卡控制核心，提供自动控制功能，提高车辆出场的效率，做到月卡车辆无人值守管理，如图 7-17 所示。智能控制单元有独立的控制程序、时钟、存储器及各种输入、输出，而且还具备 CAN 总线联网接口。脱机独立工作时可以暂存上万条的脱机记录，联网后自动上传。

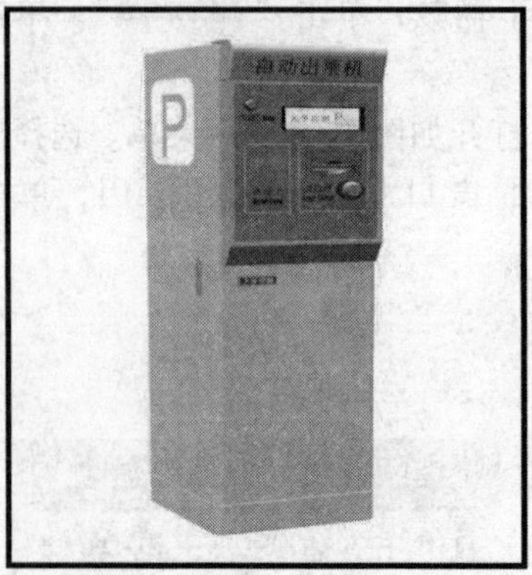

图 7-16　入口控制机

图 7-17　出口控制机

3. POS 收银机认知

POS 收银机是停车场收费管理系统中控制、收费和管理的中心，如图 7-18 所示。内嵌智能控制单元和存储单元，在提供自动控制功能的同时，还具有收费管理功能，可以脱离计算机进行独立的工作。POS 收银机适用于月卡车辆和临时车辆相结合的停车管理系统，用于监控出入口设备的通信、临时车辆的收费、系统的数据存储及与计算机的通信。既可以与计算机联机工作，又可以脱离计算机进行独立工作。智能控制单元有独立的控制程序、时钟、存储器及各种输入、输出，而且还具备先进的 CAN 总线联网接口。智能控制单元可以独立存储 1 万张月卡信息和上万条系统事件记录以及收费信息，与计算机联机后自动上传，导入数据库中。

4. 道闸认知

道闸采用专用力矩电机和控制电路，适用于各类停车场管理系统中的车辆出入口，限定车辆进出，如图 7-19 所示。

5. THPTC-1 型停车场管理系统控制面板认知

THPTC-1 型停车场管理系统的控制面板如图 7-20 所示。

6. 请您做一做

1）简单描述一下停车场管理系统的系统功能。

2）列举停车场管理系统各部件的主要作用。

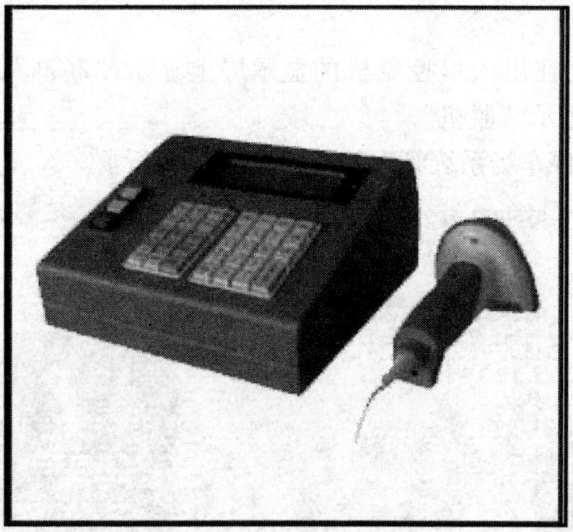

图 7-18　POS 收银机

图 7-19　道闸

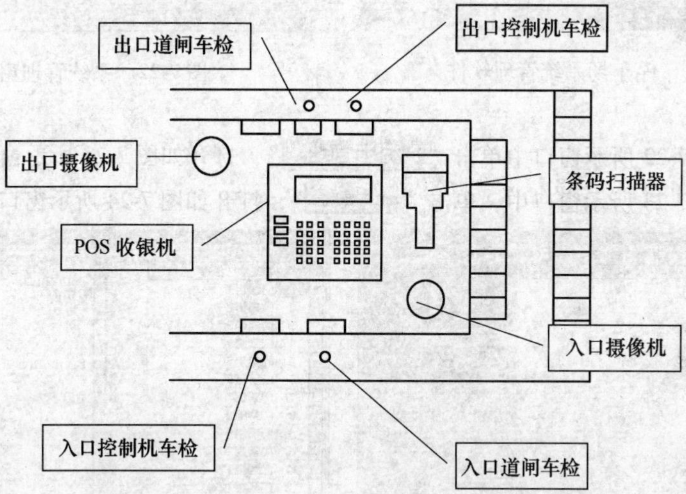

图 7-20　THPTC-1 型停车场管理系统的控制面板

7.4.2　停车场入口控制（ID 卡方式）情景模拟操作实践

1. 实践目的

1）了解停车场入口设备。

2）学习 ID 卡方式的停车管理操作。

2. 实践步骤

1）检查入口控制机与入口道闸之间的接线，入口控制机与 THPTC-1 型控制屏接线，出口控制机与出口道闸之间的接线，出口控制机与 THPTC-1 型控制屏接线。

2）启动计算机，打开设备电源。

3）检查系统联网状态，联网成功时会在出入口控制机的显示屏上显示“联网”，联网失败时会在出入口控制机的显示屏上显示“脱机”。

4）双击桌面上的“P”图标，打开停车场系统管理软件，如图7-21所示。

5）在图7-21所示的窗口中输入密码“system”，进入主画面。单击“系统管理”，打开如图7-22所示窗口。

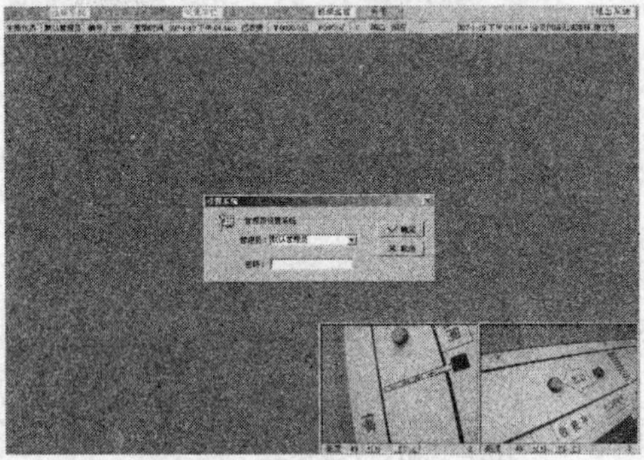

图7-21　停车场系统管理软件

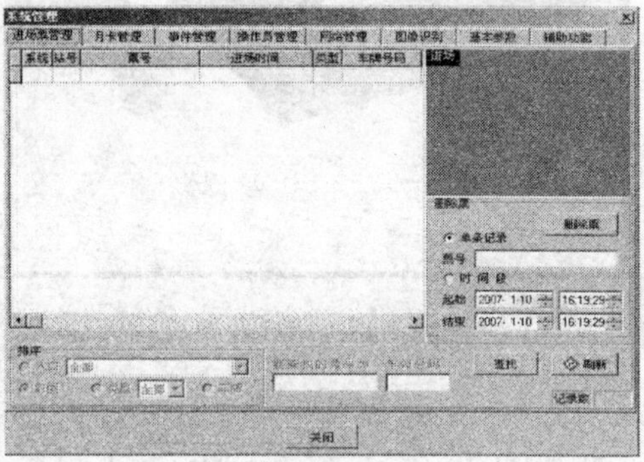

图7-22　系统管理窗口

6）在图7-22所示窗口中单击“月卡管理”，打开如图7-23所示窗口。

7）在图7-23所示窗口中，单击“门禁组设置”，打开如图7-24所示窗口。

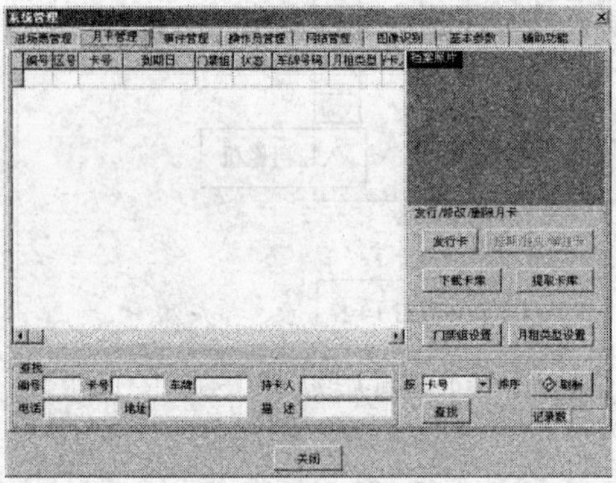

图7-23　月卡管理窗口

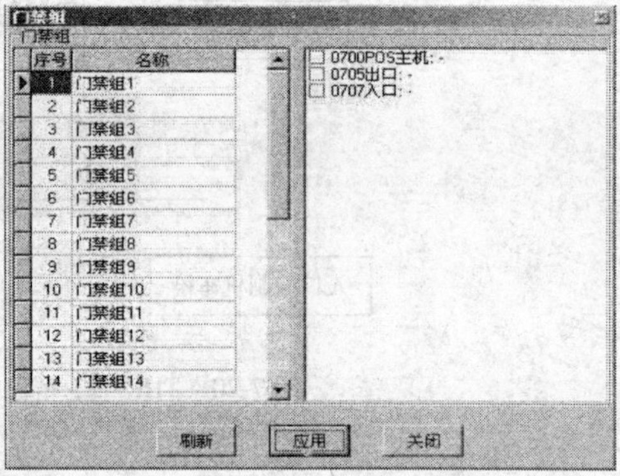

图7-24　门禁组窗口

8）在图7-24所示窗口中，单击“门禁组1”，在右侧的窗口中选中所有设备，单击“应用”按钮保存设置，再单击“关闭”按钮，返回图7-23所示窗口。

9）在图7-23所示窗口中，单击“月租类型设置”，打开如图7-25所示窗口。在图7-25所示窗口中输入“月租类型”和“月租金”，单击“新增”按钮，再单击“关闭”按钮，返回图7-23所示窗口。

10）在图7-23所示窗口中，单击“发行卡”，打开如图7-26所示窗口。

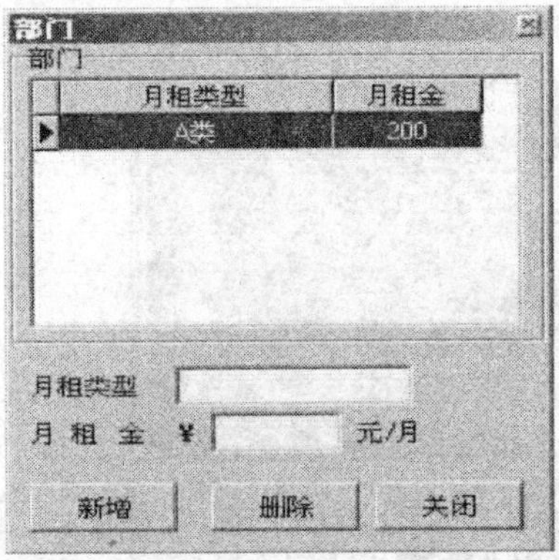

图7-25　月租类型设置窗口

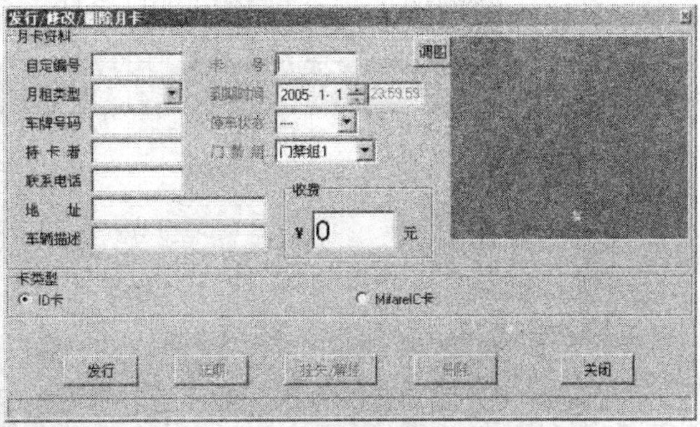

图7-26　发行卡窗口

11）取一张ID卡，记录ID卡右下角的8位编号。在图7-26所示窗口中，输入“卡号”、“固定编号”、“月租类型”、“车牌编号”、“持卡者”、“联系电话”、“地址”、“车辆描述”、“到期时间”、“停车状态”、“门禁组”等信息，单击“发行”，发行成功后会在状态栏显示“下载成功.”。

12）按一下控制屏上入口控制机下方的红色按钮，入口控制机语音提示“欢迎光临，临时车请取票，月票车请读卡”，屏幕显示“欢迎光临，请取票”。将发行的ID卡在远距离读卡器上刷一下，入口控制机语音提示“请进入停车场”，同时入口道闸打开，停车场系统管理软件入口视频栏显示如图7-27所示。

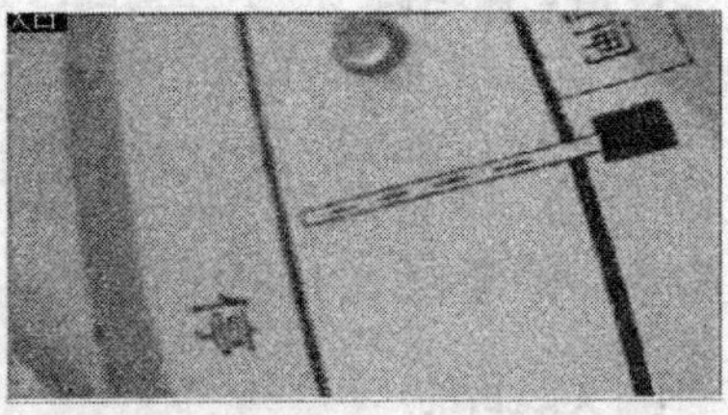

图7-27　入口视频栏显示

13）按一下控制屏上入口控制机下方的红色按钮，再按一下入口道闸下方的绿色按钮，入口道闸关闭，停车场系统管理软件上显示车辆信息，并将停车信息存进数据库，如图7-28所示。

图7-28　显示车辆信息

14）单击“系统管理”，再单击“事件管理”，打开如图7-29所示窗口。

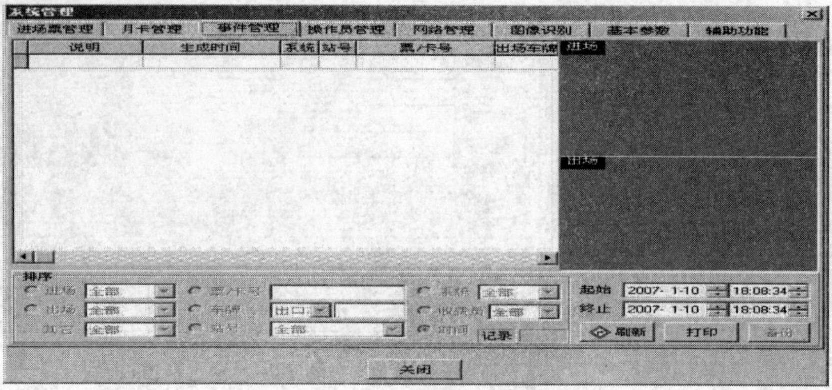

图 7-29　入口事件管理窗口

15）在图 7-29 所示窗口中，设置起始时间和停止时间，单击“刷新”，可以查询到进场 ID 卡号、进场时间及入口抓拍图像。

3. 请您做一做

1）简单描述停车场入口设备的功能。

2）简要叙述 ID 卡方式停车管理的入口操作过程。

7.4.3 停车场出口控制（ID 卡方式）情景模拟操作实践

1. 实践目的

1）了解停车场出口设备。

2）学习 ID 卡方式的停车场出口管理操作。

2. 实践步骤

1）在停车场入口控制操作后，按一下控制屏上出口控制机上方的红色按钮，出口控制机语音提示“临时车请缴费，月票车请读卡”，出口控制机屏幕上显示“欢迎光临　请读卡”，停车场系统管理软件上显示出口的视频图像。如图 7-30 所示。

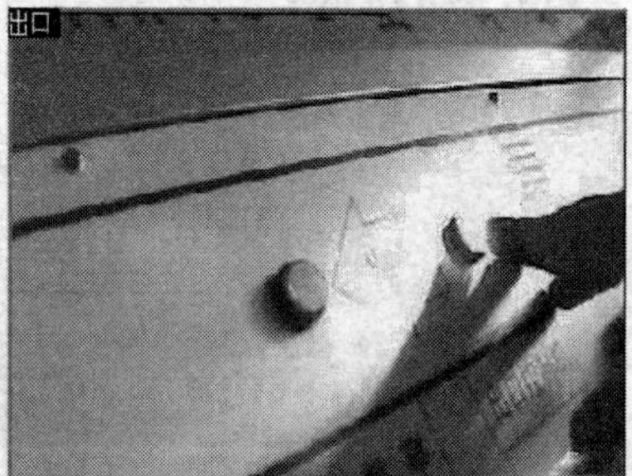

图 7-30　显示出口的视频图像

2）将发行后的 ID 卡在出口控制机“请读卡”区刷一下，出口控制机语音提示“一路平安”，出口控制机屏幕上显示“一路平安”，停车场系统管理软件上更新出口视频图像。按一下控制屏上出口控制机上方的红色按钮，再按一下收费亭上方的绿色按钮，出口道闸关闭。

3）单击“系统管理”，再单击“事件管理”，打开如图 7-31 所示窗口。

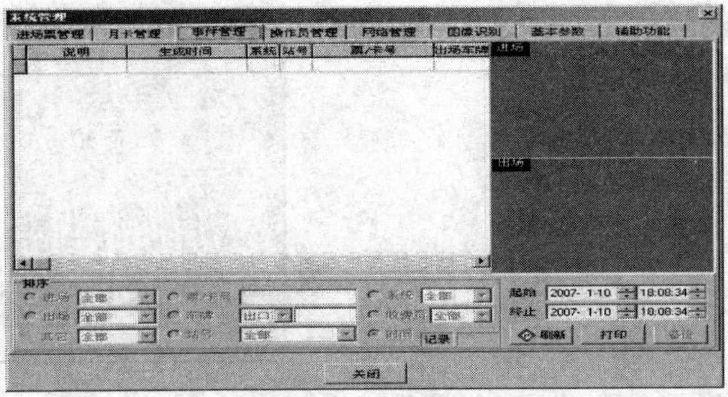

图 7-31 出口事件管理窗口

4）在图 7-31 所示窗口中，设置起始时间和停止时间，单击“刷新”，可以查询到进场 ID 卡号、进场时间及入口抓拍图像。

3. 请您做一做

1）简单描述停车场出口设备的功能。

2）简要叙述 ID 卡方式停车管理的出口操作过程。

7.4.4 停车场入口控制（纸票方式）情景模拟操作实践

1. 实践目的

1）学习使用纸票方式的停车管理。

2）掌握纸票方式的停车入口管理操作。

2. 实践步骤

1）检查入口控制机与入口道闸之间的接线，入口控制机与 THPTC-1 型控制屏接线，出口控制机与出口道闸之间的接线，出口控制机与 THPTC-1 型控制屏接线。

2）检查系统联网状态，联网成功时会在出、入口控制机的显示屏上显示“联网”，联网失败时会在出、入口控制机的显示屏上显示“脱机”。

3）双击桌面上的“IP”图标，打开停车场系统管理软件，输入密码“system”。

4）按一下控制屏上入口控制机下方的红色按钮，入口控制机语音提示“欢迎光临，临时车请取票，月票车请读卡”，屏幕显示“欢迎光临，请取票”。按一下入口控制机请取票右侧的按钮，入口控制机屏幕上显示“正在预置车牌…”，停车场系统管理软件上弹出如图 7-32 所示窗口。

5）在图 7-32 所示窗口中，输入车牌及类型，单击“确定”，返回到停车场系统管理软件主界面，同时在出票口取票，票信息如图 7-33 所示，也可在停车场系统管理软件上看到入场票的信息，如图 7-34 所示。

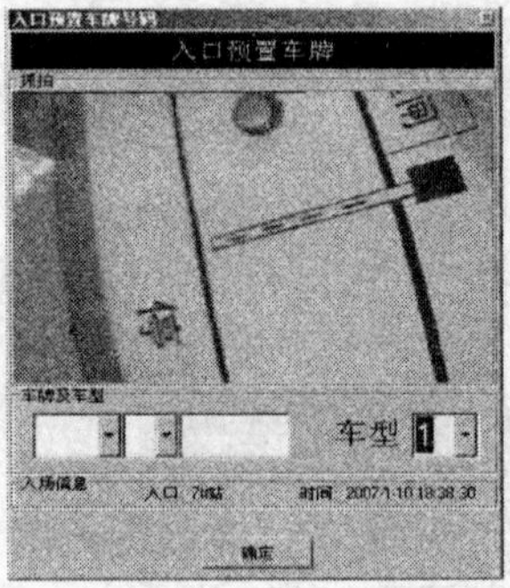

图 7-32　入口预置车牌窗口

图 7-33　票信息

6）按一下控制屏上入口控制机下方的红色按钮，再按一下入口道闸下方的绿色按钮，入口道闸关闭，停车场系统管理软件上显示车辆信息，并将停车信息存进数据库。

票号	进场时间	车牌
0707256611255701	07-1-10 下午 06:45:5	京A00000

图 7-34　入场票信息

7）单击“系统管理”，再单击“事件管理”，打开如图 7-35 所示窗口。

8）在图 7-35 所示窗口中，设置起始时间和停止时间，单击“刷新”，可以查询到进场 ID 卡号、进场时间及入口抓拍图像。

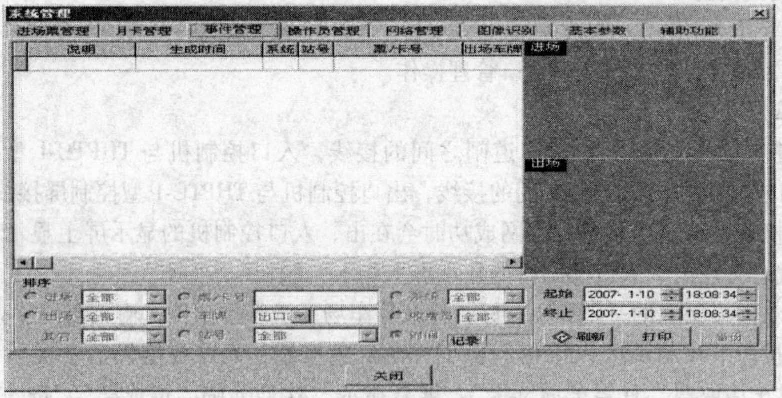

图 7-35　入场事件管理窗口

3. 请您做一做

1）简单描述停车场纸票方式入场管理的特点。

2）简要叙述纸票方式停车管理的入场操作过程。

7.4.5 停车场出口控制（纸票方式）情景模拟操作实践

1. 实践目的

1）学习纸票方式的停车出口管理。

2）掌握纸票方式的停车出口管理操作。

2. 实践步骤

1）在停车场入口控制（纸票方式）操作后，按一下控制屏上出口控制机上方的红色按钮，出口控制机语音提示“临时车请缴费，月票车请读卡”，出口控制机屏幕上显示“欢迎光临 请读卡”，停车场系统管理软件上显示出口的视频图像，如图7-36所示。

图7-36 显示出口的视频图像

2）将进场的纸票在POS收银机的条码扫描器上扫描，扫描成功后，收银机语音提示“应收费××元”，同时屏幕显示纸票编号、进场时间、出场时间及停车时间。停车场系统管理软件弹出如图7-37所示窗口。

3）在图7-37所示窗口中，显示纸票进场信息及收费金额，单击“确认Enter(E)”，POS机语音提示“谢谢 一路平安”，道闸打开。

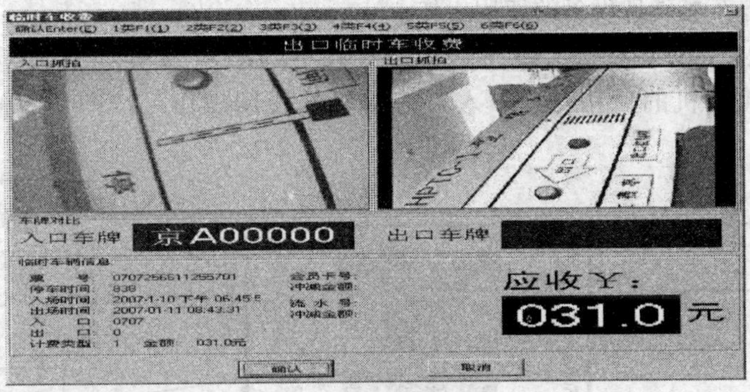

图7-37 临时车收费窗口

4）按一下控制屏上出口控制机上方的红色按钮，再按一下收费亭上方的绿色按钮，入口道闸关闭。

5）单击“系统管理”，再单击“事件管理”，打开如图7-38所示窗口。

6）在图7-38所示窗口中，设置起始时间和停止时间，单击“刷新”，可以查询到出场票号、出场时间及出口抓拍图像。

3. 请您做一做

1）简单描述停车场纸票方式出场管理的特点。

2）简要叙述纸票方式停车管理的出场操作过程。

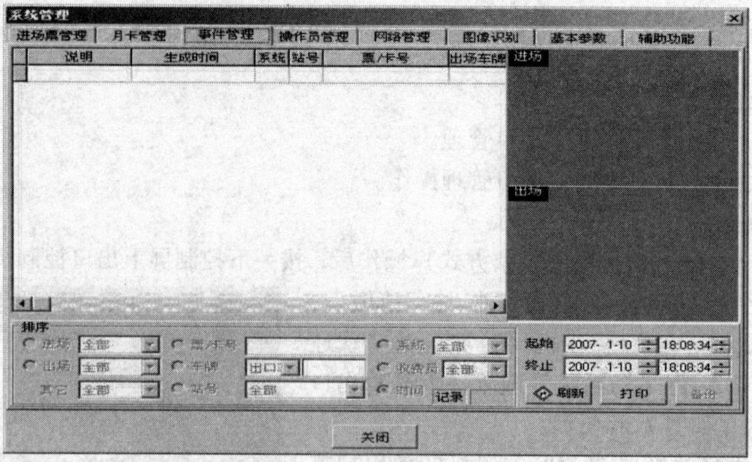

图 7-38　出场事件管理窗口

7.4.6　停车场硬件设备的使用操作实践

1. 实践目的

1）了解停车场硬件设备的功能。

2）掌握停车场硬件设备的使用操作。

2. 硬件设备的使用操作实践

1）入口控制机的使用操作。入口控制机的使用操作可按图 7-39 的图示指引进行。

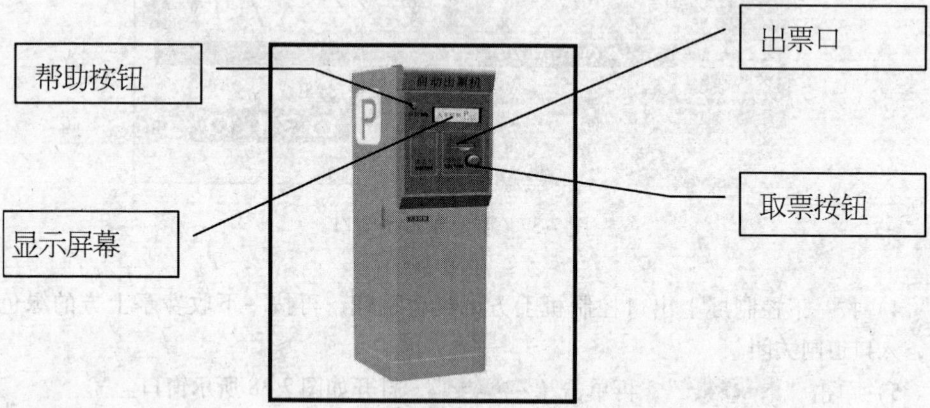

图 7-39　入口控制机的使用操作图示

2）出口控制机的使用操作。出口控制机的使用操作可按图 7-40 的图示指引进行。

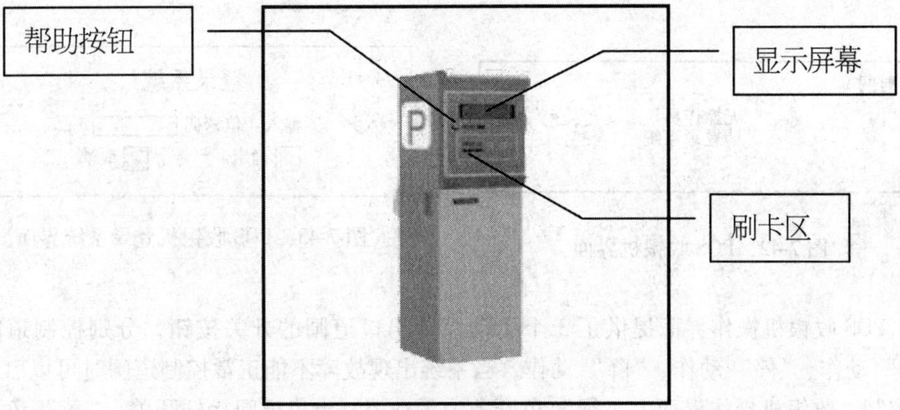

图7-40　出口控制机的使用操作图示

3）POS收银机的使用操作。POS收银机的使用操作图示如图7-41所示。其键盘功能介绍如下：

①“类型1”键。用软件上类型1的收费标准进行收费。

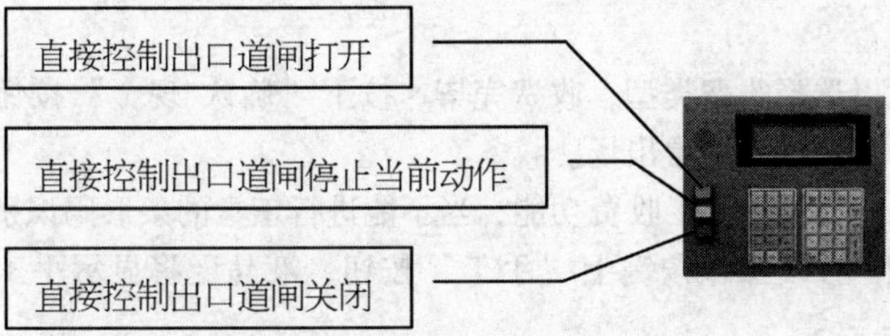

图7-41　收银机的使用操作图示

②“类型2”键。用软件上类型2的收费标准进行收费。

③“类型3”键。用软件上类型3的收费标准进行收费。

④“类型4”键。用软件上类型4的收费标准进行收费。

⑤“手工”键。用于收费员手动输入纸票编号进行收费，在条码扫描器不能正常工作时使用。

⑥“查询”键。用于查询管理中心机上设置的收费标准。

⑦“确定/现金”键。用于确认当前操作。

⑧“取消”键。用于取消当前操作。

⑨数字键盘区。用于输入纸票编号。

系统通电，POS收银机液晶屏显示“无操作员 请登录系统”如图7-42所示。

按下操作键盘上“登录/注销”按键，进入POS收银机登录界面如图7-43所示，液晶屏提示输入登录密码，POS收银机的初始密码为“0000”，输入密码“0000”，按下“确认/现金”按键，POS收银机登录成功。

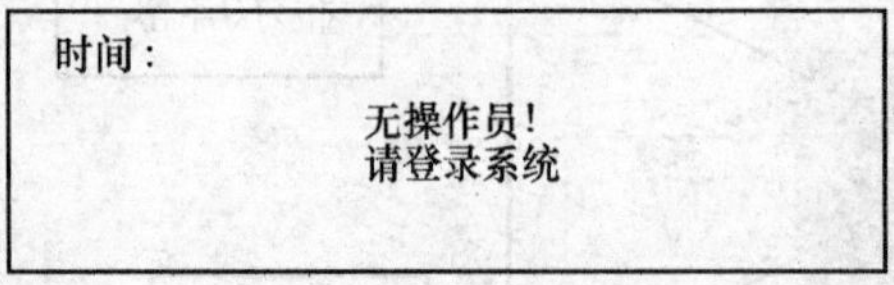

图 7-42　POS 收银机界面

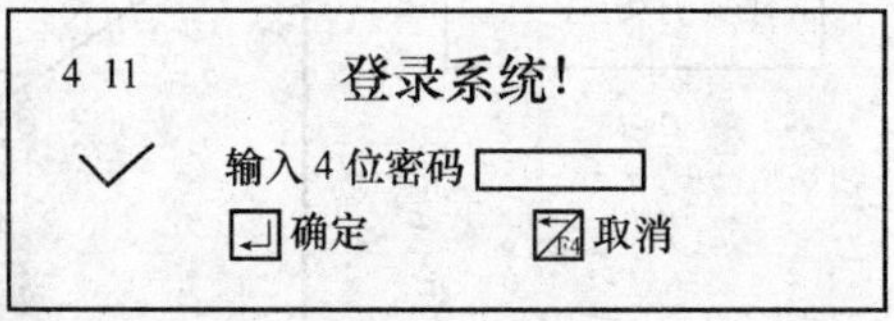

图 7-43　POS 收银机登录系统界面

POS 收银机操作界面提供了 3 个手动控制出口道闸的开关按钮，分别控制道闸的“升”动作、“停”动作、“降”动作，当系统出现故障不能正常控制道闸时可以启用手动控制。收银机操作界面上“绿”色开关为手动控制出口道闸抬杆开关，“黄”色开关为手动控制出口道闸停杆开关，“红”色开关为手动控制出口道闸降杆开关。

POS 收银机提供 4 种收费标准的选择，用户可以根据现场情况设定收费标准，收费标准的选择分别由按键“类型 1”、“类型 2”、“类型 3”和“类型 4”控制。系统默认为“类型 1”收费标准。临时车辆出场时收费人员只需将临时纸票在条形码扫描器上读取识别，液晶屏将自动显示此车的入场时间、出场时间和停车总时间等信息，如图 7-44 所示。

收费人员可以选择收费类型，收费完毕，按下“确认/现金”按钮，系统自动控制出口道闸打开，车辆可以正常出场。

POS 收银机还提供了手工收费功能，当不能进行正常的条形码识别收费时，可以启用手工收费功能。按下操作按键上“手工”按钮，液晶屏将显示手工收费界面，如图 7-45 所示。

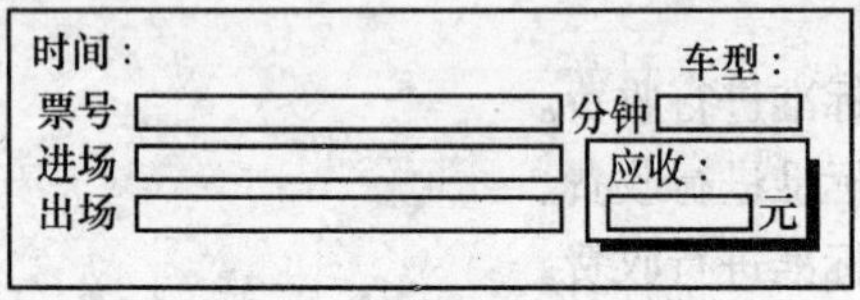

图 7-44　临时纸票收费界面

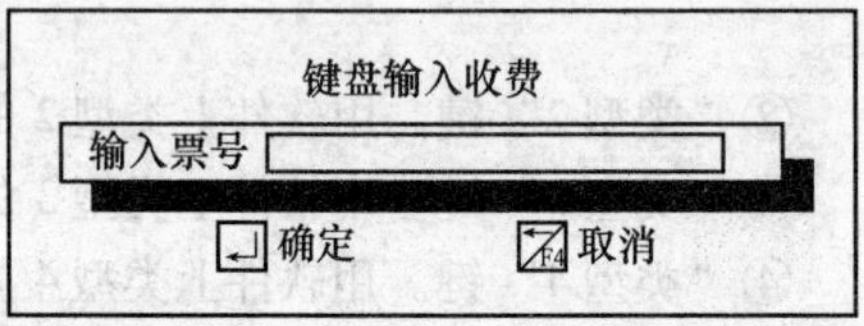

图 7-45　手工输入票号收费界面

当输入纸票上的票号后按下“确认/现金”键，出现图 7-37 所示的收费界面，进行正常收费。

收费标准的查询：POS 收银机可以直接对 4 种类型的收费标准进行查询，按下操作键盘上“查询”按键，液晶屏将会进入如图 7-46 所示界面。

按类型选择键可以查询不同类型的收费标准，需要退出查询界面按“取消”键。

登录密码的修改：POS 收银机在登录界面上可以对登录 POS 收银机的密码进行修改，在登录状态下选择按键“F5”，液晶屏将进入如图 7-47 所示界面。

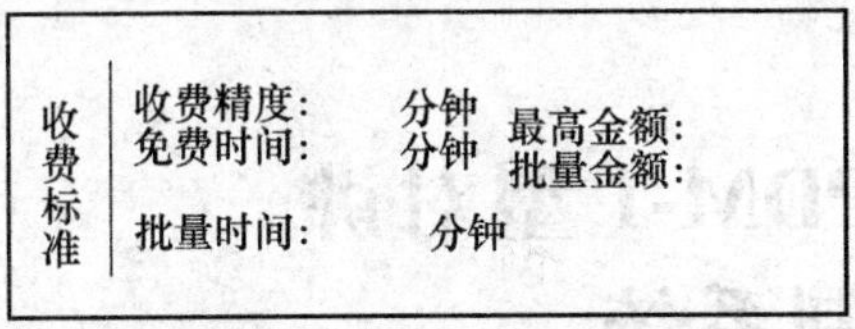

图 7-46　收费标准的查询界面

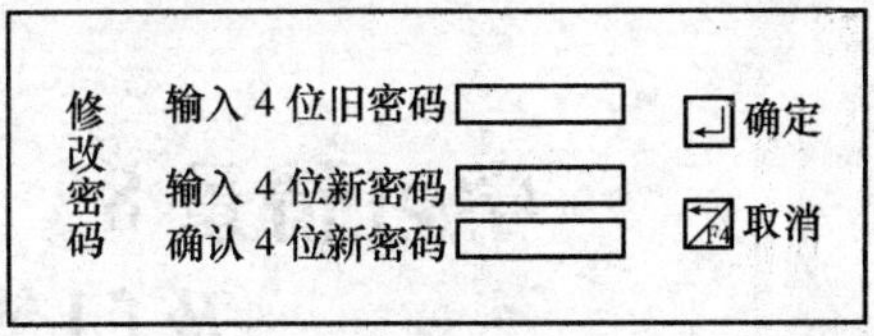

图 7-47　登录密码的修改界面

进入密码修改界面，将旧密码输入，然后输入新密码，按下“确认/现金”按键，完成密码修改操作。

3. 请您做一做

1）简单描述停车场硬件设备的功能。

2）简要叙述停车场硬件设备的使用操作过程。

7.5　思考与练习

1. THPTC-1 型停车场管理系统实训装置有什么特点和功能？
2. 如何进行硬件设备的现场安装？
3. 如何进行系统软件与视频卡驱动安装？
4. 系统软件配置包含哪些方面的内容？如何进行配置？
5. THPTC-1 型停车场管理系统的控制面板上有哪些控制功能？
6. 如何进行停车场入口控制（ID 卡方式）情景模拟操作？
7. 如何进行停车场出口控制（ID 卡方式）情景模拟操作？
8. 如何进行停车场入口控制（纸票方式）情景模拟操作？
9. 如何进行停车场出口控制（纸票方式）情景模拟操作？
10. 如何进行停车场硬件设备的使用操作？

学习情景8 THPDM-1型对讲及门禁控制系统

【学习目标】

知识目标

- 认识对讲及门禁控制系统
- 了解门禁原理和ID卡的开门过程
- 了解对讲原理实现及与访客的可视对讲

技能目标

- 掌握对讲及门禁设备的安装和使用
- 掌握对讲及门禁功能的操作

情景条件

- THPDM-1型对讲及门禁控制系统实训装置1套
- 计算机1台（配LSD-DJ998Z-1软件1套）
- 便携式万用表、一字螺钉旋具、十字螺钉旋具、剥线钳、剪刀等

8.1 工作任务

图8-1所示THPDM-1型对讲及门禁控制系统实验装置是天煌教仪为配合高校楼宇专业的教学和实验而设计开发的楼宇自动化系列实验设备。本工作任务首先要认知对讲及门禁控制系统，然后进行对讲及门禁控制的相关操作。

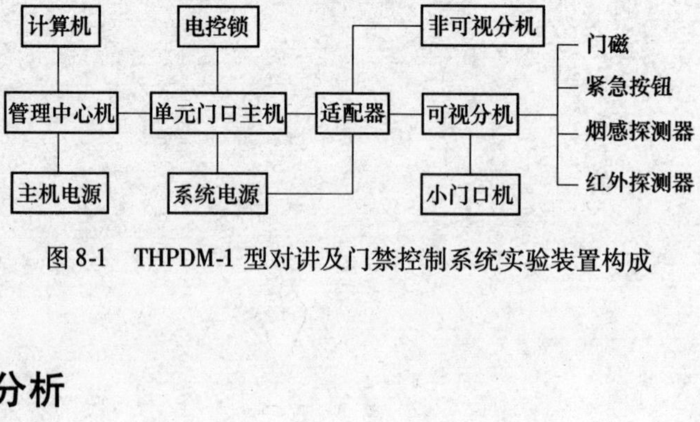

图8-1 THPDM-1型对讲及门禁控制系统实验装置构成

8.2 任务分析

THPDM-1型对讲及门禁控制系统实训装置是依据目前高等院校建筑电气、楼宇智

能化专业的实验内容精心设计的综合实训装置。该装置利用了计算机技术、网络技术、综合布线技术，将对讲、门禁有机地结合在一起，在统一布局的基础上，将各功能模块分立化。系统结构性强，各功能模块拆卸方便，安装灵活，可形象灵活地模拟楼宇对讲、门禁系统的操作演示、系统设置、线路设计等实验及实训内容。系统采用可视对讲与非可视对讲混装的多样化方式，可实现呼叫、对讲、监视、密码开锁、刷卡开锁、遥控开锁、家居报警、报警时间显示、刷卡信息、报警信息自动存储等功能，多台设备之间还可以实现联网管理。通过该装置的操作学习能让教学研究人员全面认识、掌握对讲及门禁系统的各种应用模式，同时也为培养学生技能、研究对讲及门禁工程应用提供了良好的教学平台。

在教学的安排上以培养学生的工程概念和实际动手操作能力为重点，其操作内容主要分两大类：

1）各功能器件的原理认识、工程安装、实际操作（安装、调试）类操作。

2）对讲及门禁系统检修、调试、设计类操作。

8.3　知识平台

8.3.1　门禁管理系统软件的安装与使用

1. 软件安装

1）将光盘中的内容全部复制到计算机。

2）打开上位机系统\7.0文件夹\setup，双击其中的setup文件，按提示完成安装。

3）操作系统一般会将安装好的文件放置于C：\program files\sentry_383文件夹下。

2. 启动软件

1）按照“开始\程序\门禁管理系统”的路径，运行门禁管理系统。

2）打开串口。打开串口如图8-2所示。

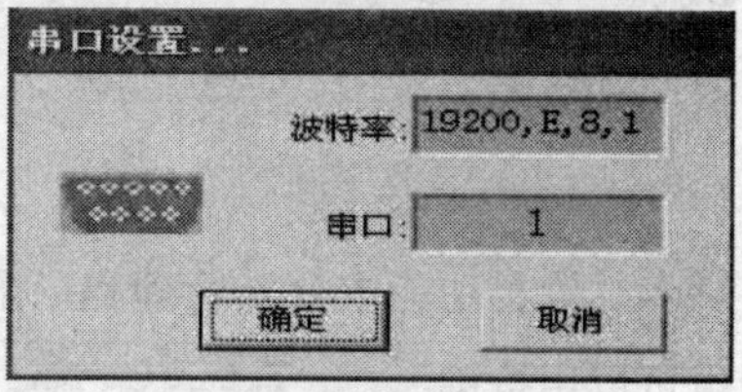

图8-2　串口设置窗口

本系统波特率指定为“19200，E，8，1”，不能更改。

串口号为485转换器所插串口的编号。

当按“确定”键后，系统打开串口，将进行控制器的在线检测。

当按“取消”键后，系统不打开串口，系统将进行脱机工作。

注意：当按“确定”键后，出现图8-3所示提示时，表示该串口已经被别的程序打开，或所填串口编号不存在。

请确认所填串口号和485转换器所插串口的编号是否一致。

3）系统登录。系统登录窗口如图 8-4 所示。

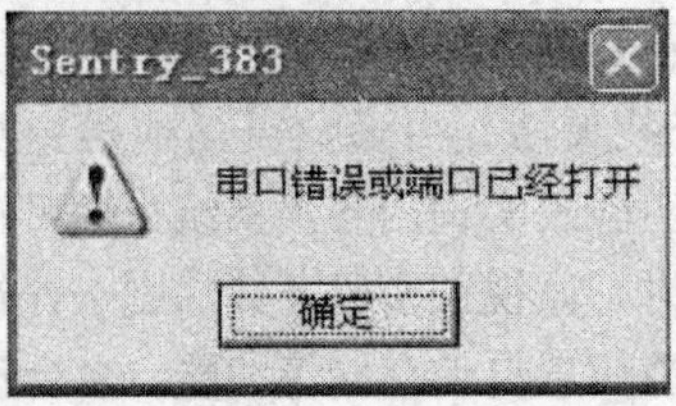

图 8-3　串口错误信息

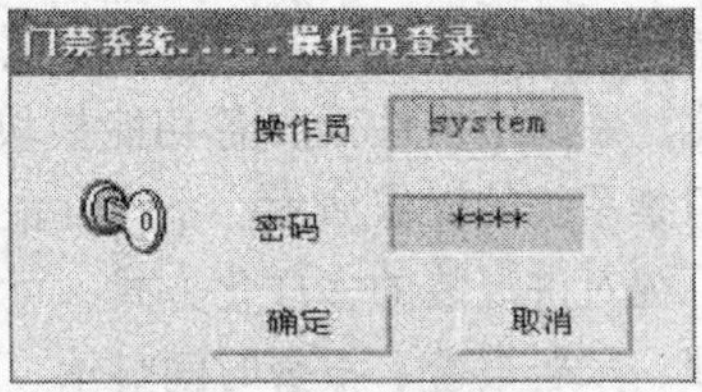

图 8-4　系统登录窗口

系统初始操作员为 system，密码为 1234。

按“确定”键进入系统，按“取消”键退出系统。

在打开串口的情况下进入系统时，系统将自动搜索连接在 485 总线上的所有控制器，并生成记录。所以本系统要求在进入系统之前，最好确认控制器已经上电。

3. 软件使用说明

（1）卡片资料

1）单击系统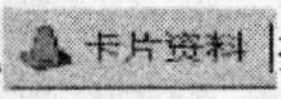按键，进入卡片管理界面，如图 8-5 所示。

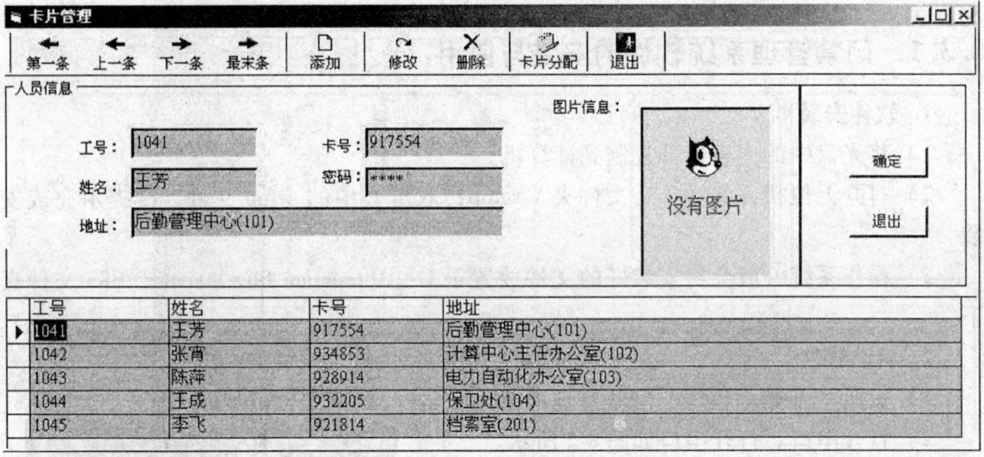

图 8-5　卡片资料界面

卡片资料功能主要是管理和记录用户卡，并把用户卡信息发送到相应的控制器里，但也可以用按键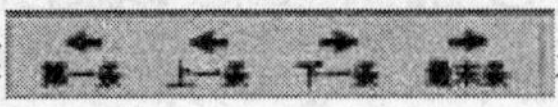来选择卡片信息。

2）按键功能介绍。

①用于添加卡片信息到数据库，具体操作步骤如下：

单击“添加”，系统会自动列出数据库中正在使用的工号，并显示在卡片资料栏里。用户可以自己填写范围在 1～3000 并且未使用的整数作为工号，然后再填写卡号（也可以用发卡机填写卡号）、姓名、密码、地址，要想给该卡片信息添加图片，则双击图片，装入所需的图片信息，然后按“确定”键即可。如果不想添加则按“退出”键，要继续添加重复以上步骤。

②修改 用于修改已有的卡片信息，其具体操作同添加相似。

③删除 用于删除数据库中的卡片信息，具体操作方法如下：

a）单击“删除”按键，弹出删除菜单，如图8-6所示。

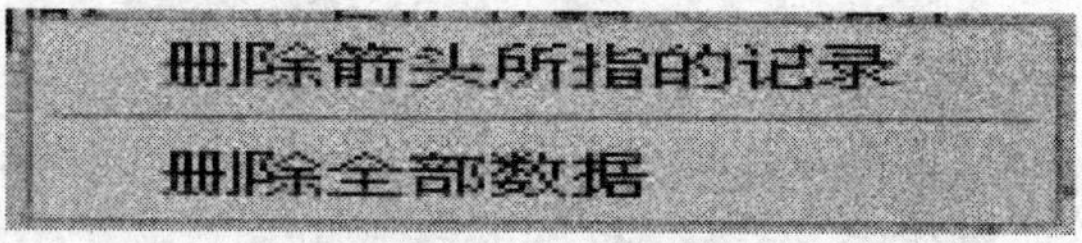

图8-6　删除菜单

b）“删除箭头所指的记录”：用该条删除命令之前，必须单击该条卡片资料并让其显示在卡片信息栏里。然后单击“删除”按键，再双击“删除箭头所指的记录”，确定要删除时，在弹出的对话框单击“是”，否则单击“否”。

c）“删除全部数据”：删除数据库的全部卡片信息。

④卡片分配 用于把卡片信息添加到控制器，打开后如图8-7所示。

图8-7　卡片分配窗口

选择左边想要添加的卡片信息（可以逐条选择或者全部选择），再选择右边想要添加卡片信息的控制器，然后单击保存分配。在“是否下传到控制器”对话框中单击“是”即可，保存完毕后确定。

（2）卡片管理　单击系统卡片管理按键，进入卡片管理界面，如图8-8所示。

卡片管理功能主要管理和记录用户卡，在该功能模块里，每台控制器所包含的卡片都分别归类显示，用户也可以用按第一条 上一条 下一条 最末条键来显示下一台控制器的卡片信息。

按键功能介绍：

1）修改 用于修改已有的卡片信息，其具体操作同卡片资料的修改。

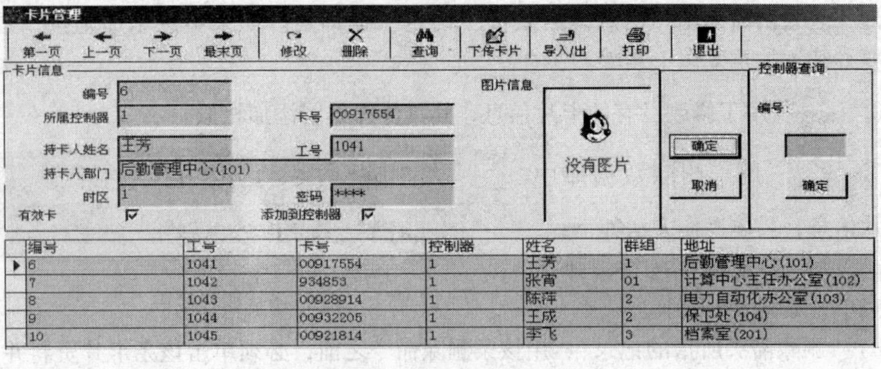

图 8-8 卡片管理界面

2）

用于删除控制器的卡片信息，具体操作步骤同卡片资料的修改。

3）

用于查询当前控制器所属的卡片信息，单击“查询”按键后，可在“编号”“卡号”“持卡人姓名”等任一栏里填入要查询的条件，按“确定”键即可。

4）

用于将卡片信息下传到控制器，单击“下传卡片”即可把卡片信息下传到当前控制器。

5）

用于将卡片信息保存到 Excel 文档，或将 Excel 文档的数据导入到数据库（本系统暂只支持 Excel 文档）。

6）

用于将卡片信息输出到打印机。单击“打印”，弹出打印报表菜单，如图 8-9 所示。

①“打印当前箭头所指的行”：即打印当前“卡片信息”栏里显示的单条卡片信息。

②“打印当前显示的全部”：即打印当前表格里显示的所有数据，主要用于打印查询的结果。

③“打印全部数据”：即打印该控制器所有的卡片信息。

7）

用于退出卡片管理界面。

8）控制器查询按钮，如图 8-10 所示。用于查询某个控制器的卡片信息，如查询 5 号控制器的卡片信息：在“编号”栏里填入 5，按“确定”键后，如果该控制器卡片信息存在则会显示在表格里面。

（3）遥控功能　单击系统按键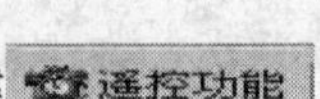

，进入遥控功能界面，如图 8-11 所示。

1）直接开门：如按图 8-11 所示填写，表示为开 1 号控制器的门区，其具体开启时间（单门控制器）与刷卡开门时间一致。

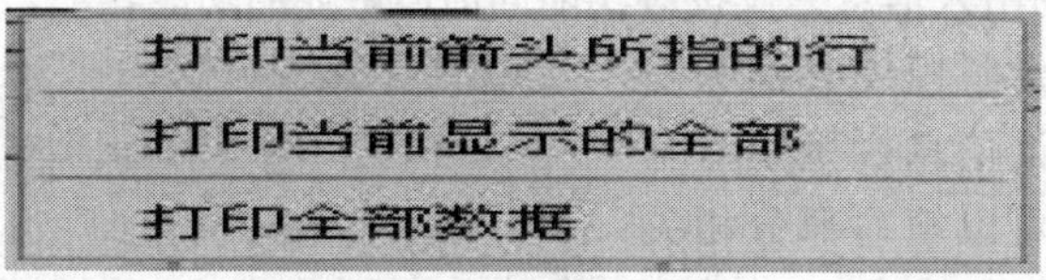

图 8-9　打印报表菜单

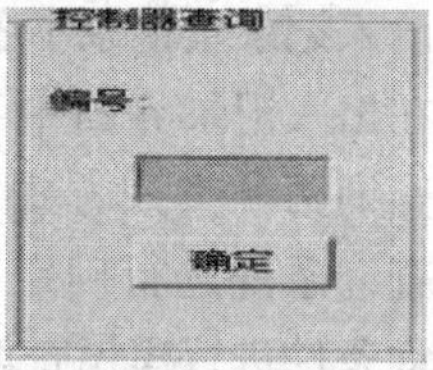

图 8-10　控制器查询按钮

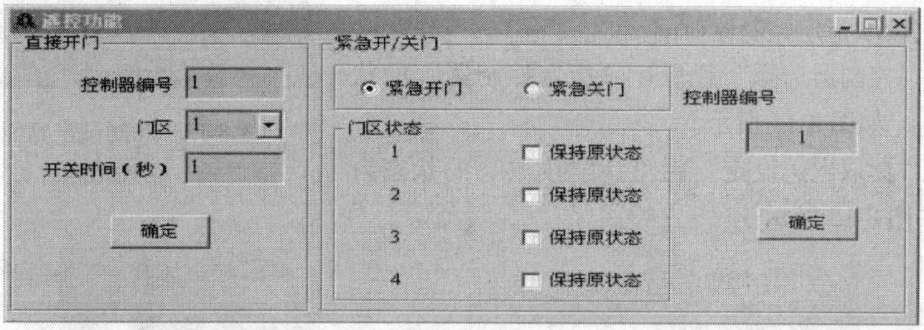

图 8-11　遥控功能界面

2）紧急开/关门：如按图 8-11 所示填写，表示为紧急开启 1 号控制器的门区。

（4）出入记录　单击系统按键

进入出入记录界面，如图 8-12 所示。

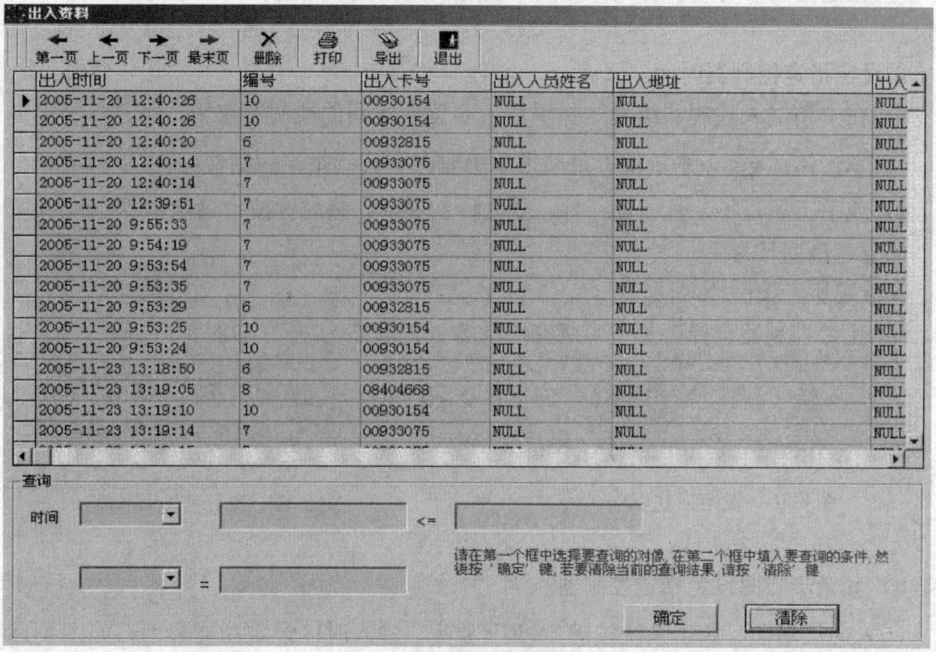

出入时间	编号	出入卡号	出入人员姓名	出入地址	出入
2005-11-20 12:40:26	10	00930154	NULL	NULL	NULL
2005-11-20 12:40:26	10	00930154	NULL	NULL	NULL
2005-11-20 12:40:20	6	00932815	NULL	NULL	NULL
2005-11-20 12:40:14	7	00933075	NULL	NULL	NULL
2005-11-20 12:40:14	7	00933075	NULL	NULL	NULL
2005-11-20 12:39:51	7	00933075	NULL	NULL	NULL
2005-11-20 9:55:33	7	00933075	NULL	NULL	NULL
2005-11-20 9:54:19	7	00933075	NULL	NULL	NULL
2005-11-20 9:53:54	7	00933075	NULL	NULL	NULL
2005-11-20 9:53:35	7	00933075	NULL	NULL	NULL
2005-11-20 9:53:29	6	00932815	NULL	NULL	NULL
2005-11-20 9:53:25	10	00930154	NULL	NULL	NULL
2005-11-20 9:53:24	10	00930154	NULL	NULL	NULL
2005-11-23 13:18:50	6	00932815	NULL	NULL	NULL
2005-11-23 13:19:05	8	08404668	NULL	NULL	NULL
2005-11-23 13:19:10	10	00930154	NULL	NULL	NULL
2005-11-23 13:19:14	7	00933075	NULL	NULL	NULL

图 8-12　出入记录界面

出入记录里记录了各控制器的出入信息，其按键功能同前面讲述的功能相似。

在出入记录界面中系统还提供了模糊查询和确定值查询两种查询方式，即在查询信息栏里填写全部的查询条件进行确定查询，也可以填写部分相关的查询条件进行模糊查询。

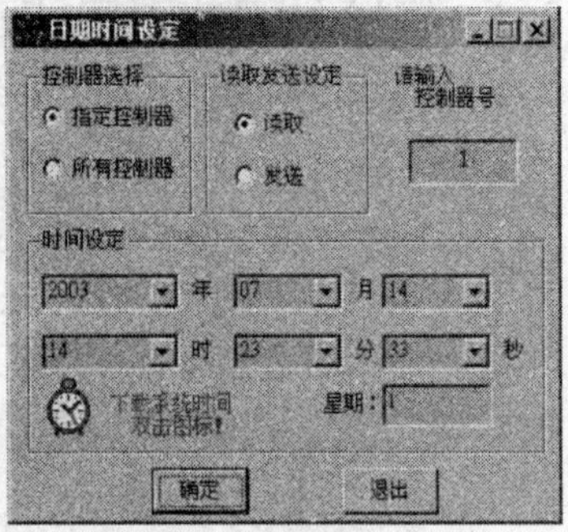

图 8-13　时间设定界面

（5）时间设定　单击系统按键 时间设定 进入时间设定界面，如图 8-13 所示，其功能如下：

1）读取指定控制器时间。

①“控制器选择”栏里让“指定控制器”的状态为◉，如图 8-14 所示。

②“读取发送设定”栏里让“读取”的状态为◉，如图 8-15 所示。

图 8-14　指定控制器

图 8-15　设定读取状态

③在“请输入控制器编号”栏里填入要读取时间的控制器编号，按“确定”键即可。

2）设定控制器时间。首先保证读取发送设定栏里“发送”的状态为◉，如图 8-16 所示。

①设定指定控制器时间。

a）在“请输入控制器编号”栏里填入要读取时间的控制器编号。

b）双击图标⏰，系统便可自动把系统时间下传到指定控制器。

c）或手工填写年、月、日、时、分、秒、星期，然后再按“确定”键。

注意：星期日为 7

②设定所有控制器时间。

a）让“控制器选择”栏里“所有控制器”的状态为◉，如图 8-17 所示。

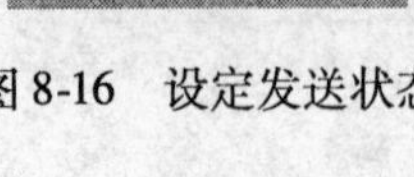

图 8-16　设定发送状态

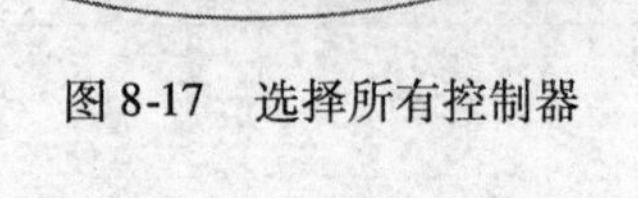

图 8-17　选择所有控制器

b）其余步骤同设定指定控制器。

（6）时区功能　单击系统按键 时区设定 进入时区设定功能界面，如图 8-18 所示。

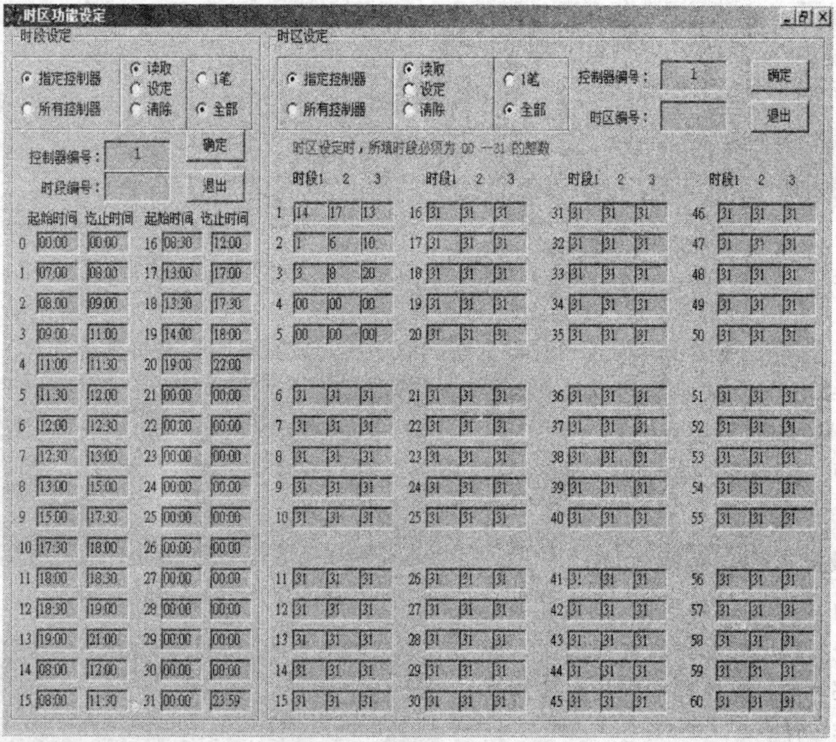

图 8-18　时区设定功能界面

本系统提供了 32 个时段以供用户选择，编号从 0 到 31，其中 0 号时段和 31 号时段为固定时段，不能编辑。

1）读取一笔时段资料。设置如图 8-19 所示，表示指定读取控制器 1 的编号为 1 的时段资料。

2）读取全部时段资料。设置如图 8-20 所示，表示读取控制器 1 的全部时段资料。

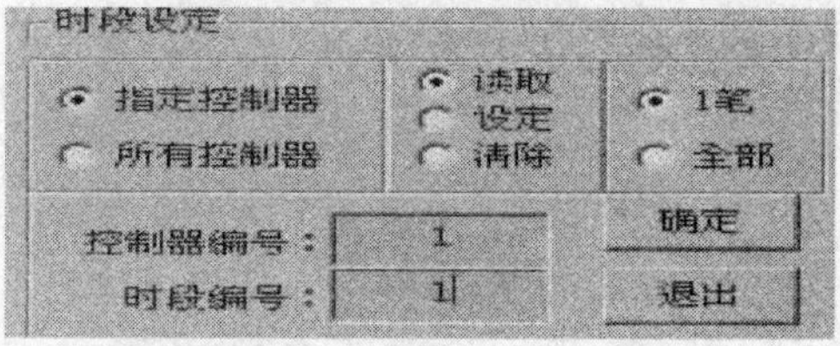

图 8-19　读取一笔时段资料

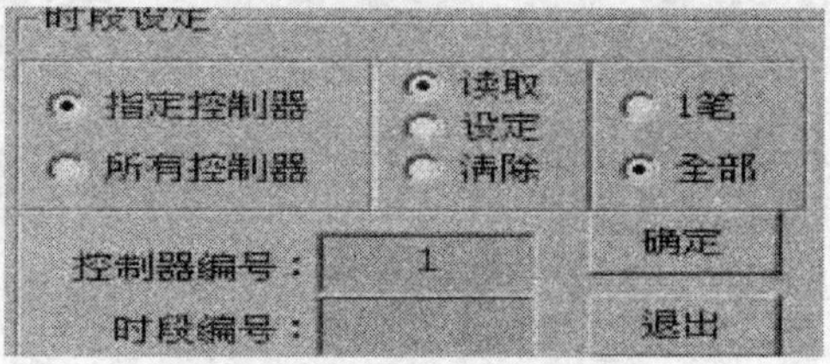

图 8-20　读取全部时段资料

3）设定一笔时段资料。设置如图 8-21 所示，表示设定控制器 1 的编号为 2 的时段。

4）指定设定全部时段资料。设置如图 8-22 所示，表示指定设定控制器 1 的全部时段资料。

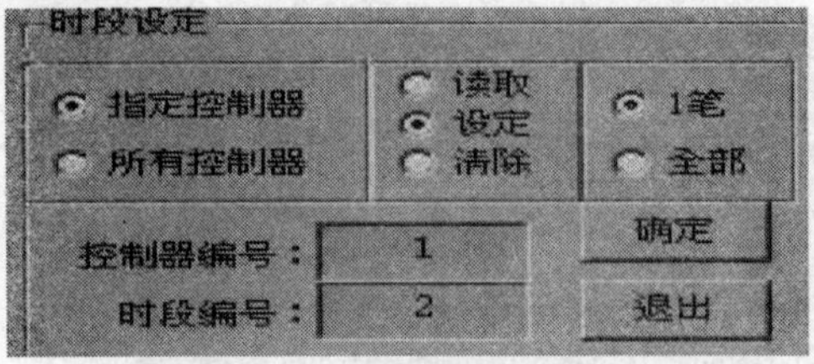

图 8-21　设定一笔时段资料

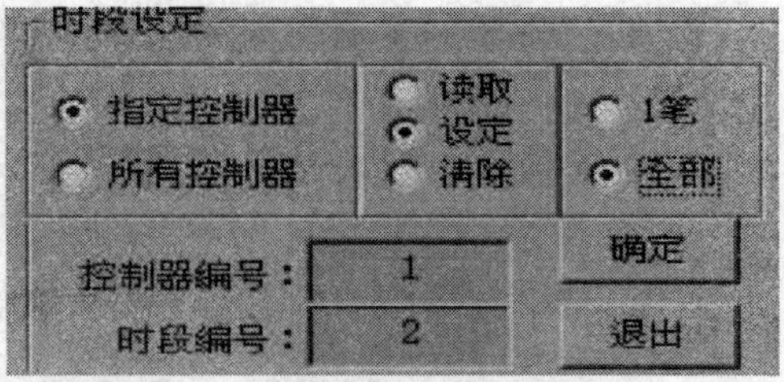

图 8-22　设定全部时段资料

5）清除一笔时段资料（当时段资料被清除后，该时段的数据将全部清零）。设置如图 8-23 所示，表示指定清除控制器 1 的编号为 2 的时段资料。

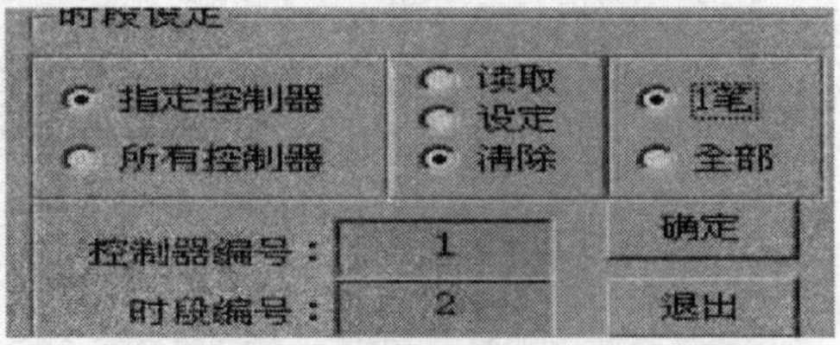

图 8-23　清除一笔时段资料

6）清除全部时段资料。具体设置同清除一笔时段资料，只是将选定 1笔 改成选定 全部 即可。

7）将指定控制器换成所有控制器时，表示以上的操作对在线的所有控制器都有效，具体操作同指定控制器的操作一样。

8）时段所填写数据如图 8-24 所示。

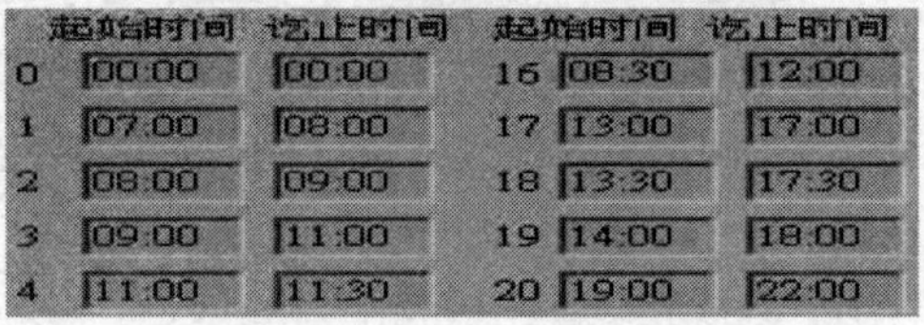

图 8-24　时段填写数据

图 8-24 所填表示：时段 1 的有效时间段为 07:00 到 08:00，其余时间不能进出；

时段 2 的有效时间段为 08:00 到 09:00，其余时间不能进出；

…………

时段 20 的有效时间段为 19:00 到 22:00，其余时间不能进出。

注意：在时段表里，时段 0 和时段 31 为固定时段，其中时段 0 为 00:00 到 00:00，表示全天不通行，时段 31 为 00:00 到 23:59，表示全天通行。

8.3.2　上位机软件的安装与使用

1. 上位机软件的安装

1）将光盘放入光驱中。

2）将光盘中的内容全部复制到计算机。

3）打开 7.0 文件夹，双击其中的 setup 文件，按提示完成安装。

4）操作系统一般会将安装好的文件放置于 C：\ program files \ sentry _ 383 文件夹下。

5）将安装路径下的“menjin. mdb”数据库（默认 C: \ Program Files \ Sentry _ 383 \ menjin. mdb）用“THPDM-1 上位机系统”文件夹下的“menjin. mdb”数据库替换。

2. 建立连接

1）把面板上单元门口主机的D+、D-与RS485-RS232转换接头的D+、D-对接，或者从实训台的DB9串口（3接D+，4接D-）直接引到RS485-RS232转换接头。

2）将RS485·RS232转换接头插进COM1口。

3）给实训台上电。

3. 启动软件

1）按照“开始\程序\门禁管理系统”的路径，打开门禁管理系统。

2）打开串口。打开串口如图8-2所示。

本系统波特率指定为“19200，E，8，1”，不能更改。

串口号为485转换器所插串口的编号。

当按“确定”键后，系统打开串口，将进行控制器的在线检测。

当按“取消”键后，系统不打开串口，系统将进行脱机工作。

注意：当按“确定”键后，出现图8-3所示提示时，表示该串口已经被别的程序打开，或所填串口编号不存在。

请确认所填串口号和485转换器所插串口的编号是否一致。

3）系统登录。系统登录如图8-4所示。

系统初始操作员为system，密码为1234。

按“确定”键进入系统，按“取消”键退出系统。

在打开串口的情况下进入系统时，系统将自动搜索连接在485总线上的所有控制器，并生成记录，所以本系统要求在进入系统之前，最好确认控制器已经上电。

4. 软件使用

建立连接并成功搜索到连接在485总线上的控制器后，即可以正常使用了。

1）在单元门口主机上刷ID卡。

2）门禁管理软件的主界面上就会出现刷卡人的详细信息。

3）其他具体操作请参考8.3.1软件安装与使用说明。

8.4 解决方案

8.4.1 对讲及门禁控制系统的认知实践

1. 对讲及门禁控制系统的总体认知实践

（1）系统结构图　对讲及门禁控制系统结构图如图8-1所示。

（2）系统组成

1）单元门口主机LSD-892D3（ID）。

2）适配器LSD-892A。

3）可视用户分机LSD-892R01FL。

4）非可视用户分机LSD-892RB。

5）小门口机 LSD-892L。

6）系统电源 LSD-P18V03-1。

7）管理中心机 LSD-892M。

8）主机电源 LSD-P12V01。

9）管理软件 LSD-DJ998Z-1。

10）电控锁。

11）ID 卡。

12）红外探测器、烟雾探测器、门磁、紧急按钮。

（3）系统接线总图　对讲及门禁控制系统接线总图如图 8-25 所示。

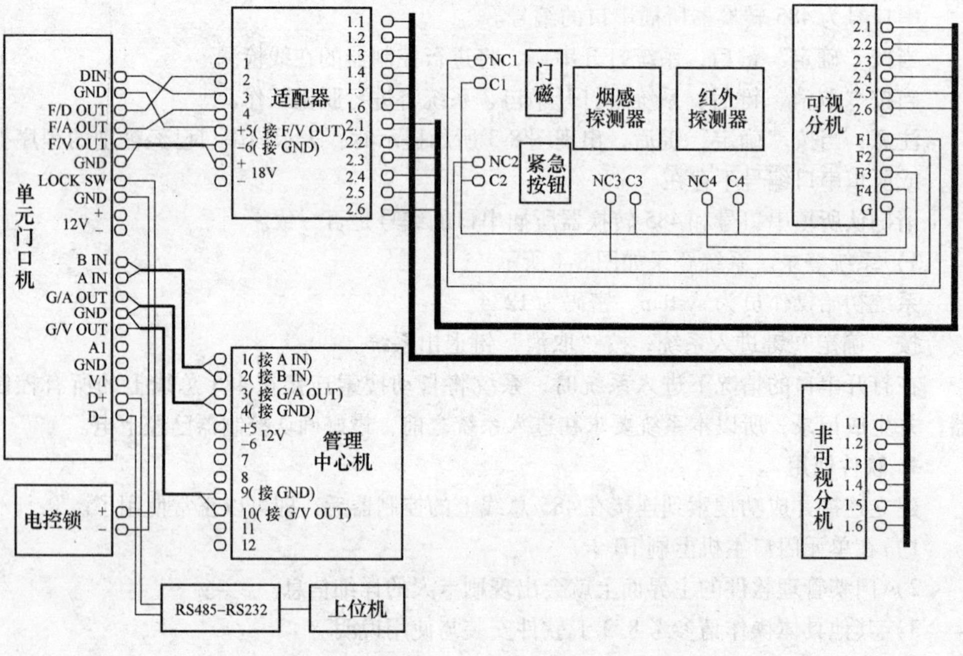

图 8-25　对讲及门禁控制系统接线总图

2. 单元门口主机的认知实践

单元门口主机是该系统的核心部分，安装在单元楼或小区大门的入口处，实现对大楼或小区的统一管理。常用的门口主机有直按式和编码式两种，本系统采用的单元门口主机为编码式门口主机，可实现对单元楼门口的管理。其容量为 250 户，具有可扩展、带夜光、密码开锁、ID 卡开锁、与管理处通话等功能。

（1）外部结构与使用说明

1）单元门口主机外部结构图。如图 8-26 所示。

2）使用说明。访客来访时，先按主机面板上的数字键，输入被访主人家楼层号及房号。接通后，主机上会发出相应的接通信号声，被访主人家室内分机同时响起电子振铃声，并自动显示来访者的影像。主人可摘机与客人对讲，在确认访客身份后，按室内

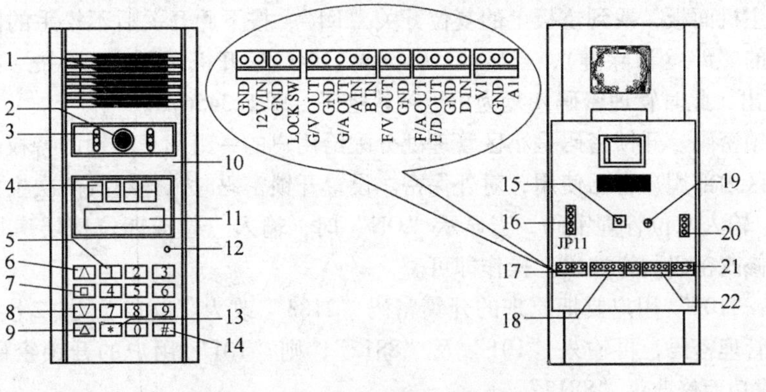

图8-26　单元门口主机外部结构图

1—扬声器　2—摄像镜头　3—夜视光源　4—液晶数码显示　5—房号键　6—楼栋设置键　7—ID卡设置键　8—备用键　9—呼叫管理处键　10—铝合金拉丝面板　11—ID卡感应头　12—麦克风　13—密码键　14—清除键　15—复位开关　16—ID感应头接口　17—电控锁和电源接口："GND" 电源地线，"12V"电源输入（DC12V～14V），"GND"接电控锁－，"LOCK SW"接电控锁＋　18—管理机信号主线接口："B IN"数据线2，"A IN"数据线1，"G/A. OUT"音频线，"GND"公共地线，"G/V. OUT"管理机视频芯线　19—视频阻抗匹配调节　20—扩容板接口　21—系统联网时视频和音频接口："A1"音频输入（接上一单元主机上管理机接口的"G/A OUT"端），"GND"音频和视频公共地线，"V1"视频输入（接上一单元主机上管理机接口的"C/V OUT"端）　22—适配器信号主线接口："D IN"数据线2，"F/D OUT"数据线，"F/A OUT"音频线，"GND"公共地线，"F/V OUT"适配器视频芯线

机上的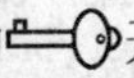开锁键，此时门口机数码显示"COPL"，即请进的意思。

（2）密码操作与主机初始化

1）密码操作。

①系统密码。系统密码用于锁定和开启系统。

系统开启时，按两次主机面板上的"＊"（即密码键），再输入出厂默认的系统密码"71120228"，数码显示"OFF"时就将整个系统锁定了，此时输入任何的房号均不起作用。同理，开启系统时，重复以上操作，显示"OPEN"时，系统已经重新开启，即可正常工作了。

②管理密码。管理密码可用于设定或更改用户的开锁密码，并可随意更改（系统默认的管理密码是12345678）。更改管理密码时，按一次"＊"密码键，再按一次"∧"键，此时显示"OLD"，输入旧的管理密码（12345678），显示"NE"，输入您欲设的八位管理密码后，当显示变为"GOOD"，这时就成功修改了管理密码。

注意：为了安全和便于管理，建议系统密码和管理密码只为管理处人员知道。当忘记管理密码时，请按以下方法复位：

拆下主机面板，找到主板上的复位开关“K1”，按下此开关后不松手的同时，按一下面板上的“#”（清除键），当显示“01 ＊＊”时，松开机内开关，再按一次面板上的“#”键退出，此时管理密码恢复为出厂默认密码，即12345678。

③开锁密码。开锁密码是小区管理处分配给用户的一组用于开锁的特权码，该密码只允许小区内部用户自己使用，对外保密。设置开锁密码时，连续按两次主机面板上的“＊”键，输入八位管理密码，当显示“ON”时，输入三位或四位楼层房号和四位密码就可。修改密码同样按以上操作即可。

例如：“101”用户要把原来的开锁密码“2188”改为“8812”，按2次“＊”键，输入八位管理密码，再输入“101”及“8812”，则“101”用户的开锁密码由原来的“2188”成功地修改为“8812”。

密码开锁。按一次面板上的“＊”键，输入三位或四位楼层房号及四位开锁密码即可。

2）主机初始化。本系统是采用分机解码总线制通信，因此门口主机在安装之前，必须根据楼层结构对其进行初始化操作，只有这样，当在门口机上按不同的房号时，才能正确接通相应的房号，否则将会出错。初始化包括每层楼的户数（即分机数），共有几层，设置管理密码（12345678）等。其操作如下：

①楼号设定。按两次面板上的“＊”键，输入八位管理密码，当显示“ON”时，按面板上的“∧”键，输入要设定的楼栋号（用两位数字表示，如“08”表示第8栋），当显示“GOOD”时，即设置楼栋号成功。

②楼层设置。拆下主机面板，找到机内主板上的复位开关“K1”并按下不松手，然后按面板上的“#”键，直到显示“01××”。前面两位“01”表示楼层，即1楼，后面两位“××”表示该楼层户数。如果1楼有8户，即输入“08”，输完1楼户数后，显示会自动跳到“02××”，即要求输入2楼的户数。依此类推，直到输入最后一层户数后，系统会自动多跳一层，此时输入“88”结束（注意：一定要输入“88”后结束，否则设置无效）。系统最后瞬间自动退出，初始化设置完成。

注意：如果某一层没有房号时，则设置为“00”。若某层调用正确无需更改，可直接按“＊”键跳到上一层楼的设置。当每层2户时，可以配置4层共用1个适配器，初始化为每层2户。当每层4户时，可以配置2层1个适配器，初始化为每层4户。当每层为5～8户时，必须每层使用1个适配器，并初始化为每层8户。

具体操作请参考《智能型楼宇可视对讲系统安装使用手册》。

（3）出厂设置

系统密码：71120228；

管理密码：12345678；

楼栋序号：01；

楼层数为：2；

一层住户数：4（只模拟出101住户：可视分机住户1）；

二层住户数：4（只模拟出201住户：非可视分机住户2）；

非可视分机（101 住户）：开锁密码 1234，地址数 5；

可视分机（201 住户）：开锁密码 1234，地址数 1。

3. 管理中心机的认知实践

管理中心机使用于小区管理处或值班室，主要用于实时接受住户报警，并对已联网的任意单元门口机及任意用户室内分机实行智能化的管理，本系统采用的管理中心机型号为 LSD-892M。

（1）外部结构与功能说明

1）管理中心机外部结构。管理中心机外部结构如图 8-27 所示。

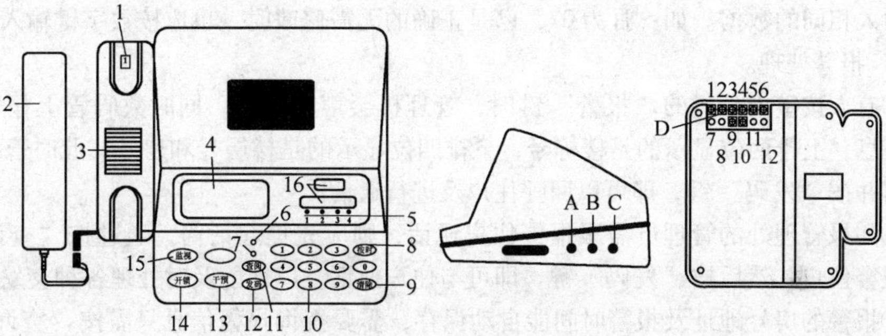

图 8-27　管理中心机外部结构

1—挂机键　2—话筒　3—扬声器　4—显示屏　5—防区指示灯　6—报警指示灯　7—电源指示灯　8—“校时”键　9—“清除”键　10—数字（房号）键　11—“查阅”键　12—“发码”键　13—“干预”键　14—“开锁”键　15—“监视”键　16—防区（或时间）显示　A—垂直同步调节旋钮　B—对比度调节旋钮　C—亮度调节旋钮　D：1—接数据线 1　2—接数据线 2　3—接音频线　4—接公共地线　5—接电源地线　6—接电源（12 ~ 14V）　7、8、11、12—空脚　9—接视频芯线　10—接视频网线

2）功能说明。

①待机时间显示，时间可任意调整。即使断电，时间仍能正常运行，且报警信息不会丢失。

②住户按室内分机报警时，管理处声光报警，管理机的六位数码管显示报警地址，并能自动保存报警时间和地址，一共可存储 16 组报警信息，以备查询。

③可遥控开锁。

④可监视各单元门口图像。

⑤可与任一单元任一住户呼叫对讲。

⑥干预功能：通过管理机可设置任意楼栋被干预，当被干预的楼栋来访者对楼内住户进行呼叫时，其信号自动转到管理处，经管理员许可后，由管理员转到住户家中，此时来访者才能与住户通话。

⑦没挂好话筒手柄时，管理机电源指示灯会不停闪烁，提醒您需要将话筒挂到位。

⑧按门口主机面板上的“呼叫管理处”键时，可接通管理处。

（2）操作说明

1）调整时间。

① 按一次面板上的“校时”键。

②此时数码管显示年、月、日，其中高位闪烁的是年份，此时可按数字键输入两位正确的年份，输入完后，自动跳到下位闪烁。

③依照上面的步骤继续输入两位月份、两位日期，输完后，数码管自动显示秒、时、分，可按照以上方法继续输入秒、时、分。

注意：任何时候可按一次“#”键（清除键）退出输入。当某一项不需修改时，也应该输入相同的数据。如：月为07，已是正确的无需修改时，也应按数字键输入07。

2）报警处理。

①有人按室内分机的“报警”键时，管理机会声光报警，同时数码管上显示报警地址信息，上排两位显示的是楼栋号，下排四位显示的是楼层号和房号。此时管理员提起话筒并按“发码”键，即可以回呼住户及进行通话。

②如果管理处的管理员需跟报警住户通话，则应先提起话筒，通过按“查询”键查出报警住户，然后按“发码”键，即可与住户通话，以便能及时处理各种突发事件。

③报警的房号地址及报警时间能自动保存，需要查询报警信息只需按“查询”键，按第一次时数码管显示报警的地址（即楼栋号与楼层房号），按第二次时显示日（上两位）和时、分（下四位），继续按查询键可看到此前更多的报警信息。当无报警信息时，数码管显示“ON”字样。

④当查询到某一组报警信息时，先提起话筒，再按“发码”键接通此报警住户（注意：在按“发码”键前，必须先提起话筒，否则无效）。

⑤任何时候可通过输入楼栋号（两位数）及楼层房号（四位数）接通任一住户与其对讲（注意：输入前要先提起话筒）。

3）遥控开锁。输入楼栋号（两位数）后，再按“开锁”键，即可打开对应楼栋大门的电控锁。

4）监视。输入楼栋号后按“监视”键，可监视所选楼栋大门口情况，10s 后自动进入待机状态。

当客人按门口主机面板上的“∩”键，管理处可与门口机处的访客对讲，并可按管理机上的“开锁”键开启大门电锁。

5）干预（免打扰）。

①输入楼栋号后，按“干预”键，数码管显示“OPEN”时，表示已进入干预状态。此时被干预的门口主机有访客按房号时，信号将被转接到管理处，经管理处管理员许可后，按“发码”键才能接通某住户。

②要取消干预功能，请输入两位楼栋号后按“干预”键，数码管显示“CLOE”，表示已经取消干预功能。

（3）常见故障排除方法

1）系统无法正常工作，或门口机与室内机无法联系，显示“ERR”，属通信不正常，请检查通信线是否接错。

2）管理机不断复位（未按按键能听到“嘟”的一声），可能通信不正常，请检查通信线路是否连接正确，各地线是否接触良好，有无其他干扰电源［注意：一定要将所有需要接地的线（特别是屏蔽线）与地线接触良好，避免对通信线的干扰］。

3）无图像时，检查视频线是否接反或接错。

具体操作请参考《智能型楼宇可视对讲系统安装使用手册》

4. 楼层适配器的认知实践

适配器具有视频分配和楼层保护的双重作用，一个适配器有1路视频输入，8路视频输出，可接8户可视分机。视频分配器与视频分配器之间采用并接的方式，在无需任何放大的情况下可并接30个。保护器的作用是隔离住总线和分总线，目的是当分总线出现故障时，不会影响整个系统的正常工作。也就是当某楼层有故障时，既不会影响整个系统的正常工作，也不会影响其他楼层的正常工作，以便于工程人员的调试与维修。

（1）适配器内部结构。如图8-28所示，其中各接线口的功能说明如下：

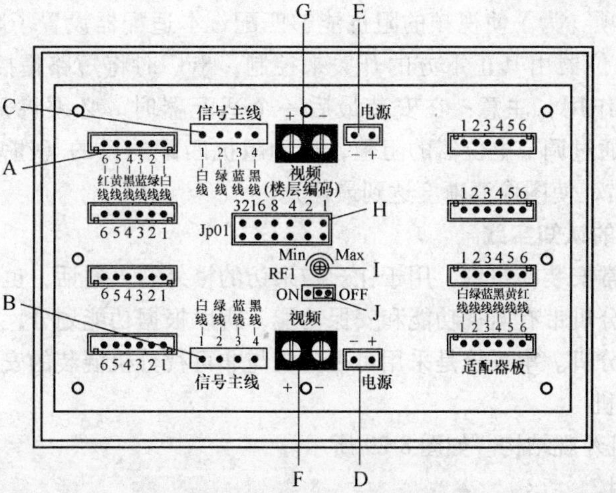

（外形尺寸：252mm×188mm×55mm）

图8-28　适配器内部结构

1）用户分线接线口A（共8路）：其中1为数据线1（白线），2为数据线2（绿线），3为音频线（蓝线），4为公共地线（黑线），5为视频芯线（黄线），6为电源线（+18V）（红线）。

2）总线接口输入B：其中1接数据线1（白线），2接数据线2（绿线），3接音频线（蓝线），4接公共地线（黑线）。

3）总线接口输出（接至下一个适配器）C：其中1接数据线1（白线），2接数据线2（绿线），3接音频线（蓝线），4接公共地线（黑线）。

4）系统电源输入端D（DC18V输入，红正，黑负）。

5）系统电源输出至下一个适配器E（DC18V输出，红正，黑负）。

6）视频输入接口 F：其中视频芯线输出接口为 +，视频地线输入接口为 -。

7）视频输出接口 G（接至下一个适配器）：其中视频芯线输出接口，为 +，视频地线输入接口为 -。

8）楼层跳码 H。

9）视频阻抗匹配调节电位器 I。

10）视频阻抗匹配调节选择开关 J。

（2）跳码方法　适配器跳码值即为本层的楼层号（或者是从安装第一个适配器的楼层算起的顺序号）。跳码时先打开适配器的盖面，在线路板上找到楼层跳码接口，它有 6 只双排插针，从右往左对应的数值分别为 1、2、4、8、16、32。楼层码可通过这 6 个数值的任意相加得出，只要将选中数值对应的插针插上短路帽即可。

例如：从第一层开始安装适配器，那么第 21 层的跳码只要将“1”“4”“16”对应的跳针插上短路帽即可。如果从第六层开始安装适配器，那么第 21 层的跳码只要将“16”对应的跳针插上短路帽即可。

（3）注意事项　为了使视频的阻抗能够匹配，本适配器设置了阻抗匹配调节电位器“RF1”，此电位器由其正下方的开关来控制，出厂时将短路帽插在“OFF”位置，此时电位器不起作用。注意：在安装最后一个适配器时，必须将开关的短路帽插在“ON”位置，再通过调节电位器的阻值，达到阻抗匹配的目的（注意电位器阻值应调在 75 ~ 150Ω 左右，使图像清晰度达到最佳）。

5. 用户分机的认知实践

用户分机通常安装在室内，用于住户与来访的楼外客人通话，也可用于与管理中心通话。有些用户分机带有监视功能和安保功能，所以根据功能划分，用户分机可分为可视分机与非可视分机。本系统是采用可视分机与非可视分机混装的安装方式。

（1）可视分机

1）可视分机外观结构。如图 8-29 所示。

2）操作说明。

①收到主机呼叫后，室内分机响起电子振铃声，显示屏同时显示来访者影像。

②有意接待，可摘下话筒与来访者通话，同意客人进入，可按分机上的“开锁”键，以打开门口电控锁。

③通话过程中，水平滑动钮“Contrast”可用来调节图像的对比度，“Volume”用来调节铃声的音量大小。

④不想接待可不摘机，此时即可审视来访者，又不会让来访者觉察到室内的动静。

⑤室内分机收到呼叫后若不摘机（或无人在家时），约 20s 后室内分机自动进入待机状态。

⑥在不摘机的情况下，按室内分机上的“监视”键，即可主动监视楼下门口的情况，约 10s 后自动关闭。

⑦联网系统室内分机在任意时候按“报警”键，可呼叫管理中心实现报警。

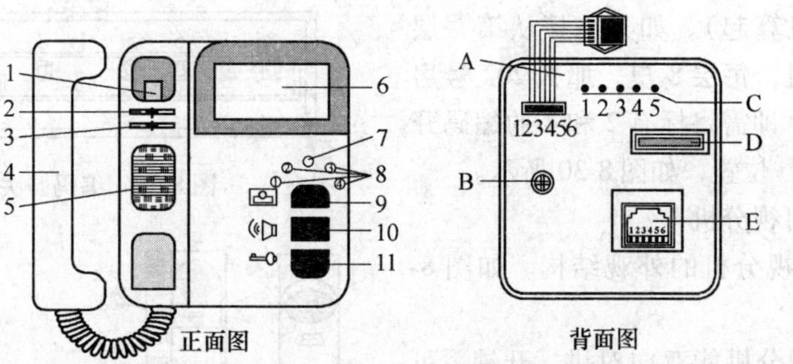

图8-29　可视分机外观结构

1—挂机键　2—对比度调节　3—音量调节　4—话筒　5—扬声器　6—显示屏　7—电源指示灯　8—防区指示灯　9—监视布防确认键　10—报警呼叫键　11—开锁/布防选择键　A—6P空中对接线(与适配器连):1—(白线)数据线1　2—(绿线)数据线2　3—(蓝线)音频线　4—(黑线)公共地线　5—(黄线)视频芯线　6—(红线)电源线(DC18V)　B—垂直同步调节(彩色机型为响铃音量调节)　C—四防区接线钉:1—接人感探头　2—接门磁探头　3—接烟感探头　4—接烟器感应探头　5—接头公共地线　D—八位拨码开关　E—小门口机连接座:1—呼叫线(call)(接六芯线白线)　2—电源线(接六芯线蓝线)　3—公共地线(接六芯线绿线)　4—视频线(接六芯线红线)　5—音频线(接六芯线黑线)　6—公共地线(接六芯线黄线)

⑧当室内分机话筒未挂好时，电源指示灯会闪烁提醒。

3）布/撤防方法。

①布防。

a）按一次[钥匙图标]开锁/防区选择键，此时第一个防区指示灯会闪烁。

b）如本路防区需设防，按一次[监视图标]监视/防区确认键。如果无需设防，则再按一次开锁/防区选择键跳过，此时第二路防区指示灯开始闪烁。

c）同样方法可以完成对其他防区的布防。

②撤防。在已布防的情况下，只要按一次开锁/防区选择键即可撤防。

说明：一、二防区为立即防区，三、四防区为延时防区，延时时间为10s。

4）跳码。因室内分机是总线连接，为区分各分机的房号地址，在分机上设有房号地址跳码。通过选择把编码开关的某几路拨在不同位置的方式，来编排不同的地址码，以便让门口主机能以不同的地址码的方式识别，跳码方法如下：

分机背面有一个8位的编码开关，开关上的标号和对应数值见表8-1。

表8-1　开关上的标号和对应数值

数字标号	1	2	3	4	5	6	7	8
地址数值	1	2	4	8	16	32	64	128

某一分机的跳码值为其前面所有使用的分机个数的总和再加上 1（从装有分机的首层第 1 台分机算起）。如某栋楼从第一层开始安装分机，每层 8 户，那么 202 号房为 10 = 8 + 2，即需将标有 2 和 4 的编码开关拨到“ON”位置，如图 8-30 所示。

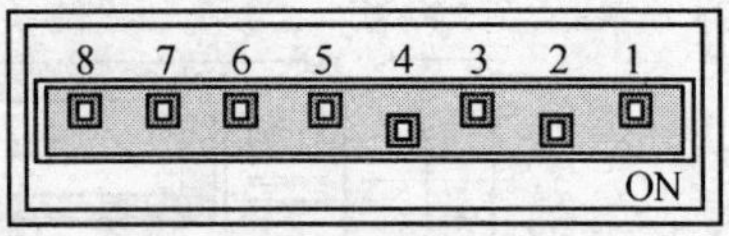

图 8-30　编码开关

（2）非可视分机

1）非可视分机的外观结构。如图 8-31 所示。

本非可视分机能双向对讲、开锁，可联网，并可实现与可视类分机混装。联网系统的非可视分机还能呼叫管理中心报警。因属非可视分机型，结构简单，可靠性高，安装方便。

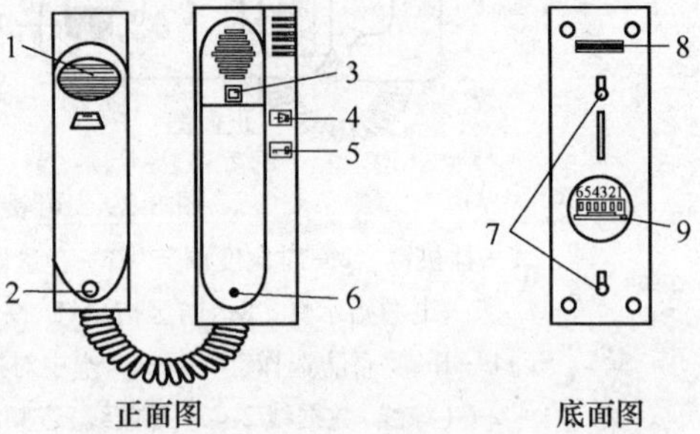

图 8-31　非可视分机外观结构

1—受话器　2—送话器　3—挂机键　4—报警呼叫键　5—开锁按键　6—固定螺钉　7—挂机孔位　8—8 位编码开关　9—6P 端子线（与适配器连接）：1—数据线 1（白线）　2—数据线 2（绿线）　3—音频线（蓝线）　4—公共地线（黑线）　5—空脚（黄线不接）　6—电源线（DC18V，红线）

2）跳码。非可视分机的跳码方法与可视分机的跳码方法完全相同，跳码时可参考可视分机的跳码方法。

6. 报警探测器的认知实践

（1）门磁探测器　门磁开关是探测器中最基本、最简单有效的装置，常用的有微动开关、磁簧开关等，一般装在门窗上。门磁开关可分为常开和常闭两种，一般在门磁探测器中，大多数采用磁簧开关，用常闭方式。

门磁开关由带金属触点的两个簧片（封装在充有惰性气体的玻璃管中，也称干簧管）和一块磁铁组成，如图 8-32 所示

当磁铁靠近干簧管时，管中带金属触点的两个簧片在磁场作用下吸合，a、b 两点接通。当磁铁远离干簧管达一定距离时，干簧管附近磁场消失或减弱，簧片靠自身弹性作用恢复到原位置，两点断开。使用时，一般把磁铁安装在被防范物体（如门、窗）的活动位，把干簧管装在固定部位（如门框、窗框）。磁铁与干簧管的位置需保持适当距离，以保证门、窗关闭时干簧管触点闭合，门窗打开时干簧管触点断开，控制器产生断路报警信号。

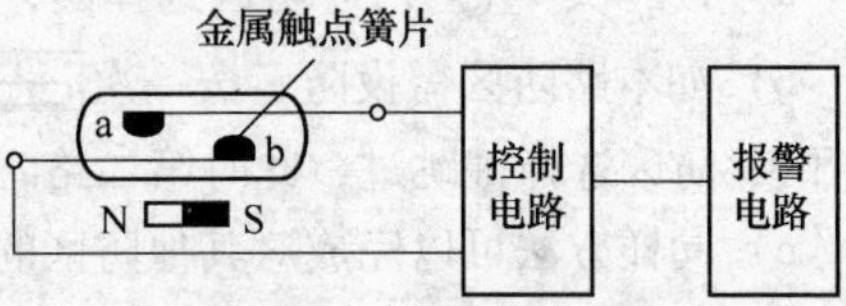

图 8-32　门磁报警原理

（2）紧急按钮　紧急按钮是各种防盗报警探测器的一个补充，它是在各种探测器失效的状态下用手动的方式进行报警。在实际应用中也可用来对报警系统进行调试。

（3）烟感探测器　烟感探测器一般安装于易燃区，但又要远离高温、高风速的场合，通常安装在天花板上，吸顶式安装。发生火灾时，长时间大量的烟雾会使探测器内部积聚过量的烟雾颗粒，所以火灾后要对探测器尽心清洗以恢复其效用。

（4）红外探测器 利用红外线能量的辐射及接收技术构成的报警装置称为红外线探测器。依工作原理可分为热感红外探测器和光束遮断式红外线探测器两种类型。

1）热感红外探测器。任何物体包括生物或矿物，因表面热度的不同，都会辐射出强弱不等的红外线。红外线是波长介于微波与可见光之间、具有向外辐射能力的电磁波，红外线的波长范围是0.78～14μm，频率范围是$3\times10^{5}\sim3.84\times10^{8}$MHz。因物体不同，其所辐射的红外线波长亦有差异。人体所辐射的红外线波长在10μm左右，热感式红外线探测器即据此来侦测人体。

2）光束遮断式红外线探测器。目前使用最多的为红外线对照式，它由一个红外线发射器与一个接收器以相对方式布置组成。当有人横跨过门窗或其他监视防区时，因遮断红外线光束而引发报警。为了防止来人可能利用另一个红外线光束来瞒过警报器，侦测用的红外线必须先调整至特定的频率，再发送出去。而接收器也必须有频率与相位鉴别电路，以判别光束的真伪，还可防止日光等光源的干扰。由于激光有直射而不发散的特性，可通过布置许多折射镜，来回交织构成一个防护圈或形成一个防护网，比单纯一道光束的红外线更为有效。

7. 请您做一做

1）简述对讲及门禁控制系统由哪些部件组成。

2）简述各部件由哪些器件组成。

3）简要说明各部件的功能作用。

8.4.2 对讲门禁系统使用情形模拟操作实践

1. 实践目的

1）初步了解THPDM-1型对讲门禁控制系统的功能和使用方法。

2）了解THPDM-1型对讲门禁控制系统的工作方式。

2. 实践步骤

（1）门区模拟 单元楼门区使用单元门口主机模拟，它安装在单元楼或小区大门的入口处，实现对大楼或小区的统一管理。该单元门口主机集成了门禁控制器，不但可以实现可视对讲功能，还可以实现对门口的门禁管理，是该系统的核心部分。

具体使用请参考8.4.1中单元门口主机的有关介绍。

（2）单元门 电控锁开启与闭合用来模拟单元楼门的开与关，电控锁的开启受管理中心机、室内可视分机和合法操作密码的控制。

（3）值班室模拟 管理中心机用来模拟单元楼的值班室，可以监视单元门口处人员的活动，实现与访客的可视对讲。

具体使用请参考8.4.1中管理中心机的有关介绍。

（4）监视窗模拟 小门口机用来模拟住户门口处的门铃和监视窗，安装在住户的房门外，监视门口处的情况。小门口机与安装在住户房间内的可视分机相连，可观看住户房门外的来客，来访者并可与室内主人对讲。

（5）室内报警模拟 室内报警模拟包括以下内容：

非法开门模拟：用手转动门磁上可旋转的磁体，模拟门被非法打开；

非法闯入模拟：用手在红外探测器前挥动，模拟陌生人闯入；

火灾模拟：点燃一张纸，熄灭后用烟触发烟感探测器模拟室内火警；

紧急状态模拟：用手按下紧急按钮模拟紧急状态报警。

3. 请您做一做

1）简述门禁系统使用情形能进行哪些模拟操作。

2）简要说明如何进行对讲门禁系统使用情形的模拟操作。

8.4.3　可视分机的安装连接与使用操作实践

1. 实践目的

1）熟悉可视分机的安装方法与调试。

2）了解可视分机的硬件结构及端口接线方式。

2. 实践步骤

（1）实验安装过程

1）将固定架的安装孔对准面板上开孔的位置。

2）选用 M4 ×10 的螺钉将其固定。

3）将可视分机卡到固定好的固定架上。

（2）工程安装过程　工程安装示意图如图 8-33 所示。

可视分机安装在容易操作的地方，显示屏不要受强光直接照射，以免影响监视效果。

1）根据固定架的安装尺寸在墙体上距地面 1.5 ~1.6m 处开出适当深度的孔。

2）将塑料膨胀胶管打入孔内。

3）用自攻螺钉将固定架安装在开好的孔上。

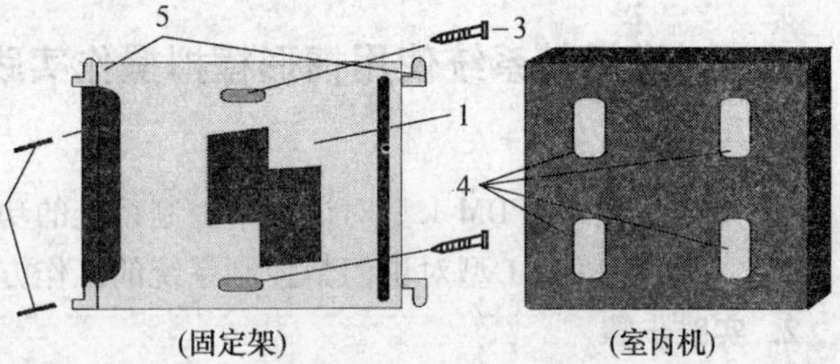

图 8-33　工程安装示意图

1—室内机固定架　2—塑料膨胀胶管　3—固定螺钉　4—室内机挂机孔　5—挂钩

4）再将可视分机引出线引出后，挂在挂钩上即可。

（3）连接

1）分机接线。

①白线（数据线 1）接端子排的 2.1。

②绿线（数据线 2）接端子排的 2.2。

③蓝线（音频线）接端子排的 2.3。

④黑线（公共地线）接端子排的 2.4。

⑤黄线（视频芯线）接端子排的 2.5。

⑥红线（电源线）接端子排的 2.6。

2）防区接线。

①白线（防区1）接端子排的F1。

②绿线（防区2）接端子排的F2。

③蓝线（防区3）接端子排的F3。

④黑线（防区4）接端子排的F4。

⑤棕线（公共地线）接端子排的G。

（4）使用

1）房间号设置。

①断开电源。

②从固定架上取下可视分机，参考可视分机的编码方法将标有1和3的编码开关拨到ON位置，对201房间号地址进行设置（本系统只模拟101（非可视分机住户）、201（可视分机住户）两个住户，单元楼层数设置为两层，每层四户）。

2）开启电源，在单元门口主机上呼叫可视分机（201）。

3）可视分机响起电子振铃声，显示屏同时显示来访者影像。

4）室内主人有意接待，可摘下话筒与来访者通话。同意客人进入可按分机上的开锁键，以打开门口电控锁。

5）主人不想接待只要不摘机，此时即可审视来访者，又不会让来访者觉察到室内的动静。

6）室内分机收到呼叫后若不摘机（或无人在家时），约20s后自动进入待机状态。

7）在不摘机的情况下，按室内分机上的监视键，即可主动监视楼下门口情况，约10s后自动关闭。

8）联网系统室内分机在任意时候按报警键，可呼叫管理中心实现报警。

9）防区布防。

①按一次开锁/防区选择键，此时第一个防区指示灯会闪烁。

②如本路防区需设防，则按一次监视/防区确认键。如果无需设防，则再按一次开锁/防区选择键跳过，此时第二路防区指示灯开始闪烁。

③同样方法可以完成对其他防区的布防。

10）防区撤防。在已布防的情况下，只要按一次开锁/防区选择键即可撤防。

3. 请您做一做

1）简述可视分机的工程安装过程。

2）简要说明可视分机的使用过程。

8.4.4　小门口机的安装连接与使用操作实践

1. 实践目的

1）认识小门口机的功能。

2）熟悉小门口机的硬件结构及端口接线方式。

2. 实践步骤

（1）实验安装过程

1）先把小门口机从金属固定架上拆下。

2）将金属固定架的安装孔对准面板上开孔的位置。

3）选用 M4×10 的螺钉将其固定。

4）将小门口机卡到固定好的固定架上。

（2）工程安装过程

1）先把小门口机从金属固定架上拆下。

2）根据固定架的安装尺寸在墙体上距地面 1.5～1.6m 处开出适当深度的孔。

3）将塑料膨胀胶管打入孔内。

4）用自攻螺钉将固定架安装在开好的孔上。

5）再将小门口机引出线引出后，挂在挂钩上即可。

小门口机工程安装示意图如图 8-34 所示。

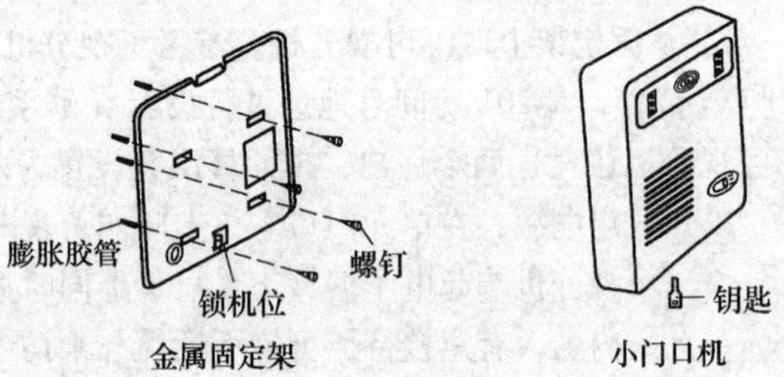

图 8-34　小门口机工程安装示意图

注意：小门口机应安装在免受强光直接照射和雨水淋漓的地方。

（3）连接　小门口机接线如图 8-35 所示。

用出厂时配有的带有水晶头的六芯电话线，两头分别接入室内分机和小门口机的背面信号线座内即可。

（4）功能认识与使用　小门口机的外部结构如图 8-36 所示。

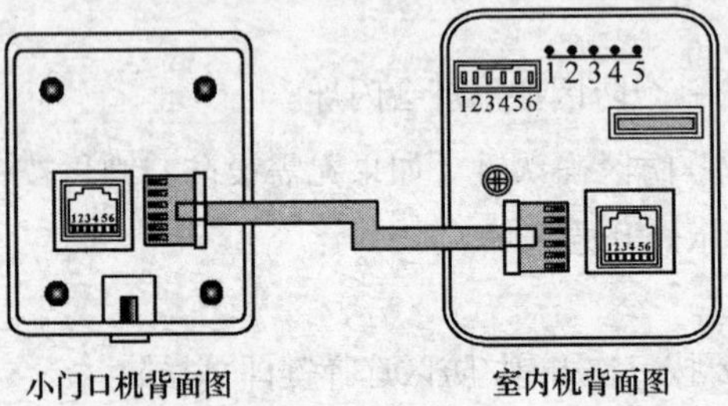

图 8-35　小门口机接线

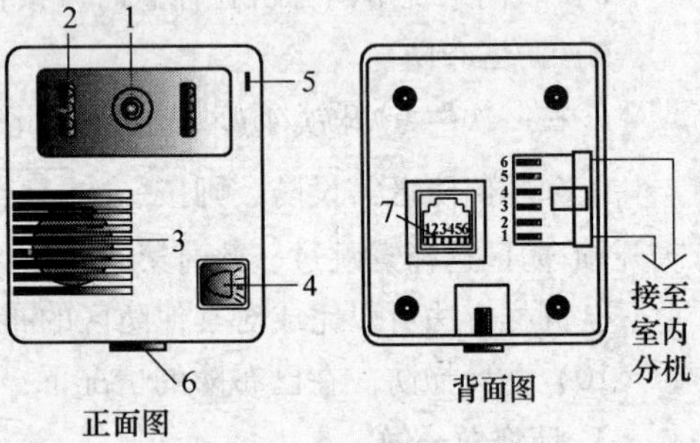

图 8-36　小门口机的外部结构

1—摄像镜头　2—夜视光源　3—扬声器　4—门铃按钮　5—麦克风　6—防盗锁　7—室内分机连接座：1—公共地线（六芯线蓝线）　2—音频线（六芯线黄线）　3—视频线（六芯线绿线）　4—公共地线（六芯线红线）　5—电源线（11.5V，六芯线黑线）　6—呼叫线（CALL，六芯线白线）

使用时按下小门口机上的门铃按钮即可呼叫对应的可视分机。

3. 请您做一做

1）简述小门口机的工程安装过程。

2）简要说明小门口机的连接和使用过程。

8.4.5　非可视分机的安装连接与使用操作实践

1. 实践目的

1）了解非可视分机 LSD-892RB 的功能。

2）熟悉非可视分机 LSD-892RB 的硬件结构及端口接线方式。

2. 实践步骤

（1）安装

1）用十字螺钉旋具卸下非可视分机面板上的螺钉。

2）用一字螺钉旋具掀起电路板。

3）将挂机孔位对准实训台面板上的孔位，用 M4×10 螺钉固定。

（2）连接

1）白线（数据线1）接端子排的 1.1。

2）绿线（数据线2）接端子排的 1.2。

3）蓝线（音频线）接端子排的 1.3。

4）黑线（公共地线）接端子排的 1.4。

5）黄线（视频芯线）接端子排的 1.5（因无视频接收，可以不接）。

6）红线（电源线）接端子排的 1.6。

（3）使用

1）单元门口主机呼叫非可视分机（101）。

2）室内分机响起电子振铃声。

3）室内主人有意接待，可摘下话筒与来访者通话。同意客人进入可按分机上的开锁键，以打开门口电控锁。

4）联网系统室内分机在任意时候按报警键，可呼叫管理中心实现报警。

5）房间号设置。非可视分机的跳码方法与可视分机的跳码方法完全相同，跳码时可参考可视分机的跳码方法。其设置步骤为：

取下非可视分机的电路板，将标有 1 的编码开关拨到 ON 位置，对 101 房间号地址进行设置。

3. 请您做一做

1）简述非可视分机的安装和连接过程。

2）简要说明非可视分机的使用过程。

8.4.6　单元门口机的安装连接与使用操作实践

1. 实践目的

1）了解单元门口主机的功能。

2）熟悉单元门口主机的结构与端口接线方式。

2. 实践步骤

（1）实验安装过程

1）将安装槽的安装孔对准面板上开孔的位置。

2）选用 M4×12 的螺钉将其固定。

3）将单元门口主机卡到固定好的安装槽上。

（2）工程安装过程

1）在墙体上距地面 1.5～1.6m 处开出 4 个直径 6mm、深度 20mm 的小孔。

2）将塑料膨胀胶管打入孔内。

3）用自攻螺钉将固定架安装在开好的孔上。

4）再将单元门口主机引出线引出后，挂在挂钩上即可。

单元门口主机工程安装示意图如图 8-37 所示。

（3）连接图　单元门口主机连接如图 8-38 所示。

1）将单元门口主机各端子的引线和单元门口主机实训面板上的端子对应连接即可。

2）单元门口主机的面板端子 D+、D－分别从单元门口主机内部的门禁控制器上 J2 接线座的 4R+、4R－端引出，然后再接到 DB9 串口的 3、4 引脚，具体请参考单门控制系统硬件安装调试说明。

（4）操作使用

1）按两次主机上的“*”（即密码键），再输入出厂默认的系统密码“71120228”开启系统。

2）按两次面板上的“*”键，输入八位管理密码（系统默认的管理密码是 12345678）。

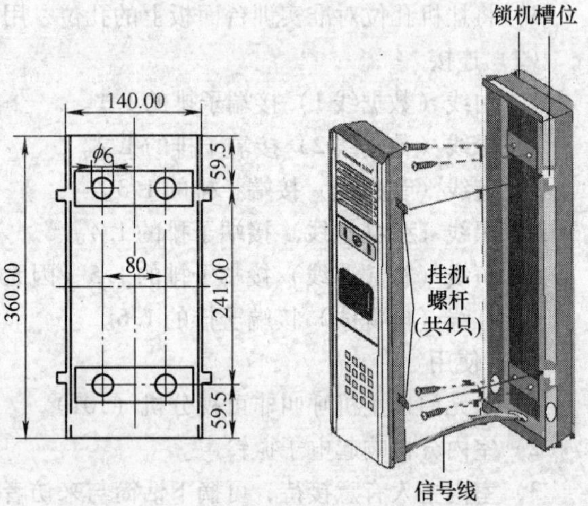

图 8-37　单元门口主机工程安装示意图

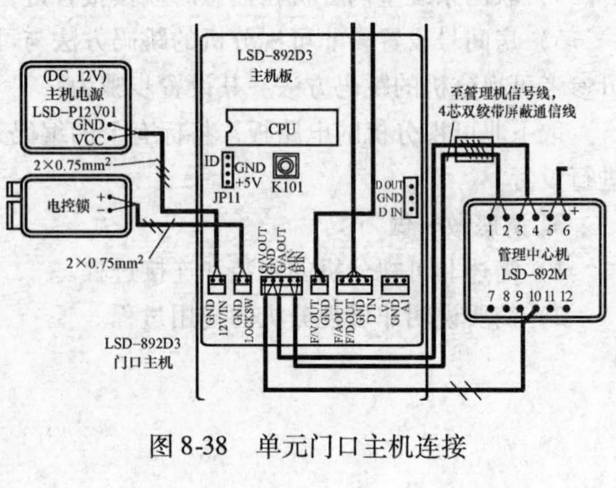

图 8-38　单元门口主机连接

3）当显示“ON”时，按面板上的“∧”键，输入您要设定的楼栋号“01”（用两位数“01”表示第1栋）。当显示“GOOD”时，楼栋号设置成功。

4）用螺钉旋具拆下主机面板，找到机内主板上的复位开关“K1”并按下不松手，然后按面板上的“#”键，直到显示“01××”。

5）输入“04”，设置一楼只有四家住户（只使用房间号101）。

6）显示自动跳到“02××”时，输入“04”，设置二楼也是四家住户（只使用房间号201）。

7）连续按两次主机面板上的“*”键，输入八位管理密码，当显示“ON”时，输入101和1234。此时显示ON，即完成对101住户的开锁密码（1234）设定。

8）仿照上面的步骤，可对201住户设定开锁密码（1234）。

3. 请您做一做

1）简述单元门口主机的工程安装过程。

2）简要说明单元门口主机的连接和使用过程。

8.4.7 管理中心机的安装连接与使用操作实践

1. 实践目的

1）了解管理中心机的功能。

2）熟悉管理中心机的外部结构与端口接线方式。

2. 实践步骤

（1）安装 为便于学生操作，实验安装时将管理中心机安装在欲埋盒中，并固定在面板上。工程中的安装也常常采用这种方式，只是将其固定在操作台上。

1）用M4×8的螺钉将欲埋盒支架固定在面板上。

2）用M4×8的平头螺钉将欲埋盒固定在欲埋盒支架上。

3）再将管理中心机引出线引出后，推入欲埋盒即可。

（2）接线 管理中心机接线如图8-39所示，其接线方法是将管理机底部的各接线柱标号和实训面板上的标号对应连接起来，管理机底部各接线柱的说明见表8-2。

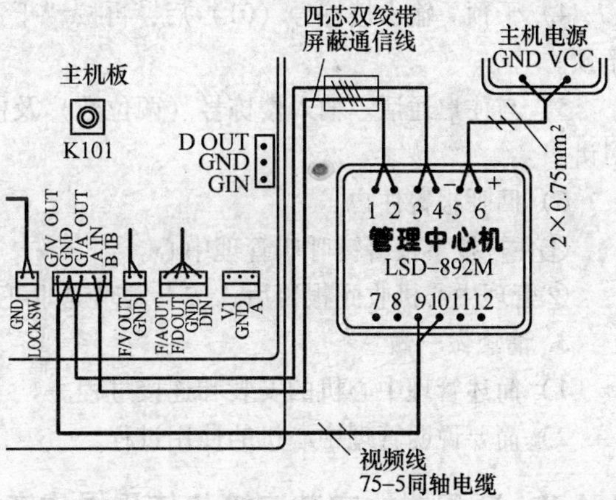

图8-39 管理中心机接线

1）A、B为通信线，连接至门口主机上管理机信号主线接口的“A IN”“B IN”。

2）S为音频线，连接至门口主机上管理机信号主线接口的“G/A OUT”。

3）GND为地线，VCC为+12V电源输入。

表 8-2　管理机底部各接线柱的说明

管理机底座接线钉	1	2	3	4	5	6
对应功能	A	B	S	GND	GND	VCC
管理机底座接线钉	7	8	9	10	11	12
对应功能	NC	NC	VIDEO	GND	NC	NC

4）VIDEO 为视频接口，连接至门口主机上管理机信号主线接口的“G/V OUT”。

5）NC 为空脚。

注意：为符合习惯性操作，面板上的 5、6 和管理机底部接线柱标号 5、6 是交叉来接的。

（3）使用

1）调整时间。

①按一次面板上的“校时”键。

②此时数码管显示年、月、日，其中高位闪烁的是年份，此时可按数字键输入两位正确的年份，输入完后，自动跳到下位闪烁。

③依照上面方法继续输入两位月份、两位日期。输完后，数码管自动显示秒、时、分，可按照以上方法继续输入秒、时、分。

2）遥控开锁。输入楼栋号（01）后，再按“开锁”键，即可打开对应楼栋大门（01）电控锁。

3）监视。输入楼栋号（01）后，再按“监视”键，即可监视对应楼栋（01）门口状况。

4）干预。输入楼栋号（01）后，再按“干预”键，即可对应楼栋（01）住户进行干预。

5）与住户通话。输入楼栋号（两位数）及楼层房号（四位数）接通任一住户与其对讲。

6）回呼报警住户。

①住户按下报警键呼叫管理中心。

②管理中心机收到报警后，按下发码键即可回呼报警住户。

3. 请您做一做

1）简述管理中心机的安装和连接过程。

2）简要说明管理中心机的使用过程。

8.4.8　适配器的安装连接与使用操作实践

1. 实践目的

1）了解适配器的功能。

2）熟悉适配器的硬件结构及端口接线方式。

2. 实践步骤

（1）安装　适配器一般安装在楼层弱电井里，且要远离电磁干扰的位置，本系统为便于演示和操作将其安装在实训面板上。

1）用钥匙打开适配器。

2）用 M4×10 的螺钉将其固定。

（2）连接

1）非可视用户接口引线（8 路中的任意 1 路用户接口线引出）。

①白线（数据线 1）接端子排的 1.1。

②绿线（数据线 2）接端子排的 1.2。

③蓝线（音频线）接端子排的 1.3。

④黑线（公共地线）接端子排的 1.4。

⑤黄线（视频芯线）接端子排的 1.5（因无视频接收，可以不接）。

⑥ 红线（电源线）接端子排的 1.6。

2）可视用户接口引线（8 路中的任意 1 路用户接口线引出）。

①白线（数据线 1）接端子排的 2.1。

②绿线（数据线 2）接端子排的 2.2。

③蓝线（音频线）接端子排的 2.3。

④黑线（公共地线）接端子排的 2.4。

⑤黄线（视频芯线）接端子排的 2.5。

⑥红线（电源线）接端子排的 2.6。

3）进线。

①信号主线 1、2、3、4 和视频线的 +、- 分别对应接实训台面板上的 1、2、3、4、5、6。

②电源线的 +、- 与面板上的 18V +、- 对接。

注意：在实训面板上的接线，信号主线 1、2、3、4 分别与单元门口主机的 F/D OUT、D IN、F/A OUT、GND 连接。

（3）使用

1）用螺钉旋具打开适配器的面板。

2）找到 6 只双排插针，把最右边的一对插针用短路帽短接，设置适配器的地址 01。

3）在单元门口主机上呼叫（201）可视分机。

4）将适配器短路帽插在视频阻抗匹配调节选择开关“ON”位置，调节阻抗匹配调节电位器“RF1”，使图像清晰度达到最佳。

3. 请您做一做

1）简述适配器的安装和连接过程。

2）简要说明适配器的使用过程。

8.4.9　系统电源和主机电源的安装连接与使用操作实践

1. 实践目的

1）了解主机电源和系统电源的结构。

2）熟悉系统电源和主机电源的安装连接与使用操作。

2. 实践步骤

(1) 安装

1) 主机电源用来给管理中心机供电，安装步骤如下：

①打开主机电源盒。

②将主机电源盒的安装孔与屏内底板上的安装孔对齐。

③使用 M4×10 的螺钉将电源盒固定到屏内底板上。

④将 220V 电源引入主机电源的进线端。

⑤将电源的出线端（DC12V 输出）引到对应的面板端子上。

2) 楼宇电源用来给适配器(DC18V)和单元门口主机(DC12V)供电,安装步骤如下：

①打开系统电源盒。

②将系统电源盒的安装孔与屏内底板安装孔对齐。

③使用 M4×10 的螺钉将电源盒固定到屏内底板上。

④将 220V 电源引入系统电源的进线端。

⑤将电源的出线端（DC18V 和 DC12V 两路输出）引到相应的面板端子上。

(2) 连接

①将主机电源 DC12V 的电源输出与对应的面板端子连接起来。

② 将系统电源的 DC18V 和 DC12V 输出端与面板上对应的端子接起来。

③主机电源输出 DC12V，接至管理中心的 5、6 两脚，为管理中心机供电。系统电源输出 DC18V 和 DC12V，其中 DC18V 接至楼层适配器的电源输入端，为适配器供电；DC12V 接至单元门主机，为单元门主机供电。

(3) 结构认识与使用说明

1) 两种电源的内部结构如图 8-40 所示。

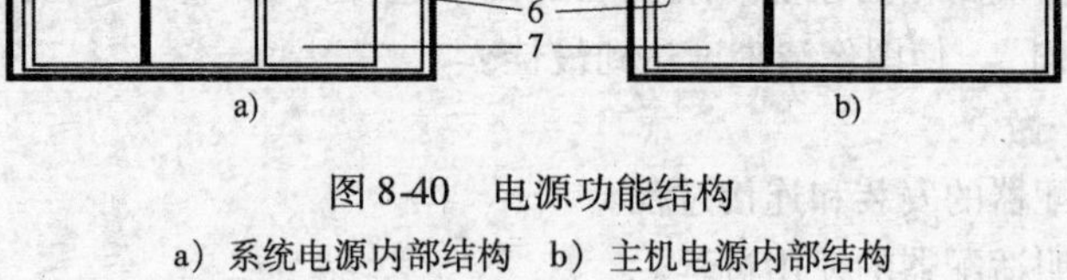

图 8-40　电源功能结构

a) 系统电源内部结构　b) 主机电源内部结构

图中各部位功能如下：1 为后备电源启动按键（S01），2 为电源输出端（LSD-P18V03-1 系统电源有两路输出 DC18V、DC12V，LSD-P12V01 主机电源输出 DC12V），3 为开关电源（220V 输入）4 为电源变压器（220V 输入，AC19V 输出），5 为蓄电池充电负极（-），6 为蓄电池充电正极（+），7 为蓄电池。

2）使用。电源是楼宇自动化系统的关键部分，电源供电性能的好坏直接关系着系统的稳定性，所以在楼宇自动化系统中的消防系统、防盗系统和安防系统中，尤其对电源有着严格的要求。而在工程上，为了保证这些系统稳定性和不间断供电，常采用独立系统电源和备用电源相结合的方式。

3. 请您做一做

1）简述系统电源和主机电源的安装和连接过程。

2）简要说明系统电源和主机电源的使用过程。

8.4.10　红外探测器、烟感探测器、门磁、紧急按钮的安装与使用操作实践

1. 实践目的

1）认识各类报警探测器的内部结构。

2）掌握各类报警探测器与可视分机的连接方式。

2. 实践步骤

（1）门磁的安装

1）将门磁的安装孔对准面板上的孔位。

2）选用 M3×10 螺钉在面板上固定。

3）将门磁的常闭端 NC 和 COM 分别接到端子排 NC1 和 C1 的背面。

（2）紧急按钮的安装

1）用小号十字螺钉旋具卸下紧急按钮前面螺钉，取下前外壳。

2）将紧急按钮安装孔对准面板上的孔位。

3）选用 M3×10 螺钉在面板上固定。

4）将紧急按钮常开端和公共端接到相应的面板端子 NC2 和 C2 的背面。

（3）烟感探测器的安装

1）将探测器顺时针旋下，将底座的安装孔对准面板上的孔位。

2）选用 M4×10 的螺钉将其固定。

3）将探测器的常开端蓝、绿分别接到端子排 NC3、C3 的背面，电源线接 12V。

4）将烟感探测器的卡口对准底座的旋转槽，逆时针旋紧，安装完毕。

（4）红外探测器的安装

1）取下安装底座。

2）将底座安装孔对准面板上的孔位。

3）选用 M4×10 的螺钉将其固定。

4）将探测器卡到固定好的底座上。

5）将探测器的两条常开引线接到对应的面板端子 NC4、C4 的背面，电源线接 12V。

（5）使用　因可视分机的报警方式为短路报警方式，因此在使用报警探测器时，要将其应用为常开方式，即探测器在正常状况下是开路的。

3. 请您做一做

1）简述各类报警探测器的安装过程。

2）简要说明各类报警探测器的使用过程。

8.4.11 ID 卡门禁操作实践

1. 实践目的

1）熟悉系统各设备之间的连接关系。

2）了解门禁原理和 ID 卡的开门过程。

3）了解上位机软件对门口的出入管理。

2. 实践原理

1）本套系统使用非接触式 ID 卡开锁，每个 ID 卡在出厂前都有唯一的编号，出厂时已将此编号存入单元门口主机。如果要更改卡内的用户信息和使用权限，只需在上位机上将相应的卡号重新设置即可。

2）ID 卡的使用方法。将已在系统中备案的 ID 卡距离门口机感应头正上方 10cm 内的位置，以每秒小于 30cm 的速度平行晃过，即可开锁。

3. 实践步骤

1）根据 8.3.2 中上位机软件的安装与使用的操作，建立连接上位机与门禁控制器的通信。

2）上位机软件对刷卡开锁信息的记录与查询。

①将光盘中的 menjin 数据库文件复制到 C：\ program files \ sentry _ 383 文件夹下，覆盖原有的 menjin 数据库文件。

②打开上位机软件，根据 8.3.1 中的操作，设定当前时间下载到单元门口主机。

③将“卡片管理”中的资料下载到单元门口主机内部的门禁控制器里。

④101、102 在 8:00 到 18:00 有效；103、104 在 13:00 到 21:00 有效；201 只在 18:00到 21:00 有效。

⑤修改有效时间权限。根据 8.3.1 中的操作在时区设定里重新设置时间段和时区后，修改卡的使用时间权限。重新下载后，验证刷卡的时间权限修改是否成功。

⑥撤消卡。重新执行上面第①至第③步的操作，在卡片管理中删除要作废的卡号，重新下传卡片，被删除的卡片变为无效卡。

4. 请您做一做

1）简述 ID 卡门禁操作的原理。

2）简要说明 ID 卡门禁的使用过程。

8.4.12 室内安防操作实践

1. 实践目的

1）熟悉系统各设备之间的连接关系。

2）了解各种探测器的连接方法。

3）熟悉探测和报警的工作流程。

2. 实践步骤

1）根据接线总图在实训面板上接线。

2）合上控制台侧面的AC220V电源开关。

3）根据8.4.3可视分机的布/撤防方法，对实验台上的门磁探测器、紧急按钮、红外探测器、烟感探测器进行布防。

①先按一次开锁/防区选择键，此时第一个防区指示灯会闪烁。

②再按一次监视/防区确认键，即完成对门磁探测器的布防。

③此时第二路防区指示灯开始闪烁，按下可视门监视/防区确认键，完成对红外探测器的布防。

④此时第三路防区指示灯开始闪烁，按下可视门监视/防区确认键，完成对紧急按钮的布防。

⑤此时第四路防区指示灯开始闪烁，按下可视门监视/防区确认键，完成对烟感探测器的布防。

⑥四路防区布防完成后，中间电源指示灯会闪烁，此时按任意键都不起作用，待闪烁的指示灯停止闪烁时（约30s）布防成功。（其中第一、二路防区带延时10s，第三、四防区不带延时）。

⑦此时当红外探测器前有人活动或分开门磁时，可视分机会发出报警声，同时自动向管理中心发送报警信息，管理中心可及时处理警情。

⑧防区的撤防方法。在已布防的情况下，解除警情后，只要按一次开锁/防区选择键即可撤防。

3. 请您做一做

1）简述室内安防操作的目的。

2）简要说明室内安防操作的内容。

8.4.13 系统故障判断与处理操作实践

1. 实践目的

1）掌握系统常见故障的解决办法。

2）学习分析解决问题的方法。

2. 实践步骤

线路中设置故障，让学生根据操作经验，自己查找故障原因，排出故障。这一过程既可以锻炼学生独立解决问题的能力，又可以作为一种考核的方式，考核学生对该操作掌握的程度。

（1）故障类型

1）线路故障。线路的短路和断路。

2）设置故障。楼层跳码设置错误，室内分机跳码设置错误，ID卡的设置权限错误，系统的时间、密码、时区设置错误等。

（2）排除故障的方法　当系统出现问题时，排除故障要分以下几步：

1）检查系统的电源输出是否正常。

2）检查出现故障的模块电源，检查其供电是否正常。

3）电源正常后，再查找相关的引线有无短路和断路现象。线路的故障，一般是线路接错、线路断路、线路短路。

4）确认接线无误后，再检查系统的设置，如单元门口主机、适配器、可视分机、非可视分机的跳码等。

（3）常见故障与处理

1）主机不能呼叫用户分机。通常排除方法：

①检查用户分机的电源供电是否正常。

②检查各连线是否正确，有无短路和断路。

③检查用户分机的跳码是否正确。

④检查两条数据线是否接反。

⑤检查单元门口主机的初始化设置是否包含了分机的地址号。

⑥检查楼层适配器的跳码是否正确。

2）可视分机图像不能显示。通常排除方法：

①进行以上 6 步检查确定以上功能是否正常。

②检查可视分机的对比度调节是否适当。

③检查楼层适配器的视频阻抗调节是否适当。

3）刷卡故障。通常排除方法：

①检查门禁控制器的电源是否正常。

②检查 RS485-RS232 转换接头是否出现故障，如电平转换不准，更换新的转换接头。

③检查串口设置与使用的串口是否一致，如不一致调整串口。

④检查波特率设置是否有误，正确设置为：19200，E，8，1。

⑤从上位机读取下位机的设置，检查是否符合要求，并重新设置。

3. 请您做一做

1）简述系统常见故障的类型。

2）简要说明系统常见故障的排除方法。

8.4.14　一个应用系统设计操作实践

1. 实践目的

1）使学生了解工程的概念。

2）培养学生的动手能力和创造力。

2. 实践步骤

在完成以上所有操作训练的基础上，由指导老师指定楼栋号、楼层数、房间号让学生自己组建一个具有特定功能的可视对讲门禁控制系统，其设计要求：

1）楼栋号 03。

2）楼层数 06。

3）房间号：611（可视）和 612（非可视）。

4）系统中的管理中心机具有干预功能。

5）5 张卡的开锁时间为：101、102 在 8:00 到 12:00 有效；103、104 在 12:00 到 15:00有效；201 在 15:00 到 20:00 有效。

3. 请您做一做

1）分析设计要求，熟悉其相关知识。

2）实地操作，设计出一个应用系统。

8.5　思考与练习

1. THPDM-1 型对讲及门禁控制系统实训装置有什么特点和功能？
2. 如何安装与使用门禁管理系统软件？
3. 如何安装与使用上位机软件？
4. 对讲及门禁控制系统结构主要包含哪些部分？各有什么功能作用？
5. 单元门口主机主要由哪些器件组成？如何使用？
6. 管理中心机主要由哪些器件组成？如何使用？
7. 楼层适配器主要由哪些器件组成？如何使用？
8. 用户分机主要由哪些器件组成？如何使用？
9. 报警探测器主要由哪些器件组成？如何使用？
10. 如何进行对讲门禁系统使用情形模拟操作？
11. 如何进行可视分机的安装连接与使用操作？
12. 如何进行小门口机的安装连接与使用操作？
13. 如何进行非可视分机的安装连接与使用操作？
14. 如何进行单元门口机的安装连接与使用操作？
15. 如何进行管理中心机的安装连接与使用操作？
16. 如何进行适配器的安装连接与使用操作？
17. 如何进行系统电源和主机电源的安装连接与使用操作？
18. 如何进行红外探测器、烟感探测器、门磁、紧急按钮的安装与使用操作？
19. 如何进行 ID 卡门禁操作？
20. 如何进行室内安防操作？
21. 如何进行系统故障判断与处理操作？
22. 如何进行一个应用系统设计操作？

学习情景9　THPFB-1 型防盗报警系统

【学习目标】

知识目标

- 认知 THPFB-1 型防盗报警系统
- 认知各种报警主机和各类报警探测器的内部结构
- 了解各种模拟现场报警实验的机理

技能目标

- 掌握模拟现场报警系统的操作方法
- 掌握各种报警探测器与各类报警主机的安装和连接

情景条件

- THPFB-1 型防盗报警系统实训装置 1 套
- 计算机 1 台（配 CMS7000 软件 1 套）
- 便携式万用表、一字螺钉旋具，十字螺钉旋具

9.1　工作任务

防盗报警系统作为安全防范的最重要措施之一，广泛运用在仓库、银行、保险库、写字楼、住宅小区等工业建筑与民用建筑领域中。

THPFB-1 防盗报警系统实践装置（见图 9-1）是依据目前高等院校建筑电气、楼宇智能化专业的实验内容精心设计的综合实训装置。该实训装置结合了当前安防市场中防盗的最新技术，采用世界著名的德国 BOSCH 安防报警系统，系统成熟稳定，实践内容丰富。该装置包含了各种类型的报警探测器和带监视器的联动设备，能让教学研究人员全面认识、掌握防盗报警系统的各种应用模式，为学校培养学生技能和研究防盗报警技术提供良好的教学平台。

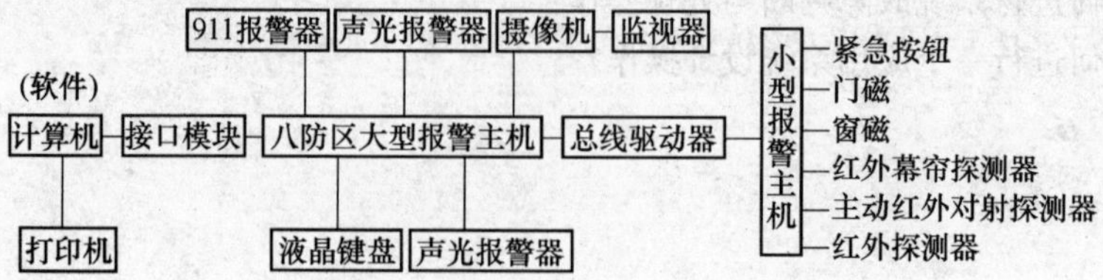

图 9-1　THPFB-1 型防盗报警系统实验装置构成

本工作任务就是要认知这种防盗报警系统，进行各种模拟现场报警的操作实践。

9.2　任务分析

该系统主要由一个六防区的区域性报警系统、大型报警主机及计算机组成，各部分通过总线和大型报警主机相连，而大型报警主机又通过通信接口模块与计算机相连。其硬件组成主要有：

1）DS7400XI-CHI 八防区大型报警主机。

2）DS7447i 液晶键盘。

3）DS7430 总线驱动器。

4）RS-232 接口模块。

5）DS6MX-CHI 六防区小型报警主机。

6）CMS7000 警卫中心软件。

7）TV-727（7 英寸）监视器。

8）ML-212 摄像机。

9）声光报警器。

10）911 报警器。

11）红外对射、门磁、紧急按钮等各类探测器。

利用该系统装置，通过现场硬件的安装和连接以及 CMS7000 软件的编程应用，即能指导学生开展各种模拟现场报警的操作实践。

9.3　知识平台

9.3.1　防盗报警系统常用术语

1. 防盗入侵报警系统

用物理方法或电子方法，自动探测发生在布防监测区域内的入侵行为，发出报警信号，并辅助提示值班人员发生报警的区域部位，显示可能采取对策的系统被称作防盗入侵报警系统。智能楼宇内的防盗报警系统一般由探测器、区域控制器和报警控制中心三部分组成。通常一个区域控制器、探测器加上声光报警设备就可以构成一个简单的报警系统。但对于整个智能楼宇来说，还必须设置安保控制中心，这样才能起到对整个报警系统的管理和系统集成。

2. 报警探测器

报警探测器又称报警传感器，安装于设防区域内的传感装置，用于探测人员进入、烟火发生等情况，如红外传感器、门磁等。

3. 报警主机

用于连接报警探测器、判断报警情况、管理报警事件的专用设备。报警主机具有对报警主机防区分区，并进行设置与管理的能力，可以根据报警探测器的信号进行分析，发布报警事件，并根据在报警主机上的参数设置进行处理，可以对设防区域进行撤/布防操作，是整个安全系统的核心，一般情况下通过专门的键盘对报警主机进行管理、编程和设置参数工作。

4. 控制键盘

连接在大型报警主机上，可用于对大型报警主机进行用户编程、撤/布防、紧急报警等操作。

5. 管理软件（CMS7000）

通过串行通信口与报警主机连接的计算机上运行的软件，能够根据从报警主机接收到的报警事件并参照在计算机软件中设置的防区参数对防区进行报警消息显示、撤/布防状态，对报警主机进行远程撤/布防、巡更管理、锁匙开关控制等功能。CMS7000 的使用依赖于报警主机以及报警主机中的参数设置。

6. 报警主机报警事件

DS7400XI-CHI 报警主机在被触发报警后，不仅会根据报警主机中的参数设置在报警主机上对报警事件进行处理，还会通过串行通信模块发送主机事件报告给管理软件 CMS7000。

9.3.2　防盗报警系统主要硬件

1. DS7400XI-CHI 大型报警主机及液晶键盘

DS7400XI-CHI 大型报警主机系统是德国 BOSCH（博世）公司的产品，广泛应用于小区住家及周界报警系统、大楼安保系统以及工厂、学校、仓库等各类大型安保系统，可实现计算机管理，并方便地与其他系统集成。

（1）DS7400XI-CHI 主要功能

1）自带 8 个防区，以两芯总线方式（不包括探测器电源线）可扩展 240 个防区，共 248 个防区。

2）可接 15 个键盘，分为 8 个独立分区，可分别独立布防/撤防。

3）有 200 组个人操作密码，30 种可编程防区功能。

4）可选择多种防区扩展模块，如主防区键盘 DS6MX 等。

5）通过 DS7412 可实现与计算机的直接连接，或通过接口设备与 LAN 连接。

6）可通过电话网（PSTN）与报警中心连接，支持 4 + 2、Contact ID 等多种通信格式。

7）可实现键盘编程或远程遥控编程。

（2）电气性能指标

1）输入功率：AC18V，50W，50Hz/60Hz。

2）辅助输出功率：DC12V，最大 1.0A。

3）报警输出口：DC12V，1.75mA。

4）外观尺寸：365mm × 310mm × 85mm。

（3）DS7400XI-CHI报警主机主板接线端口定义　主板左边接线端口由上至下有：电源地、交流电源、报警输出、辅助电源输出、辅助输出总线、后备电源。主板下边接线端口由左至右有：键盘总线、报警电话接口、可编程输出口1/2、八防区报警接口。其中报警输出、辅助电源输出分别对应“THPFB-1”实训装置面板上的“+ Beel -”、“+辅助电源 -”接线柱。详细的端口说明请参阅“DS7400XI-CHI简明安装使用手册”。

（4）系统选配设备

1）DS7430单总线驱动器。DS7430是在DS7400XI-CHI使用总线扩充模块时必选设备之一，它直接安装在DS7400XI-CHI的主板上，驱动一路总线，正常耗电为65mA，它是各类防区扩充模块与DS7400XI-CHI主板之间的接口模块。

说明：①安装DS7430时要完全插入，断电时安装。

②总线的正负极不能接错。

③DS7430上的POWER电源端口输出功率较小，一般不对探测器供电。

2）DS7412串行接口模块。DS7412是连接DS7400XI-CHI主板与打印机或计算机的一种接口转换模块。若想使DS7400XI-CHI直接连接英文串口打印机或计算机时，就必须使用DS7412模块，通过使用RS-232来实现与外围设备的通信。模块通信速率为2400bit/s，与计算机通信时串口线的接线顺序为：2-3　3-2　4-6　5-5　6-4　7-8　8-7，其中2-3　3-2　5-5为必接。

说明：若需开放通信口，要对地址4019、4020进行设置（请参考编程部分），若与主机通信正常，DS7412上的Rx、Tx会闪亮。

3）DS7447i键盘。当使用DS7400XI-CHI报警主机时，必须要使用键盘DS7447i。DS7400XI-CHI报警系统可支持15个键盘，其中可设主键盘一个（当使用一个键盘时就不必设置主键盘）。当需要分区时，可以用某个键盘控制某一分区，进行独立布防/撤防，也可以由主键盘对所有分区同时布/撤防，这些功能都要求在对DS7400XI-CHI进行编程时设定（请参考编程部分）。

说明：连接键盘前，必须将键盘的外壳打开，检查电路板上的跳线是否设置正确，使用几个键盘就设到第几个键盘序号。

DS7447i键盘的详细的使用说明请参阅“DS7400XI-CHI简明安装使用手册”。

（5）DS7400XI-CH报警主机的编程

1）编程准备。进入编程及退出编程方法：进入编程密码是9876#0，退出编程方法是按“＊”4s，听到“哔”一声，表示已退出编程。

填数据：DS7400XI-CHI编程地址一定是四位数，而每个地址的数据一定是两位。如：需将地址0001中填输入数据21，方法是按9876#0，此时DS7447i键盘的灯都闪动。键盘显示：

```
Prg. Mode 4. 05
Adr =
```

输入地址 0001，接着输入 21#，则显示顺序为：

Prg. Mode 4. 05 Adr = 0001 D_{01} = 2	→	Prg. Mode 4. 05 Adr = 0001 D_{02} = 1	→

此时自动跳到下一个地址，即地址 0002。若不需要对地址 0002 进行编程，则连续按两次“＊”，则又到

Prg. Mode 4. 05 Adr =

此时就可以输入新的地址及该地址要设置的数据。

2）编程内容。DS7400XI-CHI 报警主机使用前需进行编程，在“THPFB-1”实训装置中使用时的编程主要有：

①确定一个防区的防区功能（0031 ~ 0278）。防区功能就是要把某一具体防区设定具有哪一种防区功能。在防区编程中所要解决的问题是要使用多少个防区，每个防区应设置为哪种防区功能。下列为本实训装置中，需编程的地址及数据参数：

0039　06#

0040　06#

②防区特性设置（0415 ~ 0538）。因为 DS7400XI-CHI 是一种总线式大型报警主机系统，可使用的防区扩充模块有多种型号，如 DS7432、DS3MX、DS6MX 等系列，具体选择哪种型号在这项地址中设置。如：在本实训装置中选择扩充模块 DS6MX，需编程的地址及数据参数为：

0419　66#

具体输入方法请参考“1）编程准备”。

③辅助总线输出编程（4019 ~ 4020）。DS7400XI-CHI 和计算机直接相连或和串口打印机直接连接（用 DS7412）或与继电器输出模块连接时都要使用辅助总线输出口，以确定辅助输出口的速率、数据流特性等。在本实训装置中，使用 DS7412 和 CMS7000 管理软件，需编程的地址及数据参数为：

4019　18#

4020　20#

说明：地址 4019 的出厂为 07，即不使用 DS7412。

④强制布防和接地故障检测编程（2732）。DS7400XI-CHI 在防区不正常时，可以强制布防，但这些防区必须设置为可旁路的防区。另外在编程过程中还可以设置系统是否检查接地故障，如设有此项功能，在接地不正常时，键盘会显示“Ground Fault”。在本实训装置中，需编程的地址及数据参数为：

2732　11#

在所有编程结束后，按“＊”3s 可退出主机编程。

说明：详细的编程步骤请参阅“DS7400XI-CHI 简明安装使用手册”。

2. DS6MX-CHI 报警主机

（1）概述　DS6MX-CHI 为 6 防区键盘，既可单独使用，也可以连接到 DS7400XI-CHI 报警主机的总线线路，以用于小区或大厦保安系统中的独立用户。

DS6MX-CHI 有 6 个报警输入防区，1 个报警继电器输出，2 个固态输出和 1 个钥匙开关。

（2）编程功能　DS6MX-CHI 编程，主要编程步骤为：

1）输入主码××××（“×”表示在 DS6MX-CHI 主机上需输入的数字，主码默认为 1234）。

2）按住“*”键 3s，即可进入编程模式。

3）进入编程地址：×或××+“*”。

4）编程值：从×到××××××××，若设置正确，主机将鸣音 1s 进行确认。

5）重复步骤 3）和 4），编程其他地址。

6）按住“*”3s 退出编程模式。

举例：进入编程模式后，在 DS6MX-CHI 键盘上依次输入“7”+“*”+“1”，表示 DS6MX 主机的防区 1 可进行即时布防。

说明：详细的编程地址及说明请参阅“DS6MX-CHI 键盘安装指南”。

（3）布防/撤防/旁路编程

1）若需对 DS6MX-CHI 的某一防区设为旁路防区，则在布防时输入“用户密码”+“旁路”+“防区编号”+“布防”，就将旁路该防区。

2）若需对 DS6MX-CHI 的所有防区进行布防/撤防，则在布防/撤防时输入“用户密码”+“布防”/“撤防”，就将所有防区进行布防/撤防。

（4）DS6MX-CHI 与探测器的接线方式　防区可接为常开 NO 或常闭 NC 接点，每个防区必须接一个 10kΩ 的电阻，如图 9-2 所示。

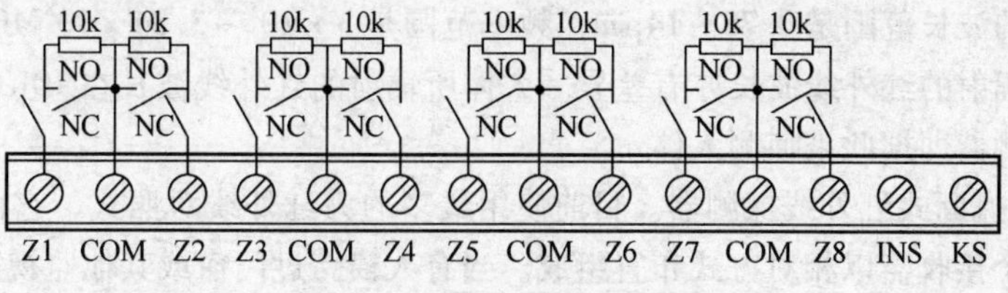

图 9-2　防区接电阻接线图

另外通过短接 INS 和 COM 端可将进入/退出延时防区改为立即防区。当 INS 和 COM 端开路时，进入/退出延时防区将返回编程设置。

说明：①本实训装置中 DS6MX-CHI 小型报警主机用于有线控制主机。其中主机所引出的接线端子默认状态是：常闭状态

② 本指导书中所提到的报警主机如无特别说明一般都是指小型报警主机。

3. 探测器

THPFB-1 防盗报警系统实训装置中所使用到的探测器主要有红外探测器、幕帘探测器、门磁、窗磁、紧急按钮、红外对射探测器等几种。

（1）门磁、窗磁探测器　门磁开关是探测器中最基本、最简单有效的装置，常用的有微动开关、磁簧开关等，一般装在门窗上。门磁开关可分为常开和常闭两种，一般在门磁探测器中，大多数采用磁簧开关，用常闭方式。

门磁开关由带金属触点的两个簧片（封装在充有惰性气体的玻璃管中，也称干簧管）和一块磁铁组成，如图 9-3 所示。

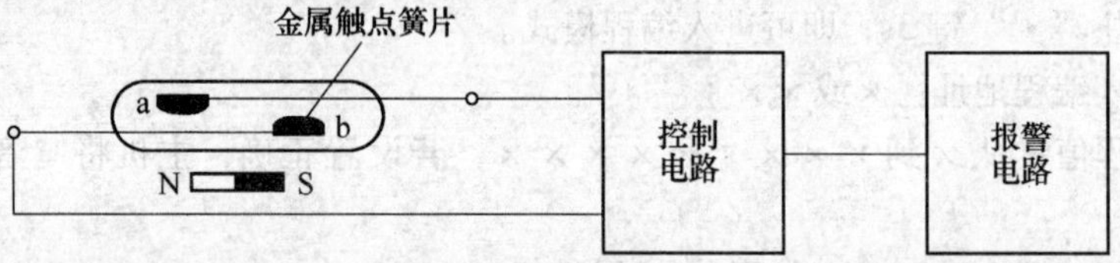

图 9-3　门磁开关应用示意图

当磁铁靠近干簧管时，管中带金属触点的两个簧片在磁场作用下吸合，a、b 两点接通。当磁铁远离干簧管到一定距离时，干簧管附近磁场消失或减弱，簧片靠自身弹性作用恢复到原位置，两点断开。使用时，一般把磁铁安装在被防范物体（如门、窗）的活动位，把干簧管装在固定部位（如门框、窗框）。磁铁与干簧管的位置需保持适当距离，以保证门、窗关闭时干簧管触点闭合，门窗打开时干簧管触点断开，控制器产生断路报警信号。

（2）红外探测器　利用红外线能量的辐射及接收技术构成的报警装置称为红外线探测器，依工作原理可分为热感红外探测器和光束遮断式红外线探测器两种类型。

1）热感红外探测器。任何物体包括生物或矿物，因表面热度的不同，都会辐射出强弱不等的红外线。红外线是波长介于微波与可见光之间、具有向外辐射能力的电磁波，红外线的波长范围是 $0.78 \sim 14\mu m$，频率范围是 $3 \times 10^5 \sim 3.84 \times 10^8 MHz$，因物体的不同，其所辐射的红外线波长亦有差异。人体所辐射的红外线波长在 $10\mu m$ 左右，热感式红外线探测器即据此来侦测人体。

2）光束遮断式红外线探测器。目前使用最多的为红外线对照式，它由一个红外线发射器与一个接收器以相对方式布置组成。当有人横跨过门窗或其他监视防区时，遮断红外线光束而引发报警。为了防止来人可能利用另一个红外线光束来瞒过警报器，侦测用的红外线必须先调整至特定的频率，再发送出去。而接收器也必须有频率与相位鉴别电路，以判别光束的真伪，还可防止日光等光源的干扰。由于激光有直射而不发散的特性，可通过布置许多折射镜，来回交织构成一个防护圈或形成一个防护网，比单纯一道光束的红外线更为有效。

（3）紧急按钮　紧急按钮是各种防盗报警探测器的一个补充，它是在各种探测器失效的状态下用手动的方式进行报警。在实际应用中也可用来对报警系统进行调试。

9.3.3　防盗报警系统应用软件CMS7000的安装及使用说明

1. CMS7000软件安装与启动

（1）CMS7000软件安装

1）计算机要求。装有Windows操作系统。

2）安装光碟。CMS7000的安装光碟上提供中文、中文繁体和英文三种版本的CMS7000软件。

3）软件安装。运行setup. exe程序启动安装流程，用户只需要选择软件安装的目录，其他由安装程序自动完成。

4）软件加密锁。CMS7000使用软件加密锁，软件成功安装后再将软件加密锁安装在计算机的并行口或USB上，然后再安装打印机。

没有软件加密锁时运行软件将只支持最多9个防区，不同软件加密锁支持不同的最大防区数量，超过规定数量将导致无法预料的问题。

说明：

①安装前禁止插入USB接口的软件加密锁，禁止使用BDE管理程序，如果有其他程序使用BDE，请先关闭。安装完成之后建议重新启动。

②如果安装路径中某个目录名长度超过八个字符，可能导致实时打印功能失效。

③单击CMS7000图标启动程序，如果程序已经运行，不能运行多个副本。程序启动过程中会进行必要的初始化过程，初始化完成后出现登录界面。

④如果实时打印设置为有效而没有设置本地打印机，将在Windows2000/XP中导致程序锁死。

（2）CMS7000软件启动　为了保证系统安全，CMS7000的使用人员必须登录后才能拥有相应的操作权限。初始安装的系统中拥有系统管理员用户，具有所有权限，其他用户的增加及权限设置由系统管理员管理。

1）系统管理员。系统管理员初始口令为空。注意：为便于操作，不要更改此口令。

2）权限检查。缺省状态下CMS7000每次操作都需要验证操作权限，如果不希望每次操作都检查权限，而只是以登录的权限为准，则可以设置“系统参数”中的“只在登录时检查口令”为有效。具体操作参见“防盗报警软件操作”部分。

3）用户界面。CMS7000运行时为全屏方式，用户界面主要包括主显示界面、弹出式窗口、系统菜单、工具栏。主显示界面主要显示报警板、用户/防区地图、用户防区资料、巡更管理、报警历史记录等数据，但这些内容不能同时显示。弹出式窗口主要显示报警处理界面、主机参数设置、系统参数设置等内容，允许同时弹出多个窗口，这些窗口覆盖主显示界面。所有功能全部在系统菜单中有相应选项，常用功能在工具栏中列出。主显示界面如图9-4所示。

4）基本操作。CMS7000可以通过菜单和工具栏按钮完成用户操作，单击鼠标右键可以激活相应菜单，双击可以获取相应详细资料。

图 9-4　主显示界面

2. CMS7000 软件使用说明

（1）基本操作术语

1）主机：与计算机连接的报警主机。不同的主机具有不同的唯一主机编号，主机名称由软件操作员定义，便于主机管理，允许相同，但建议主机名应该有所区别。每台主机对应的串行接口必须不同，接口的通信参数如波特率、校验方式允许用户设置。每台主机支持的分区、防区范围允许用户根据实际情况设置，最小为 1。

2）主机防区：每台报警主机对应的报警点（传感器）。在每台主机上具有唯一的编号，主机编号与主机防区编号对应一个唯一的防区。

3）主机分区：每台报警主机撤/布防管理的基本单位，是主机防区的集合。因为目前每台 7400 主机只支持 8 个分区，不便于在多用户、小分组的情况下进行管理，因此在 CMS7000 中只用于对主机进行主机撤/布防。用于 CMS7000 需要对防区进行分组管理时，CMS7000 使用“用户”的概念。

4）防区：CMS7000 定义的防区，是管理系统的基本单位，是整个系统的核心，对应一个报警传感器，由主机编号和主机防区编号唯一决定，其工作方式由防区参数决定。

5）撤/布防开关防区：特别定义的一种防区，此类防区的报警信号在 CMS7000 中不作为报警处理，而用来控制防区的撤/布防，使用户在没有控制键盘的情况下通过普通开关完成撤/布防。每一个撤/布防开关控制其所属用户的撤/布防状态。

6）用户：为了便于管理，对应系统使用情况，将防区归于一个分组以便统一管理，所有防区必须属于某一用户。

7）用户组：为了便于管理还可以将用户分类成不同用户组进行管理，所有用户必须属于某一用户组。

8）地图：用于监控防区、用户的地图，可以为每个防区或用户指定其所属的地图文件名称，定义它们在地图上的位置。显示地图时如果选择的是用户方式，则所有被定义在指定地图上的用户被显示。如果是显示防区，则指定地图上所有防区被显示。有报警事件发生的用户或防区将动态显示在地图上。系统定义有一张主监控地图，在规定时间内系统可以自动将监控地图切换到主监控地图上进行用户监控。

9）撤/布防：对防区进行的撤/布防，它与报警主机的撤/布防状态无关。CMS7000根据防区的布防状态与防区类型来决定是否对收到的符合条件的主机报警消息作为报警处理。

（2）使用步骤

1）增加报警主机并设置参数。激活报警主机参数设置窗口，增加报警主机并输入报警主机名称，选择串行接口编号及设置连接参数（与报警主机实际设置对应），输入报警主机最大防区范围，输入报警主机最大分区范围，输入其他参数，确定保存。

说明：删除报警主机时，依附于此报警主机的防区将会被自动删除，并且不能恢复。

2）查看报警主机通信。如果主机设置正确，激活通信监控窗口，单击开始按钮，当连接正确时，可在监控窗口收到数据。

3）增加用户组并设置参数。激活用户组管理窗口，解除修改编辑锁定，增加用户组，输入用户组名称。用户组是用来对多个用户进行分组管理的，可以对整个用户组进行撤/布防和旁路操作。

用户组删除时，其所属的用户以及相应的防区将被自动删除。

4）增加用户及防区。激活用户及防区管理功能，增加用户，选择用户所属的用户组，输入用户名称及其他参数，确定保存。增加防区，选择防区所属用户，输入防区名称，选择防区类型，选择防区对应的报警主机，选择防区对应报警主机中的防区编号。

增加防区之前需确定报警主机的防区设置情况，默认状态为短路，开路触发报警。可以通过通信监控窗口观察报警触发的消息。

如果使用的防区实际属性与防区类型模板中初始设置不一致，可以先修改“防区类型设置”，然后再设置用户防区资料。修改“防区类型模板”对已经设置完的防区没有影响。

5）用户/防区地图定位。激活用户防区定位窗口，如果用户及防区没有指定地图名称，则不能进行定位操作，图标前为红色，需要在防区参数中设置。如果指定了地图但没有定位，则选择定位操作并解除定位锁定后，则在左侧树中选择用户或防区时，右侧会显示相应的地图及已经定位在此地图上所有的防区，直接将没有定位的防区从右侧树中拖到左侧地图上即可。重新定位只需直接在地图上拖动图标。

如果重新定位防区到另一张地图或从地图上删除用户或防区，需要在用户/防区中重新设置新地图名称或清除地图名称，然后进行地图定位。

6）撤/布防与旁路。激活撤/布防窗口，在树中选择要操作的用户组/用户/防区，然后根据需要进行各种操作（报警主机必须处于布防状态，相应布防才有效）。主机的撤/布防操作将自动引起软件中具有相应主机分区的防区撤/布防，但通过软件对防区撤

/布防对报警主机撤/布防状态没有任何影响。对防区旁路操作将屏蔽此防区的所有报警事件，撤防操作将自动将防区从旁路状态恢复正常。

7）报警处理。触发报警主机，如果设置正确将弹出报警处理窗口，不同类型报警的显示颜色在报警类型和系统事件类型中设置。双击报警事件列表将显示报警详细资料，输入报警处理结果或选择使用预置处理方案，单击确定按钮处理报警，报警将从当前报警显示表中删除，并保存到历史记录数据库。报警预处理方案在防区定义设置，报警处理结果可以通过“系统参数设置”进行编辑。默认情况下每次处理报警必须确认权限，如果需要解除报警处理过程中每次确认权限操作，单击报警处理窗口中的解除权限检查按钮，具有报警处理权限的管理员将可以取消权限检查。

8）实时打印/报表打印。所有报警事件、系统事件、管理员操作都将通过连接在软件运行的计算机上的本地打印机实时打印，报表可以通过标准的 Windows 打印设备通过网络共享打印。实时打印受系统参数设置影响，默认值为关闭实时打印。在 Windows2000/XP 中，如果实时打印输出有效又没有安装本地并行口打印机，驱动程序将导致程序不能运行。

如果实时打印没有出现，其原因有如下可能：

①系统参数设置中的实时打印功能关闭。

②软件安装目录路径中有长文件名，可以通过修改安装目录或下载 Windows 相应补丁解决。

③打印机不支持汉字，必须使用支持汉字字库的打印机。简体版使用支持 GB2312 的字库，繁体版使用支持 BIG5 的字库，且打印机应该设置在汉字打印模式下。

④打印机设置错误，更改 Windows 打印设置来解决。

⑤Windows2000/XP 没有设置本地打印机将导致软件启动后锁死，请添加本地打印机。

9.4 解决方案

9.4.1 防盗报警系统情境模拟操作实践

1. 实践目的

1）认识 THPFB-1 型防盗报警系统的组成。

2）掌握在实验中模拟现场报警系统的操作方法。

2. 实践设备

1）THPFB-1 型防盗报警系统装置。

2）计算机 1 台（配 CMS7000 软件 1 套）。

3）便携式万用表、一字螺钉旋具、十字螺钉旋具。

3. 实践步骤

1）断开实训装置的空气开关，并断开蓄电池，在面板上找到 DS7400XI-CHI 八防区大型报警主机、DS7447i 液晶键盘、DS6MX-CHI 小型报警主机、TV-727（7 英寸）监视器、ML-212 摄像机、声光报警器、911 报警器、主动红外对射探测器、红外探测器、幕帘探测器、门磁、窗磁、紧急按钮，参照前面的有关介绍，熟悉他们的外观及引线端子。

2）引发和解除门、窗口报警的动作模拟。

①用手指转动一对门（或窗）上带磁铁的部分，模仿门、窗口的打开，将引发报警。

②用手指将活动部分转回原来的位置，将解除警情。

3）引发和解除红外探测报警的动作模拟。

①操作者用手在红外探测器晃过，模拟人的走动，将引发报警。

②操作者用书本遮挡住红外探头，将解除警情。

4）引发和解除紧急按钮报警的动作模拟。

①用手指按下面板上的紧急按钮，将引发报警。

②转动紧急按钮上的钥匙，将解除警情。

5）引发和解除红外对射探测器报警的动作模拟。

①用书本在发射器和接收器之间遮挡一下，模拟人在红外对射探测器之间走动，将引发报警。

②取出书本，将解除警情。

6）布/撤防操作演示。

①在报警主机上顺序输入 1、2、3、4 后按下“布防”键，即实现布防。

②转动门磁上带磁铁的部分。

③小型报警主机的蜂鸣器则会鸣音报警。

④在小型报警主机的键盘上顺序输入 1、2、3、4，并按下“撤防”键，对报警系统进行撤防。

7）报警联动操作演示。

①在报警主机键盘上顺序输入 1、2、3、4，并按下“布防”键。

②在液晶键盘上顺序输入 1、2、3、4，并按下“ON（布防）”键，对大型报警主机进行布防。

③转动门磁上带磁铁的部分，小型报警主机的蜂鸣器将会鸣音报警，声光报警器和摄像机同时打开，监视器上出现监视位置的画面。

④在小型报警主机的键盘上顺序输入 1、2、3、4，并按下“撤防”键和在液晶键盘上顺序输入 1、2、3、4，并按下“OFF（撤防）”键，对报警系统及联动进行撤防。

8）电话报警的模拟。采用 911 拨号器模拟电话报警，当任一探测器被触发时，911 报警器就自动播出预先设定的电话号码，实现电话报警。

本实践为认识性实践，重在使学生对整个防盗报警系统有一个整体的认识和初步了解，掌握在实验中模拟现场报警系统的操作方法，为完成以后的实践内容做好准备。

注意：在后面的实践项目中，遇到安装、拆卸和接线等操作时，为避免因不当操作和保证设备安全，请先关闭实训台电源，确认无误后再通电。初次操作时请严格按照操作步骤进行操作，待指导老师确认无误后，再通电。

4. 请您做一做

1）简述 THPFB-1 型防盗报警系统由哪些部件组成。

2）简述各部件的功能作用。

3）简述本操作实践的步骤及主要内容。

9.4.2　各类报警探测器和小型报警主机的安装与连接操作实践

1. 实践目的

1）认识小型报警主机和各类报警探测器的内部结构。

2）掌握各种报警探测器与小型报警主机的安装和连接。

2. 实践设备

1）THPFB-1 型防盗报警系统装置。

2）计算机 1 台（配 CMS7000 软件 1 套）。

3）便携式万用表、一字螺钉旋具、十字螺钉旋具。

3. 实践步骤

操作前请关闭实践设备电源。

1）红外探测器的安装实践。

①用小号一字螺钉旋具插入探测器下方，顶起卡扣，从底部拉开外壳向上转 90 度，取下前外壳。

②用手拔动电路板卡扣，取下电路板。

③将探测器后外壳安装孔对准面板上红外探测器的孔位。

④用 M 3 × 10 的不锈钢螺钉将后外壳紧固在面板上。

⑤将电路板上的电源两端 " + "、" − " 和一对常闭触点 "NC"、"C" 引到接线端子排 12V + 、 − 、NC1、C1 的背面。

⑥将电路板卡回后外壳，再扣上前外壳，安装完毕。

2）幕帘探测器的安装。

①用小号十字螺钉旋具卸下探测器上方的螺钉。

②用小号一字螺钉旋具压下探测器上方的卡扣，取下前外壳。

③取下电路板。

④用 M3 × 10 的不锈钢螺钉将后外壳紧固在面板上。

⑤将电路板上的电源两端 " + "、" − " 和一对常闭触点 "NC"、"C" 引到接线端子排 12V + 、 − 、NC2、C2 的背面。

⑥将电路板卡回后外壳，再扣上前外壳，安装完毕。

3）紧急按钮的安装。

①用一字螺钉旋具插入一边的两个卡扣，用力一顶，取下外壳。

②将按钮的安装孔对准面板上的孔位。

③选用 M4×10 的不锈钢螺钉将其固定。

④将紧急按钮常闭触点无区别的引到 NC2、C2 接线端子的背面。

⑤扣上外壳，安装完毕。

4）门、窗磁的安装。

①用一字螺钉旋具插入门磁固定部分右面的出线口，翘起外壳，同样取下磁铁的外壳。

②门磁安装孔对准面板上的孔位。

③选用 M 3×10 的不锈钢螺钉在面板上固定。

④将门磁上的两个触点无区别的引到相应端子排的背面。

⑤扣上外壳，安装完毕。

5）红外对射的安装。

①用十字螺钉旋具旋下探测器底部的螺钉，取下前外壳。

②将探测器的安装孔对准面板上孔位。

③选用 M4×10 的不锈钢螺钉将其固定。

④将发射器、接收器的 Power 两端和接收器的 3、4 接到下方相应的端子排背面（3 接 C6，4 接 NC6）。

⑤扣上外壳并用螺钉固定，安装完毕。

6）小型报警主机的安装。

①用一字螺钉旋具插入报警主机下方的卡扣，向上顶，取下外壳。

②将报警主机的安装孔对准面板上的孔位。

③选用 M 3×10 的不锈钢螺钉将其固定。

④在报警主机的 Z1～Z6 各端子通过引线串接一个 10kΩ 电阻，再接到相应端子排 Z1～Z6 的背面，COM 端直接引到相应端子背面。

⑤扣上外壳，安装完毕。

7）探测器与小型报警主机的连接。

①把报警主机 Z1～Z6 的引线端子分别接到对射探测器、红外探测器、幕帘探测器、门磁、窗磁、紧急按钮的 NC1、NC2、NC3、NC4、NC5、NC6 上。

②把报警主机的三个 COM 端无区别的接到各探测器的 C1、C2、C3、C4、C5、C6 端上。

③把报警主机、对射探测器、红外探测器、幕帘探测器电源线分别接到面板上的 12V 电源上。

④接好的电路如图 9-5 所示。

⑤接好线后，使用万用表的二极管档检测接线的连接状况。

注意：为便于检查线路，一般将电源线和信号线的“+”端接红线，“-”端接黑线。对防区接线，Z1～Z6 与 NC1～NC6 的连接用红线，COM 与 C1～C6 的接线用黑线。

4. 请您做一做

1）简述小型报警主机和各类报警探测器的内部结构。

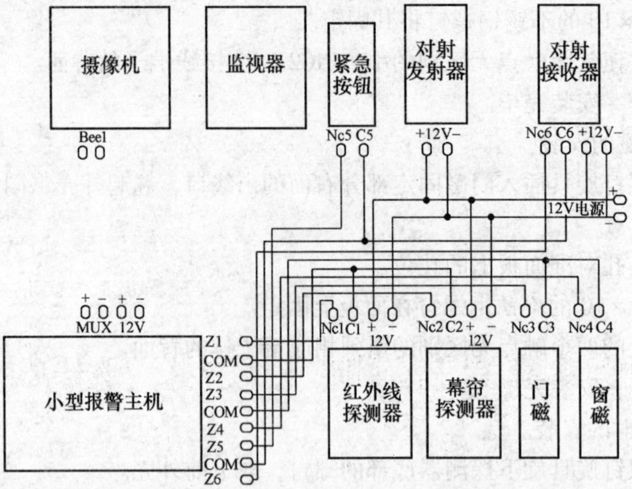

图 9-5　各种报警探测器与小型报警主机的安装和连接图

2）简要说明如何进行小型报警主机和各类报警探测器的安装和连接。

9.4.3　大型报警主机液晶键盘的基本操作与编程实践

1. 实践目的

1）熟悉大型报警主机液晶键盘的硬件结构及端口接线方式。

2）掌握利用液晶键盘对大型报警主机进行编程的方法。

2. 实践设备

1）THPFB-1 型防盗报警系统装置。

2）计算机 1 台（配 CMS7000 软件 1 套）。

3）便携式万用表、一字螺钉旋具、十字螺钉旋具。

3. 实践步骤

（1）大型报警主机液晶键盘的安装

1）用一字螺钉旋具插入液晶键盘下方的卡扣，向上顶取下前外壳。

2）将键盘的后外壳安装孔对准面板上的孔位。

3）选用 M 3 × 10 的不锈钢螺钉将其固定。

4）将 R、B、G、Y 四个接线端子引出到相应的面板端子排背面。

5）扣上外壳，安装完毕。

（2）大型报警主机的安装

1）将大型报警主机用 M4 × 10 的不锈钢螺钉固定在面板上。

2）将 DS7400XI-CHI 上的蜂鸣器（Bell）+、－端分别引到面板上的蜂鸣器（Bell）+、－端，DS7430 上的总线（bus）端子 +、－端引到面板上的总线端子 +、－端，DS7400XI-CHI 下方的 R、B、G、Y 端子分别引到面板上的 R、B、G、Y 端子。

说明：以上均是将引线接端子排的背面。

（3）大型报警主机液晶键盘的基本操作与编程

1）按照图 9-6 所示进行接线。

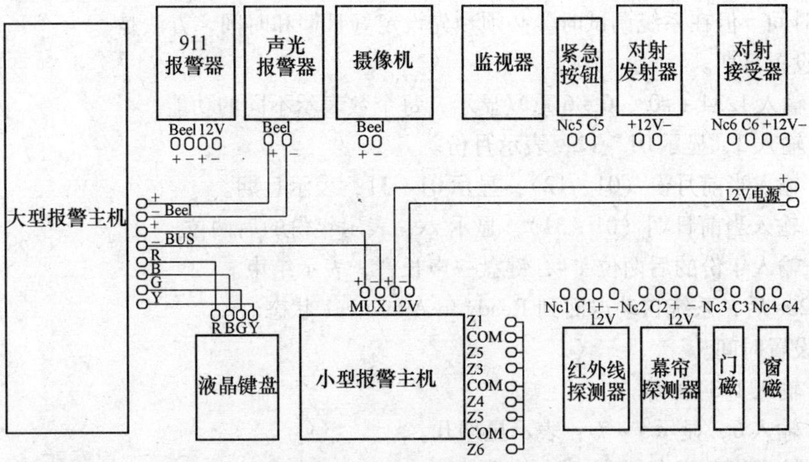

图 9-6　实践接线图

注意：将报警主机的六防区 Z1、Z2、Z3、Z4、Z4、Z5、Z6 同其 COM 端短接起来。短接某个防区是为了确保该防区无警情，因此也可以不短接，而让某个探测器处于待触发状态（红外探测器前无人活动，门、窗磁关闭，紧急按钮跳起。）

2）系统布/撤防。

正常布/撤防：

①给系统上电，液晶键盘显示 Ready to Arm/area1，表示系统正常，准备布防。

②输入 1234 + on（布防），此时红色 Armed 将闪亮，然后恒亮，液晶键盘显示 Armed Now Exit，表示已布防，请退出。

③输入 1234 + off（撤防），此时 Armed 红灯熄灭，表示已经撤防。

强制布/撤防：

①给系统上电，power 灯闪烁，液晶键盘显示 Control trouble　Enter #87 表示有交流电未接、接地不正确、防区故障等现象，输入 1234 + #87 查找故障原因。

②故障未排除前，输入 1234 + on（撤防） + Bypass（旁路），强制布防。液晶键盘显示 Armed　Area 1　Control trouble Enter #87，表示虽强制布防，但故障未排除。

③输入 1234 + off（撤防），此时 Armed 红灯熄灭，表示已经撤防。

3）防区旁路及布防/撤防方法。若某个防区有故障（显示 Not ready xxx）或某个防区暂时不用，此时要对系统布防，必须对这些防区进行旁路，然后再布防。

①输入 1234 + Bypass（旁路） + xxx（要旁路的防区编号三位数，如第一路防区：输入 001）。

②输入 1234 + on，对系统布防，此时键盘显示 On partial Armed，表示系统部分布

防。

③输入 1234 + off（撤防），撤防。

4）系统时间设置。DS7400XI-CHI 报警主机可存储 400 条事件记录，可记录各事件发生的时间。但在系统调试时，必须预先设定好日期和时间，方法是：

①设置日期。

a）输入 1234 + #0，0 ~ 6 重复显示，每个数表示不同的功能。

b）输入 2，显示 01 ~ 12，表示月份。

c）输入当前月份（01 ~ 12），显示 01 ~ 31，表示日期。

d）输入当前日期（01 ~ 31），显示 xx，表示年份的后两位。

e）输入年份的后两位 + #，键盘一声长音，表示结束。

f）20s 后，系统自动退回到 Ready to Arm area1 状态。

②设置时间。

a）输入 1234 + #0。

b）输入 6，显示 1 ~ 7，表示星期几。

c）输入当前星期（1 ~ 7），显示 0100 ~ 1259，表示时间。

d）输入小时和分钟（0100 ~ 1259），显示 4 或 6（4 表示上午，6 表示下午）。

e）输入 4 或 6 + #，键盘一声长音表示结束。

f）20s 后，系统自动退回到 Ready to Arm 状态。

5）查询事件记录。

a）输入 1234 + #89。

b）按下 9，逆时针显示事件记录。

c）按下 6 顺时针显示事件记录。

d）按下 # 键逐行显示（每条事件有两行）。

e）可以看到对系统时间修改的信息记录。

f）输入 *，系统自动退回到 Ready to Arm 状态。

4. 请您做一做

1）简述大型报警主机液晶键盘的硬件结构及端口接线方式。

2）简要说明如何利用液晶键盘对大型报警主机进行编程。

9.4.4　大型报警主机操作与编程实践

1. 实践目的

1）熟悉大型防盗报警主机的硬件结构及端口接线方式。

2）掌握利用液晶键盘对大型报警主机进行编程的方法。

2. 实践设备

1）THPFB-1 型防盗报警系统实训装置。

2）计算机 1 台（配 CMS7000 软件 1 套）。

3）便携式万用表、一字螺钉旋具，十字螺钉旋具。

3. 实践步骤

（1）大型防盗报警主机的功能认识

1）断开实训装置的空气开关，并断开蓄电池，打开大型报警主机机箱。

2）观察报警主机主板，熟悉主板上的接线端口功能，并用万用表检查端口引线是否和面板上的端子排标注一致。

3）找到主板插件单总线驱动器DS7430位置，观察它是如何与主板连接的，使用万用表检查其总线接口与面板上接线端子的连接。

4）找到主板插件串口接口模块DS7412的位置，观察它是如何与主板连接的。

（2）实践接线图　按照图9-6所示进行接线。

（3）DS7400XI-CH报警主机的编程

1）编程准备。

①在液晶键盘上顺序输入9、8、7、6、#、0，即进入编程，键盘显示：

Prg. Mode 4. 05 Adr =

②填数据。DS7400XI-CHI编程地址一定是四位数，而每个地址的数据一定是两位。如：需将地址0001中填输入数据21，方法是

a）输入地址0001，接着输入2、1、#则显示顺序为

Prg. Mode 4. 05 Adr = 0001 D_{01} = 2	→	Prg. Mode 4. 05 Adr = 0001 D_{02} = 1	→

此时自动跳到下一个地址，即地址0002。

b）若不需要对地址0002进行编程，则连续按两次“*”，则又到

Prg. Mode 4. 05 Adr =

③按住“*”键4s，听到“哔”一声，即退出编程。

2）编程内容。DS7400XI-CHI报警主机使用前需进行编程，在“THPFB-1”实训装置中使用时的编程主要有：

①确定一个防区的防区功能（0031-0278）。防区功能就是要把某一具体防区设定具有哪一种防区功能，在防区编程中所要解决的问题是要使用多少个防区，每个防区应设置为哪种防区功能。下列为本实训装置中，需编程的地址及数据参数：

0039　06#

0040　06#

编程步骤：

a）在液晶键盘上顺序输入9、8、7、6、#、0，进入编程。

b）输入地址0039，接着输入06#，则显示顺序为

Prg. Mode 4. 05 Adr = 0039 D_{01} = 0 → Prg. Mode 4. 05 Adr = 0039 D_{02} = 6 →

此时自动跳到下一个地址，即地址 0040。

c）接着输入 06#，则显示顺序为

Prg. Mode 4. 05 Adr = 0040 D_{01} = 0 → Prg. Mode 4. 05 Adr = 0040 D_{02} = 6 →

d）重复上面操作，直到 0042，地址输入完成之后。

e）按住“ * ”键 4s，听到“哔”一声，即退出编程。

按照上面的方法为以下地址编程。

②防区特性设置（0415 ~ 0538）。因为 DS7400XI-CHI 是一种总线式大型报警主机系统，可使用的防区扩充模块有多种型号，如 DS7432，DS6MX，DS6MX 等系列，具体选择哪种型号在这项地址中设置。在本实训装置中，需编程的地址及数据参数为：

0419　66#

③辅助总线输出编程（4019 ~ 4020）。DS7400XI-CHI 和计算机直接相连或和串口打印机直接连接（用 DS7412）或与继电器输出模块连接时都要使用辅助总线输出口，以确定辅助输出口的速率、数据流特性等。在本实训装置中，需编程的地址及数据参数为：

4019　18#

4020　20#

说明：地址 4019 的出厂为 07，即不使用 DS7412。

④强制布防和接地故障检测编程（2732）。DS7400XI-CHI 在防区不正常时，可以强制布防，但这些防区必须设置为可旁路的防区。另外在编程过程中还可以设置系统是否检查接地故障，如设有此项功能，在接地不正常时，键盘会显示“Ground Fault”。如在本实训装置中，需编程的地址及数据参数为：

2732　11#

说明：详细的编程步骤请参阅“DS7400XI-CHI 简明安装使用手册”。

4. 请您做一做

1）简述大型防盗报警主机的硬件结构及端口接线方式。

2）简要说明如何利用液晶键盘对大型报警主机进行编程。

9.4.5　小型报警主机键盘的使用操作实践

1. 实践目的

1）了解小型（六防区）报警主机键盘的硬件结构和端口接线方式。

2）掌握小型报警主机的使用方法。

2. 实践设备

1）THPFB-1 型防盗报警系统实训装置。

2）计算机 1 台（配 CMS7000 软件 1 套）。

3）便携式万用表、一字螺钉旋具、十字螺钉旋具。

3. 实践步骤

（1）初始化设置

1）用一字螺钉旋具在前外壳底部的卡口位置向上顶，使外面外壳与后面底板分开。

2）找到 DS6MX-CHI 的接线端口，并用万用表检查端口引线是否与面板上的标注一致。

3）防区接线为常闭（NC）接点，每个防区必须串接一个 10kΩ 的电阻。

4）DS6MX-CHI 与 DS7400XI-CHI 相连接时，每个 DS6MX-CHI 可用拨码开关来选择其地址码，每个地址在 DS7400XI-CHI 中占用两个防区。本实训装置的 DS6MX-CHI 地址码设定为 009（12345678 的二进制编码为 00001001），即将 5、8 的拨码开关拨到 ON 位置。

5）检查确定内部安装完好后，再将外壳扣上。

（2）对单防区进行布防/撤防/旁路

1）实践接线。用细电线将小型报警主机的“Z1”“COM”两个接线端分别接至门磁的“NC3”“ C3”两个接线端，而小型报警主机其余接线端“Z2”、“Z3”、“Z4”、“Z5”、“Z6”则分别与“COM”接线端短接。

实践接线图如图 9-7 所示。

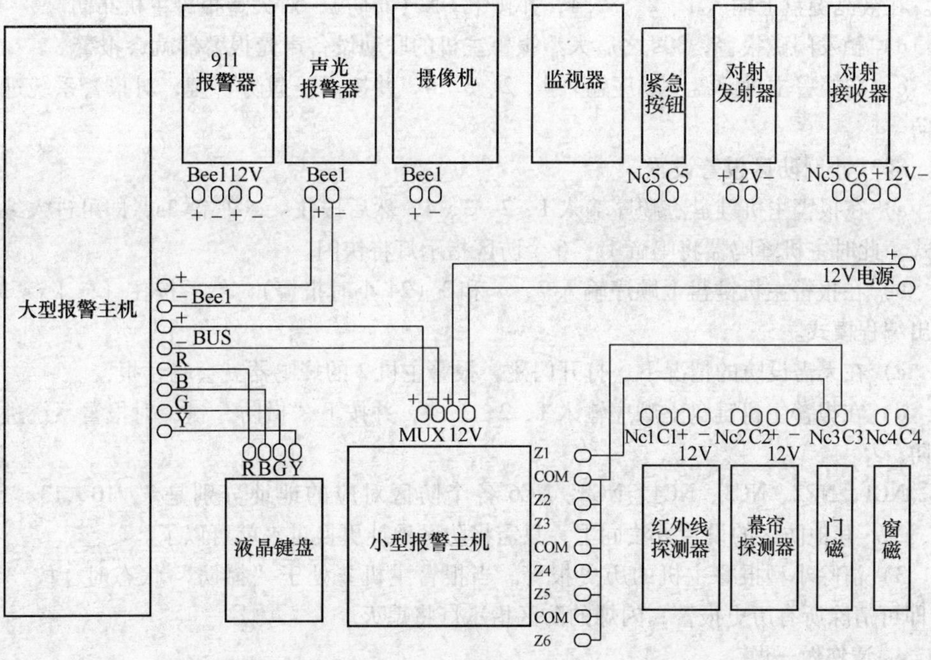

图 9-7　实践接线图

2）小型报警主机编程。

①即时报警。

a）在报警主机键盘上顺序输入1、2、3、4，然后按住［＊］键3s，即可进入编程模式。此时主机蜂鸣器将鸣音1s，6个防区指示灯将快闪。

b）在报警主机键盘上顺序输入7、＊和1（即时报警），然后按住［＊］键3s，退出编程模式。

c）在报警主机的键盘上顺序输入1、2、3、4，并按下“布防”键，对门磁进行布防，此时打开门磁，报警主机的蜂鸣器则会鸣音报警。

d）在报警主机键盘上顺序输入1、2、3、4，并按下“撤防”键，对报警系统进行撤防。

e）在报警主机键盘上顺序输入1、2、3、4，按下“旁路”键，再输入1和“布防”键。此时当有人在红外探测器的前面时，报警主机的蜂鸣器不再鸣音报警，但防区1的指示灯会亮。

②延时报警。

a）在报警主机键盘上顺序输入1、2、3、4，然后按住［＊］键3s，即可进入编程模式。此时主机蜂鸣器将鸣音1s，6个防区指示灯将快闪。

b）在报警主机键盘上顺序输入7、＊和2（延时报警），然后按住［＊］键3s，退出编程模式（进入延时时间为30s）。

c）在报警主机的键盘上顺序输入1、2、3、4，并按下“布防”键，对门磁进行布防。在液晶键盘上输入1、2、3、4，并按下ON（布防），对大型报警主机布防。

d）触发门磁报警，30s之后大型报警主机的联动设备声光报警器就会报警。

e）在报警主机键盘上顺序输入1、2、3、4，并按下“撤防”键，对报警系统进行撤防。

③24小时防区报警设置。

a）在报警主机键盘上顺序输入1、2、3、4，然后按住［＊］键3s，即可进入编程模式。此时主机蜂鸣器将鸣音1s，6个防区指示灯将快闪。

b）在报警主机键盘上顺序输入7、＊和3（24小时报警），然后按住［＊］键3s，退出编程模式。

c）在无需设防的情况下，打开门磁，报警主机2的蜂鸣器就会鸣音报警。

d）在报警主机键盘上顺序输入1、2、3、4，并按下“撤防”键，对报警系统进行撤防。

NC1、NC2、NC3、NC4、NC5、NC6各个防区对应的地址分别是7、10、13、16、19、22。其他防区的设置方法同上，只需将防区地址更换过来就可以了。

3）清除小型报警主机的历史报警。当报警主机2处于“撤防”状态时，按“#”3s即可清除所有历史报警，闪烁的防区指示灯将熄灭。

4. 请您做一做

1）简述小型（六防区）报警主机键盘的硬件结构和端口接线方式。

2）简要说明小型报警主机的使用方法。

9.4.6 各权限密码设置的编程与验证操作实践

1. 实践目的

1）验证大型报警主机、液晶键盘、报警主机的权限密码。

2）掌握报警主机主码的修改与恢复方法。

2. 实践设备

1）THPFB-1 型防盗报警系统实训装置。

2）计算机 1 台（配 CMS7000 软件 1 套）。

3）便携式万用表、一字螺钉旋具、十字螺钉旋具。

3. 实践步骤

（1）实训接线 实践接线图如图 9-7 所示。

（2）大型报警主机的编程密码（9876） 验证大型报警主机的编程密码为：9876。

1）在液晶键盘上顺序输入 9、8、7、6、#、0，即进入编程，键盘显示：

```
Prg. Mode 4. 0
Adr =
```

2）按住 * 键 4s，退出编程。

（3）大型报警主机液晶键盘的主码（1234） 液晶键盘主码是 1234，用于对大型报警主机编程。

1）输入 1234 + on（布防），红色 Armed 将恒亮，表示已布防。

2）输入 1234 + off（撤防），此时 Armed 红灯熄灭，表示已撤防。

（4）小型报警主机主码（1234）的验证 报警主机主码是 1234，用于对报警主机编程，它可以被更改。

1）例如更改主码为：2345

①在报警主机上顺序 输入 1、2、3、4，然后按住［ * ］键 3s，进入编程模式。

②按下 0、 * 、2、3、4、5，鸣音 1s 确认修改成功。

③按 * 键 3s 退出编程模式。

2）如果主码更改后被忘记可以进行如下步骤恢复。

①关闭报警主机的电源。

②打开报警主机的电路板。

③用短路帽接通跳线 P1。

④再打开报警主机的电源。

⑤跳开跳线。

⑥此时再输入 1、2、3、4 + # 即可进入编程模式。

4. 请您做一做

1）简述如何验证大型报警主机、液晶键盘、报警主机的权限密码。

2）简要说明报警主机主码的修改与恢复方法。

9.4.7　防破坏功能的验证操作实践

1. 实践目的

验证报警主机的防破坏功能。

2. 实践设备

1）THPFB-1 型防盗报警系统实训装置。

2）计算机 1 台（配 CMS7000 软件 1 套）。

3）便携式万用表、一字螺钉旋具、十字螺钉旋具。

3. 实践步骤

（1）实践接线　按照图 9-6 所示进行接线。

将大型报警主机的一对蜂鸣器端与声光报警器的蜂鸣器端连接起来。

（2）防破坏功能的验证

1）在液晶键盘上输入 1、2、3、4 + ON（布防），对大型报警主机进行布防。

2）用一字螺钉旋具打开报警主机的电路板。

3）电路板上带有弹簧的开关（即为防拆开关）S18 弹开。

4）此时声光报警器报警。

5）将报警主机解除报警。

4. 请您做一做

简述验证报警主机的防破坏功能的过程。

9.4.8　布防后延时的设置操作实践

1. 实践目的

1）了解延时报警的概念和意义。

2）验证报警主机的延时报警功能。

2. 实践设备

1）THPFB-1 型防盗报警系统实训装置。

2）计算机 1 台（配 CMS7000 软件 1 套）。

3）便携式万用表、一字螺钉旋具、十字螺钉旋具。

3. 实践步骤

（1）实训接线　用细电线将报警主机的“Z1”“COM”两个接线端分别接至门磁的“NC3”“C3”两个接线端，而报警主机其余接线端“Z2”、“Z3”、“Z4”、“Z5”、“Z6”则分别与“COM”接线端短接。实践接线图见图 9-7。

（2）延时功能的验证　延时报警功能，可以大大降低错误率，在延时时间内给予使用者退出防区的时间和因误操作而引发报警，给予使用者解除报警的时间。

1）退出延时时间。指按下设防键以后报警主机进入设防状态之前的一段时间，在该时间段内的设防是无效的，探测器有报警也不会引发大型报警主机报警，该时间段结束后设防状态起作用。

2）进入延时时间。指在设防状态有效以后，从探测器有报警开始的一段时间。在该时间段内需要撤防后，才不会引发大型报警主机报警。

3）报警输出时间。指在报警状态下，解除报警以后（报警主机不撤防）报警主机自身的鸣音报警时间。出厂值为180s，最好不要做修改。

将防区1预设置为延时防区，可触发门磁报警，来验证延时功能。

①在报警主机上顺序输入1、2、3、4，然后按住［＊］键3s，即可进入编程模式。此时主机蜂鸣器将鸣音1s，6个防区指示灯将快闪。

②在报警主机上输入5、＊和060（用三位数表示时间单位为秒，060表示60s）设置退出延时时间。1s鸣音确认后，接着输入6、＊和060。1s鸣音确认后，在报警主机键盘上顺序输入7、＊和2（延时报警）。1s鸣音确认后，按住［＊］键3s，退出编程模式。

③在报警主机的键盘上顺序输入1、2、3、4，并按下“布防”键，对门磁进行布防。报警主机会有60s的鸣音，在该60s之内打开门磁，然后合上门磁，大型报警主机的联动设备声光报警器不会报警。当退出延时时间结束后，布防开始有效，此时再触发门磁，报警主机又会有60s的鸣音。在该60s之内打开门磁，然后合上门磁，如果不撤防，大型报警主机的联动设备声光报警器会报警。如果在该60s之内撤防，声光报警器就不会报警。

④在报警主机键盘上顺序输入1、2、3、4，并按下“撤防”键，对报警系统进行撤防。

4. 请您做一做

1）简述延时报警的概念和意义。

2）简要说明如何验证报警主机的延时报警功能。

9.4.9 摄像机的安装及报警联动操作实践

1. 实践目的

1）了解报警系统中联动的具体概念。

2）熟悉防盗报警系统联动的产生及处理。

2. 实践设备

1）THPFB-1型防盗报警系统实训装置。

2）计算机1台（配CMS7000软件1套）。

3. 实践原理

对于防盗报警系统，当在布防的状态下，一旦有人闯入防区时，防盗系统就会报警，此时除了报警外，还应有灯光、摄像、录像设备的联动功能。在本实践装置中，主要的联动有摄像和现场监控。

4. 实践步骤

本实践主要用到THPFB-1型防盗报警系统实训装置的硬件设备有：大型报警主机、

液晶键盘、报警主机、门磁（也可是其他有线探测器）。

（1）摄像机的安装与连接

1）顺时针旋转摄像头，卸下固定底座。

2）将底座的安装孔与面板上的孔位对齐。

3）选用 M3×10 螺钉将底座固定在面板上。

4）将摄像头的视频线和电源线引出接到面板上的端子排背面。

5）将摄像头安装到固定底座上。

6）将摄像机的视频线与监视器的视频输入端连接好。

7）将摄像机的蜂鸣器端与大型报警主机的蜂鸣器端连接起来。

（2）实践接线图　用电线将报警主机的“Z1”“COM”两个接线端分别接至门磁的“NC3”“C3”两个接线端，而报警主机其余接线端“Z2”、“Z3”、“Z4”、“Z5”、“Z6”则分别与“COM”接线端短接。实践接线图见图 9-7。

（3）报警主机编程

1）在液晶键盘上顺序输入 1、2、3、4，并按下“ON（布防）”键，对大型报警主机进行布防。

2）在报警主机键盘上顺序输入 1、2、3、4，然后按住［*］键 3s 进入编程模式，此时主机蜂鸣器将鸣音 1s，6 个防区指示灯将快闪。

3）在报警主机键盘上顺序输入 7、*和 1（即时报警），然后按住［*］键 3s，退出编程模式。

4）在报警主机的键盘上顺序输入 1、2、3、4，并按下“布防”键，对门磁进行布防。此时打开门磁，报警主机的蜂鸣器则会鸣音报警。

5）大型报警主机的联动设备摄像机会打开，同时监视器上会出现监视位置的画面。

6）在报警主机 1 和报警主机 2 的键盘上顺序输入 1、2、3、4，并按下“撤防”键。

7）在液晶键盘上顺序输入 1、2、3、4，并按下“OFF（撤防）”键，对大型报警主机及联动进行撤防。

5. 请您做一做

1）简述报警系统中联动的具体概念。

2）简要说明防盗报警系统联动的产生及处理。

9.4.10　防盗报警软件的操作实践

1. 实践目的

1）熟悉防盗报警系统软件的使用方法。

2）了解报警系统软件与报警主机的通信方式。

2. 实践设备

1）THPFB-1 型防盗报警系统实训装置。

2）计算机 1 台（配 CMS7000 软件 1 套）。

3. 实践内容

（1）软件登录　启动计算机，在Windows界面上双击CMS7000S图标，启动报警软件。启动软件后，软件首先要进行初始化，然后进入登录界面，如图9-8所示。

图9-8　进入登录界面

第一次登录时，管理员为系统管理员，口令为空。可以在操作员权限管理中修改登录口令，也可以在登录管理中修改当前操作员的口令（为便于操作，最好不要修改此密码）。如果需要关闭每次操作的口令检查，可以在菜单“参数设置”中“系统参数设置”下选择“登录后不要检查口令”项有效并保存，如图9-9所示。

图9-9　关闭每次操作的口令检查

单击“登录”后，系统进入报警软件的主界面，如图9-10所示。

（2）基本操作

1）增加报警主机并设置参数。单击工具栏上的“报警主机设置”按钮，启动报警主机管理界面，如图9-11所示。

在窗口中选择如下参数：主机类型，DS7400XI-CHI；报警主机名，DS7400（也可是其他名字）；校验方式，无校验，另外把串口号修改为1（根据具体使用而定）。

2）增加用户组。单击工具栏上的“用户组定义”按钮，启动用户组管理界面，如图9-12所示。

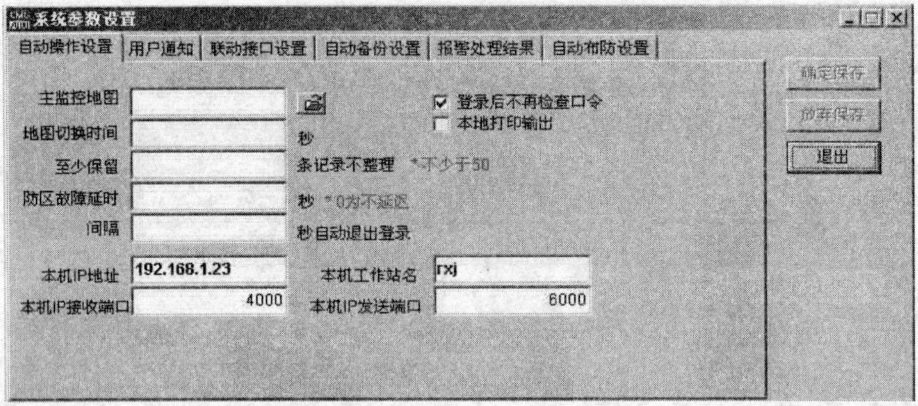

图 9-10　报警软件的主界面

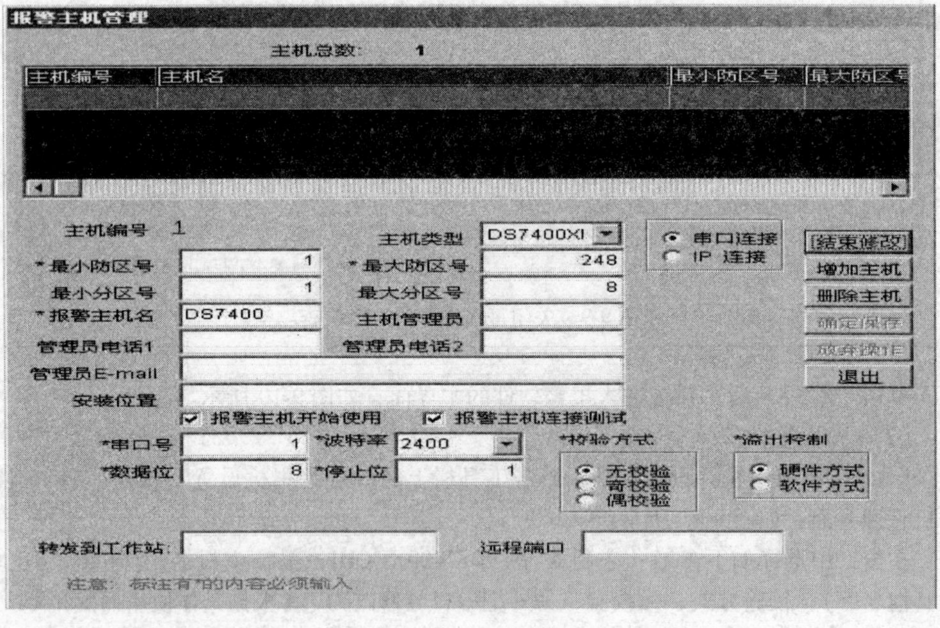

图 9-11　报警主机管理界面

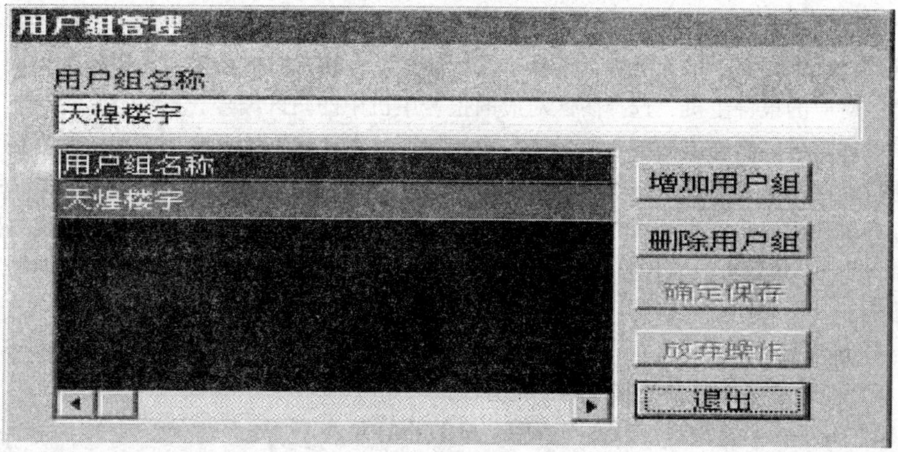

图9-12　用户组管理界面

在“用户组名称”处输入自己所定义的用户组名称，如“天煌楼宇”。

3）增加用户及防区。单击工具栏上的“用户防区管理”按钮，启动用户防区管理界面，如图9-13所示。

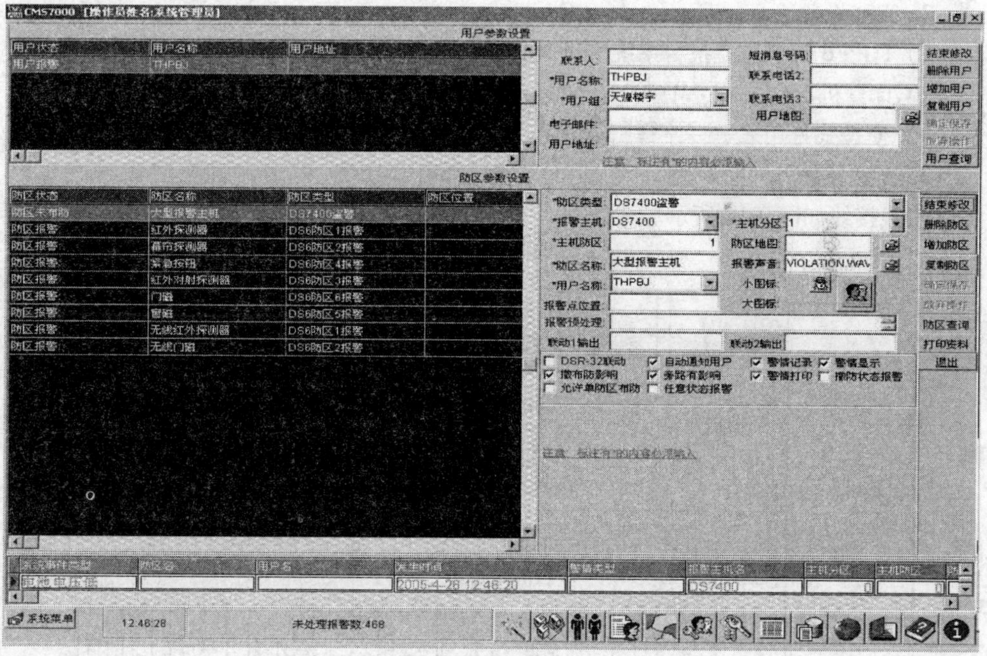

图9-13　用户防区管理界面

界面分用户定义及防区管理两部分。在第一次定义用户时，先激活用户定义（按下“开始修改”按钮），填写用户名称，然后激活防区定义与管理。

激活用户及防区管理功能，增加用户，选择用户所属的用户组，输入用户名称及其他参数，确定保存。增加防区，选择防区所属用户，输入防区名称，选择防区类型，选择防区对应的报警主机，选择防区对应的报警主机中的防区编号。

增加防区之前确定报警主机的防区设置情况，默认状态为开路，短路触发报警，可以通过通信监控窗口观察报警触发的消息。

如果使用的防区实际属性与防区类型模板中初始设置不一致，可以先修改“防区类型设置”，然后再设置用户防区资料。修改“防区类型模板”对已经设置完的防区没有影响。

4. 请您做一做

1）简述防盗报警系统软件的使用方法。

2）简要说明报警系统软件与报警主机的通信方式。

9.4.11　电话报警操作实践

1. 实践目的

1）掌握 911 拨号器的报警设置方法。

2）熟悉电话报警系统报警的产生及处理。

2. 实践设备

1）THPFB-1 型防盗报警系统实训装置。

2）计算机 1 台（配 CMS7000 软件 1 套）。

3）便携式万用表、一字螺钉旋具、十字螺钉旋具。

3. 实践接线

实践接线如图 9-14 所示。

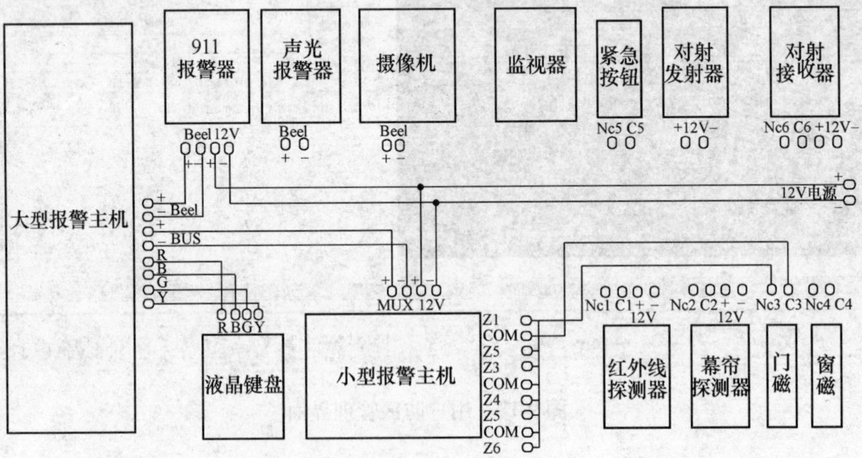

图 9-14　实践接线图

4. 实践步骤

（1）911 报警器的安装与设置

1）安装。

①用一字螺钉旋具插入下方的卡口，取下外壳。

②将报警器的安装孔对准面板上的孔位。

③选用 M 3×8 的螺钉将其固定。

④将引线从出线口引出，扣上外壳，安装完毕。

2）报警电话（110）的设置。

①在键盘上顺序输入 P、9、1、1 后，再按下 Enter 键，进入编程状态。

②编程状态下系统显示 5。

③在顺序输入 E1、1、1、0 后，再按下 Enter 键。

④数码管显示 0，表示已经正确存入报警电话 110。

3）报警录音。

① 在键盘上顺序输入 P、9、1、1 后，再按下 Enter 键，进入编程状态。

②编程状态下系统显示 5，此时按 1 键，系统开始录音（60s 录音时间）。

③录音完毕后，再按下 Enter 键。

（2）根据接线图接线

（3）操作步骤

1）给系统上电。

2）15s 后，911 报警器进入待触发状态。

3）将大型报警主机和报警主机布防。

4）触发门磁报警，联动后 911 报警器会自动拨打已存储报警电话。

5）此时被呼叫电话会响起，拿起电话就能听到录音报警，通话完毕挂上电话。

6）解除报警。

注意：此系统要看到这种现象，还需要借助一个联网的电话机接口和一部联网的电话机，或者一台程控交换机器（如：借助 THPBX-1 综合布线实训装置也可以完成该实验）。

5. 请您做一做

1）简述 911 拨号器的报警设置方法。

2）简要说明电话报警系统报警的产生及处理。

9.4.12 防盗系统报警操作实践

1. 实践目的

1）熟悉防盗报警的布防/撤防/旁路的操作流程和方法。

2）熟悉防盗报警系统工作原理。

2. 实践设备

1）THPFB-1 型防盗报警系统实训装置。

2）计算机 1 台（配 CMS7000 软件 1 套）。

3）便携式万用表、一字螺钉旋具、十字螺钉旋具。

3. 实践步骤

（1）实验接线

1）实验接线按照图 9-15 所示进行。

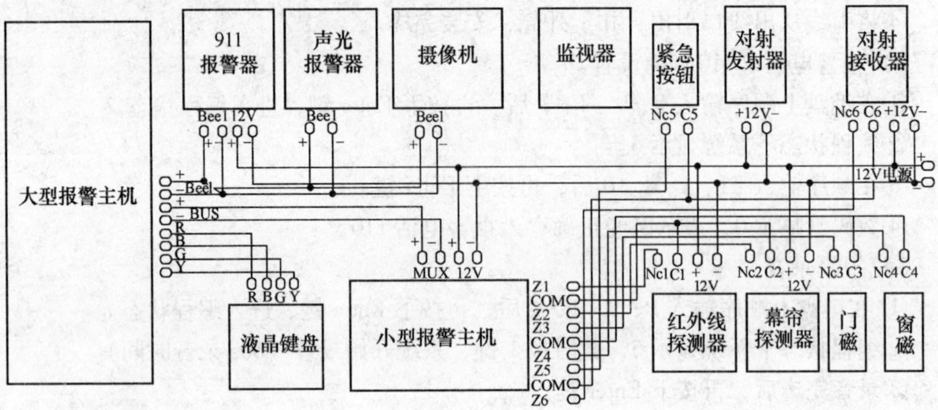

图 9-15　实验接线图

2）与上位机的连接。

①编码开关的 2、5、7 拨到“ON”位置，其余 1、3、4、6、8 置于“OFF”。

② 用一根 RS-232 串口线将 THPFB-1 实践装置的串口和计算机的 COM1 口连接起来。

（2）操作步骤　根据探测器类型和使用范围，在做系统操作实践时，可以为探测器设置如下的报警类型：

红外探测器、幕帘探测器、红外对射探测器常用在室内，可将其报警的退出延时时间设置为 60s，进入报警时间设置为 30s。门磁、窗磁常用在门口，设置为即时报警。紧急按钮设置为 24 小时报警。

在设置前请先确保红外探测器、幕帘探测器一定范围内不要有人，其他探测器处于待警状态。

1）在液晶键盘上顺序输入 1、2、3、4，并按下“ON（布防）”键，对大型报警主机进行布防。

2）在报警主机键盘上顺序输入 1、2、3、4，然后按住［＊］键 3s 进入编程模式。此时主机蜂鸣器将鸣音 1s，6 个防区指示灯将快闪。

3）在小型报警主机键盘上顺序输入 5、＊和 060（退出延时 60s），鸣音 1s 确认后，再输入 6、＊和 030（进入延时 30s）。在报警主机键盘上顺序输入 7、＊和 2，鸣音 1s

确认后，再输入10、*和2。鸣音1s确认后，再输入22、*和2。鸣音1s确认后，再输入13、*和1。鸣音1s确认后，再输入16、*和1。鸣音1s确认后，再输入19、*和3，鸣音1s确认。

4）然后按住［*］键3s，退出编程模式。

5）启动计算机，在Windows界面上用右键单击CMS7000图标，打开属性窗口，单击查找目标。在打开的文件夹下，把光盘中的Data Base文件夹拷入覆盖当前的Data Base文件夹，然后退回桌面。

6）在Windows界面上双击CMS7000图标，启动报警软件，进入如图9-16所示界面。

图9-16　系统管理员界面

7）单击系统菜单，进入下拉菜单，然后单击其中的报警主机管理，再单击通信端口监控，打开通信端口监控窗口，若显示“接收到DS7400主机状态报告”，表示通信成功。

8）在小型报警主机的键盘上顺序输入1、2、3、4，并按下“布防”键，对六防区进行布防。

9）在液晶键盘上顺序输入1、2、3、4，并按下“ON（布防）”键，对大型报警主机及联动进行布防。

10）依次触发六防区探测器报警，在通信端口监控窗口和监控界面上的下方都会有操作显示和报警记录。

11）双击报警纪录，会打开该事件的“详细资料显示”窗口，在该窗口内可以对报警进行“报警确认”和“误报”的处理。

12）单击报警记录，打开 CMS7000 历史记录，可显示更多的操作和报警记录。双击其中的记录，可显示详细的资料。

4. 请您做一做

1）简述防盗报警的布防/撤防/旁路的操作流程和方法。

2）简要说明防盗报警系统的工作原理。

9.4.13　线路故障的判断与处理操作实践

1. 实践目的

熟悉报警系统线路中一些常见的故障及处理方法。

2. 实践设备

1）THPFB-1 型防盗报警系统实训装置。

2）计算机 1 台（配 CMS7000 软件 1 套）。

3）便携式万用表、一字螺钉旋具、十字螺钉旋具。

3. 实践原理

防盗报警系统在工程应用中往往会出现很多的故障，但在本操作实践中不能全部予以体现，只能通过人工来设置和模拟一些主要的故障现象。

4. 实践步骤

1）按照图 9-15 进行接线。

2）系统故障的产生和处理。当系统出现问题时，排除故障通常要分以下几步：

①检查系统的电源输出是否正常。

②检查出现故障的模块电源，检查其供电是否正常。

③电源正常后，再查找相关的引线有无短路和断路现象。线路的故障一般是线路接错、线路断路、线路短路。

④确认接线无误后，再检查系统的设置，如报警主机的跳码，大型报警主机、报警主机的程序设置。

⑤当上、下位机通信出现问题时，除先进行以上检查外，还要检查通信模块的跳码设置。

3）布防故障。

故障：探测器报警状态下报警主机不能进行布/撤防操作。

处理：消除探测器的报警状态。如红外探测器一定范围内不要有人，在本实验装置上也可用书或其他挡板遮挡住红外探测器的红外接收头。另外如门磁报警后没有恢复，紧急按钮按下后没有用钥匙恢复等。

4）接线故障。

故障：报警主机在上电后不能正常复位。

处理：报警主机的防区接线端接线错误，如防区间接线短路。

5）红外对射探测器的安装故障。

故障：对红外对射探测器始终不布防。

处理：可能是红外对射探测器内的发射头与接收头的位置没有相互对应安装。

说明： 以上所列出的一些系统故障的出现可能并不是唯一的，具体要依据实际情况进行分析和处理。

5. 请您做一做

1）简述报警系统线路中一些常见故障的类型。

2）简要说明报警系统线路中一些常见的故障及处理方法。

9.4.14　请您做一做：自行设计并组建一个报警系统的操作实践

1. 实践目的

1）了解整个报警系统的结构及布/撤防和防盗报警系统联动处理。

2）综合考察学生对报警系统的了解情况和动手能力。

2. 实践设备

1）THPFB-1型防盗报警系统实训装置。

2）计算机1台（配CMS7000软件1套）。

3）便携式万用表、一字螺钉旋具，十字螺钉旋具。

3. 请您做一做

由指导老师指定一种或多种探测器组成一套防盗报警系统，由您自己动手完成。其功能要求：

1）有布防/撤防；

2）报警延时；

3）声光报警；

4）监视联动；

5）报警主机的主码自由指定。

更多的设计要求可由指导老师或自己设定。为增加难度，还可以指定报警主机的地址、防区类型等由学生独立设定。

9.5　思考与练习

1. 防盗报警系统常用术语主要有哪些？
2. 组成THPFB-1防盗报警系统实践装置的硬件主要有哪些？
3. 如何安装与使用防盗报警系统应用软件CMS7000？
4. 如何进行防盗报警系统情形模拟操作实践？
5. 如何进行各类报警探测器和小型报警主机的安装与连接操作实践？
6. 如何进行大型报警主机液晶键盘的基本操作与编程实践？
7. 如何进行大型报警主机操作与编程实践？
8. 如何进行小型报警主机键盘的使用操作实践？

9. 如何进行各权限密码设置的编程与验证操作实践?
10. 如何进行防破坏功能的验证操作实践?
11. 如何进行布防后延时的设置操作实践?
12. 如何进行摄像机的安装及报警联动操作实践?
13. 如何进行防盗报警软件的操作实践?
14. 如何进行电话报警操作实践?
15. 如何进行防盗系统报警操作实践?
16. 如何进行线路故障的判断与处理操作实践?
17. 如何进行设计并组建一个报警系统操作实践?

学习情景10　THPXB-1型消防报警联动系统

【学习目标】

知识目标

- 认知THPXB-1型消防报警联动系统
- 认知消防报警联动系统中各组成部件的功能
- 了解各种模拟消防报警实践的机理

技能目标

- 掌握模拟各种消防报警实践的操作方法
- 掌握消防报警联动系统中各组成部件的安装和连接

情景条件

- THPXB-1型消防报警联动系统装置1套
- 计算机1台（配GK603火灾报警控制器的管理操作软件）
- 便携式万用表及螺钉旋具等安装接线工具

10.1　工作任务

消防报警联动系统在智能建筑中通常被作为智能建筑三大体系中建筑设备管理系统（BAS）的一个独立的子系统，在智能建筑中起着极其重要的作用。

本实践装置采用北京国泰怡安消防产品，通过系统中各个探测设备的参数变化进行模拟火灾报警和演示联动操作，学生也可以进行系统的设置、联动编程、线路设计、联网、设置故障的判断及排除等操作实践。

本工作任务就是要认知这种消防报警联动系统，进行各种模拟消防报警的操作实践。

10.2　任务分析

高层建筑物一旦起火，建筑物内部的管道、竖井、楼梯和电梯等如同一座座烟筒，拔力极强，使火势迅速扩散，给人员及物资的疏散带来较多困难。高层建筑发生火灾时，从外部扑救难度较大，主要靠建筑内部的消防设施来扑救，而火灾自动报警系统能及时发现和通报火情，并采取有效措施控制、扑灭火灾。装有火灾自动报警系统的建筑物，当火灾发生时，由于火灾报警及时，火灾在初期就被消灭，从而大大减少了火灾造成的损失。

图 10-1 所示为天煌公司采用北京国泰怡安的消防报警系统制作的 THPXB-1 型消防报警联动系统装置，它主要由火灾报警控制器（联动型）、短路隔离器、联动接口模块、输入输出模块、火灾显示盘、各种火灾探测器、报警按钮、声光报警器、警铃等部分组成，产品技术先进，在国内应用较广。

利用该系统装置，通过现场硬件的安装和连接以及控制器管理软件的编程应用，即能指导学生开展各种模拟消防报警的操作实践。

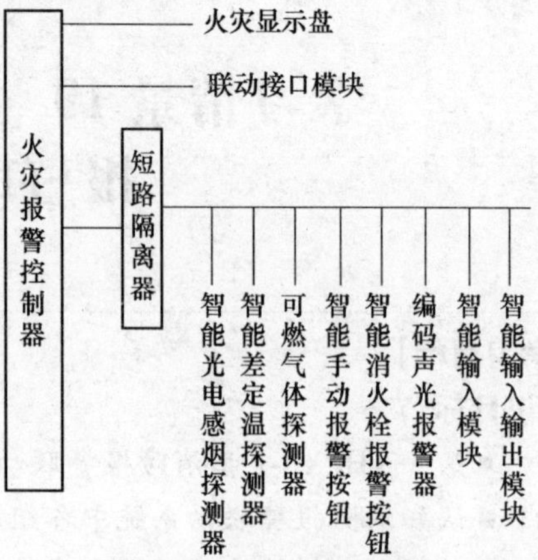

图 10-1　HPXB-1 型消防报警联动系统装置构成

10.3　知识平台

10.3.1　GK603 火灾报警控制器（联动型）简介

1. GK603 火灾报警控制器的技术规格

1）采用 192×64 点阵液晶显示，可同屏显示 4 行 12 列汉字信息。

2）微型热敏打印机实现事件实时打印功能（选配）。

3）通过 CAN 总线接口板，本控制器可与其他控制器联网（选配）。

4）通过 RS-232 接口板，本控制器可与计算机连接进行离线编程和 CRT 显示（选配）。

5）可以现场编辑总线设备的区、层、状态、类型、安装位置等信息。

6）256 条事件记录，记录控制器运行中的各种事件，可随时查阅。

7）可以现场编辑联动公式。

8）2 个总线回路，可连接 254 个现场器件。

9）一个 RS-485 通信口，用于同火灾显示盘、设备操作盘、灭火控制盘进行通信，可接 16 台火灾显示盘、2 台设备操作盘、4 台（8 区）灭火控制盘。

10）可以管理 6 个多线联动控制区，每个区通过多线方式连接现场启动线和回答线，现场启动线具备短路和断路监视功能，启动线最大输出电流 3A。

11）多线联动控制面板上有 6 组启动键、6 组停止键和 6 组请求、启动、回答、故障指示灯，分别对应 6 个多线联动控制区，可以直接启动或停止控制区设备。

12）可对外提供 24V 输出，最大电流 3A。

13）1 组火警继电器，有火警信息时，火警继电器动作。

14）1 组故障继电器，有故障信息时，故障继电器动作。

15）使用条件和技术指标：

①主电：AC178 ~ 242V。

②备电：DC24V，4A · h。

③监视状态功耗：<20W。

④环境温度：0 ~ 40℃。

⑤相对湿度：≤95%（40℃）。

⑥重量：15kg。

⑦尺寸：350mm × 120mm × 550mm。

2. GK603 火灾报警控制器的工作原理

1）控制器采用 PHILIPS 80C552 微处理器为控制核心。

2）配有 EEPROM 存储器、实时时钟、液晶显示器等器件。

3）通过数据采集、分析、处理过程，实现对总线器件、多线联动控制器件和 485 总线器件等的监视和控制。

4）可实现火警自动探测、自动启动灭火设备，并可通过键盘实现人工操作和控制。

3. GK603 火灾报警控制器的面板图

GK603 火灾报警控制器的面板图如图 10-2 所示。

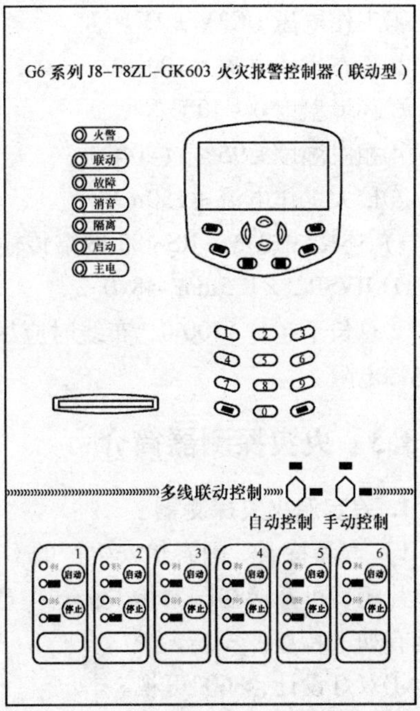

图 10-2　GK603 火灾报警控制器的面板图

10.3.2　火灾显示盘简介

GK621 火灾显示盘应与 G5、G6 系列控制器配套使用，通过与控制器的实时通信，显示本楼层或分区的火警、故障及动作事件。

1. 产品特点

GK621 火灾显示盘通过 RS-485 通信总线与火灾报警控制器联网，采用 192 × 64 点阵液晶实时显示本楼层的各种事件信息，使本楼层的工作人员能够及时、准确地了解本楼层的消防事件，从而迅速地采取相应措施。GK621 火灾显示盘适用于各种系统工程。

2. 技术规格

1）连接设备。GK621 火灾显示盘可与 GK601、GK602、GK501 等 G6/G5 系列控制器连接使用，采用 RS-485 总线实现火灾显示盘与控制器间的通信，每台控制器最多可连接 64 台 GK621 火灾显示盘。

多台 GK621 火灾显示盘之间用 RS-485 总线相连，485 端子共有两组，每组接有一个 120Ω 电阻。火灾显示盘（也包括其他 485 设备）互相连接时，两组端子一入一出，接线时去掉电阻，不接线的端子（即终端设备）保留电阻。

2）额定使用条件和主要技术指标。

①工作电压 DC2V ±2V。

②静态工作电流≤100mA。

③环境温度 0～40℃。

④相对湿度≤95%（40℃）。

⑤最大工作电流≤150mA。

3）连接线规格。RS-485 网络传输线采用双色双绞屏蔽线，其型号和规格为：

① RVSP-2 ×1.5mm^2-48/0.2。

②总长不超过 1200m，布线时应尽量避免大的分支结构，且最末一台火灾显示盘应接终端电阻。

10.3.3 火灾探测器简介

1. 差定温火灾探测器

1）产品特点。国泰怡安生产的 GW601 型点型差定温火灾探测器采用带 A/D 转换的单片机，可并接在国泰怡安公司生产的 G6 系列火灾报警控制器的报警总线上，该产品具有如下特点：

①双灯设计，360°可视。

②采用经过特殊处理的热敏元件，具有较强抗干扰和抗潮湿的能力。

③地址编码由电子编码器直接写入，工程调试简便可靠。

④定温、差定温探测器可由电子编码器任意设置。

⑤灵敏度可根据现场情况由电子编码器调整设置。

⑥单片机实时采样处理数据。

⑦通过控制器浏览曲线跟踪现场情况。

⑧底座双接线端子，方便接线。

该产品结构新颖、外形美观、性能稳定可靠，特别适用于可能发生无烟火灾、有大量粉尘或正常情况下有烟雾和蒸汽滞留的环境，如：室内车库、厨房、锅炉房、茶炉房、发电机房、烘干车间等。

2）主要技术指标。

①工作电压：DC 24V。

②静态电流：≤0.6mA。

③报警电流：≤1.6mA。

④灵 敏 度：满足二级灵敏度。

⑤使用环境：

a）温度：－10～＋50℃。

b）相对湿度：≤95%（40℃ ±2℃）。

3）保护面积。由于建筑结构及通风情况不同，所允许的物质损失程度以及探测器的灵敏度不同等，一个探测器的保护面积会有很大差别。当空间高度小于 8m 时，一个探测器的保护面积对一般保护现场而言为20~30m^2。

4）编码方式。GW601点型差定温火灾探测器采用电子编码，可利用国泰怡安的GS601型电子编码器进行现场编码。编码时将编码器的红色夹子与探测器的“L+”端相连，黑色夹子与探测器的“L-”端相连，对于感温探测器需要设置以下内容：

①地址值设定：1≤写入值≤127。

②类型号设定：

a）差定温：1（出厂默认值）。

b）定 温：2。

③灵敏度设定：本探测器灵敏度值设为“124”。

2. GY601型智能光电感烟探测器

1）产品特点。GY601型智能光电感烟探测器是采用红外散射原理研制而成的，可并接在国泰怡安公司生产的G6系列火灾报警控制器的报警总线上，该产品具有如下特点：

①双灯设计，360°可视。

②独特迷宫设计，抗灰尘性能好。

③底座双接线端子，方便接线。

④地址编码由电子编码器直接写入，工程调试简便可靠。

⑤内置产品类型识别码。

⑥单片机实时采样处理数据，并可根据曲线显示跟踪现场情况。

⑦具有漂移补偿功能。

⑧灵敏度可以根据现场情况自动调整。

2）编码方式。GY601智能光电感烟探测器的编码方式为电子编码，可利用国泰怡安公司生产的GS601型电子编码器进行现场编码。编码时将编码器的红色夹子与探测器的“L+”端相连，黑色夹子与探测器的“L-”端相连。用户可对地址值进行设定，地址值范围在1~127之间。

3）主要技术指标。

①工作电压：DC 24V。

②工作电流：监视电流≤0.8mA；报警电流≤2.0mA。

③响应阈值：0.36~0.53dB/m。

④报警确认灯：红色。

⑤使用环境。

a）温度：-10~+50℃。

b）相对湿度：≤95%（40℃±2℃）。

4）保护面积。当空间高度为6~12m，一个探测器的保护面积对一般保护现场而言为80m^2，空间高度为6m以下时，保护面积为60m^2。

3. GQ601B可燃气体探测器

1）产品特点。

①可探测天燃气、液化石油气、煤气等可燃性气体。

②可编址（占一个地址），直接接入 G6 系统工作。

③具有对传感器故障以及 DC24V 掉电的监测功能。

④具有漂移补偿功能。

2）主要技术指标。

①工作电压：DC24V（外接），DC24V（总线）。

②静态电流：≤60mA。

③报警电流：≤60mA。

④触点容量：0.5A/125V AC，2A/30V DC。

⑤使用环境。

a）温度：0～+50℃。

b）相对湿度：≤95%（40℃±2℃）。

10.3.4 各种模块简介

1. GM611 短路隔离器模块

1）概述。在总线制火灾自动报警系统中，往往会出现某一局部总线出现故障（例如短路）造成整个报警系统全线瘫痪的情况，而将 GM611 型短路隔离器串入总线的各段或串入主线与支线的交界处，一旦出现总线回路某处短路，隔离器就会将发生故障的总线部分与整个系统隔离开来，以保证系统的其他部分能够正常工作。当故障部分的总线修复后，短路隔离器可自行恢复工作将被隔离出去的部分重新纳入系统。隔离器正常工作时红色指示灯闪亮，动作时常亮。该隔离器具有如下特点：

①插拔式模块设计，安装简便。

②底座双接线端子，方便接线。

2）主要技术指标。

①工作电压：DC24V。

②建议每隔 25 个编址单元至少使用一个隔离器。

③使用环境。

a）温度：-10～+50℃。

b）相对湿度：<95%（40℃±2℃）。

2. GM612 智能输入模块

1）产品特点。GM612 智能输入模块用于将现场各种主动型设备如水流指示器、消火栓、压力开关等开关量设备接入到联动控制器的联动总线上。当输入模块接收到开关量的闭合（或断开）信号后，通过总线将信号输送到控制器，控制器将产生报警，指示具体部位及联动其他相关设备动作，该模块具有如下特点：

①电子编码。

②内置 CPU。

③内置产品类型识别码。

④插拔式模块设计，安装简便。

⑤总线均采用双接线端子设计。

⑥线路短路、开路监视功能可以选择设定。

⑦常开或常闭输入方式可设。

2）编码方式。GM612智能输入模块采用电子编码，可利用国泰怡安公司生产的GS601型电子编码器进行现场编码。编码时将编码器的红色夹子与模块的“L+”端相连，黑色夹子与模块的“L-”端相连。对输入模块需要进行地址值设定，地址值在1~127之间。

3）主要技术指标。

①电压：DC 24V。

②工作电流。

a）监视电流≤0.6mA。

b）报警电流≤1.6mA。

③工作指示灯：红色。

④使用环境。

a）温度：-10~+50℃。

b）相对湿度：≤95%（40℃±2℃）。

3. GM613智能输入输出模块

1）特点。GM613智能输入输出模块用于将现场各种单个动作并有动作返回的被动型设备如排烟阀、送风阀、卷帘门等接入到联动控制器的联动总线上。火警时，控制器通过输入输出模块启动需要联动的外控设备。设备动作后，其常开输出触点闭合（或常闭触点断开），模块将此开关信号转换成报警信号，通过总线向联动控制器发出设备动作回答信号。该模块具有如下特点：

①电子编码。

②内置CPU。

③插拔式模块设计，安装简便。

④总线均采用双接线端子设计。

⑤信号输出端、回答端均具有线路短路、断路监视功能。

⑥线路短路、开路监视功能可以选择设定。

⑦作为无源输出使用时，不用单独外接电源线。

⑧输出端可以设置成有源和无源两种输出方式，输入端可以设置成常开、常闭和无回答三种方式。

2）编码方式。GM613智能输入输出模块采用电子编码，可利用国泰怡安公司生产的GS601型电子编码器进行现场编码。编码时将编码器的红色夹子与模块的“L+”端相连，黑色夹子与模块的“L-”端相连。地址值设定范围为1~127之间。

3）主要技术指标。

①工作电压：直流24V。

②工作电流：监视电流≤0.8mA；报警电流≤2.0mA。

③动作指示灯：红色。回答指示灯：绿色。

④触点容量。

a) 2A 30V DC。

b) 1A 125V AC。

⑤使用环境。

a) 温度：-10～+50℃。

b) 相对湿度：≤95%（40℃±2℃）。

4. GM651 联动盘现场接口

1）产品特点。

①不能应用于 GK641 联动控制盘（固定于 GK603 报警控制器内）所构成的多线联动控制系统中，只能作为 GK641 联动控制盘和现场联动设备的输入输出接口。

②无编码，其地址属于 GK641 联动控制盘。

③三线控制，接线部分简洁方便，轻松实现启停回答功能。

④二种输出控制方式即电平输出和脉冲输出方式可供选择，方便配电启动和脉冲启动的联动设备。

2）主要技术指标。

①工作电压：DC24V。

②动作电流：监视电流≤50mA。

③触点容量：8A，250V AC/24V DC。

④使用环境：

a）温度：-10～+50℃。

b）相对湿度：<9%（40℃±2℃）。

10.3.5 报警按钮、声光报警器简介

1. GM601B 手动报警按钮

1）产品特点。GM601B 型手动报警按钮同时具备消火栓按钮（原型号为 GM602B）的功能。火灾发生时，按下有机玻璃片，按钮的火警灯点亮，同时向控制器发出火警信号，控制器显示出报火警按钮的编号或位置并发出报警声响。手动报警按钮在点亮火警指示灯（红色）的同时输出一组外控空接点，该接点可联动现场外部设备（如声光警报器、警铃、门灯、消防泵等）。若接有消防泵并已起动，则按钮上的启泵应答灯（绿色）点亮。另外，将消防电话分机插入电话插座即可与电话主机实现通话。该手动报警按钮具有以下特点：

①内置 CPU。

②电子编码。

③内置产品类型识别码。

④插拔式模块设计，安装简便。

⑤压盖可手动复位。

2）主要技术指标。

①工作电压：DC24V。

②工作电流。

a）监视电流：≤600μA。

b）报警电流：≤1.6mA。

③常开输出触点。

a）额定值0.3A（DC50V）。

b）接触电阻≤200mΩ。

④报警确认灯：红色。

⑤启泵回答灯：绿色。

⑥使用环境。

a）温度：-10～+50℃。

b）相对湿度：≤95%（40℃±2℃）。

3）编码方式。GM601B型手动报警按钮采用电子编码，可利用国泰怡安公司生产的GS601型电子编码器进行现场编码。编码时将编码器的红色夹子与模块的“L+”端相连，黑色夹子与模块的“L-”端相连，对于GM601B需要设置以下内容：

①地址值设定：1≤写入值≤127。

②类型号设定：本手动报警按钮类型号为“4”。

③灵敏度设定：本手动报警按钮灵敏度值设为“120”。

2. GM602B消防栓报警按钮

1）产品特点。GM602B消火栓报警按钮应用于国泰怡安生产的G6系列火灾报警系统中。火灾时按下压片控制器报警，点亮火警指示灯（红），同时输出一组外控空接点。启动消防泵时，接入启泵回答信号，启泵指示灯点亮（绿色）。复位时，滑下滑动盖，按下复位按钮。该报警按钮还可与火警电话系统连接，滑下滑动盖，插入手持式电话分机即可与控制中心通话，但需与GM600底座配合使用。

2）主要技术指标。

①工作电压：DC18～24V。

②报警电流：1.6mA。

③接点容量：DC30V/0.3A。

④启泵回答灯：绿色。

⑤使用环境。

a）温度：-10～+50℃。

b）相对湿度：≤95%（40℃±2℃）。

3. 声光报警器及警铃

（1）GM632M编码声光报警器

1）产品特点。GM632M编码声光报警器应用于国泰怡安生产的G6系列火灾报警中。采用先进的表面组装技术（SMT）生产工艺，占用一个地址编码，可并接于报警总线上作为输出设备直接启动。需接 DC24V 电源。当接到控制信号后，发出强烈的声光警报信号，以达到提醒现场人员注意的目的。

2）主要技术指标。

①总线工作电压：DC16～28V。

②电源工作电压：DC20～28V。

③报警电流：80mA。

④闪光强度：75cd。

⑤报警声量：≤85dB。

⑥使用环境。

a）温度：－10～＋50℃。

b）相对湿度：≤95%（40℃±2℃）。

（2）GT1411 警铃

1）产品特点。当现场发生火灾接到控制信号后，发出强烈的声音警报信号，以达到提醒现场人员注意的目的。

2）主要技术指标。

① 工作电压：DC20～30V。

② 工作电流：25mA。

③ 使用环境：

a）温度：－10～＋50℃。

b）相对湿度：≤95%（40℃±2℃）。

10.3.6 GS601 电子编码器简介

1. 产品特点

GS601 型电子编码器与国泰怡安生产的 G6 系列现场设备相配合，可完成现场设备的编码、设备类型与灵敏度的更改等功能。

该编码器具有以下特点：

1）液晶显示。

2）编写地址码直观方便。

3）电池欠压检测。

4）低功耗睡眠。

2. 性能指标

1）工作电压：DC9V。

2）工作电流：≤12mA。

3）使用环境：

①温度：－20～＋70℃。

②相对湿度：≤95%（40℃±2℃）。

3. 编码器结构

1）电子编码器外形结构及其各部分名称和功能说明如图 10-3 所示。

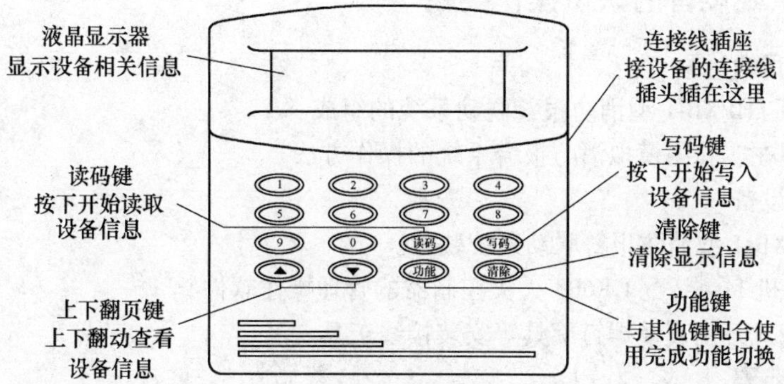

图 10-3　电子编码器外形结构及其各部分名称和功能说明

2）电子编码器共由 16 个按键组成，对于各个按键的功能描述如下：

①数字键“0”~“9”：可用来输入数字。

②功能键。

a）进行写入模块地址和写入探测器地址的切换。

b）与其他键配合，可完成写灵敏度、写设备类型的功能。

c）编码：完成写信息功能。

d）读码：完成读信息功能。

e）翻页键“▲”：读码成功后，按动该键可依次循环显示地址号、设备类型、灵敏度、年号、批次号等其他信息。

f）翻页键“▼”：读码成功后，按动该键可依次循环显示地址号、批次号、年号、灵敏度、设备类型等其他信息。

g）清除键：清除屏幕信息。

3）功能说明。

①低功耗睡眠。如果超过 60s 未对编码器进行操作，编码器将关闭显示，进入省电模式。

②电池欠压检测。如果电池电压低于 6.2V，编码器将长响 6 声，随后关闭显示。

③密码保护。设备类型、灵敏度为现场设备的重要信息，出厂时均已设好，不允许随便进行更改，否则会造成设备的工作不正常。如果确实需要更改，必须由专人操作，并且按照现场设备安装使用说明书的要求进行。在更改前，需要输入密码。其中解锁密码：“159▲”；关锁密码：“260▼”。

10.4 解决方案

10.4.1 系统设备的认识操作实践

1. 实践目的

1）认识 THPXB-1 型消防报警联动系统的组成。

2）掌握在实验中模拟消防报警系统的操作方法。

2. 实践设备

1）THPXB-1 型消防报警联动系统装置。

2）计算机 1 台（配 GK603 火灾控制器的管理操作软件）。

3）便携式万用表及螺钉旋具等安装接线工具。

3. 实践步骤

（1）系统结构图　系统结构图如图 10-1 所示。

（2）主要部件认识

1）火灾报警控制器。GK603 火灾报警控制器用于中小型自动报警系统，中文液晶显示，操作方便直观，2 个总线回路，共 254 点，带 6 路多线联动控制输出。具有 CAN 总线联网功能，可与本公司其他控制器组成报警网络。具备离线编程功能、CRT 功能，可用计算机显示现场信息并对控制器进行控制，提供 RS-485 接口，可同火灾显示盘、联动显示盘、设备操作盘、灭火控制盘进行通信。

2）火灾显示盘。GK621 火灾显示盘用在报警系统中，可作为区域或分区显示器。GK621 火灾显示盘通过 RS-485 通信总线与控制器进行实时通信，并显示设定楼层的火警、故障及动作事件。GK621 火灾显示盘的显示容量不受限制，可任意地按楼层设定。它采用 192 × 64 点阵中文液晶实时显示本楼层/区域的各种实时信息。手动消声后，新火警嵌入可再次启动声音报警。

3）智能光电感烟探测器。GY601 智能光电感烟探测器应用在 G6 系列火灾报警系统中，超薄美观，采用专利迷宫设计，内设 CPU 及智能算法。自身具有分析真伪火情、漂移自动跟踪补偿、自动调节灵敏度、学习模式、自我诊断功能。采用现场电子编码器编码，占一个地址（1 ~ 127），需与 GT600 配合使用。

4）智能差定温探测器。GW601 点型差定温火灾探测器应用在 G6 系列火灾报警系统中，超薄美观，内设 CPU 智能算法。自身具有分析真伪火情、自动调节灵敏度、学习模式、自诊断功能。采用现场电子编码器编码，占一个地址（1 ~ 127），需与 GT600 配合使用。

5）可燃气体探测器。GQ601B 为独立型可燃气体探测器，壁挂式，外接 AC220V 工作电压，可对煤气、天然气和液化石油气等三种可燃性气体进行检测。当周围环境中的可燃气体浓度达到报警浓度时，探测器发出声光报警信号，同时输出一组外控空接点。

6）短路隔离器。在总线制火灾自动报警系统中，往往会因某一局部总线上出现故障，从而造成整个报警回路全线瘫痪的情况。将GM611短路隔离器串入总线的各段或串入主线与支线的交界处，一旦出现总线回路某处短路，隔离器就会将发生故障的总线部分与整个回路隔离开来，以保证回路的其他部分能够正常工作。隔离器正常工作时闪亮，工作时常亮。当故障部分的总线修复后，短路隔离器可自行恢复工作并将被隔离出去的部分重新纳入系统。该设备在系统中不占地址。建议每隔25个编址单元至少使用一个隔离器，最多不超过32个编址单元。

7）智能手动报警按钮。GM601B手动报警按钮应用于G6系统中，火灾时按下压片控制器报火警，点亮火警指示灯（红色），同时输出一组外控空接点，可联动现场外部设备（如声光报警器、警铃、门灯等）。复位时，滑下滑动盖，按下复位按钮。可与火警电话系统连接，滑下滑动盖，插入手持式电话分机即可与控制中心通话，需与GM600配合使用。

8）智能消火栓报警按钮。GM602B消火栓按钮应用于G6系统中，火灾时按下有机玻璃片，火警灯点亮（红色），同时输出一组外控接点，可启动现场外部设备。启动消防泵时，接入启泵回答信号，启泵指示灯点亮（绿色）。插入手持式电话分机即可与控制中心通话。

9）智能输入模块。GM612智能输入模块应用于G6系统中，接现场主动型设备，如压力开关、水流指示器等。设备动作后提供一无源接点信号给输入模块，如果不是无源接点信号应首先转换成无源接点信号。可选择接收常开或常闭无源触点报警信号，可实现对信号输入开路、短路进行检测。需选用适配器，另配GM610通用模块底座。

10）警铃。当现场发生火灾接到控制信号后，发出强烈的声音警报信号，以达到提醒现场人员注意的目的。

11）智能输入输出模块。GM613智能输入输出模块应用于G6系统中，用于控制被动型设备并接收现场设备动作反馈信号，如电梯、配电箱、排烟阀等反馈信号。可选择一组常开/常闭空接点或选择DC24V电平信号，用于启动或停止外围设备，同时可接收联动设备动作后的一个返回信号（空接点）。输出端可以设置成有源或无源两种方式之一，输入端可以设置成常开、常闭或者无回答三种方式之一。信号输出端、回答端均可实现线路短路、断路监视功能，需选用适配器。作为无源输出使用时，不用单独外接电源线，需另配GM610通用模块底座。

4. 请您做一做

1）简述THPXB-1型消防报警联动系统的组成。

2）简要说明各主要部件的功能和作用。

10.4.2 报警控制器、短路隔离器、联动接口模块的安装与连接操作实践

1. 实践目的

1）认识报警控制器、短路隔离器、联动接口模块的内部结构。

2）掌握报警控制器、短路隔离器、联动接口模块的安装和连接。

2. 实践设备

1）THPXB-1 型消防报警联动系统装置。

2）计算机 1 台（配 GK603 火灾控制器的管理操作软件）。

3）便携式万用表及螺钉旋具等安装接线工具。

3. 实践步骤

（1）报警控制器（GK603）的安装与连接

1）GK603 报警控制器的安装。报警控制器的安装示意图如图 10-4 所示。

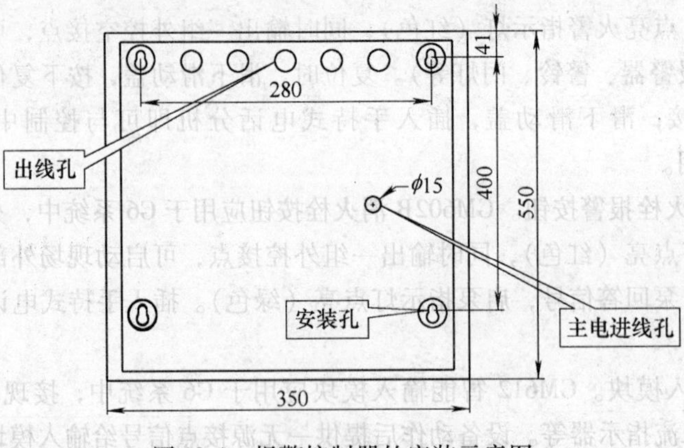

图 10-4　报警控制器的安装示意图

①用钥匙打开控制器的门，用螺钉旋具或其他工具将图 10-4 中的 5 个出线孔打穿。

②将 4 个 M8 的螺钉分别放进 4 个安装孔并从里向外穿过控制器及固定面板，在固定面的另一边用 M8 的螺母、垫片和弹片将控制器固定牢固。

2）报警控制器的连接。报警控制器的连接示意图如图 10-5 所示。

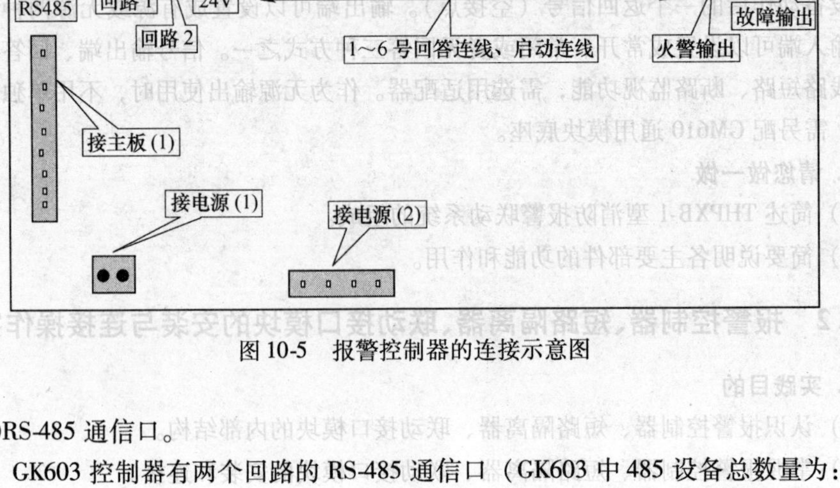

图 10-5　报警控制器的连接示意图

①RS-485 通信口。

a）GK603 控制器有两个回路的 RS-485 通信口（GK603 中 485 设备总数量为：火灾

显示盘16台、设备操作盘8台、灭火控制盘4台），其中“A”接RS-485总线的A端，“B”接RS-485总线的B端。

b）用普通双绞线将控制器一个RS-485回路（可任取其中一个回路）的“A”、“B”分别对应与GK621火灾显示盘第一组“A”、“B”（第二组的“A”、“B”为回路输出）相连。

②回路总线。

a）GK603控制器有两个回路总线（每个回路最多可带编址点127个），其中回路“+”、“-”分别表示总线的正、负输出端。

b）用普通双绞线将控制器一个回路总线“+”、“-”端通过端子排分别与短路隔离器的输入端“0L+（从左至右第一个L+）”、“0L-（从左至右第一个L-）”相连。

③24V电源。

a）“24V”为GK603控制器的电源输出电压。

b）用普通双绞线将控制器24V的“+”、“-”与需要24V电源的地方相连，如GK621火灾显示盘的“V”、“G端，声光报警器的“24V”、“GND”端，输入输出模块的“24V”、“GND”端，可燃气体探测器的“3”、“4”端。

④多线联动控制线输出。GK603控制器的多线联动控制线输出端通过联动现场接口驱动大型消防设备，如实际工程中的送风机、排烟机、喷淋泵、消防泵。

⑤外部电源AC220V接入。通过主电进线孔，用普通双绞线将外部电源接到GK603的电源模块（GP611A）上。

3）接线说明。

①接线时注意接线端子的极性。

②每个多线联动控制区有现场启动连线端子和现场回答连线端子。

③故障和火警端子为无源常开型。

④COM为继电器公共触点，NC为常闭触点，NO为常开触点。

（2）短路隔离器、联动接口模块的安装与连接

1）短路隔离器。

①短路隔离器的安装。

a）手持隔离器模块，用小一字螺钉旋具伸进隔离器右边（也可左边）的小孔，用力外撬，让模块底座与上盖分离，并取下上盖。

b）用2个M5（或M4）的螺钉从模块底座的安装孔由里向外穿过底座及固定面板，在固定面板的另一边用M5的螺母、垫片和弹片将底座固牢。底座安装时应注意方向，底座上标有安装向上标志（具体见模块底座）。

②短路隔离器的连接。

a）端子说明。

- IL+：总线正输入。
- IL-：总线负输入。
- OL+：总线正输出。

● OL－：总线负输出。

b）连接。用普通双绞线将模块的“IL＋”、“IL－”端通过端子排与GK603报警控制器回路总线“＋”、“－”端相连。

c）用普通双绞线将模块的“OL＋”、“OL－”端通过端子排与实训台上所有带编码的设备相连，如可燃气体探测器的“2（正）”、“1（负）”端，光电感烟探测器和差定温探测器的“L＋”、“L－”端，输入输出模块、输入模块、手动报警按钮、消火栓按钮、编码声光报警器的“L＋”、“L－”端。

说明：① 实际工程中两隔离器间编址设备数量推荐不超过25个。

②短路隔离器不编址，不占用回路中的地址。

③实际工程中短路隔离器不能排除总线中任一根线与管壳或大地的微短路故障。

2）联动接口模块的安装与连接。

① 联动接口模块的安装。

参考短路隔离器的安装。

② 联动接口模块的连接。

a）端子说明。

● SPNO：停止输出常开触点。

SRNO：启动输出常开触点。

● SPC：停止输出公共端。

SRC：启动输出公共端。

● SPNC：停止输出常闭触点。

SRNC：启动输出常闭触点。

● OUT：控制信号端，接GK603多线联动控制通道1～6控制回路的“启动”端。

● GND：公共地线，接GK603多线联动控制通道1～6控制回路的“地”端。

● AS：回答端，接GK603多线联动控制通道1～6控制回路的“回答”端。

b）连接。

●用普通双绞线将联动接口模块的“OUT”、“GND”、“AS”端通过端子排与GK603报警控制器的“启动”、“地”、“回答”端相连。

● 用普通双绞线将模块的“SPNO”、“SRNO”、“SPC”、“SRC”端与联动设备相连。

4. 请您做一做

1）简述报警控制器、短路隔离器、联动接口模块的内部结构。

2）简要说明如何进行报警控制器、短路隔离器、联动接口模块的安装和连接。

10.4.3　火灾显示盘的安装、连接和使用操作实践

1. 实践目的

1）认识火灾显示盘的内部结构。

2）掌握火灾显示盘的安装、连接和使用。

2. 实践设备

1）THPXB-1 型消防报警联动系统装置。

2）计算机 1 台（配 GK603 火灾控制器的管理操作软件）。

3）便携式万用表及螺钉旋具等安装接线工具。

3. 实践步骤

（1）火灾显示盘的安装　火灾显示盘的安装示意图如图 10-6 所示。

1）用钥匙打开火灾显示盘的门，用螺钉旋具或其他工具将图 10-6 中的穿线孔打穿。

2）用 3 个 M5 的螺丝从图 10-6 中的 3 个安装孔由里向外穿过显示盘及固定面板，在固定面的另一边用 M5 的螺母、垫片和弹片将显示盘固定牢固。

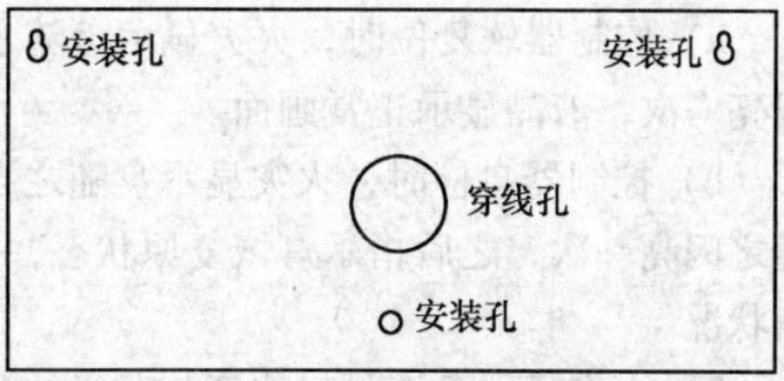

图 10-6　火灾显示盘的安装示意图

（2）火灾显示盘的连接　火灾显示盘的连接示意图如图 10-7 所示。

1）用普通双绞线将火灾显示盘的“B”、“A”端通过端子排与 GK603 报警控制器 RS-485 通信口的“B”、“A”相连。

2）用普通双绞线将火灾显示盘的“G”、“A”端分别对应与 GK603 报警控制器 24V 电源的“－”、“＋”相连。

（3）火灾显示盘的使用

1）火灾显示盘的面板功能及说明。火灾显示盘的面板图如图 10-8 所示。

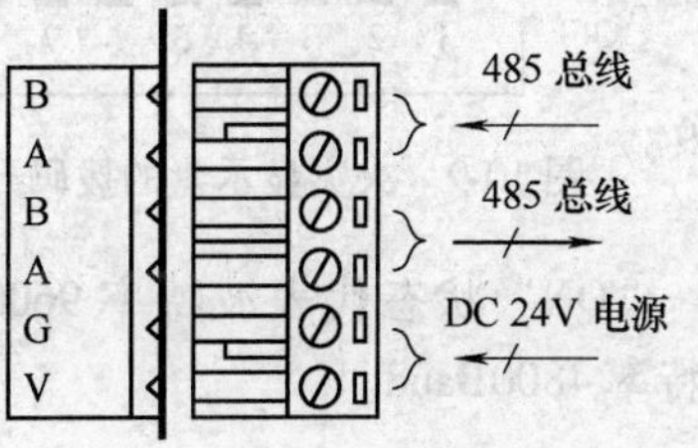

图 10-7　火灾显示盘的连接示意图

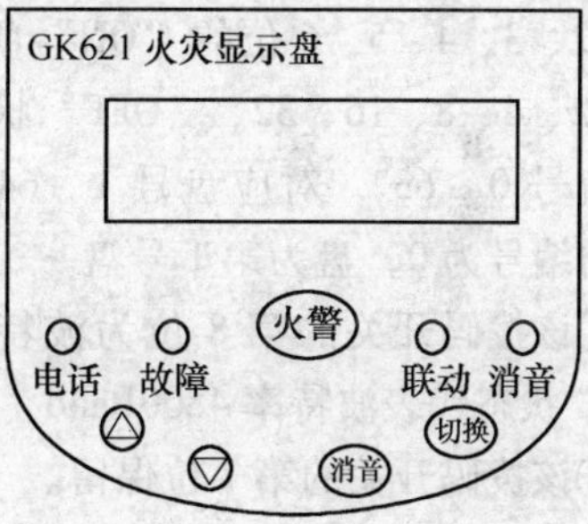

图 10-8　火灾显示盘的面板图

①指示灯说明。

a）火警灯（红色）：当接收到控制器向本火灾显示盘发送的火警事件时亮。

b）故障灯（黄色）：当接收到控制器向本火灾显示盘发送的故障事件时亮。

c）联动灯（红色）：当接收到控制器向本火灾显示盘发送的动作事件时亮。

d）消音灯（绿色）：当蜂鸣器有声音时，按下消音键则消音灯亮。

e）电源灯（绿色）：当 24V 电源正常时亮。

②按键说明及使用。

a）切换键：报警状态下，为切换到“火警”、“故障”及“动作”，事件画面循环切换。非报警状态下无效。

b）消音键：如当前蜂鸣器有声音，则为“消音”，如当前蜂鸣器无声音，则为“自检”。

c）上行键“▲”：报警状态下，为向上浏览事件信息，非报警状态下无效。

d）下行键“▼”：报警状态下，为向下浏览事件信息，非报警状态下无效。

③火灾显示盘与控制器的关系。火灾显示盘在与控制器正常通信的情况下，工作情况如下：

a）控制器软复位时，火灾显示盘随之复位，蜂鸣器发出提示声，同时全部指示灯闪亮一次，液晶显示正常画面。

b）控制器自检时，火灾显示盘随之自检，蜂鸣器在自检过程中发声，全部指示灯随之闪亮一次，之后指示灯恢复原状态，并显示出当前的机号、波特率、内存状况及通信状况。

2）火灾显示盘液晶对比度与背光的调节。

①在液晶显示对比度不合适时，可通过调节电路板的电位器（R1）使它显示清晰。

②当液晶背景光不合适时，可调节电路板上的电位器（R19）。当3min内无按键操作或报警事件时，液晶背景光将自动关闭。

3）火灾显示盘的拨码开关。GK621火灾显示盘电路板上设8位拨码开关一个，如图10-9所示。

①拨码开关的第1~6位为盘号选择编号开关，第1、2、3、4、5、6位的“ON”状态分别代表数字1、2、4、8、16、32，“OFF”状态代表数字0，故可编号0~63，对应盘号1~64号。如图10-9所示的编号为0，盘为第1号盘。

图10-9　火灾显示盘的拨码开关

②该拨码开关的第8位为波特率选择开关，“ON”状态代表波特率9600Baud，“OFF”状态代表波特率4800Baud，如图所示为波特率4800Baud。

③该拨码开关的第7位保留。

4）火灾显示盘的通电检查。安装完毕后，仔细检查DC24V输入电压是否正常，接线端子有无接反（V接电源正，G接电源负），检查无误后方可通电。通电后，蜂鸣器发出提示声，指示灯全亮一次，液晶显示正常画面，时间显示与控制器同步，则表明处于正常状态。

5）火灾显示盘的使用注意事项。

①安装过程中避免触摸线路板上的集成电路芯片。

②接线时注意极性。

③通电前应检查是否有短路、断路、极性接反等现象。

④接线端子的连接线应镀锡后再接入端子。

⑤RS-485接线端子不能热插拔，在插拔之前必须先关机。

4. 请您做一做

1）简述火灾显示盘的内部结构。

2）简要说明如何进行火灾显示盘的安装、连接和使用。

10.4.4　各种火灾探测器的安装与连接操作实践

1. 实践目的

1）认识各种火灾探测器的内部结构。

2）掌握各种火灾探测器的安装与连接。

2. 实践设备

1）THPXB-1型消防报警联动系统装置。

2）计算机1台（配GK603火灾控制器的管理操作软件）。

3）便携式万用表及螺钉旋具等安装接线工具。

3. 实践步骤

（1）定温火灾探测器、光电感烟探测器

1）定温火灾探测器、光电感烟探测器的安装。

①定温火灾探测器、光电感烟探测器分别采用国泰怡安的GW601点型差定温火灾探测器和GY601型智能光电感烟探测器，它们的安装均是通过通用的安装底座（GT600），其安装底座外形如图10-10所示。

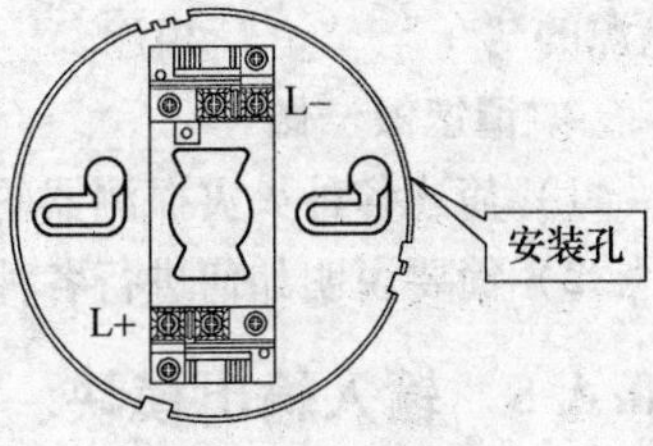

图10-10　探测器的通用安装底座

底座上标“L+”的一端对应总线的正极L+，标“L−”的一端对应总线的负极L−。无论正极还是负极，均有两个相连的接线端子。接线时一个端子可以接总线输入，通过另一个端子将总线引到下一个设备。

②在实践台上，用2个M4（或M5）的螺钉从安装底座的两个安装孔由里向外穿过底座及固定面板，在固定面板的另一边用M5的螺母、垫片和弹片将底座固牢。

2）接线。

①用普通双绞线将探测器底座的“L+”、“L−”端通过端子排分别对应与短路隔离器的“OL+（实践面板上的“L+”）”、“OL−（实践面板上的“L−”）”端相连。

②探测器之间的连接。探测器之间的连接如图10-11所示。

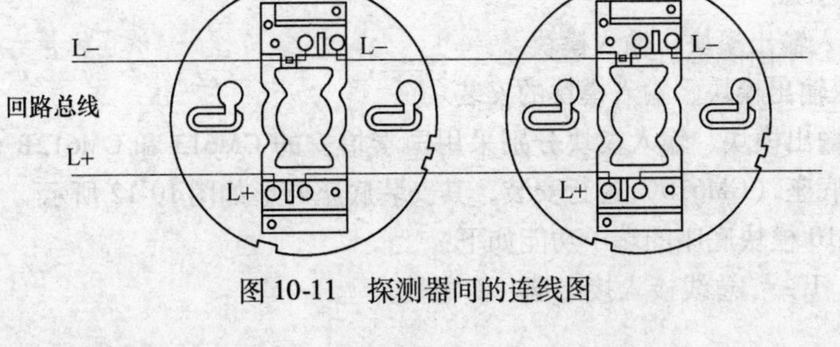

图10-11　探测器间的连线图

注意：长度小于3m的内走道顶棚上设置探测器时，宜居中布置，感温探测器的安装间距不应超过10m。在可能产生阴燃火的场所，不宜选用感温探测器。

（2）可燃气体探测器

1）可燃气体探测器的安装。可燃气体探测器采用国泰怡安的GQ601B可燃气体探测器，其安装是通过配套的安装底座，具体的安装步骤请参考定温火灾探测器、光电感烟探测器的安装。

2）接线。

①端子说明。

a）端子1：信号总线负（L－）。

b）端子2：信号总线负（L＋）。

c）端子3：DC24V正。

d）端子4：DC24V负。

②端子连线。

a）用普通双绞线将探测器底座的“2”、“1”端通过端子排分别对应与短路隔离器的“OL＋（实践面板上的“L＋”）”、“OL－（实践面板上的“L－”）”端相连。

b）用普通双绞线将探测器底座的“3”、“4”端分别对应与GK603报警控制器24V电源的“＋”、“－”相连。

4. 请您做一做

1）简述各种火灾探测器的内部结构。

2）简要说明如何进行各种火灾探测器的安装与连接。

10.4.5 输入输出模块、输入模块、声光报警器、报警按钮的安装与连接操作实践

1. 实践目的

1）认识输入输出模块、输入模块、声光报警器、报警按钮的内部结构。

2）掌握输入输出模块、输入模块、声光报警器、报警按钮的安装与连接。

2. 实践设备

1）THPXB-1型消防报警联动系统装置。

2）计算机1台（配GK603火灾控制器的管理操作软件）。

3）便携式万用表及螺钉旋具等安装接线工具。

3. 实践步骤

（1）输入输出模块、输入模块

1）输入输出模块、输入模块的安装。

①输入输出模块、输入模块分别采用国泰怡安的GM613和GM612B模块，它们采用通用模块底座（GM610）进行安装，其安装底座外形如图10-12所示。

a）GM610模块底座的端子功能如下：

- L＋、L－：总线接入接出端，有极性。

● K1、K2：输入端，接现场设备的信号输出端，要求是无源触点（常开或常闭、监视，形式等由模块设定）。

b）当用于输入输出模块时，各端子功能如下：

● L+、L-：总线，同上 。

● K1、K2：输入，同上 。

● 24V、GND：电源，当输出采用有源输出时使用。当输出采用无源输出时，空置不用。

● F、COM：有源输出，由模块设定，此时没有无源输出功能。

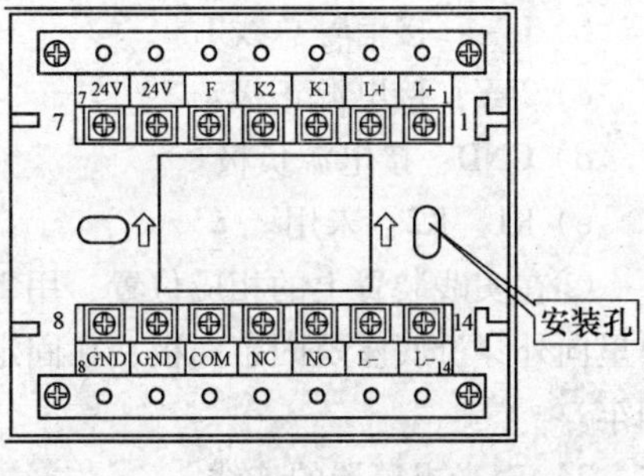

图 10-12　GM610 模块底座的外形图

● NO、NC、COM：无源输出，由模块设定，此时没有有源输出功能，其中 COM 为公共触点，NO 为常开触点，NC 为常闭触点。

②在实训台上的相应位置，用 2 个 M5（或 M4）的螺钉从安装底座的两个安装孔由里向外穿过底座及固定面板，在固定面极的另一边用 M5 的螺母、垫片和弹片将底座固牢，而整个实训台共需 3 个 GM610 模块底座。

2）输入输出模块、输入模块的连线。

①输入输出模块。

a）用普通双绞线将 GM610 模块底座第一组的“24V”、“GND”端分别对应与 GK603 报警控制器 24V 电源的“+”、“-”相连，而另第一组的“24V”、“GND”端可为其他设备提供电源。

b）用普通双绞线将探测器底座的“L+”、“L-”端通过端子排分别对应与短路隔离器的“OL+（实训面板上的“L+”）”、“OL-（实训面板上的“L-”）”端相连。

c）当模块作为无源输出时，外部设备（如警铃或卷帘门）的电源地（桌面上警铃为“GND”，卷帘门为“L3-”）与 GK603 报警控制器 24V 电源的“-”相连，而外部设备的电源正端（桌面上警铃为“24V”，卷帘门为“L3+”）则与输入输出模块的“NO”相连，同时模块的“COM”端与模块的“24V”相连。

②输入模块。

a）用普通双绞线将输入模块的“L+”、“L-”端通过端子排分别对应与短路隔离器的“OL+（实训面板上的“L+”）”、“OL-（实训面板上的“L-”）”端相连。

b）用普通双绞线将输入模块的“K1”、“K2”端通过端子排分别对应与外部输入设备（如压差开关）的输出端（如压差开关“K11”、“K12”）相连。

（2）声光报警器

1）声光报警器的安装。

① 声光报警器采用国泰怡安的 GM632M，它通过配套的安装底座进行安装，其安装底座外形如图 10-13 所示。

GM632M 声光报警器底座的端子功能如下：

a）L+：接信号总线 L+。

b）L-：接信号总线 L-。

c）24V：接电源正极。

d）GND：接电源负极。

e）K1、K2：未用。

②在实践装置上的相应位置，用 2 个 M5（或 M4）的螺钉从安装底座的两个安装孔由里向外穿过底座及固定面板，在固定面板的另一边用 M5 的螺母、垫片和弹片将底座固牢。

2）声光报警器的连线。

①用普通双绞线将 GM610 模块底座第一组的“24V”、“GND”端分别对应与 GK603 报警控制器 24V 电源的“+”、“-”相连，而另第一组的“24V”、“GND”端可为其他设备提供电源。

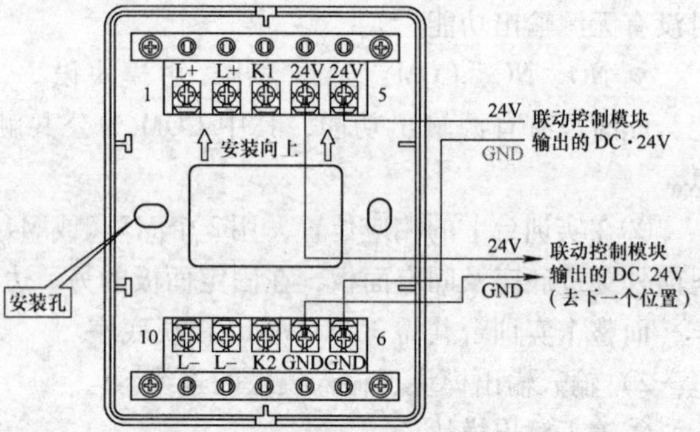

图 10-13　GM632M 安装底座的外形图

②用普通双绞线将探测器底座的“L+”、“L-”端通过端子排分别对应与短路隔离器的“OL+（实训面板上的“L+”）”、“OL-（实训面板上的“L-”）”端相连。

（3）报警按钮

1）报警按钮的安装。

①报警按钮有手动报警按钮和消防栓报警按钮，它们分别采用国泰怡安的 GM601B 和 GM602B 按钮，它们采用手动/消防栓报警按钮专用底座（GM600）进行安装，其安装底座外形如图 10-14 所示。

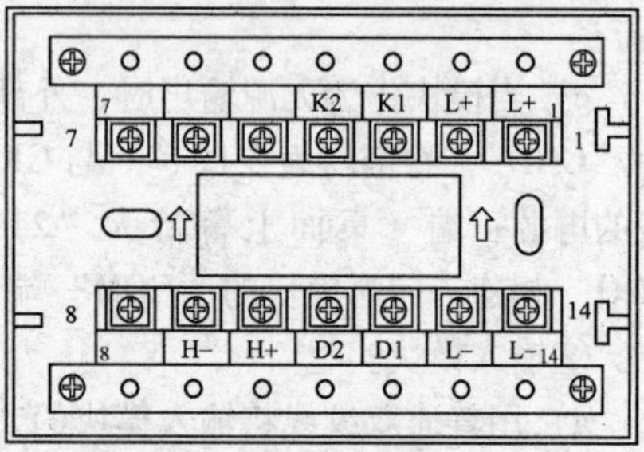

图 10-14　安装底座外形图

GM600 底座的端子功能如下：

a）L+：接信号总线 L+。

b）L-：接信号总线 L-。

c）K1、K2：一组无源输出端子，当报警按钮按下时，输出触点信号闭合，可直接控制外部设备。

d）D1、D2：与火警电话线连接。

e）H+、H-：与消防泵回答信号连接（DC24V，H+为正，H-为负）。

②在实训台上的相应位置，用 2 个 M5（或 M4）的螺钉从安装底座的两个安装孔由里向外穿过底座及固定面板，在固定面板的另一边用 M5 的螺母、垫片和弹片将底座固牢。

2）报警按钮的连接。用普通双绞线将底座的“L+”、“L-”端通过端子排分别对应与短路隔离器的“OL+（实训面板上的“L+”）”、“OL-（实训面板上的“L-”）”端相连。

4. 请您做一做

1）简述输入输出模块、输入模块、声光报警器、报警按钮的内部结构。

2）简要说明如何进行输入输出模块、输入模块、声光报警器、报警按钮的安装与连接。

10.4.6 元件地址编码设置操作实践

1. 实践目的

1）认识电子编码器的使用。

2）掌握各类火灾探测器及各类模块的编码。

2. 实践设备

1）THPXB-1 型消防报警联动系统装置。

2）计算机 1 台（配 GK603 火灾控制器的管理操作软件）。

3）便携式万用表及螺钉旋具等安装接线工具。

3. 实践步骤

（1）电子编码器的使用说明

1）将连接线的一端插在编码器的插座上，另一端的两个夹子分别夹在探测器或模块的两根总线上，其中红色夹子与总线的“L+”端相连，黑色夹子与总线的“L-”端相连。

2）编码器可以对现场设备完成地址码、灵敏度、设备类型等信息的读写，相关的功能主要有写地址、写灵敏度、写设备类型、读取信息等操作。叙述如下：

①编写地址码。在屏幕显示“A0”或“∀0”时，按动数字键，输入要写入的地址号（范围在 1~127 之间），按下写码键，屏幕显示“6 0”，如果地址号超出范围则显示“FALS”。如果写码成功，屏幕显示“PASS”，否则显示“FALS”。编码器的第一个显示字符为“A”时，代表后面要写入的地址码信息为探测器地址，显示“∀”时，代表后面要写入的地址信息为模块地址。按动功能键可对写入模块地址和写入探测器地址进行切换。

②读取信息。在屏幕显示“A0”或“∀0”时，按下“读码”键，屏幕显示“LOAD”。如果读码成功，屏幕首先显示设备的编码号，第一个字符显示为“A”时，代表读出的为探测器信息，显示“∀”时，代表读出的为模块信息。如果不成功，屏幕显示“FALS”。读码成功后，按动“▲”键可依次循环显示设备类型、灵敏度、年号、批次号等其他信息。按动“▼”键可依次循环显示批次号、年号、灵敏度、设备类型等其他信息。

（2）各类火灾探测器的编码

1）手持电子编码器，将编码器的红色夹子与总线的“L+”（可燃气体探测器的

“2”）端相连，黑色夹子与总线的“L－”（可燃气体探测器的“1”）端相连。

2）按动编码器“功能”键，在屏幕显示“A0”时，按动数字键输入要写入的地址号（光电感烟探测器的地址号为1，差定温探测器的地址号为2，可燃气体探测器的地址号为3），如果写码成功，屏幕显示“PASS”。

3）按动编码器“清除”键，在屏幕显示“A0”时，再按动“读码”键，如果读码成功，则在屏幕上显示出探测器的地址号。

（3）各类模块的编码

1）手持电子编码器，将编码器的红色夹子与总线的“L＋”（手动报警按钮和消防栓按钮为“2”脚，输入模块、输入输出模块和声光报警器为“1”脚或“2”）端相连，黑色夹子与总线的“L－”（手动报警按钮和消防栓按钮为“13”脚，输入模块和输入输出模块为“13”脚或“14”，声光报警器为“9”脚或“10”）端相连。

2）按动编码器“功能”键，在屏幕显示“∀0”时，按动数字键输入要写入的地址号（手动报警按钮为4，消防栓按钮为5，输入模块为6，两个输入输出模块分别为7和8，声光报警器为9），如果写码成功，屏幕显示“PASS”。

3）按动编码器“清除”键，在屏幕显示“∀0”时，再按动“读码”键，如果读码成功，则在屏幕上显示出探测器的地址号。

4. 请您做一做

1）简述电子编码器的使用。

2）简要说明如何进行各类火灾探测器及各类模块的编码。

10.4.7 系统的管理操作实践

1. 实践目的

1）认识GK603火灾控制器的面板。

2）掌握GK603火灾控制器的操作和管理。

2. 实践设备

1）THPXB-1型消防报警联动系统装置。

2）计算机1台（配GK603火灾控制器的管理操作软件）。

3）便携式万用表及螺钉旋具等安装接线工具。

3. 实践步骤

（1）GK603火灾控制器的面板示意图　GK603火灾控制器的面板示意图如图10-15所示。

（2）GK603火灾控制器的操作说明　控制器状态分为正常、火警、联动、故障四种状况，其液晶屏显示的优先级由高到低为：

火警、联动、故障、正常 →

高　　　　　　　　　　低

当几种情况同时发生时，系统按所规定的优先级在液晶屏上显示。按“切换”键可在不同种事件之间切换。

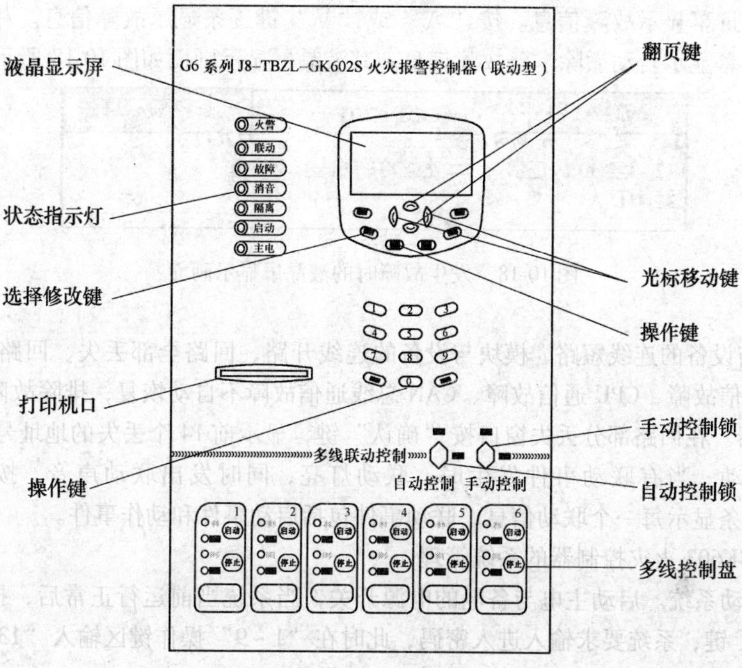

图 10-15　GK603 火灾控制器的面板示意图

1）正常。在没有火警、联动和故障发生的情况下，主电源与备用电源开关接通后，系统当前运行正常，主电灯亮，其液晶屏显示画面如图 10-16 所示。

图 10-16　运行正常的液晶屏显示画面

2）火警。当控制器所连接回路上的各种部件发生火警时，火警灯亮，火警继电器动作，同时发出火警音响。按“∧”或“∨”键逐条显示每一个火警信息。其液晶屏显示画面如图 10-17 所示。

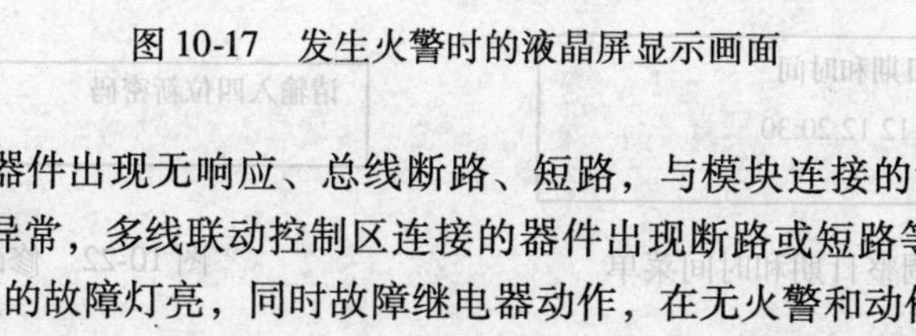

图 10-17　发生火警时的液晶屏显示画面

3）故障。当器件出现无响应、总线断路、短路，与模块连接的设备连接线断路、短路，主/备电源异常，多线联动控制区连接的器件出现断路或短路等情况下，控制器故障报警，面板上的故障灯亮，同时故障继电器动作，在无火警和动作的情况下，发出故障声音，屏幕显示故障信息。按“∧”或“∨”键逐条显示故障信息。相应的故障排除后，屏幕显示自动撤除本条故障信息。其液晶屏显示画面如图 10-18 所示。

图 10-18　发生故障时的液晶屏显示画面

模块与设备的连线短路、模块与设备的连线开路、回路全部丢失、回路短路、RS-485 总线通信故障、CPU 通信故障、CAN 总线通信故障不自动恢复，排除故障后须手动复位控制器。在回路部分丢失窗口按“确认”键，显示前 14 个丢失的地址号。

4）联动。当有联动事件发生时，联动灯亮，同时发出联动声音，按“∧”或“∨”键逐条显示每一个联动信息，联动事件包括启动事件和动作事件。

（3）GK603 火灾控制器的系统管理

1）启动系统。启动主电与备电的电源开关，当系统当前运行正常后，按动控制器的“功能”键，系统要求输入进入密码，此时在“1～9”操作键区输入“1347”，然后按动“确定”键进入系统主菜单，如图 10-19 所示。

在主菜单下，按“1”键可进入系统管理菜单，如图 10-20 所示，在此菜单下可进行系统参数修改。

1. 系统管理	2. 信息查询
3. 设备启停	4. 器件编辑
5. 联动编程	6. 网络分机
7.RS-485 总线设置	

图 10-19　系统主菜单

1. 修改时间	2. 修改密码
3. 通信管理	4. 本机自检
5. 打印管理	6. 自动状态

图 10-20　系统管理菜单

2）修改时间。系统管理菜单下，按“1”键可进入系统日期和时间修改界面，如图 10-21 所示。

使用 GK603 面板上的“<”或“>”键和“1～9”操作键，输入当前时刻的日期和时间，然后按下“确认”键进行确认。当数据输入非法时，系统提示输入错误，须重新输入。

3）修改密码。系统管理菜单下，按“2”键可进入系统修改密码操作，如图 10-22 所示。

调整日期和时间

03–09–12 12:20:30

图 10-21　调整日期和时间菜单

请输入四位新密码

图 10-22　修改密码

使用 GK603 面板上"1～9"操作键，输入四位数字，按下"确认"键后，密码修改成功。

说明：本操作修改的是三级密码，即用户掌握的密码，可用作控制器复位和进入功能操作主菜单。在功能菜单中，用户不能操作器件编辑、联动编程、通信管理、网络分机、在线查询等菜单，且在单点查询菜单下，只能把器件状态在"隔离"与"开放"之间设置。

4）通信管理。通信管理操作可设置本机编号、RS-232 和 CAN 总线的事件传输。修改时，每按一次"选择"键，将在"允许"和"禁止"之间变换。按"确认"键后，修改成功。事件上传"允许"时，控制器将本机产生的事件上传给计算机或网络主机，按">"或"<"键可修改本机编号，如图 10-23 所示。

说明：通信管理操作在本实践装置中不使用。

5）本机自检。当控制器自检时，控制器面板上的所有指示灯点亮，喇叭顺序发出火警、联动、故障声音，自检需要 15s 时间。自检完毕，指示灯恢复正常显示，声音关闭，如图 10-24 所示。

本机编号：01
CRT 事件上传：允许
CAN 事件上传：允许

图 10-23　通信管理操作

控制器自检
指示灯全亮，依次响动火警
声音、联动声音、故障声音

图 10-24　控制器自检

6）打印管理。安装打印机的控制器，可以把打印机及时打印设置为"允许"或"禁止"。在及时打印窗口，每次按下"选择"键，及时打印在"允许"和"禁止"之间变换。把及时打印设置为"允许"，有事件发生时，打印机按事件发生的顺序打印全部信息，"禁止"时则不打印，如图 10-25 所示。

及时打印：禁止

图 10-25　打印管理

4. 请您做一做

1）简述 GK603 火灾控制器的面板。

2）简要说明如何进行 GK603 火灾控制器的操作和管理。

10.4.8　系统的数据查询操作实践

1. 实践目的

1）认识系统的数据查询功能。

2）掌握系统的数据查询操作。

2. 实践设备

1）THPXB-1 型消防报警联动系统装置

2）计算机 1 台（配 GK603 火灾控制器的管理操作软件）。

3）便携式万用表及螺钉旋具等安装接线工具。

3. 实践步骤

启动主电与备电的电源开关，当系统当前运行正常后，按动控制器的“功能”键，系统要求输入进入密码，此时在“1～9”操作键区输入“1347”，然后按动“确定”键进入系统主菜单，如图 10-26 所示。

1. 系统管理	2. 信息查询
3. 设备启停	4. 器件编辑
5. 联动编程	6. 网络分机
7. RS-485总线设置	

图 10-26　系统主菜单

在主菜单下，按“2”键可进入系统信息查询，如图 10-27 所示，在此菜单下可进行系统相关信息查询。

1）总数查询。在信息查询菜单下，按数字“1”键可进入总数查询界面，查询本控制器所有开放的器件总数和隔离的器件总数，如图 10-28 所示，按动“退出”键可返回信息查询菜单。

1. 总数查询	2. 单点查询
3. 隔离查询	4. 记录查询
5. 在线查询	6. 本机信息
请按数字键选择	

图 10-27　信息查询下级菜单

1回路开放总数：11
1回路隔离总数：11
2回路开放总数：11
2回路隔离总数：11

图 10-28　总数查询

2）单点查询。在信息查询菜单下，按数字“2”键可进入单点查询界面，如图 10-29 所示。此时可以编辑器件和查询单个探测器或模块的以下信息：

在线、离线、隔离：按 GK603 面板上的“选择”键，选择器件的“开放”、“离线”、“隔离”状态，器件开放时，控制器监视该器件，否则不监视。

类型：按数字键编辑器件的类型，如感烟探测器、感温探测器等，如图 10-30 所示。

编号：1001　　状态：开放
类型：00--不存在
位置：01区 01层
东楼大厅

图 10-29　单点查询

地址：01层 01区　　(1001)
类型：感烟探测器
按<确认>键编辑其状态

图 10-30　编辑器件的类型

位置：通过数字键，可设置器件安装的区、层等。在编辑层时，按“选择”键，可变为负层，按“切换”键，可进入中文输入界面，进行器件安装位置的编辑。在中文输入法界面，按“切换”键，可在快捷输入法和区位输入法之间切换。

中文输入完成后按“确认”键，中文信息输入完毕。

数据输入完成后，按“确认”键，保存数据并进入到下一器件设置窗口，按“退出”键不保存数据退出到信息查询窗口。

在此窗口下，按“＜”或“＞”键可左右移动编辑光标，按“∧”或“∨”键可跳到上一器件或下一器件设置窗口。最后按动“退出”键返回信息查询菜单。

3）隔离查询。在信息查询菜单下，按数字“3”键可进入隔离查询界面，可显示并编辑控制器下所被隔离器件。按“∧”或“∨”键可跳到上一被隔离器件或下一被隔离器件。按“确认”键可编辑当前被隔离器件。如果没有被隔离器件，则按下数字“3”键没有响应。

4）记录查询。在记录查询窗口，显示最近发生的事件信息，如图10-31所示。按动“∧”或“∨”键，逐条显示每个事件的具体信息。运行记录信息为256条，记录控制器运行中的各种事件，可随时查阅。

5）在线查询（本方法慎用）。控制器自动查询总线上连接的器件（如图10-32所示），并保存查询结果，查询完毕，控制器自动复位。由于控制器自动查询时把“专用输入模块、手动报警按钮、消火栓按钮、CDI模块”查询为“输入模块”，把“输出模块”查询为“输入输出模块”，查询完毕需要手动修改其类型。

03-01-12 12:20　256/256
无响应　(1001)
01层 01区 感烟探测器
地下停车场

图10-31　记录查询

控制器注册总线器件，
大约需要60s，请稍候。

图10-32　在线查询

6）本机信息。在本窗口显示企业名称、本机型号、软件的版本号和版本日期，并可修改本机的安装位置（如图10-33所示）。修改安装位置时，通过数字键修改。

企业名称：北京 国泰怡安
本机型号：GK603
软件版本：V1.0 03–08–25
安装位置：01号楼

图10-33　本机信息

4. 请您做一做

1）简述系统的数据查询功能。

2）简要说明如何进行系统的数据查询操作。

10.4.9　设备启动/停止操作实践

1. 实践目的

1）认识系统的启动/停止功能。

2）掌握系统的启动/停止操作。

2. 实践设备

1）THPXB-1型消防报警联动系统装置。

2）计算机1台（配GK603火灾控制器的管理操作软件）。

3）便携式万用表及螺钉旋具等安装接线工具。

3. 实践步骤

（1）启动系统　启动主电与备电的电源开关，当系统当前运行正常后，按动控制器的“功能”键，系统要求输入进入密码，此时在“1～9”操作键区输入“1347”，然后按动“确定”键进入系统主菜单。

在主菜单下，按“3”键可进入设备启动/停止操作界面，在此菜单下可进行某个设备的启动或停止操作，其界面如图 10-34 所示。

（2）系统中编码设备的启动地址

1）GY601 智能光电感烟探测器：1。

2）GW601 智能差定温探测器：2。

按 < 选择 > 键：启动 / 停止
启动：1001
按 < 确认 > 键执行操作

图 10-34　系统启动/停止操作界面

3）GQ601 可燃气体探测器：3。

4）GM601B 智能手动报警按钮：4。

5）GM602B 智能消火栓报警按钮：5。

6）GM612 智能输入模块：6。

7）GM613 智能输入输出模块：7，8。

8）GM632M 编码声光报警：9。

（3）举例　在设备启动/停止操作菜单下，按下“选择”键，选择设备启动，然后在数字键上输入“1009”，按“确认”键进行确认，此时声光报警器会发出报警信息。

其他设备的启动/停止操作可按同样方法进行。

4. 请您做一做

1）简述系统的启动/停止功能。

2）简要说明如何进行系统的启动/停止操作。

10.4.10　设备单点操作实践

1. 实践目的

1）认识系统的自动控制/手动控制锁功能。

2）掌握系统的自动控制/手动控制锁的应用操作。

2. 实践设备

1）THPXB-1 型消防报警联动系统装置。

2）计算机 1 台（配 GK603 火灾控制器的管理操作软件）。

3）便携式万用表及螺钉旋具等安装接线工具。

3. 实践步骤

（1）自动控制/手动控制锁功能介绍　在手动控制锁允许情况下，可以从多线联动控制操作面板上的“启动”键起动灭火设备。在手动控制锁禁止的情况下，灭火控制操作面板上的“启动”键不起作用。在自动控制锁允许的情况下，当满足多线联动控制联动时，自动起动或停止多线联动控制设备。

（2）自动控制/手动控制锁的应用

1）手动控制锁的应用。

①用专用钥匙将手动控制锁打到“允许”状态，然后用手按下多线联动控制中第 2（或 3）路的“启动”按钮，观察联动盘现场接口 1 的输出。

②用专用钥匙将手动控制锁打到“禁止”状态，然后用手按下多线联动控制中第 2（或 3）路的“启动”按钮，观察联动盘现场接口 1 的输出。

2）自动控制锁的应用。

①用专用钥匙将自动控制锁打到“允许”状态，然后按动控制器的“自动”键，输入进入密码“1347”，然后按动“确定”键进行确认。

然后用手按下手动报警按钮，观察声光报警器及警铃是否报警，并将手动报警按钮恢复原始状态。

②用专用钥匙将自动控制锁打到“禁止”状态，然后按动控制器的“自动”键，输入进入密码“1347”，然后按动“确定”键进行确认。

然后用手按下手动报警按钮，观察声光报警器及警铃是否报警，并将手动报警按钮恢复原始状态。

4. 请您做一做

1）简述系统的自动控制/手动控制锁功能。

2）简要说明如何进行自动控制/手动控制锁的应用操作。

10.4.11　设备联动编程操作实践

1. 实践目的

1）认识系统的联动编程功能。

2）掌握系统的联动编程操作。

2. 实践设备

1）THPXB-1 型消防报警联动系统装置。

2）计算机 1 台（配 GK603 火灾控制器的管理操作软件）。

3）便携式万用表及螺钉旋具等安装接线工具。

3. 实践步骤

（1）启动系统　启动主电与备电的电源开关，当系统当前运行正常后，按动控制器的“功能”键，输入进入密码“8386”，然后按动“确定”键进入系统主菜单。

在主菜单上，按“5”键可进入联动编程菜单（如图 10-35 所示），在此菜单下可进行联动编程操作。

1. 回路控制	
2. 灭火盘控制	
3. 多线盘灯	4. 多线盘
5. 操作盘灯	6. 操作盘键

图 10-35　联动编程菜单

（2）回路联动编程

1）在联动编程菜单中，按“5”键可进入回路联动编程窗口，该窗口为联动公式编辑窗口，每条公式分两屏显示，一屏为输入项编程，一屏为输出项编程，按“切换”键可在输入项和输出项之间切换。按“ < ”或“ > ”键移动光标到要修改数据处进行修改数据，按“ V ”或“ Λ ”键选择要编辑第几条公式。具体如图 10-36 所示。

图中前面界面为输入项，后面界面为输出项。

2）在输入项中，通过按“ < ”或“ > ”键移动光标，通过“选择”按钮将逻辑选择为“或”，通过“数字”键将分类中的区域号设为“01”，两个器件均设为“17（任意器件）”。

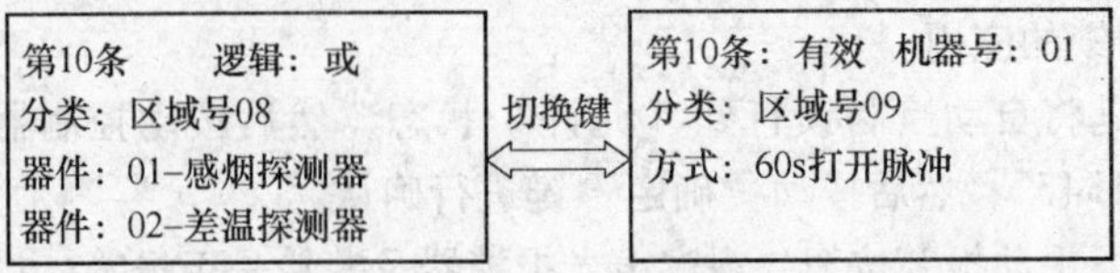

图 10-36　联动公式编辑窗口

3）按“切换”，菜单进入输出项编程界面，然后通过按“<”或“>”键移动光标，通过“选择”按钮将联动选为“有效”，通过“数字”键将分类中的区域号设为“02”。至于联动方式可根据要求进行设置。最后按“确认”键进行确认，按“退出”键退出联动编程窗口。

说明：

①回路控制、灭火盘控制、操作键盘的联动公式只有在自动状态（自动灯点亮）下才起作用，多线盘只有在自动锁允许的情况下才起作用。

②机器号：联动编程的输出对应的控制器号，“00”为主机，其他为分机。

③输出项区域号/楼层号/编码号/控制器：按“选择”键选择输出器件的位置属性。“区域号/楼层号/控制器”表示输出器件所在的区、层或控制器，后面的数据输入两位。“编码号”表示输出器件的地址编码。输出器件的位置属性若为控制器，控制器编号需和输出项的机器号相同。

④启动延时：联动关系满足时，启动延时的时间。其时间范围是0～99s，可自由设定。

⑤关闭/打开：按“选择”键选择模块动作持续时间，“脉冲”表示模块上的继电器动作后，持续一段时间停止动作，“电平”表示动作一直保持。

（3）其他联动编程　其他项的联动编程与回路联动编程的方法相似。但有些功能不相同，具体说明如下：

1）输出项有效、无效：按“选择”键把本条公式设置为“有效”或“无效”，选择“无效”后本条公式在报警联动时不起作用。

2）灭火盘号：灭火盘号范围为1～8。

3）多线盘回答灯控制公式可编辑6条，每灯只能对应一条公式（如图10-37所示），每条包含下列内容：

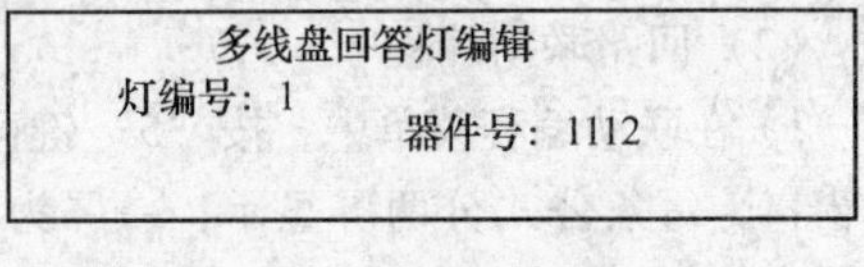

图 10-37　多线盘回答灯编辑

①灯编号：此条公式对应的多线盘回答灯的编号，范围为1～6。

②器件号：输入器件的地址号，此处的输入器件只能为输入模块或输入输出模块。例如下图公式可表示为：本机的第1回路编号为112的输入模块或输入输出模块报警时，多线盘1号回答灯亮。

4）多线盘控制公式可编辑 20 条，每条包含以下内容：

①输入项：与回路控制的输入项相同。

②输出项：按“选择”键把本条公式设置为“有效”或“无效”，选择“无效”后本条公式在报警联动时不起作用。

③输出启动：多线盘的启动输出编号范围为 1 ~6。

④其他项和回路控制输出项相同。

5）操作盘灯控制联动公式可编辑 64 条，每条包含下列内容：

①盘号：对应的操作盘编号，范围为 1 ~2。

②灯号：对应的操作盘灯编号，范围为 1 ~32。

③器件号：输入器件的地址号，此处的输入器件只能为输入模块或输入输出模块。

6）操作盘键控制联动公式可编辑为 64 条，每条包含下列内容：

①输入项。

a）盘号：对应的操作盘编号，范围为 1 ~2。

b）键号：对应的操作盘键编号，范围为 1 ~32。

②输出项。与回路控制的输出项相同。

4. 请您做一做

1）简述系统的联动编程功能。

2）简要说明如何进行系统的联动编程操作。

10. 4. 12　系统的特殊操作实践

1. 实践目的

1）认识系统的特殊操作功能。

2）掌握系统的特殊操作。

2. 实践设备

1）THPXB-1 型消防报警联动系统装置。

2）计算机 1 台（配 GK603 火灾控制器的管理操作软件）。

3）便携式万用表及螺钉旋具等安装接线工具。

3. 实践步骤

1）此设置仅对除多线联动控制盘以外的联动公式起作用，其作用和面板上的“自动”键相同。

2）进入自动状态设置界面，每次按下“选择”键，自动状态在“允许”和“禁止”之间变换。在自动状态“允许”的情况下，发生报警事件时，系统可根据联动公式自动启动相应设备，“禁止”时则不能自动启动。

4. 请您做一做

1）简述系统的特殊操作功能。

2）简要说明如何进行系统的特殊操作。

10.4.13 系统线路故障的判断与处理操作实践

1. 实践目的

1）认识系统线路故障的判断与处理功能。

2）掌握系统线路故障的判断与处理操作。

2. 实践设备

1）THPXB-1 型消防报警联动系统装置。

2）计算机1台（配 GK603 火灾控制器的管理操作软件）。

3）便携式万用表及螺钉旋具等安装接线工具。

3. 实践步骤

（1）总线断路实践

1）问题：总线中有模块未安装或者线路断路，查出该模块的位置并纠正错误。

2）解决方法：按照10.4.7中系统的管理操作实践，查找断线模块的位置，并按照10.4.1到10.4.5中模块接线的方法，重新对断线模块接线。

（2）火灾控制器故障判断实践

1）问题：火灾控制主机面板上的键盘失效，检查线路并分析原因。

2）解决方法：按照10.4.2中报警控制器的接线方法检查报警主机线路。

（3）火灾显示盘故障分析及排除方法　火灾显示盘常见故障见表10-1。

表 10-1　火灾显示盘常见故障表

序号	故障名称	原因分析	排除方法
1	与控制器通信故障	火灾显示盘的波特率、盘号拨码与主控制器的设置不符 RS-485 总线未接 RS-485 总线接反	根据主控制器的设置重新拨码，拨码后按设备控制盘上的复位按钮复位 将总线连接好 调换 A、B 线
2	控制器报警后火灾显示盘不报警	通信不正常 控制器中火灾显示盘配置不正确	同上 在控制器中重新正确设置火灾显示盘

（4）其他故障

1）其他故障如当器件出现无响应、总线断路、短路，与模块连接的设备连接线断路、短路，主/备电异常，多线联动控制区连接的器件出现断路或短路等情况下，控制器故障报警，面板上的故障灯亮，同时故障继电器动作。

2）在无火警和动作的情况下，控制器发出故障音响，屏幕显示故障信息。按"∧"或"∨"键逐条显示故障信息。相应的故障恢复后，屏幕显示自动撤消本条故障信息。模块与设备的连线短路、模块与设备的连线开路、回路全部丢失、回路短路、RS-485 总线通信故障、CPU 通信故障、CAN 总线通信故障不自动恢复，排除故障后须手动复位。在回路部分丢失窗口按"确认"键，显示前14个丢失的地址号。

4. 请您做一做

1）简述系统线路故障的判断与处理功能。

2）简要说明如何进行系统线路故障的判断与处理操作。

10.4.14　系统程序设置错误的判断与纠正操作实践

1. 实践目的

1）认识系统程序设置错误的判断与纠正功能。

2）掌握系统程序设置错误的判断与纠正操作。

2. 实践设备

1）THPXB-1 型消防报警联动系统装置。

2）计算机 1 台（配 GK603 火灾控制器的管理操作软件）。

3）便携式万用表及螺钉旋具等安装接线工具。

3. 实践步骤

（1）地址编码错误

1）问题：总线中有编码地址重复的模块，查出该模块并重新编址，使系统正确运行。

2）解决方法：按照 10.4.7 中的系统管理操作，查找重复模块的位置，并按照 10.4.6 中模块编码的方法，对重复的地址模块进行重新编码。

（2）联动模块错误

1）问题：联动编程正确，却不能实现联动操作，查出原因并纠正错误。

2）解决方法：检查联动模块接线线路及电源。

（3）模块类型编码错误

1）问题：模块编程没有错误，但出现某些模块或探测器无响应。

2）解决方法：检查模块或探测器的选择类型是否有误。

4. 请您做一做

1）简述系统程序设置错误的判断与纠正功能。

2）简要说明如何进行系统程序设置错误的判断与纠正操作。

10.4.15　请您做一做：自行设计并安装一个简易应用系统操作实践

1. 实践目的

1）认真了解和分析简易应用系统的设计要求。

2）按设计要求实地设计并安装一个简易应用系统。

2. 实践设备

1）THPXB-1 型消防报警联动系统装置。

2）计算机 1 台（配 GK603 火灾控制器的管理操作软件）。

3）便携式万用表及螺钉旋具等安装接线工具。

3. 实践步骤

（1）设计要求

1）可以实现对声光报警的独立启动或停止。

2）当按下手动报警器时，可通过声光报警器实现联动报警。

3）当按下消防栓报警按钮时，可通过联动现场接口模块 2 实现对某一风机的控制。

4）通过输入输出控制警铃等警示器件。

（2）设计参考框图　设计参考框图如图 10-38 所示。

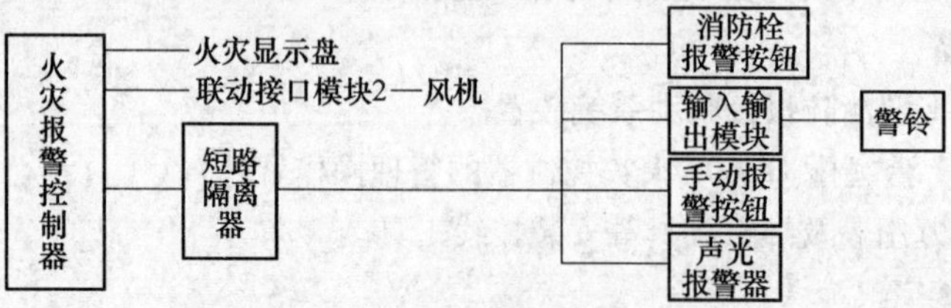

图 10-38　设计参考框图

（3）设计步骤　参照模仿前述的操作实践过程，请按要求自行实地设计并安装一个简易应用系统。

10.5　思考与练习

1. THPXB-1 型消防报警联动系统装置构成包含哪些主要部件？
2. GK603 火灾报警控制器的技术规格有哪些？
3. GK603 火灾报警控制器是如何工作的（工作原理）？
4. 火灾显示盘有何特点？其技术规格有哪些？
5. 常用的火灾探测器有哪几种？各有何特点？其技术规格有哪些？
6. 常用的模块有哪几种？各有何特点？其技术规格有哪些？
7. 常用的报警按钮、声光报警器有哪几种？各有何特点？其技术规格有哪些？
8. GS601 电子编码器有何特点？技术规格有哪些？其编码器结构如何？
9. 如何进行系统设备的认识操作实践？
10. 如何进行报警控制器、短路隔离器、联动接口模块的安装与连接操作实践？
11. 如何进行火灾显示盘的安装、连接和使用操作实践？
12. 如何进行各种火灾探测器的安装与连接操作实践？
13. 如何进行输入输出模块、输入模块、声光报警器、报警按钮的安装与连接操作实践？
14. 如何进行元件地址编码设置操作实践？

15. 如何进行系统的管理操作实践？
16. 如何进行系统的数据查询操作实践？
17. 如何进行设备启动/停止操作实践？
18. 如何进行设备单点操作实践？
19. 如何进行设备联动编程操作实践？
20. 如何进行系统的特殊操作实践？
21. 如何进行系统线路故障的判断与处理操作实践？
22. 如何进行系统程序设置错误的判断与纠正操作实践？
23. 如何进行自行设计并安装一个简易应用系统操作实践？

学习情景11　THPJK-1型智能家居控制系统

【学习目标】

知识目标

- 认知 THPJK-1 型智能家居控制系统
- 认知智能家居中的各控制功能
- 了解智能家居中各控制功能实验的机理

技能目标

- 掌握模拟智能家居各种控制的操作方法
- 掌握智能家居中各控制功能操作实践的安装和连接

情景条件

- THPJK-1 型智能家居控制系统实验装置 1 套
- 计算机 1 台（配 ApBus 系统软件 1 套）
- 便携式万用表、螺钉旋具等接线工具 1 套

11.1　工作任务

近来，随着国民经济的迅速发展和人民生活水平的不断提高，各地政府主管部门以及房产开发商越来越重视智能化住宅小区的开发和建设，并提出了实现住宅小区智能化的总体目标：通过采用现代信息传输技术、网络技术和信息集成技术建立一个由综合信息服务、物业管理中心、通信接入和家庭智能化控制系统组成的智能化小区，以此来提高住宅的科技含量和居住水平，以适应21世纪的现代化居住生活的需要。

为了适应智能化小区建设的大环境，一些经济比较发达的国家先后提出了“智能住宅”（Smart Home）的概念，其实现目标是“将家庭中的各种与信息相关的设备、家庭安保装置、家用电器通过家庭总线技术（Home-BUS）连到一个家庭智能化系统上进行集中监视和控制，实现家庭事务管理、小区信息共享、并保持家庭设施和住宅环境的和谐与协调”。

随着家庭智能化在我国的逐步兴起，全国各大专院校也掀起了智能家居学科的建设浪潮，典型的学科建设模式是在原有的建筑设计专业融入现代化的智能家居元素，并细分出家庭智能化系统这一分支。高校建筑专业的不断扩大和细分，使得各高校对智能家居控制系统实验装置有了较大的需求。本套 THPJK-1 型智能家居控制系统实验装置的推出，正是为了配合各大专院校家庭智能化系统分支开展教学实验活动。

本工作任务就是要认知这种智能家居控制系统，进行模拟各种智能家居控制功能的

操作实践。

11.2　任务分析

THPJK-1型智能家居控制系统装置采用拥有中国自己的自主知识产权的总线技术——ApBus，系统采用模块化结构，可以根据用户的不同需要进行组合。

如图11-1所示，该智能家居控制系统由家庭多媒体系统、家庭控制系统、家庭通用信息平台、专用网络、供电电源、各种功能模块等组成。其主要功能部件有：

1）系统控制主板（CB301）。

2）系统控制键盘（CP301）。

3）灯光控制模块（DM203）。

4）电源插座模块（PW115）。

5）空调控制模块（IR102）。

6）窗帘控制模块（CT101）。

7）计算机接口模块（NC323）。

8）无线接收模块（RC101）。

9）简易遥控器（RC112）。

10）彩色门口机（AP800）。

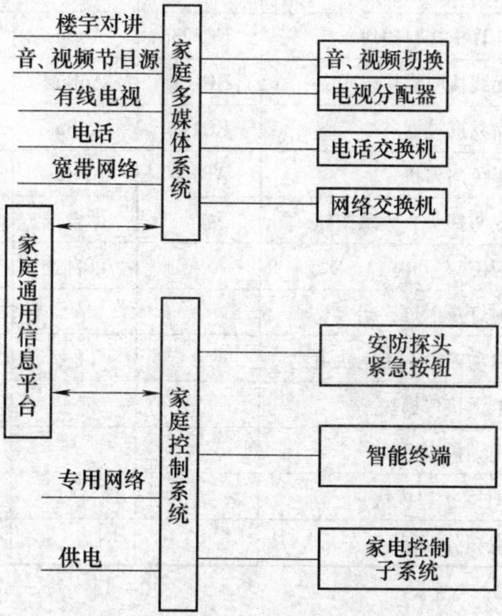

图11-1　THPJK-1型智能家居控制系统实验装置构成

本套实验教学装置全部采用实际施工现场的模块化部件，直观、全面地向操作实践者展示了智能家居中的住宅布/撤防报警系统、联动控制、场景控制、无线遥控、菜单控制等功能。

利用该系统装置，通过现场硬件的安装和连接以及ApBus系统软件的编程应用，即能指导学生开展各种模拟智能家居控制的操作实践。

11.3　知识平台

11.3.1　系统装置的硬件组成

本系统装置由控制主机、键盘和若干功能模块组成，主要部件配置见表11-1。

表11-1　THPJK-1型智能家居控制系统装置主要部件配置

产品名称	型号	品牌	数量	备　注
系统控制键盘（触摸屏）	CP301	ApBus	1	
系统控制主机（含电源）	CB301	ApBus	1	

（续）

产品名称	型号	品牌	数量	备　注
灯光控制模块	DM203	ApBus	2	
电源插座模块	PW115	ApBus	1	
空调控制模块	IR102	ApBus	1	
窗帘控制模块	CT101	ApBus	1	
计算机接口模块	NC323	ApBus	1	
无线接收模块	RC101	ApBus	1	
简易遥控器	RC112	ApBus	1	
彩色门口机	AP800	ApBus	1	
安防探头、紧急按钮		可自选	1	
门磁		可自选	1	
射灯及射灯支架			4	36W
电动窗帘、定制轨道		巨力	1	
电话接口模块			3	通用的电话接口模块（80mm×80mm）
视频接口模块			3	通用的视频接口模块（80mm×80mm）
RJ45 接口模块			3	通用的 RJ45 接口模块（80mm×80mm）
视频分配器			1	通用的 1 入 4 出

11.3.2　系统装置主要部件的功能描述

1. 系统控制主板（CB301）

1）主板端口说明（如图 11-2 所示）。

2）主板技术参数。

①报警输入：8 路（S1 ~ S8），EOL（平衡电阻 4.7kΩ），线路电阻 <30Ω。

②状态指示：15 个（探头/防区指示灯 LED1 ~ LED8、ApBus、ApNet、Setup、Security、LOW、Power、TEL）。

③报警输出：2 路（继电器，3A，120V AC/3A，24V DC），正常开。

④防拆输入：1 路（SW3），正常闭。

⑤ApBus 接口：2 路（ApBus（BK）有备用电，ApBus 没有备用电）。

⑥直流输出：2 路（12V（BK）有备用电，12V 没有备用电）。

⑦ApNET 接口：1 个（Ap NET）。

⑧键盘接口：4 个（Panel1，Panel2，Panel3，Panel4）。

⑨电话接口：1 路进（Line In），1 路接电话（Telephone）。

⑩扩展板口：2 个（EXTEND PORT1/PORT2）。

⑪工作电压范围：DC9.5 ~ 15V（13V 最佳）。

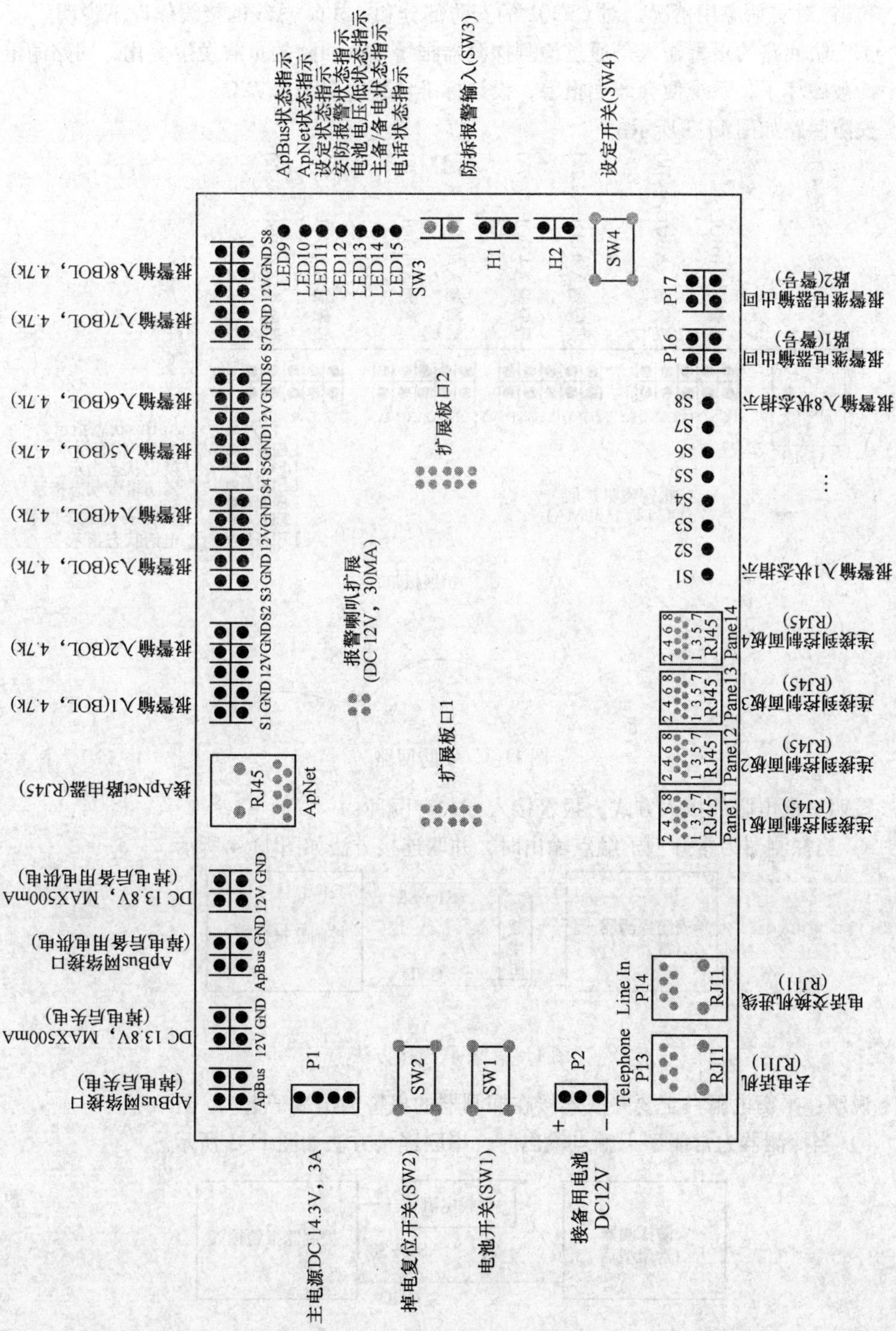
主电源DC 14.3V，3A
掉电复位开关(SW2)
电池开关(SW1)
接备用电池 DC12V
ApBus网络接口 (掉电后失电)
DC 13.8V，MAX500mA (掉电后失电)
ApBus网络接口 (掉电后备用电供电)
DC 13.8V，MAX500mA (掉电后备用电供电)
接ApNet路由器(RJ45)
报警输入1(BOL，4.7k)
报警输入2(BOL，4.7k)
报警输入3(BOL，4.7k)
报警输入4(BOL，4.7k)
报警输入5(BOL，4.7k)
报警输入6(BOL，4.7k)
报警输入7(BOL，4.7k)
报警输入8(BOL，4.7k)
ApBus 12V GND ApBus GND 12V GND
P1 SW2 SW1 P2
RJ45 ApNet
S1 GND 12V GND S2 S3 GND 12V GND S4 S5 GND 12V GND S6 S7 GND 12V GND S8
报警喇叭扩展 (DC 12V，30MA)
扩展板口1
扩展板口2
LED9 LED10 LED11 LED12 LED13 LED14 LED15 SW3 H1 H2 SW4
ApBus状态指示
ApNet状态指示
设定状态指示
安防报警状态指示
电池电压低状态指示
主备/备电状态指示
电话状态指示
防拆报警输入(SW3)
设定开关(SW4)
Telephone P13 RJ11
Line In P14 RJ11
Panel1 Panel2 Panel3 Panel4 RJ45
S1 S2 S3 S4 S5 S6 S7 S8
P16 P17
去电话机 (RJ11)
电话交换机进线 (RJ11)
连接到控制面板1 (RJ45)
连接到控制面板2 (RJ45)
连接到控制面板3 (RJ45)
连接到控制面板4 (RJ45)
报警输入1状态指示
报警输入8状态指示
报警继电器输出回路1(警号)
报警继电器输出回路2(警号)

图 11-2　主板端口说明

⑫正常工作电流：≤200mA（中心）。

3）针对实际应用情况，对 CB301 的安防部分和 ApBus 总线的接线作以下说明。

①安防回路的报警输入是通过检测探测器报警输入回路的负载发生变化，回路的电阻平衡被破坏了，系统便会产生报警，设计标准负载电阻为 4.7kΩ。

安防回路如图 11-3 所示。

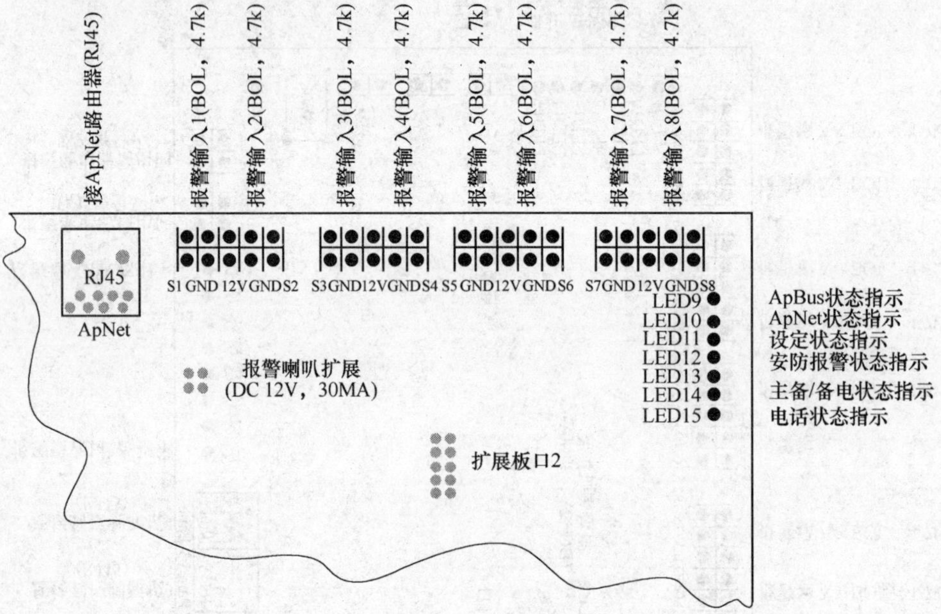

图 11-3　安防回路

按照平衡电阻的接入方式，报警接入方式有两种：

a）当探测器为常开型干触点输出时，并联连接方法如图 11-4 所示。

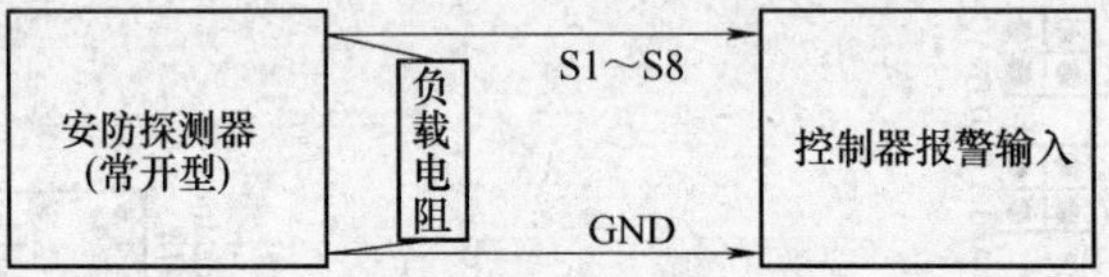

图 11-4　并联连接方法

说明：平衡电阻一定要并联连接在探测器的报警输出端子上。

b）当探测器为常闭型干触点输出时，串联连接方法如图 11-5 所示。

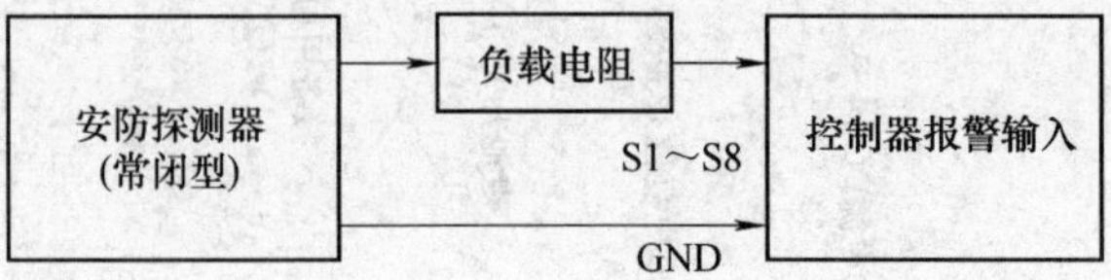

图 11-5　串联连接方法

说明：平衡电阻可以串联连接在探测器或控制器的报警端子上。

为了保证系统的稳定运行，必须保证没有接报警探测器的报警端子连接平衡电阻。

②ApBus 总线接口部分如图 11-6 所示。

将 ApBus 总线固定在两芯接线端子上，插入主板左下方标有（ApBus）的总线接线端口。

接入电话线只需将电话插头插入主板右下方如图 11-7 所示的（Line In）端口即可。

另外一端 RJ11 口接至面板电话接口。

2. 系统控制键盘（CP301）

CP301 内部集成了家庭安全控制和报警、电话接口、小区专用网络（ApNnet）接口、操作键盘及语音模块等，其技术参数如下：

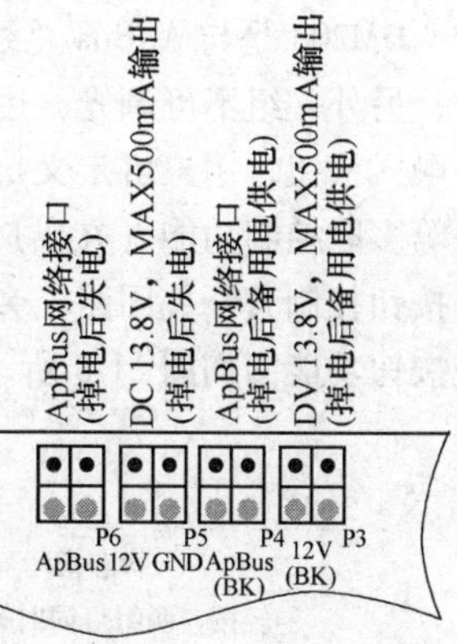

图 11-6　ApBus 总线接口部分

1）灯光电器遥控。

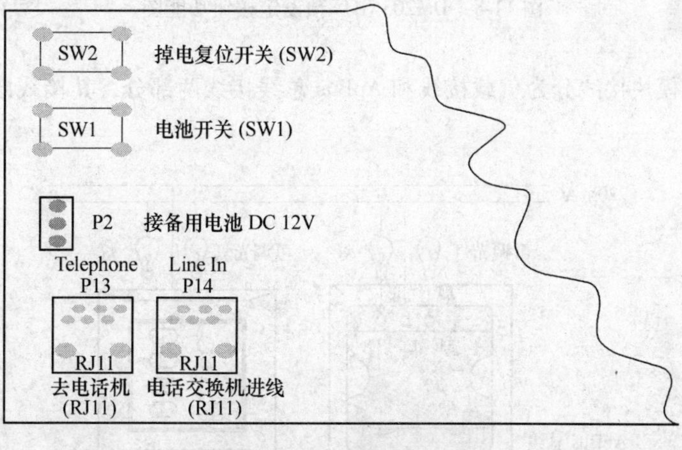

图 11-7　电话线接入

2）在家/离家设定。

3）监视范围：8 防区。

4）预设报警电话号码：6 组（24 位/组）。

5）预设报警寻呼号码：6 组（24 位/组）。

6）内置麦克风（用于对讲、留言及监听）。

7）易用紧急按钮：3 个（警讯/火灾/求救）。

8）警报信号：语音。

9）工作电压：DC12V。

通过系统控制键盘 CP301 可以实现安防管理、信息资讯、家电控制、定时控制和设置系统参数。

3. 灯光控制模块（DM203）

DM203 是与 ApBus 总线兼容使用的五键调光模块，可以接两组灯具，一组可以调光，另外一组不可调光，用户可给每组灯赋予一个恰当的名称。其上面有五个可编程的轻触式按钮，用户可定义每一个按钮的操作功能。它能与 ApBus 兼容产品构成双联、三联等多联控制功能（在出厂时，DM203 预设上边两个按钮控制其调光回路，下边的两个按钮控制其开关回路，旁边一个按钮可用于将两个回路同时关闭）。DM203 出厂预设定按钮功能图如图 11-8 所示。

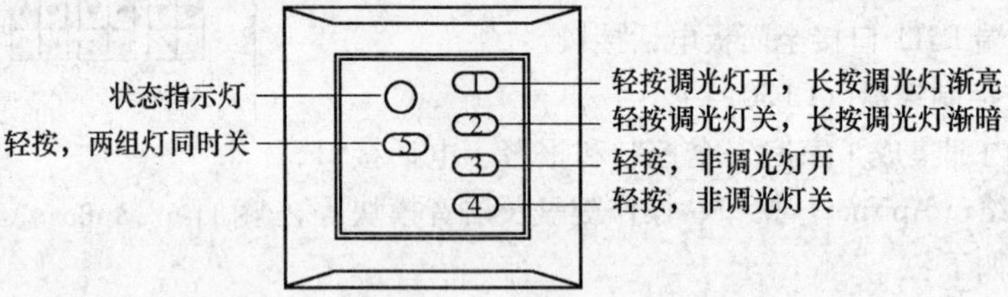

图 11-8　DM203 出厂预设定按钮功能图

灯光控制模块接线分为负载接线和 ApBus 总线接线两部分，其接线图如图 11-9 所示。

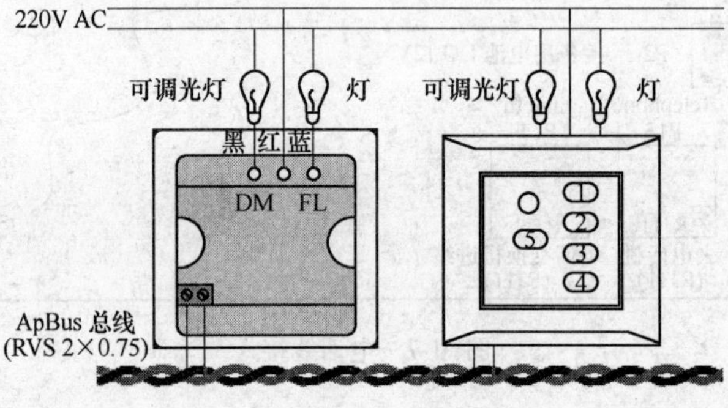

图 11-9　灯光控制模块接线图

通过对灯光控制模块 DM203 进行设定，可完成被控灯的开启/关闭、调亮/调暗、定时开/定时关、渐亮/渐暗、定时渐亮/定时渐暗、本地控制、无线遥控器控制、多联控制等。

DM203 的技术参数如下：

1）额定功率输出（开关）：300W（1 路）。

2）额定功率输出（调光）：300W（1 路）。

3）电子调光级数：256 级。

4）输入电压：220V/50Hz。

5）ApBus 接口：12V DC/24V DC，40mA。

6）尺寸：86mm×86mm×52mm。

4. 电源插座模块（PW115）

PW115 是与 ApBus 总线兼容使用的智能二孔/三孔插座模块，它本身具有普通的插座功能，通过编程赋予它一个名称后，可通过键盘、无线遥控器操作来控制它的开和关。模块面板上的手动开关按钮具有本地手动控制功能，模块可用于电饭锅、热水器、空调等开关电源控制。电源插座模块说明图和接线图如图 11-10 所示。

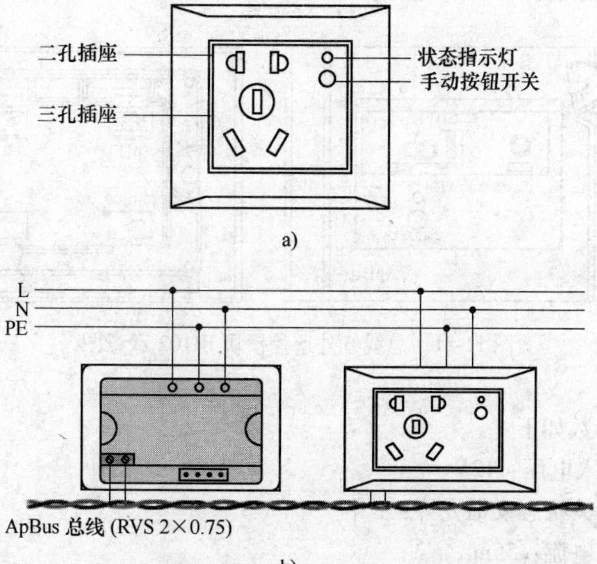

图 11-10　电源插座模块说明图和接线图

a）电源插座模块说明图　b）电源插座模块接线图

通过对电源插座模块 PW115 进行设定，可完成被控负载的接通/断开、锁定/解锁（本地开关）、多联控制、本地控制、无线遥控等功能。

PW115 的技术参数如下：

1）额定输出电流：10A。

2）额定工作电压：220V/50Hz。

3）电流通断能力：10A（阻性负载）。

4）ApBus 接口：12V DC/24V DC，20mA。

5）外观：二孔/三孔插座（2 路）。

6）尺寸：86mm×86mm×52mm。

5. 空调控制模块（IR102）

ApBus 总线红外遥控模块 IR102 可以通过红外学习器接受大部分空调、影音设备红外控制指令，它有别于一般遥控器的地方是可以配合 ApBus 智能家居控制系统，实现对红外遥控家用电器的远程控制，而且易于安装。

IR102 模块背面有 ApBus 输入接口、空调状态输入接口（两个两位接线端子）和一个空调状态输入选择接口的两位单排插座，其中空调状态输入接口接空调状态反馈信号(无极性开关信号)。空调状态输入选择接口（无极性开关信号）是空调状态反馈信号的控制开关，空调状态输入选择接口短路时，空调状态反馈信号对本机有效；空调状态输入选择接口断路时，空调状态反馈信号对本机无效。

总线红外遥控模块 IR102 示意图如图 11-11 所示。

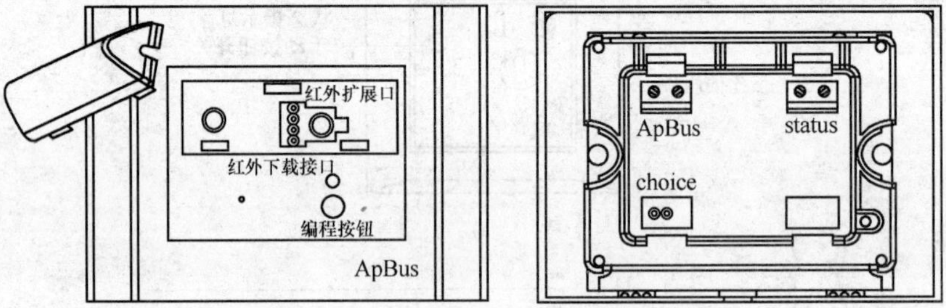

图 11-11　总线红外遥控模块 IR102 示意图

IR102 技术参数如下：

1）ApBus 输入电压：12V。

2）第一路开关状态反馈允许：1 个。

3）静态工作电流：55mA。

4）工作环境温度：-10～70℃。

5）存储环境温度：-20～80℃。

6）最大遥控距离：>8m。

7）红外线波长：950nm。

8）红外线入射角度：30°。

9）红外控制回路：3 路（IR102 仅 1 路）。

6. 窗帘控制模块（CT101）

CT101 是与 ApBus 总线兼容使用的窗帘控制模块，它本身具有控制电动窗帘的打开与闭合的功能，而且通过手动按键可随意调节窗帘的闭合尺度。通过系统编程后，它还可通过与 ApBus 兼容的遥控器发送指令对窗帘进行无线遥控。

窗帘模块接线图如图 11-12 所示。

窗帘模块技术参数：

1）额定电压：220V AC。

2）总额定输出功率：600W。

3）ApBus 接口：12V DC/24V DC/40mA。

4）尺寸：86mm×86mm×52mm。

5）安装：面板安装。

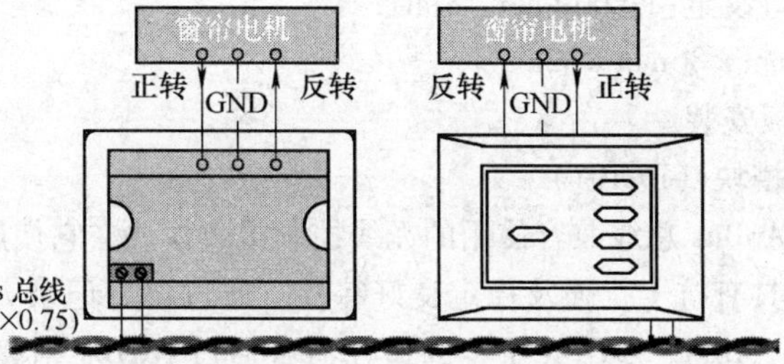

图 11-12　窗帘模块接线图

7. 计算机接口模块（NC323）

NC232 是与 ApBus 总线及计算机串口通信的连接器，通过它 ApBus 总线可与计算机作双向的通信。ApBus. Com 网站上提供各种计算机应用软件，其中 ASPI2003 系统编程软件，可以通过 NC232 对系统上的模块作参数设定、操作编程，更改各种家电控制模式及安防配置。

计算机接口模块 NC232 接线如图 11-13 所示。

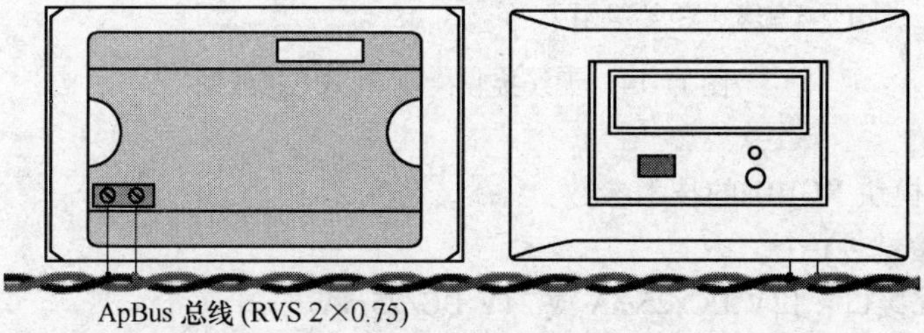

图 11-13　计算机接口模块 NC232 接线图

计算机接口模块 NC232 功能说明：

1）接入计算机作 ApBus 系统编程及家居控制使用。

2）通过软件把计算机传输过来的信号发送到 ApBus 系统上，同时也把 ApBus 传输过来的信号发送到计算机上。

3）LED 状态指示说明：

①绿色灯亮：正常工作。

②闪绿色灯：发送数据包到 ApBus 或者接收 ApBus 数据包成功。

③闪红色灯：表示发送数据包或者接收数据包受到冲撞或者失败。

4）技术参数：

①ApBus 接口：12V DC/24V DC，32mA。

②工作环境温度：－10～70℃。

③存储环境温度：-20～80℃。

④ApBus 通信速率：10kbit/s。

⑤计算机串口设定：9600Baud，8bit。

⑥尺寸：86mm×86mm×32mm。

⑦安装：面板安装。

8. 无线接收模块（RC101）

RC101 是与 ApBus 总线兼容使用的无线控制接收模块，它使用了超外差接收方式及 SAW 谐振电路，具有抗干扰强及稳定良好特性。通过设定记录 ApBus 专用或兼容的遥控器的地址码后，ApBus 专用或兼容的遥控器可通过 RC101 对接入到 ApBus 系统的设备或灯光进行控制。它具有 4 路 ID 转换功能，每路接收 8 个无线遥控器，最多可以接收到 32 个 ApBus 专用或兼容的遥控器的控制。

无线接收模块 RC101 接线如图 11-14 所示。

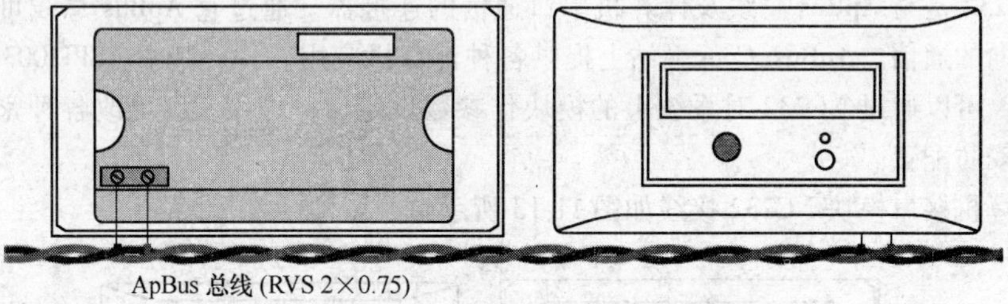

图 11-14　无线接收模块 RC101 接线图

无线接收模块 RC101 的技术参数：

1）面板按键：1 个。

2）ApBus 接口：12V DC/25mA 或 24V DC/25mA。

3）接收频率：315MHz 或 433. 92MHz。

4）接收灵敏：-95 毫瓦分贝。

5）接收方式：超外差式接收。

6）编码制式：24 位地址和 16 位代码。

7）尺寸：86mm×86mm×32mm。

8）安装：入墙式安装。

9. 简易遥控器（RC112）

ApBus 简易遥控器可用于控制家中大部分或所有影音器材，按键具有夜视功能。它有别于一般遥控器的地方，在于它还可以遥控家中的灯光及电器，无需接线。

10. 彩色门口机（AP800）

彩色门口机 AP800 不属于 ApBus 总线上的设备，它直接和系统显示设备控制键盘 CP301 相连，双向语音通道，CCD 摄像头具有夜晚红外补偿功能，工作电源为 DC12V，面板安装。AP800 与 CP301 的连接如图 11-15 所示。

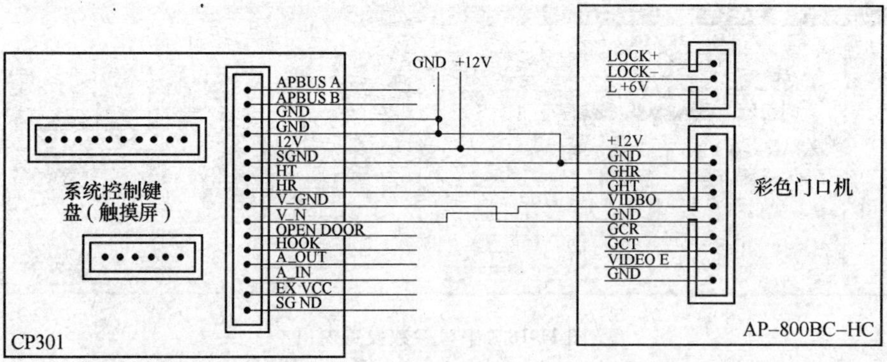

图 11-15　AP800 与 CP301 的连接

11.3.3　ApBus 系统应用软件的使用说明

ApBus 系统在安装完成后，需要通过 ApBus 系统软件进行编辑来设定各种模块的功能和场景。ApBus 系统编程软件操作方便、简易，只要有一部台式或便携式计算机，系统使用 Windows98 以上版本的操作系统便可以进行编程设计。

本操作实践装置的编程软件不需安装，直接点“apbus—二代 apbus—aspi2000—Support—Aspi2003. exe”即可打开登录窗口，系统默认的登录用户名是本地计算机名，密码是 ApBus，登录窗口如图 11-16 所示。

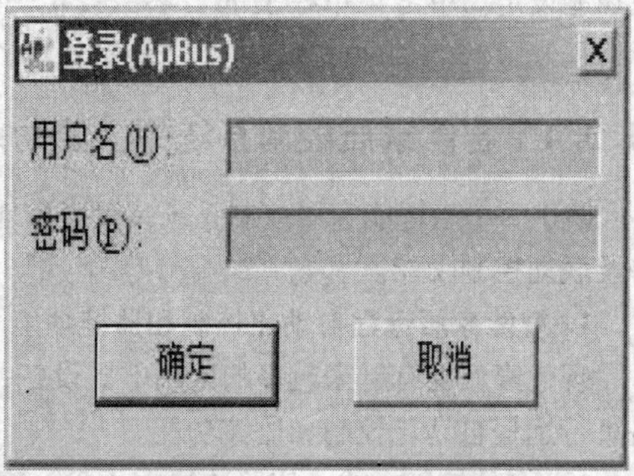

图 11-16　登录窗口

输入用户名和登录密码后，单击“确定”按钮，即可进入图 11-17 所示的 ApBus 系统编程界面。

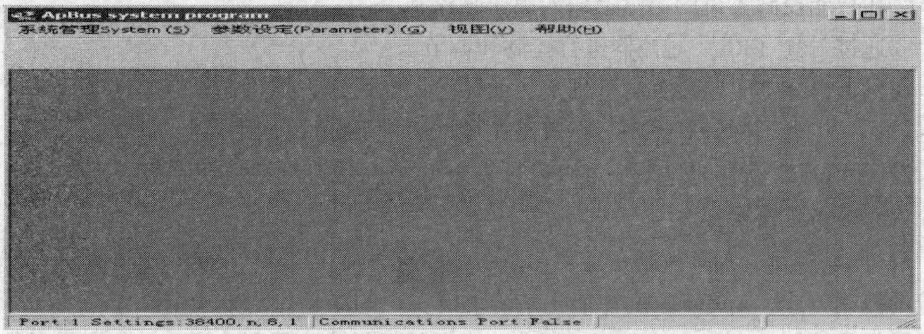

图 11-17　ApBus 系统编程界面

单击编程软件窗口菜单“系统管理—串口参数设置”，弹出串口参数设置窗口，如图 11-18 所示。

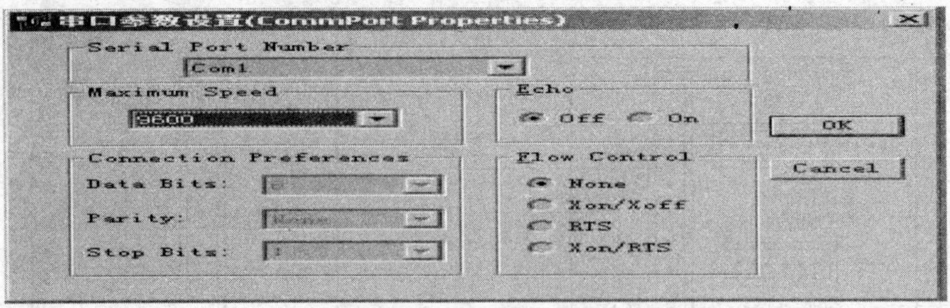

图 11-18　串口参数设置窗口

串口选用 COM1，使用 NC232 编程模块进行系统编程，端口速率应为 9600kbit/s。在确认各项设置正确无误后，单击“OK”键。

然后再单击菜单栏上的“参数设定—模块通用编程设置”就可以对模块进行编程及功能设定。单击菜单栏上的“参数设定—CB201 编程设置及测试”可对主板功能进行编程设置。

11.3.4　智能家居控制系统的主要功能

THPJK-1 型智能家居控制系统装置完整地实现了智能家居远程自动化控制和监控报警及联动控制功能。

1. 智能家居远程自动化控制和监控功能

现代家庭拥有越来越多的家用电器设备，ApBus 家庭自动化系统具有对这些家电设备进行远程自动化控制和监控功能。

1）多种控制方式。实验装置中 ApBus 家庭自动化系统总线上的任意一个模块都可以选择多种控制方式。

①直接操作智能模块上的按键进行控制和调节。

②在智能控制主机的键盘上输入操作码控制。

③通过射频（RF）遥控器进行控制和调节。

实际上，在本实验装置的基础上，如果接入电话线，则可在异地通过电话进行远程控制。如果扩展了网管等设备，还可以在异地通过 Internet 网络控制。

2）ApBus 家庭智能化系统可以通过系统的控制状态反馈检测，报告模块的运行状态，以有效防止误操作。

3）联动控制。ApBus 家庭自动化系统由于采用了控制网络技术，从而彻底改变了传统的控制方式，ApBus 家庭智能化系统可以实现的联动控制方式主要有：

①场景控制。在很多情况下，要营造不同的场景往往需要多个灯具共同作用才能实现。ApBus 家庭智能化系统的场景控制功能可以将常用的各种场景模式保存起来，并把控制指令定义给任意一个开关模块的任意一个按键上，需要时只要按一下对应的按键，所有的灯具就会按照预先的定义产生动作，营造出不同的灯光效果。

②报警联动控制。当有报警信号时，系统在向外发布信息的同时，可以联动打开室内的灯光等设备。

③设/撤防联动控制。当启动安全防范系统的同时，系统可以联动切断家用电器的电源。

④定时控制。ApBus 家庭智能化系统提供一个定时控制器，通过对定时控制器的设置，可以实现对系统中各个模块的定时控制。

2. 智能家居报警及联动控制功能

ApBus 家庭安防系统带有 8 个有线报警防区，每个防区之间相互独立，可定义不同的报警信息。通过软件的设置可以给每个防区设置不同的报警级别，同时由于各个防区之间能够任意组合，还可以设定组合防区以滤除误报警。当有报警信号发生时，系统将提供报警的位置和报警类型等信息。如果有多个报警探测器同时被触发，系统将动态地报告发生报警的位置与类型。

ApBus 家庭智能化系统的设防和撤防。用户可以在本地对家庭智能化系统进行设/撤防操作（如果外部提供电话线也可以通过电话对家庭报警系统进行布防操作）。布防方式又分为离家设防模式和在家设防模式。

1）离家设防模式适应于家中无人的情况，离家时按动离家设防键，让所有的防区进入工作状态，同时系统对各个防区进行自检（是否已被触发），如果有已经触发的探测器则报告已被触发的防区，以备正确布防。系统可提供一段布防延迟时间（该时间可调）供布防人员正常离开。

2）系统撤防。当撤防人员进行系统撤防时，系统也留有一段报警延迟时间（该时间可调），让撤防人员在进入防区以后在报警之前撤防。

3）在家设防/撤防模式是指有人在家时能够将部分防区设置为工作状态。

11.4　解决方案

11.4.1　系统组成及接线的认识操作实践

1. 实践目的

1）认识 THPJK-1 型智能家居控制系统的组成。

2）掌握在实践中模拟智能家居控制的操作方法。

2. 实践设备

1）THPJK-1 型智能家居控制系统装置。

2）计算机 1 台（配 ApBus 系统应用软件 1 套）。

3）便携式万用表、螺钉旋具等安装接线工具。

3. 实践步骤

（1）系统的组成　THPJK-1 型智能家居控制系统装置由家庭多媒体信息系统和家庭控制系统两部分组成。

1）家庭多媒体信息系统。家庭多媒体信息系统主要包括对家庭电视、电话和宽带网络的接入与分配。

①通过对电话布线系统的设置，实现对进入室内的电话线进行分配和管理。

②利用有线电视分支分配器，对有线电视信号进行分配，使每台电视都能接收到高质量的有线电视节目。

③通过在布线箱内安装家庭网络交换机（或集线器），配合网络布线，可以实现家庭内部计算机的联网，并通过互联网接入设备实现与外部互联网的连接。

2）家庭控制系统。家庭智能化控制系统由家庭智能控制主机、安全子系统、家庭电器控制子系统和家庭控制总线等组成。

①家庭智能控制主机作为家庭智能化系统的管理单元和人机界面，其功能主要体现在对系统的管理方面，如：

a）家庭安全报警管理。

b）报警联动控制管理。

c）系统工作状态设定。

d）系统状态信息显示。

e）广播信息接收。

f）家庭智能系统控制。

采用家庭智能控制主机组成的家庭智能化系统的分布式功能模块主要有：

a）安防报警控制单元。

b）灯光开关/调光模块（智能开关）。

c）电器供电回路控制模块（智能插座）。

d）电器红外遥控模块。

e）电动窗帘控制模块。

f）无线射频遥控模块。

g）计算机通信接口模块。

采用家庭智能控制主机的家庭智能化系统具有很强的可扩展性和灵活性，可以根据具体情况和要求进行灵活配置，并可以根据需要对系统进行升级和扩展。

②安全子系统。安全子系统是家庭智能化控制系统最基本的组成部分，由各类安防探测器、报警通信网络等组成。一般为家庭提供防入侵、防燃气泄露、防火灾报警和紧急求助等安全管理功能。

③家庭电器控制子系统。典型的家电控制子系统由控制主机（包括操作面板）、家庭控制总线、各种功能模块组成。为用户提供家庭照明、供电、空调、电动门窗控制等功能，并提供无线射频遥控、电话远程控制（此功能为扩展功能，需外部提供电话线）、定时控制、程序控制以及模块面板直接控制等多种控制手段。

④家庭控制总线。家庭控制总线将各功能模块和控制主机互连成实时通信网络。

本实验装置的 ApBus 总线采用自由拓扑的双绞线总线结构，各网络结点（Node）可以从总线上得到馈电，通过同一总线实现结点间的无极性、无拓扑逻辑限制的互联和通信，信号传输速率和系统容量分别为 10kbit/s 和 4Gbit/s。ApBus 产品具有双向通信能力，以及互操作性和互换性，其控制部件都可以编程。

（2）系统的接线　系统接线分为强电接线、ApBus 总线连接和信号线连接。

1）强电接线图如图 11-19 所示。

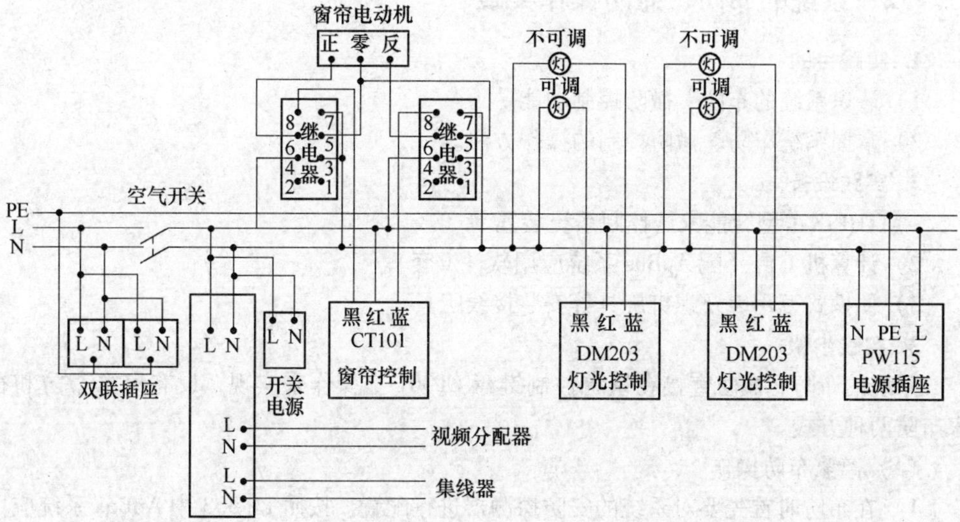

图 11-19　强电接线图

2）ApBus 总线连接如图 11-20 所示。

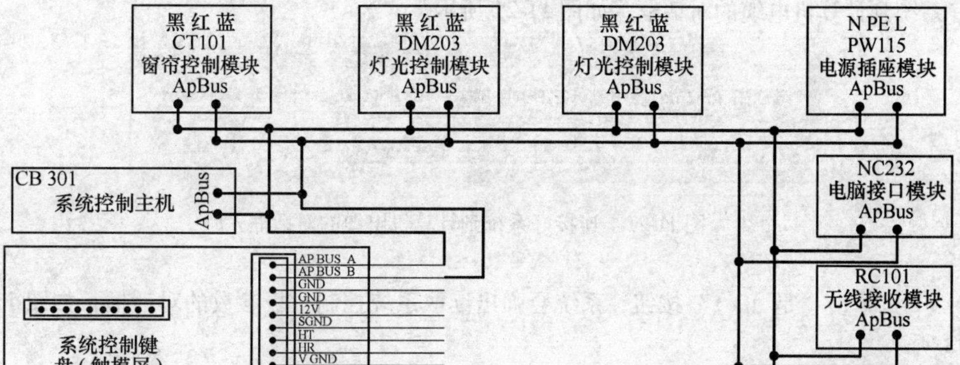

图 11-20　ApBus 总线连接图

3）信号线的连接主要是指彩色门口机 AP800 和系统显示设备控制键盘 CP301 之间的连接，连接图如图 11-15 所示。

4. 请您做一做

1）简述 THPJK-1 型智能家居控制系统的组成。

2）简要说明如何进行 THPJK-1 型智能家居控制系统的接线。

11.4.2　系统的布防、撤防操作实践

1. 实践目的

1）认识系统的布防、撤防控制功能。

2）掌握系统布防、撤防控制的操作方法。

2. 实践设备

1）THPJK-1 型智能家居控制系统装置。

2）计算机 1 台（配 ApBus 系统应用软件 1 套）。

3）便携式万用表及螺钉旋具等安装接线工具。

3. 实践步骤

系统的布防、撤防直接在系统控制键盘 CP301 上操作来实现，设有离家布防和在家布防两种方式。

（1）离家布防操作

1）在布防时首先要对系统的安防探测器进行配置。按照 11.3.3 中 ApBus 系统应用软件的使用说明，把编程模块 NC232 的通信口连接到计算机的 COM1 串口，端口速率应为 9600kbit/s，在确认各项设置正确无误后单击“OK”按钮，进入系统编程。

2）单击菜单栏上的“参数设定—CB201 编程设置及测试”，系统会弹出提示连接好系统到计算机电缆的对话框，如图 11-21 所示。

图 11-21　连接好系统到计算机电缆的对话框

3）单击“是（Y）”按钮，系统会弹出读取系统控制主板参数的对话框，如图 11-22 所示。

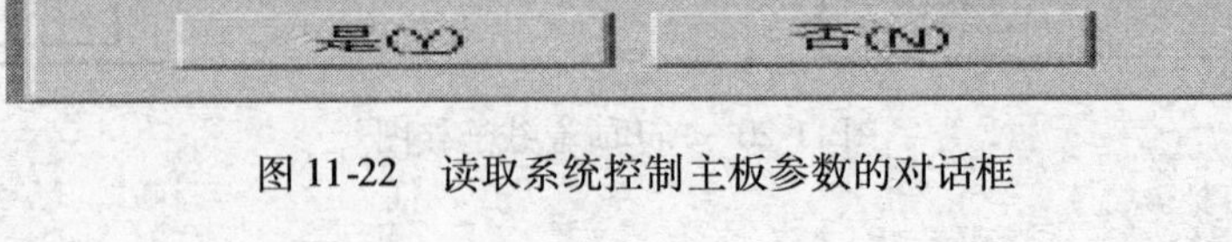

图 11-22　读取系统控制主板参数的对话框

4）单击“是（Y）”按钮，会出现读取系统信息进度条。系统信息读完之后，在弹出的系统设置对话框中选择“安防探头”选项，单击“传感器”序号所对应的空白

框，可弹出相应序号的传感器设置对话框，如图 11-23 所示。

图 11-23　传感器设置对话框

5）“传感器位置”可自由选择，传感器名称与实际接入的传感器对应即可。本实践装置的系统控制主板接有三路安防探头（系统控制主板最大可接八路安防探头），第一路接紧急按钮，第二路接红外探测，第三路接门磁开关。设置好后的界面如图 11-24 所示。

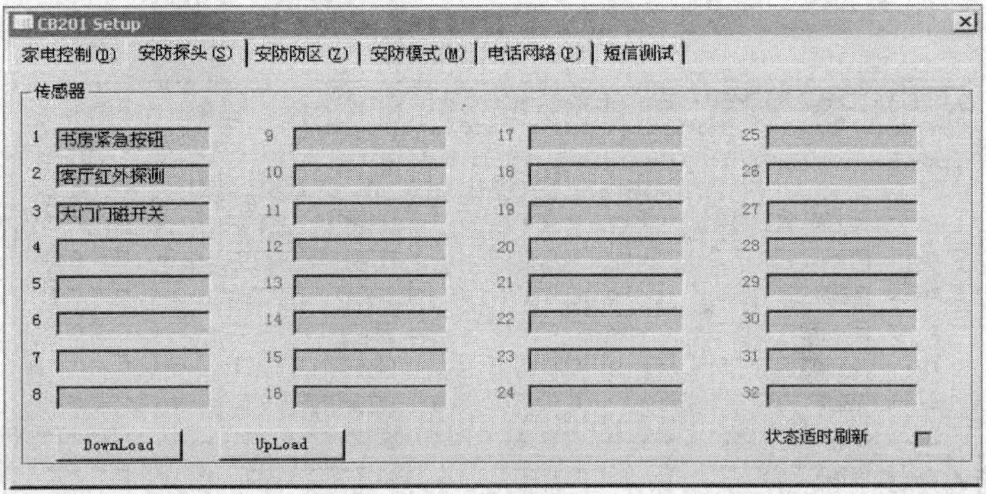

图 11-24　传感器位置设置好后的界面

6）设置好后单击“Download”把配置下载到系统控制主板。

7）再在系统设置对话框中选择“安防防区”选项，单击“防区”序号所对应的空白框，可弹出相应序号的防区设置对话框，如图 11-25 所示。

8）“防区位置”和“防区名称”可以自由选择，定义好防区位置和名称之后，选择在“安防探头”中定义好的传感器为本防区传感器（同理也可以定义多个防区，把传感器分配给不同的防区），设置好“防区类别”和“报警方式”，单击“OK”按钮，返回到如图 11-26 所示的“安防防区”设置界面。

9）设置好后单击“Download”把配置下载到系统控制主板。

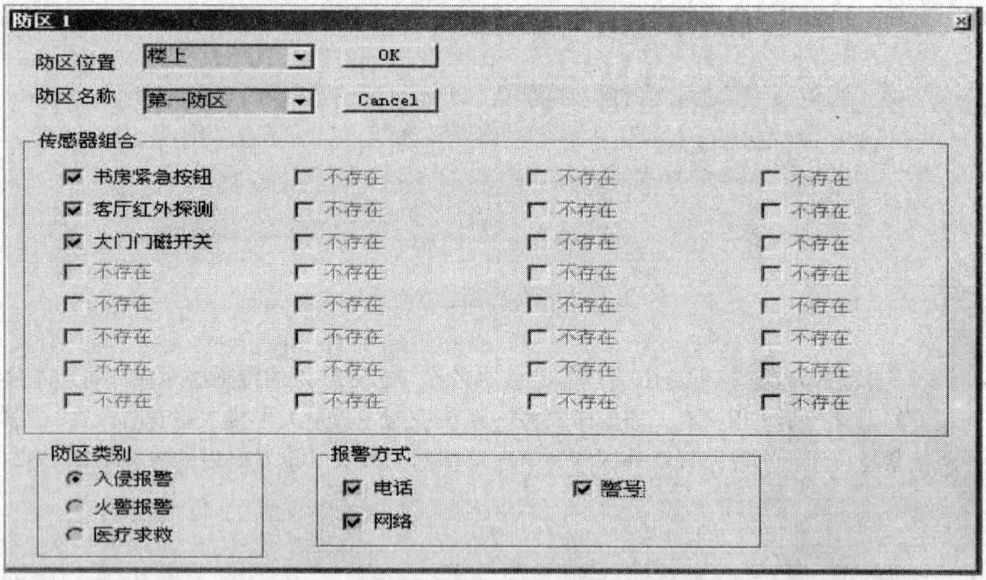

图 11-25 防区设置对话框

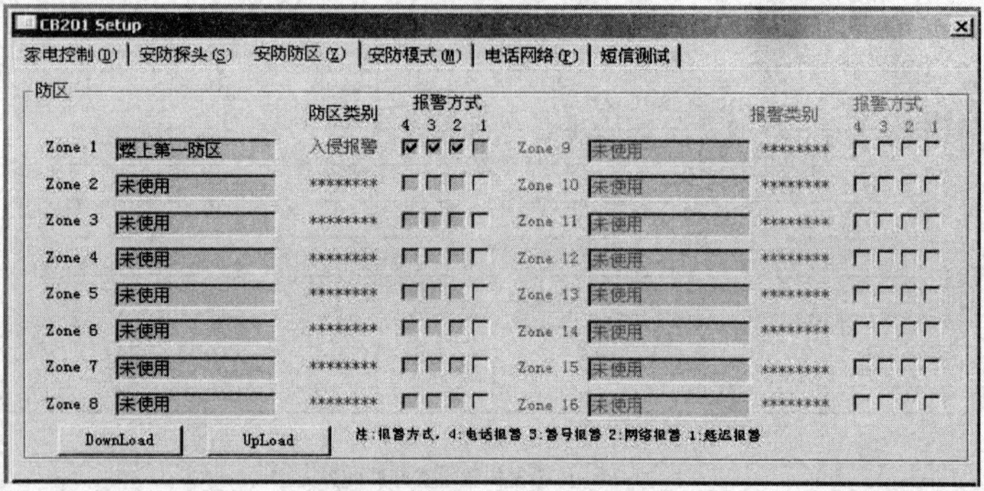

图 11-26 “安防防区”设置界面

10）再在系统设置对话框中选择“安防模式”选项，选择在不同安防模式下工作的防区。本实践只定义了一个防区，需要本防区在设防下工作，在撤防下不工作，因此去掉“zoom1”防区所对应的“撤防”选项框中的“✓”，保留“zoom1”防区所对应的“在家”和“离家”选项框中的“✓”，设置好的界面如图 11-27 所示。

11）设置好后单击“Download”把配置下载到系统控制主板。

12）在系统控制键盘 CP301 的触摸面板的主界面上，点“系统设置”选项，系统会提示输入密码，输入系统的默认密码“0000”，然后点回车键或者“确定”键。在出现的选项中选择选项“4. 时间设定”，“4. 时间设定”选项下面有4个子选项分别是“1. 布防延迟”、“2. 报警延迟”、“3. 报警时间”、“4. 时钟设定”，本实例中分别选中这4个选项设定布防延迟时间为10s，报警延迟时间为10s，报警响铃时间为600s，时钟设定设置系统时间为当前时间。

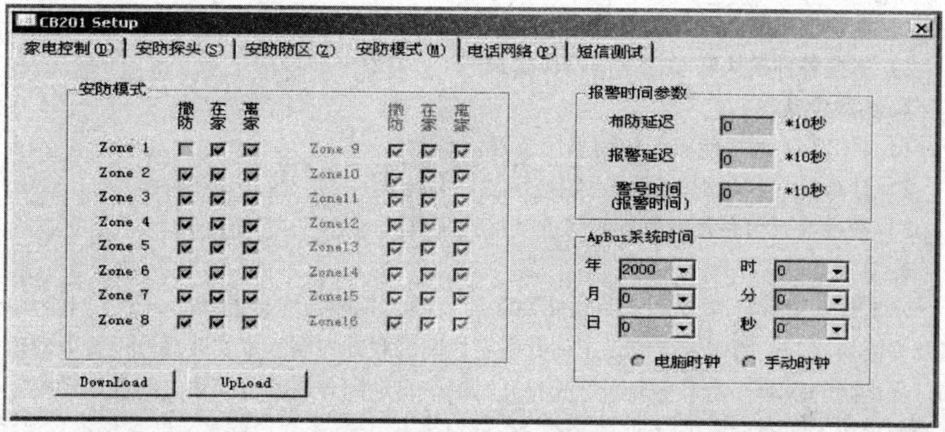

图11-27　设置好的界面

13）设置好以上几项后，单击“退出”一直返回到系统控制键盘CP301的触摸面板的主界面。点“安防管理”选项，会出现“安防管理”选项的三个子选项“1. 撤防下防区设定”、“2. 在家防区设定”、“3. 离家防区设定”，单击选项“1. 撤防下防区设定”，会出现①到⑧共计八个选项，其中①到③是已经配置好的三个安防探头名称，④到⑧是空白选项表示此处没有配置安防探头。在撤防模式下，本实例只要求书房紧急按钮起作用，因此单击②、③选项探测器的名称使其变为空白，保留选项①显示“书房紧急按钮”，然后退出。

14）在在家布防模式下，本实践仍保留书房紧急按钮起作用，其他安防探头不工作。在离家布防模式下，保留所配置的三个探测器都处于工作状态。按照撤防模式的设定方法，分别设定这两种工作模式下探测器的状态。

15）设定好探测器及在各种模式下工作的探测器以后，返回到系统控制键盘CP301的触摸面板的主界面，点“离家布防”选项，可看到在此模式下工作的探测器选项是蓝色，无效的探测器选项是绿色。经过在“系统设置”里面设置的布防延迟时间或者按“布防”键，系统进入离家布防状态。

16）在离家布防状态下，触发任意一个设定好的探测器，系统会发出报警信号。单击系统控制键盘CP301的触摸面板任意一点，在出现的系统密码输入界面，输入系统的默认密码“0000”，然后点回车键或者“确定”键，系统撤防。

（2）在家布防操作

在家布防操作可参考上述离家布防的操作。

4. 请您做一做

1）简述系统的布防、撤防控制功能。

2）简要说明如何进行系统的离家布防操作。

11.4.3 模块的联动控制操作实践

1. 实践目的

1）认识模块的联动控制功能。

2）掌握各种模块联动控制的操作实践。

2. 实践设备

1）THPJK-1 型智能家居控制系统装置。

2）计算机 1 台（配 ApBus 系统应用软件 1 套）。

3）便携式万用表及螺钉旋具等安装接线工具。

3. 实践步骤

本实践装置可组成多种多样的模块联动控制，只要是连接在 ApBus 总线上的模块以及安防探测器，操作者可以设定任意两者之间的联动控制。本实践操作设置电动窗帘和灯光之间的联动，要求实现当灯光打开时窗帘自动闭合，其他模块之间的联动控制都可参照模仿本实践设置进行。

1）参照 11.4.1 中内容连接好智能家居控制系统实践装置的连线，把编程模块 NC232 的通信口连接到计算机的 COM1 串口，给实践装置通电。在上位控制计算机单击“ApBus—二代 ApBus—aspi2000—Support—Aspi2003. exe”即可打开登录窗口，系统默认的登录用户名是本地计算机名，输入密码 ApBus，进入 ApBus 系统编程界面。在“系统管理—串口参数设置”中按照 11.3.3 中内容设置好串口参数。

2）再单击“参数设定—模块通用编程设置”，进入到如图 11-28 所示的界面。

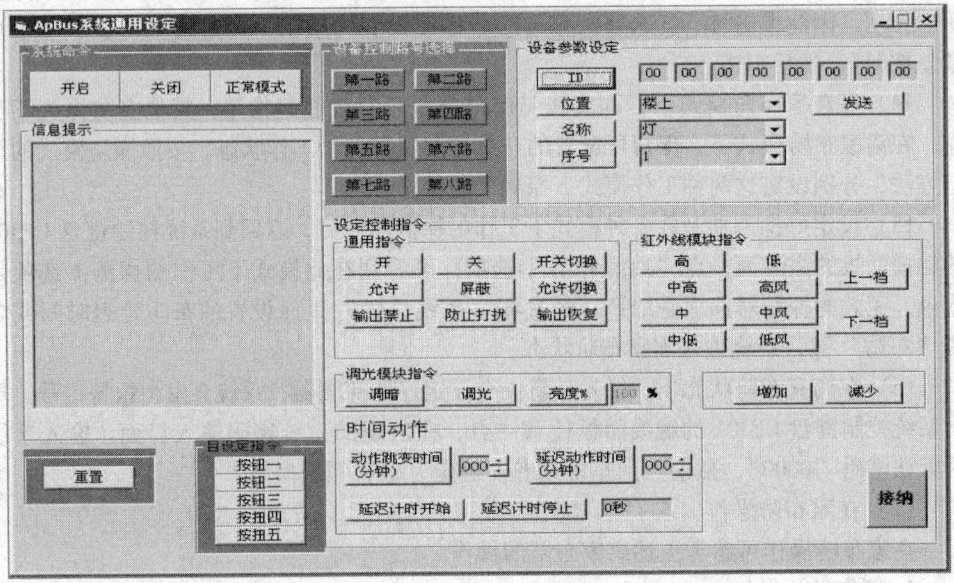

图 11-28 参数设定界面

3）在设置电动窗帘和灯光之间的联动控制之前，先要分别对窗帘控制模块和灯光控制模块进行编程设置。在编程时应先使被编辑模块进入编程状态，先设置 DM203 五键开关灯控模块，单击模块通用编程设置界面上的“开启”按钮后，同时按住模块上任意两个按键直至模块指示灯转为红色后放开，便可对模块进行编程。

4）DM203 灯控模块是第一路可调光与第二路非调光设置，应在编辑时确认被控制灯光设备是否属于可调光类型或非调光类型。如不能确定应先在模块进入被编辑状态后，单击“第一路→开”和“第二路→开”，来确认两路灯光设备中哪一路是第一路，哪一路是第二路。

5）本实践将模块上第一个按键（实际上可以是模块上的任意一个按键都可以）定义为可调光开关，则在编程状态下轻触被定义按键，在编程软件界面单击“第一路→调光→接纳”。将第二个按键定义为可调暗开关，在编程状态下轻触被定义按键，在编程软件界面单击“第一路→调暗→接纳”。将第三个按键定义为非可调灯开，在编程状态下轻触被定义按键，在编程软件界面单击“第二路→开→接纳”。将第四按键定义为非可调灯关，在编程状态下轻触被定义按键，在编程软件界面单击“第二路→关→接纳”。此时如想退出模块编辑状态单击“正常模式”，模块便会退出被编辑状态。

6）CT101 窗帘控制模块与 DM203 灯光控制模块一样，在确定了线路连接无误后，按住模块上的任意二个按键直至模块指示灯转为红色后放开，模块进入被编辑状态。电动窗帘控制模块第一路是开关，第二路是点动，则在编程状态下轻触将被定义的第一个按键，在编程软件界面单击“第一路→开→接纳”。将第二个按键定义为窗帘关，在编程状态下轻触被定义按键，在编程软件界面单击“第一路→关→接纳”。将第三个按键定义为点动开，在编程状态下轻触被定义按键，在编程软件界面单击“第二路→调光→接纳”。将第四按键定义为点动关，在编程状态下轻触被定义按键，在编程软件界面单击“第二路→调暗→接纳”。此时如想退出模块编辑状态单击“正常模式”，模块便会退出被编辑状态。

7）按照前面所述的方法再使 DM203 灯光控制模块进入编程状态，轻触 CT101 窗帘控制模块第二个被定义为窗帘关按键，在编程软件界面单击“第二路→开→接纳”，退出模块编辑状态单击“正常模式”，模块退出被编辑状态。

8）此时按照上面定义好的按键功能打开窗帘，关闭第二路非可调灯光后，再打开第二路非可调灯光时，电动窗帘会自动关闭。

4. 请您做一做

1）简述各种模块的联动控制功能。

2）简要说明如何进行各种模块联动控制的操作实践。

11.4.4　布防和撤防的联动控制操作实践

1. 实践目的

1）认识布防和撤防的联动控制功能。

2）掌握布防和撤防联动控制的操作实践。

2. 实践设备

1）THPJK-1 型智能家居控制系统装置。

2）计算机 1 台（配 ApBus 系统应用软件 1 套）。

3）便携式万用表及螺钉旋具等安装接线工具。

3. 实践步骤

在布防和撤防时联动其他模块动作，可极大地方便家庭电器的操作，避免了在布防和撤防时还需要多次操作其他电器设备的麻烦。

在布防和撤防时需要联动的模块，操作者可以按自己的想法任意组合。本实践假设在离家布防模式时，所有的灯都关闭；撤防时，窗帘打开。

（1）在布防时联动的实践

1）按照 11.4.1 中方法连接好智能家居控制系统实践装置的接线，接通实践装置的工作电源，把编程模块 NC232 的通信口连接到计算机的 COM1 串口，设置好端口通信速率。

2）在上位控制计算机单击“ApBus—二代 ApBus—aspi2000—Support—Aspi2003.exe”即可打开登录窗口，系统默认的登录用户名是本地计算机名，输入密码 ApBus，进入 ApBus 系统编程界面，再单击“参数设定—模块通用编程设置”，进入模块编程设置界面。

3）参照 11.4.2 中内容设置好各种安防模式下工作的探测器，参照 11.4.3 中内容使灯光控制模块进入编程模式，然后在系统控制键盘 CP301 上单击“离家布防—布防”，模块编程设置界面的信息提示栏会有提示信息，然后单击“第一路—关—接受”、“第二路—关—接受”，设置完毕，单击“正常模式”。

4）把两个灯光控制模块都按照上面的方法设置好后，当执行“离家布防”时，所有的灯光都会关闭。

（2）在撤防时联动的实践　参照模仿布防时的联动实践，同样可设置撤防时的模块联动。

4. 请您做一做

1）简述布防和撤防的联动控制功能。

2）简要说明如何进行布防时的联动实践。

11.4.5　报警与灯光的联动控制操作实践

1. 实践目的

1）认识报警与灯光的联动控制功能。

2）掌握报警与灯光联动控制的操作实践。

2. 实践设备

1）THPJK-1 型智能家居控制系统装置。

2）计算机 1 台（配 ApBus 系统应用软件 1 套）。

3）便携式万用表及螺钉旋具等安装接线工具。

3. 实践步骤

当有报警信号产生时，智能家居控制系统除了本身会产生报警信息外，还可以联动家庭其他电器设备动作，联动的电器设备实践者可以任意组合，本实践为报警与灯光的联动。

1）按照 11.4.1 中方法连接智能家居控制系统实践装置的连线，接通实践装置的工作电源，把编程模块 NC232 的通信口连接到计算机的 COM1 串口，设置好端口通信速率。

2）在上位控制计算机单击“ApBus—二代 ApBus—aspi2000—Support—Aspi2003. exe”即可打开登录窗口，系统默认的登录用户名是本地计算机名，输入密码 ApBus，进入 ApBus 系统编程界面，再单击“参数设定—模块通用编程设置”，进入模块编程设置界面。

3）参照 11.4.2 中内容设置好各种安防模式下工作的探测器，参照 11.4.3 中内容使灯光控制模块进入编程模式，然后在系统控制键盘 CP301 上单击“离家布防—布防”。在离家布防模式下，扳开门磁开关（只要是在离家布防模式下工作的任意一个探测器产生报警信号都可以联动，本实践选用门磁开关，其他探测器的联动与此相同），模块编程设置界面的信息提示栏会有提示信息，然后单击“第一路—开—接受”、“第二路—开—接受”，设置完毕，单击“正常模式”。

4）关闭被联动的灯光控制模块所控制的两路灯，扳动门磁开关到闭合位置，在报警与灯光的联动控制编程设置中系统发出报警信号后，单击系统控制键盘 CP301 的触摸面板任意一点，在出现的系统密码输入界面，输入系统的默认密码“0000”，然后点回车键或者“确定”键，系统撤防。然后在系统控制键盘 CP301 上单击“离家布防—布防”，在离家布防模式下，扳开门磁开关，系统发出报警信号，同时被联动的灯光控制模块所控制的两路灯被打开。

4. 请您做一做

1）简述报警与灯光的联动控制功能。

2）简要说明如何进行报警与灯光联动控制的操作实践。

11.4.6 多种模式下的灯光场景控制操作实践

1. 实践目的

1）认识多种模式下的灯光场景控制功能。

2）掌握多种模式下的灯光场景控制的操作实践。

2. 实践设备

1）THPJK-1 型智能家居控制系统装置。

2）计算机 1 台（配 ApBus 系统应用软件 1 套）。

3）便携式万用表及螺钉旋具等安装接线工具。

3. 实践步骤

智能家居控制系统不单只是对灯光、电器实现单独控制，而且可以通过编程来实现多种预定场景，如影院模式、会客模式、用餐模式、休闲模式和睡眠模式等等，一键到位非常方便。

在每种模式下，所要控制的电器设备的工作状态由操作者自己决定。本实践为在影院模式下，需要两路可调灯光开度为50%，两路非可调灯光关闭，电动窗帘关闭。

1）按照11.4.1中方法连接智能家居控制系统实践装置的连线，接通实践装置的工作电源，把编程模块NC232的通信口连接到计算机的COM1串口，设置好端口通信速率。

2）在上位控制计算机单击“ApBus—二代ApBus—aspi2000—Support—Aspi2003.exe”即可打开登录窗口，系统默认的登录用户名是本地计算机名，输入密码ApBus，进入ApBus系统编程界面，再单击“参数设定—模块通用编程设置”，进入模块编程设置界面。

3）单击“开启”按钮，参照11.4.3中内容使灯光控制模块进入编程模式，在系统控制键盘CP301上主界面单击“场景控制—影院模式”，模块编程设置界面的信息提示栏会有提示信息，然后单击“第一路—开（单击“开”按钮后，在“调光模块指令”中的“亮度%”输入框会变成可编辑状态，此时把亮度设置为50%）—接受”、“第二路—关—接受”，设置完毕，单击“正常模式”。

4）按照上述方法设置好另外一块灯光控制模块。然后再设置窗帘控制模块CT101，与灯光控制模块一样，在确定了线路连接无误后，进入模块通用编程设置界面，单击“开启”按钮，按住窗帘控制模块上的任意一或二个按键，将模块状态灯由绿色变成红色，进入被编辑状态。在系统控制键盘CP301上主界面单击“场景控制—影院模式”，模块编程设置界面的信息提示栏会有提示信息，然后单击“第一路—关—接受”，单击“正常模式”。

5）到此，在影院模式下所要控制的电器设备设置完毕。无论窗帘是开还是关闭，无论两块灯光控制模块控制的总共四路灯光处于什么状态，当操作者在系统控制键盘CP301上主界面单击“场景控制—影院模式”时，窗帘和灯光都会进入设定的影院模式下的工作状态，即两路非可调灯光关闭，两路可调灯光亮度50%，电动窗帘关闭。

6）其他模式下的电器设备工作状态操作者可以自由组合，编程设置方法参照模仿影院模式即可。

4. 请您做一做

1）简述多种模式下的灯光场景控制功能。

2）简要说明如何进行多种模式下灯光场景控制的操作实践。

11.4.7 家电无线遥控控制的操作实践

1. 实践目的

1）认识家电无线遥控控制功能。

2）掌握家电无线遥控控制的操作实践。

2. 实践设备

1）THPJK-1 型智能家居控制系统装置。

2）计算机 1 台（配 ApBus 系统应用软件 1 套）。

3）便携式万用表及螺钉旋具等安装接线工具。

3. 实践步骤

无线遥控可以极大的方便操作者对家用电器的操作，无线遥控器的按键具有夜视功能，保证了操作者在黑暗的环境里也能毫不费力的操作。

无线遥控是通过定义遥控器上的某几个按键组合来对应家用电器的某一个控制功能。本实践选用遥控器来控制灯光的开、关和亮度。首先定义遥控器上的“家电” + “1” + “开/亮”三个按键组合来控制第一路可调灯光变亮，“家电” + “1” + “关/暗”三个按键组合来控制第一路可调灯光变暗，“家电” + “2” + “开/亮”三个按键组合来控制第二路非可调灯光打开，“家电” + “2” + “关/暗”三个按键组合来控制第二路可调灯光关闭。

1）按照 11. 4. 1 中方法连接好智能家居控制系统实践装置的连线，接通实践装置的工作电源，把编程模块 NC232 的通信口连接到计算机的 COM1 串口，设置好端口通信速率。

2）在上位控制计算机单击“ApBus—二代 ApBus—aspi2000—Support—Aspi2003. exe”即可打开登录窗口，系统默认的登录用户名是本地计算机名，输入密码 ApBus，进入 ApBus 系统编程界面，再单击“参数设定—模块通用编程设置”，进入模块编程设置界面。

3）单击“开启”按钮，参照 11. 4. 3 中内容使灯光控制模块进入编程模式，依次按遥控器上的“家电”、“1”、“开/亮”三个按键（每个键按下以遥控器上的红色指示灯闪烁为准），模块编程设置界面的信息提示栏会有提示信息，然后单击“第一路—调光—接受”；然后再依次按遥控器上的“家电”、“1”、“关/暗”三个按键，模块编程设置界面的信息提示栏会有提示信息，然后单击“第一路—调暗—接受”；然后再依次按遥控器上的“家电”、“2”、“开/亮”三个按键，模块编程设置界面的信息提示栏会有提示信息，然后单击“第二路—开—接受”；再依次按遥控器上的“家电”、“2”、“关/暗”三个按键，模块编程设置界面的信息提示栏会有提示信息，然后单击“第二路—关—接受”。设置完毕，单击“正常模式”。

4）设置好灯光控制模块后，依次按遥控器上的“家电”、“1”、“开/亮”三个按键，则可调灯开。或者依次按遥控器上的“家电”、“1”，再按住“开/亮”，则可调灯光变亮，直到亮度达到 100% 或者松开“开/亮”按键为止。依次按遥控器上的“家电”、“1”、“关/暗”三个按键，则可调灯关。或者依次按遥控器上的“家电”、“1”，再按住“关/暗”，则可调灯光变暗，直到灯的亮度降低到熄灭或者松开“关/暗”按键为止。依次按遥控器上的“家电”、“2”、“开/亮”三个按键，则非可调灯开；依次按遥控器上的“家电”、“2”、“关/暗”三个按键，则非可调灯关闭。

5）其他家用电器的遥控操作参考灯光控制模块设置。

4. 请您做一做

1）简述家电无线遥控控制功能。

2）简要说明如何进行家电无线遥控控制的操作实践。

11.5 思考与练习

1. THPJK-1 型智能家居控制系统装置由哪些主要部分组成？

2. THPJK-1 型智能家居控制系统装置主要功能部件有哪些？各有哪些功能？

3. 如何安装与使用 ApBus 系统应用软件？

4. THPJK-1 型智能家居控制系统装置能完整的实现哪些操作实践？

5. 如何进行系统的组成及接线的认识操作实践？

6. 如何进行系统的布防、撤防操作实践？

7. 如何进行模块的联动控制操作实践？

8. 如何进行布防和撤防的联动控制操作实践？

9. 如何进行报警与灯光的联动控制操作实践？

10. 如何进行多种模式下的灯光场景控制的操作实践？

11. 如何进行家电无线遥控控制的操作实践？

学习情景 12　THPWX-1 型卫星有线电视系统

【学习目标】

知识目标

- 认知 THPWX-1 型卫星有线电视系统的组成
- 了解卫星有线电视系统的相关技术知识
- 了解卫星有线电视系统实践的机理

技能目标

- 掌握卫星有线电视系统实践的操作方法
- 掌握卫星有线电视系统实践的安装和连接

情景条件

- THPWX-1 型卫星有线电视系统 1 套
- 计算机 1 台
- 便携式万用表、螺钉旋具等接线工具等 1 套

12.1　工作任务

通信是人类社会传递信息、交流文化、传播知识的有效手段。随着社会的进步和科学技术的发展，人们对通信的需求日益增长，特别是进入以信息为资源的信息化社会，随着信息量的增加和信息形式的多样化，人们对通信的需求更大、要求更高，通信已成为社会组成的主要部分，通信业务已深入到社会的各个方面，渗透到人们的工作和生活之中。

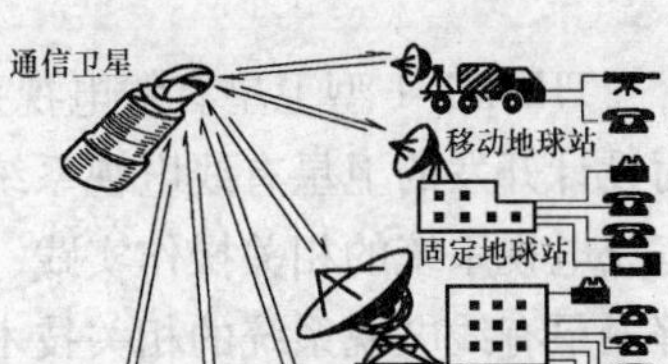

图 12-1　卫星有线电视系统装置构成示意图

通信网络是指将多个通信系统以一定的拓扑结构和组织结构组合而成的完整体系，是传递信息所需要的一切技术设备的总和。它用于将信息从一方传递给另一方，一般由信息源（简称信源）、发送设备、传输介质、接收设备和信息接收者（又称信宿）组成。更确切地说，由用户终端设备、转接交换设备和传输链路共同构成通信网络。

图 12-1 是卫星有线电视系统装置构成示意图。卫星通信是宇宙无线电通信的形式之一，是地球上（包

括地面和低层大气中）的无线电通信站间利用卫星作为中继而进行的通信。

卫星通信系统主要由卫星和地球站两部分组成，卫星在空中起中继站的作用，即把地球站发来的电磁波放大后再运送回另一地球站。地球站则是卫星系统与地面公众网的接口，地面用户通过地球站出入卫星系统形成链路。

卫星通信的优点是：①通信范围大，只要卫星发射的波束覆盖的范围均可进行通信；②不易受陆地灾害影响；③建设速度快；④易于实现广播和多址通信；⑤电路和话务量可灵活调整；⑥同一信道可用于不同方向和不同区域。其缺点是：①由于两地球站间电磁波传播距离有72 000km，信号到达有延迟；②10GHz以上频带受降雨雪的影响；③天线受太阳噪声的影响。

有线电视系统是采用缆线（电缆或光缆）等作为传输媒质来传送电视节目的一种闭路电视系统（Closed-circuit Television，CCTV）[国内常常使用CATV这个词（共用天线系统/有线电视Community Antenna Television）]，它以有线的方式在电视中心和用户终端之间传递声、像信息。所谓闭路，是指不向自由空间辐射，可供电视接收机通过无线接收方式直接接收的电磁波。

有线电视是在采用开路接收方式的共用天线电视系统的基础上发展起来的。与共用天线电视系统相比，有线电视系统图像质量好，没有开路发射的重影和空间杂波干扰，而且节目源丰富，不仅可转播当地开路电视节目，还可自办节目和转发卫星电视节目。另外，在有线电视系统启用增补频道和采用邻频传输技术，可增加频道数目和电视信号容量。有线电视还能传输数字化信息，使电视系统向着双向交互、多功能、多媒体信息通信网络的方向发展。

本工作任务就是要认知这种卫星有线电视系统，进行卫星有线电视系统的相关操作实践。

12.2 任务分析

THPWX-1型卫星有线电视系统装置是天煌教仪为配合高校楼宇专业的教学和实验而设计开发的卫星有线电视系统实践设备。要认知这种卫星有线电视系统，并进行卫星有线电视系统的相关操作实践，首先要认知THPWX-1型卫星有线电视系统的组成，了解卫星有线电视系统的相关技术知识，熟识有关卫星有线电视系统实践的机理，才能有效地进行相关操作实践。

12.3 知识平台

12.3.1 卫星地面接收系统简介

卫星地面接收系统，又称卫星地面接收站，由室外单元（包括接收天线、馈源、高频头等）、室内单元（主要是卫星接收机）和之间的连接馈线（同轴电缆）组成。室外单元的天线和馈源合称天馈系统，其中天线是接收发射到地面的卫星信号，馈源是接收天线反射来的信号。室外单元的高频头作用是将接收的卫星信号进行放大、下变频，转换为卫星接收机频率范围（950～2150MHz）内的射频信号，再通过同轴电缆传送到卫星接收机。

室内单元的卫星接收机作用是接收C、Ku等波段高频头输出信号，并且为高频头提供电源；将950～2150MHz射频信号进行低噪声放大、变频和解调处理后，输出音视频信号，供电视机接收。

卫星地面接收站按照接收类型，分为个人单收站、集体接收站和接收转发站三种。

1）个人单收站。个人单收站是最基本的卫星电视接收站，一般由较小口径天线和接收机组成，适用于个体用户。

2）集体接收站。集体接收站是把由天线和接收机接收到的电视信号，经射频调制、混合后，送入闭路电视网或有线电视网内，作为该网络的信号源。

3）接收转发站。接收转发站采用多个卫星接收天线，接收卫星转发的电视信号，再经专业仪器调制、混合放大后，然后由转发天线向外发射。

12.3.2　卫星接收天线简介

1. 天线的材质

卫星天线按材质可分为板状天线和网状天线两种类型，下面简要地介绍板状天线。

（1）反射面的材质　板状天线依据反射面的材质，有钢板、铝板、不锈钢、玻璃钢、塑酯等多种类型。

1）钢板天线。天线由钢板通过模具冲压成型，产量大，造价低，目前在个人接收中使用率最高。

2）铝板天线。天线由铝板通过模具冲压成型，重量轻、不生锈，自身保护性好，当划伤铝面保护层后在很短时间内，生成微薄铝氧化膜，自行保护；但强度差、易变形，早期使用较多。

3）不锈钢天线。天线采用不锈钢材料压制，耐腐蚀、强度高，但价格也较高，使用不普遍。

4）玻璃钢天线。天线由玻璃纤维增强型片状模塑料（SMC材料）经高温高压制成，纤维内层夹置铝箔、金属网或表面喷涂金属漆，可反射卫星信号，用于接收高增益的Ku波段信号。采用金属漆、铝箔作夹层的天线重量轻、耐腐蚀，但反射材料牢固性很差，寿命短，在早期使用较多。而采用金属网作夹层的天线，牢固性好、寿命长、重量轻、耐腐蚀，目前采用此法较多。

5）塑酯天线。天线由塑酯材料制成，内层夹置钢丝网用于卫星信号反射，其特点是耐腐蚀、精度高、强度高，具有装饰性和隐蔽性。

（2）反射面的结构　在板状天线里，根据反射面的结构又分为整板和分瓣两种。

1）整板天线。天线的反射面由整块板材冲压而成，天线精度高、安装方便且信号增益稳定，一般口径尺寸在0.35～1.80m之间，多用在偏馈天线和小尺寸的正馈天线上。不过 1.0m 以上尺寸的天线运输不方便，价格也较贵。

2）分瓣天线。天线的反射面由多个瓣片组合而成，分瓣天线常见的有 6、9、10、12 瓣，根据包装运输的要求，每瓣外沿口压成推入式，便于叠放，方便运输。分瓣天线对安装要求严格，其效率低于同规格的整板天线。

2. 天线的主要特性参数

在工程上，常用一些参数来表征天线的特性，如方向图、主瓣宽度、副瓣电平、增益、极化、频带宽度、驻波比、噪声温度和天线的风荷等。对 C 波段天线电性能的要求，可参阅国家标准 GB11442-95，对 Ku 波段天线电性能的要求，可参阅国家标准 GB/T 16954－1997。

1）效率（η）。天线实际向匹配负载输出的最大功率和假定天线无损耗时向匹配负载输出的最大功率之比。天线的效率一般为 40%～70%，扁馈天线的效率可达 80% 左右。

2）增益（G）。天线在最大辐射方向上某一距离处的辐射功率密度，与输入功率相同的无方向性天线，在同一距离处的辐射功率密度的比值。接收的信号越弱，对天线增益的要求就越高。天线的增益与天线的口径有关，与天线半径的平方成正比，天线口径越大，增益就越高。天线的增益还与信号频率有关，与信号频率的平方成正比，频率越高，增益就越高。

3）主瓣宽度。天线的中心波瓣称为主瓣，其余都是旁瓣，旁瓣越少、越小越好。主瓣包含有最大辐射方向的波瓣，在这个方向上天线有最好的辐射特性，天线接收的信号主要来自主瓣。

主瓣宽度表示其接收信号的角度范围，波瓣宽度越窄，接收的卫星信号的角度就越窄；波瓣宽度太大，就容易将邻近卫星的信号接收下来，而造成干扰。波瓣宽度和天线口径、信号频率成反比，口径越大，波瓣宽度越小；信号频率越高，波瓣宽度越小。

主瓣宽度常用半功率角来反映，半功率角越小，方向性越强，功率辐射越强。半功率角（HP）计算公式如下

$$HP \approx 70\lambda / D$$

式中，HP 表示半功率角，单位为度；λ 表示工作波长，单位为 m；D 表示天线直径，单位为 m。

由公式可以看出，天线的半功率角与天线的直径成反比，与工作波长成正比。也就是说，小口径天线的半功率角比较大，因此调整天线指向相对比较容易，另外对卫星的漂移也不太敏感。而大口径天线恰好相反，由于半功率角较小，故天线指向的调整比较困难，而且对卫星的漂移比较敏感，因此一般口径在 7m 以上的大中型天线都会安装自动跟踪装置。

4）噪声温度（T_a）。衡量接收弱信号时的一个重要的参数，进入天线的噪声主要来自银河系的宇宙噪声和来自大地、大气层的热噪声。在 C 波段，宇宙噪声很小，主要是大地和大气层的热噪声。

在 Ku 波段，这些噪声也随着频率的增加而增大。噪声温度还与天线的仰角、口

径、效率、精度、焦距/口径比等因素有关。仰角越小，信号穿过大气层厚度越大，从而气象噪声、大气噪声越强，噪声温度越大。口径越大，波束越窄，噪声温度越小。

5）品质因素（G/T_a）。天线的增益与天线的噪声温度的比值。天线的品质因素越大，表明天线的增益越大，噪声温度越小，天线的性能就越优良。

6）焦距口径比。正馈天线的焦距，为天线中心点到主焦点之间的距离，其焦距（F）计算公式如下

$$F = D^2/16H$$

式中，D 表示天线直径，单位为 m；H 表示天线口面到锅底中心距离，即深度，单位为 m。

常见的正馈天线焦距口径比 F/D 在 0.3 ~ 0.4 之间，其中 F 表示天线抛物面的焦距，D 表示天线口面直径。根据数学理论计算表明：当 $F/D = 0.38$ 时，旋转抛物面天线的性能最好，故此一般的成品正馈抛物面天线大都是采用该焦距口径比。

12.3.3　卫星接收高频头简介

1. 卫星接收高频头的组成

卫星接收高频头，学名高频调谐器，英文缩写 LNB（Low Noise Block Down Converter），又称低噪声降频器。它是由 LNA（Low Noise Amplifier，低噪声放大器）、LNC（Low Noise Converter，低噪声下变频器）组成的，其中的 LNC 则由混频器、本机振荡器组成。

高频头首先将卫星传来的极其微弱的 C 或 Ku 波段的信号（3.4GHz ~ 4.2GHz 或 10.7GHz ~ 12.75GHz）经 LNA 放大，然后在混频器中，将收到的信号频率与本机振荡器产生的本振频率相减，使得不同频段的高频信号转换为适合卫星接收机处理的、统一频段（950MHz ~ 2150MHz）的中频信号，以利于同轴电缆的传输及卫星设备的解调和工作。

高频头内部结构一般由低噪声前端放大、极化信号切换、本振混频电路和两级中频放大这四个单元组成，供电常采用 78 × × 系列三端稳压集成块。

高频头按外部结构开关划分，可分为单极化分体式和双极性馈源一体化（LNBF）两种，其中双极性馈源一体化高频头种类较多；按本振方式可分为单本振和双本振两种；按输出端口可分为单输出、双输出、多输出等。

2. 卫星接收高频头的主要特性参数

高频头的主要特性参数有输入频率、输出频率、本振频率、噪声特性、增益、输出电压驻波比等几个。

1）输入频率。即高频头接收卫星发射信号的下行频率。

2）输出频率。输入信号的下行频率经高频头内部电路降频后，再由自身端口输出的中频频率。

3）本振频率。高频头内部的本机振荡器产生的固定频率。C 波段高频头本振频率一般为 5150MHz，双本振有 5150MHz 和 5750MHz 两种。Ku 段本振频率较多，有 9.76GHz、10.0GHz、10.6GHz、10.75GHz、11.25GHz、110.30GHz 等。

4）噪声特性。高频头是有源放大器件，会产生一定的内部噪声，噪声特性就是表征高频头内部噪声的参数。噪声特性以噪声系数或噪声温度来描述，噪声系数（Noise Figure）定义为放大器输入端和输出端信噪比的比值，表示信号经高频头后损失的信噪比，它对接收系统整体性能起着重要的作用。

5）增益。为弥补线路衰减及噪声影响，高频头必须具有较高的功率增益，一般要求不小于60dB。

6）输出电压驻波比。表示匹配传输情况。驻波比过大，会引起较强的反射，降低传输功率及稳定性，通常要求比值不大于2.5。

12.3.4　馈源简介

馈源（Feed Horn，FH）是在卫星天线的焦点处设置的一个汇集卫星信号的喇叭。从字面理解，馈源意为馈送能量的源，要求能将会聚到焦点的能量全部收集起来，因此也称为集波器、馈波器。

馈源系统是由馈源盘、极化器和过渡波导共同构成，有时也简称为馈源。其中过渡波导包含圆矩变换器和90度移相器。馈源系统是天线系统中重要部分，针对卫星信号接收来讲，馈源系统的主要功能有两个：一是为抛物面天线提供高效的信号会聚，二是对接收的电磁波进行极化。

馈源盘又称馈源喇叭，天线常用的馈源盘形式有角锥喇叭、圆锥喇叭、开口波导和波纹喇叭等。前馈馈源常采用波纹喇叭，又称波纹盘。后馈馈源常用介质加载型喇叭，它是在普通圆锥喇叭里面加上一段聚四氟乙烯衬套构成的。

极化器：现代卫星为了扩大传输容量，利用两个不同方式极化波相互隔离的特性来传送不同内容的节目，即频率复用技术。在天线接收的馈源系统中，利用极化器来实现双极化节目的接收。

过渡波导：过渡波导的作用是固定信号的极化方向，以便于与高频头连接。

12.3.5　卫星接收机简介

1. 卫星接收机组成

卫星接收机是卫星接收系统中的关键组成部分，根据接收信号的特点，有早期的模拟卫星接收机和现今的数字卫星接收机两种。

模拟卫星接收机（Analog Satellite Receiver），用于接收卫星上发送的模拟节目信号。模拟卫星接收机主要由高频调谐器、中频放大器、限幅器、鉴频器、去加重电路、音视频放大器等组成。最早的卫星电视传输的是模拟信号，但模拟信号容易受到干扰，造成图像质量下降；同时模拟信号对频带资源利用率低，一颗卫星传送的模拟节目数量有限，而采用数字压缩信号则能弥补这些缺陷。随着数字编解码技术的进步，采用模拟信号的接收方式已逐步被数字方式所取代，目前国内的卫星电视节目已全部转为数字节目。

数字卫星接收机（Digital Satellite Receiver），由高频调谐器、QPSK解调器、前向纠错（FEC）器、解复用器、音视频解码器、D/A转换器等组成。它的功能是接收卫星下行经QPSK调制的MPEG-2数据流，并解码出音、视频信号或数据。数字卫星接收机的种类众多，依据其功能特点可分为免费接收机、条件接收机、数字工程机、组合一体机和数字卫星接收卡（盒）。

2. 主要特性参数

卫星接收机主要特性参数有中频带宽、信噪比、载噪比、门限值几种。

1）中频带宽（*IF*）。一般早期的卫星接收机第一中频带宽为500MHz、800MHz，相应的中频频率范围为950MHz～1450MHz、950MHz～1750MHz。现在的数字接收机标准带宽为1200MHz，中频频率范围在950MHz～2150MHz之间，配合C、Ku波段各种本振值的高频头，可接收卫星转发器上的任何波段、频率的节目。

2）信噪比（*S/N*）。传输信号的平均功率与加性噪声的平均功率的比值（单位dB)。在模拟系统中，信噪比是衡量信号质量的关键因素，能否收到清晰的图像和声音，取决于信噪比的高低。

3）载噪比（*C/N*）。已调制信号的平均功率与加性噪声的平均功率的比值（单位dB)。定义信噪比低于线性变化值1dB处的载噪比为门限值，当载噪比大于门限时，能收到良好的图像，反之就无法收到良好的图像。在模拟系统中，接收端载噪比与图像信噪比呈近似线性关系，即使在接收机的门限点附近变化时，其接收图像质量也不会像数字信号那样剧烈变化。

4）门限值（*Eb/Eo*）。比特能量与噪声功率密度的比值（单位dB)，其中*Eb*表示1比特间隔的信号能量，*Eo*为单边噪声功率密度，可以理解为1比特信号的信噪比。它是衡量数字系统信道质量的重要参数。一般定义接收端的*Eb/Eo*门限值下降到某一值时，其误码率（BER）为2×10^{-4}，此时的*Eb/Eo*值即为门限值。

12.3.6　卫星接收辅助器材简介

卫星接收辅助器材包括功率分配器、混合器、卫星线路放大器、卫星中频切换开关、馈线及连接器件等，其作用是对室外的天馈系统和室内的卫星接收机进行连接、隔离分配、切换、放大等。

1. 功率分配器

（1）功率分配器概述　功率分配器是将接收到的高频信号，经同轴电缆均等地分成多路输出的器件，简称功分器。这是有线电视网络前端设备中一个重要组成部件(后端常用分支器)。

卫星接收机前端上用的功分器有两个功能：其一将传输的第一中频信号平均分配为若干路，提供给各个卫星接收机；其二对卫星接收机进行有效的隔离，以减少由各个接收机本振泄漏而引起的相互干扰，还防止接收机之间供电电源交叉短路。

通常功分器输出端子是偶数排列的，如二功分器、四功分器、六功分器、八功分器、十二功分器等，这样会使得电路更加对称。在工程中，功分器可分为过电型功分器、户外型二功分器、户内功分器等。不过从结构上看，功分器只分为有源功分器和无源功分器两种。

1）无源功分器。无源功分器是由微带线或者由电感、电阻、电容和磁芯等无源器件构成。它的工作稳定、结构简单、基本上无内部噪声，传输信号失真小，故障率也低。但对信号有一定插入损耗，分支愈多，损耗愈大。故一般只用二功分器、四功分器等。

2）有源功分器。一般来讲，当传输信号所分路数过多（超过6路），衰减较大时，就需要用到有源功分器。有源功分器是在无源功分器的基础上，增加了由微波低噪声放大器件构成的宽带放大电路，它可以补偿馈线及分支的插入损耗。有源功分器不需外接电源，工作电源取自接收机输出给高频头的直流电源。

由于有源功分器结构复杂，会产生一定的噪声，因此选择有源功分器一定要选用质量高、幅频特性好的产品，否则会出现部分频道信号质量低、有马赛克现象的问题。

有源功分器的品种很多，例如 PBI-2088SD 卫星信号有源功分器，它可同时输入两路卫星信号，每路卫星信号均可分为八路输出，总输出为十六路。可同时向水平极化和垂直极化的高频头供电。由于采用有源放大，不但补偿了功分器固定有的电平损耗，同时还提供4dB 增益，可有效提高卫星信号电平。

（2）功分器主要特性参数　功分器主要特性参数有频率范围、输入输出阻抗、插入损耗、隔离度、驻波比等几种。

1）频率范围。功分器根据应用范围，可分为有线电视功分器和卫星电视功分器两种。对于有线电视功分器，频率范围的上限超过 900MHz 即可。而用在卫星接收前端的功分器，应具有更宽的频率特性，即频率范围的上限应该超过 2150MHz。

2）输入输出阻抗。有线电视网中的射频各种接口阻抗均应为75Ω。因此，功分器的输入端及输出端阻抗均应为75Ω。

3）插入损耗。插入损耗（L_s）和分配路数（n）的多少有关，在理想情况下，$L_s=10\lg n$，当 $n=2$ 时为二功分器，分配损失为3dB。实际上除了等分信号的损失外，还有一部分是由于功分器件本身引起的衰减，因此实际值总比理论计算值要大。如二功分器插入损耗常取值3.5dB，四功分器插入损耗常取值8dB。在系统工程中，插入损耗越小越好。

4）隔离度。隔离度定义为加在功分器某一个输出端的信号电平与其他输出端该信号电平之差。一般要求功分器输出端隔离度不小于20dB。功分器输出端隔离度越大，则表示该功分器各输出之间的相互影响、干扰越小。

5）驻波比。驻波比是衡量分配网络传输质量的重要指标，它表示阻抗的匹配程度。在理想情况下，功分器的输入阻抗、输出阻抗和它相连接的同轴电缆的阻抗完全相等，此时驻波比应为1，实际上往往驻波比大于1。如果驻波比太大，则传输信号就会在功分器的输入端或者输出端产生反射，造成信号质量的降低。

2. 馈线

（1）馈线概述　在卫星接收系统中，作为连接室外高频头和室内接收机的馈线，采用射频同轴电缆，其阻抗为75Ω。同轴电缆不仅传输接收到的第一中频信号，同时也通过接收机向切换器件、各个高频头传送工作电源、13/18V 极化电压、0/22kHz 脉冲信号及数字卫星设备控制多路选择脉冲等，以满足接收机选择各个天线接收系统的需要。

由于在馈线中，既要传输高频信号，又要传输低频信号，还有高频头直流供电，因此应该选购优质低耗同轴电缆，才能确保信号的畅通无阻。

同轴电缆是由内导体和屏蔽网构成的两根导体，由于这两根导体的轴心是同轴的，故称同轴电缆或同轴线。同轴电缆包含内导体铜芯、绝缘体、金属屏蔽网及铝复合薄膜、护套四个部分。内导体铜芯是一根实心导体。绝缘体是选用介质损耗小、工艺性能好的聚乙烯等材料制成。金属屏蔽网和铝复合薄膜共同完成屏蔽与外导电作用，其中铝复合薄膜主要完成屏蔽的作用，而金属屏蔽网则完成屏蔽与外导电双重作用。护套是减缓电缆的老化和避免损伤。同轴电缆根据所采用的绝缘介质，可分为实心同轴电缆、藕芯同轴电缆、发泡同轴电缆和竹节电缆等类型。

（2）馈线的主要特性参数

1）特性阻抗。传输线的特性阻抗（Z_0）定义为无限长传输线上各处的电压与电流的比值。对于同轴电缆来讲，馈线特性阻抗只与同轴电缆外导体铜网内径和芯线外径以及导体间介质的介电常数有关，而与馈线长短、工作频率以及馈线终端所接负载阻抗无关。

当馈线终端所接负载阻抗 Z_L 等于馈线特性阻抗 Z_0 时，称为馈线终端是阻抗匹配连接的。匹配时，馈线上只存在传向终端负载的入射波，而没有由终端负载产生的反射波，传输效率较高。

2）衰减系数。信号在馈线里传输，除有导体的电阻性损耗外，还有绝缘材料的介质损耗，这两种损耗随馈线长度的增加、工作频率的提高而增加。一般用馈线的误差系数（β）来表示单位长度产生的损耗的大小，其单位为 dB/m。

3）波速比。波速比是信号在馈线介质中传播速度和在真空中传播速度的比值，又称速度因子或传输速率。

12.3.7　场强仪简介

DS1001 是适用于 CATV 系统维护测试的仪器，它体积小（160mm × 130mm × 65mm）、重量轻（小于600g），使用时间长（大于5h）；超坚固外观和内部结构设计，可抗5米硬质地面自由跌落；双频道测量显示，方便实用；可用于 C/N、V/A、斜率、干线电压测量。

（1）技术指标

1）频率/频道指标。

①频率范围：46MHz ~ 864MHz。

②频道范围：中国标准频道 DS1 ~ DS56；
　　　　　　中国增补频道 Z1 ~ Z43。

③频率精度：$\pm 50\times10^{-6}$（20℃ ±5℃）。

④分辨率：50kHz。

⑤测量带宽：280kHz ±50kHz。

⑥频率步距：50kHz、1MHz、10MHz、100MHz。

2）电平测量。

①测量范围：30dBμV ~120dBμV。

②测量精度：±2dB（20℃ ±5℃）。

③分辨率：0.5dB。

④检波方式：峰值检波。

⑤输入阻抗：75Ω（不平衡，TAC 型或 F 型接头）。

3）载噪比测量（选件）。

①测量范围：20dB ~50dB。

②信号输入范围：≥85dBμV。

③测量精度：±3dB（20℃ ±5℃）（关闭载波测量法）。

④分辨率：0.5dB。

4）电压测量。

①输入范围：1 ~100V（AC/DC）。

②测量精度：±2V。

③分辨率：1V。

④整机工作温度：-10℃ ~40℃。

⑤显示器：TN 字符液晶。

5）电源。

①机内电池：7.2V，1.4A·h，镍氢。

②工作时间：大于7h（常温，关闭伴音、液晶背光）。

③充电时间：10 ~12h（关机）。

6）其他。

①外形尺寸：约 160mm × 130mm × 65mm。

②整机重量：约0.6kg（含电池）。

③伴音输出：内置扬声器（单频率模式自动开启）。

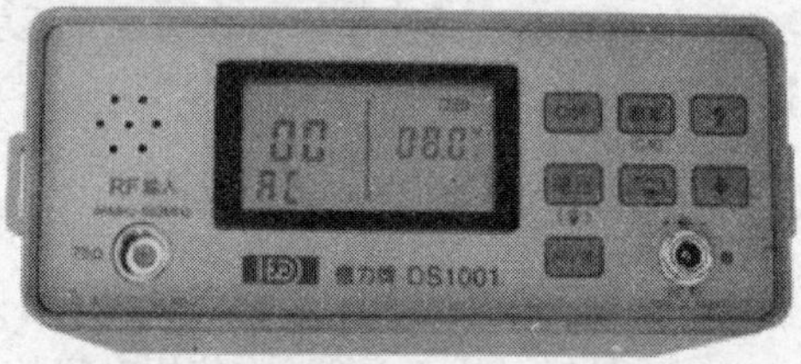

图 12-2　场强仪外观图

（2）场强仪外观　场强仪外观图如图 12-2 所示。

场强仪使用请参照场强仪使用说明书。

12.3.8　有线电视系统简介

1. 前端设备

有线电视系统的前端设备，是接在信号源系统与传输分配网络之间的设备统称，它是整个有线电视系统的心脏。其安装质量与调试技术对整个系统的工程质量起决定性的作用。

前端设备的规模主要是根据所接收、自办和传播节目的频道数目而确定的。前端设备有接收天线放大器、卫星接收机、调制器、混合器、线路放大器和自办节目设备等。其组成示意方框图如图 12-3 所示。

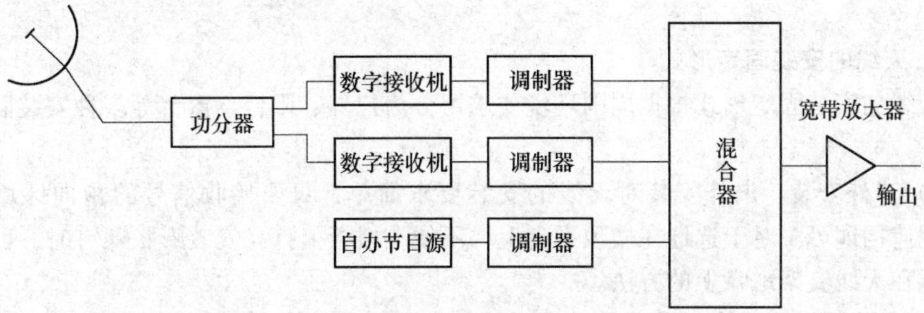

图 12-3　有线电视系统组成示意方框图

2. 信号传输系统（干线传输系统）

信号传输系统是有线电视系统的大动脉，它的作用是把前端设备输出的电视信号进行传输，在传输过程中根据信号误差情况合理设置放大器，以弥补线路传输过程中的损耗，保证信号传输的质量，并按要求把信号分配到各分去线上（用户线）。信号传输系统一般配有线路放大器、分配器、分支器、均衡器等。

3. 用户分配系统

用户分配系统是根据用户分布情况，把干线上的电视信号用分配器分成若干条线路进行传输，把信号电平合理地分配给各电视用户。用户分配系统有分配器、分支器、分支放大器、用户终端盒等。

12.3.9　卫星有线电视系统设备的安装概念

1. 安装选址

根据要接收卫星的在轨经度和接收地的经纬度确定天线的仰角、方位角后，就可以进行天线安装地址的选择，选址主要有以下六种要求。

1）无遮挡。在天线指向卫星的区域内，没有树木、建筑物、高压线铁塔及高山等遮挡物，即要有一个开阔的视野。

2）干扰小。选址时应尽量避免电磁场的干扰，远离雷达站等干扰源。接收 C 波段信号时，尤其要注意这一点，因为 C 波段的部分频段是和地面微波公用的。必要时应该变换地址，或者利用周围有高大建筑物以及其他的一些措施来挡住干扰源。

3）风荷小。选址时应尽可能避开山顶、高楼顶等风荷大的风口区，防止天线在风力荷载作用下，发生变形、位移、甚至损坏。

4）防雷击。在多雷雨地区，卫星天线的架设位置应避开雷击多发地点。选址附近有安装了避雷装置的建筑物，且天线处在其保护范围内，可以不设避雷装置。否则应按照防雷要求，设置好避雷保护装置，以防雷击损坏接收器材。

5）距离近。天线安装地尽可能离接收机近一些，所连接的馈线长度一般不超过40m，以减少因传输线过长而造成的信号损耗，否则会影响接收效果。

6）地基实。要有牢固的地基，保证能够充分承受天线自身的重荷以及四周的风荷影响。

2. 天线的安装固定形式

天线的安装固定形式根据周围环境要求可分为户外、阳台、窗台等多种安装固定形式。

1）户外安装。户外安装对天线的安装要求简单，只要接收信号的指向区域内开阔、无遮挡即可。对于选址在楼顶平台上，不便在楼板上打孔安装膨胀螺钉时，可采用重物压在天线支架地盘上的方法。

2）阳台安装。阳台安装时，首先要选择面向朝南的阳台，这样天线安装和调整才比较方便；其次要充分考虑到天线安装的最佳位置，使得天线能以最大接收面积、最小遮挡面积接收卫星信号。

3）窗台安装。阳台安装至少有两个朝向可以选择，而窗台安装只能有一个朝向，对安装及所选的卫星要求更为苛刻。一般可将天线安装在靠近窗子的位置，也可将天线固定在靠窗台的外下方，以方便使用者对天线进行调整。还可自制一个L型的支架，固定在窗台外附近，收视时，把仰角和极化角已调整好的天线插入支架管中，再调整好方位后固定即可；不用时，可将天线，放入屋内。

12.4 解决方案

12.4.1 天馈角度的计算操作实践

1. 实践目的

1）了解天馈角度参数。

2）掌握天馈角度的计算。

2. 实践设备

1）THPWX-1型卫星有线电视系统装置。

2）计算机1台。

3）便携式万用表、螺钉旋具等安装接线工具。

3. 实践内容

普通天线要对准一颗卫星，需要根据天线所在地的经纬度来调整天线的仰角和方位角，对接收卫星信号是采用线极化方式的，还需调整高频头的极化角。

1）仰角。从接收点仰望卫星的视线与水平线构成的夹角（如图12-4所示），称为仰角。

仰角（E）的计算公式

$$E = \arctan\left[\frac{\cos\alpha \times \cos\beta - \dfrac{r}{R}}{\sqrt{1 - (\cos\alpha\cos\beta)^2}}\right] \tag{12-1}$$

式中，α 为接收所在地经度减去卫星定点经度，即经度差；β 为地面站所在地纬度；r 为 6378km（地球半径）；R 为 42218km（卫星轨道半径）；$r/R = 0.15$。

2）方位角。以接收点的正北方为起始，顺时针旋转至卫星的视线在接收点水平面上的正投影线所形成的夹角（如图 12-5 所示），称为方位角。

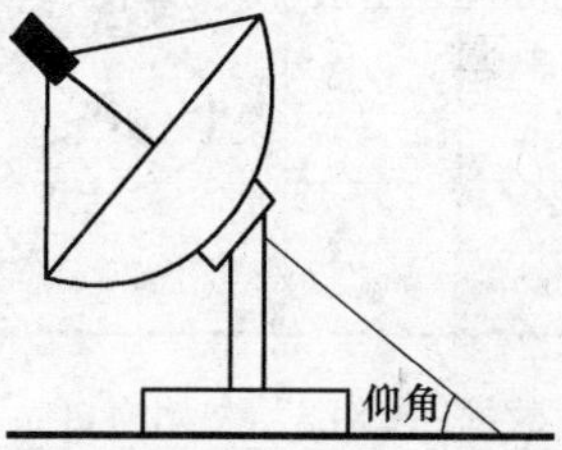

图 12-4　仰角

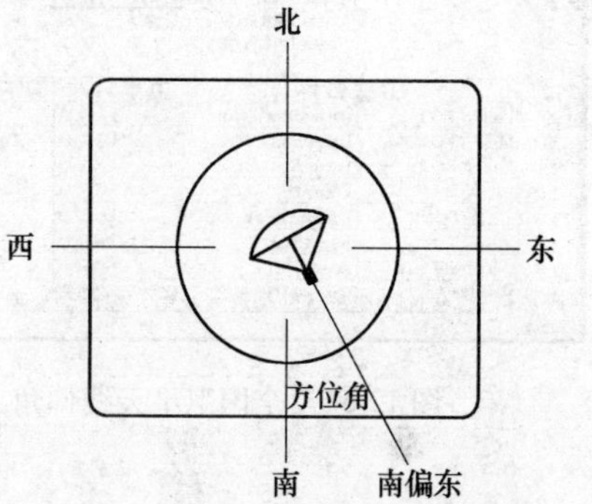

图 12-5　方位角

方位角（A）的计算公式

$$A = \arctan\frac{\text{tg}\alpha}{\sin\beta} \tag{12-2}$$

式中，α 为接收所在地经度减去卫星定点经度，即经度差；β 为地面站所在地纬度。计算结果数值为正值表示南偏西，负值表示南偏东。

3）极化角。接收者受所在地与卫星定点地经度差及地球的影响，而使得高频头相对于地面形成的倾角，称为极化角。极化角（P）的计算公式

$$P = -\arctan^{-1}\frac{\sin\alpha}{\text{tg}\beta} \tag{12-3}$$

计算结果如果数值为正值，表示以 0 度为基准，高频头按顺时针方向转动一个角度；为负值，则按逆时针转动。注意：操作者是面向天线转动高频头的，另外极化角相差 180 度使用效果一样。

对于天线的仰角、方位角以及高频头的极化角这些天馈角度参数，通常可采用公式计算法、图表计算法、软件查询法、数据库查询以及利用接收机对卫星指导功能来获取。

4. 实践步骤

1）双击“全国卫星天线仰角、方位角、极化角数据库 . XLS”文档，打开如图 12-6 所示窗口。

2）在图 12-6 所示窗口中，输入地名如“杭州”，按回车键，查询出当地经度为：

120.19，当前纬度为：30.26，下方的表格中显示各卫星对应所在地的接收方位角、仰角和极化角（也可以根据式12-1、12-2和式12-3计算）。

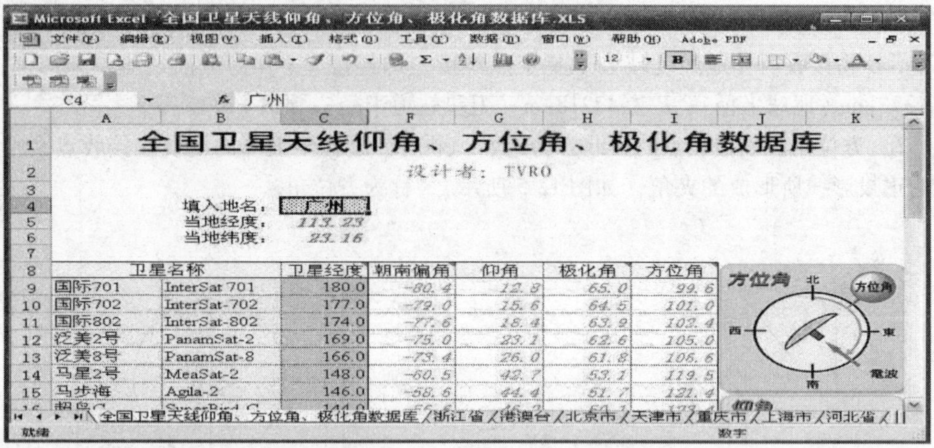

图12-6　“全国卫星天线仰角、方位角、极化角数据库.XLS”文档窗口

5. 请您做一做

1）写出卫星天线仰角、方位角及极化角的计算公式。

2）根据公式写出在南京接收“泛美4/7”卫星时，天线的仰角、方位角计算过程。

12.4.2　卫星有线电视系统设备安装操作实践

1. 实践目的

1）了解卫星有线电视系统中主要设备的参数及特点。

2）了解卫星有线电视系统中设备的安装。

2. 实践设备

1）THPWX-1型卫星有线电视系统实训装置。

2）计算机1台。

3）便携式万用表、螺钉旋具等安装接线工具。

3. 实践内容

（1）卫星接收天线

1）天线的主要特性参数。方向图、主瓣宽度、副瓣电平、增益、极化、频带宽度、驻波比、噪声温度和天线的风荷。

2）天线的安装方式。户外、阳台、窗台等多种方式。

（2）高频头

1）高频头的主要特性参数。输入频率、输出频率、本振频率、噪声特性、增益、输出电压驻波比等。

2）高频头的安装。将馈源一体化高频头（LNBF）插入馈源盘中央的大圆孔中，如图 12-7 所示。

3）部分 C 波段高频头和 Ku 波段弯头的波导管上标有 *F/D* 刻度，即天线焦距/直径比，正馈天线 *F/D* 一般在 0.30 ~ 0.42 之间，扁馈天线则在 0.6 ~ 0.7 之间。根据天线 *F/D*，将馈源盘凸缘端面对准波导管侧面的 *F/D* 相应刻度上。

4）根据极化角，使高频头端面上的 0 刻度逆时针转动相应角度。

5）将馈源盘凸缘侧面的制紧螺钉拧紧即可，如图 12-8 所示。

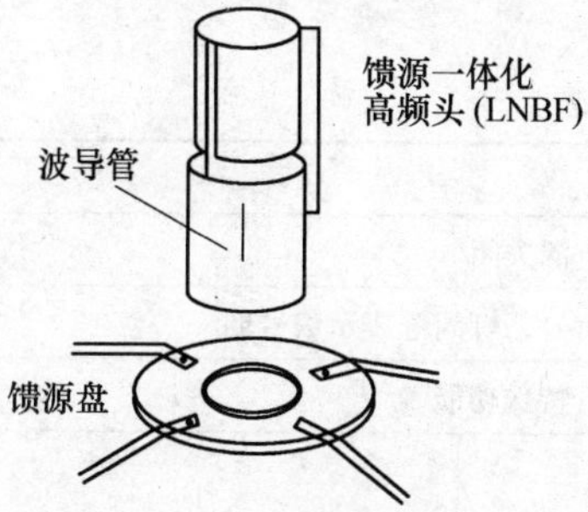

图 12-7　高频头的安装

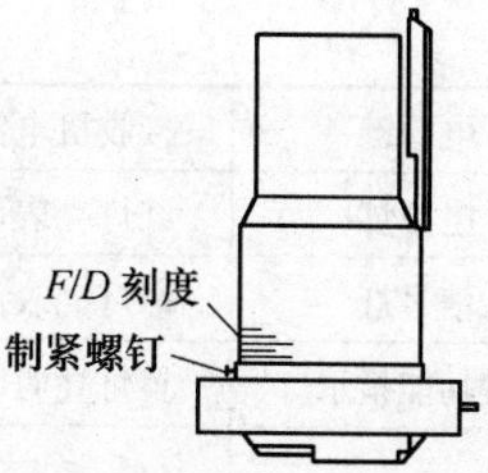

图 12-8　拧紧馈源盘凸缘侧面的制紧螺钉

（3）DVR-1000 卫星接收机

1）主要特性。

①完全兼容 MPEG2、DVB 标准。

②友好的使用界面以及便于操作的菜单系统。

③自动搜索新增加的转发器（网络自动搜索）。

④可存储 1000 个转发器和 2000 个卫星电视节目。

⑤支持由 RS-232 端口的软件和频道表升级（PC-IRD 和 IRD-IRD）。

⑥支持 VBI 电视图文功能。

⑦天线定位帮助功能。

⑧可接收 C/Ku 波段卫星上 SCPC/MCPC 节目。

⑨支持 256 彩色屏幕显示。

⑩PAL/NTSC 制式转换功能。

⑪可手动设置 PID。

⑫断电记忆功能。

⑬中/英文等多种语言选择功能。

⑭支持多种 LNB 类型（通用型、Universal 或 LNBF）。

⑮支持切换器，可由 DisEqc1.0 和 22kHz 切换开关控制多个 LNB。

2）操作介绍。

①前面板。前面板上元器件布置如图 12-9 所示，其键盘功能见表 12-1。

注意：在非菜单状态下，按 EXIT 键黄灯亮时，只执行一次操作，黄灯灭。若想连续两次或多次操作，需分别执行两次或多次激活黄灯（按 EXIT 键）的操作。

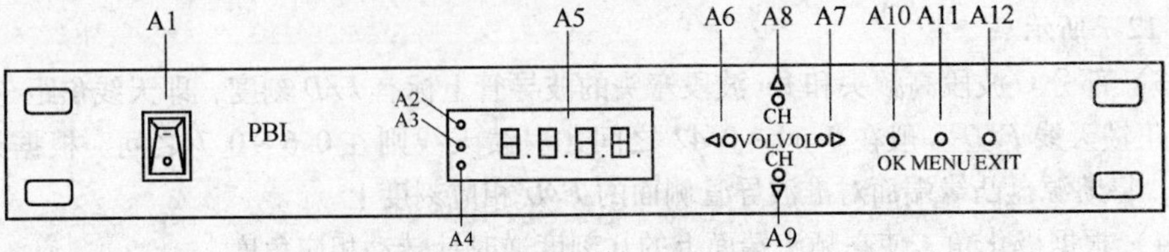

图 12-9　前面板上元器件布置

表 12-1　键盘功能表

A1	电源键	接收机电源开关
A2	电源灯	红灯亮表示电源接通，灯灭表示电源关闭
A3	信号灯	绿灯亮表示有信号，灯灭表示无信号，灯闪烁表示信号弱
A4	按键功能指示灯	黄灯亮时，表示相关按键正在执行特殊功能
A5	数码管	（1）显示当前接收的节目编号 （2）执行其他功能操作时，显示相应数值
A6	VOL 键	（1）接收卫星电视/广播节目时可控制音量减小 （2）在菜单状态下选择前一参数 （3）当按 EXIT 键黄灯亮时，再按此键屏幕上显示当前节目的详细信息
A7	VOL（TV/Radio）	（1）接收卫星电视/广播节目时可控制音量增大 （2）在菜单状态下选择后一参数 （3）当按 EXIT 键黄灯亮时，再按此键可以在电视和广播模式之间进行切换
A8	CH 键	（1）接收卫星电视/广播节目时选择前一节目 （2）在菜单状态下向上移动光标 （3）当按 EXIT 键黄灯亮时，再按此键可切换为音频语言
A9	CH 键	（1）接收卫星电视/广播节目时选择下一节目 （2）在菜单状态下向下移动光标 （3）当按 EXIT 键黄灯亮时，再按此键可选择不同的音频模式（左、右和立体声）
A10	OK 键	（1）在屏幕菜单中确定所选的菜单项，或在输入模式下将所输入的数值进行确认 （2）在接收卫星电视/广播节目时，按此键显示所有卫星电视/广播的节目列表
A11	MENU 键	显示菜单及命令框
A12	EXIT 键	（1）在菜单状态下回到上级菜单或退出菜单系统 （2）在非菜单状态下，按此键黄灯亮，配合其他按键可执行特殊功能操作

②后面板。后面板上元器件布置如图 12-10 所示，其键盘功能见表 12-2。

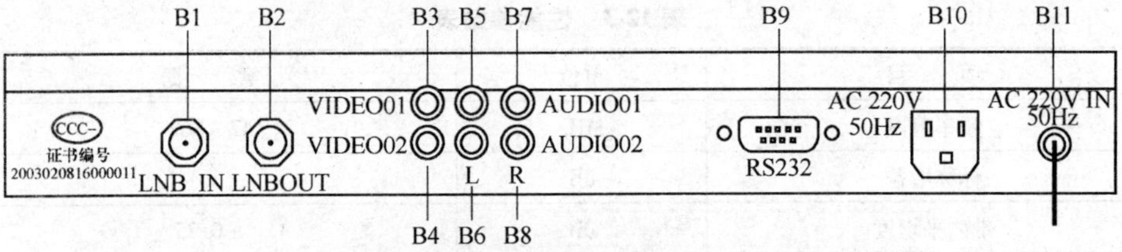

图 12-10　后面板上元器件布置

表 12-2　键盘功能表

B1	LNB IN 卫星信号输入
B2	LNB OUT 卫星信号输出，可连接到其他接收设备
B3，B4	VIDEO（黄）视频输出，连接电视机的视频输入
B5，B6	AUDIO（白）音频左声道输出，连接电视机的音频左声道输入
B7，B8	AUDIO（红）音频右声道输出，连接电视机的音频右声道输入
B9	RS-232 串行口
B10	AC220V 50Hz 电源互联插座，可给下一台机器供电
B11	AC220V 50Hz 电源引入线，连接外部电源

3）安装接线图。安装接线图如图 12-11 所示。

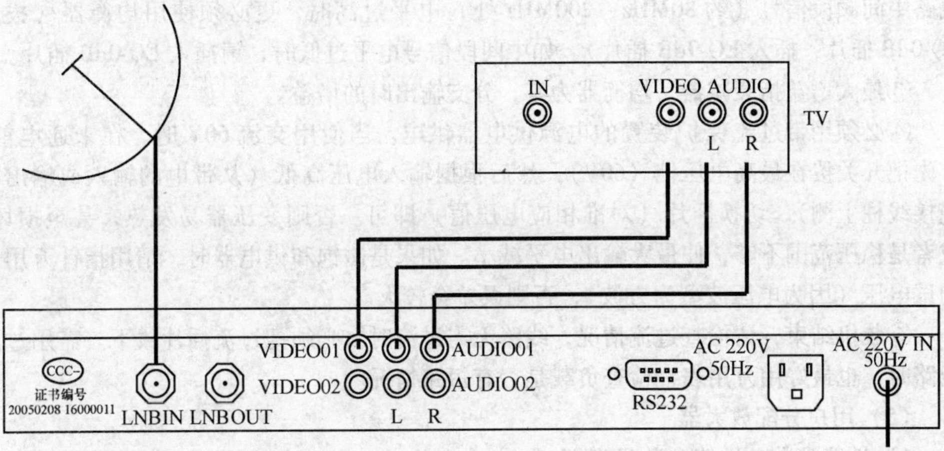

图 12-11　安装接线图

（4）干线放大器

1）性能参数。性能参数见表 12-3。

2）使用注意事项。

①如频道数过大或放大器连续传输级数太多时，为保证图像质量，输出电平应适当减小。

表 12-3 性能参数表

项　目	单位	数　据
频率范围	MHz	47～862
标称增益	dB	30
带内平坦度	dB	±0.75
标称输入电平	dBμV	72
标称输出电平	dBμV	102
增益调节范围	dB	0～18
斜率调节范围	dB	0～24(其中 9dB 为固定均衡片)
噪声系数	dB	≤8
复合三次差拍(CTB)	dB	60
复合二次差拍(CSO)	dB	55
反射损耗	dB	≥15
抗雷击能力	kV	5
电源电压(50Hz)	V	220V/60V
功耗	W	12

②为确保远距离传送的平坦度及低频段信噪比，请前后均衡同时使用为最佳。尤其线路中间频段信号（约 80MHz～200MHz 处）电平过高时，更必须使用均衡器（拔出 EQ-0dB 插片，插入 EQ-9dB 插片）。如中间段信号电平过低时，请插入 EQ-0dB 插片。

③最大增益指衰减器、均衡器为零，分支输出时的增益。

④必须用带过流保护装置的电源供电器供电。当使用交流 60V 时，在未通电前，首先把开关拨在最高电压档（60V），然后根据输入电压高低（从带电的输入或输出电缆接线柱上测），切换插片（对准相应电压值）即可。否则变压器易发热，甚至损坏，或者是稳压范围不够，使最大输出电平减小。如果是磁饱和供电器时，请用指针万用表测试电压（因为电压波型为方波），否则误差会较大。

⑤装机结束，请检查过流情况，线路无需过流时，必须把过流插片拔下。需用过流线路时，也最好用万用表，检查负载是否有短路情况。

（5）用户分配放大器

1）性能参数。性能参数见表 12-4。

2）使用注意事项。

①如频道数过大或放大器连续传输级数太多时，为保证图像质量，输出电平应适当减小。

②为确保远距离传送的平坦度及低频段信噪比，请前后均衡同时使用为最佳。尤其线路中间频段信号（约 80MHz～200MHz 处）电平过高时，更必须使用均衡器（拔出 EQ-0dB 插片，插入 EQ-9dB 插片）。如中间段信号电平过低时，请插入 EQ-0dB 插片。

表12-4　性能参数表

项　目	单位	数据	项　目	单位	数据
频率范围	MHz	47～862	噪声系数	dB	≤10
标称增益	dB	30	复合三次差拍(CTB)	dB	61
带内平坦度	dB	±0.75	复合二次差拍(CSO)	dB	61
标称输入电平	dBμV	72	反射损耗	dB	≥15
标称输出电平	dBμV	102	抗雷击能力	kV	5
增益调节范围	dB	0～15	电源电压(50Hz)	V	220/60
斜率调节范围	dB	0～15	功耗	W	12

③最大增益指衰减器、均衡器为零，分支输出时的增益。

④必须用带过流保护装置的电源供电器供电。当使用交流60V时，在未通电前，首先把开关拨在最高电压档（60V），然后根据输入电压高低（从带电的输入或输出电缆接线柱上测），切换插片（对准相应电压值）即可。否则变压器易发热，甚至损坏，或者是稳压范围不够，使最大输出电平减小。如果是磁饱和供电器时，请用指针万用表测试电压（因为电压波型为方波），否则误差会较大。

⑤装机结束，请检查过流情况，线路无需过流时，必须把过流插片拔下。需用过流线路时，也最好用万用表，检查负载是否有短路情况。

（6）线路供电器

1）性能参数。性能参数见表12-5。

表12-5　性能参数表

项　目	单位	数据	项　目	单位	数据
频率范围	MHz	5～1000	标称输出电压	V	60
插入损耗	dB	≤1.5	最大工作电流	A	4
信号交流声比	dB	≥16	过载保护电流	A	5.5
输入电压	V	220±10%	自动恢复时间	min	15±2

2）使用注意事项。

①将供电器电源线插入市电插座，两输出口即可输出60V交流电压，输出口过流插片控制通断（不影响信号输出），工作指示灯亮（绿色），即输出60V，信号输入、输出端口可任意连接。

②如出现短路、过流现象，供电器将启动保护装置，切断输出电流，报警指示灯亮（红色）；持续10s后，供电器将启动保护装置，切断输出电流，报警指示灯亮（红色）；持续10s后，供电器自动恢复工作。如果短路、过流故障未排除，供电器仍将启动保护装置，反复工作，直到故障排除。

③当供电器接通电源（不论是否接有负载）即启动保护装置，持续 10s 后，供电器自动恢复工作，此为正常现象，不影响供电器正常使用。

（7）双向传输干线放大器

1）性能参数。

①下行传输技术参数。下行传输技术参数见表 12-6。

表 12-6　性能参数表

项　目	单位	数据	项　目	单位	数据
频率范围	MHz	45 ~ 860	斜率调节范围	dB	0 ~ 24
最小满增益	dB	≥30	噪声系数	dB	≤10
带内平坦度	dB	±0.75	复合三次差拍（CTB）(59CH)	dB	≥61
标称输入电平	dBμV	72	复合二次差拍（CSO）(59CH)	dB	≥60
标称输出电平	dBμV	102	反射损耗	dB	≥16
增益调节范围	dB	0 ~ 15			

②上行传输技术参数。上行传输技术参数见表 12-7。

表 12-7　性能参数表

项　目	单位	数　据
频率范围	MHz	5 ~ 65
带内平坦度	dB	±0.75
反射损耗	dB	≥16
标称增益	dB	12、16、20、24 可任选
最大输出电平	dBμV	≥110
增益调节范围	dB	0 ~ 15
斜率调节范围	dB	0 ~ 10

③一般特性。性能参数见表 12-8。

表 12-8　性能参数表

项　目	单位	数　据
电源电压（50Hz）	V	交流 30 ~ 80
抗雷击能力	kV	5
外形尺寸	mm	315 × 215 × 112

2）使用注意事项。

①为确保远距离传送的平坦度及低频段信噪比，请前后均衡同时使用为最佳，一般后均衡 9dB，另有前均衡补足。如当 200MHz 前后有下凹现象时，也可把 9dB 插件短接

(用插针短路)，所配之调频电路精度较高，在无专用标准仪器下，平常无需调整级间电路。

②最大增益指衰减器、均衡器为零，温补插件未接，输出插件为分支主输出时的增益。

③必须用带过流保护装置的电源供电器供电。当使用交流60V供电时，首先把开关拨在最高电压档（交流60V)，然后根据输入电压高低（从带电的输入或输出电缆接线柱上侧)，拨切换开关（对准相应电压值）即可。否则变压器易发热，甚至损坏，或者是稳压范围不够，使最大输出电压减小。

④装机结束，请检查过流情况，无需过流线路时，必须把该路保险丝管拔下。需用过流线路时，先用万用表检查负载有否短路情况。

（8）变频调制器　特性参数见表12-9。

表12-9　特性参数表

项　目	单位	技术参数
可选频率范围	MHz	48.25～550(860)
射频最大输出电平	dBμV	115
射频输出电平调整范围	dB	13～20
射频图像/伴音载波功率比	dB	20
射频频率精确度/稳定度	kHz	±5
射频寄生输出抑制比	dB	≥60
射频输出阻抗	Ω	75
视频输入电平	Vp-p	1
视频输入阻抗	Ω	75
视频调制度	%	87.5～90
视频带内频响	dB	≤2
视频微分增益	%	≤5
视频微分相位	°	≤5
视频色度/亮度时延差	ns	≤40
视频带内频响	dB	±1
视频信噪比	dB	≥60
音频输入电平	Vp-p	0.4
音频输入阻抗	Ω	600
音频失真度	%	0.6
音频伴音间距	MHz	4.5//5.5/6.0/6.5
音频带内频响	dB	±0.5
音频预加重	μs	50
供电	V	180～250
工作温度	℃	0～40
尺寸	cm	48.3×21×4.5

(9) F 头的制作

1）准备一个 F 头和一段视频线，如图 12-12 所示。

2）按照图 12-12 样式对视频线进行剥线，剥线完成后，将 F 头尾部直接插入视频线的屏蔽层中，如图 12-13 所示。

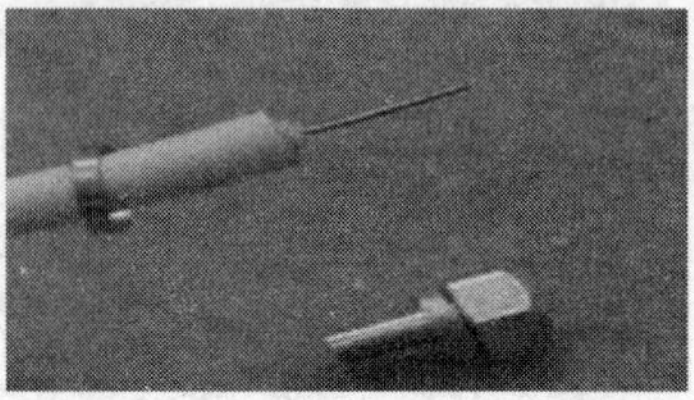

图 12-12　准备好 F 头和视频线

图 12-13　将 F 头尾部插入视频线的屏蔽层中

3）将压紧圈按照图 12-14 样式压紧。

4. 实训步骤

1）按照部件使用说明书中的内容熟悉卫星接收机的操作与使用。

2）按照部件使用说明书中的内容熟悉场强仪、双向干线放大器、单向干线放大器、供电器、调制器、混合器、分配器、分支器等部件的操作与使用。

图 12-14　将压紧圈压紧

5. 请您做一做

1）简述卫星有线电视系统中主要设备的参数及特点。

2）简要说明卫星有线电视系统中相关设备的安装。

12.4.3　系统调试的操作实践

1. 实践目的

1）认知场强仪。

2）使用场强仪。

2. 实践设备

1）THPWX-1 型卫星有线电视系统装置。

2）场强仪。

3）计算机 1 台。

4）便携式万用表、螺钉旋具等安装接线工具。

3. 实践内容

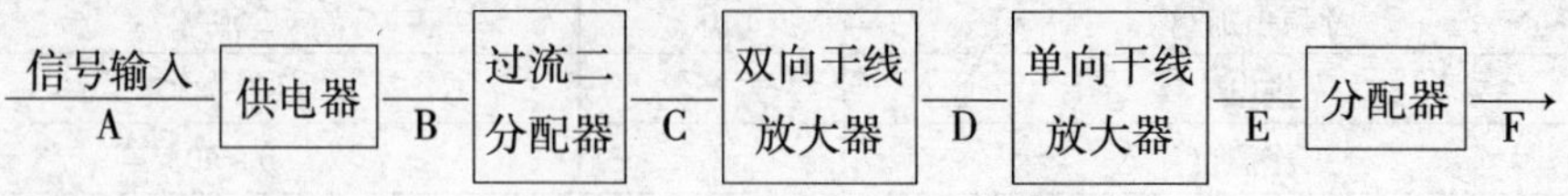

在有线电视工程中，干线放大器输入载波电平值在 70 ~ 90dBμV 左右，放大器前端

输入载波电平在70~80dBμV，电视机输入的载波电平在60~80dBμV。

4. 实践步骤

1）先用场强仪测量*A*点载波电平、*B*点载波电平及电压、*C*点载波电平及电压、*D*点载波电平及电压、*E*点载波电平及电压、*F*点载波电平及电压，将数据记录表格。

2）调节放大器的放大增益，使各点输出基本满足有线电视工程中的电平要求。

3）用视频线连接TV盒和电视机，观看频道2和频道55的节目。

5. 请您做一做

1）简述本实践的内容。

2）简要说明本实践的过程步骤。

12.4.4　同轴电缆的衰减与补偿操作实践

1. 实践目的

1）了解同轴电缆的衰减与补偿方式。

2）掌握同轴电缆的衰减与补偿操作实践。

2. 实践设备

1）THPWX-1型卫星有线电视系统装置。

2）场强仪。

3）计算机1台。

4）便携式万用表、螺钉旋具等安装接线工具。

3. 实践内容

在有线电视系统中常用同轴电缆来传输电视信号，电视信号在通过同轴电缆传输信号时，会随着频率的增高而损耗增大，其衰减特性如图12-15所示。几个不同频率的电视信号输入干线时，各频道的幅度是相同的，而经过一段电缆传输以后，高频道的信号电平会低于低频道的信号电平，传输距离越长，高、低端频道的信号电平差值越大。因此在干线设计时必须考虑对高端频道电视信号作一定补偿，以保证高、低端频道的电视

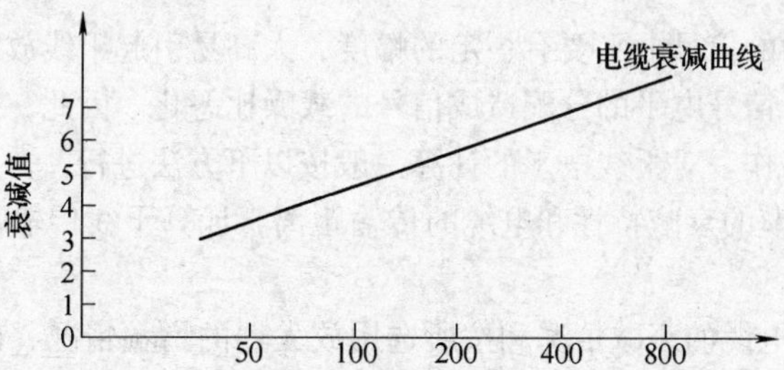

图12-15　同轴电缆的衰减特性

信号的电平均衡，这种方式称为频率补偿，也称为斜率校正或斜率控制。

实现斜率校正的方法主要有四种：其一在干线中（一般在干线放大器的输入端）串入一个斜率均衡器；其二是利用具有斜率均衡作用的干线放大器进行斜率校正；其三是利用分波器把高频段的电视信号分离，然后对其放大，再经混合器混合，达到各频道信号电平均衡的目的；其四是配合使用有自动斜率增益的放大器和导频信号发生器，由导频信号发生器输出两组导频信号进入系统中，一组控制系统中的中频段信号电平的变化，另一组控制系统中的高频段信号电平的变化，当自动斜率增益控制放大器接收到这两组信号后，根据信号电平的幅度自动调节放大器高、中频段的增益，实现斜率校正的目的。

4. 实践步骤

1）用场强仪测量双向干线放大器输入端频道 1 和频道 55 的载波电平，并记录。

2）用场强仪测量二分支器输出端频道 1 和频道 55 的载波电平，并记录。

3）根据步骤一和步骤二的数据，分析线路的损耗。

5. 请您做一做

1）简述同轴电缆的衰减与补偿方式。

2）简要说明同轴电缆的衰减与补偿操作实践。

12.4.5 干线电平的计算与分配操作实践

1. 实践目的

1）了解干线电平的计算与分配概念。

2）掌握干线电平的计算与分配操作实践。

2. 实践设备

1）THPWX-1 型卫星有线电视系统装置。

2）场强仪。

3）计算机 1 台。

4）便携式万用表、螺钉旋具等安装接线工具。

3. 实践内容

干线的电缆所传输的信号电平要有一定的幅度，太高易引起干线放大器过载造成交扰调制，太低满足不了信号电平的分配造成信号的载噪比恶化。因此，对干线的信号电平计算是一项重要的工作。对干线电平的计算一般按以下方法进行：

1）根据所选用电缆的衰减特性和电缆的传输距离，计算干线传输部分的电缆衰减值。

2）根据干线传输电缆的衰减情况和按所选用放大器的增益情况，确定干线放大器的安装位置和级数。

干线的传输电平可按下式计算

$$S_{OUT} = S_{IN} - \beta L - L_C \tag{12-4}$$

式中，S_{OUT}为干线输出端点电平值，单位为 dB；S_{IN}为干线输入端点电平值，单位为 dB；

β 为电缆衰减系数，单位为 dB/m；L 为干线电缆的长度，单位为 m；L_C 为分配器或分支器等无源器件的分配损失和插入损耗，单位为 dB。

下面以图 12-16 为例，计算干线电缆输出端点的电平值。

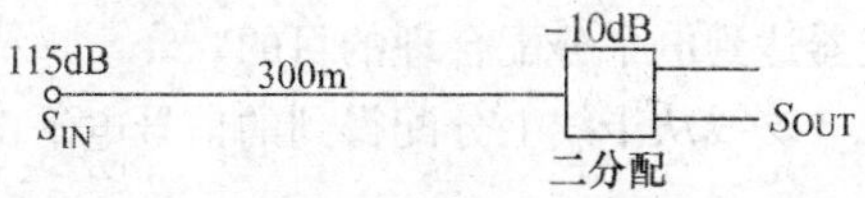

图 12-16　计算实例

图中，干线电缆输入端点的电平值为 115dB，电缆长度为 300m，电缆的衰减系数为 0. 1dB/m，分配器的分配损失为 10dB。

所以　$S_{OUT} = 115\text{dB} - 300\text{m} \times 0.1\text{dB/m} - 10\text{dB} = 75\text{dB}$

一般的干线传输系统如图 12-17 所示。

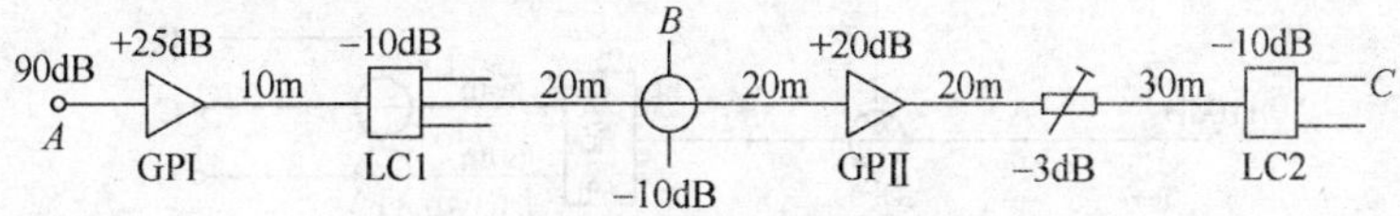

图 12-17　一般的干线传输系统

其传输电平由下式计算

$$S_{OUT} = S_{IN} + G_p - L_C - L_F - \beta L_X - L_S - L_H \tag{12-5}$$

式中，S_{IN}为干线输入电平，单位为 dB；G_P 为干线放大器的增益，单位为 dB；L_C 为分配器的分配损失，单位为 dB；L_F 为分支器的分支损失，单位为 dB；L_X 为电缆的长度，单位为 m；β 为电缆的衰减系数，单位为 dB/m；L_S 为衰减器的衰减值，单位为 dB；L_H 为其他无源器件的插入损失，单位为 dB。

图中，假如 A 点的输入电平为 90dB，放大器Ⅰ的增益为 25dB，放大器Ⅱ的增益为 20dB，分配器 1 的分配损失为 10dB，分配器 2 的分配损失为了 10dB，分支器的分支损失为 10dB，插入损失为 1dB，放大器Ⅰ至分配器 1 的电缆长度为 10m，分配器 1 至分支器之间的电缆长度为 20m，分支器至放大器Ⅱ之间的电缆长度为 20m，放大器Ⅱ至衰减器之间的电缆长度为 20m，衰减器至分配器 2 之间的电缆长度为 30m，电缆的衰减系数为 0. 1dB/m。在 B 点和 C 点的输出电平分别为

$S_B = 90\text{dB} + 25\text{dB} - 10\text{dB} - 10\text{dB} - 1\text{dB} - 30\text{m} \times 0.1\text{dB/m} = 91\text{dB}$

$S_C = 90\text{dB} + (25\text{dB} + 20\text{dB}) - 10\text{dB} - 10\text{dB} - 1\text{dB} - 3\text{dB} - 10\text{dB} - 100\text{m} \times 0.1\text{dB/m} = 91\text{dB}$

确定放大器的串接台数一般根据干线的传输距离、电缆的衰减系数、放大器的增益和前端输出电平按下式计算

$$n = \left(\frac{1.15\beta L + M - S_{IN}}{G_P}\right) + 1 \tag{12-6}$$

式中，n 为放大器的串接台数，β 为电缆的衰减系数，单位为 dB/m；L 为电缆的长度，单位为 m；M 为干线有关部件的损失，单位为 dB；S_{IN}为前端输出电平，单位为 dB；G_P 为放大器的增益，单位为 dB。

干线信号电平分配是将干线传输信号电平合理地分配给各支线系统，使各支线系统

把电视信号合理地分配给电视用户。干线信号电平的分配应根据实际情况，在干线电平满足支线传输电平处分配。如干线传输电平高，而支线所需电平低，可用不同型号的分支器达到电平分配合理的目的。

支线从干线上分配得到的信号电平由下式计算

$$S_{OUT} = S_{IN} - L_C \tag{12-7}$$

式中，S_{OUT}为分配器输出端输出电平，单位为 dB；S_{IN}为分配器输入端输入电平，单位为 dB；L_C 为分配器的分配损失，单位为 dB。

图 12-18 为某干线分配系统的示意图。

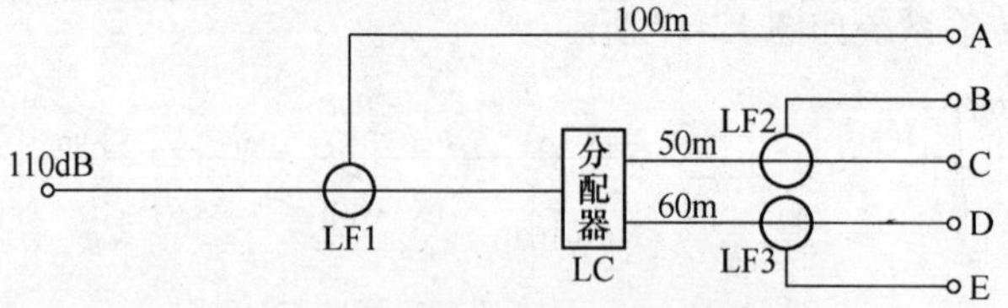

图 12-18　某干线分配系统的示意图

干线输入电平为 110dB，A、B、C、D、E 为分支输出端口，各分支电缆线长度如图所示，分配器 LC 分配损失为 5dB，分支器 LF 分支损失约 10dB，分支器的插入损失为 2dB，电缆衰减系数取平均值为 0. 08dB/m（SRV－75－9）。分支系统 A 点的输出电平为：

$$S_A = 110\text{dB} - 10\text{dB} - 0.08\text{dB/m} \times 100\text{m} = 92\text{dB}$$

分支系统 B 点的输出电平为：

$$S_B = 110\text{dB} - 2\text{dB} - 5\text{dB} - 10\text{dB} - 0.08\text{dB/m} \times 50\text{m} = 89\text{dB}$$

分支系统 C 点的输出电平为：

$$S_C = 110\text{dB} - 2\text{dB} - 5\text{dB} - 2\text{dB} - 0.08\text{dB/m} \times 50\text{m} = 97\text{dB}$$

分支系统 D 点的输出电平为：

$$S_D = 110\text{dB} - 2\text{dB} - 5\text{dB} - 2\text{dB} - 0.08\text{dB/m} \times 60\text{m} = 96.2\text{dB}$$

分支系统 E 点的输出电平为：

$$S_E = 110\text{dB} - 2\text{dB} - 5\text{dB} - 10\text{dB} - 0.08\text{dB/m} \times 60\text{m} = 88.2\text{dB}$$

4. 实践步骤

1）按照 12. 4. 3 中的方法，用场强仪测量频道 55 对应的供电器信号输入端载波电平、过流二分配器信号输入端载波电平及电压、双向干线放大器信号输入端载波电平及电压、单向干线放大器信号输入端载波电平及电压、四分配器信号输入端载波电平，将数据记录表格。

2）根据步骤 1）中的数据，计算系统的电平损耗（电缆衰减系数平均值 0. 1dB/m）。

5. 请您做一做

1）简述干线电平的计算与分配概念。

2）简要说明干线电平的计算与分配操作实践。

12.4.6　干线放大器输入、输出电平的确定操作实践

1. 实践目的

1）了解干线放大器输入、输出电平的确定概念。

2）掌握干线放大器输入、输出电平的确定操作实践。

2. 实践设备

1）THPWX-1 型卫星有线电视系统装置。

2）场强仪。

3）计算机 1 台。

4）便携式万用表、螺钉旋具等安装接线工具。

3. 实践内容

在有线电视系统中，干线放大器是用来放大线路电视信号，补偿电缆损失的。传输干线越长，串接的放大器越多，线路中的高、低频道信号电平差也会越大。如放大器的输入、输出电平处理不当，会产生交扰调制、相互调制等干扰，系统的载噪比也会下降，影响信号的传输质量。下面分别介绍干线放大器输入、输出电平的确定方法。

（1）干线放大器输出电平的确定

在干线传输系统中，相互调制和交扰调制与系统串接的放大器台数和系统传输的频道数有关，系统中串接的放大器台数越少、传输的频道数越少，相互调制和交扰调制相对越小。由此可知干线放大器的输出电平是根据放大器的最大输出电平、干线放大器的串接台数和干线传输电视频道数而确定的，即

$$S_{OUT}=S_{max}-10\lg n-5\lg(N-1) \tag{12-8}$$

式中，S_{OUT}为干线放大器实际允许的最大输出电平；S_{max}为放大器的最大输出电平；n为干线放大器的串接台数；N为干线传输的频道数。例如某干线传输 5 套电视节目，并串接 5 台放大器，每台放大器最大输出电平为 120dB，在干线上最后一台放大器实际允许的最大输出电平为

$$S_{OUT}=120-10\lg5-5\lg4=110\text{dB}$$

在实际应用中，为了保证放大器发挥最大的输出电平，只有提高单个放大器的线性。放大器的线性越好，能串接的台数越多，传输的距离越远。

（2）干线放大器输入电平的确定

在有线电视系统中，总是希望输入信号电平高一些，信号电平越高，载噪比越高，接收效果越好。但是放大器的输出信号电平是受交扰调制和相互调制限制的，如输入的信号电平超过放大器的最大输入电平，放大器会处于非线性工作状态，造成放大器无法正常工作。放大器的最高输入电平是由放大器的最高输出电平与放大器的增益的差值来决定的，其表达式为

$$S_{INmax}=S_{OUT}-G_P \tag{12-9}$$

式中，S_{INmax}为放大器的最大输入电平；G_P为放大器的增益。

为了保证干线系统载噪比，放大器的最低输入电平按下式计算

$$S_{\mathrm{INmin}} = 2.6 + F_{\mathrm{S}} + 10\lg n + \left(\frac{C}{N}\right)_{\mathrm{S}} \tag{12-10}$$

式中，S_{INmin} 为放大器的最低输入电平；F_{S} 为干线传输分配系统的总噪声系数；n 为放大器的串接台数；$(C/N)_{\mathrm{S}}$ 为系统的载噪比；2.6 为热噪声电平。

4. 实践步骤

1）根据双向干线放大器的技术参数表，计算双向干线放大器的最高输入电平。

2）系统放大器共有 2 台，传输 3 个频道，计算单向干线放大器的最大输出电平。

5. 请您做一做

1）简述干线放大器输入、输出电平的确定概念。

2）简要说明干线放大器输入、输出电平的确定操作实践。

12.4.7 入户线的设计操作实践

1. 实践目的

1）了解入户线的设计概念。

2）掌握入户线的设计操作实践。

2. 实践设备

1）THPWX-1 型卫星有线电视系统装置。

2）场强仪。

3）计算机 1 台。

4）便携式万用表、螺钉旋具等安装接线工具。

3. 实践内容

入户线也称为分支线，它是干线分支后的分支信号传输系统，它把干线系统分支后的电视信号合理地分配给各电视用户。它一般由分配器、分支器、支线放大器、串接单元、终端器等组成。支线传输电平的计算与干线系统的计算基本相同。

在电视用户的电平分配过程中，用户电平过高，接收机的高频头工作会过载，使接收机无法工作。用户电平过低，接收机的信噪比变差，形成“雪花”干扰。国家规定用户电平为60dB~80dB之间，在设计安装时，根据传输频道数目选取。在电视频道数目较多时，用户电平宜取低些，当电视频道数目较少时，用户电平可取高些。

用户电平是设计分配系统的重要依据，用户电平的计算是先计算出分支线输入点到用户终端盒之间的电缆和部件对信号的衰减值，以此计算出用户端的电平值。用户电平 S_{n} 的计算方法如下

$$S_{\mathrm{n}} = S_{\mathrm{OUT}} - L_{\mathrm{F}} - L_{\mathrm{P}} - L_{\mathrm{C}} + G_{\mathrm{P}} - L_{\mathrm{X}} - L_{\mathrm{S}} \tag{12-11}$$

式中，S_{OUT} 为分支线输入电平，单位为 dB；L_{F} 为分支器、串接单元的总分支损失，单位为 dB；L_{P} 为分配器总分配损失，单位为 dB；L_{C} 为分支器或串接单元、终端器的总插入损失，单位为 dB；G_{P} 为支线放大器增益，L_{X} 为电缆总损失，L_{S} 为衰减器损失。

设计时如计算结果不能满足要求，就要调整干线或前端设备的输出电平和改变分配方式。如还不能达到要求，可增加线路放大器或加装衰减器，必要时通过调整放大器的

斜率解决。在较长的传输网络中，高、低频道的信号电平差较大，在计算时应分别计算。

用户电平的分配连接有不同的方式，常用的有如下几种方式。

1）分配器—分配器方式。这种分配方式全部使用分配器，由前端设备输出的信号先经二分配器分成二路信号输出，然后再用二分配器或四分配器把一路再分成数路输出。这种分配方式的特点是分配损失较小，缺点是如其中的一路空载对其他几路影响较大。图 12-19 所示为分配器—分配器连接方式。

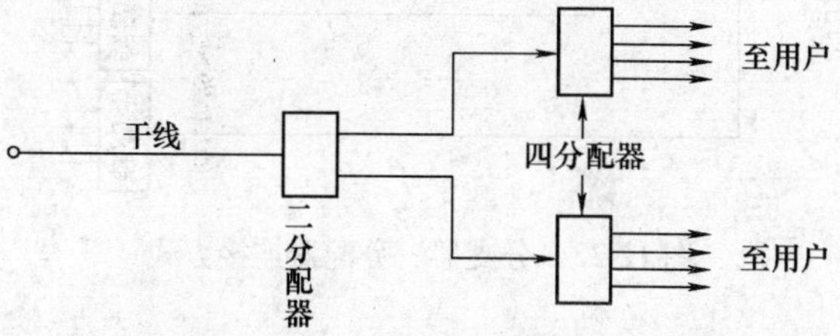

图 12-19　分配器—分配器连接方式

2）分支器—分支器方式如图 12-20 所示。其特点是它把前面分支器作为后面分支器的干线，这种方式的缺点是插入损失较大。

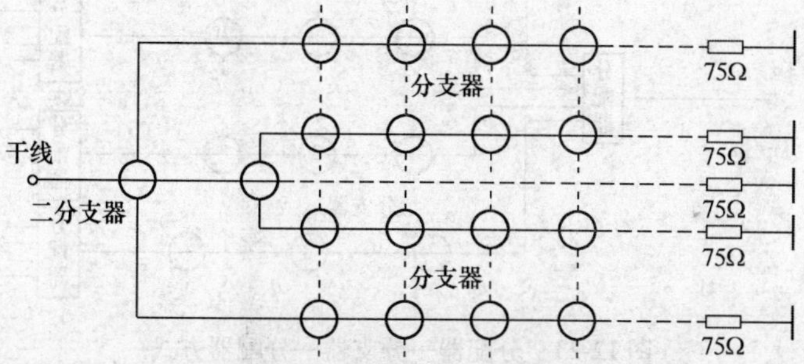

图 12-20　分支器—分支器连接方式

3）分配器—分支器方式如图 12-21 所示。在分配器的输出端接入分支器就组成了分配器—分支器方式，这种方式线路简单，安装方便。

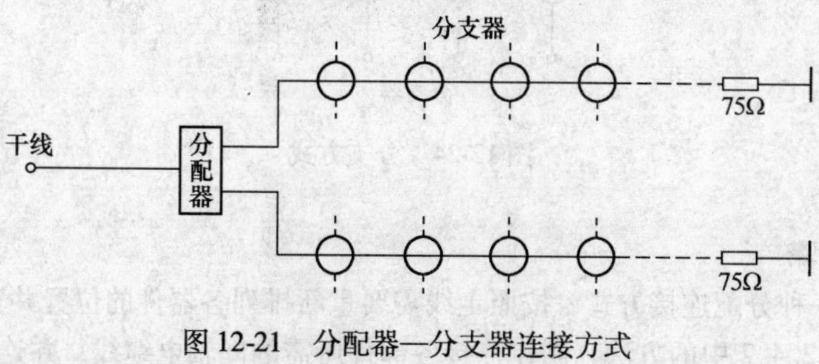

图 12-21　分配器—分支器连接方式

4）分支器—分配器方式如图 12-22 所示。这种方式的特点是分配输出端的电平均等，分配损失小，但终端不宜空载。

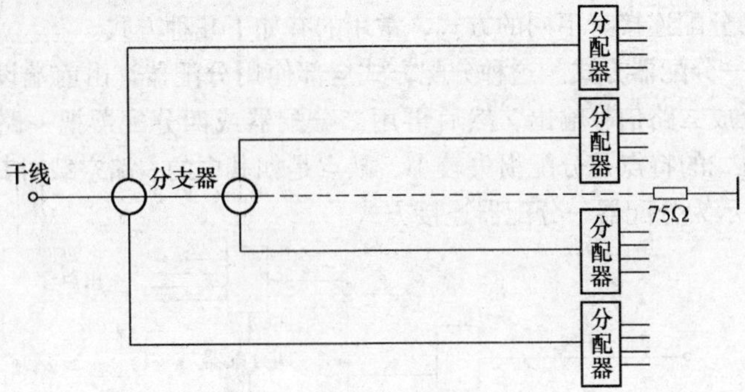

图 12-22　分支器—分配器连接方式

5）分配器—分支器—分配器方式如图 12-23 所示。这种方式大都在电平不高而用户较多的情况下采用。

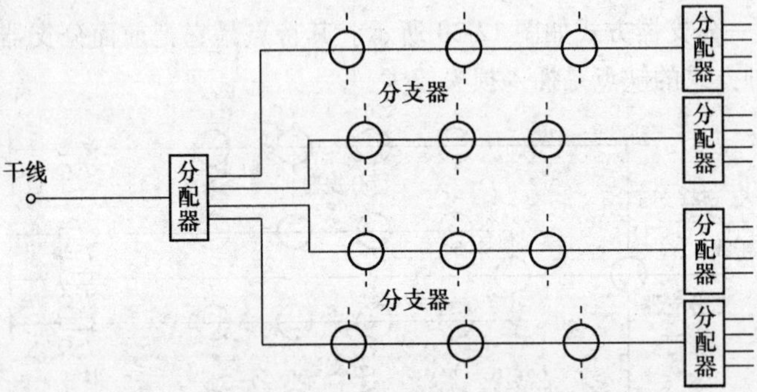

图 12-23　分配器—分支器—分配器方式

6）分支方式如图 12-24 所示。这种方式全部使用分支器进行分配，所有的分支器均在干线中串接使用，每个分支输出通过电缆输送至电视终端盒。

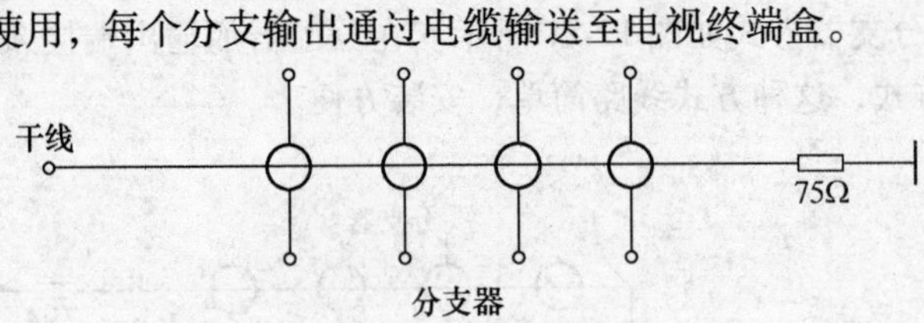

图 12-24　分支方式

4. 实践步骤

1）选择一种分配连接方式，按照走线需要重新排列各器件的位置并安装固定。

2）按照 12. 4. 2 中的方法，制作连接各部件所需的同轴电缆线，并连接。

3）用场强仪测试频道 55 对应的供电器信号输入端载波电平、过流二分配器信号输入端载波电平及电压、双向干线放大器信号输入端载波电平及电压、单向干线放大器信号输入端载波电平及电压、四分配器信号输入端载波电平，将数据记录表格。

4）将电视机接入到用户盒中，接收节目。

5. 请您做一做

1）简述入户线的设计概念。

2）简要说明入户线的设计操作实践。

12.5　思考与练习

1. 卫星地面接收系统主要由哪些部分组成？卫星地面接收站按照接收类型分为哪几种？

2. 卫星接收天线按材质可分为哪两种？天线的主要特性参数有哪些？

3. 卫星接收高频头主要由哪些部分组成？其主要特性参数有哪些？

4. 馈源系统主要由哪些部分组成？其主要功能有哪些？

5. 接收信号的特点卫星接收机有哪两种？各由哪些部分组成？其主要特性参数有哪些？

6. 卫星接收辅助器材主要包括哪些？各有哪些主要特性参数？

7. 有线电视系统主要由哪些部分组成？各有什么作用？

8. 如何进行卫星有线电视系统设备的安装？

9. 如何进行天馈角度的计算操作实践？

10. 如何进行卫星有线电视系统设备安装操作实践？

11. 如何进行系统调试的操作实践？

12. 如何进行同轴电缆的衰减与补偿操作实践？

13. 如何进行干线电平的计算与分配操作实践？

14. 如何进行干线放大器输入、输出电平的确定操作实践？

15. 如何进行入户线的设计操作实践？

学习情景 13　THPBZ-1 型闭路电视监控及周边防范系统

【学习目标】

知识目标

- 认知 THPBZ-1 型闭路电视监控及周边防范系统
- 了解闭路电视监控及周边防范系统的相关技术知识
- 了解闭路电视监控及周边防范系统实践的机理

技能目标

- 掌握闭路电视监控及周边防范系统实践的操作方法
- 掌握闭路电视监控及周边防范系统实践的安装和连接

情景条件

- THPBZ-1 型闭路电视监控及周边防范系统 1 套
- 便携式万用表、螺钉旋具等接线工具 1 套

13.1　工作任务

电视监控系统越来越多地受到人们注意，政府机关、银行、酒店、停车场、财务室、自选超市、大型商场、博物馆等重要场所纷纷安装上了电视监控系统，在出现重大意外时，能够做到有据可依、有证可查。许多重大银行抢劫案及刑事案件的告破都是根据电视监控系统提供的重要线索。

如图 13-1 所示，典型的电视监控系统通常包含有五个部分：摄像机、传输线路、控制中心、显示设备和录像记录。摄像机安装在需要监视的场所，配有云台调整观察角度，配有调焦装置可调整观察的距离及清晰度，配有防护罩以防损坏；传输线路将摄制的图像信号传输至中央控制室显示、记录；主控制器将传送来的信号处理之后进行显示和记录；显示设备可以是电视墙，也可以是高档微机；录像记录可以进行长时间的录制保存。

本工作任务就是要认知这种闭路电视监控系统，进行闭路电视监控系统的相关操作实践。

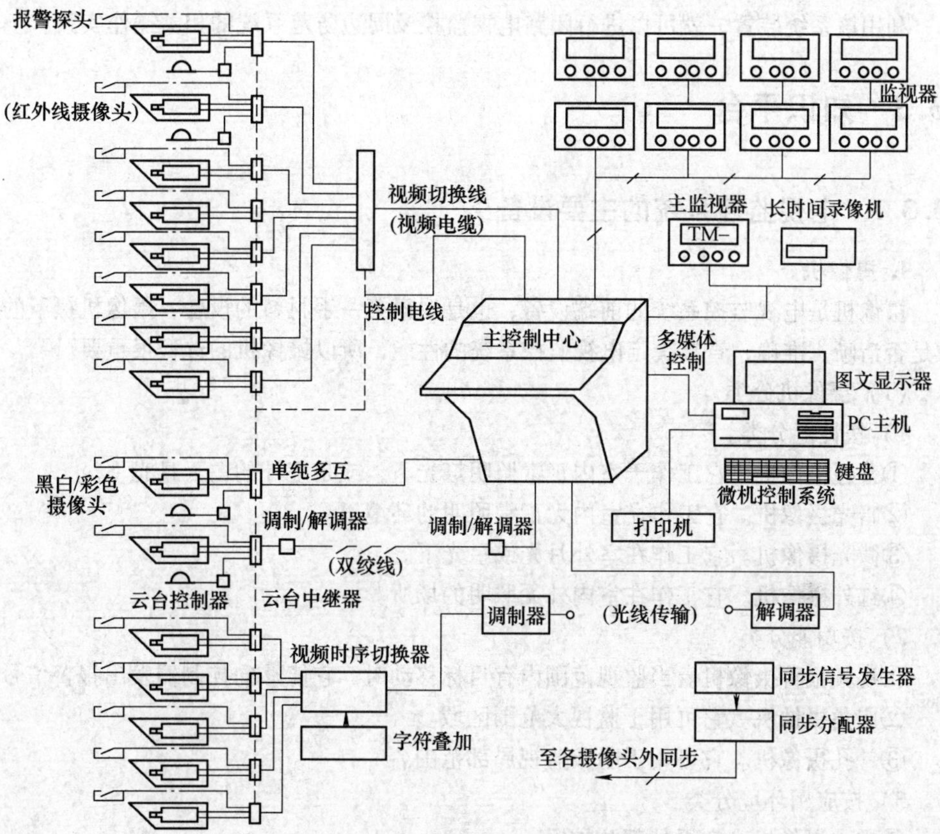

图 13-1　典型的闭路电视监控系统

13.2　任务分析

图 13-2 是“THPBZ-1 型闭路电视监控及周边防范系统”构成示意图，它是天煌教仪根据目前我国建筑电气和楼宇自动化专业课程精心设计的实训装置，主要由一体化摄像机、彩色半球摄像机、彩色枪机摄像机、紧急按钮、红外对射探测器、声光报警器、数字硬盘录像机以及彩色监视器组成。

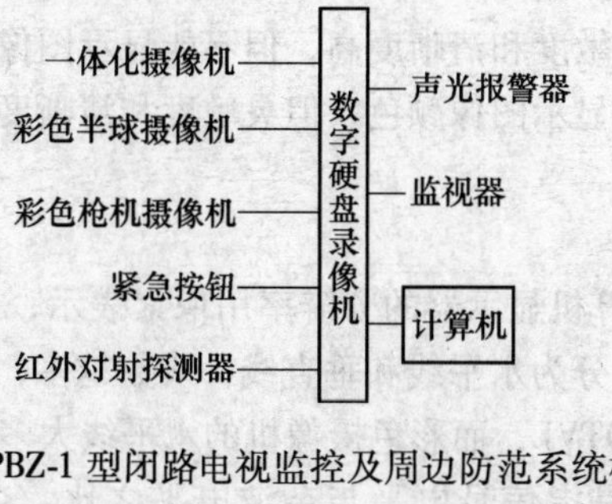

图 13-2　THPBZ-1 型闭路电视监控及周边防范系统构成示意图

利用该系统装置，就可以进行闭路电视监控及周边防范系统的相关操作实践。

13.3 知识平台

13.3.1 电视监控系统的主要设备

1. 摄像机

摄像机是电视监控系统的前端设备，也是取得第一手材料的设备，摄像机摄下的图像是否清晰、准确，直接决定电视监控系统的性能，所以摄像机的选型很重要。

（1）摄像机分类

1）按性能分类。

①普通摄像机。它工作于室内正常照明灯光下，或是室外的白天日光下。

②暗光摄像机。它工作在室内无正常照明的环境里。

③微光摄像机。它工作在室外月光或星光下。

④红外摄像机。它工作在室内外无照明的场所。

2）按功能分类。

①视频报警摄像机。当监视范围内有目标移动时，它能够向控制器发出报警信号。

②广角摄像机。它可用于监视大范围区域。

③针孔摄像机。它可用于隐蔽监视局部范围。

3）按应用环境分类。

①室内摄像机。它无外部防护罩。

②室外摄像机。摄像机装有外部防护罩，内设降温风扇、遮阳罩、加热器、雨刷等，以适应室外温度、湿度的变化。

4）按结构分类。

①固定式摄像机。它能监视固定目标。

②可旋转式摄像机。它带旋转云台，可上、下、左、右旋转。

③球形摄像机。它可作360°水平旋转、90°垂直旋转，同时还可以预置旋转位置。

④半球形摄像机。它吸顶安装，可作上、下、左、右旋转。

5）按图像颜色分类。

①黑白摄像机。其灵敏度和清晰度高，但不能显示图像颜色。

②彩色摄像机。它能显示图像颜色，但灵敏度和清晰度在同等情况下比黑白摄像机低。

（2）摄像机参数

1）清晰度。如同计算机显示器的分辨率用像素表示，像素越多则分辨率越高。摄像机的清晰度用线表示，分为水平线和垂直线，线数越多，则清晰度越高。黑白摄像机的水平线大多在450~600TVL，而彩色摄像机的水平线大多在230~420TVL。

2）信噪比。信噪比是指信号电平与杂波电平之比，杂波包括电源杂波、随机杂波、单频杂波等。摄像机的信噪比一般都大于40dB。

3）灵敏度—最低照度。一般摄像机的灵敏度是用被摄物体的照度来表示的，摄像机的标称灵敏度是对白色反射率为89.9%、黑色反射率接近零的测试卡而言的。通常摄像机给出最低照度。在应用中，为获得满意的图像，所需照度应比最低照度大得多。例如，为获得额定信号幅度，就应增大10倍。如果光圈达不到F1.4，而镜头的最大光圈为F4，则F1.4和F4的进光量相差三档光圈，即8倍，此时，被摄物体的照度应比最低照度大80倍，才能获额定幅度的信号。

电荷耦合式（CCD）摄像机对红外光是比较敏感的，如果在完全黑暗的地方进行监视，可加上红外光源。

CCD摄像机的最低照度一般为0.1～5lx。

4）同步方式。为防止在切换图像时产生闪跳现象，系统设备之间需采用外加同步信号，并配一台同步信号发生器。有些摄像机的同步信号可以锁定在供电的交流电源上，对这种摄像机只要与所有摄像机使用同一交流电源即可。

5）白平衡。彩色摄像机要真实还原被摄物的原色，必须白平衡正常，彩色摄像机的自动白平衡是自动调整的。在彩色摄像机中常有按钮ATW ON（此时可实现自动跟踪白色平衡，即ATW）和OFF（此时只能实现自动白色平衡，即AWB或自动白色控制，即AWC）。

6）电子光线控制。很多CCD摄像机利用电子快门，根据入射光的强弱来调节CCD图像传感器的曝光时间，从而在光线变化较大时可不采用光圈镜头。一般的电子光线控制范围相应于电子快门在1/50～1/10000s范围内连续变化。

7）自动增益控制（AGC）。AGC可以提高低亮度情况下摄像机图像信号的强度。

8）逆光补偿。设有这种功能的摄像机，能够补偿在逆光摄像时图像出现发黑不清的现象。

9）环境温度。通常在－20～＋50℃。

10）供电电压及功耗。供电电压通常为AC220V和DC24V，功耗为5～10W。

11）尺寸。CCD摄像机扫描的有效面积（靶面）通常是由等效的摄像管直径来标称的，有1/3in、1/2in、2/3in等。

2. 镜头

镜头的作用是收集光信号，并成像于摄像机的光电转换面上。镜头分为定焦镜头和变焦镜头。

根据单透镜成像原理，可知

$$1/L + 1/L' = 1/f \qquad (13\text{-}1)$$

式中，L为物距；L'为像距；f为焦距。

f等于常数的镜头即为定焦镜头，这种镜头的焦距在出厂时已设定完毕，不能再作调整。实用中，定焦镜头使用的较多。

可以推得，当L远远大于L'时，可求出镜头的放大率M为

$$M = L'/L \approx f/L \qquad (13\text{-}2)$$

可见，对于某一个被摄物体，定焦镜头可以通过减少物距来获得大的图像，也可以不改变物距，而增加镜头的焦距来获得大的图像，也就是长焦镜头可以将远景拉近，感觉视野变小了，而短焦镜头可以将近景推远，感觉视野变大了。

与上述定焦镜头相反，变焦镜头是能在成像清晰的条件下，通过改变镜头焦距来改变图像大小的镜头。实际操作时，先利用短焦搜寻目标，之后把焦距调大，看清目标。对于电视监控系统而言，这一点很有实用价值。

除上述之外，还有一种自动光圈镜头，光圈（或称光圈指数和光圈数）是衡量镜头通光量的，它是镜头焦距与通光孔径的比值，用 F 表示。光圈越小，通光量越大；光圈越大，通光量越小。

3. 云台

云台是摄像机的支撑、转动部件，能使摄像机改变摄像角度、监视范围更广。云台种类很多，按通用性分类，可分为通用型云台和特殊型云台，通用型云台又分为遥控电动云台和手动固定云台。按使用地点分类，可分为室内云台和室外云台。电动云台又分为左右摆动的水平云台、上下左右都能摆动的全方位云台。

4. 视频切换器

在实际的电视监控系统中，监视点很多，若一个监视点就需要一个监视器观察，则系统成本很高，且在许多场合采用这种做法也完全没有必要。可以考虑用少量的监视器轮流监视多个监视点，即多入少出的方式，这时就需要视频切换器。

视频切换器的工作原理是按照一定的时序把摄像机的视频信号分配给特定的监视器。视频切换器的规格常用最大摄像机/监视器的配置来表示，有 32 输入/8 输出、128 输入/16 输出、128 输入/32 输出、256 输入/32 输出等。切换的方式可以按事先设定的时间间隔对一组摄像机信号（如 4 台或 8 台）逐个循环切换到某一台监视器的输入端上，也可以在接到某一点的报警信号后，长时间监视这一区域的情况。

5. 画面分割器

由于实际监视点很多，即便有了视频切换器，所需的监视器数量也会很多，其原因：一是监视器所占空间较大，不好安置；二是保安人员大范围巡视，既很疲劳，效果又不好。所以，人们提出了全景监视的概念，即让所有的摄像机信号都显示在有限的监视器屏幕上。

画面分割器就是实现全景监视的一种装置，多路视频信号进入画面分割器后再输入到一台监视器，就可在一台监视器屏幕上同时显示多个画面（多个摄像机输入的视频信号）。画面分割器分为二画面、四画面、十六画面，通过编程，每个画面的图像可以实现定格，也可以全屏放大。

6. 监视器（也称显示终端）

由摄像机传送来的视频信号由监视器再现为图像，按其功能可分为三种：一种是图像监视器，它与电视接收机相比不含高频调谐、中频放大、检波、音频放大等电路，视频带宽可达 7 ~ 8MHz，水平清晰度可达 500 ~ 600 线以上，显像管框内的画面在水平和垂直方向的大小可以自由调整，以便于对图像的全部画面进行检查；一种是电视监视器，兼有图像监视器和电视接收机的功能，可将广播电视信号转换为视频信号在屏幕显示的同时送往录像机进行录像，也可作为录像信号重放时的图像显示设备，还可对摄像机直接传送来的视频信号和音频信号进行监听、监视；再一种监视器是采用高档计算机，通过矩阵切换系统，将现场摄像机传送来的信号在计算机屏幕上再现。

7. 视频录像机

视频录像机有两种：一种是连续式，像银行、博物馆等处，需长期录像；一种是间歇式，可以设置多种时间间隔模式，可以设置为周期性自动录像，也可以设置为收到报警信号后，自动进入连续录像状态。录像机内设有字符信号发生器，可在图像信号上打出“月/日/年/星期/时/分/秒/”录像模式，还能在图像上显示出摄像机与报警器的编号和报警方式。

8. 传输部分

监视现场和控制中心之间有两种信号需要传输：一种是摄像机的视频信号传送至控制中心；一种是控制中心将控制信号传送至监视现场，控制现场设备。

视频信号传输采用同轴电缆、光纤或双绞线，使用双绞线传输时，需要加设视频适配器。

控制信号传输可以采用多种方式，第一种是直接控制传输，即控制中心直接将控制量，如云台和变焦镜头所需的电流、电压信号等直接送至被控设备，这种方式适用于现场控制设备较小的情况。

其次，当控制中心所控制的云台、镜头数量较多时，需采用多线编码的间接控制。在这种方式中，控制中心直接把控制命令编成二进制或其他方式的并行码，由多线传输给现场的控制设备，再将它转换成控制量，对现场设备进行控制。

另外，控制信号还可采用通信编码间接控制，这种方式采用串行通信编码控制方式，用单根线可以控制多路控制信号，到现场后再进行解码。这种方式可以传送1km以上，能够大大节约线路费用。

除上述之外，还有一种视控信号同轴传输方式，这种方式不需要另外铺设电缆，而是将控制信号和视频信号复用同轴电线。复用方式有两种：一种是频率分割，即把控制信号调制在与视频信号不同的频率范围内，然后同视频信号一起传送，到现场之后再分开；另一种是利用视频信号场消隐期间传送控制信号。在短距离范围内，同轴视控传输有明显的优点。

9. 控制中心

控制中心负责控制电视监控系统中所有设备和图像信号的处理。

首先，控制中心可控制三可变镜头。“三可变”是指变焦、聚焦、变光圈，“三可变”包括长短（变焦）、远近（聚焦）和开闭（变光圈）控制。

其次，控制中心可控制云台的回转范围与旋转速度。水平回转范围通常为0°~350°，普通云台旋转速度恒定，水平方向3°/s~10°/s，垂直方向3°/s~5°/s。对速度有特殊要求时，可采用位置伺服控制装置，云台旋转速度可达200°/s以上。

再者，控制中心可进行画面切换控制：可控制视频分配器将一路视频信号分送多台监视器和录像机；可控制视频切换器将多路视频信号送往一台或多台监视器：可控制多画面分割器将4～16路视频信号合成一幅画面；可控制一台监视器/录像机同时显示/记录4～16路信号，并将其任意一路视频满屏回放。

另外，控制中心还可实现联动控制，如在火警、盗警发生时，可通过联动控制使视频监视系统转入监视状态，报警点摄像机切为主监视画面，可做特写、满屏显示，同时启动录像机做实时记录。

13.3.2 THPBZ-1型闭路电视监控及周边防范系统设备的认识

THPBZ-1型闭路电视监控及周边防范系统设备构成示意图如图13-2所示。

1. 一体化摄像机

一体化摄像机采用韩国世林SR-AP250一体化摄像机，SR-AP250的特点如下：

1）影像感测元件：1/4英寸影像感测元件。

2）有效像素（水平×垂直）：510×582。

3）影像输出：$1V_{P-P}/75\Omega$，BNC接头。

4）水平扫描解晰度：380线。

5）同步系统：内同步。

6）内置镜头：22倍变焦镜头（3.9～85.8mm，F1.6～3.7）。

7）信号/杂讯比：大于48dB。

8）数字变焦：10倍。

9）灵敏度：1lx/F1.6。

10）自动电子快门：1/60～1/10000（NTSC）；
1/50～1/10000（PAL）。

11）供电电源：DC12V。

2. 云台

云台采用亚安YD5409球型云台，其特点如下：

1）具有内置解码器。

2）具有一条自动扫描路线，且扫描边界不可设置，靠限位开关控制其左右边界。

3）通信协议转换功能：YAAN、Pelco-D、Pelco-P、AD/AB、行协、三星及多种波特率通信。

4）旋转角度：

①水平：0°～355°；

②垂直：0°～90°。

5）旋转限位：水平限位可调。

6）旋转速度：

①水平：12°/s；

②垂直：12°/s。

7）电源：24V AC（－20%～10%），50/60Hz，1.2A。

3. 彩色半球摄像机

彩色半球摄像机采用FC-5028，其主要特点如下：

1）影像感测元件：1/3英寸索尼彩色HAD CCD。

2）有效像素（水平×垂直）：

①NTSC：510×492；

②PAL：500×582。

3）水平扫描解晰度：420线。

4）最低照度：0.8lx/F1.2。

5）信号/杂讯比：>48dB。

6）自动电子快门：1/60～1/10000（NTSC）；

1/50～1/10000（PAL）。

7）具有自动增益控制、自动白平衡。

8）同步系统：内同步。

9）影像输出：$1V_{P-P}/75\Omega$，BNC接头。

10）供应电源：DC12V±10%。

4. 彩色枪机

彩色枪机采用FC-2028，其主要特点如下：

1）影像感测元件：1/3英寸索尼彩色HAD CCD。

2）有效像素（水平×垂直）：

①NTSC：510×492；

②PAL：500×582。

3）水平扫描解晰度：420线。

4）最低照度：0.8lx/F1.2。

5）信号/杂讯比：>48dB。

6）自动电子快门：1/60～1/100000（NTSC）。

1/50～1/110000（PAL）。

7）具有自动增益控制、自动白平衡。

8）同步系统：内同步。

9）影像输出：$1V_{P-P}/75\Omega$，BNC接头。

10）供应电源：DC12V±10%。

5. 报警输入设备

报警输入设备有紧急按钮和红外对射探测器，用于提供报警输入的开关量信号。

6. 报警输出设备

报警输出设备采用声光报警器，用于提供报警输出的声音、光线报警。

7. 控制主机

控制主机采用大华嵌入式硬盘录像机DH-DVR0404LK，其主要特点如下：

1）主处理器：嵌入式微处理器。

2）操作系统：嵌入式 Linux。

3）操作界面：图形化菜单操作界面。

4）视频输入：4 路复合视频（PAL/NTSC），BNC（1.0Vp-p，7.5Ω）。

5）视频输出：1 路 PAL/NTSC，BNC（1.0Vp-p，7.5Ω），复合视频信号 1 路 VGA 显示器接口输出。

6）视频显示：1、4 路画面显示。

7）视频标准：PAL（625 线，50 场/秒），NTSC（525 线，60 场/秒）。

8）系统资源：同时多路录像、同时录像回放、同时网络操作。

9）硬盘：内置 2 个 IDE 接口，可接 4 个硬盘。

10）电源：220V，50Hz/110V，60Hz。

13.3.3　THPBZ-1 型闭路电视监控及周边防范系统设备的安装与系统连线

1. 设备的安装

1）摄像机安装。摄像机通常有壁挂或者吊挂两种形式，本实践装置采用壁挂的形式。

2）报警设备安装。报警输入设备一般安装在报警监控现场，报警输出（声光报警器）设备一般按照需要进行安装。

3）控制中心设备安装。控制中心一般包含控制报警联动主机和监控输出设备，硬盘录像机和监视器一般固定到监视控制桌或者监视控制柜中。本实践中采用了硬盘录像机和监视器作为控制中心管理设备。

2. 系统连线

本系统采用球型云台（一体化摄像机），球型云台的外部线缆有解码器电源线（24V AC）、RS-485（A、B）、视频线，内部线缆有摄像机电源线（12V DC）、镜头控制线（变焦、聚焦、光圈、公共）、视频线。一体化摄像机的线缆有变焦、聚焦、关键、公共、电源地、正电源正极（这里分别用数字 1 ~ 6 表示）。打开球型云台的下半球护罩，并将一体化摄像机固定到球型云台的摄像机挡板上。连接球型云台的视频电缆到一体化摄像机的同轴电缆（BNC）座上，将球型云台的内部线缆与一体化摄像机的通信控制电缆连接，如图 13-3 所示。

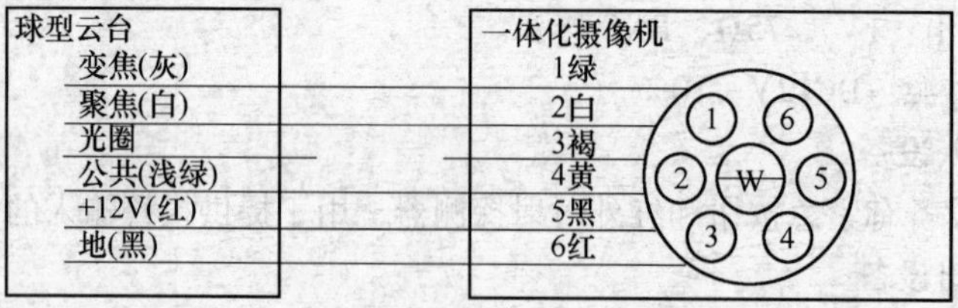

图 13-3　球型云台内部接线图

一体化摄像机的视频电缆由控制屏直接连接到监视柜的硬盘录像机上，硬盘录像机的视频电缆输出连接到监视器输出，其通信控制装置的接线如图 13-4 所示。

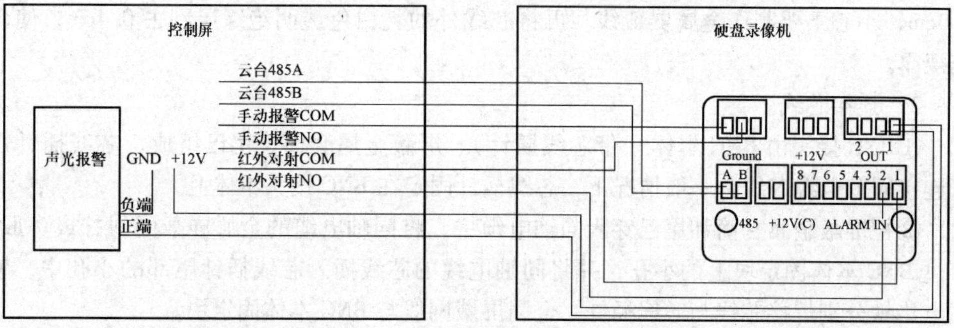

图 13-4　闭路电视监控及周边防范系统接线图

云台的 485 控制线缆连接到硬盘录像机的 485 输入端，紧急按钮的公共端和常开触点分别连接到硬盘录像机的地和报警输入 1（ALARMIN1），红外对射探测器的公共端和常开触点分别连接到硬盘录像机的地和报警输入 2（ALARMIN2），声光报警器将 DC12V 电源串接硬盘录像机的报警输出 1。

13.4　解决方案

13.4.1　BNC 接头制作操作实践

1. 实践目的

1）认知 BNC 接头。

2）学会 BNC 接头制作。

2. 实践仪器

1）BNC 接头 2 只。

2）SYV75-3-2 同轴电缆若干。

3）小螺钉旋具、小刀、电工钳（学校自备）各 1 把。

3. 实践步骤

BNC 接头有压接式、组装式和焊接式，制作压接式 BNC 接头需要专用卡线钳和电工刀。压接式 BNC 接头制作步骤如下：

1）剥线。

①如图 13-5 所示，同轴电缆由外向内分别为保护胶皮、金属屏蔽网线（接地屏蔽线）、乳白色透明绝缘层和芯线（信号线）。芯线由一根或几根铜线构成，金属屏蔽网线是由金属线编织的金属网，内外层导线之间用乳白色透明绝缘物填充，内外层导线保持同轴故被称为同轴电缆。该实践操作中采用的同轴电缆 SYV75-3-2 芯线为多根铜线组成。

图 13-5　同轴电缆结构图

②剥线。用小刀将同轴电缆外层保护胶皮剥去

1.0cm，小心不要割伤金属屏蔽线。再将芯线外的乳白色透明绝缘层剥去0.4cm，使芯线裸露。

2）连接芯线。

①BNC 接头由 BNC 本体（带芯线插针）、屏蔽金属套筒、尾巴组成，芯线插针用于连接同轴电缆芯线。一般情况下，芯线插针固定在 BNC 接头本体上。

②把屏蔽金属套筒和尾巴穿入同轴电缆中，将同轴电缆的金属屏蔽网线拧成一股，穿过 BNC 本体固定块上的小孔，并将同轴电缆的芯线插入芯线插针尾部的小孔中，使用电烙铁分别焊接芯线与芯线插针、金属屏蔽网线与 BNC 本体固定块。

3）压线。

①使用电工钳将固定块卡紧同轴电缆，将屏蔽金属套筒旋紧 BNC 本体。

②重复上述方法在同轴电缆另一端制作 BNC 接头，全部制作完成。

③使用前最好用万用电表检查 BNC 接头，断路和短路均会导致无法通信。

4. 请您做一做

1）简述同轴电缆的结构组成。

2）简要说明 BNC 接头制作的操作过程。

13.4.2 镜头调试操作实践

1. 实践目的

1）认知镜头。

2）学会镜头的调试。

2. 实践仪器

1）THPBZ-1 型闭路电视监控及周边防范系统装置 1 套。

2）十字螺钉旋具 1 把。

3. 实践步骤

1）使用螺钉旋具打开彩色枪机前盖的固定螺丝，并旋松镜头上的固定螺丝。

2）打开电源，并使用硬盘录像机将监视器切换到彩色枪机的显示画面。按"Mult"按键将监视器画面切换到单画面显示，按"3"将彩色枪机的监视画面切换到监视器上显示。

3）彩色枪机的镜头调节主要通过旋转调节镜头的焦距（N→∞）调节环，即使固定螺钉左右移动，使影像画质最清晰，镜头调试完成。

4）该装置中一体化摄像机的镜头不用手动调节，它具有自动调节功能。

注意：摄像机镜头的调试过程中，若操作不当容易造成摄像机的损坏。建议在老师的指导下学生进行操作。

4. 请您做一做

1）简述镜头的结构组成。

2）简要说明镜头调试的操作过程。

13.4.3　控制中心操作实践

1. 实践目的

1）认识硬盘录像机控制球型云台（一体化摄像机）。

2）学会使用硬盘录像机控制球型云台（一体化摄像机）转动及参数设置。

2. 实践仪器

THPBZ-1 型闭路电视监控及周边防范系统装置 1 套。

3. 实践原理

1）硬盘录像机面板布局。硬盘录像机的面板布局如图 13-6 所示，主要分为：电源开关，录像、回放功能区，数字键区，录像指示区，确定、方向键区，飞梭键区等。

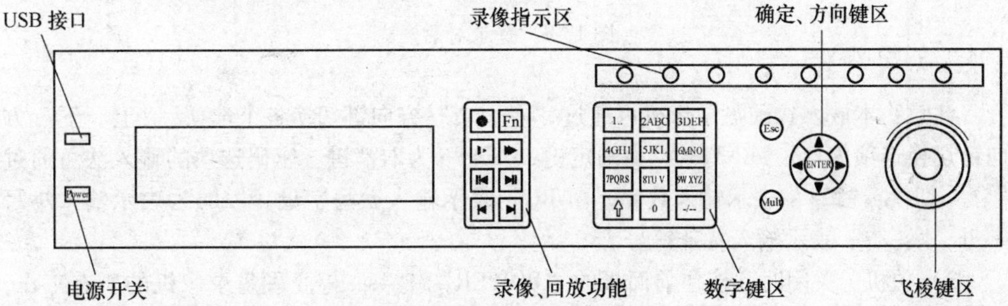

图 13-6　硬盘录像机面板布局

2）画面显示原理。嵌入式硬盘录像机的画面显示集成了多画面切割器，能实现实时监控和多画面监控功能，其原理如图 13-7 所示。

该装置中，嵌入式硬盘录像机的画面显示可输出到监视器或者通过网络输出显示。输出到监视器的画面主要由嵌入式硬盘录像中的画面分割器对画面进行 1 画面或 4 画面分割，实现多画面监控功能。网络输出主要分为实时监控和多画面监控，其中实时监控对单个通道进行监视。

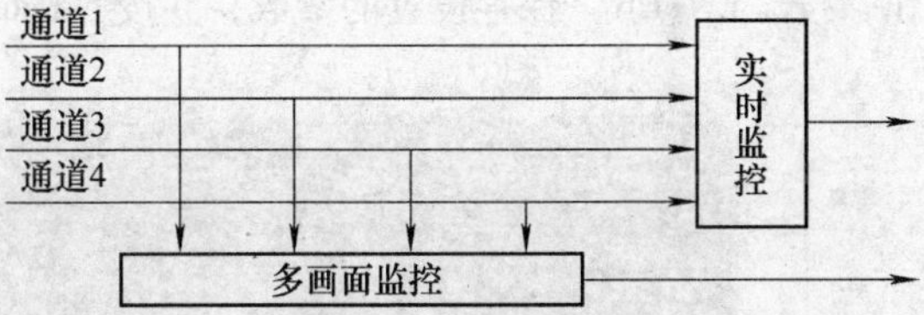

图 13-7　嵌入式硬盘录像机的画面显示原理图

4. 实践步骤

（1）接线

实训装置的线缆连接要连接 19 芯通信电缆和视频电缆，其中，视频电缆按照 BNC1 与 BNC1 对应、BNC2 与 BNC2 对应、BNC3 与 BNC3 对应连接。

注意：本实训装置主要有三个摄像机，且实训屏台上的 BNC1、BNC2 和 BNC3 分别对应球型云台（一体化摄像机）、彩色半球摄像机和彩色枪机，监视柜上的 BNC1、BNC2 和 BNC3 分别对应硬盘录像机的通道 1、通道 2 和通道 3。

（2）基本操作

1）通电。插上实训平台及监视控制柜的电源线，打开实训平台的漏电保护器、监视控制柜的接线板开关以及硬盘录像机、监视后面板的电源开关，则硬盘录像机电源指示灯亮，硬盘录像机开机。

2）系统登录。在硬盘录像机正常开机后，按硬盘录像机的“Enter”确认键，弹出“登录系统”对话框，并在“登录系统”界面中，选择用户名“888888”，输入密码“888888”，切换到“确定”按钮，按“ENTER”键即可登录系统，如图13-8所示。

图13-8　登录对话框

注意：本嵌入式硬盘录像机可通过“左、右”方向键切换各个选项，“上、下”方向键切换选项内容，“ENTER”为确定键，“Esc”为取消键。密码选项的输入法可通过“⇧”切换，“123”表示输入数字，“ABC”表示输入大写字母，“abc”表示输入小写字母，“：/?”表示输入特殊符号。

3）关机。关闭时，按住前面板的“POWER”键4s，停止硬盘录像机的所有工作，方可按下后面板的电源开关，关闭电源。

4）参数设置。登录系统后，依次进入“主菜单→系统设置→云台设置”界面，如图13-9所示，并重新设置参数：通道选择为1；协议选择为PELCOD3；地址选择为1；波特率选择为2400；数据位选择为8；停止位选择为1；校验选择为无。选择“保存”按钮，按“ENTER”保存设置的参数，并按“Esc”直到退出参数设置系统。

图13-9　云台控制参数设置界面

5）云台控制。在画面显示下，直接按数字键“1”将监视器的显示界面切换到球型云台（一体化摄像机）的监控图像。按面板上的“Fn”键，进入“辅助功能”界面，默认选中“云台控制”。按“ENTER”键进入“云台控制”界面，如图13-10所示。

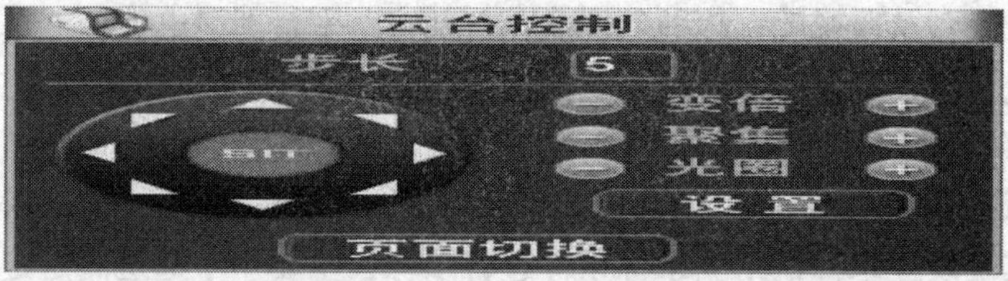

图 13-10　云台控制界面 1

使用前面板的方向键“上、下、左、右”即可控制球型云台（一体化摄像机）进行上、下、左、右转动。

使用前面板的慢放▶或者快进▶▶将球型云台（一体化摄像机）的放大倍数增大或者减小。

使用“Fn”键进行页面切换，如图 13-11 所示。

图 13-11　云台控制界面 2

使用“左、右”键切换各个选项，使用“上、下”键可改变“值”的大小。

切换到“线扫”按钮，并按下“ENTER”键，即可将摄像机切换到自动扫描转动状态，其限位点为左右限位点，并将“线扫”按钮改为“停止”按钮。

选中“停止”按钮，按“ENTER”键，即可退出自动扫描转动状态。

在“云台控制”界面下，可通过按键“ESC”退出云台控制界面。

5. 请您做一做

1）简述嵌入式硬盘录像机的画面显示原理。

2）简要说明控制中心操作实践的过程。

13.4.4　硬盘录像机操作实践

1. 实践目的

1）认识使用硬盘录像机的录像功能。

2）学会使用硬盘录像机进行基本录像操作。

2. 实践设备

THPBZ-1 型闭路电视监控及周边防范系统装置 1 套。

3. 实践步骤

（1）接线　该装置的线缆连接要连接 19 芯通信电缆和视频电缆，其中，视频电缆按照 BNC1 与 BNC1 对应、BNC2 与 BNC2 对应、BNC3 与 BNC3 对应连接。

插上实践平台及监视控制柜的电源线，打开实践平台的漏电保护器、监视控制柜的接线板开关以及硬盘录像机、监视后面板的电源开关。

（2）录像操作

1）录像说明。硬盘录像机的录像模式分为：自动、手动、关闭三种模式。

自动模式是硬盘录像机依据录像条件进行录像，主要用于通道满足定时录像、动态监测和报警等条件后进行录像；手动模式是用于手动设置录像或者不录像，当选中“手动”时，通道开始录像；关闭模式则不记录任何录像，主要用于手动关闭通道的录像功能。

登录系统后（登录系统可参考13.4.3中的内容），选择“主菜单”中的“高级选项”，以及“高级选项”中的“录像控制”选项，进入“录像控制”设置界面。如退出，可按“Esc”退出。

2）手动录像。登录系统，依次进入“高级选项”、“录像控制”界面，使用“左、右”方向键将录像通道切换到通道1，使用“上、下”方向键切换本路录像的状态（显示“●”为开启该项录像功能），使通道1为“手动”状态。切换到“确定”按钮，并按“ENTER”键保存退出“录像控制”界面，即可将该通道1切换到录像状态。按“Esc”键，可退出设置界面。

等待10min后，将通道1的录像控制状态改为“关闭”，即可关闭通道1的录像。

注意：当前通道为浅绿色。当硬盘录像某通道开始录像时，硬盘录像机录像指示区的指示灯被点亮；停止录像，则指示灯熄灭。

3）定时录像。登录系统，依次进入“高级选项”、“录像控制”界面，将通道2的录像状态改为“自动”，保存并退出。

依次进入“系统设置”、“录像设置”界面，参数设置为：通道选择2，星期选择全，时间段1为00:00～24:00（注意：这里可修改为当前系统时间到录像结束时间，一般录像时间可依据教学时间进行设置，将开始时间设置为当前时间，结束时间为当前时间多加10分钟左右），选择“普通”，其他保持默认设置，选择保存并退出，即打开通道2的定时录像功能。

注意：该实践中，选中状态为反显“■”或者反显“●”。

4）动态监测录像。登录系统，依次进入“高级选项”、“录像控制”界面，将通道3的录像状态改为“自动”，保存并退出。

依次进入“系统设置”、“视频检测”界面，参数设置：通道选择3，类型选择动态检测，录像通道选择“3”，延时10s，时间段1为00:00～24:00，并选中时间段1的“屏幕提示”和“报警输出”。选中区域“设置”按钮，按“ENTER”键进入设置区，绿色边框方块代表当前光标所在位置，粉色区域为动态检测设防区，颜色正常的为不设防区。可通过方向键移动光标所在位置，“Fn”键切换设防状态和不设防状态，设置完毕后按下“ENTER”确定退出动态区域设置，并在退出“动态检测”菜单时，按下“保存”按钮。

依次进入“系统设置”、“录像设置”界面，参数设置：通道选择3，星期选择全，时间段 1 为 00∶00 ~ 24∶00，延时 10s，选择“动态”，其他保持默认设置，选择“保存”按钮，按“ENTER”键保存设置并退出。

当在监视界面中有运动物体通过，硬盘录像机则提示并进行录像操作。可通过录像查询功能查询相应的录像记录。

注意：动态检测的区域设置默认情况下全选为检测区域。在动态检测区域中，按“Fn”键切换到不设防状态，移动光标位置当前位置到开始不设防状态位置的对角线均为不设防状态。

5）报警联动录像。登录系统，依次进入“高级选项”、“录像控制”界面，将通道 1 的录像状态改为“自动”，保存并退出。

依次进入“系统设置”、“录像设置”界面，参数设置：通道选择 1，星期选择全，时间段 1 为 00∶00 ~ 24∶00，选择“报警”，其他保持默认设置，选择保存并退出。

依次进入“系统设置”、“报警设置”界面，参数设置：报警输入选择 1，报警源选择本机输入，设备类型选择常开型，录像通道选中“1”，延时为 10 秒，报警输出选中“1”，时间段 1 为 00∶00 ~ 24∶00，并选中报警输出和屏幕提示，选择保存并退出。

依次进入“高级选项”、“报警输入”界面，并选中“1，2，3，4”，选择“确定”，并按“ENTER”键保存并按“Esc”键退出。

按下“紧急按钮”按钮，即可对通道 1 的画面进行记录，并在屏幕提示录像进行中。打开紧急按钮，并观察屏幕显示及硬盘录像机的录像指示灯。

（3）恢复出厂设置

登录系统，依次进入“系统设置”、“恢复默认”界面，可根据需要进行设置，如图 13-12 所示。

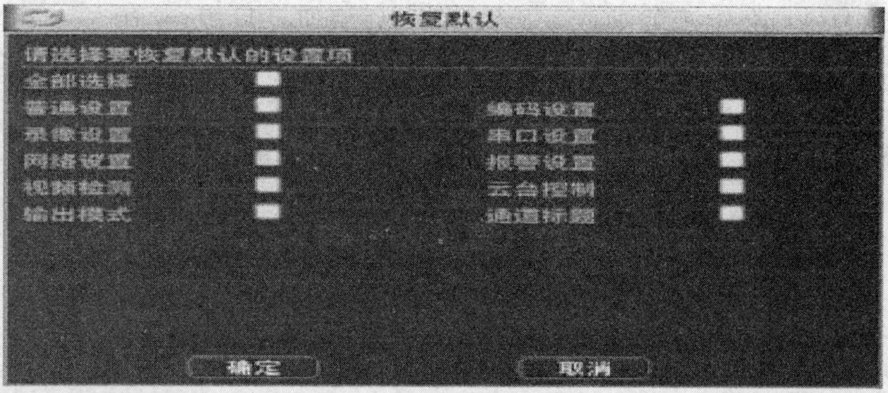

图 13-12　恢复默认设置界面

选中“确定”按钮，并按下“ENTER”按钮恢复出厂设置。

嵌入式硬盘录像机恢复出厂设置内容仅有：普通设置、录像设置、网络设置、视频检测、输出模式、编码设置、串口设置、报警设置、云台设置、通道标题等，且硬盘录像机恢复出厂设置不可以自动恢复上述内容外的参数设置，如：录像模式、报警输入等。

4. 请您做一做

1）简述硬盘录像机的录像功能。

2）简要叙述硬盘录像操作实践的过程。

13.4.5　硬盘录像机的软件安装操作实践

1. 实践目的

1）认识硬盘录像机的软件。

2）学会硬盘录像机的软件安装操作。

2. 实践仪器

1）THPBZ-1 型闭路电视监控及周边防范系统装置 1 套。

2）计算机 1 台。

3. 实践步骤

（1）接线　连接计算机电源线，并打开计算机进入 Windows 操作系统。

（2）主要软件说明

1）大华客户端：General-client6. 5. exe，可通过客户端远程访问控制大华 DVR 设备。

2）大华播放器：DH-player1. 60. exe，可播放转换大华 DVR 的录像文件。

（3）软件安装　本实训装置建议安装大华客户端（General-client6. 5. exe）、大华播放器（DH-player1. 60. exe）、DIRECX 插件（DX81chs. exe，ffdshow-20041012. exe）。

1）大华客户端。打开光盘，并运行“THPBZ-1 型闭路电视监控及周边防范系统\软件部分”下的“General-client6. 5. exe”，则进入到如图 13-13 所示页面。

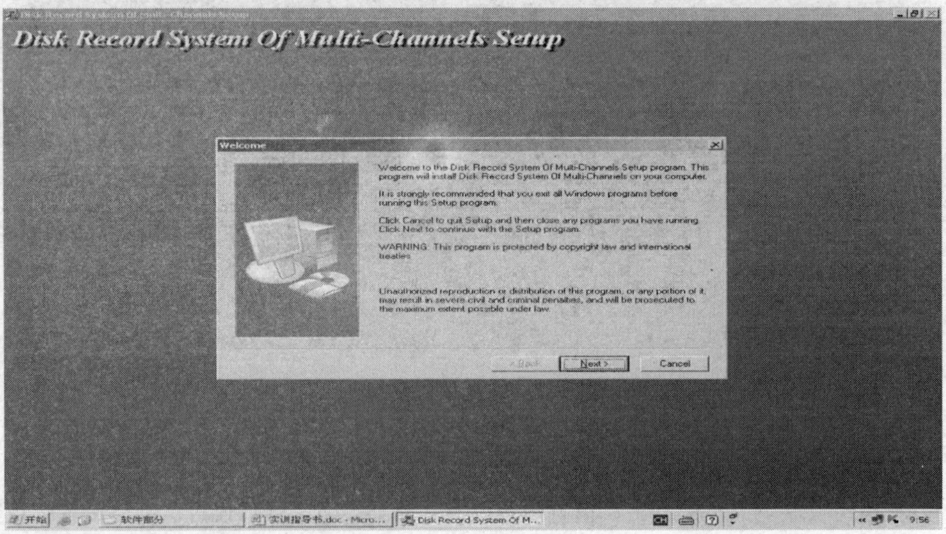

图 13-13　软件安装图 1

不对参数进行修改，一直使用鼠标单击“Next”按钮，直到出现如图13-14所示的软件安装图2。

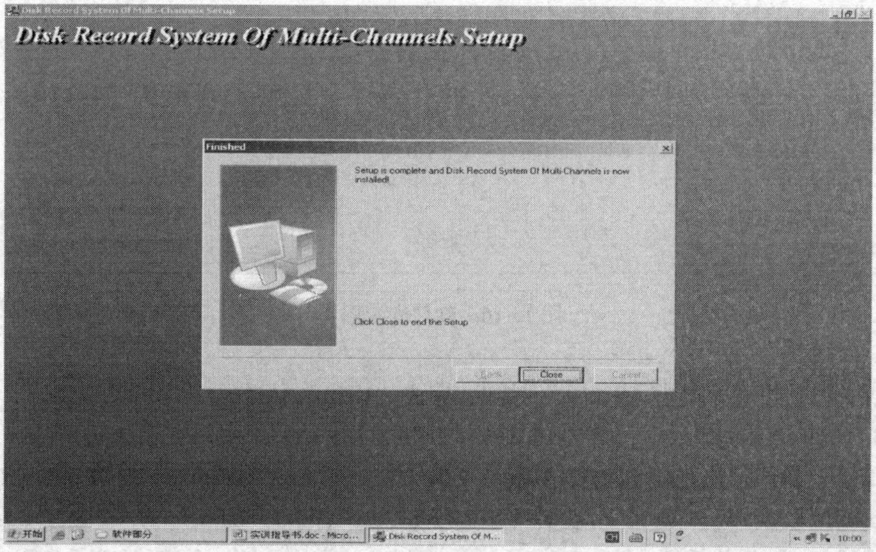

图13-14　软件安装图2

单击“Close”按钮，完成“General-client6. 5. exe”的安装。

2）大华播放器。打开光盘，并运行“THPBZ-1型闭路电视监控及周边防范系统\软件部分”下的“DH-player1. 60. exe”，则进入到如图13-15所示页面。

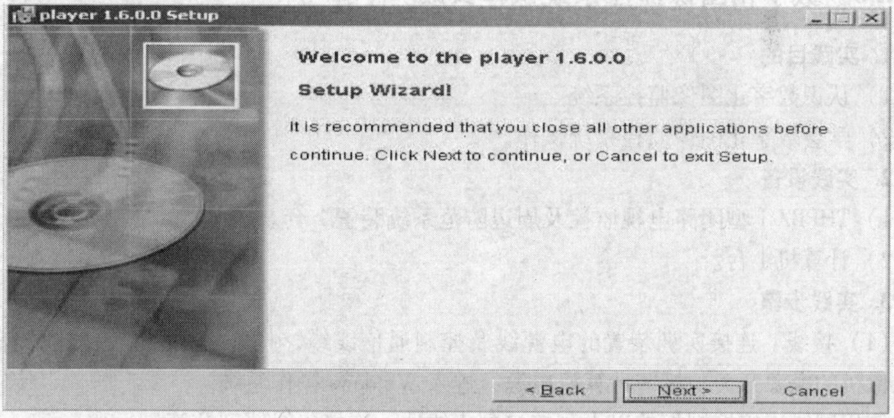

图13-15　软件安装图3

不对参数进行修改，一直使用鼠标单击“Next”按钮，直到出现图13-16所示的软件安装图4。

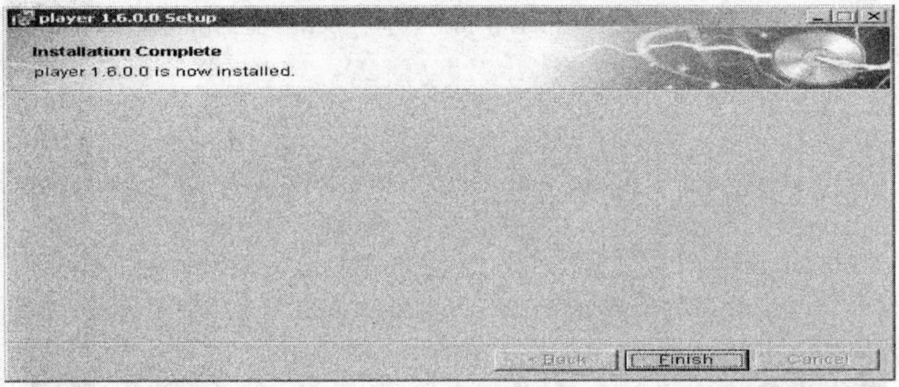

图 13-16　软件安装图 4

保持默认设置，单击“Finish”按钮，完成“DH-player1. 60. exe”的安装。

3）其他软件的安装。打开光盘下的“THPBZ-1 型闭路电视监控及周边防范系统\软件部分”目录，依据不同的操作系统安装 DX81chs. exe（Windows98、Windows2000、WindowsMe 以及 WindowsXP）或者 DX81NTchs. exe（WindowsNT），并安装“ffdshow-20041012. exe”播放插件。

注意：软件安装，一般情况下采用默认设置进行安装。

4. 请您做一做

1）简述硬盘录像机的软件。

2）简要说明硬盘录像机的软件安装操作过程。

13. 4. 6　数字化图像监控系统操作实践

1. 实践目的

1）认识数字化图像监控系统。

2）学会数字化图像监控系统操作。

2. 实践设备

1）THPBZ-1 型闭路电视监控及周边防范系统装置 1 套。

2）计算机 1 台。

3. 实践步骤

（1）接线　连接实训装置的电源线及控制通信线缆，打开实训装置、监视器和硬盘录像机的电源开关，打开计算机电源，进入 Windows 操作系统。

使用网线连接控制柜的以太网接口到集线器，连接集线器到计算机。

（2）参数设置

1）登录系统，依次进入“系统设置”、“网络设置”界面，如图 13-17 所示。

2）将“网络设置”界面参数重新设置为：IP 地址为 192. 168. 1. 111；子网掩码为 255. 255. 255. 0；默认网关为 192. 168. 1. 1；服务器端口为 37777；HTTP 端口为 80；监

视协议为 TCP；最大连接数量为 10，不选中“启用 DDNS”和“启动 PPPoE”，选中“保存”按钮，按“ENTER”键直接保存并自动重新启动硬盘录像机，使网络设置更改生效。

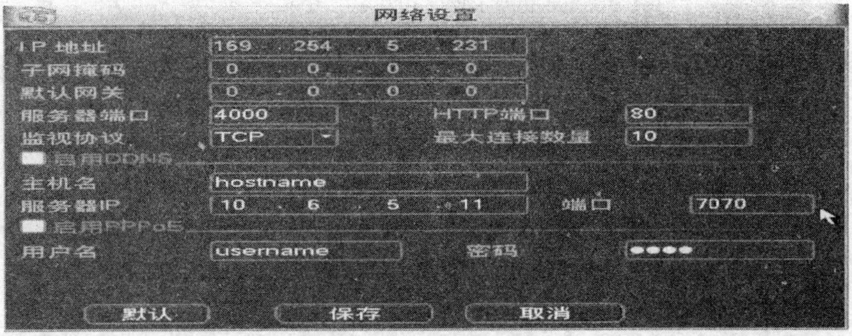

图 13-17　网络设置界面

(3) IE 监视

1）等硬盘录像机启动完毕后，在计算机上打开 IE 浏览器，并在浏览器地址栏里输入录像机的 IP 地址：http：//192. 168. 1. 111。

注意：初次输入硬盘录像机网址并打开系统时，弹出安全预警是否接受硬盘录像机的 Web 控件 webrec. cab，请用户选择接受，系统会自动识别安装。

在完成 Web 控制 webrec. cab 安装后，界面有监控视频播放窗口，以及登录、注销、视频、查询、配置、辅助设置等功能，如图 13-18 所示。

图 13-18　Web 控制进入界面

2）单击“登录”按钮，即弹出“登录”对话框，并输入用户名为 admin 及密码为 admin，单击“确定”按钮后，即可完成用户登录。

注意：默认的用户名为 admin，密码为 admin；或者用户名为 666666，密码为 666666。这两个用户主要权限不一样，admin 为管理员用户，666666 为普通浏览用户。

3）单击“配置”按钮，即打开“系统设置”窗口，如图 13-19 所示。

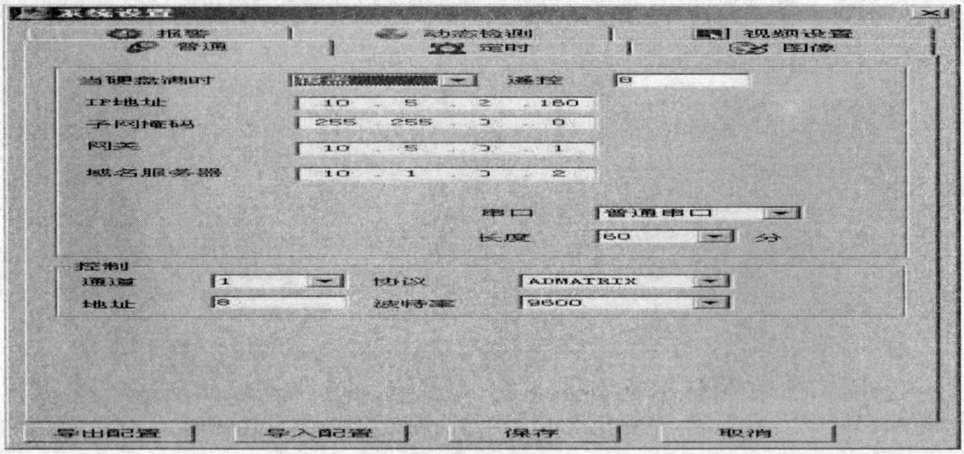

图 13-19　系统设置窗口的普通设置页面

在“普通”页面下，设置控制栏内容为：通道选择为 1，协议选择为 PELCOD3，地址选择为 1，波特率选择为 2400。

注：出厂默认设置：通道选择为 1，协议选择为 NONE，地址选择为 8，波特率选择为 9600。

选择“定时”页面，如图 13-20 所示。

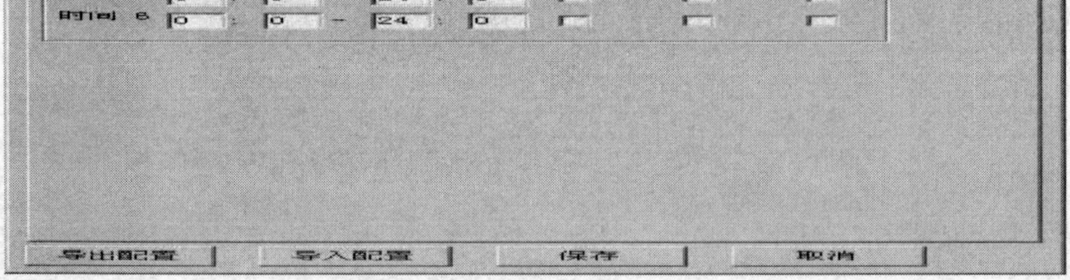

图 13-20　系统设置窗口的定时设置页面

设置定时页面内容：通道选择为 1，星期选择为全部，时间 1 选择为 0∶0 ~ 24∶0（或者为一个时间段），并选中时间 1 的“录像”，单击“保存通道”按钮。

设置定时页面内容：通道选择为 2，星期选择为全部，时间 1 选择为 0∶0 ~ 24∶0

(或者为一个时间段)，并选中时间 1 的“动态”，单击“保存通道”按钮。

设置定时页面内容：通道选择为 3，星期选择为全部，时间 1 选择为 0∶0 ~ 24∶0 (或者为一个时间段)，并选中时间 1 的“报警”，单击“保存通道”按钮。

选择“动态检测”页面，如图 13-21 所示。

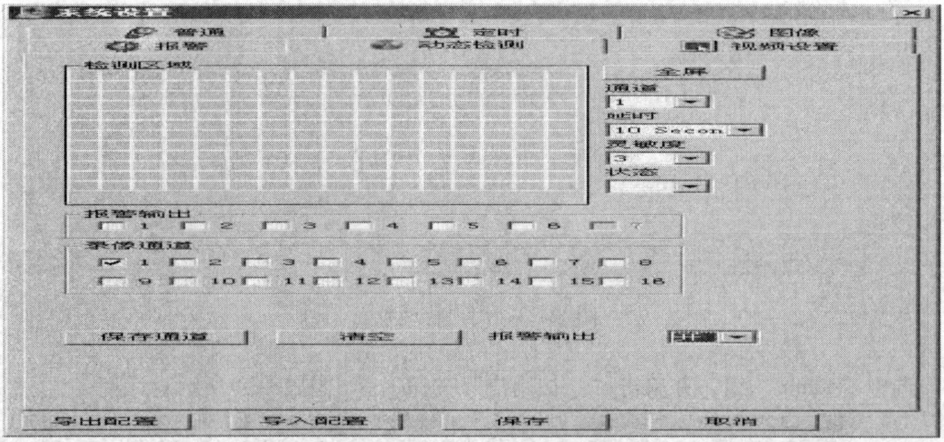

图 13-21　系统设置窗口的动态检测页面

在“动态检测”页面设置：通道选择为 2，延时选择为 10s，灵敏度选择为 3，录像通道选择为 2，其他保持默认设置，单击“保存通道”按钮。

注意：动态检测区域的蒙色区域为用户所选动态检测区，默认情况下为画面全选。

选择“报警”页面，打开如图 13-22 所示页面。

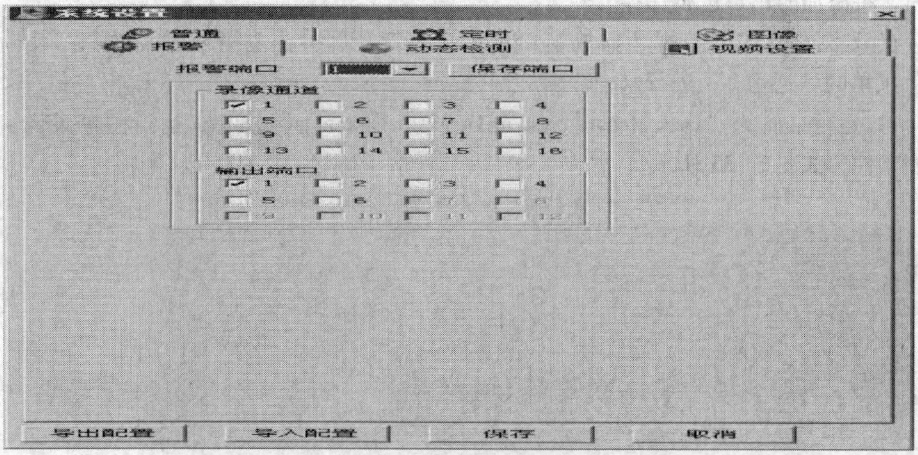

图 13-22　系统设置窗口的报警设置页面

在报警设置页面设置：报警端口选择为 1，录像通道选择为 2，输出端口选择为 1，单击“保存端口”按钮。接着设置：报警端口选择为 2，录像通道选择为 3，输出端口选择为 1，单击“保存端口”按钮。

单击“系统设置”底部的“保存”按钮，将设置保存。

单击“辅助设置”按钮，选择“用户管理”，打开“组管理”界面，如图 13-23 所示。

图 13-23　用户管理界面

选中“admin”组，并单击“添加用户”按钮，弹出图 13-24 所示对话框。

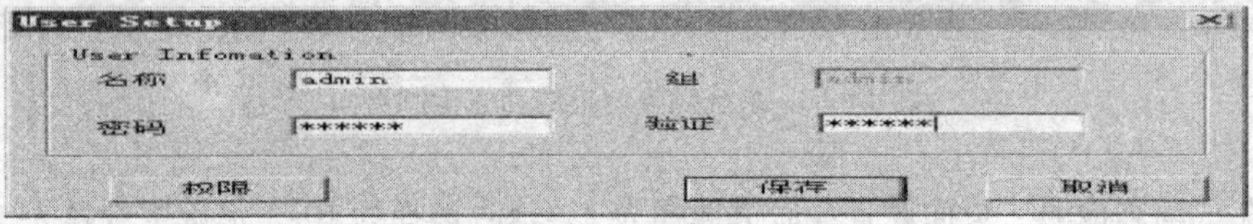

图 13-24　添加用户对话框

并重新输入：名称选择为 123；密码选择为 123；验证选择为 123，单击“保存”按钮，将添加的用户进行保存。

在 IE 浏览器的监控视频播放窗口中单击右键，即弹出右键菜单，选择“实时监控”菜单的“通道 2”进行监控。

4）运行桌面的“Disk Record System Of Multi-Channels”图标，运行硬盘录像机的监控软件，如图 13-25 所示。

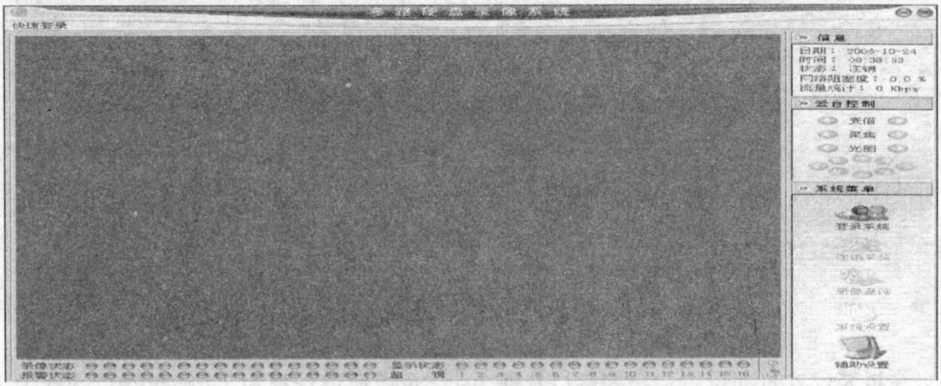

图 13-25　硬盘录像机监控软件界面

单击“登录系统”图标，并在弹出的对话框“选择登录方式”中选中“网络登录”，单击“确定”按钮。

在“登录录像机”页面单击“添加”按钮，输入名称为硬盘录像机；IP地址或域名为192.168.1.111；端口号为37777。单击“确定”按钮，保存设置。

选中名称“硬盘录像机”，单击“登录”按钮，并在弹出的对话框中输入用户名及密码：123和123，登录系统完成。

（4）监控及报警

1）在硬盘录像机监控软件“多路硬盘录像系统”的屏幕中单击右键，即弹出右键菜单，选择“实时监控”菜单的通道1进行监控。

2）单击“云台控制”的各个方向键即可使云台摄像机相应转动。

3）按住变倍“→”则将变倍数值增大，单击变倍“←”则将变倍数值减小。

4）使运动的物体经过摄像机2的监视区域，则硬盘录像机的通道2开始录像。

5）按下紧急按钮或者把物体放置到红外对摄发送器与接收器之间，声光报警器发出报警信号，并且通道2或者通道3开始录像。

（5）录像查询

1）在Web监控系统中，单击“查询”按钮，弹出录像查询对话框，如图13-26所示。

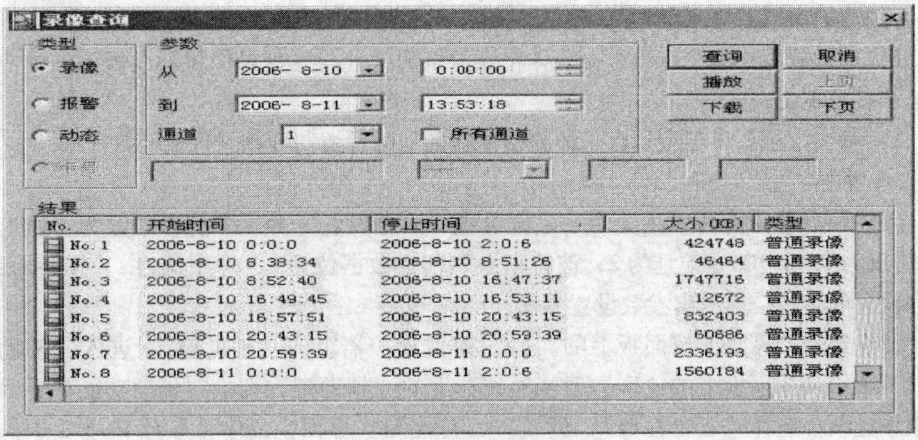

图13-26　录像查询界面

2）查询分普通录像、报警录像、动态检测录像等查询。

选择类型为录像，参数中的开始时间为当前时间的前1个小时以上，结束时间为当前时间，通道为1。单击查询按钮，即可查询到最近的录像记录。

选择类型为报警，参数中的开始时间为当前时间的前1个小时以上，结束时间为当前时间，通道为3。单击查询按钮，即可查询到最近的报警录像记录。

选择类型为动态，参数中的开始时间为当前时间的前1个小时以上，结束时间为当前时间，通道为2。单击查询按钮，即可查询到最近的动态录像记录。

3）可按照上面的步骤，选中所需要的录像记录，单击“播放”按钮，系统将会对选定的录像记录进行播放。

4）选中查询的录像结果，单击“下载”按钮，并依据提示将录像下载到计算机上。

（6）录像播放　打开“DS-IPlayer”播放器，单击播放按钮“▶”，即打开“Open Media File….”对话框，在这对话框内保存录像的路径中选择录像文档后，单击“打开”按钮，则播放录像纪录。

4. 请您做一做

1）简述数字化图像监控系统。

2）简要说明数字化图像监控系统操作的实践过程。

13.4.7　系统故障与处理操作实践

1. 实践目的

1）认知系统常见故障。

2）掌握系统故障的处理方法。

2. 实践设备

THPBZ-1 型闭路电视监控及周边防范系统实训装置 1 套。

3. 实践步骤

（1）地址故障

1）地址故障：由于球型云台一体化摄像机的地址与硬盘录像机的设置不一致造成通信和显示不统一。

2）解决方法：将球型云台一体化摄像机的地址设置与硬盘录像机一致。

3）举例：

①在硬盘录像机的“主菜单—系统设置—云台设置”界面，将参数改为：通道为 1；协议为 PELCOD3；地址为 2；波特率为 2400；数据位为 8，停止位为 1；校验为无。保存设置的参数，并退出参数设置界面。

②在通道 1 界面下按面板上的“Fn”键或遥控器上的“辅助键”，进入“辅助功能”界面。使用面板上的“Fn”键或遥控器上的“辅助键”切换“辅助功能”界面上的菜单选项，选择“云台控制”，进入“云台控制”界面，具体可参考 14.3.3 中的内容进行操作。

③前面板的方向键可对应控制摄像机进行上、下、左、右转动，但画面不改变。

④在硬盘录像机的“主菜单—系统设置—云台设置”界面，将参数改为：通道为 1；协议为 PELCOD3；地址为 1；波特率为 2400；数据位为 8，停止位为 1；校验为无。保存设置的参数，并退出参数设置界面。

重复③，④则可观察画面随方向键转动。

（2）协议故障

1）协议故障：由于球型云台一体化摄像机的通信协议不一致，造成硬盘录像机对球形摄像机不可控。

2）解决方法：将球型云台一体化摄像机的通信协议设置与硬盘录像机采用的协议一致。本实验装置中，球型云台一体化摄像机采用的是 PELCOD2400 通信协议。

3）举例：

①在硬盘录像机的“主菜单—系统设置—云台设置”界面，将参数改为：通道为 1；协议为 SAMSUNG；地址为 1；波特率为 2400；数据位为 8，停止位为 1；校验为无。保存设置的参数，并退出参数设置界面。

②在通道 1 界面下按面板上的“Fn”键或遥控器上的“辅助键”，进入“辅助功能”界面。使用面板上的“Fn”键或遥控器上的“辅助键”切换“辅助功能”界面上的菜单选项，选择“云台控制”，进入“云台控制”界面，具体可参考 14. 3. 3 中的内容进行操作。

③前面板的方向键可对应控制摄像机进行上、下、左、右转动，但画面不改变。

④在硬盘录像机的“主菜单—系统设置—云台设置”界面，将参数改为：通道为 1；协议为 PELCOD3；地址为 1；波特率为 2400；数据位为 8，停止位为 1；校验为无。保存设置的参数，并退出参数设置界面。

重复③，④则可观察画面随方向键转动。

（3）其他故障

1）其他故障一般为线路上存在的故障，如信号线缆的短路与断路，主要现象为该通路无图像或者硬盘录像机无法正常启动。

2）解决方法：查出信号线缆短路或者断路的地方，将短路的地方分开，将断路的地方连接起来。

4. 请您做一做

1）简述系统常见故障；

2）简要说明系统故障的处理方法。

13. 5　思考与练习

1. 闭路电视监控系统有什么作用？典型的闭路电视监控系统由什么组成？
2. 电视监控系统的主要设备有哪些？各有什么特点？
3. THPBZ-1 型闭路电视监控及周边防范系统由哪些设备组成？各有什么特点？
4. 如何进行 THPBZ-1 型闭路电视监控及周边防范系统设备的安装与系统连线？
5. 如何进行 BNC 接头制作操作实践？
6. 如何进行镜头调试操作实践？
7. 如何进行控制中心操作实践？
8. 如何进行硬盘录像操作实践？
9. 如何进行硬盘录像机的软件安装操作实践？
10. 如何进行数字化图像监控系统操作实践？
11. 如何进行系统故障与处理操作实践？

学习情景 14　中央空调系统

【学习目标】

知识目标

- 认知中央空调系统
- 了解中央空调系统的相关技术知识
- 了解中央空调系统实践的机理

技能目标

- 掌握中央空调系统实践的操作方法
- 掌握中央空调系统实践的安装和连接

情景条件

- 中央空调系统装置 1 套
- 便携式万用表、螺钉旋具等接线工具等 1 套

14.1　工作任务

现代楼宇的室内空气品质问题是近年来各国学者研究的重点。根据对大量空调办公大楼的调查，大多数办公室工作人员反映室内空气污浊，令人感到气闷、呼吸道不适、易疲劳，甚至感到窒息，这些症状都严重影响了办公室工作人员的身体健康和工作效率，这种情况被世界卫生组织定义为“建筑病综合症”。

空气调节的任务，在于按照使用的目的，对房间或公共建筑物内的空气状态参数进行调节，为人们的工作和生活，创造一个温度适宜、湿度恰当的舒适环境。空气调节一般指空气的温度、湿度控制。

关于温度调节，按照人类的生理特征和生活习惯，通常要求居住和工作环境与外界的温差不宜过大，5℃左右对人体健康比较有益。夏日里，如降温过剧，则人们由室外进入室内时将受到冷冲击；而由室内走到室外，又受到热冲击，这两种情况都会使人体感到不舒适。因此，对于大多数人，居住室温夏季保持在 25 ~ 27℃，冬季保持在 16 ~ 20℃比较适宜。

关于湿度调节，由生活经验得知，空气过于潮湿或过于干燥都会使人感到不舒服。一般来说，相对湿度冬季在 40% ~ 50% 之间，夏季在 50% ~ 60% 之间，人的感觉比较良好。

本工作任务就是要认知这种中央空调系统，进行中央空调系统的相关操作实践。

14.2　任务分析

图 14-1 所示是中央空调系统图，它是天煌教仪根据目前我国建筑电气、楼宇自动化专业课程，精心设计的实践装置，主要由空气处理部分、冷却水系统、冷冻水系统、模拟房间、模拟锅炉、冷却塔及 S7200 控制器组成。

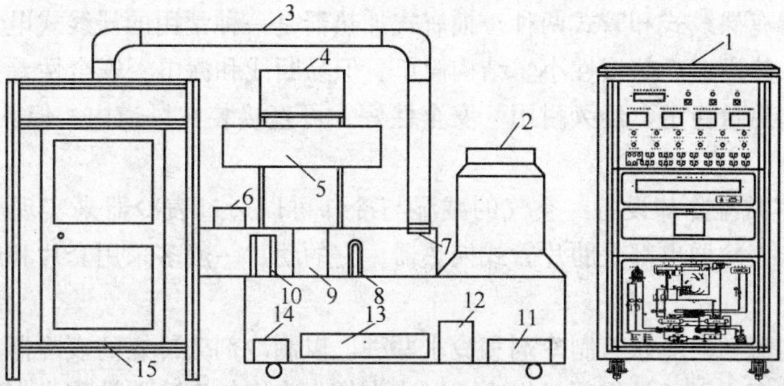

图 14-1　中央空调系统图

1—控制柜　2—冷却塔　3—模拟风管　4—加水箱　5—模拟锅炉　6—新风口　7—轴流风机
8—电加热器　9—表冷器　10—过滤器　11—冷却水泵、冷凝水泵各 2 个　12—压缩机
13—冷凝器、蒸发器各 1 个　14—换热水泵　15—模拟房间

利用该系统装置，就可以进行中央空调系统的相关操作实践。

14.3　知识平台

14.3.1　空调通风监控系统简介

1. 空气调节主要设备

（1）空气加热设备　空调系统中所用的加热器一般都是以热水或蒸汽为热媒的空气加热器和电加热器，这样的加热器一般采用肋片管式换热器，它由几排肋片管和联箱组成。当热水或蒸汽在管内流动、空气在肋片管间流动时，空气被高温的肋片表面及基管加热，空气和管内水的流速越大，加热量越大；热水（或蒸汽）与空气间的温差越大，加热量越大；空气与加热器接触面积越大，加热量越大。但增加空气和水的流速，或靠增加肋片管的排数来增大加热器面积，加热器的空气阻力和水阻力均增加，风机和水泵的耗电量也增加。

肋片管式空气加热器一般作为空调系统的一次或二次加热器。一次加热器的任务在冬季是负责将一次回风和新风混合后的空气加热到指定温度，以便于系统进入加温处理。一次加热器多用于冬季室外气温较低的北方地区和全年一次回风混合比不变的系统。

对于冬季室外气温较高的南方地区和一次回风混合比可变的系统，可以通过调节一次回风混合比使一次回风和新风的混合温度达到设计值。一次加热器夏季一般不使用，但有时也可将其中通入自来水等作为新风预冷器，达到加热冷却两用的目的。但此时冷、热水管路上的阀门要严密，以防相互串通。二次加热器是用于将被表冷器冷却或与二次回风混合后的空气加热到所需的送风温度。

电加热器有裸线式和管式两种。抽屉式加热器是一种常用的裸线式电加热器，裸线式电加热器加热迅速、热惯性小、结构简单，但易断线和漏电，安全性差。管式电加热器加热均匀、热量稳定、经久耐用、安全性好，可直接装在风道内，但其热惯性较大、结构复杂。

（2）空气减湿冷却设备　空气的减湿与冷却可以通过表冷器来实现。与空气加热器结构类似，表冷器也都是肋片管式换热器，它的肋片一般多采用套片和绕片，基管的管径也较小。

表冷器内流动的冷媒有制冷剂和冷水两种。以制冷剂为冷媒的表冷器被称为直接蒸发式表冷器，多用于各类局部机组中。以冷水作为冷媒的表冷器被称为水冷表冷器，多用于集中式空调系统和半集中式空调系统的末端设备中。

与加热器的空气原理类似，当空气沿表冷器的肋片间流过时，通过肋片和基管表面与冷媒进行热量交换，空气放出热量温度降低，冷媒得到热量温度升高。当表冷器的表面温度低于空气的露点温度时，空气中的一部分水蒸气将凝结出来，此时称表冷器处于湿工况，从而达到对空气进行降温减湿处理的目的。

增大空气和冷水的流速，增加换热面积和空气与冷水间的温差，都可以提高传热量。但风速、水速过大，风机和水泵耗电量增加，且在湿工况下过大的空气流速容易将冷凝水带到表冷器后面的空气中，影响减湿效果。

表冷器的安装与以热水为媒的空气加热器安装方式基本相同，但表冷器下部应设积水盘，用来收集空气被表冷器冷却后产生的冷凝水。

表冷器的调节方法有两种，一是水量调节，二是水温调节。水量调节是改变进入表冷器的冷水流量，水温不变，使表冷器的传热效果发生变化。水量减少，表冷器传热量降低，空气降温小，除湿量也少；反之，增大冷水量，空气降温大，除湿量也增加。水温调节是进水量不变，改变进水温度，进水温度越低，空气降温越大，除湿量也增加；反之供水温度提高，空气降温减小，除湿量降低。该方式调节性能好，但设备复杂，运行也不太经济。水温调节一般多用于对温度控制精度要求较高的场合。

（3）空气加湿设备　在建筑中常遇到的空调系统一般均采用向空气中喷蒸汽的办法进行加湿，常用的喷蒸汽加湿方法有干蒸汽加湿和电加湿两种。干蒸汽加湿是将由锅炉房送来的具有一定压力的蒸汽由蒸汽加湿器均匀地喷入空气中。而电加湿则是用于加湿量较小的机组或系统中，电加湿器又分为电热式加湿器和电极式加湿器两种。

电热式加湿器是将电热元件直接放在盛水的容器内，利用加热元件所散出的热量加热水而产生蒸汽。电热式加湿器体积较大，在工程中比较常用。作为完整的电热式加湿器，除蒸汽发生器外，尚需配备自动补水设施、用于恒定蒸汽压力的电源控制设施、湿度敏感元件、湿度调节器和带电动调节阀的喷管组件。

电极式加湿器是用三根不锈钢棒作为电极，放在不易锈蚀的水容器中，以水作为电阻，通电后水被加热而产生蒸汽。通过调整水位的高低，可以改变水的电阻，从而改变热量和蒸汽发生量。电极式加湿器结构紧凑，多用于各类空调机组内，其加湿量较小。

2. 空气状态调节

空气调节是对房间或公共建筑物内的空气状态参数进行调节。一般来说，空气调节主要是指对空气的温度、相对湿度进行调节。

空气调节的过程实际上是指空气从一个状态变化到另一个状态的过程，当被调节的空气状态（温度、相对湿度）偏离了设定值时，就需要进行空气调节。

空气调节的原理就是应用空气状态参数相互间的关系，通过合理的加热、加湿、冷却、去湿步骤，使空气的状态发生人为的改变，达到设定状态。

（1）冬季新空气加热加湿处理　冬季新空气的气温低．如果对新空气加热至室内气温的标准，这时因新空气中的水汽总量未发生变化，因此加热后的空气相对湿度会大大降低。为了使加热后空气的相对湿度也能达到室内空气湿度的标准，在调节的过程中必须进行加湿处理。

（2）夏季新空气降温去湿处理　夏季新空气的调节与冬季相反，新空气的气温高于室内空气，需要对夏季新空气进行降温去湿处理。如果对新空气只进行降温至室内气温的标准，这时因新空气中的水汽总量未发生变化，因此降温后的空气相对湿度会大大增加。为了使降温后的空气相对湿度也能达到室内空气湿度的标准，在调节的过程中必须进行去湿处理。去湿一般采用定露点去湿方式。

空气在某一温度下，其相对湿度小于100%，但如使其温度降至另一适当温度时，其相对湿度便达到了100%，此时，空气中的水汽便凝结成水结露，这个降低后的温度被称为露点温度。湿度越大，露点温度与实际温度之差就越小。

定露点去湿调节方式不用测量相对湿度。新风首先降温至12℃的露点，然后使表冷器的表面温度稳定在露点温度，让空气中的一部分水蒸气充分凝结出来，至空气饱和，再加热至20℃，这时的相对湿度即为60%。

3. 局部空调与集中空调系统

影响室内空气环境参数的变化因素主要有两方面，一方面是太阳辐射和外界气候条件的变化，另一方面就是室内人和设备产生的热、湿和其他有害物质。当室内空气参数偏离规定指标值时，就需要采取相应的空气调节措施和方法，使其恢复到规定的指标值。空调系统一般包括以下几个部分。

1）进风部分。从生理卫生角度来看，空气的新鲜度对人体健康非常重要，因此空调系统必须有一部分取自室外的空气，被称为新风。进风口、引入通道和阻止外来异物部分，共同组成了进风部分。

2）空气过滤部分。进风部分进入的新风，必须先经过一次预过滤，除去颗粒较大的尘埃。一般空调系统都装有预过滤器和主过滤器两级过滤装置。根据过滤的效率不同可以分为初效过滤器、中效过滤器和高效过滤器。

3）空气热湿处理部分。空气加热、冷却、加湿、减湿等不同处理过程组合在一起被统称为空调的空气热湿处理部分。热湿处理设备主要包括两大类，即直接接触式热湿处理设备和表面式热湿处理设备。

直接接触式热湿处理设备工作时，与空气进行热湿交换的介质和被处理的空气直接接触，并且直接接触式热湿处理设备将这部分介质喷淋到被处理空气中。表面式热湿处理设备工作时，与空气进行热湿交换的介质不直接和空气接触，热湿交换是通过处理设备的表面进行的。

4）空气输送和分配部分。空气输送和分配部分，由风机和不同形式的管道组成，这部分装置是将调节好的空气均匀地输入和分配到空调房间内，以保证房间内合适的温度场和速度场。根据送风的用途和要求不同，空气输送和分配部分又分为只采用一台送风机的“单风机”系统和采用一台送风机、一台回风机的“双风机”系统。空气输送和分配部分的管道截面也分为多用于低速风道的矩形截面和多用于高速风道的圆形截面。

5）冷热源部分。为保证具有加温和冷却能力，空调系统必须具备冷源和热源两部分。空调系统中的冷源有人工和自然两种，人工冷源有空气膨胀制冷和液体汽化两种方式，自然冷源就是指深井水。热源也分为自然和人工两类，自然热源指地热和太阳能，人工热源指煤、煤气、石油为燃料的锅炉所产生的蒸汽和热水。

空调系统按照空气处理设备的设置情况，可分为集中式、半集中式、全分散式空调系统。

所谓集中式空调系统，就是指所有空气处理设备都安装在一个集中的空调机房内，包括风机、冷却器、加热器、加湿器、过滤器等等，如图 14-2 所示。工作时把处理后的空气，用风道统一送到各房间中，可见集中系统具有便于管理、维护的优点，同时，空气处理质量，如温度要求、湿度精度、洁净度指标都可以达到很高的标准。

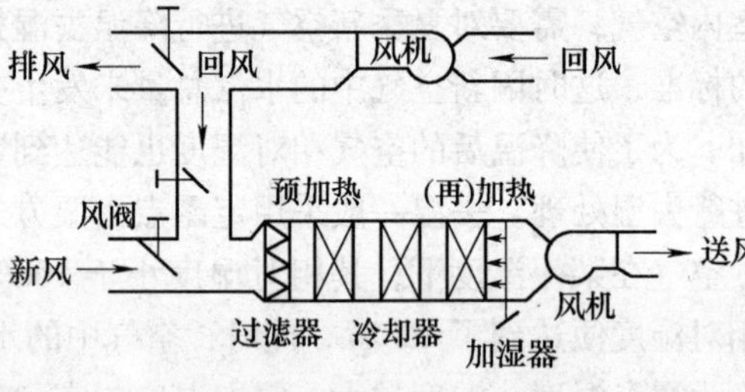

图 14-2　集中式空调系统

半集中式空调系统，除了集中空调机房外，还有分散于各空调房间的二次设备，即末端设备。变风量系统、诱导器系统及风机盘管系统，都属于半集中式空调系统。

全分散式空调系统也称为局部空调机组，这类机组是将冷源、热源、空气处理设备、输送设备集中安装在一个箱体中，窗式空调器及柜式、壁挂式分体空调器均属于这一类。全分散式系统不需要集中的机房，可以直接放在要求空调的房间内工作，也可以放在要求空调的房间的相邻房间，用很短的风道相连。全分散式空调系统可以满足不同房间的不同送风要求，使用灵活、移动方便，但设备功率较大。

4. 中央空调系统

中央空调系统，空气处理设备集中安装在专用机房中，冷源有专门的冷冻站，热源有专门的锅炉房，如图 14-3 所示。中央空调系统，按照所处理的空气来源，可分为封闭式系统、直流式系统和混合式系统。封闭式系统新风量为零，全部使用回风，其冷、热消耗量最小，但空气质量较差。直流式系统回风量为零，全部采用新风，其冷、热消耗量大，但空气质量较好。绝大多数场合，都是采用比例适当的新风、回风相混合的混合式系统，混合式系统空气质量好，又经济实用，是目前应用最广的一类中央空调系统。

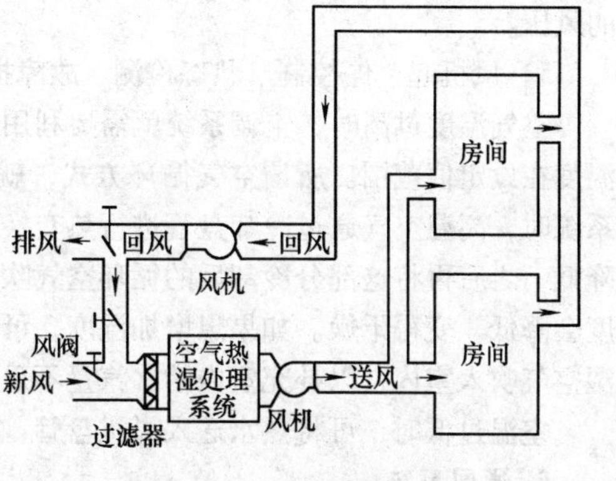

图 14-3　中央空调系统

中央空调的空气热湿处理系统，如图 14-4 所示，包括风门驱动器、风管式温度传感器、湿度传感器、压差报警开关、二通电动调节阀、压力传感器及现场控制器等。

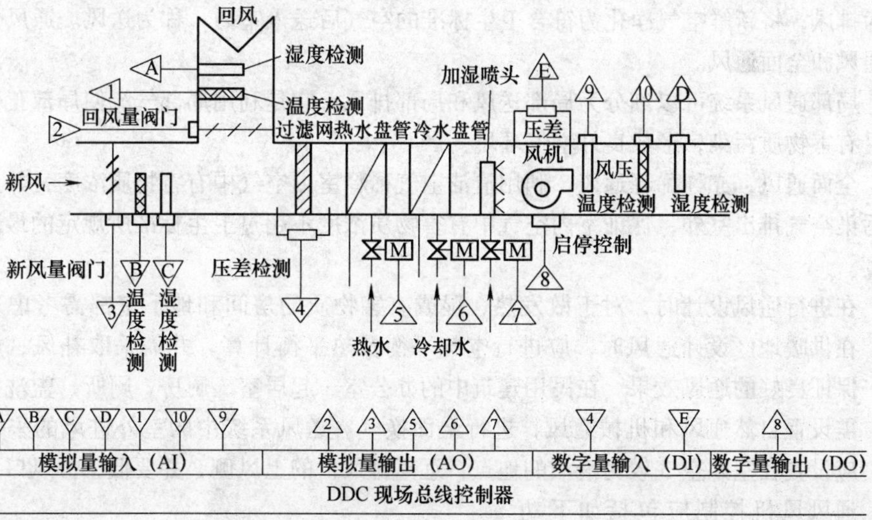

图 14-4　空气热湿处理系统

随着计算机技术、检测技术、通信技术、工业控制技术的飞速发展，中央空调多采用全面监控方案。其监控功能如下：

1）将系统设定值与回风管内温度过程量值作比较，利用比例、积分、微分（PID）算法，调节冷水、热水调节阀开度，进而调节冷水、热水流量，以使回风温度保持在设定范围。

2）检测回风管温、湿度和新风管温、湿度，计算新风和回风的焓值，按回风和新风的焓值比例，控制回风门和新风门的开启比例，以达到节能效果。

3）将送风管湿度值与系统设定值比较，采用比例、积分（PI）算法，控制湿度调节阀，进而使送风湿度保持在所需要的范围内。

4）检测送风管接近尾端的送风压力，调节送风机的送风量，以确保送风管内足够的风压。

5）风机起、停控制、状态检测、故障报警、过滤网堵塞报警等。

空气温度过高时，空调系统就需要利用空气循环方式，将室内热量带走，保持室内温度在设定值范围。所谓空气循环方式，就是循环空气（新风加回风）经过热湿处理系统时，高温空气通过冷却盘管进行热交换，盘管吸收了空气中的热量，致使空气温度降低，之后再将这部分冷却后的循环空气吹入室内。空气冷却后，会有水析出，相对湿度会降低，变得干燥。如果想增加湿度，可喷水或喷蒸汽，再将这种经过加湿处理过的湿空气吹入室内，以补充室内的水汽量不足。

室温过低时，可将热水送入风机盘管，使循环空气加热后送入室内。

5. 通风系统

现代楼宇的通风系统，是用于冲淡、排出房间内的污浊空气，改善空气条件，保证室内人员的身体健康。在通风系统中，把不符合卫生标准的污浊空气净化、排至室外，称为排风；将新鲜空气净化为符合卫生标准的空气后送入室内，称为送风。通风分为局部通风和全面通风。

局部通风系统可以细分为局部送风和局部排风，它是利用局部气流使局部工作地点免受有害物质污染，形成良好空气环境。

全面通风，亦称稀释通风，利用清洁空气稀释室内空气中有害物质浓度，并且不断将污染空气排出室外，保证室内空气中有害物质浓度不超过卫生标准所规定的最高允许浓度。

在进行通风设计时，对于散发热、湿或有害物质的房间和地下室都需考虑通风换气。在供暖地区设计通风时，应进行空气平衡及热平衡计算，并需采取补风、加热措施，保证良好的通风效果。在民用建筑中的办公室、起居室、厨房、厕所、盥洗室、浴室，需设置自然通风和机械通风，进行全面换气。送风系统中的室外进风的采气口位置，应设置在室外空气较为清洁的地点，远离排风口的上风侧，并要低于排风口。

通风风机控制应包括如下功能。

1）风机控制。如图 14-5 所示，分站应能够按照时间程序或事件启动、停止风机。

2）过滤器报警。风机起动后，过滤网前、后即建立起一个风压。如果过滤干净，风压将小于指定值，接触器的干触点即会断开。如果过滤器太脏，过滤网前后的风压即会变大，接触器的干触点将会闭合。分站将根据接触器干触点的情

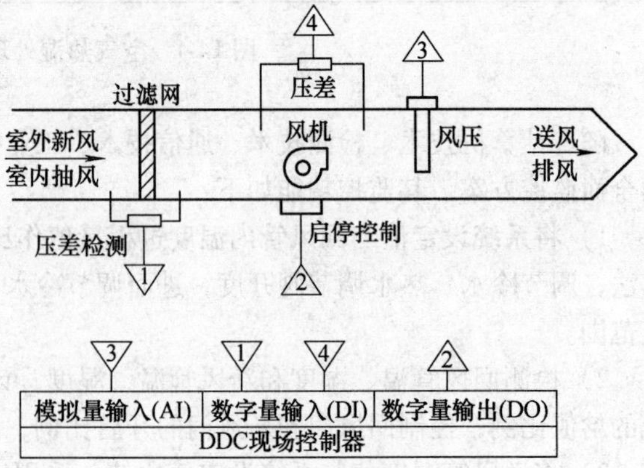

图 14-5　通风风机控制

况发出过滤网报警信息。

3）风机故障报警。风机起动后，如果运行正常，则在风机前后建立起一定风压，接触器的干触点闭合。如果运行不正常，风机前后的风压值将小于某指定值或者为零，接触器干触点就会断开。分站会根据接触器的干触点的情况发出风机故障报警信息。

空气调节技术是在本世纪初开始出现的，后来不断提高、完善。在先进国家里，用于空气调节的电能约占全国总电能消耗的20% ~30%。在我国，应用的空调设备逐年增多，消耗的电能数额也越来越大，空调节能运行也越来越显得重要。近年来，为达到很好的节能结果，定风量系统逐步向变风量系统发展，并大有取代前者的趋势。

定风量式空调系统中，一般按房间最大热湿负荷确定送风量，风量确定后就全年不变。实际上，大多数情况下，空调房间的负荷低于最大负荷。当实际负荷低于最大负荷时，为维持室温设计水平，就必须减小送风温差。其方法是通过再热或混合，用热量抵消部分冷量。这样在热量和冷量上都会造成很大的浪费。另外，当室内负荷低于最大负荷量时，送风量大于实际需要量，风机会因此消耗很多不必要的电能，为克服这些缺点，出现了变风量系统。

变风量系统工作原理是保持送风温度不变，当实际负荷减小时，通过改变送风量维持室温，避免了不必要的供热，风机耗能也得以减小，既节约了电能，又降低了运行费用。变风量系统运行方案如下：

1）改变风机风量，通过改变风机转速，通常采用变频调速实现。

2）在离心风机入口处设置可调导向叶片，通过风机出口方向管道的压力信号控制导向叶片的开启度，进而调节风量。

3）采用叶片角可变的轴流风机，通过改变叶片角实现改变风机风量。

4）通过多台风机并联运行来调节风量，这是一种有级差调节办法。

选择风机时，风量、风压的裕量不宜过大，并且应进行运行工况分析，确定经济合理的台数，以达到结构简单、费用低廉、节约能源的目的。

14.3.2 THBCBA-1 型楼宇机电设备中的中央空调系统认识

1. 空气的基础知识

（1）湿空气的组成　自然界中的空气是由数量基本稳定的干空气和数量经常变化的水蒸气组成的混合物，这种混合物称为湿空气，也就是人们常说的空气。

1）干空气。干空气是空气的主要组成部分，它是由组成比例基本不变的氮气、氧气、二氧化碳及其他稀有气体（如氩、氖等）组成的混合物。

在自然界中干空气是不存在的，自然界中的空气都是湿空气。因此，空气调节的对象是湿空气。

2）湿空气。由干空气与水蒸气组成的混合物，被称为湿空气。

湿空气中水蒸气的含量，通常只占空气质量比的千分之几到千分之二十几，水蒸气的含量是随季节、天气等情况的变化而经常发生变化的。

3）饱和空气。干空气具有吸收和容纳水蒸气的能力，并且在一定温度下只能容纳一定量的水蒸气。人们把在一定温度下水蒸气含量达到最大值时的空气，称为饱和空气。

(2) 湿空气的状态参数　空气的状态参数主要是指空气的温度 t、大气压力 B、相对湿度 ϕ、比焓 h、水蒸气分压力 p_q 和密度 ρ 等参数。

1）温度。温度是描述空气冷热程度的物理量，在空气调节技术中主要采用摄氏温度作为温度单位。在自然界中由于水蒸气是均匀地混合在干空气中的，因此，用温度计所测得的空气的温度既是干空气的温度又是水蒸气的温度。

2）压力。在空气调节技术中的压力多指湿空气压力，用符号 p 表示。

空气压力的法定单位是 Pa，在空调工程中还常用液柱高（mmHg 或 mmH_2O）来表示空气的压力。

3）湿空气的压力。湿空气是由干空气和水蒸气两部分组成的，湿空气的压力 p 也是由干空气分压力和水蒸气分压力两部分成的，即

$$p = p_g + p_q \tag{14-1}$$

式中，p_g 为干空气的分压力；p_q 为水蒸气的分压力。

在一定温度下，空气中的水蒸气越多，水蒸气的分压力也就越大，所以水蒸气分压力是反映空气所含水蒸气量的一个指标，是空调技术中经常用到的一个参数。

在空调系统中，空气的压力是用仪表测量的，但仪表显示的压力不是空气的绝对压力值，而是空气的“表压力”，即空气的绝对压力与当地大气压力的差值。

在空调技术中一般规定：凡未特别指明的工作压力均应理解为绝对压力。

4）湿度。空气湿度是指空气中含水蒸气量的多少，有以下几种表示方法：

①绝对湿度。即每立方米空气中含有水蒸气的质量，用符号 γ_Z 表示，单位为 kg/m^3。

如果在某一温度下，空气中水蒸气的含量达到了最大值，此时的绝对湿度称为饱和空气的绝对湿度，用 γ_B 表示。空气的绝对湿度只能表示在某一温度下每立方米空气中水蒸气的实际含量，不能准确地说明空气的干湿程度，因为当温度不同时，空气的容积会发生变化。

②相对湿度。为了能准确说明空气的干湿程度，在空调中采用了相对湿度这个参数。它是空气的绝对湿度 γ_Z 与同温度下饱和空气的绝对湿度 γ_B 的比值，用符号 ϕ 表示。相对湿度一般用百分比表示，写作

$$\phi = \frac{\gamma_Z}{\gamma_B} \times 100\% \tag{14-2}$$

相对湿度 ϕ 表明了空气中水蒸气的含量接近于饱和状态的程度。ϕ 值越小，表明空气越干燥，吸收水分能力超强；ϕ 值越大，表明空气越潮湿，吸收水分的能力越弱。

若 $\phi = 0$，表示空气中不含水蒸气，是干空气；若 $\phi = 100\%$，表示空气中的水蒸气含量达到最大值，是饱和空气。

5）含湿量（又称比湿度）。它是指 1kg 干空气所容纳的水蒸气的质量，用符号 d 表示，单位是 g/kg。

在对空气进行加湿或减湿处理时，干空气的质量是保持不变的，仅水蒸气含量发生

变化，所以在空调调节参数计算中，常用含湿量的变化来表达对空气进行加湿和去湿的处理程度。

在空气的状态参数中，空气的温度、含湿量和压力是基本参数。

6）比焓。空气的焓值是指空气含有的总热量。在空气调节的参数计算中通常以干空气的单位质量为基准，即1kg干空气所含有的热量与1kg干空气中所含有水蒸气的热量之和，称为空气的比焓。空气的比焓（工程中常称为焓）用符号 h 表示，单位是kJ/kg。

在空气调节技术中，常用比焓的变化，来判断空气是得或失热量。

在空气处理过程中，一般规定干空气的焓值以0为基准点（计算的起点），即0℃时1kg干空气的焓值为0。

7）密度和比容。空气的密度是指每立方米空气中干空气的质量与水蒸气的质量之和，用符号 ρ 表示，单位是 kg/m^3。

空气的比容是指单位质量的空气所占有的容积，用符号 υ 表示，单位是 m^3/kg。

8）露点温度。在一定大气压下，湿空气在含湿量 d 不变的情况下，冷却到相对湿度 $\phi=100\%$ 时所对应的温度，称为空气的露点温度，并用符号 t_L 表示。

9）机器露点温度。在空气调节装置中经过喷水室处理后的空气状态接近于 $\phi=100\%$ 状态时温度，或空气经过表面式冷却器表面时的温度称为“机器露点温度”，并用符号 t_j 表示。

自然界空气的露点温度与空气调节系统中的“机器露点温度”区别是：机器露点温度是经过对空气进行处理后的空气状态。

2. 空气调节的相关术语

（1）空气调节的技术用语

1）空气调节。空气调节简称“空调”，它是用控制室内空气的温度、湿度、洁净度、气流速度和噪声达到所需要求的一种技术。

空气调节的目的是为改善环境条件以满足人们生活或生产工艺设备的要求。空气调节的主要方法有对空气进行过滤、加热、冷却、加湿、去湿、消声和流量控制，以及空气净化等处理。

2）舒适性空调。它是指维持室内空气具有合适的状态，使室内人员处于舒适状态，以保证良好的工作条件和生活条件的空调系统。

3）工艺性空调。它是指用以满足生产工艺过程对空气状态的要求，以保证生产过程得以顺利进行的空调系统。

4）空调基数。它是指室内空气参数（温度、湿度、洁净度、气流速度和噪声等）既定的基本稳定值。一般舒适性空调要求：夏季稳定在27℃左右，风速不应大于0.3m/s；冬季稳定在20℃左右，风速不应大于0.2m/s。工艺性空调则依工艺要求而定。

5）空调精度。它是指室内空气参数（温度、湿度等）允许偏离基数的波动幅度。例如某室内空气参数要求：20℃ ±1℃，则温度基数是20℃，精度为±1℃。波动幅度越小，说明空调精度要求越高。

6）静压。它是指静止状态的液体所具有的压力，或垂直于流体线方向上测的压力值，是流体势能的标度，因而有正、负之分，负值表示该处静压低于被比较的环境压力的程度。

7）静压头。它是指相当于静压流体液柱高度。

8）动压。它是指当流体被障碍物阻止时，动能转变成压力能所引起的超过其静压部分的压力。

9）动压头。它是指流体中相当于动压流体液柱高度。

（2）空气处理的技术用语

1）空气混合。它是指两种或两种以上不同状态参数空气的掺混过程，在空气调节过程中一般用于空气节能的处理过程。

2）回风。它是指空气从被空调空间抽出后全部或部分返回空调空间的气体，一般用于空气调节过程中的回风式空气调节系统，根据回风次数分为一次回风系统和二次回风系统。

3）新风。它是指从建筑物外引入的空气，用以替换被调空间的全部或部分空气。

4）循环风。它是指空气从被调空间抽出后，经过空气处理设备处理后，再送入被调空间的气体。

5）排风。它是指从被调空间排出（建筑物外）大气中不再循环的空气。若要使被调房间处于正压，则排风量一般略小于新风量。

6）通风换气次数。它又称“新风换气次数”，是指单位时间（以每小时计）引入被调房间的新风量（按体积计）与房间容积量之比值。

7）换气次数。它是指单位时间内流经房间的送风量（按体积计）与房间容积之比值。在空调系统中，换气次数受到空调精度的制约。

8）空气灭菌。空气灭菌又称“空气消毒”，它是指利用过滤、加热、紫外线辐射或臭氧等方法对空气进行杀菌消毒的过程。

9）空气清洁度。它是指衡量环境空气清洁的指标，主要包括两个内容：①以含氧比例是否正常来衡量其新鲜程度，在常压时含氧量应在19%～21%；②以粉尘及有害气体浓度是否超过“允许浓度”来衡量其洁净程度，超过“允许浓度”说明不符合洁净要求。

10）空气净化。它是指除去空气中的气溶胶、有害气体等，使环境空气符合允许浓度标准的处理过程。净化的方法主要有通风、过滤、吸附、吸收和催化燃烧等，设备有各类纤维过滤器、活性炭过滤器、静电过滤器、消氢器、CO_2吸收装置和有害气体催化燃烧器等。

11）送风温差。它是指进入房间的送风温度与空调房间的温度之差。对送风量影响很大，选用时要考虑人体的舒适和空调精度。

12）干式冷却过程。它是指用表面冷却器或直接蒸发式表冷器对空气进行冷却时，如果表冷器的表面温度低于空气温度，但又没达到露点温度而使空气冷却降温，而保持其含湿量不变，使表冷器上没有凝露水出现，这一过程称为干式冷却过程。

13）湿式冷却过程。它是指用表冷器或喷水室处理空气时，若表冷器表面温度或喷水的水温度接近或达到空气的露点温度时，空气中的水蒸气就会凝结在表冷器的表面或喷水的水珠上而被析出，这一过程称为湿式冷却过程。

3. 中央空调系统的分类

中央空调系统一般由以下几个部分组成：冷热源部分、空气处理部分、空气输送及分配部分、冷热媒输送和自动控制部分等。在工程中由于空调场所的用途、性质、热湿负荷等方面的要求不同，空调系统可分为许多种类。

（1）按处理设备的情况分类

1）集中式空调系统。集中式空调系统是指空气处理设备和送、回风机等集中设在空调机房内，通过送、回风管道与被调节的空调场所相连，对空气进行集中处理和分配。集中式空调系统的特点是处理空气量大，有集中的冷源和热源，运行可靠，便于管理和维修，但机房占地面积较大。

2）半集中式空调系统。半集中式空调系统是指送入空调房间的新风由空调机房集中处理，空调房间内的空气由分散在房间内的装置处理的系统。系统适用于空气调节房间较多，且各房间要求单独调节的建筑物。

集中式空调系统和半集中式空调系统通常又被称为中央空调系统。中央空调系统是指在同一建筑物内对空气进行净化、冷却（或加热）、加湿（或去湿）等处理，输送和分配的空调系统。

（2）按负担室内热湿负荷所用的工作介质分类

1）全空气式空调系统。空调房间的室内热湿负荷全部由经过处理的空气来承担的空调系统称为全空气式空调系统。它利用空调装置送出的风调节室内空气的温度、湿度。由于空气的比热小，用于吸收室内余热、余湿的空气需求量大，所以这种系统要求的风道截面积大，占用建筑物空间较多。

2）全水式空调系统。全部由经过处理的水负担室内热湿负荷的系统称为全水式系统。它是利用冷冻机处理后的冷冻水（或锅炉制出热水）送往空调房间的风机盘管中对房间的温度、湿度进行处理的。

由于水的比热及密度比空气大，所以全水式系统的体积较全空气式系统小，能够节省建筑物空间，但它不能够解决房间通风换气的问题。

3）空气—水式系统。由经过处理的空气和水共同负担室内热湿负荷的系统称为空气—水式空调系统。典型装置是风机盘管加新风系统，它既可解决全水式系统无法通风换气的问题，又可克服全空气系统要求风道截面积大、占用建筑物空间多的不足。

4）制冷剂式系统。直接以制冷剂作为吸收房间空气热湿负荷的介质，这类系统称为制冷剂系统。它利用直接蒸发的制冷剂吸热来达到调节室内温度、湿度的目的。

（3）按集中式空调系统处理的空气方式分类

1）循环式空调系统（又称为全封闭式空调系统）。空调机组所处理的全部是再循环空气（室内回风），不补充新风的系统称为循环式空调系统。此系统能耗小，但由于没有新风补充，所以只适于无人在空调区域内工作的环境中使用。

2）直流式空调系统。空调机组所处理的空气全部为新风的系统称为直流式空调系统。空调处理装置送入房间内的空气进行热湿交换后，全部排到室外。直流式空调系统卫生条件好，但能耗大、经济性差，适用于散发有害气体，不宜使用回风的场所。

3）一次回风系统。空调机组所处理的是由新风和循环空气（室内回风）混合的气体，此系统称为一次回风系统。它在空调箱内设有一个新、回风混合室，新风量最小占总风量的10%。一次回风系统应用较为广泛，被大多数中央空调系统所采用。

4）二次回风系统。二次回风系统是在一次回风系统的基础上将室内回风分成两部分分别引入空调箱中，一部分回风在新、回风混合室混合，另一部分进入第二混合室与一次混合室出来后经过处理的气体混合。二次回风系统较一次回风系统更为经济、节能。

（4）其他分类

1）按系统风量调节方式分类。分类是按照风机风量是否保持一定来划分类型的。如果空调系统的风机送风量一定，则此系统称为定风量系统。它的特点是依靠送风温度的变化来调节房间的温度和湿度。如果空调系统的风机送风量可以改变，此系统称为变风量系统。它的特点是通过改变风量的大小来适应室内负荷的变化，以达到调节室内所需参数的目的。

2）按风道中风速分类。按风道中风速分类，空调系统可分为低速系统和高速系统。低速系统是指主风道风速在10～15m/s之间，其特点是为保持整体送风量，风道截面积较大，占用建筑面积较多。高速系统是指主风道风速为20～30m/s，其特点是风道截面积小，占用建筑面积较小，但与低速系统相比，高速系统的能耗、噪声都较大。

4. 中央空调系统部件介绍

（1）风机盘管

1）风机盘管的分类。

①风机盘管机组按结构形式分类。

立式：暗装时可安装在窗台下，出风口向上或向前；明装时可放在室内任何适宜的位置上，出风口向上、向前或向斜上方均可。

卧式：一般要与建筑物结构协调，暗装在建筑结构内部，出风口一般向下或左右偏斜。

②风机盘管机组按安装形式分类。

明装：直接摆放在空调房间内。

暗装：安装在建筑结构的顶棚中。

③风机盘管机组按进水方向分类。

左进水：风机盘管的入水口在左侧。

右进水：风机盘管的入水口在右侧。

④风机盘管机组按调节方式分类。

风量调节：通过调节风机盘管中风机的转速，达到调节风机盘管制冷量的目的。

水量调节：通过调节风机盘管中的水流量，达到调节风机盘管制冷量的目的。

2）风机盘管机组结构。

风机盘管机组由风机、风机电动机、盘管、空气过滤器、凝水盘和箱体等部件构成。

①风机。风机盘管机组风机有两种形式，即离心式和贯流式风机。风机的风量为250～2500m³/h。风机叶轮材料有镀锌钢板、铝板或工程塑料等，其中以使用金属材料制作叶轮的占大多数。

②风机电动机。电动机一般采用单相电容运转式电动机，通过改变电机绕组的抽头来改变风机电动机的转速，使风机具有高、中、低三挡风量，以实现风量调节的目的。

③盘管。盘管一般采用的材料为紫铜管，用铝片作其肋片（又称为翅片）。铜管外径一般为10mm，壁厚为0.5mm左右，铝片厚度为0.15～0.2mm，片距为2～2.3mm左右。在制造工艺上，采用胀管工艺，这样既能保证管与肋片（翅片）间的紧密接触，又提高了盘管的导热性能。盘管的排数有二排、三排和四排等类型。

④空气过滤器。空气过滤器一般采用粗孔泡沫塑料、纤维织物或尼龙纺织物等材料制作。

风机盘管在调节方式上，一般采用风量调节或水量调节等方法。所谓水量调节方法是指在其进出水管上安装水量调节阀，并由室内温度进行控制，使室内空气的温度和湿度控制在设定的范围内。而风量调节方式则是通过改变风扇电动机的转速，来实现对室内温度、湿度的控制。

（2）冷却塔

1）冷却塔的分类。冷却塔是利用空气将冷却水中的一部分热量带走，从而使水温下降得到冷却的专用的冷却水散热设备。在制冷设备工作过程中，从制冷机的冷凝器中排出的高温冷却循环水通过水泵送入冷却塔，依靠水和空气在冷却塔中的热湿交换，使其降温冷却后循环使用。按我国行业的不同分类方法，冷却塔可分为如下几种类型。

- 冷却塔
  - 自然通用式
    - 开放式（横流）
      - 喷水式
      - 点滴式
    - 风筒式（横流、逆流）
      - 喷水式
      - 点滴式
      - 薄膜式
      - 点滴薄膜式
  - 机械通用式
    - 抽风式
      - 横流式
        - 薄膜式
        - 点滴式
      - 逆流式
        - 喷水式
        - 点滴式
        - 薄膜式
        - 点滴薄膜式
    - 鼓风（逆流）式
      - 喷水式
      - 点滴式
      - 薄膜式
      - 点滴薄膜式

2）自然通风冷却塔的特点。

①开放式冷却塔中的水被冷却的条件与喷水冷却池相似，冷却效果主要取决于风力和风向，适用于气候干燥，有较大和稳定的风速的场合。

②开放点滴式冷却塔由于有淋水装置，冷却能力比开放式冷却塔高，冷却水量在 $500m^3/h$ 以下。

③塔式（风筒式）冷却塔中的水冷却是靠塔内外空气比重差所造成的通风抽力进行水与空气的热湿交换，效果较为稳定。

3）冷却塔的技术术语。

①冷却度：它是指水流经冷却塔前后的温差，它等于进入冷却塔的热水与离开冷却塔的凉水之间的温度差。

②冷却幅度：它是指冷却塔出水温度同环境空气湿球温度之差。

③热负荷：它是指冷却塔每小时“排放”的热量值，热负荷等于循环水量乘以冷却度。

④冷却塔压头：它是指冷却水由塔底提升到顶部并经喷嘴所需要的压力。

⑤漂损：它是指水以细小的液滴形式混杂在循环空气中而造成的少量损失。

⑥泄放：它是指连续或间接地排放少量循环水，以防止水中化学致锈物质的形成和浓缩。

⑦补给：它是指为蒸发、漂损和泄放所需补充的水量。

⑧填料：它是指冷却塔内使空气和水同时通过并得到充分接触的填充物，有膜式、片式、松散式、飞溅式填料之分。

⑨水垢抑制剂：它是指为防止或减少在冷却塔中形成硬水垢而添加在水中的化学物质，常用的有磷酸盐、无机盐、有机酸等。

⑩防藻剂：它是指为抑制在冷却塔中生成藻类植物而添加在水中的化学物质，通常的有氯、氯化苯酚等。

（3）表面式空气热交换器

1）表面式空气热交换器的作用、分类。

①表面式空气热交换器的作用。由冷水机组产生的冷媒水或热源提供的热水、蒸汽通过金属壁面与空气进行交换达到冷却、减湿或加热空气的目的。

②表面式空气热交换器的分类。按表面式空气热交换器的工作目的分类：

a）空气加热器：利用热水或蒸汽对空气加热以提高室内温度。

b）表面冷却器（又称表冷器）：利用冷媒水对空气进行冷却以降低室内温度。

按其传热面结构形式分类：

a）板式：又可细分为螺旋式、板壳式、波纹板式、板翅式。

b）管式：又可细分为列管式、套管式、蛇形管式、翅片管式，目前最常用的是翅片管式表面空气热交换器。

2）表面式空气热交换器的结构。表面式空气热交换器的基本结构主要由肋管、联箱、护板等组成。

表面式空气热交换器主要采用套片式肋片，这种肋片的生产是在肋片上冲好相应的孔，然后将管子插入，再用弯头将管连接起来组成套片式表面空气换热器。肋管采用液压扩管，所以肋片和管子结合紧密，具有传热效率高，空气阻力小，节省材料，性能稳定等特点。

14.4 解决方案

14.4.1 中央空调系统认知操作实践

1. 实践目的

1）了解中央空调系统结构。

2）掌握中央空调系统工作原理。

3）掌握中央空调系统手动制冷。

4）掌握中央空调系统手动制热。

2. 实践仪器

（1）计算机1台。

（2）THBCBA-1型系统装置1套；

（3）连接导线1套。

3. 实践原理

中央空调系统图见图14-1。

（1）中央空调系统的新风系统工作原理　该系统将室外的新鲜空气吸引进入风柜，并经过过滤降温除湿后由风道送入每个房间，这时的新风不能满足室内的热湿负荷，仅能满足室内所需的新风量。随着室内风机盘管处理室内空气热湿负荷的同时，多余出来的空气通过回风机按阀门的开启比例一部分排出室外，一部分返回到进风口处，以便再次循环利用。

（2）中央空调系统的有风系统工作原理　该系统利用室外主机集中产生冷/热量，将从室内引回的回风（或回风和新风的混风）进行冷却/加热处理后，再送入室内消除其空调冷/热负荷。

（3）中央空调系统的水系统工作原理　冷/热水机组的输送介质通常为水或乙二醇溶液。该系统通过室外主机产生出空调冷/热水，由管路系统输送至室内的各末端装置，在末端装置处，冷/热水与室内空气进行热量交换，产生冷/热风，从而消除房间空调负荷。它是一种集中产生冷/热量，但分散处理各房间负荷的空调系统形式。

4. 实践步骤

（1）制冷控制

1）检查设备，确保水泵、风机、电加热器、表面式冷却器、压缩机、风机盘管及自控系统等性能良好；各管路系统连接处的紧固、严密程度，无松动、泄漏现象；航空电缆连接正确。

2）将面板上的“控制方式”开关置于“停止”状态，并将电源控制开关置于关的位置，用 PC/PPI 通信线连接计算机与 PLC 主机。将分水器和集水器之间最里面两个手动阀打开，次里面的两个手动阀关闭。

3）接通电源，将电源总开关和漏电保护器闭合，观察电网电压指示的电压值，其正常电压值为 380V ±50V（由电网电压决定）。若电压不正常，则断电检查。

4）将 PLC 主控单元“电源开关”置于开的位置，船形开关指示灯亮，PLC 主控单元电源灯亮，并将“控制方式”开关置于“手动”状态。

5）将中央空调控制程序使用“STEP7-MicroWIN”下载到 PLC，并使 PLC 处于运行状态。

说明：一般情况下，此步可以取消，只有在 PLC 控制程序不正确的情况下，才进行重新下载程序。

6）打开上位机组态软件，并进入运行环境，选择“中央空调系统”，进入“系统手动控制与监视”，并单击“进入实训界面”，进入手动控制与监测界面。

7）将“冷却水泵”开关置于泵 1 的位置，“冷却塔风扇”开关置于开的位置，冷却水泵 1 和冷却塔风扇工作，上位机软件有相应指示。

8）选择以下 3 种的其中一种制冷工况进行操作。

①制冷工况下全空气处理系统：在冷却水系统正常工作后，将“电动阀 1”开关置于关的位置，“电动阀 2”开关置于开的位置，将“冷冻水泵”开关置于泵 1 的位置，“风管风机”开关置于开的位置，上位机软件会有相应指示，此时冷冻水通过表冷器对被空调空间的空气进行处理。

②制冷工况下全水处理系统：将“电动阀 1”开关置于开的位置，“电动阀 2”开关置于关的位置，将“冷冻水泵”开关置于泵 1 的位置，上位机软件有相应指示，此时冷冻水通过风机盘管对被空调空间的空气进行制冷处理。

③制冷工况下空气—水处理系统：将“电动阀 1”开关置于开的位置，“电动阀 2”开关置于开的位置，分别将“冷冻水泵”开关置于泵 1 的位置，“风管风机”开关置于开的位置，上位机软件有相应指示，冷冻水经表冷器和风机盘管后，对被空调房间空的气进行制冷处理。

9）约 3 ~ 5min 后将“压缩机启动”开关置于启动的位置，压缩机启动灯亮，电动阀 3 ~ 1 工作。

10）在全空气与空气—水系统下，旋动“风量大小”开关，将新风调节阀调至 20% 的开度，观察模拟房间的温度。

11）演示完成。

注意：

①演示时间大于 10min。

②做制冷实训时，必须将分水器和集水器之间最里面两个手动阀打开，次里面的两个手动阀关闭。

③压缩机不允许频繁起动停止，每次停止后再次起动的间隔时间最好大于 1h，否则会造成压缩机损坏。

12）将“压缩机启动”开关置于停止的位置，压缩机停止工作。

13）10min后，将“冷冻水泵”开关、“冷却水泵”开关置于中位，将“冷却塔风扇”开关、“电动阀1”开关、“电动阀2”开关置于关的位置。

（2）制热控制

1）按照步骤1）～7）的内容进行操作。注意应将步骤2）的手动阀开关改为分水器和集水器之间的次里面两个手动阀打开，最里面的两个手动阀关闭。

2）将“模拟锅炉”开关置于开的位置，“冷冻水泵”开关置于泵1位置，模拟锅炉开始工作，观察模拟锅炉上的温度标识表，在温度刻度达到中间时继续下一步骤。

3）选择以下3种的其中一种制热工况进行操作。

①制热工况下全空气处理系统：将“电动阀1”开关置于关的位置，“电动阀2”开关置于开的位置，将“换热水泵”开关置于开的位置，上位机软件有相应指示，然后将“风管风机”开关置于开的位置，此时热水通过表冷器对被空调空间的空气进行制热处理。

②制热工况下全水处理系统：将“电动阀1”开关置于开的位置，“电动阀2”开关置于关的位置，将“换热水泵”开关置于开的位置，上位机软件有相应指示，此时热水通过风机盘管对被空调空间的空气进行制热处理。

③制热工况下空气—水处理系统：将“电动阀1”开关置于开的位置，“电动阀2”开关置于开的位置，将“换热水泵”开关置于开的位置，然后将“风管风机”开关置于开的位置，热水通过表冷器和风机盘管后，对被空调房间空气进行制热处理。

4）在全空气与空气—水系统下，可旋动“风量大小”旋钮开关，将新风调节阀调至20%的开度，观察模拟房间的温度。

5）演示完成后，将“模拟锅炉”开关置于关的位置。等待10min后，将“换热水泵”开关、“电动阀1”开关、“电动阀2”开关置于关的位置。再过5min后将“风管风机”和“换热水泵”开关置于关的位置，“冷冻水泵”开关置于中位。

注意：①演示时间大于10min。

②做制热实训时，必须将分水器和集水器之间次里面两个手动阀打开，最里面的两个手动阀关闭。

③做制热实训前需确保模拟锅炉中有水，否则会造成模拟锅炉损坏。

5. 实践预习要求

1）熟悉中央空调系统的对象组成及结构。

2）熟悉中央空调系统的控制台组成及各个按键功能。

3）熟悉实训注意事项。

6. 实践注意事项

1）制冷运行过程中，要观察冷却塔水槽及加水箱水位，保证水泵不空转。

2）制热运行过程中，冷却水泵工作时，加水箱的进水口要有水源流出，否则说明模拟锅炉中的水量不足。此时可将冷冻水泵电源打开，将冷冻水箱中的水打到加水箱中，水足量后，关闭冷冻水泵电源。

3）运行过程中，要观察冷却塔水槽及加水箱水位，保证水泵不空转。

4）在准备做制热实训时，先将“控制方式”开关置于“手动”位置，然后将“模拟锅炉”开关置于“开”的位置，并将模拟锅炉上的电源开关置于“开”的位置，调节模拟锅炉设定温度到45℃左右，待模拟锅炉温度达到后，再进行制热实训。

5）制冷和制热相互切换，停机时间必须大于8h。

6）温度传感器与测量点的对应关系见表14-1。

表14-1　温度传感器与测量点的对应关系

序号	温度传感器	测　量　点	序号	温度传感器	测　量　点
1	TT0	模拟锅炉出水口温度	5	TT4	冷凝器出水口温度
2	TT1	风管温度	6	TT5	蒸发器出水口温度
3	TT2	压缩机吸气温度	7	TT6	压缩机排气温度
4	TT3	冷凝器进口温度	8	TT7	蒸发器进口温度

7. 请您做一做

1）简述中央空调系统主要由哪些设备组成。

2）简述中央空调系统的分类与特点。

3）简要说明中央空调系统的控制过程，如操作什么按键，运行或停止什么设备，达到什么效果等。

14.4.2　中央空调启动、运行、调试操作实践

1. 实践目的

1）掌握中央空调系统的启动。

2）了解中央空调系统的运行。

3）掌握中央空调系统的调试。

2. 实践仪器

1）计算机1台。

2）THBCBA-1型系统装置1套。

3）连接导线1套。

3. 实践原理

空调系统的测试与调整统称为调试，这是保证空调工程质量，实现空调功能不可缺少的重要环节。对于新建成的中央空调系统，在完成安装交付使用之前，需要通过测试、调整和试运转，来检验设计、施工安装和设备性能等各方面是否符合生产工艺和使用要求。对于已投入使用的中央空调系统，当发现某些方面不能满足生产工艺和使用要求时，也需要通过测试查明原因，以便采取措施予以解决。

由于空调系统的性质和控制精度不同，所以调试的项目和要求也有所不同。调试项目和程序有以下几个方面。

（1）空调系统电气设备与线路的检查测试　该项目工作通常是在空调制冷专业人员配合下，由电气专业调试人员操作。

（2）空调设备单机空载试运行

1）风机的空载试运转。运转前必须加适量的润滑油，检查各项安全措施，风机叶轮不应有卡壳和摩擦现象，检查叶轮旋转方向是否正确。试运转时检查风机的减震器是否移位，滑动轴承最高温度不得超过70℃，滚动轴承最高温度不得超过80℃。

2）制冷机或制冷机组试运行。压缩式制冷机组运转前必须进行气密性试验、真空试验，注充润滑油、制冷剂，机组试车。溴化锂吸收式制冷机组运转前必须进行气密性试验、真空试验、水洗、灌注溶液、试运转开车程序。

3）水泵单机无负荷运行。水泵试运转前应注充并填满填料，连接法兰和密封装置等不得有渗漏，叶轮与泵壳不应相磨，各部阀门应灵活，叶轮转向要正确。

4）空调机组内的表冷器和喷淋装置的通水试运转。检查供水管压力是否正常，有无漏水，表冷器的凝水排放是否通畅，喷淋装置的喷嘴是否齐全，挡水板过水量是否正常。

5）空气过滤装置试运转。按设计要求和产品说明书检查运转是否正常。

6）冷却塔的试运转。检查风机转向是否正确，布水汽的布水是否均匀等。

（3）空调设备的空载联合试运转　联合试运行包括风系统、水系统（冷冻水系统和冷却水系统）以及制冷系统。在无生产负荷的情况下，同时启动运转，应进行如下项目的测试和调整：

1）测定通风机的风量、风压、转数及电流。

2）风管系统及风口的风量测试及平衡，要求实测风量与设计风量的偏差不大于10%。

3）制冷系统的压力、温度、流量和冷、热量的测试与调整，要求各项技术参数应符合有关技术文件的规定。

空调系统带冷（热）源的正常联合试运转不少于8h。当竣工季节条件与设计条件相差较大时，仅做不带冷（热）源的试运转。

（4）空调设备带生产负荷的综合效能调试　该项试验由建设单位负责，设计单位和施工单位配合进行。依据工艺和设计要求进行测试和调整以下内容。

1）室内空气参数的测定与调整。

2）室内气流组织的测定。

3）室内洁净度和正压的测定。

4）室内噪声的测定。

5）自动调节系统的参数整定和联动调试。

4. 实践步骤

（1）制冷控制

1）检查设备，确保水泵、风机、电加热器、表面式冷却器、压缩机、风机盘管及自控系统等性能良好，各管路系统连接处的紧固、严密程度，无松动、泄漏现象，航空电缆连接正确。

2）将电源控制开关置于关的位置，用 PC/PPI 通信线连接计算机与 PLC 主机。

3）接通电源，将空气开关闭合，旋动波段开关，观察电压表指示的线电压值。如电压不正常，断电检查。

4）将面板上的"控制方式"开关由中位置于"自动状态"下，PLC 主控单元"电源开关"置于开的位置，船形开关指示灯亮，PLC 主控单元电源灯亮。

5）打开上位机组态软件，并进入运行环境，选择"中央空调系统"，进入"系统自动控制与监视"，并单击"进入实训界面"，进入自动控制菜单。

6）选择以下 3 种的其中一种制冷工况进行操作。

①制冷工况下全空气自动处理系统：单击"制冷—全空气处理系统"，进入监控界面，单击"启动"按钮，即可启动"制冷—全空气处理系统"。

②制冷工况下全水自动处理系统：单击"制冷—全水处理系统"，进入监控界面，单击"启动"按钮，即可启动"制冷—全水处理系统"。

③制冷工况下空气—水自动处理系统：单击"制冷—空气—水处理系统"，进入监控界面，单击"启动"按钮，即可启动"制冷—空气—水处理系统"。

7）在冷却水系统正常工作后，单击上位机软件中的新风风量按钮，调节新风阀在 20% 的开度。

8）演示完成后，观察系统运行状态。

注意：演示时间大于 10min。

9）单击上位机软件中的"停止"按钮，系统按照一定顺序停止设备。等待系统停止完成后，出现"启动"按钮，接着单击"返回"按钮返回自动控制菜单。

（2）制热控制

1）按照上面 1）~7）的步骤进行操作。

2）选择以下 3 种的其中一种制热工况进行操作。

①制热工况下全空气自动处理系统：单击"制热—全空气处理系统"，进入监控界面，单击"启动"按钮，即可启动"制热—全空气处理系统"。

②制热工况下全水自动处理系统：单击"制热—全水处理系统"，进入监控界面，单击"启动"按钮，即可启动"制热—全水处理系统"。

③制热工况下空气—水自动处理系统：单击"制热—空气—水处理系统"，进入监控界面，单击"启动"按钮，即可启动"制热—空气水处理系统"。

3）演示完成后，观察系统运行状态。

注意：演示时间大于 10min。

4）单击上位机软件中的"停止"按钮，系统按照一定顺序停止设备。等待系统停止完成后，出现"启动"按钮，接着单击"返回"按钮，返回自动控制菜单。

5. 实践预习要求

1）熟悉中央空调系统的对象组成及结构。

2）熟悉中央空调系统的控制流程。

3）熟悉实训注意事项。

6. 实训注意事项

1）做制冷实训时，必须将分水器和集水器之间最里面两个手动阀打开，次里面的两个手动阀关闭。

2）做制热实训时，必须将分水器和集水器之间次里面两个手动阀打开，最里面的两个手动阀关闭。

3）制冷运行过程中，要观察冷却塔水槽及加水箱水位，保证水泵不空转。

4）制热运行过程中，冷却水泵工作时，加水箱的进水口要有水源流出，否则说明模拟锅炉中的水量不足。此时可将冷冻水泵电源打开，将冷冻水箱中的水打到加水箱中，水足量后，关闭冷冻水泵电源。

5）运行过程中，要观察冷却塔水槽及加水箱水位，保证水泵不空转。

6）在准备进行制热实践时，先将“控制方式”开关置于“手动”位置，然后将“模拟锅炉”开关置于“开”的位置，并将模拟锅炉上的电源开关置于“开”的位置，调节模拟锅炉设定温度到45℃左右，待模拟锅炉温度达到后，再进行制热实践。

7. 请您做一做

1）简述中央空调系统冷热处理系统的工作过程。

2）简要说明中央空调系统的过程流程，并记录相应的实训数据。

14.4.3　中央空调运行工作情况、运行参数检测分析操作实践

1. 实践目的

1）认知中央空调系统运行工作情况。

2）学会中央空调系统运行参数检测分析。

2. 实践设备

1）计算机1台。

2）THBCBA-1型系统装置1套。

3）连接导线1套。

3. 实践原理

（1）空调与通风系统功能检测　建筑设备监控系统应对空调系统进行温度、湿度及新风量自动控制、预定时间表自动启停、节能优化控制等控制功能进行检测。应着重检测系统测控点（温度、相对湿度、压差和压力等）与被控设备（风机、风阀、加湿器及电动阀门等）的控制稳定性、响应时间和控制效果，并检测设备连锁控制和故障报答的正确性。

检测数量为每类机组按总数的20%抽检，且不得少于5台，每类机组不足5台时全部检测。被检测机组全部符合设计要求为检测合格。

（2）热源和热交换系统功能检测　建筑设备监控系统应对热源和热交换系统进行系统负荷调节、预定时间表自动启/停和节能优化控制。检测时应通过工作站或现场控制器对热源和热交换系统的设备运行状态、故障等的监视、记录与报警进行检测，并检

测对设备的控制功能。

核实热源和热交换系统能耗计量与统计资料。

检测方式为全部检测，被检系统合格率100%时为检测合格。

建筑设备监控系统应对冷水机组、冷冻、冷却水系统进行系统负荷调节、预定时间表自动启/停和节能优化控制。检测时应通过工作站对冷水机组、冷冻、冷却水系统设备控制和运行参数、状态、故障等的监视、记录与报警情况进行检查，并检查设备运行的联动情况。

核实冷冻水系统能耗计量与统计资料。

检测方式为全部检测，满足设计要求时为检测合格。

（3）中央管理工作站与操作分站功能检测　对建筑设备监控系统中央管理工作站与操作分站功能进行检测时，应主要检测其监控和管理功能，检测时应以中央管理工作站为主，对操作分站主要检测其监控和管理权限以及数据与中央管理工作站的一致性。

应检测中央管理工作站显示和记录的各种测量数据、运行状态、故障报警等信息的实时性和准确性，以及对设备进行控制和管理的功能，并检测中央站控制命令的有效性和参数设定的功能，保证中央管理工作站的控制命令被无冲突地执行。

应检测中央管理工作站数据的存储和统计（包括检测数据、运行数据）、历史数据趋势图显示、报答存储统计（包括各类参数报警、通信报警和设备报警）情况，中央管理工作站存储的历史数据时间应大于3个月。

应检测中央管理工作站数据报表生成及打印功能，故障报警信息的打印功能。

应检测中央管理工作站操作的方便性，人机界面应符合友好、汉化、图形化要求，图形切换流程清楚易懂，便于操作。对报警信息的显示和处理应直观有效。

应检测操作权限，确保系统操作的安全性。以上功能全部满足设计要求时为检测合格。

4. 实践步骤

（1）系统接线及上电

1）检查设备，确保水泵、风机、电加热器、表面式冷却器、压缩机、风机盘管及自控系统等性能良好，各管路系统连接处的紧固、严密程度，无松动、泄漏现象，航空电缆连接正确。

2）将电源控制开关置于关的位置，面板上的“控制方式”开关置于“手动状态”下，用PC/PPI通信线连接计算机与PLC主机。

3）接通电源，将空气开关闭合，观察电网电压指示的电压值。如电压不正常，断电检查。

4）将PLC主控单元“电源开关”置于开的位置，船形开关指示灯亮，PLC主控单元电源灯亮。

5）运行软件，并进入空调的手动监控界面。

（2）制冷控制　将“冷却水泵”开关置于泵1的位置，“冷却塔风扇”开关置于开的位置，冷却水泵1和冷却塔风扇工作。分别在全空气、全水及空气—水处理系统选择

①～③3种中的一种制冷控制继续实践操作。

1）全空气处理系统。

①在冷却水系统正常工作后，将“电动阀2”开关置于开的位置，将“冷冻水泵”开关置于泵1，“风管风机”开关置于开的位置，旋动“风量大小”开关，将新风调节阀调至20%的开度。

②将“压缩机启动”开关置于启动位置，压缩机启动灯亮，电动阀3～1工作。

③演示完成，将“压缩机启动”开关置于停止位置，压缩机停止工作。待10min后，将“冷却水泵”开关、“冷冻水泵”开关置于中位，“冷却塔风扇”开关、“电动阀1”开关、“电动阀2”开关置于关的位置。

2）全水处理系统。

①将“电动阀1”开关置于开的位置，“电动阀2”开关置于关的位置，将“冷冻水泵”开关置于泵1的位置。

②将“压缩机启动”开关置于启动位置，压缩机启动灯亮，电动阀3～1工作。

③演示完成，将“压缩机启动”开关置于停止位置，压缩机停止工作。待10min后，将“冷却水泵”开关、“冷冻水泵”开关置于中位，“冷却塔风扇”开关、“电动阀1”开关、“电动阀2”开关置于关的位置。

3）空气—水处理系统

①将“电动阀1”开关置于开的位置，“电动阀2”开关置于开的位置，将“冷冻水泵”开关置于泵1的位置，“风管风机”开关置于开的位置，旋动“风量大小”开关，将新风调节阀调至20%的开度。

②将“压缩机启动”开关置于启动位置，压缩机启动灯亮，电动阀3～1工作。

③演示完成，将“压缩机启动”开关置于停止位置，压缩机停止工作。待10min后，将“冷却水泵”开关、“冷冻水泵”开关置于中位，“冷却塔风扇”开关、“电动阀1”开关、“电动阀2”开关置于关的位置。

（3）制热控制　将“模拟锅炉”开关置于开的位置，模拟锅炉开始工作，观察模拟锅炉上的温度标识表，在温度刻度达到中间时继续下一步骤。

将“冷冻水泵”开关置于泵1位置，冷冻水泵1起动。观察并记录各测量点的温度值。

分别在全空气、全水及空气—水处理系统选择①～②2种中的一种制热控制继续实训操作。

1）全空气处理系统。

①将“电动阀2”开关置于开的位置，将“换热水泵”开关置于开的位置，然后将“风管风机”开关置于开的位置，此时热水通过表冷器对被空调空间的空气进行制热处理。旋动“风量大小”开关，将新风调节阀调至20%的开度。

②演示完成后，将“模拟锅炉”开关置于关的位置，将“换热水泵”开关、“电动阀1”开关、“电动阀2”开关置于关的位置，“冷冻水泵”开关置于中位，再过5min后将“风管风机”开关置于关的位置。

2）全水处理系统。

①将“电动阀 1”开关置于开的位置，“电动阀 2”开关置于关的位置，将“换热水泵”开关置于开的位置，此时热水通过风机盘管对被空调空间的空气进行制热处理。

②演示完成后，将“模拟锅炉”开关置于关的位置，将“换热水泵”开关、“电动阀 1”开关、“电动阀 2”开关置于关的位置，“冷冻水泵”开关置于中位，再过 5min 将“风管风机”开关置于关的位置。

3）空气—水处理系统。

①将“电动阀 1”开关置于开的位置，“电动阀 2”开关置于开的位置，将“换热水泵”开关置于开的位置，然后将“风管风机”开关置于开的位置，热水通过表冷器和风机盘管后，对被空调房间空气进行制热处理。旋动“风量大小”开关，将新风调节阀调至 20% 的开度。

②演示完成后，将“模拟锅炉”开关置于关的位置，将“换热水泵”开关、“电动阀 1”开关、“电动阀 2”开关置于关的位置，“冷冻水泵”开关置于中位，再过 5min 将“风管风机”开关置于关的位置。

5. 实践预习要求

1）熟悉中央空调系统的对象组成及结构。

2）熟悉中央空调系统的控制台组成、各个按键功能及控制流程。

3）熟悉实践注意事项。

6. 实践注意事项

1）制冷运行过程中，要观察冷却塔水槽及加水箱水位，保证水泵不空转。

2）制热运行过程中，冷却水泵工作时，加水箱的进水口要有水源流出，否则说明模拟锅炉中的水量不足。此时可将冷冻水泵电源打开，将冷冻水箱中的水打到加水箱中，水足量后，关闭冷冻水泵电源。

3）运行过程中，要观察冷却塔水槽及加水箱水位，保证水泵不空转。

4）在准备做制热实训时，先将“控制方式”开关置于“手动”位置，然后将“模拟锅炉”开关置于“开”的位置，并将模拟锅炉上的电源开关置于“开”的位置，调节模拟锅炉设定温度到 45℃左右，待模拟锅炉温度达到后，再进行制热实训。

7. 请您做一做

1）简述在中央空调手动操作过程中，不同的操作具有什么样的功能。

2）结合记录的数据，简要说明中央空调的控制流程。

14.4.4　中央空调控制原理认知操作实践

1. 实践目的

1）了解中央空调系统控制的原理。

2）掌握中央空调系统的制冷自动控制。

3）掌握中央空调系统的制热自动控制。

2. 实践设备

1）计算机 1 台。

2）THBCBA-1 型系统装置 1 套。

3）连接导线 1 套。

3. 实践原理

目前国内早期的中央空调系统，由于缺乏先进的技术手段支持，基本上都采用传统的定流量中央空调控制方式，即空调冷冻水流量、冷却水流量和冷却塔风机风量都是恒定的。也就是说只要起动中央空调主机，冷冻水泵、冷却水泵和冷却塔风机都在 50Hz 工频状态下运行，当然还有其他更节能的中央空调控制方式。

（1）定流量中央空调控制方式　特征是系统的循环水量保持定值不变，当负荷变化时，通过改变供水或回水温度来匹配。定流量供水方式的优点是系统简单，不需要复杂的自控设备，但这种控制方式存在以下问题：

1）无论中央空调负荷大小如何变化，空调系统均在设计的额定状态下运行，系统能耗始终处于设计的最大值，能源浪费很大。

2）舒适性中央空调系统是一个多参量、非线性、时变性的复杂系统，由于末端负荷的频繁波动，必然造成系统循环溶液（载冷剂、冷却剂、制冷剂溶液）的运行参量偏离空调主机的最佳工作状态，导致中央空调主机热转换效率（COP 值）降低，系统长期在低效率状态下运行。

3）在工频状态下启、停大功率水泵和风机，冲击电流大，不利于电网的安全运行，且水泵、风机等机电设备长期在工频额定状态下高速运行，机械磨损严重，导致设备故障增加和使用寿命缩短。

（2）通用变频器 PID 中央空调控制方式　近年随着大功率电力电子器件的出现，促进了通用变频器的小型化和实用化，人们开始采用通用变频器来控制中央空调系统的水泵和风机，降低中央空调系统的能源浪费，通过供、回水压差或温差的采集，对水泵和风机进行 PID（比例、积分、微分）调节，以达到节能效果。PID 控制原理简单，使用方便，价格较低。

PID 中央空调控制不足之处在于：

1）PID 中央空调控制调节中最重要的工程参数比例系数 K_P、积分时间常数 T_I 和微分时间常数 T_d，一旦选定之后，如果人不去调节，它是固定不变的，不可能跟随受控参量的变化而自动调整，也就是说，工程参数整定之后，就用同一种参数去对付各种不同的运行工况，因此，不可能达到最佳的节能效果。

2）PID 只能实现单参量（温度或压力）的简单中央空调控制功能，在一些单参量工业生产过程的控制中效果较好，当用于控制中央空调这样的多参量、非线性、时变的且参量间耦合很强的复杂系统时，很容易引起中央空调系统振荡，使控制温度在较大范围内起伏，长时间都不能到达设定值的稳定状态，既影响了系统的稳定性，又降低了空调效果的舒适性。

（3）中央空调节电器控制方式　近几年发展起来的一种新中央空调控制方法，使得中央空调主机的冷量（或热量）供应都能跟随负荷的变化而同步变化，这样就能够在保证空调舒适性的前提下，实现空调系统的最大节能，这是变流量中央空调控制模式的基本思想，也是中央空调节电器控制系统的基本目的。

4. 实践步骤

（1）全空气系统　空调房间的室内热湿负荷全部由经过处理的空气来承担的空调系统称为全空气式空调系统。它利用空调装置送出的风来调节室内空气的温度、湿度，由于空气的比热小，用于吸收室内余热、余湿的空气需求量大，所以这种系统要求的风道截面积大，占用建筑物空间较多。

（2）全水系统　全部由经过处理的水负担室内热湿负荷的系统称为全水式系统。它是利用冷冻机处理后的冷冻水（或锅炉制出热水）送往空调房间的风机盘管中对房间的温度、湿度进行处理的。

由于水的比热及密度比空气大，所以全水式系统的体积较全空气式系统小，能够节省建筑物空间，但它不能够解决房间通风换气的问题。

（3）空气-水系统　由经过处理的空气和水共同负担室内热湿负荷的系统称为空气-水式空调系统。典型装置是风机盘管加新风系统。它既可解决全水式系统无法通风换气的问题，又可克服全空气系统要求风道截面积大、占用建筑物空间多的不足。

可参考 14. 4. 1 中的内容进行操作，熟悉各种冷热处理系统流程。

5. 实践预习要求

1）熟悉中央空调系统的对象组成及结构。

2）熟悉中央空调系统的控制台组成及各个按键功能。

3）熟悉实践注意事项。

6. 实践注意事项

1）制冷运行过程中，要观察冷却塔水槽及加水箱水位，保证水泵不空转。

2）制热运行过程中，冷却水泵工作时，加水箱的进水口要有水源流出，否则说明模拟锅炉中的水量不足。这时可将冷冻水泵电源打开，将冷冻水箱中的水打到加水箱中，水足量后，关闭冷冻水泵电源。

3）运行过程中，要观察加水箱水位，保证水泵不空转。

4）在准备进行制热实践时，首先将“控制方式”开关置于“手动”位置，然后将“模拟锅炉”开关置于“开”的位置，并将模拟锅炉上的电源开关置于“开”的位置，调节模拟锅炉设定温度到45℃左右，待模拟锅炉温度达到后，再进行制热实践。

7. 请您做一做

1）简述不同的中央空调处理系统具有什么特点？在该装置中是如何体现的？

2）结合中央空调控制的原理，简要说明不同系统的组成。

14. 5　思考与练习

1. 空气调节的主要设备有哪些？各有什么作用？

2. 空气状态调节主要指什么调节？其调节原理是什么？
3. 影响室内空气环境参数变化的因素主要有哪些？
4. 空调系统一般包括哪几个部分？
5. 空调系统按照空气处理设备的设置情况，可分为哪几种？
6. 中央空调多采用全面监控方案，其监控功能主要有哪些？
7. 通风风机控制主要有哪些功能？变风量系统运行方案主要有哪几种？
8. 空气的状态参数主要是指哪些？
9. 空气调节的相关技术用语主要有哪些？
10. 中央空调系统的部件主要有哪些？
11. 如何进行中央空调系统认知操作实践？
12. 如何进行中央空调启动、运行、调试操作实践？
13. 如何进行中央空调运行工作情况、运行参数检测分析操作实践？
14. 如何进行中央空调控制原理认知操作实践？

学习情景 15　THPZB-1 综合布线系统

【学习目标】

知识目标

- 认知 THPZB-1 综合布线系统的组成
- 了解 THPZB-1 综合布线系统的相关技术知识
- 了解 THPZB-1 综合布线系统实践的机理

技能目标

- 掌握综合布线系统实践的操作方法
- 掌握综合布线系统实践的安装和连接

情景条件

- THPZB-1 综合布线系统 1 套
- 便携式万用表、螺钉旋具等接线工具等 1 套

15.1　工作任务

建筑物综合布线系统（Premises Distribution System，PDS）又称为开放式布线系统（Open Cabling System，OCS），是一种在建筑物和建筑群中综合数据传输的网络系统。它把建筑物内的语音交换、智能数据处理设备及其他广义的数据通信设施相互连接起来，并通过必要的网络通信设备与建筑物外部公用数据网络或电话网络相连。其系统组成包括所有建筑物及建筑群内部用以相互连接以上设备的线缆和相关的布线器件及连接器件。

智能建筑中的 CAS、BAS 和 OAS 三大子系统以综合布线系统和公共通信网络为桥梁，通过协调各类系统和局域网之间的接口和协议，在子系统之间建立有机的联系，把原来相对独立的资源、功能和信息等集合到一个相互关联、协调和统一的完整系统中，从而实现系统集成。

综合布线系统是一个全新的概念，与传统布线系统相比较，它具有许多突出的优点，主要表现为综合性、先进性、开放性、灵活性、可靠性和经济性。

（1）综合性和兼容性　传统的专业布线方式需要使用不同的电缆、电线、接续设备和其他器材，技术性能差别极大，难以互相通用，彼此不能兼容。综合布线系统通过统一的规划和设计，采用统一的传输介质、信息插座、交连设备、适配器等将语音信号、数据信号与监控设备的图像信号综合到一套标准的布线系统中，使得布线系统的设

计、安装、调试、维护十分方便。

（2）先进性和可靠性　综合布线系统采用极富弹性的布线概念，以光纤与双绞线混合布线方式极为合理地组成一套完整的布线系统，所有布线均采用世界上最新通信标准，信息通道均按宽带综合业务数字网的设计标准，按8芯双绞线配置，通过五类双绞线，数据最大速率可达到155Mbit/s。对于某些特殊用户需求，可将光纤铺到桌面。干线光缆的高宽带特性为将来的发展提供了足够的裕量，通过主干通道可同时传输多路实时多媒体信息，同时物理星形的布线方式为将来发展交换网络奠定了坚实的基础。应用系统布线全部采用点到点端接，任何一条链路故障均不影响其他链路的运行，保证了可靠性。

（3）开放性　综合布线系统采用开放式体系结构，符合多种国际上现行的标准，它几乎对所有著名厂商的产品都是开放的，并支持所有的通信协议。这种开放性的特点使得设备的更换或网络结构的变化都不会导致综合布线系统的重新铺设，只需进行简单的跳线管理即可。

（4）灵活性　灵活性主要表现在灵活组网、灵活变位和应用类型的灵活变化三个方面。

综合布线系统采用星形物理拓扑结构。为了适应不同的网络结构，可以在综合布线系统管理中进行跳线管理，使系统连接成为星形、环形、总线型等不同的逻辑结构，灵活地实现不同拓扑结构网络的组网。当终端设备位置需要改变时，除了进行跳线管理外，不需要进行更多的布线改变，使工位移动变得十分灵活。同时，综合布线系统还能够满足多种应用的要求，如数据终端、模拟或数字式电话机、个人计算机、工作站、打印机和主机等，使系统能灵活地连接不同应用类型的设备。

（5）经济性　衡量一个建筑产品的经济性应从两个方面考虑，即初投资与性能价格比，在满足应用要求的基础上，尽可能降低造价。综合布线就是一种既具有良好的初投资特性又具有很高的性能价格比的高科技产品。

本工作任务就是要认知这种综合布线系统，进行综合布线系统的相关操作实践。

15.2　任务分析

图15-1所示是THPZB-1型综合布线系统装置构成示意图，它是根据目前我国建筑

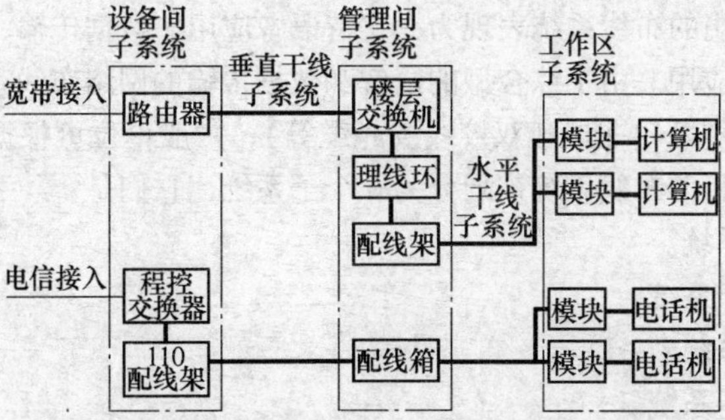

图15-1　THPZB-1综合布线系统装置构成示意图

电气、楼宇自动化专业课程精心设计的实训装置，包含了综合布线系统中的两个典型网络系统：数据网络系统和语音网络系统。

利用该系统装置，就可以进行综合布线系统的相关操作实践。

15.3 知识平台

15.3.1 综合布线系统认识

综合布线系统（Generic Cabling System，GCS）又称建筑物综合布线系统或称开放式布线系统，它的兴起与发展是在计算机技术和通信技术发展的基础上进一步适应社会信息化和经济国际化的需求，也是办公自动化进一步发展的结果，它是建筑技术与信息技术相结合的产物，是计算机网络工程的基础。

在信息社会中，一个现代化的大楼内除了具有电话、传真、空调、消防、动力电线、照明电线外，计算机网络线路也是不可缺少的。布线系统的对象是建筑物或楼宇内的传输网络，使话音和数据通信设备、交换设备和其他信息管理系统彼此相连，并使这些设备与外部通信网络连接。它包含着建筑物内部和外部线路（网络线路、电话局线路）间的民用电缆及相关的设备连接措施。布线系统是由许多部件组成的，主要有传输介质、线路管理硬件、连接器、插座、插头、适配器、传输电子线路、电气保护设施等，并由这些部件来构造各种子系统。

综合布线系统应该说是跨学科、跨行业的系统工程，作为信息产业体现在以下几个方面：

1）楼宇自动化系统（BAS）；

2）通信自动化系统（CAS）；

3）办公室自动化系统（OAS）；

4）计算机网络系统（CNS）。

1. 综合布线系统的子系统

随着因特网和信息高速公路的发展，各国的政府机关、大的集团公司也都在针对自己的楼宇特点，进行综合布线，以适应新的需要，智能化大厦、智能化小区已成为新世纪的开发热点。理想的布线系统表现为：支持语音应用、数据传输、影像影视，而且最终能支持综合型的应用。由于综合型的语音和数据传输的网络布线系统选用的线材、传输介质是多样的（屏蔽、非屏蔽双绞线及光缆等），一般单位可根据自已的特点，选择布线结构和线材。目前布线系统被划分为6个子系统，它们是：

1）工作区子系统。

2）水平干线子系统。

3）管理间子系统。

4）垂直干线子系统。

5）楼宇（建筑群）子系统。

6）设备间子系统。

大楼的综合布线系统是将各种不同组成部分构成一个有机的整体，而不是像传统的布线那样自成体系，互不相干。综合布线系统结构如图 15-2 所示。

（1）工作区子系统　工作区子系统又称为服务区（Coreragearea）子系统，它是由 RJ45 跳线与信息插座所连接的设备（终端或工作站）组成，其中，信息插座有墙上型、地面型、桌上型等多种。在进行终端设备和 I/O 连接时，可能需要某种传输电子装置，但这种装置并不是工作区子系统的一部分。例如，调制解调器，它能为终端与其他设备之间的兼容性传输距离的延长提供所需的转换信号，但不能说是工作区子系统的一部分。

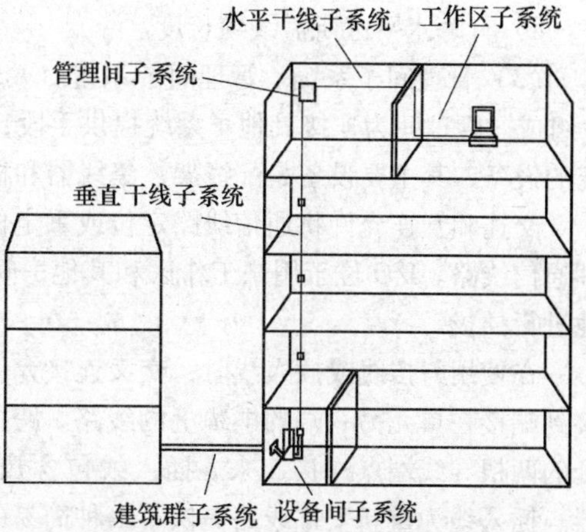

图 15-2　综合布线系统结构图

工作区子系统中所使用的连接器必须具备国际 ISDN 标准的 8 位接口，这种接口能接受楼宇自动化系统所有低压信号以及高速数据网络信息和数码声频信号。工作区子系统设计时要注意如下要点：

1）从 RJ45 插座到设备间的连线用双绞线，一般不要超过 5m。

2）RJ45 插座须安装在墙壁上或不易碰到的地方，插座距离地面 30cm 以上。

3）插座和插头（与双绞线）不要接错线头。

（2）水平干线子系统　水平干线（Horizontal Backbone）子系统也称为水平子系统，是整个布线系统的一部分，它是从工作区的信息插座开始到管理间子系统的配线架。结构一般为星形结构，它与垂直干线子系统的区别在于：水平干线子系统总是在一个楼层上，仅与信息插座、管理间连接。在综合布线系统中，水平干线子系统由 4 对 UTP（非屏蔽双绞线）组成，能支持大多数现代化通信设备，如果有磁场干扰或信息保密时可用屏蔽双绞线。在高宽带应用时，可以采用光缆。

从用户工作区的信息插座开始，水平干线子系统在交叉处连接，或在小型通信系统中的以下任何一处进行互联：远程（卫星）通信接线间、干线接线间或设备间。在设备间中，当终端设备位于同一楼层时，水平干线子系统将在干线接线间或远程通信（卫星）接线间的交叉连接处连接。在水平干线子系统的设计中，综合布线的设计必须具有全面介质设施方面的知识，能够向用户或用户的决策者提供完善而又经济的设计。设计时要注意如下要点：

1）水平干线子系统用线一般为双绞线。

2）长度一般不超过 90m。

3）用线必须走线槽或在天花板吊顶内布线，尽量不走地面线槽。

4）用 3 类双绞线，传输速率为 16Mbit/s；用 5 类双绞线，传输速率为 100Mbit/s。

5）确定介质布线方法和线缆的走向。

6）确定距服务接线间距离最近的I/O位置。

7）确定距服务接线间距离最远的I/O位置。

8）计算水平区所需线缆长度。

（3）管理间子系统　管理间子系统（Administration Subsystem）由交连、互连和I/O组成。管理间为连接其他子系统提供手段，它是连接垂直干线子系统和水平干线子系统的设备，其主要设备是配线架、集线器和机柜、电源。

交连和互连允许将通信线路定位或重定位在建筑物的不同部分，以便能更容易地管理通信线路。I/O位于用户工作区和其他房间或办公室，使在移动终端设备时能够方便地进行插拔。

在使用跨接线或插入线时，交叉连接允许将端接在单元一端的电缆上的通信线路连接到端接在单元另一端的电缆上的线路。跨接线是一根很短的单根导线，可将交叉连接处的两根导线端点连接起来。插入线包含几根导线，而且每根导线末端均有一个连接器。插入线为重新安排线路提供了一种简易的方法。

互连与交叉连接的目的相同，但它不使用跨接线或插入线，只使用带插头的导线、插座和适配器。互连和交叉连接也适用于光纤。

在远程通信（卫星）接线区，如果是安装在墙上的布线区，交叉连接可以不要插入线，因为线路经常是通过跨接线连接到I/O上的。

设计时要注意如下要点：

1）配线架的配线对数可由管理的信息点数决定。

2）利用配线架的跳线功能，可使布线系统具有灵活、多功能的特点。

3）配线架一般由光配线盒和铜配线架组成。

4）管理间子系统应有足够的空间放置配线架和网络设备（集线器、交换器等）。

5）有集线器、交换器的地方要配有专用稳压电源。

6）保持一定的温度和湿度，保养好设备。

（4）垂直干线子系统　垂直干线子系统也称骨干（Riser Backbone）子系统，它是整个建筑物综合布线系统的一部分，它提供建筑物的干线电缆，负责连接管理间子系统到设备间子系统的子系统，一般使用光缆或选用大对数的非屏蔽双绞线，它也提供了建筑物垂直干线电缆的路由。该子系统通常是在两个单元之间，特别是在位于中央节点的公共系统设备处提供了多个线路设施。该子系统由所有的布线电缆组成，或由导线和光缆以及将此光缆连到其他地方的相关支撑硬件组合而成。传输介质可能包括一幢多层建筑物的楼层之间垂直布线的内部电缆或从主要单元如计算机房或设备间和其他干线接线间来的电缆。

为了与建筑群的其他建筑物进行通信，垂直干线子系统将中继线交叉连接点和网络接口（由电话局提供的网络设施的一部分）连接起来。网络接口通常放在设备相邻的房间。

垂直干线子系统还包括：

1）垂直干线或远程通信（卫星）接线间、设备间之间的竖向或横向的电缆走向用的通道。

2）设备间和网络接口之间的连接电缆，或设备与建筑群子系统各设施间的电缆。

3）垂直干线接线间与各远程通信（卫星）接线间之间的连接电缆。

4）主设备间和计算机主机房之间的干线电缆。

设计时要注意：

1）垂直干线子系统一般选用光缆，以提高传输速率。

2）光缆可选用多模（室外远距离），也可以是单模（室内）。

3）垂直干线电缆的拐弯处，不要直角拐弯，应有相当的弧度，以防光缆受损。

4）垂直干线电缆要防遭破坏（如埋在路面下，要防止挖路、修路对电缆造成危害），架空电缆要防雷击。

5）确定每层楼的干线要求和防雷电的设施。

6）满足整幢大楼干线要求和防雷击的设施。

（5）楼宇（建筑群）子系统　楼宇（建筑群）子系统也称校园（Campus Backbone）子系统，它是将一个建筑物中的电缆延伸到另一个建筑物的通信设备和装置，通常是由光缆和相应设备组成。建筑群子系统是综合布线系统的一部分，它支持楼宇之间通信所需的硬件，其中包括导线电缆、光缆以及防止电缆上的脉冲电压进入建筑物的电气保护装置。

在建筑群子系统中，会遇到室外敷设电缆问题，一般有三种情况：架空电缆、直埋电缆、地下管道电缆，或者是这三种的任何组合，具体情况应根据现场的环境来决定。设计时的要点与垂直干线子系统相同。

（6）设备间子系统　设备间子系统也称设备（Equipment）子系统，由电缆、连接器和相关支撑硬件组成，它把各种公共系统设备的多种不同设备互联起来，其中包括邮电部门的光缆、同轴电缆、程控交换机等。设计时注意要点为：

1）设备间要有足够的空间保障设备的存放。

2）设备间要有良好的工作环境（温度、湿度）。

3）设备间的建设标准应按机房建设标准设计。

2. 综合布线系统标准

（1）综合布线系统标准　目前综合布线系统标准一般为CECS92:97和美国电子工业协会、美国电信工业协会的EIA/TIA为综合布线系统制定的一系列标准，这些标准主要有下列几种：

1）EIA/TIA-568民用建筑线缆标准。

2）EIA/TIA-569民用建筑通信通道和空间标准。

3）EIA/TIA-×××民用建筑中有关通信接地标准。

4）EIA/TIA-×××民用建筑通信管理标准。

这些标准支持下列计算机网络标准：

1）IEE802.3总线局域网络标准。

2）IEE802.5 环形局域网络标准。

3）FDDI 光纤分布数据接口高速网络标准。

4）CDDI 铜线分布数据接口高速网络标准。

5）ATM 异步传输模式。

在布线工程中，CECS92:95《建筑与建筑群综合布线系统工程设计规范》是由中国工程建设标准化协会通信工程委员会北京分会、中国工程建设标准化协会通信工程委员会智能建筑信息系统分会、冶金部北京钢铁设计研究总院、邮电部北京设计院、中国石化北京石油化工工程公司共同编制而成的综合布线标准，而 CECS92:97 是 CECS92:95 的修订版。

（2）综合布线标准要点　无论是 CECS92:95（CECS92:97）还是 EIA/TIA 制定的标准，其标准要点都包括以下内容。

1）目的。

①规范一个通用语音和数据传输的电信布线标准，以支持多设备、多用户的环境。

②为服务于商业的电信设备和布线产品的设计提供方向。

③能够对商用建筑中的结构化布线进行规划和安装，使之能够满足用户的多种电信要求。

④为各种类型的线缆、连接件以及布线系统的设计和安装建立性能和技术标准。

2）范围。

①标准针对的是"商业办公"电信系统。

②布线系统的使用寿命要求在 10 年以上。

3）标准内容。标准内容为所用介质、拓扑结构、布线距离、用户接口、线缆规格、连接件性能、安装程序等。

4）几种布线系统涉及范围和要点。

①水平干线布线系统。涉及水平跳线架，水平线缆，线缆出入口/连接器，转换点等。

②垂直干线布线系统。涉及主跳线架、中间跳线架，建筑外主干线缆，建筑内主干线缆等。

③UTP 布线系统。UTP 布线系统传输特性划分为 5 类线缆：

a）5 类：指 100M/Hz 以下的传输特性；

b）4 类：指 20M/Hz 以下的传输特性；

c）3 类：指 16M/Hz 以下的传输特性；

d）超 5 类：指 155M/Hz 以下的传输特性；

e）6 类：指 200M/Hz 以下的传输特性。

说明：目前主要使用 5 类、超 5 类。

④光缆布线系统。在光缆布线中分水平干线子系统和垂直干线子系统，它们分别使用不同类型的光缆。

a）水平干线子系统。62.5/125μm 多模光缆（入出口有 2 条光缆），多数为室内型光缆。

b）垂直干线子系统。62.5/125μm 多模光缆或 10/125μm 单模光缆。

综合布线系统标准是一个开放型的系统标准，它应用广泛。因此，按照综合布线系统进行布线，会为用户今后的应用提供方便，也保护了用户的投资，使用户投入较少的费用，便能向高一级的应用范围转移。

3. 综合布线系统的设计等级

对于建筑物的综合布线系统，一般定为以下三种不同的布线系统等级。

（1）基本型综合布线系统　基本型综合布线系统是一个经济有效的布线方案。它支持语音或综合型语音/数据产品，并能够全面过渡到数据的异步传输或综合型布线系统。它的基本配置如下：

1）每一个工作区有 1 个信息插座。

2）每一个工作区有一条水平布线，4 对 UTP 系统。

3）完全采用 110A 交叉连接硬件，并与未来的附加设备兼容。

4）每个工作区的干线电缆至少有 2 对双绞线。

它的特性为：

1）能够支持所有语音和数据传输应用。

2）支持语音、综合型语音/数据高速传输。

3）便于人员维护、管理。

4）能够支持众多厂家的产品设备和特殊信息的传输。

（2）增强型综合布线系统　增强型综合布线系统不仅支持语音和数据的应用，还支持图像、影像、影视、视频会议等。它具有为增加功能提供发展的余地，并能够利用接线板进行管理，它的基本配置如下：

1）每个工作区有 2 个以上信息插座。

2）每个信息插座均有水平布线，4 对 UTP 系统。

3）具有 110A 交叉连接硬件。

4）每个工作区的电缆至少有 8 对双绞线。

它的特点为：

1）每个工作区有 2 个信息插座，灵活方便，功能齐全。

2）任何一个插座都可以提供语音和高速数据传输。

3）便于管理与维护。

4）能够为众多厂商提供服务环境的布线方案。

（3）综合型综合布线系统　综合型综合布线系统是将双绞线和光缆纳入建筑物布线的系统。它的基本配置如下：

1）在建筑、建筑群的干线或水平布线子系统中配置 62.5μm 的光缆。

2）在每个工作区的电缆内配有 4 对双绞线。

3）每个工作区的电缆中应有 2 对以上的双绞线。

它的特点为：

1）每个工作区有 2 个以上的信息插座，不仅灵活方便而且功能齐全。

2）任何一个信息插座都可供语音和高速数据传输。

3）有一个很好的环境为客户提供服务。

4. 综合布线系统的设计要点

综合布线系统的设计方案不是一成不变的，而是随着环境、用户要求来确定的。其要点为：

1）尽量满足用户的通信要求。

2）了解建筑物、楼宇间的通信环境。

3）确定合适的通信网络拓扑结构。

4）选取适用的介质。

5）以开放式为基准，尽量与大多数厂家产品和设备兼容。

6）将初步的系统设计和建设费用预算告知用户。

5. 综合布线系统的发展趋势

随着计算机技术的迅速发展，综合布线系统也在发生变化，但总的目标是向两个方向发展，具体表现为：

1）下一代的布线系统——集成布线系统。

2）智能大厦小区—家居布线系统。

15.3.2 THPZB-1 型综合布线系统实训装置介绍

图 15-1 是 THPZB-1 型综合布线系统实训装置子系统示意图，它可以依据综合布线系统的子系统划分。其设备间子系统是一个公共设备存放及日常管理的场所，主要负责整个大楼中的数据、语音网络与外部连接；垂直干线子系统主要负责信号的垂直传输；管理间子系统主要用于管理该楼层的信息点；水平干线子系统负责该楼层中的信号传输；工作区子系统由终端设备连接到信息插座的跳线组成。

THPZB-1 型综合布线系统实训装置是根据目前我国建筑电气、楼宇自动化专业课程精心设计的实训装置，包含了综合布线系统中的两个典型网络系统：数据网络系统和语音网络系统。

(1) 数据网络系统　如图 15-3 所示，数据网络部分主要由路由器、楼层交换机、理线环、24 口配线架、模块等综合布线设备组成。计算机通过这些设备实现数据的交流、交换，以及对数据网络的连接与管理。本装置的数据网络采用了 ANSI/TIA/EIA568-B 的打线方式，其中配线架的第 1～4 端口对应模块 1～4 左端端口，模块 5、6 为数据模块，并未打线，方便学生打线操作。

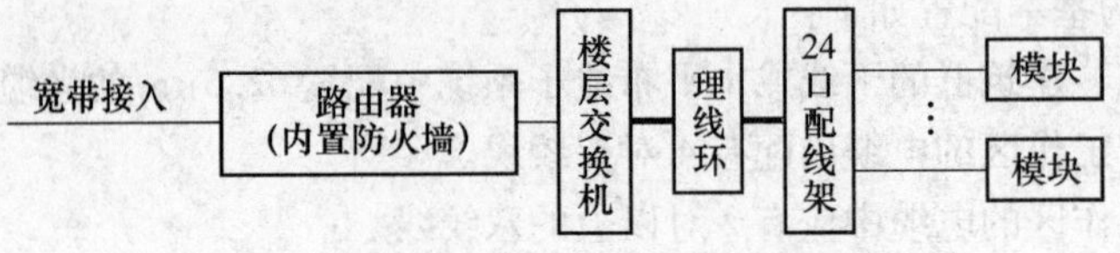

图 15-3　综合布线系统数据网络结构图

1）路由器：是一种连接多个网络或网段的网络设备，它能将不同网络或网段之间的数据信息进行处理，以使它们能够相互通信，从而构成一个更大的网络。

2）交换机：主要功能包括物理编址、网络拓扑结构、错误校验、帧序列以及流量控制。

3）理线环：主要用于线缆的整理与端接。

4）24 口配线架：是一种使用接插线连接链路的交接装置，通过配线盘可以方便地改换或断开链路。

5）模块：是指安装在面板里面的连接两端跳线的 RJ45（或者 RJ11）插座，这类产品用来连接网线的两端，作为线路的中继用途。

（2）语音网络系统　综合布线系统语音网络网络结构图如图 15-4 所示，它主要由程控交换机、110 电话配线架、电话配线箱、模块等组成，主要用于语音网络的连接与分配。其中模块 1 ~4 的右边端口已经打线连接，模块 7、8 为语音端口，并未打线，方便学生打线操作。

图 15-4　综合布线系统语音网络结构图

1）程控交换机：所谓程控就是计算机程序控制，所谓时分是按时间来划分。很多路信号在一个帧中占据不同的时隙，根据用户拨的号码来选择将对应的该时隙交换到该帧的另一个时隙，或者交换到另外一个出线的某一帧的一个指定时隙。

2）110 电话配线架：是一种使用卡线连接链路的交接装置，通过改变卡线的位置可以方便地改换或断开链路。

3）电话配线箱：是一种小型的电话交接装置，通过改变卡线的位置可以方便地改换或断开链路。

15.3.3　路由器

所谓“路由”，是指把数据从一个地方传送到另一个地方的行为和动作，而路由器，正是执行这种行为和动作的机器，它的英文名称为 Router，是一种连接多个网络或网段的网络设备，它能将不同网络或网段之间的数据信息进行“翻译”，以使它们能够相互“读懂”对方的数据，从而构成一个更大的网络。

简单地讲，路由器主要有以下几种功能：

1）网络互联，路由器支持各种局域网和广域网接口，主要用于互联局域网和广域网，实现不同网络互相通信。

2）数据处理，提供包括分组过滤、分组转发、优先级、复用、加密、压缩和防火墙等功能。

3）网络管理，路由器提供包括配置管理、性能管理、容错管理和流量控制等功能。

本实践装置采用了 NETCORE2305NR 路由器，该路由器能安全地将宽带因特网连接扩展到所有计算机，使网络中的每个人都能即时体验高速 Web 访问、文件共享、视频流、面对面因特网游戏和 MP3 下载。这个功能强大的宽带路由器为上网应用提供可靠的安全保护，网络地址转换技术（NAT）可使您的网络设备免遭黑客攻击。路由器具有以下的特点：

1）基于 Web 页面的配置界面，方便您安装和管理路由器。

2）局域网端口嵌入四端口 100BASE-TX 快速以太网交换机，满足高速稳定的内部网络访问需求。

3）WAN 端口支持多种基于以太网的 Internet 连接模式：PPPOE（虚拟拨号）、动态 IP（即 DHCP 客户端）和静态 IP。

4）路由器支持多种网络协议。

5）前面板 LED 指示灯显示，方便监视路由器连接活动和状态。

6）具有软件升级功能，最大限度地保护您的投资安全性。

7）宽带路由器具备多种网络安全维护特性。

8）自动检测以太网连接模式。

15.3.4　程控交换机

程控交换机主要为语音网络提供服务，是利用电子计算机来控制的交换机，它以预先编好的程序来控制交换机的接续动作。此程控电话与一般机电式交换机的电话相比，具有接续速度快、业务功能多、交换高、声音清晰、质量可靠等优点。该实践平台采用金华维的 LC-208，电话机要使用双音频电话，系统编程必须在 1 号端口操作，进入系统编程必须先输入系统密码。

术语与符号：

1）人工值班：当外线打入时，值班总机响铃。

2）自动值班：无值班总机，当外线打入时，将听到“语音信息”。

3）直接出局：分机提机，有空闲外线，则进入外线。

4）间接出局：分机提机，是内线状态，此时拨“0”出局，或拍叉簧出局，有空闲外线，则进入外线。

5）状态转换：在外线状态下（屏蔽除外），拨“*”进入内线状态。

6）设置状态：可以进行设置本系统功能的状态，本系统所有功能设置须在 801 分机上操作。

7）转接：即外线与第一分机通话后，外线还需与另一分机通话，本系统转接方式为拍叉簧或按“闪断”键。

8）开锁：表示系统密码。

9）证实音：“嘟”一声。

10）错误音：“嘟、嘟、嘟”三声。

11）M：外线序号（1——最大外线数）。

12）abc：分机现时序号。

13）n：表示设置等级方式或限拨字头（A、B组）。

14）*：“*”键表示进入设置。

15）#：“#”键表示结束设置。

15.4 解决方案

15.4.1 压线钳的使用操作实践

1. 实践目的

1）了解RJ11+RJ45二合一压线钳的切线功能。

2）了解RJ11+RJ45二合一压线钳的压接RJ45水晶头功能。

2. 实践仪器

1）超5类线若干。

2）RJ11+RJ45二合一压线钳1把。

3）RJ45水晶头若干。

3. 实践内容

1）RJ11+RJ45二合一压线钳的切线功能。

2）RJ11+RJ45二合一压线钳的压接RJ45水晶头功能。

4. 实践原理

RJ11+RJ45二合一压线钳带有一个截线器、两个压线器。只用这一个工具的截线器就可以完成超5类线的剪取、剥线，使用RJ45压线器就可以压紧超5类线RJ45水晶头，使用RJ11压线器就可以压紧超5类线的RJ11水晶头。本实训中采用具有6P水晶头、8P水晶头压接功能的RJ11+RJ45二合一压线钳。

5. 实践步骤

（1）RJ11+RJ45二合一压线钳的切线功能

1）手持RJ11+RJ45二合一压线钳，使单刀刃口朝外，双刀刃口朝内。

2）取一段超5类线，由内往外插入RJ11+RJ45二合一压线钳内侧的刀刃口中。

3）用力将RJ11+RJ45二合一压线钳手柄压紧，接着松开RJ11+RJ45二合一压线钳。

4）取出该段超5类线，将切断的超5类线剥开，并将由双刀刃口切割的外套剥掉（注意：不要切伤或者切断内部导线）。

（2）RJ11+RJ45二合一压线钳的压接RJ45水晶头功能

1）取一个RJ45水晶头，使水晶头的弹片处于下面，并将超5类线按颜色：白/绿、绿、白/橙、蓝、白/蓝、橙、白/棕、棕顺时针方向排列，将超5类线的线头剪齐后并排插入RJ45水晶头中。

2）将插入超5类线的RJ45水晶头插入RJ11+RJ45二合一压线钳的8P口里面。

3）用力将 RJ11 + RJ45 二合一压线钳手柄压紧，接着松开 RJ11 + RJ45 二合一压线钳手柄。

4）将 RJ45 水晶头的弹片压下，取出 RJ45 水晶头。

5）按上述步骤制作 RJ45 数据跳线的另外一端。

6. 实践注意事项

1）将超 5 类线插入 RJ45 水晶头前，要将超 5 类线的端面整理平整。

2）超 5 类线插入时，要求其导线完全插入水晶头中。

3）剥线时，不能切伤或者切断内部导线。

7. 请您做一做

1）简述 RJ11 + RJ45 二合一压线钳的切线功能。

2）简要说明 RJ11 + RJ45 二合一压线钳的压接 RJ45 水晶头功能。

15.4.2　110 卡线钳的使用操作实践

1. 实践目的

1）了解 RJ11 + RJ45 二合一压线钳的切线功能。

2）了解 RJ11 + RJ45 二合一压线钳的压接 RJ11 水晶头功能。

2. 实践仪器

1）超 5 类线若干。

2）RJ11 + RJ45 二合一压线钳 1 把。

3）RJ11 水晶头若干。

3. 实践内容

1）RJ11 + RJ45 二合一压线钳的切线功能。

2）RJ11 + RJ45 二合一压线钳的压接 RJ11 水晶头功能。

4. 实践原理

110 卡线钳主要用于 RJ11 水晶头的压线，该实践装置中使用的 RJ11 + RJ45 二合一压线钳具有 110 卡线钳的功能。

5. 实践步骤

（1）RJ11 + RJ45 二合一压线钳的切线功能

1）手持 RJ11 + RJ45 二合一压线钳，使单刀刃口朝外，双刀刃口朝内。

2）取一段电话线，由内往外插入 RJ11 + RJ45 二合一压线钳内侧的刀刃口中。

3）用力将 RJ11 + RJ45 二合一压线钳手柄压紧，接着松开 RJ11 + RJ45 二合一压线钳。

4）取出该段电话线，将切断的电话线去掉，并将由双刀刃口切割的外套剥去（注意：不要切伤内部导线）。

（2）RJ11 + RJ45 二合一压线钳的压接 RJ11 水晶头功能

1）取一个 RJ11 水晶头，将电话线按照绿、红排开，并排插入 RJ11 水晶头中。

2）将插入电话线的 RJ11 水晶头放到 RJ11 + RJ45 二合一压线钳的 6P 口里面。

3）用力将 RJ11 + RJ45 二合一压线钳手柄压紧，接着松开 RJ11 + RJ45 二合一压线钳。

4）将 RJ11 水晶头的弹片压下，取出 RJ45 水晶头。

5）按上述步骤制作 RJ11 数据跳线的另外一端。

6. 请您做一做

1）简述 RJ11 + RJ45 二合一压线钳的切线功能。

2）简要说明 RJ11 + RJ45 二合一压线钳的压接 RJ11 水晶头功能。

15.4.3　计算机网络电缆测试仪的使用操作实践

1. 实践目的

1）学会计算机网络电缆测试仪的使用方法。

2）学会使用计算机网络电缆测试仪测试 RJ45 数据跳线。

3）学会使用计算机网络电缆测试仪测试 RJ11 语音跳线。

2. 实践仪器

1）RJ45、RJ11 水晶头若干。

2）超 5 类线、电话电缆若干。

3）计算机网络电缆测试仪 1 套。

4）RJ11 + RJ45 二合一压线钳 1 把。

3. 实践内容

1）使用计算机网络电缆测试仪测试 RJ45 数据跳线。

2）使用计算机网络电缆测试仪测试 RJ11 语音跳线。

4. 实践原理

计算机网络电缆测试仪能够通过指示灯的点亮与熄灭显示出 RJ45 数据跳线及 RJ11 语音跳线的接线状态，主要用于检查电缆的接线方式是否符合规范。正常情况下，RJ45 数据跳线的 A、B 类标准都是依次点亮 1 ~ 8 指示灯，而 RJ11 语音跳线则是依次点亮 3、4 的指示灯。错误的接线方式有开路（或称断路）、短路、反向、交错、分岔线对及其他错误。

5. 实践步骤

（1）使用计算机网络电缆测试仪测试 RJ45 数据跳线

1）手持压线钳（有双刀刃的面靠内，单刀刃的面靠外），将超 5 类线从压线钳的双刀刃面伸到单刀刃面，并向内按下压线钳的两手柄，剥去超 5 类线一端外套。

2）按照 ANSI/TIA/EIA568-A 标准，将剥去外套的 8 根线按 1-白/绿、2-绿、3-白/橙、4-蓝、5-白/蓝、6-橙、7-白/棕、8-棕的顺序顺时针排成一排。

3）取一个 RJ45 水晶头（带簧片的一端向下，铜片的一端向上），将排好的 8 根线插入水晶头的卡线槽。

4）将带线的 RJ45 水晶头插入压线钳的 8P 插槽内，并用力向内按下压线钳的两手柄。

5）按下 RJ45 水晶头的簧片，取出压接好的水晶头。

重复以上步骤，制作超 5 类线另一端的 RJ45 水晶头。

6）将做好的 A 类 RJ45 数据跳线两端分别插入计算机网络电缆测试仪的两个 RJ45 端口。

7）将计算机网络电缆测试仪的电源开关打到“ON”的位置，此时计算机网络电缆测试仪的指示灯 1～8 依次同时闪亮。若有指示灯不亮或者闪亮不对应，则跳线不合格。

（2）使用计算机网络电缆测试仪测试 RJ11 语音跳线

1）手持压线钳（有双刀刃的面靠内，单刀刃的面靠外），将电话线从压线钳的双刀刃面伸到单刀刃面，并向内按下压线钳的两手柄，剥取一端。

2）按照绿、红的颜色顺时针方向排列导线。

3）取一个 RJ11 水晶头（带簧片的一端向下，铜片的一端向上），将排好顺序的 2 根导线插入水晶头的第三、四个线槽内。

4）将带线的 RJ11 水晶头插入压线钳的 6P 插槽内，并用力向内按下压线钳的两手柄，再松开压紧的压线钳。

5）按下 RJ11 水晶头的簧片，取出做好的水晶头。

重复以上步骤，制作超 5 类线另一端的 RJ11 水晶头。

6）将做好的 RJ11 语音跳线两端分别插入到计算机网络电缆测试仪的两个 RJ11 端口。

7）将计算机网络电缆测试仪的电源开关打到“ON”的位置，此时计算机网络电缆测试仪的指示灯 3、4 如不能闪亮，则跳线不合格。

6. 实践注意事项

使用计算机网络电缆测试仪测试 RJ11 语音跳线时，若 RJ11 语音跳线出现断路，则计算机网络电缆测试仪所有指示灯均不能闪亮。

7. 请您做一做

1）简述计算机网络电缆测试仪的使用方法。

2）简要说明如何使用计算机网络电缆测试仪测试 RJ45 数据跳线的操作实践。

3）简要说明如何使用计算机网络电缆测试仪测试 RJ11 语音跳线的操作实践。

15.4.4 RJ45 插头的跳线制作与测试操作实践

1. 实践目的

1）了解 RJ11 + RJ45 二合一压线钳制作数据跳线功能。

2）学会使用 RJ11 + RJ45 二合一压线钳制作数据跳线操作实践。

2. 实践设备

1）RJ11 + RJ45 二合一压线钳 1 把。

2）RJ45 水晶头若干。

3）超 5 类线若干。

4）RJ45 网络测试仪 1 套。

3. 实践内容

1）制作并测试 A 类数据跳线。

2）制作并测试 B 类数据跳线。

4. 实践原理

（1）线对和针序号对应关系的国际标准　RJ45 连接器是 8 针连接器，常接于超 5 类线的两端，形成跳线，它们的设计与组合式插座相匹配。线对和针序号的对应关系有两种国际标准：ANSI/TIA/EIA568-A 和 ANSI/TIA/EIA568-B，简称为 A 类和 B 类标准。线对和针序号的对应关系为：

1） ANSI/TIA/EIA568-A：1-白/绿、2-绿、3-白/橙、4-蓝、5-白/蓝、6-橙、7-白/棕、8-棕，如图 15-5 所示。

2） ANSI/TIA/EIA568-B：1-白/橙、2-橙、3-白/绿、4-蓝、5-白/蓝、6-绿、7-白/棕、8-棕，如图 15-6 所示。

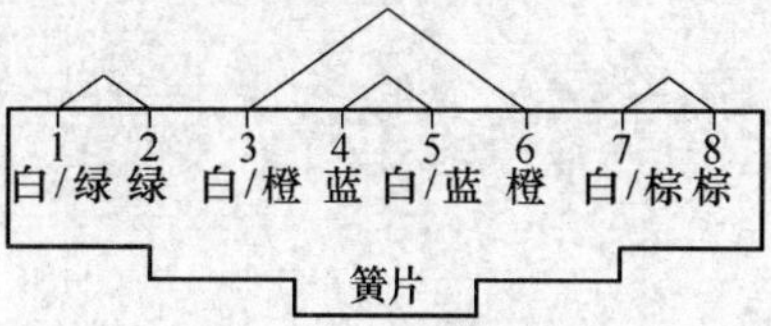

图 15-5　ANSI/TIA/EIA568-A

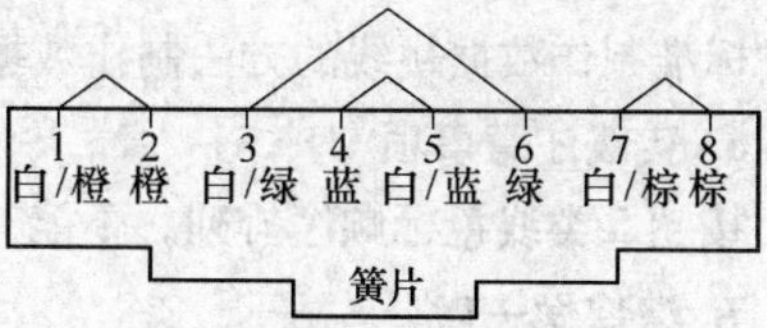

图 15-6　ANSI/TIA/EIA568-B

（2）双绞线的分类

1）第 1 类：主要用于传输语音（此类标准主要用于 20 世纪 80 年代初之前的电话电缆），不用于数据传输。

2）第 2 类：传输频率为 1MHz，用于语音传输和最高传输速率 4Mbit/s 的数据传输，常见于使用 4Mbit/s 规范令牌传递协议的旧的令牌网。

3）第 3 类：该电缆的传输频率为 16MHz，用于语音传输及最高传输速率为 10Mbit/s 的数据传输，主要用于 10Base-T。

4）第 4 类：该类电缆的传输频率为 20MHz，用于语音传输和最高传输速率为 16Mbit/s 的数据传输，主要用于基于令牌的局域网和 10Base-T 及 100Base-T。

5）第 5 类：该类电缆增加了绕线密度，外套一种高质量的绝缘材料，传输频率为 100MHz，用于语音传输和最高传输速率为 100Mbit/s 的数据传输，主要用于 100Base-T 和 10Base-T 网络。

6）第 6 类：带宽提高到了 200MHz，为高速数据传输预留了广阔的带宽资源。

5. 实践步骤

（1）制作 ANSI/TIA/EIA568-A 数据跳线

1）手持压线钳（有双刀刃的面靠内，单刀刃的面靠外），将超 5 类线从压线钳的双刀刃面伸到单刀刃面，并向内按下压线钳的两手柄，剥取一端超 5 类线。

2）按照 ANSI/TIA/EIA568-A 标准，将剥取端的 8 根线按 1-白/绿、2-绿、3-白/橙、4-蓝、5-白/蓝、6-橙、7-白/棕、8-棕的顺序顺时针排成一排。

3）取一个 RJ45 水晶头（带簧片的一端向下，铜片的一端向上），将排好的 8 根线成一排按顺序完全插入水晶头的卡线槽。

4）将带线的 RJ45 水晶头放入压线钳的 8P 插槽内，并用力向内按下压线钳的两手柄。

5）按下 RJ45 水晶头的簧片，取出做好的水晶头。

重复以上步骤，制作超 5 类线另一端的 RJ45 水晶头。

6）将做好的跳线两端，分别插入 RJ45 网络测试仪两个 8 针的端口，然后将测试仪的电源开关打到“ON”的位置，此时测试仪的指示灯 1 ~ 8 依次闪亮。如有灯不亮，则所做的跳线不合格。其原因可能是两边的线序有错，或者线与水晶头的铜片接触不良，须重新压接 RJ45 水晶头。

（2）制作 ANSI/TIA/EIA568-B 数据跳线　按照 ANSI/TIA/EIA568-B 标准，参考按 A 类标准制作数据跳线的方法制作数据跳线。

6. 实践注意事项

按超 5 类线色标顺序排列，不能有差错。

7. 请您做一做

1）写出制作数据跳线的过程。

2）指出 A 类数据跳线与 B 类数据跳线有何区别。

15.4.5　卡线式模块的卡线与安装操作实践

1. 实践目的

1）认识打线钳。

2）学会使用打线钳对模块卡线。

3）学会使用打线钳对配线架进行卡线。

2. 实践仪器

1）RJ11 模块、RJ45 模块若干。

2）配线架 1 个。

3）超 5 类线若干。

4）计算机网络电缆测试仪 1 套。

5）RJ45 数据跳线 2 根。

6）打线钳 1 把。

7）RJ11 + RJ45 二合一压线钳 1 把。

3. 实践内容

1）模块的卡线。

2）配线架的卡线。

4. 实践原理

信息模块是信息插座的核心，同时也是终端（工作站）与水平布线子系统连接的接口，因此信息模块的安装、压接技术直接决定了高速网络系统能否可靠运行。信息插座一般是安装在墙面上的，也有桌面型和地面型的，主要是为了方便工作站的移动，并且保持整个布线的美观。

（1）RJ45信息模块　RJ45信息模块一般用于工作区水平电缆的端接，通常与跳线进行有效连接，常用的连接方式有568-A、568-B标准。信息插座与RJ45模块嵌套在一起，埋在墙中的网线通过信息模块与外部网线进行连接，墙内部网线与信息模块的连接是通过把网线的8条芯线按规定卡入信息模块的对应线槽中。一般是通过卡位来实现固定信息模块，通过信息模块把从交换机出来的网线与连接到工作站端的网线相连。

（2）配线架　配线架是电缆或光缆进行端接的装置，在配线架上可进行互连或交接操作。在工程上，建筑群配线架是端接建筑群干线电缆、光缆的连接装置，建筑物配线架是端接建筑物干线电缆、干线光缆的连接装置，楼层配线架是水平电缆、水平光缆与其他布线子系统或设备相连接的装置。双绞线配线架的作用是在管理子系统中将双绞线进行交叉连接，用在主配线间和各分配线间。

5. 实践步骤

（1）RJ45信息模块的卡线

1）手持压线钳（有双刀刃的面靠内，单刀刃的面靠外），将超5类线从压线钳的双刀刃面伸到单刀刃面，并向内按下压线钳的两手柄，剥取一端超5类线的绝缘外套约30mm（注意：该操作过程中容易造成导线被误切断）。

2）取一根剥除绝缘胶皮的线，按照信息模块上标识（B类线标准）的颜色，对应放入信息模块5或信息模块6接线块的卡槽内。

3）手持打线钳，将卡刀（有刀刃口的一端朝外）一端插入已插好线的信息模块接线块的卡槽内，用力往下压打线钳的另一端，当听到“卡”的一声，则表示已将线卡入接线块的卡槽内。

4）用同样方法，将超5类线的另外7根线卡入信息模块接线块的卡槽内。

（2）配线架的卡线

1）将配线架放到综合布线系统实训平台面板所开孔的位置，并使用螺钉及螺母将其固定紧。

2）手持压线钳（有双刀刃的面靠内，单刀刃的面靠外），将连接到模块的超5类线另一端从压线钳的双刀刃面伸到单刀刃面，并向内按下压线钳的两手柄，剥取一端超5类线的绝缘外套。

3）将剥好的线取一根按配线架上标识（B类线标准）的颜色，对应放入配线架接线块（从24口中任取1块）的卡槽内。

4）手持打线钳，将卡刀（有刀刃口的一端朝外）一端插入已插好线的配线架接线块的卡槽内，用力往下压打线钳的另一端，当听到“卡”的一声，则表示已将线卡入接线块的卡槽内。

5）用同样方法，将超5类线的另外7根线卡入配线架接线块的卡槽内。

6. 实践注意事项

1）A类线的打线方法与B类线的打线方法一样，仅线序不同。

2）在同一个综合布线工程中，需要统一使用相同的一种连接方式，一般采用568B标准制作连接线、卡接信息插座、卡接配线架，否则必须标注清楚。

3）超5类线是成对相互拧在一处的，按一定距离拧起的导线可提高抗干扰的能力，减少信号的衰减，压接时一对一对拧开放入到信息模块相对的端口上，并且保证导线压接时不会弯曲。

4）在超5类线压接处不能拧、撕开，并防止有断线的伤痕。

5）使用压线工具压接时，要压实，不能有松动或者接触不良的地方。

7. 请您做一做

1）叙述信息模块卡线的操作步骤。

2）叙述配线架卡线的操作步骤。

15.4.6 信息插座的安装操作实践

1. 实践目的

1）学会安装信息插座的面板。

2）认识信息插座在工程上的安装位置。

2. 实践设备

1）THPZB-1型综合布线系统实训装置1台。

2）信息插座1套。

3）超5类线若干。

4）十字螺钉旋具1把。

3. 实践内容

信息插座的安装。

4. 实践原理

信息插座由信息面板、信息模块，有时还需加上底盒形成一套整体组成。

信息面板的作用是保护内部模块，使接线头与模块接触良好，但它还有一个重要作用就是为了方便用户使用和管理的标注。因此，在工程中一个重要的工序就是正确地标识每一个信息插座面板的功能，使之清晰、美观、易于辨认。

一般信息面板有平面型和斜面型两种，本实训装置采用平面型。在信息插座的固定方式中采用了嵌入固定与表面固定两种方式，其中嵌入固定方式是模拟在工程中将信息插座嵌入到墙体内，表面固定方式是为了方便学生操作。

5. 实践步骤

1）将模块5的信息面板从一角向上扳开，使用十字螺钉旋具卸下螺钉，取下信息面板。

2）将底盒里面的超5类线取出，并剥去其端头的绝缘胶皮约3cm。

3）参考“15.4.5”中步骤1的相关内容，参考568-B标准将超5类线卡接到信息模块上。

4）盘好超5类线，将信息面板固定到底盒上，并固定好信息面板。

6. 实践注意事项

1）安装信息插座应符合如下几点要求：

①安装在地面上的信息插座应采用防水和抗压接线盒。

②安装在墙面或柱子上的信息插座底部距离地面的高度一般为30cm。

③为便于有源终端设备的使用，信息插座附近应设置扁圆两用的三孔（或五孔）具有带地端子的单相电源插座。

2）在工程上一般要注意：

①信息插座应安放在用户认为方便的位置。

②信息插座既可以被嵌入墙体中间，也可以被置于墙面或粘贴到办公家具上。

本实训装置中模块5、6采用了RJ45接口的数据信息模块，模块7、8采用了RJ11接口的电话信息模块。

7. 请您做一做

1）简述信息插座的面板。

2）简要说明信息插座面板的安装操作实践。

15.4.7　配线架及理线环的安装与线缆卡接操作实践

1. 实践目的

1）学会安装配线架及理线环。

2）学会配线架的线缆卡接。

2. 实践设备

1）THPZB-1型综合布线系统实训装置1台。

2）配线架1个。

3）理线环1个。

4）打线工具1把。

3. 实践内容

1）安装配线架及理线环。

2）配线架的线缆卡接。

4. 实践原理

配线架的打线有两种国际标准：ANSI/TIA/EIA568-A和ANSI/TIA/EIA568-B。简称为A类和B类标准，一般使用B类标准制作连接线、插座、配线架。

配线架上标识从上往下为：

1）ANSI/TIA/EIA568-A：1-棕、2-白/棕、3-橙、4-白/橙、5-绿、6-白/绿、7-蓝、8-白/蓝。

2）ANSI/TIA/EIA568-B：1-棕、2-白/棕、3-绿、4-白/绿、5-橙、6-白/橙、7-蓝、

8-白/蓝。

5. 实践步骤

（1）配线架及理线环的安装

1）将理线环放到综合布线系统实训装置平台上的相应孔位，并将理线环的固定孔与面板的螺钉孔对齐。

2）将螺钉旋进螺钉孔中，并在面板背面使用螺母加固。

3）将配线架放到综合布线系统实训装置平台上的相应孔位，并将理线环的螺钉孔与面板的螺钉孔对齐。

4）将螺钉旋进螺钉孔中，并在面板背面使用螺母加固。

（2）配线架的线缆卡线

本部分内容请参考 15.4.5 中的相关部分。

6. 请您做一做

1）简述配线架及理线环的安装操作实践。

2）简要说明配线架的线缆卡接操作实践。

15.4.8　信息点的导通测试、寻测与编号操作实践

1. 实践目的

1）了解信息点的导通测试、寻测与编号的概念。

2）学会信息点的导通测试、寻测与编号操作实践。

2. 实践设备

1）THPZB-1 型综合布线系统实训装置 1 台。

2）RJ45 数据跳线若干。

3）计算机网络电缆测试仪 1 套。

3. 实践内容

1）信息点的导通测试。

2）信息点的寻测。

3）信息点的编号。

4. 实践步骤

（1）信息点的导通测试

1）取一根 RJ45 数据跳线的一头，插入配线架的第一个端口，另外一端插入计算机网络电缆测试仪的 RJ45 接口中。

2）取另外一根 RJ45 数据跳线的一头，插入模块 1 左边的端口，另外一端插入计算机网络电缆测试仪另外一个 RJ45 接口中。

3）将测试仪的电源开关打到“ON”的位置，此时测试仪的指示灯 1 ~ 8 依次闪亮。如有灯不亮，则信息点不正常。若指示灯不亮，则信息点不导通。

（2）信息点的寻测

1）取一根 RJ45 数据跳线的一头，插入配线架的第二个端口，另外一端插入计算机

网络电缆测试仪的 RJ45 接口中。

2）取另外一根 RJ45 数据跳线的一头，插入模块 1 左边的端口，另外一端插入计算机网络电缆测试仪另外一个 RJ45 接口中。

3）将测试仪的电源开关打到“ON”的位置，此时测试仪的指示灯 1~8 依次闪亮。如有灯不亮，则信息点断开。若信息点不导通，则重复上述步骤，将模块 1 的插口依次替换为模块 2、模块 3……。最后，能够测量到导通的则表示该端口与配线架的第二个端口对应。

（3）信息点的编号　记录测通的信息点所对应配线架上的端口与模块号，并使用标签标识。

5. 请您做一做

1）简述信息点的导通测试、寻测与编号的概念。

2）简要说明信息点的导通测试、寻测与编号操作实践。

15.4.9　跳线的使用操作实践

1. 实践目的

1）了解 RJ45 数据跳线的概念。

2）学会 RJ45 数据跳线的使用操作实践。

2. 实践设备

1）RJ11 + RJ45 二合一压线钳 1 把。

2）RJ45 水晶头若干。

3）超 5 类线若干。

4）计算机 1 台。

3. 实践内容

1）学会 RJ45 数据跳线的使用。

2）该实践所采用的接线框图如图 15-7 所示。

在该实践中，采用路由器模拟计算机，若计算机能够登录到路由器的 Web 配置界面，则说明计算机网络正常。

4. 实践步骤

（1）制作 RJ45 数据跳线　参考 15.4.4 步骤（1）、（2）相关内容制作 B 类 RJ45 数据跳线，并且测试所作的数据跳线。

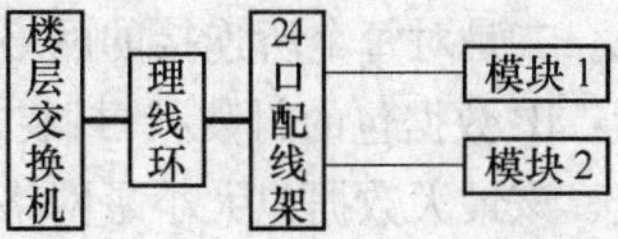

图 15-7　跳线的使用接线框图

（2）跳线的使用

1）将作好的 RJ45 数据跳线取一端，插入楼层交换机的第 5 个以太网端口。

2）将该 RJ45 数据跳线的另外一端插入配线架第 1 个端口。

3）使用 15.4.4 步骤（1）、（2）的相同办法，使用另外一根将楼层交换机的第 13 个端口与配线架第 2 个端口连接起来。

4）取一根 RJ45 数据跳线连接模块 1 插口与计算机的网卡接口。

5）取一根 RJ45 数据跳线连接模块 2 插口与路由器的 1X 接口。

5. 请您做一做

1）简述 RJ45 数据跳线的概念。

2）简要说明 RJ45 数据跳线的使用操作实践。

15.4.10 路由器的安装与使用操作实践

1. 实践目的

1）掌握路由器的安装。

2）掌握路由器的使用。

2. 实践仪器

THPZB-1 型综合布线系统实践装置 1 台。

3. 实践内容

1）路由器的安装。

2）路由器的使用。

4. 实践原理

路由器是网络中进行网间连接的关键设备。作为不同网络之间互相连接的枢纽，路由器系统构成了基于 TCP/IP 的国际互联网络 Internet 的主体脉络，也可以说，路由器构成了 Internet 的骨架。它的处理速度是网络通信畅通的关键，它的可靠性则直接影响着网络互联的质量。因此，在局域网、城域网乃至广域 Internet 研究领域中，路由器技术始终处于核心地位。路由器之所以在互联网络中处于关键地位，是因为它处于网络层，一方面能够跨越不同的物理网络类型（DDN、FDDI、以太网等等）；另一方面在逻辑上将整个互联网络分割成逻辑上独立的网络单位，使网络具有一定的逻辑结构。

路由器有两大典型功能，即数据通道功能和控制功能。数据通道功能包括转发决定、转发以及输出链路调度等，一般由特定的硬件来完成。控制功能一般用软件来实现，包括与相邻路由器之间的信息交换、系统配置、系统管理等。下面就本实训装置所使用路由器的主要功能进行描述。

（1）路由功能　一是实现基本的互联网协议，包括 IP、ICMP 以及其他相关的协议。二是对每个所连接的网络，路由器必须实现该网络所要求的功能。这些功能通常包括：IP 数据包的封装/解封装；根据该网络所支持的最大数据包大小发送或接收 IP 数据包，该最大数据包大小是网络最大传输单元（MTU）；将 IP 地址与相应网络的链路层地址相互转换，例如将 IP 地址转换成以太网硬件地址；响应网络支持的流量控制和差错指示。三是接收及转发数据包，并负责缓冲区管理、拥塞控制以及转发的公平性，包括应能辨认差错状态，并按要求产生 ICMP 差错消息，丢弃生存时间（TTL）域为 0 的数据包，当下一网络 MTU 较小时将数据包分段等。

VLAN（Virtual Local Area Network）即虚拟局域网，是一种将局域网内的设备逻辑地而不是物理地划分成一个网段，从而实现虚拟工作组的新兴技术。

VLAN 技术允许网络管理者将一个物理的 LAN 逻辑地划分成不同的广播（或称虚

拟LAN，即VLAN)，每一个VLAN都包含一组有着相同需求的计算机工作站，与物理上形成的LAN有着相同的属性。但由于它是逻辑地而不是物理地划分，所以同一个VLAN内的各个工作站无须被放置在同一个物理空间，即这些工作站不一定属于同一个物理LAN网段。

VLAN是为解决以太网的广播问题和安全性而提出的，用VLANID把用户划分为更小的工作组，限制不同工作组间的用户二层访问，每个工作组就是一个虚拟局域网。虚拟局域网的好处是可以限制广播范围，并能够形成虚拟工作组，动态管理网络。通过VLAN的划分，有助于增强网络安全性、减少网络流量，并使网络管理更加灵活。

（2）防火墙功能　防火墙就是一个处于计算机和它所连接的网络之间的软件。该计算机流入、流出的所有网络通信均要经过此防火墙。

防火墙对流经它的网络通信进行扫描，这样能够过滤掉一些攻击，以免其在目标计算机上被执行。防火墙可以关闭不使用的端口，能禁止特定端口的流出通信，封锁特洛伊木马，还可以禁止来自特殊站点的访问，从而防止来自不明入侵者的所有通信。防火墙具有很好的保护作用，入侵者必须首先穿越防火墙的安全防线，才能接触目标计算机。你可以将防火墙配置成许多不同保护级别，高级别的保护可能会禁止一些服务，如视频流等，但至少这是你自己的保护选择，具体内容与防火墙的类型相关。本实训装置路由器中的防火墙主要功能有：互联网访问控制、虚拟服务、网址访问控制。

互联网访问控制功能主要是为了方便网络管理员灵活地控制局域网内的计算机对Internet的访问权限。

虚拟服务功能（即端口映射）提供了一种供Internet上的用户通过路由器访问局域网内的主机的方式，Internet上的用户对路由器的访问，将按照虚拟服务的设置重定向到局域网中的内部主机，相应的内部主机必须运行正确的服务软件。

网址访问限制是控制局域网的计算机对特定的URL/IP地址的访问。

5. 实践步骤

（1）连接到路由器

1）参考“15.4.1”的相关内容，按照ANSI/TIA/EIA568-B类标准制作一根RJ45数据跳线。

2）使用做好的RJ45数据跳线将路由器的1X端口与计算机的网卡接口相连接。

（2）路由器的路由设置及说明

1）在计算机IE浏览器上输入“192.168.1.1”（路由器的默认地址)，按回车键，将出现一个登录窗口，如图15-8所示。在登录窗口上输入用户名“guest”，密码“guest”。单击“确定”按钮进入路由器的Web管理页面，此时页面上主要是一些Web管理的初始信息及状态。

若不能登录路由器，则需要对路由器进行硬件复位：使用一小段硬棒将“Default”小孔内的复位按钮压下，等待10s后断电，重新接通电源。

2）在Web管理页面上单击“WAN设置”，进入上网方式的设置（相关参数由网络运营商提供，若没有连接到外边网络，该项可以不做修改)，其页面如图15-9所示。

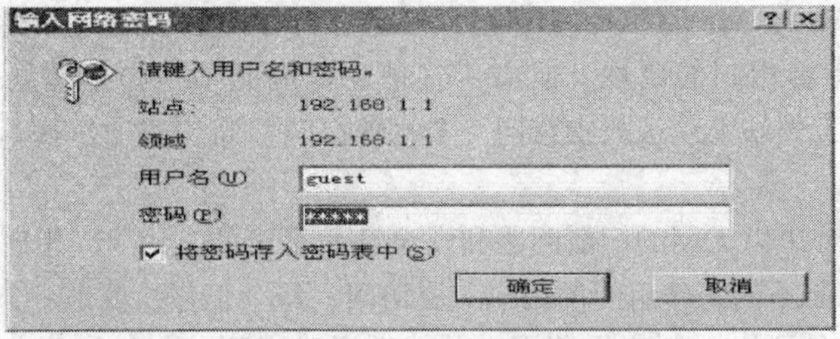

图 15-8　输入网络密码窗口

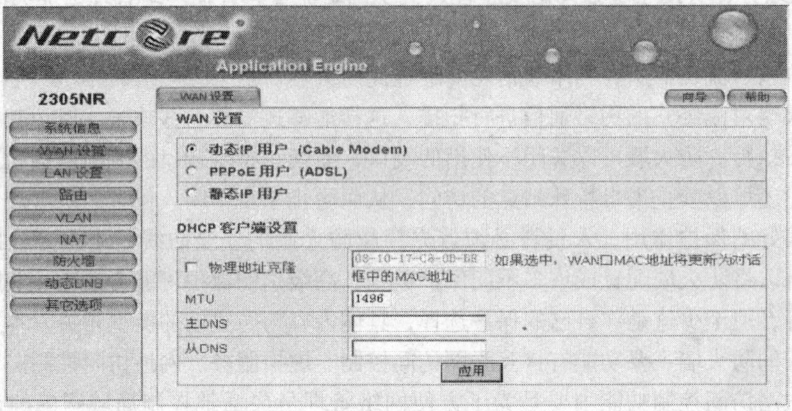

图 15-9　WAN 设置界面

图中动态 IP 用户为宽带网络或有线接入方式，PPPOE 用户为虚拟拨号方式，静态 IP 用户为以太网宽带接入方式。

3）在 Web 管理页面上单击“LAN 设置”，进入局域网络设置，其页面如图 15-10 所示。

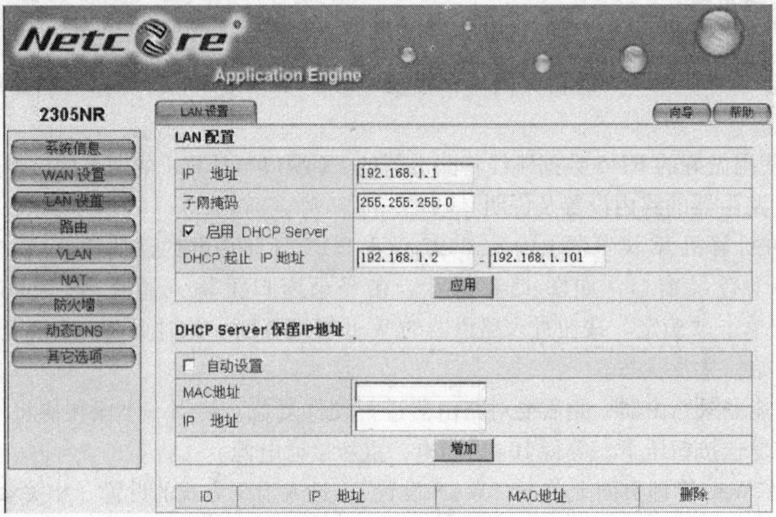

图 15-10　LAN 设置界面

通过“LAN 设置”配置路由器局域网 IP 地址（LAN 口的 IP 地址）和 DHCP 服务器。配置成功后，该地址作为局域网中计算机上网的网关地址（路由器出厂值为：192. 168. 1. 1/255. 255. 255. 0）。

这里的“IP 地址”为局域网端口的 IP 地址；“子网掩码”为局域网的子网掩码。

①将“LAN 设置”的“IP 地址”设置为：10. 0. 0. 1。

②单击“应用”按钮，使设置生效。

③将计算机的 IP 地址设置为自动获取 IP 地址。

注意，若不能自动获取 IP 地址，则需要手动将计算机的 IP 地址设置为 10. 0. 0. 10。“DHCP 起止 IP 地址”为路由器自动分配，不需要手动修改。若手动修改。则可能造成不可预计的错误。路由器的注意事项参考本实验注意事项的相关内容。

④在 IE 浏览器中输入：“10. 0. 0. 1”，进入路由器的 Web 管理界面。

4）在 Web 管理页面上单击“路由”，进入路由设置，其页面如图 15-11 所示。

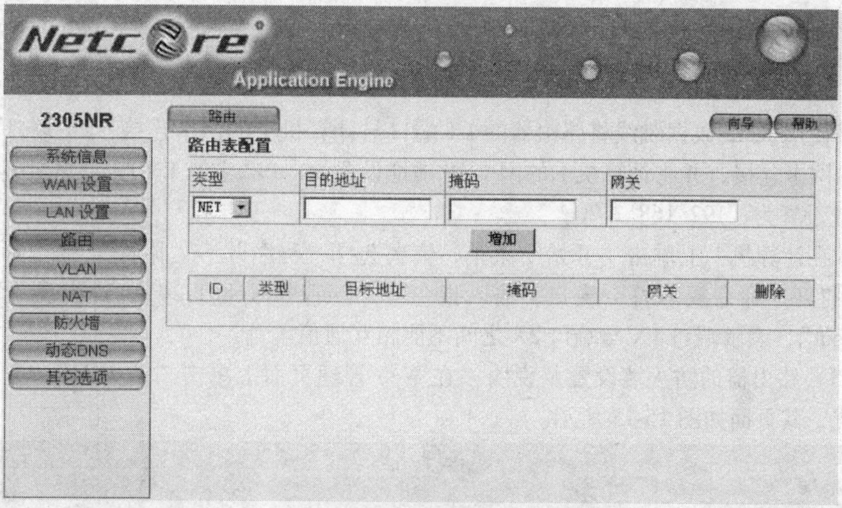

图 15-11　路由设置界面

为了让不同局域网段中的计算机能够通过多个路由器、三层交换机进行通信，需要配置相应的路由表。添加路由表时，在路由设置界面，单击“增加”按钮，输入已知的路由信息。

5）在 Web 管理页面上单击“VLAN”，进入虚拟局域网（VLAN）设置，其页面如图 15-12 所示。

通过虚拟局域网（VLAN）的划分，有助于增强网络安全性、减少网络流量，并使网络管理更加灵活。在本路由器中，LAN 口是四端口的交换机，相同 VLAN 号的端口构成一个虚拟局域网（即 VLAN），同一个 VLAN 中的端口可互相联通，不同 VLAN 之间的端口（相当于硬件隔离）不能相互通信。

①将端口 2 的 VLAN 号选择为：“VLAN2”，其他的保持不变。

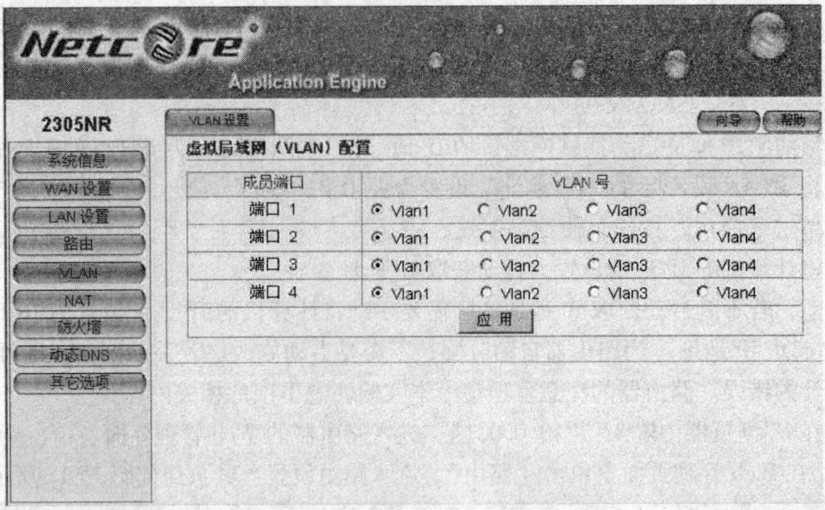

图 15-12　虚拟局域网（VLAN）设置界面

②使用 RJ45 数据跳线将路由器的 1X 端口与计算机 1 的网卡连接，2X 端口与计算机 2 的网卡连接，并将计算机 1 的网卡 IP 地址设置为：192. 168. 1. 10，计算机 2 的网卡 IP 地址设置为：192. 168. 1. 20。

③在计算机 1 上单击“开始”菜单，依次选择“程序”→“附件”→“命令提示符”，打开“命令提示符”窗口，输入指令：“Ping192. 168. 1. 20”，若出现“Request timed out”，表示端口 1X 与端口 2X 之间不能相互通信。

（3）路由器的防火墙设置及说明　在 Web 管理页面上单击“防火墙”，进入防火墙设置，其页面如图 15-13 所示。

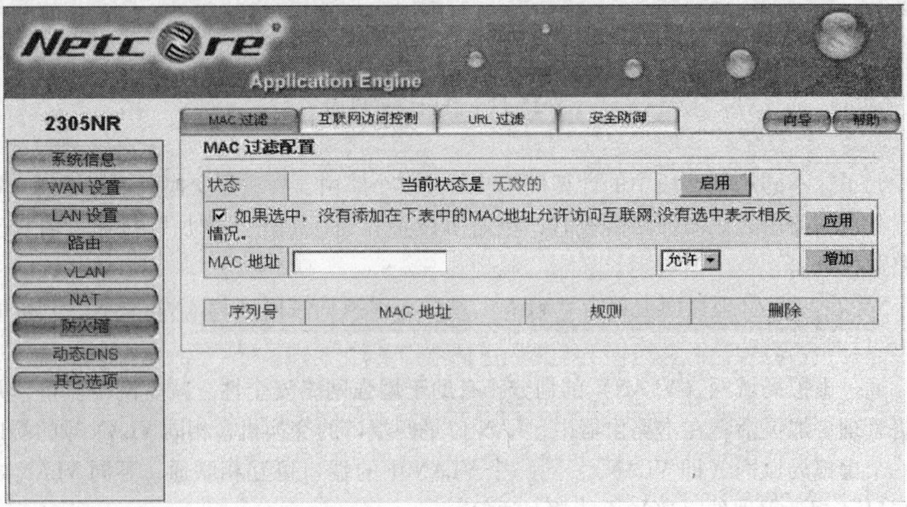

图 15-13　路由器的防火墙设置

“MAC 过滤”可对不同用户限制不同的接入权限。

“互联网访问控制”是上网控制管理的策略，规定上网可以使用什么，不可以使用什么。

“URL 过滤”也是上网控制管理的一种策略，通过定义在 URL 中过滤的关键字，屏蔽某些不允许访问的网站。

“安全防御”可以屏蔽一些常见的具有病毒特征的端口，以提高网络的安全性和可靠性。

(4) 路由器的其他设置及说明　在 Web 管理页面上单击“其他选项”，进入其他选项设置，其页面如图 15-14 所示。

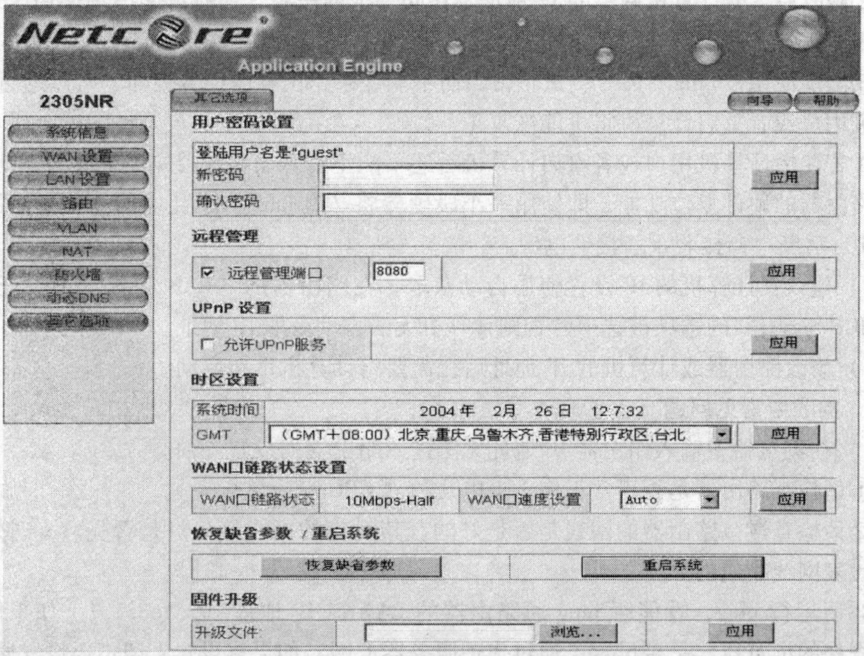

图 15-14　路由器的其他选项

系统管理员的用户出厂设置为“guest”（区分大小写，不能更改），出厂密码为“guest”（区分大小写，可以更改）。

通过开启“远程管理”使远程主机实施管理操作。

时区的设置中只需选择所在的时区，当设置正确后，路由器能够自动与 Internet 上的时间服务器同步时间，以便获取准确的系统时间。

单击“恢复缺省参数”按钮，接着在弹出的对话框中单击“确定”按钮，把该设备的设置恢复到出厂设置。

1）在 Web 管理页面上单击“其他选项”，进入其他选项设置。

2）单击“恢复缺省参数”按钮，并选择弹出对话框的“确定”选项。

3）等待路由器重新启动。

4）察看路由器的出厂默认设置。

其他请参阅“2305NR 用户手册”或电子文档。

6. 实践注意事项

1）本实验中，验证防火墙功能，要求路由器连接到 Internet 或者局域网内，否则将无法检验功能是否有效。

2）路由器的“LAN 设置”注意事项：

①在“LAN 设置”选项中，一般只用修改 IP 地址，其“子网掩码”及“DHCP 起止地址”均由路由器自动分配及修改，若修改则可能造成不可预知的错误。

②修改后，若计算机网卡的 IP 地址不在同一个网段中，将有可能出现使用“Ping”命令测试正常，而不能登录路由器的配置界面。

③出现使用“Ping”命令测试正常，而不能登录路由器的配置界面，可以通过注销计算机用户或者重启计算机将可能恢复正常。

④若注销计算机用户或者重启计算机后还不能正常登录路由器的配置界面，则需要使用路由器的硬件复位功能，即使用一小段硬棒将“Default”小孔内的复位按钮压下，等待 10s 后断电，接着重新接通电源。

3）建议：计算机的 IP 设置使用自动获取。在路由器的“LAN 设置”中保证“启动 DHCP Server”的选项被选中，否则计算机无法自动获取 IP 地址。

4）修改路由器或计算机的 IP 地址后，需要将计算机重新启动。

7. 实践中常见问题

1）在浏览器中输入路由器 IP 地址无法进入路由器的设置界面。

①请检查路由器是否正常工作。上电几秒后 CPU 灯应该长亮。

②请检查连接路由器的网线是否是好的，其对应的网线接口灯是否亮。有时灯亮，并不代表网线是通的。

③请运行 ping，看能否 ping 通路由器的 LAN 口 IP 地址 192. 168. 1. 1。如果能通，再检查您的浏览器，是否设置了通过代理服务器上网，如果有设置，请不要设置通过代理服务器上网。如果不能 ping 通路由器，可通过按住“Reset”10s 恢复出厂设置，再试 ping192. 168. 1. 1 看是否通。

2）如何将路由器连接到校园网或者局域网。一般在校园网或者局域网能够直接上网的计算机网络中，路由器可以通过设置 IP 地址来实现通过路由器连接到外部网络。

具体方法如下：

①在［LAN 设置］界面中，设置 IP 地址与校园网或者局域网不为同一个网段的 IP 地址。如局域网的 IP 地址为 192. 168. 1. X，则路由器的 IP 地址可设置为：10. 0. 0. 1。

②单击“应用”按钮，使设置生效。

③将路由器的 WAN 端口连接到校园网或者局域网的网络接口。

④在［WAN 设置］中，选择静态 IP 用户，并且设置的静态 IP 为校园网或局域网内部有效 IP 地址。如局域网的 IP 地址为 192. 168. 1. X，则路由器的 IP 地址可设置为：

192. 168. 1. X。

⑤单击“应用”按钮，使设置生效。

⑥将路由器的电源断开并重新加电重启路由器，使设置生效。

8. 请您做一做

1）简述如何连接到路由器。

2）简述如何设置路由器的防火墙功能。

3）简述如何配置路由器的局域网接口 IP。

4）简要说明如何恢复路由器出厂默认设置。

15. 4. 11　数据网络系统线路的连接操作实践

1. 实践目的

1）了解星形数据网络系统线路的结构。

2）学会连接数据网络系统线路。

2. 实践设备

1）THPZB-1 型综合布线系统实训装置 1 台。

2）RJ45 数据跳线若干。

3. 实践内容

学会组建并连接星形数据网络系统线路，其结构如图 15-15 所示。

4. 实践步骤

1）参考 15. 4. 4 中的相关内容，制作五根 RJ45 数据跳线。

2）使用 RJ45 数据跳线连接楼层交换机的第三个端口与配线架的第一个端口。

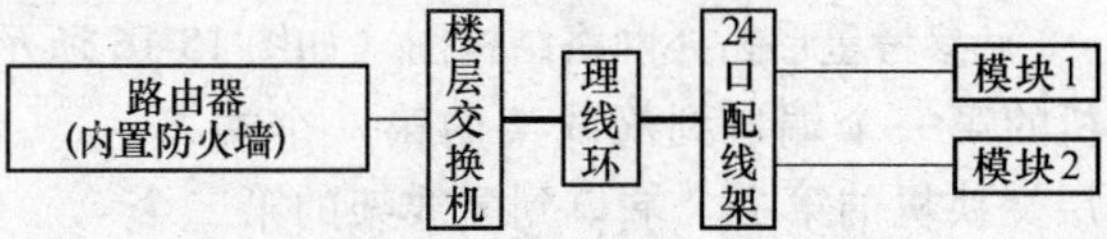

图 15-15　星形数据网络系统结构图

3）使用 RJ45 数据跳线连接楼层交换机的第五个端口与配线架的第二个端口。

4）使用 RJ45 数据跳线连接模块 1 与一台计算机，连接模块 2 与路由器。

5. 实践附录

一个数据点改变为 4 个语音用户的操作方法：

1）用户端。

①将一个数据点与计算机的数据跳线拆除。

②将该数据点的模块，通过 RJ45-RJ45 跳线与 FA3-10 转换插座。

③将 4 部电话分别通过 RJ11-RJ11 跳线插入蓝、橙、绿、棕圆点对应的插口上。

2）管理间端。

①如果是数据点，建议通过 RJ45-RJ45 的跳线端接一个 FA3-10 转换插座，然后用 4 条一头安装 RJ11 的线缆分别与 FA3-10 转换插座相连接，4 条线缆的另一端分别跳向 45 对大对数线，并通知电话管理部门分配用户使用号码。

②如果是语音点，操作便很简便，按蓝、橙、绿、棕 4 对线分别跳向 25 对大对数

线，并通知电话管理部门。

说明：FA3-10 型转换插座是专为某些场合扩充电话信息口应用而设计制造的 8 芯插座到 4 个 2 芯电话插座的转换插座。

6. 请您做一做

1）简述星形数据网络系统线路的结构。

2）简要说明如何连接数据网络系统线路。

15.4.12 设计并安装一个数据网络系统的操作实践

1. 实践目的

1）了解数据网络系统线路概念。

2）掌握设计并安装数据网络系统线路的操作步骤。

2. 实践设备

1）THPZB-1 型综合布线系统实训装置 1 台。

2）RJ45 数据跳线若干。

3）计算机 1 台。

3. 实践内容

设计并连接数据网络系统线路，可参考该实践附录的星形结构系统。

4. 实践步骤

1）参考星形拓扑网络结构图（如图 15-16 所示），使用 RJ45 数据跳线连接楼层交换机的第一个端口到配线架的第一个端口，楼层交换机的第 7 个端口到配线架的第二个端口。

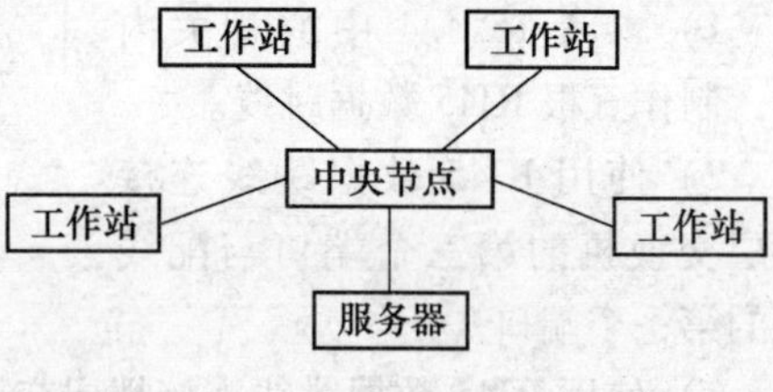

图 15-16　星形拓扑网络结构图

2）使用 RJ45 数据跳线连接模块 1 左边的数据接口到计算机网卡接口，模块 2 左边的数据接口到路由器的 1X 端口。

3）将连接到模块 1 的计算机网卡 IP 地址设置为：192.168.1.10/255.255.255.0，路由器采用出厂默认配置。

4）在计算机上打开 IE 浏览器，并在地址栏输入：192.168.1.1，如能登录路由器的 Web 配置界面，则说明从工作站间能够互联（本结构中，路由器模拟工作站功能）。

5）将连接到模块 2 左边数据接口的 RJ45 数据跳线改接到楼层交换机的第十三个端口，则组成了“服务器—中央节点—工作站”系统。

6）在计算机上打开 IE 浏览器，并在地址栏输入：192.168.1.1，如能登录路由器的 Web 配置界面，则说明从工作站间能够与服务器相连接（该结构中，路由器模拟服务器功能）。

5. 实践附录

星形结构（star-structure）是指各工作站以星形方式连接成网。网络有个中央节点，其他节点（工作站、服务器）都与中央节点直接相连，这种结构以中央节点为中心，因此又称为集中式网络。它具有如下特点：

1）结构简单，便于管理。

2）控制简单，便于建网。

3）网络延迟时间较小，传输误差较低。

但缺点也是明显的：成本高（通信线路总长度较长）；全网的控制权集中在中央节点，一旦中央节点失灵或发生故障，则导致全网瘫痪。可以说，这种结构的可靠性较低。由于资源分布在各工作站上，工作站间必须通过中央节点的中转才能传送信息，资源共享能力也较差。

6. 请您做一做

1）简述数据网络系统线路概念。

2）简要说明如何设计并安装数据网络系统线路的操作实践。

15.4.13　110 配线架的安装与线缆卡接操作实践

1. 实践目的

1）学会 110 配线架的安装。

2）学会 110 配线架的打线。

2. 实践设备

1）THPZB-1 型综合布线系统实训装置 1 台。

2）110 配线架 1 个。

3）打线工具 1 把。

3. 实践内容

1）110 配线架的安装。

2）110 配线架线缆的卡线。

4. 实践原理

110 型连接管理系统的基本部件是配线架、连接块、跳线和标签。布线中的电缆线对的端接都是在配线架上完成的，连接块固定在 110 配线架上，在配线架上的电缆连接器和跳线间提供电器紧密连接。连接块有 3 对、4 对和 5 对之分，为了便于快速进行超 5 类线的鉴定和连接，连接块的前面都有彩色标识，连接块上彩色标识顺序为：蓝、橙、绿、棕、灰。3 对连接块分别为：蓝、橙、绿，4 对连接块分别为：蓝、橙、绿、棕，5 对连接块分别为：蓝、橙、绿、棕、灰。本实训装置中采用了 4 对、5 对的连接块，每行采用 5 个 4 对连接块和 1 个 5 对连接块。

5. 实践步骤

（1）安装 110 配线架

1）取 110 配线架，将其固定孔位与实训装置平台面板上相应位置的螺孔对齐。

2）将螺钉加上不锈钢垫片后，拧紧 110 配线架的固定螺钉，将配线架固定。

（2）110 配线架打线

1）将电缆的一端剥去外绝缘层（注意：不要将线全部松开）。

2）遵从色序一致（主要参考 4 对连接模块上面的颜色标识），按照蓝、红、橙、红、绿、红、棕、红的顺序依次卡入 110 配线架第二排左边卡槽内，并使用打线工具将线缆固定并且切断多余的导线。

3）手持连接模块，使连接模块上面的灰色标识向下，对准卡槽使劲插入，将其固定到 110 电话配线架上面。

4）剥去 4 根电话线的绝缘胶皮，并将电话线按照红、绿颜色分别卡在连接模块的蓝、橙、绿、棕标识两边。

5）手持打线钳，将卡刀（有刀刃口的一端朝外）一端插入已插好线的接线模块的卡槽内，用力往下压打线钳的另一端，当听到“卡”的一声，则表示已将线卡入接线块的卡槽内。使用相同的办法将其他线缆卡接到连接模块的卡槽内。

6. 实践注意事项

1）在电缆压接处不能拧、撕开，并防止有断线的伤痕。

2）使用压线工具压接时，要压实，不能有松动的地方。

7. 请您做一做

1）简要说明如何进行 110 配线架的安装。

2）简要说明如何进行 110 配线架的打线。

15.4.14 电话配线箱的安装与使用操作实践

1. 实践目的

1）了解电话配线箱的概念。

2）学会安装与使用电话配线箱。

2. 实践设备

1）THPZB-1 型综合布线系统实训装置 1 台。

2）电话配线箱 1 个。

3）一字螺钉旋具、十字螺钉旋具各 1 把。

3. 实践内容

1）安装电话配线箱。

2）电话配线箱的接线。

4. 实践原理

电话配线箱主要用于管理语音网络的布线，对语音网络进行分配。在工程中，电话配线箱一般应用在楼层。

5. 实践步骤

（1）电话配线箱的安装

1）取一个电话配线箱，将其放到综合布线系统实训装置面板上特定的位置，使其的定位孔与面板上的对齐。

2）使用螺钉将电话配线箱固定到面板上，并在面板背面拧上螺母。

（2）电话配线箱的接线

1）将电话配线架接出的电缆剥去外层绝缘胶皮，并接入到电话配线箱内固定板的背面，按照配线架的顺序，将电缆参照蓝、红、橙、红、绿、红、棕、红的顺序依次插入电话配线箱内的连接孔上。

2）使用螺钉旋具顺时针旋转，将所有电缆线固定紧。

3）取一根电话线，剥去其约5cm的外套绝缘胶皮。

4）剥去电话线内芯导线约2cm的绝缘皮。

5）根据背面固定电缆的颜色对应插入相应的孔中，并旋紧110电话配线箱的卡紧螺钉，将电话线固定。

6）按上面方法将另外一根电话线卡接到110电话配线箱上。

6. 注意事项

电话配线箱两端的接线要求成对对应连接。

7. 请您做一做

1）简述电话配线箱的概念。

2）简要说明如何进行安装与使用电话配线箱。

15.4.15　程控交换机的安装与使用操作实践

1. 实践目的

1）程控交换机的安装。

2）程控交换机的使用。

2. 实践仪器

1）THPZB-1型综合布线系统实训装置1台。

2）一字螺钉旋具、十字螺钉旋具各1把。

3. 实践内容

1）程控交换机的安装。

2）程控交换机的应用。

4. 实践原理

程控交换机主要为语音网络提供服务，它是利用电子计算机来控制的交换机，并以预先编好的程序来控制交换机的接续动作。此程控电话与一般机电式交换机的电话相比，具有接续速度快、业务功能多、交换高、声音清晰、质量可靠等优点。

程控交换机的编程设置主要是通过位于801口上的电话分机（双音频电话机）完成，并且进入系统编程必须先输入系统密码。

5. 实践步骤

（1）程控交换机的安装与连接

1）在工程中，程控交换机一般放在设备间子系统中平整且靠近电源的地方。该实践平台中，使用螺钉将程控交换机固定到面板上，方便学生观察、认识。

2）用电源线连接程控交换机的电源插槽。

3）将电源插头插入插座中，并打开电源。

4）使用 RJ11 语音跳线连接程控交换机上 801 孔到电话机 1，802 孔到电话机 2。

（2）进入系统编程

1）将连接实训台上电话机 1 的 RJ11 水晶头插入程控交换机的“801”端口。

2）提起该电话机，连续输入“＊01 2008#”（“01”为操作代码，“2008”为系统密码）代码，听到“嘟”一声时，表示程控交换机进入编程状态，此时不挂机。

（3）分机号码设置

1）在步骤（2）中 2）的基础上，连续输入“＊6 802 222#”（其中“6”为操作代码，“802”为原交换机 802 端口的分机号码，“222”为 802 端口新的分机号码），当听到“嘟”一声后，将电话机 1 挂机。

2）将电话机 2 的 RJ11 水晶头插入程控交换机的“802”端口，提起电话机 1，连续输入“222”，对电话机 2 进行呼叫。当电话机 2 响铃时，表示交换机 802 端口的分机号码设置成功。

3）在步骤（2）中 2）的基础上连续输入“＊6 000#”，当听到“嘟”一声后，将电话机挂机，表示原交换机 802 端口的分机号码又恢复到系统默认号码“802”。

4）参考步骤（3）中 1）~3），可对程控交换机的其余 7 个端口进行分机号码设置及恢复。

（4）*开通外线（注意：带＊的操作步骤必须要有外线才能完成）

1）将电话外线的 RJ11 水晶头插入程控交换机的“CO1”端口。

2）在步骤（1）的基础上连续输入“＊31#”，当听到“嘟”一声后，将电话机 1 挂机，此时表示外线电话可通过程控交换机的“CO1”端口呼叫内线电话。

3）重复步骤（4）中 2），对程控交换机的“CO1”端口进行外线开通。

（5）*设置外线值班方式

1）在步骤（1）的基础上连续输入“＊1 1 1#”（第一个“1”为操作代码，第二个“1”表示交换机的“CO1”端口的外线，第三个“1”表示外线打入时原始号码末位为 1 的分机响铃），听到“嘟”一声后，将电话机 1 挂机。

2）提起电话机 1，连续输入“＊21#”（如输入 20 时为计算机值班，但需先录入“语音信息”），听到“嘟”一声时，程控交换机设置为外线人工值班，此时程控交换机的“801”端口所接分机为值班分机。

3）提起电话机 1，连续输入“＊22#”，听到“嘟”一声时，录入外线呼入时的语音信息，如：您好，浙江天煌，查号请拨“0”。

4）重复步骤（5）中 1）~3），可设置其他 7 个分机端口为值班分机。

（6）*设定分机呼出等级及限拨字头

1）在步骤（1）的基础上连续输入“＊51 802 1#”（“51”为操作代码，“802”为分机现时号，“1”则表示分机无呼出限制），当听到“嘟”一声时，分机呼出等级设置成功。

2）在步骤（5）中 1）的基础上连续输入“＊52 0#”（“52”为操作代码，“0”表示市话限拨字头），当听到“嘟”一声时，分机市话限拨字头设置成功。

3）重复步骤（6）中 1）、2），对其他 7 个分机的呼出等级及限拨字头进行设置。

（7）恢复出厂设置　在步骤（2）的基础上连续输入“＊7000#”，听到“嘟”一声后，程控交换机恢复到出厂设置。

6. 实践注意事项

1）程控交换机的默认密码为 2008。

2）设置过程中，若听到“嘟”一声，表示设置已完成。

3）输入指令错误时，将能听到“嘟”“嘟”，且无需挂机，重新输入其他的指令即可。

7. 请您做一做

1）简述程控交换机的常用功能编程。

2）简要说明如何进行程控交换机的安装和应用。

15.4.16　语音网络系统线路的连接操作实践

1. 实践目的

1）了解语音网络系统结构。

2）学会连接语音网络系统线路。

2. 实践设备

1）THPZB-1 型综合布线系统实训装置 1 台。

2）RJ11 语音跳线若干。

3. 实践内容

学会组建并连接语音网络系统线路，其结构框图如图 15-17 所示。

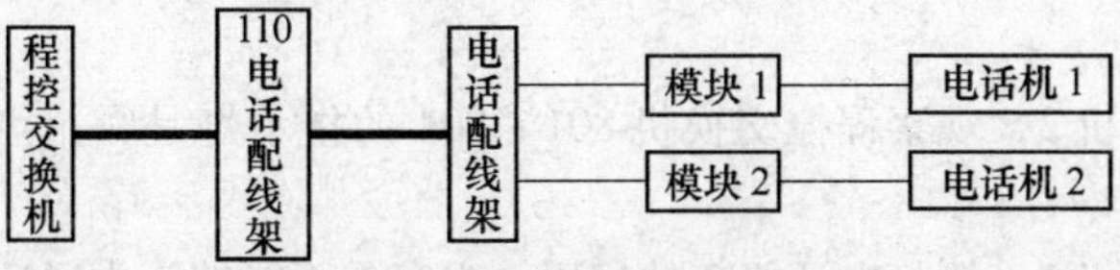

图 15-17　语音网络系统结构框图

4. 实践步骤

1）将由 110 配线架接出来的 RJ11 水晶头分别连接到程控交换机的 801、802、803、804 端口。

2）使用 RJ11 语音跳线连接模块 1 右边端口和电话机 1。

3）使用 RJ11 语音跳线连接模块 2 右边端口和电话机 2。

5. 实践注意事项

语音点改变为数据点时，其操作有如下几点：

1）将用户的语音点到电话的跳线拆除，安装一条 RJ45-RJ45 的跳线与计算机相连。

2）将管理间的语音点区与 10 对大对数线的跳线拆除。

3）重新压一条一端带有 RJ45 头的跳线。

4）将带有 RJ45 的一端插入集线器，另一端将双绞线的 4 对线压接在要改变数据点用户的线缆上。

5）通知网络系统管理员，给用户分配 IP 地址，为用户端安装网络管理软件。

6）语音点改为数据点时，跳线制作还可采用扁插头做跳线，即跳线的一端是 RJ45，另一端是 8 针的扁插头（FT2-255 高频接线模块）。或者采用一端为 RJ45 水晶头，另外一端为 4 个 RJ11 水晶头的跳线。

6. 请您做一做

1）简述语音网络系统结构。

2）简要说明如何连接语音网络系统线路。

15.4.17　设计并安装一个语音网络系统操作实践

1. 实践目的

1）了解认知语音网络系统。

2）设计并安装语音网络系统线路。

2. 实践设备

1）THPZB-1 型综合布线系统实践装置 1 台。

2）RJ11 语音跳线若干。

3. 实践内容

设计并连接语音网络系统线路。

4. 实践步骤

1）参考 15-4-16 的实践内容，连接好语音网络的线路。

2）提起电话机 1，观察程控交换机 801 ~ 804 的指示灯是哪个点亮，并记录下来，将电话机 1 挂机。

3）提起电话机 2，观察程控交换机 801 ~ 804 的指示灯是哪个点亮，并记录下来，将电话机 2 挂机。

4）提起电话机 1，拨打电话机 2 的号码，观察是否能够正常通话。

5. 请您做一做

1）简述语音网络系统。

2）简要说明如何设计并安装语音网络系统线路。

15.4.18　线路故障的判断与处理操作实践

1. 实践目的

1）了解综合布线中常见故障诊断及解决方法。

2）掌握线路故障的判断与处理操作实践。

2. 实践设备

1）RJ11 + RJ45 二合一压线钳 1 把。

2）RJ45 水晶头若干。

3）超 5 类线若干。

4）RJ45 网络测试仪 1 套。

3. 实践原理

布线故障是综合布线最常见的问题之一，如何对布线故障进行诊断以及迅速排除故障是综合布线系统工程中最重要的技术。在综合布线中，大部分的故障是由与线缆有关的故障造成，综合布线故障可以分为两类：一类是连接故障，一类是电气特性故障。连接故障多是由于施工上的原因或是线缆在信号传输过程中达不到布线标准的要求。影响线缆电气特性故障的因素很多，除材料本身的质量外，在施工过程中线缆的过度弯曲、线缆捆绑太紧、过度拉扯线缆和干扰源的距离太近等均可能导致电气特性故障。因此要对布线故障进行准确诊断，了解和分析布线故障的模式就变得非常重要了。

综合布线故障模式：线路断裂、线路短路、弯折、弯曲和断裂、连接点开路、引脚输出错误、其他故障。本实训中不能全部予以实现，只能通过人工来设置一些主要的故障现象。

根据统计，大约 70% 的网络故障发生在 OSI 七层协议的下三层。据有关资料统计，网络发生故障具体分布为：应用层 3%；表示层 7%；会话层 8%；传输层 10%；网络层 12%；数据链路层 25%；物理层 35%。

引起故障的原因包括电缆、网卡、集线器、服务器以及路由器等出问题。另外 3% 应用层的故障主要是设置问题。

4. 实践内容

了解综合布线数据网络的故障设置与检测。

5. 实践步骤

（1）跳线故障设置

1）水晶头接触不良。

①手持压线钳（有双刀刃的面靠内，单刀刃的面靠外），将超 5 类线从压线钳的双刀刃面伸到单刀刃面，并向内按下压线钳的两手柄，剥取一端超 5 类线。

②按照 ANSI/TIA/EIA568-B 标准，将剥取端的 8 根线按 1-白/橙、2-橙、3-白/绿、4-蓝、5-白/蓝、6-绿、7-白/棕、8-棕的顺序排成一排。

③取一个 RJ45 水晶头（带簧片的一端向下，铜片的一端向上），将排好的 8 根线排成一排，按顺序插入水晶头的卡线槽中，并且第二根线插入水晶头约 2/3 的位置。

④将带线的 RJ45 水晶头放入压线钳的 8P 插槽内，并用力向内按下压线钳的两手柄。

⑤按下 RJ45 水晶头的簧片，取出做好的水晶头。

重复步骤（1）1）①~⑤，制作超 5 类线另一端 RJ45 水晶头。

⑥将所做跳线两端分别插入 RJ45 网络测试仪两个 8 针的端口，然后将测试仪的电源开关打到“ON”的位置。此时测试仪的指示灯 1~8 依次闪亮，如有灯不亮或者同时闪亮，则所做的跳线不合格。

2）水晶头线序错误。

①手持压线钳（有双刀刃的面靠内，单刀刃的面靠外），将超 5 类线从压线钳的双

刀刃面伸到单刀刃面，并向内按下压线钳的两手柄，剥取一端超5类线。

②将剥取端的8根线按1-白/橙、2-橙、3-白/绿、4-绿、5-白/蓝、6-蓝、7-白/棕、8-棕的顺序排成一排。

③取一个RJ45水晶头（带簧片的一端向下，铜片的一端向上），将排好的8根线排成一排，按顺序完全插入水晶头的卡线槽中。

④将带线的RJ45水晶头放入压线钳的8P插槽内，并用力向内按下压线钳的两手柄。

⑤按下RJ45水晶头的簧片，取出做好的水晶头。

重复步骤（1）2）①～⑤，制作超5类线另一端RJ45水晶头。但水晶头内的线序改为：1-白/橙、2-橙、3-白/绿、4-蓝、5-白/蓝、6-绿、7-白/棕、8-棕。

⑥将做好的跳线两端分别插入RJ45网络测试仪两个8针的端口，然后将测试仪的电源开关打到“ON”的位置。此时测试仪的指示灯1～8依次闪亮，如有灯不亮或者同时闪亮，则所做的跳线不合格。

3）假线造成线序错误。

①手持压线钳（有双刀刃的面靠内，单刀刃的面靠外），将超5类线从压线钳的双刀刃面伸到单刀刃面，并向内按下压线钳的两手柄，剥取一端超5类线。

②将剥取端的8根线按1-白/橙、2-橙、3-白/绿、4-绿、5-白/蓝、6-蓝、7-白/棕、8-棕的顺序排成一排。

③取一个RJ45水晶头（带簧片的一端向下，铜片的一端向上），将排好的8根线排成一排，按顺序完全插入水晶头的卡线槽中。

④将带线的RJ45水晶头放入压线钳的8P插槽内，并用力向内按下压线钳的两手柄。

⑤按下RJ45水晶头的簧片，取出做好的水晶头。

重复步骤（1）2）①～⑤，制作超5类线另一端RJ45水晶头。但线序改为：1-白/绿、2-橙、3-白/橙、4-绿、5-白/蓝、6-蓝、7-白/棕、8-棕。

⑥将所做的跳线两端分别插入RJ45网络测试仪两个8针的端口，然后将测试仪的电源开关打到“ON”的位置。此时测试仪的指示灯1～8依次闪亮，如有灯不亮或者同时闪亮，则所做的跳线不合格。

4）网线松动。

①手持压线钳（有双刀刃的面靠内，单刀刃的面靠外），将超5类线从压线钳的双刀刃面伸到单刀刃面，并向内按下压线钳的两手柄，剥取一端超5类线。

②按照ANSI/TIA/EIA568-B标准，将剥取端的8根线按1-白/橙、2-橙、3-白/绿、4-蓝、5-白/蓝、6-绿、7-白/棕、8-棕的顺序排成一排。

③取一个RJ45水晶头（带簧片的一端向下，铜片的一端向上），将排好的8根线成一排按顺序插入水晶头的卡线槽中。

④将带线的RJ45水晶头放入压线钳的8P插槽内，向内按下压线钳的两手柄，两手柄向内压到约2/3处，旋开两手柄间的定向螺钉，松开手柄。

⑤按下RJ45水晶头的簧片，取出做好的水晶头。

重复步骤（1）1）①～⑤，制作超5类线另一端RJ45水晶头。

⑥将做好的跳线两端分别插入到RJ45网络测试仪两个8针的端口，然后将测试仪的电源开关打到“ON”的位置。此时测试仪的指示灯1～8依次闪亮，如有灯不亮或者同时闪亮，则所做的跳线不合格。

5）水晶头两端分别使用A、B标准。

①手持压线钳（有双刀刃的面靠内；单刀刃的面靠外），将超5类线从压线钳的双刀刃面伸到单刀刃面，并向内按下压线钳的两手柄，剥取一端超5类线。

②将剥取端的8根线按1-白/绿、2-绿、3-白/橙、4-蓝、5-白/蓝、6-橙、7-白/棕、8-棕的顺序排成一排。

③取一个RJ45水晶头（带簧片的一端向下，铜片的一端向上），将排好的8根线排成一排，按顺序完全插入水晶头的卡线槽中。

④将带线的RJ45水晶头放入压线钳的8P插槽内，并用力向内按下压线钳的两手柄。

⑤按下RJ45水晶头的簧片，取出做好的水晶头。

重复步骤（1）2）①～⑤，制作超5类线另一端RJ45水晶头。但线序改为：1-白/橙、2-橙、3-白/绿、4-蓝、5-白/蓝、6-绿、7-白/棕、8-棕。

⑥将做好的跳线两端分别插入RJ45网络测试仪两个8针的端口，然后将测试仪的电源开关打到“ON”的位置。此时测试仪的指示灯1～8依次闪亮，如有灯不亮或者同时闪亮，则所做的跳线不合格。

（2）模块故障设置

1）模块的线松动。

①手持压线钳（有双刀刃的面靠内，单刀刃的面靠外），将超5类线从压线钳的双刀刃面伸到单刀刃面，并向内按下压线钳的两手柄，剥取一端超5类线的绝缘外套。

②取一端已经剥去绝缘外套的超5类线，按照信息模块上标识（B类线标准）的颜色对应放入信息模块5或6接线块的卡槽内。

③手持打线钳，将卡刀（有刀刃口的一端朝外）一端插入已插好线的信息模块接线块的卡槽内，用力往下压打线钳的另一端，当听到“卡”的一声，则表示已将线卡入接线块的卡槽内。

④用步骤（2）1）②～③的同样方法将超5类线的另外7根线卡入信息模块接线块的卡槽内，打线时，其中两根线仅用打线钳轻轻打线。

⑤使用相同的办法，将另外一头按照B类标准打紧到配线架。

⑥使用做好的RJ45数据跳线连接所打线的模块及配线架端口到RJ45网络测试仪两个8针的端口，然后将测试仪的电源开关打到“ON”的位置。此时测试仪的指示灯1～8依次闪亮，如有灯不亮或者同时闪亮，则所做的跳线不合格。

2）模块与配线架的打线标准不同。

①手持压线钳（有双刀刃的面靠内，单刀刃的面靠外），将超5类线从压线钳的双刀刃面伸到单刀刃面，并向内按下压线钳的两手柄，剥取一端超5类线的绝缘外套。

②将剥好的线取一根按照信息模块上标识（B类线标准）的颜色对应放入信息模

块5或6接线块的卡槽内。

③手持打线钳，将卡刀（有刀刃口的一端朝外）一端插入已插好线的信息模块接线块的卡槽内，用力往下压打线钳的另一端，当听到“卡”的一声，则表示已将线卡入接线块的卡槽内。

④用步骤（2）1）②~③的同样方法将超5类线的另外7根线卡入信息模块接线块的卡槽内。

⑤使用相同的办法，将另外一头按照A类标准打紧到配线架。

⑥使用做好的RJ45数据跳线连接所打线的模块及配线架端口到RJ45网络测试仪两个8针的端口，然后将测试仪的电源开关打到“ON”的位置。此时测试仪的指示灯1~8依次闪亮，如有灯不亮或者同时闪亮，则所做的跳线不合格。

3）模块打线的线序错误。

①手持压线钳（有双刀刃的面靠内；单刀刃的面靠外），将超5类线从压线钳的双刀刃面伸到单刀刃面，并向内按下压线钳的两手柄，剥取一端超5类线的绝缘外套。

②将剥好的线取一根按照信息模块上标识（B类线标准）的颜色，将绿与白/绿互换后，对应放入信息模块5或6接线块的卡槽内。

③手持打线钳，将卡刀（有刀刃口的一端朝外）一端插入已插好线的信息模块接线块的卡槽内，用力往下压打线钳的另一端，当听到“卡”的一声，则表示已将线卡入接线块的卡槽内。

④用步骤（2）1）②~③的同样方法，将超5类线的另外7根线卡入信息模块接线块的卡槽内。

⑤使用相同的办法，将另外一头按照B类标准打紧到配线架。

⑥使用做好的RJ45数据跳线连接所打线的模块及配线架端口到RJ45网络测试仪两个8针的端口，然后将测试仪的电源开关打到“ON”的位置。此时测试仪的指示灯1~8依次闪亮，如有灯不亮或者同时闪亮，则所做的跳线不合格。

4）造成线序错误。

①手持压线钳（有双刀刃的面靠内，单刀刃的面靠外），将超5类线从压线钳的双刀刃面伸到单刀刃面，并向内按下压线钳的两手柄，剥取一端超5类线的绝缘外套。

②将剥好的线取一根按照信息模块上标识（B类线标准）的颜色，将白/蓝与白/绿互换后，对应放入信息模块5或6接线块的卡槽内。

③手持打线钳，将卡刀（有刀刃口的一端朝外）一端插入已插好线的信息模块接线块的卡槽内，用力往下压打线钳的另一端，当听到“卡”的一声，则表示已将线卡入接线块的卡槽内。

④用步骤（2）1）②~③的同样方法将超5类线的另外7根线卡入信息模块接线块的卡槽内。

⑤使用相同的办法，将另外一头按照B类标准打紧到配线架。

⑥使用做好的RJ45数据跳线连接所打线的模块及配线架端口到RJ45网络测试仪两个8针的端口，然后将测试仪的电源开关打到“ON”的位置。此时测试仪的指示灯1

~8依次闪亮，如有灯不亮或者同时闪亮，则所做的跳线不合格。

6. 实践注意事项

在工程中，常遇到的综合布线数据连接故障有：RJ45水晶头压接松动、RJ45水晶头线序错误、RJ45水晶头接触不良、线断、模块及配线架打线松动、模块及配线架接触不良、模块及配线架线序错误、光纤连接器端开路、光纤在耦合器内错位、光纤角度倾斜、光纤熔接有气泡以及光纤折断等。

7. 请您做一做

1）简述综合布线中常遇故障诊断及解决方法。

2）简要说明如何进行线路故障的判断与处理操作实践。

3）试根据测试状况分析故障的类型及产生的原因。

15.4.19 线路连接错误的判断与纠正操作实践

1. 实践目的

1）了解综合布线中线路连接错误的判断与纠正概念。

2）掌握线路连接错误的判断与纠正操作。

2. 实践设备

1）THPZB-1型综合布线系统实训装置1台。

2）RJ45数据跳线若干。

3. 实践内容

了解综合布线中线路连接错误的判断与纠正。

4. 实践步骤

（1）配线架连接

1）使用RJ45数据跳线连接路由器的1X端口与配线架的第一个端口。

2）使用RJ45数据跳线将模块2的端口连接到计算机上。

3）将计算机的IP地址设为：192.168.1.10，子网掩码设为：255.255.255.0。

4）打开“开始”菜单，顺序单击“程序”→“附件”→“命令提示符”，并在“命令提示符”窗口中执行命令“Ping 192.168.1.1”。当出现“Reply from 192.168.1.1：bytes = 32time < 10ms TTL = 64”则表示线路连接正常。出现“Request timed out.”则表示线路连接错误。

5）将连接到模块2的RJ45水晶头改接到模块1左端的RJ45接口，重复步骤（1）4）内容，测试网络配线架连接状态。

（2）路由器连接

1）使用RJ45数据跳线连接路由器的WAN端口与楼层交换机的第一个端口。

2）使用RJ45数据跳线连接楼层交换机的第十一个端口与计算机的网卡接口。

3）将计算机的IP地址设为：192.168.1.10，子网掩码设为：255.255.255.0。

4）打开“开始”菜单，顺序单击“程序”→“附件”→“命令提示符”，并在“命令提示符”窗口中执行命令“Ping 192.168.1.1”。当出现“Reply from

192.168.1.1：bytes = 32time < 10ms TTL = 64”则表示路由器连接正常。出现“Request timed out.”则表示路由器连接错误。

5. 实践注意事项

本实训要求路由器处于出厂默认设置。

6. 请您做一做

1）简述综合布线中线路连接错误的判断与纠正概念。

2）简要说明如何进行线路连接错误的判断与纠正操作。

15.4.20　数据网络的应用操作实践

1. 实践目的

1）了解数据网络的基本应用。

2）掌握数据网络的应用操作实践。

2. 实践设备

1）THPZB-1型综合布线系统实训装置1台。

2）电话线若干。

3）RJ45跳线若干。

4）计算机2台。

3. 实践内容

构成基本的数据网络，并设置Web服务器为局域网提供Web服务。其结构框图如图15-18所示。

4. 实践步骤

（1）数据网络的组建

1）使用一根RJ45跳线连接路由器的1X端口到楼层交换机的第1个端口。

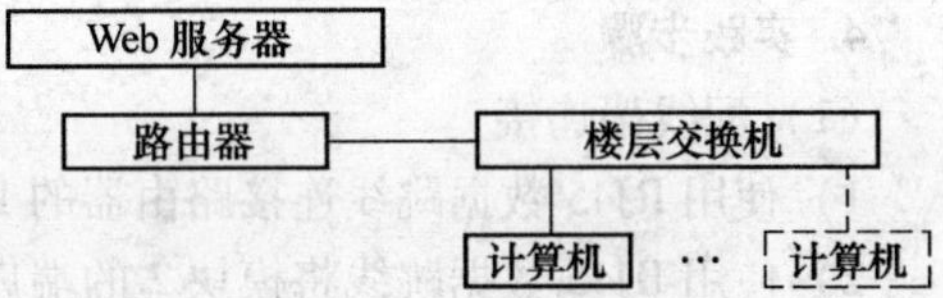

图15-18　数据网络结构框图

2）使用一根RJ45跳线连接楼层交换机的第3端口到配线架的端口1。

3）使用一根RJ45跳线连接计算机1到路由器的4X端口。

4）使用一根RJ45跳线连接模块1左边端口到计算机2。

（2）网络通断测试

1）参考15.4.10中的相关内容，将路由器进行硬件复位。

2）打开并运行计算机1、计算机2，设置计算机1的IP地址为192.168.1.100/255.255.255.0，计算机2的IP地址为192.168.1.10。

注意：计算机1、计算机2均要求安装Windows 2000操作系统。

3）在计算机1上运行“命令提示符”窗口，并在“命令提示符”窗口中输入“Ping 192.168.1.1”。若出现“Reply from……”则说明计算机1能够连接到路由器，它们之间的网络正常。若出现“Request timed out”则说明它们之间的网络错误，可以检查连接路由器与计算机1的RJ45跳线是否正常，或者路由器是否恢复出厂设置，确认网络错误的原因。

4）参考步骤（2）3）的相关内容，测试计算机 2 与路由器之间的网络状态。若网络错误，可以检查路由器到计算机 2 的连接是否错误，或者路由器是否恢复出厂设置，确认网络错误的原因。

（3）Web 服务器设置

1）在计算机 1 上打开“控制面板”窗口，如图 15-19 所示。

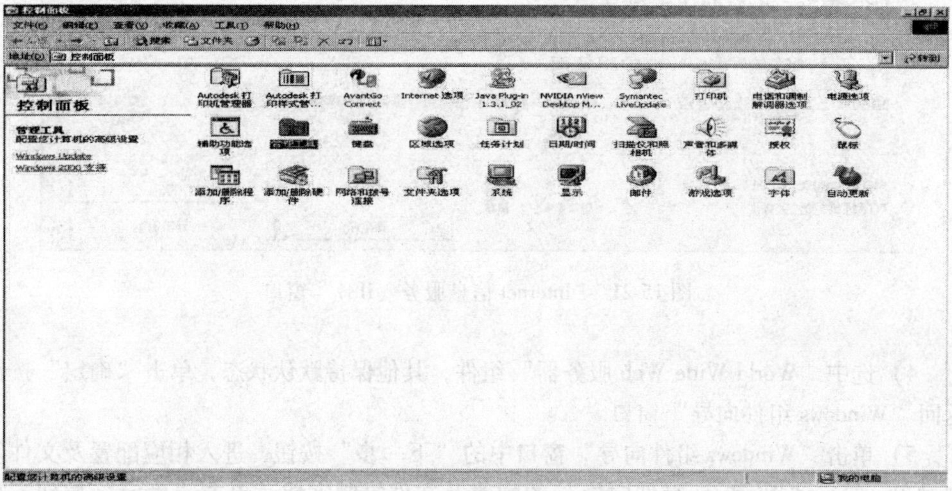

图 15-19　”控制面板“窗口

2）双击“添加/删除程序”按钮，打开“添加/删除程序”窗口，并单击“添加/删除 Windows 组件”，打开“Windows 组件向导”，如图 15-20 所示。

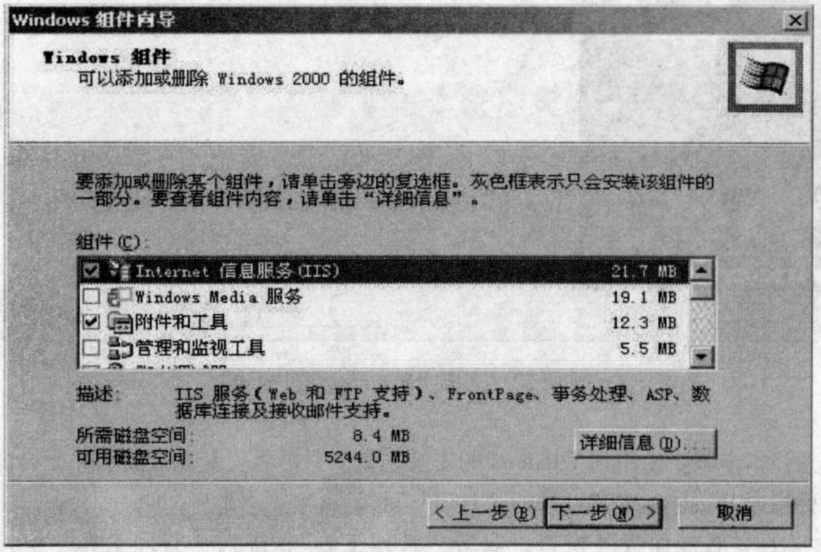

图 15-20　“Windows 组件向导”窗口

3）选中“Internet 信息服务（IIS）”，并单击“详细信息”按钮。打开“Internet 信息服务（IIS）”窗口，如图 15-21 所示。

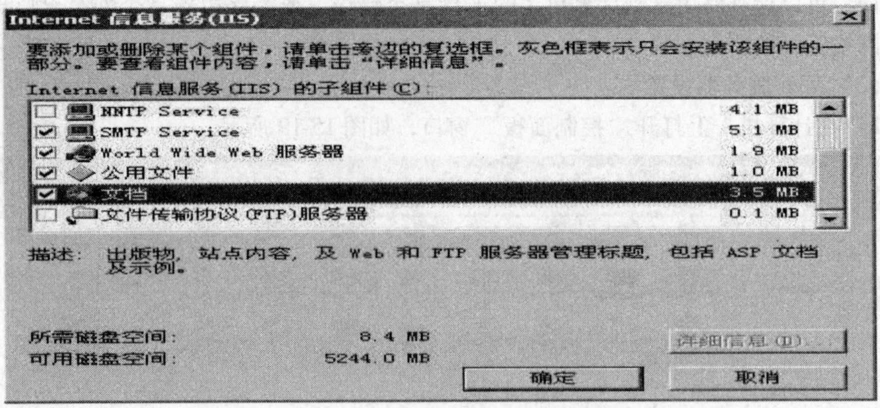

图 15-21 “Internet 信息服务（IIS）”窗口

4）选中“World Wide Web 服务器”组件，其他保持默认状态，单击“确定”按钮返回“Windows 组件向导”窗口。

5）单击“Windows 组件向导”窗口中的“下一步”按钮，进入相应配置及文件复制过程，等待“Windows 组件向导”的配置及文件复制完成，单击“确定”按钮，如图 15-22 所示。

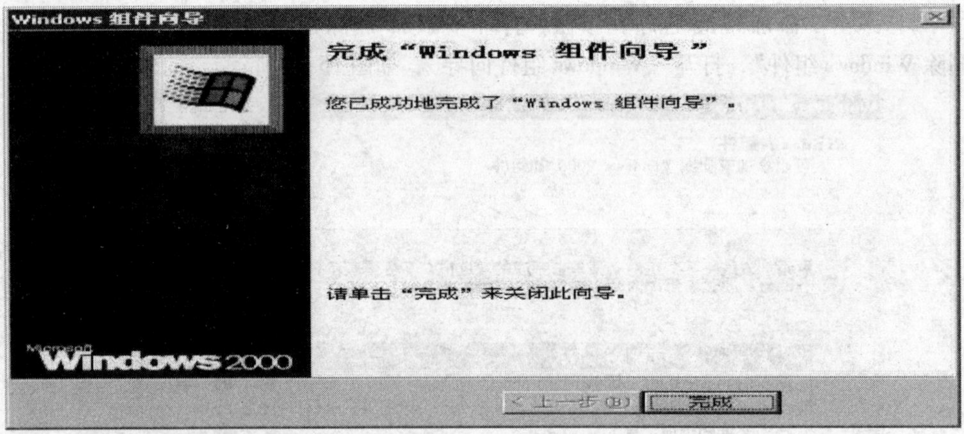

图 15-22 完成“Windows 组件向导”

注意：本步骤要使用到 Windows 的安装光盘。只需将安装光盘放入光驱内即可，或者将文件指向 Windows 安装目录的“I386”目录。

6）返回“控制面板”窗口，双击“管理工具”，进入“管理工具”窗口，如图 15-23 所示。

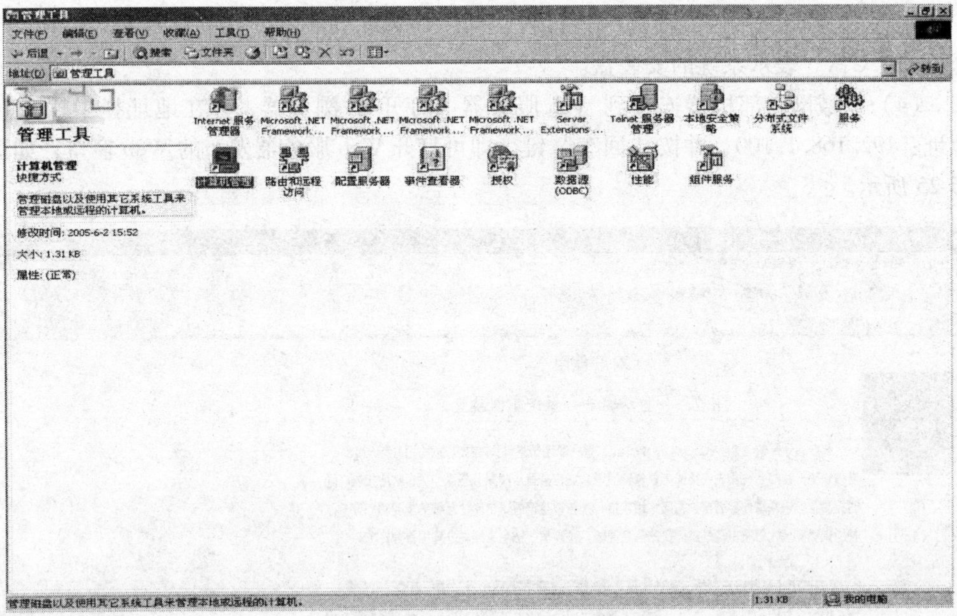

图15-23　“管理工具”窗口

7）双击“计算机管理”快捷方式，打开“计算机管理”窗口，如图15-24所示。

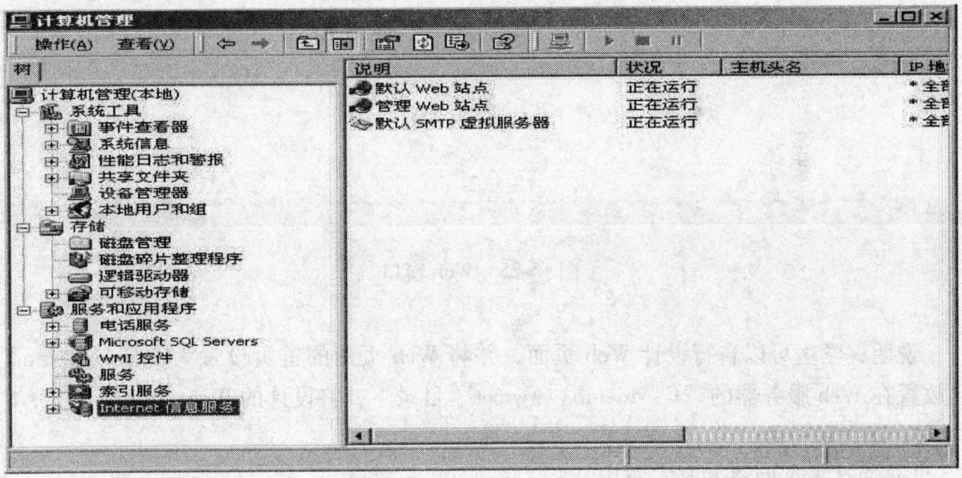

图15-24　“计算机管理”窗口

8）依次打开“服务和应用程序”—“Internet 信息服务”—“默认 Web 站点”，并在“默认 Web 站点”上打开右键菜单，并选择“启动”选项。

9）将“THPZB-1型综合布线系统实训装置”配套光盘中“Web”文件架内的内容复制到“C:\Inetub\wwwroot”目录下。

注意："Web"文件夹下的内容包含文件"Default. htm"和文件夹"Default. files"，这里的"C:\"表示系统的安装盘。

（4）局域网内部机器连接到 Web 服务器 打开 IE 浏览器，并在地址栏中输入 IP 地址：192. 168. 1. 100，并按"回车"键，即可打开 Web 服务器发布的 Web 窗口，如图 15-25 所示。

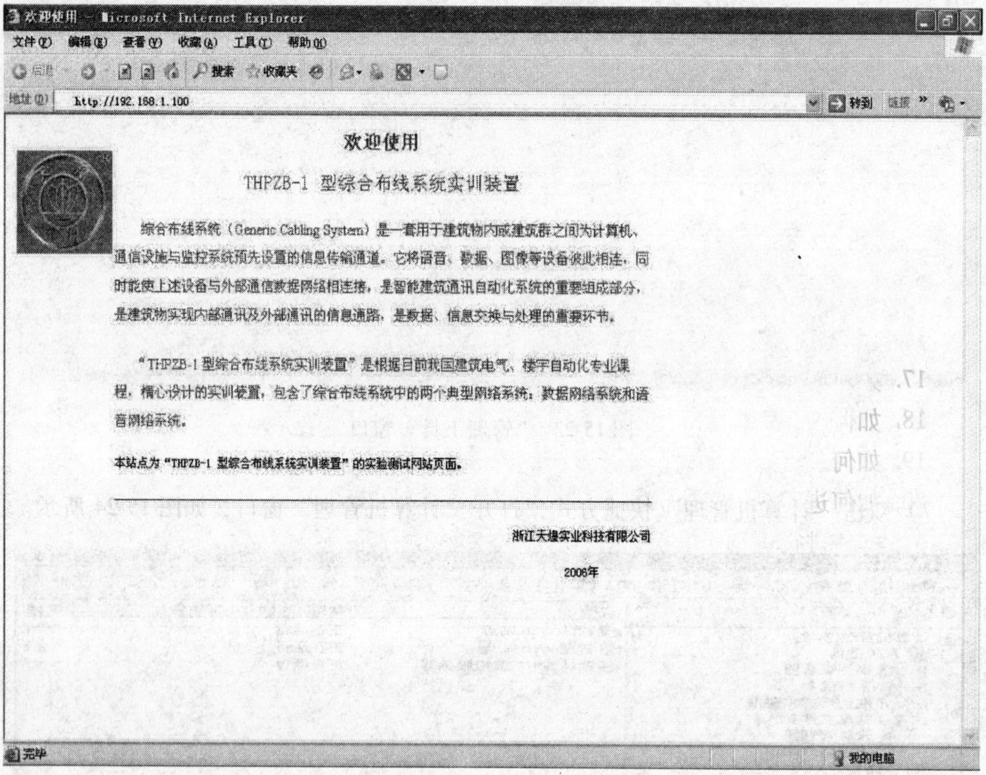

图 15-25 Web 窗口

说明：学生可以自行设计 Web 页面，并将 Web 页面的首页设置为"Default. htm"，且放置在 Web 服务器的"C:\Inetub\wwwroot"目录下，将设计的 Web 发布。

5. 请您做一做

1）简述数据网络的基本应用。

2）简要说明如何进行数据网络的应用操作。

15.5 思考与练习

1. 综合布线系统具有哪些突出的优点？

2. 综合布线系统作为信息产业主要体现在哪几个方面？各有什么特点？

3. THPZB-1 型综合布线系统实训装置主要由哪些部分组成？
4. 什么是路由器？它有哪些功能？
5. 什么是程控交换机？它有什么作用？
6. 如何进行网络钳的使用操作？
7. 如何进行 110 卡线钳的使用操作？
8. 如何进行导通测试仪的使用操作？
9. 如何进行 RJ45 插头的跳线制作与测试操作？
10. 如何进行卡线式模块的卡线与安装操作？
11. 如何进行信息插座的安装操作？
12. 如何进行配线架及理线环的安装与线缆卡接操作？
13. 如何进行信息点的导通测试、寻测与编号操作？
14. 如何进行跳线的使用操作？
15. 如何进行路由器的安装与使用操作？
16. 如何进行数据网络系统线路的连接操作？
17. 如何进行设计并安装一个数据网络系统的操作？
18. 如何进行 110 配线架的安装与线缆卡接操作？
19. 如何进行电话配线箱的安装与使用操作？
20. 如何进行程控交换机的安装与使用操作？
21. 如何进行语音网络系统线路的连接操作？
22. 如何进行设计并安装一个语音网络系统操作？
23. 如何进行线路故障的判断与处理操作？
24. 如何进行线路连接错误的判断与纠正操作？
25. 如何进行数据网络的应用操作？

附录　理实一体化教学法实用参考表

本教程基于“以学生为主体，以能力为本位，以应用为目的，以就业为导向”的职教理念，按照理实一体化的教学法而编写。所谓理实一体化教学法，即理论实践一体化教学法。它突破以往理论与实践相脱节的现象，教学环节相对集中。它强调充分发挥教师的主导作用，通过设定教学任务和教学目标，让师生双方边教、边学、边做，全程构建素质和技能培养框架，丰富课堂教学和实践教学环节，提高教学质量。在整个教学环节中，理论和实践交替进行，直观和抽象交错出现，没有固定的先实后理或先理后实，而定理中有实，实中有理。它突出学生动手能力和专业技能的培养，是充分调动和激发学生学习兴趣的一种教学方法。理实一体化教学法常采用讲授法、演示法和练习法相结合的方法进行教学。

（1）讲授法　在课堂上将项目展开后，通过演示操作及相关内容的学习，进行总结并引出一些概念、原理进行解释、分析和论证，根据教材既突出重点，又系统地传授知识，使学生在较短的时间内获得构建的系统知识。讲授要求有系统性，重点突出，条理清楚。讲课的过程是说理的过程，提出问题，分析问题，解决问题，做到由浅入深，由易到难，既符合知识本身的系统，又符合学生的认知规律，这样学生就能一步步掌握专业知识。

（2）演示法　演示是教师在理实一体化教学中，通过教师进行示范性实践、示范性操作等手段使学生观察获得感性知识的一种好方法。它可以使学生获得具体、清晰、生动、形象的感性知识，加深对所学书本知识的理解，把抽象理论和实际事物及现象联系起来，帮助学生形成正确的概念，掌握正确的操作技能。课前教师要做好演示的准备工作，根据课题选择好设备、工具和量具。

（3）练习法　练习是指学生上完理论课后，在教师的指导下进行操作练习，从而掌握一定的技能和技巧，把理论知识通过操作练习进行验证，系统地了解所学的知识。练习时学生一定要掌握正确的练习方法，强调操作安全，提高练习的效果。教师要认真巡回指导，加强监督，发现错误动作立即纠正，保证练习的准确性，对每名学生的操作次数、质量作好一定的记录，以提高学生练习的自觉性，促进练习效果。对不操作的学生要求在旁边认真观摩，指出操作中的错误，教师应及时提问，并作为平时的考核分。

理实一体化教学法旨在使理论教学与实践教学交互进行，融为一体。一方面，提高理论教师的实践能力，实训教师的理论水平，培养一支高素质的师资队伍。另一方面，教师将理论知识融于实践教学中，让学生在学中干、干中学，在学习和练习中理解理论知识、掌握技能，打破教师和学生的界限，教师就在学生中间，就在学生身边，这种方式可大大激发学生学习的热忱，增强学生的学习兴趣，学生边学边练边积极总结，能达到事半功倍的教学效果。

为有效践行理论一体化教学法，常采用用附录1～附表3，用以指导和评价其效果。

附表1　技能操作的评价表（以最典型的电动机PLC控制教学任务为例）

序号	主要内容	考核要求	评分标准	配分	扣分	得分
1	电路设计	1. 设计主电路图 2. 列出PLC输入/输出分配表 3. 画出PLC控制接线图	1. 电路设计不全，每处扣2分 2. 输入输出地址遗漏，每处扣2分 3. I/O口接线图错误，每处扣2分	10		
2	程序设计及录入	1. 根据工艺要求，设计PLC控制梯形图 2. 熟练操作PLC键盘，正确将所编程序传送到PLC	1. 梯形图表达不正确或画法不规范，每处扣5分 2. 不能熟练操作PLC键盘输入指令，扣10分 3. 不能熟练将程序下载到PLC，扣5分	30		
3	布线工艺	按工艺要求用导线将输入输出元器件连接起来（采用线槽、软线连接）	1. 布线不符合要求，每根扣2分 2. 接点不符合要求，每点扣2分 3. 损伤导线绝缘，每根扣5分 4. 漏套或错套编码套管，每个扣1分	20		
4	运行调试	按被控设备的动作要求进行调试，达到设计要求	1. 一次试车不成功扣10分 2. 不能进行程序调试扣1～10分 3. 不能达到控制要求扣1～10分	30		
5	安全规范	1. 养成良好的安全意识 2. 注意操作规程	违反操作规程扣10分	10		
6	合计					

指导教师：　　　　　　　　日期：　　年　　月　　日

附表 2　学生实践操作工作页

班级		工作任务		工时	
组别		组员		时间	
工作计划					
工作目标					
工作方式					
工作流程					
工作任务（方案）					
工作拓展					
教师评语			指导教师		
			日期		

实践指导教师：　　　　日期：　　年　　月　　日

附表3　实践操作指导书

<table>
<tr><td>实践名称</td><td colspan="4"></td></tr>
<tr><td colspan="2">实践准备：</td><td colspan="3" rowspan="4">实践图示及说明：</td></tr>
<tr><td colspan="2">实践步骤：</td></tr>
<tr><td colspan="2">实践注意事项：</td></tr>
<tr><td colspan="2">实践使用工具：</td></tr>
<tr><td rowspan="5">实践检查</td><td colspan="2">检 查 内 容</td><td>配分</td><td>评分</td></tr>
<tr><td>1</td><td></td><td></td><td></td></tr>
<tr><td>2</td><td></td><td></td><td></td></tr>
<tr><td>3</td><td></td><td></td><td></td></tr>
<tr><td>4</td><td></td><td></td><td></td></tr>
<tr><td rowspan="4">实践评价</td><td colspan="2">评 价 体 系</td><td>配分</td><td>评分</td></tr>
<tr><td>自我评价</td><td></td><td></td><td></td></tr>
<tr><td>小组互评</td><td></td><td></td><td></td></tr>
<tr><td>教师评价</td><td></td><td></td><td></td></tr>
<tr><td>实践心得</td><td colspan="4"></td></tr>
</table>

实践指导教师：　　　　　　　　日期：　　年　　月　　日

参考文献

[1] 高安邦，石磊，胡乃文．日本三菱 FX/A/Q 系列 PLC 自学手册［M］．北京：中国电力出版社，2013.

[2] 高安邦，褚雪莲，韩维民．PLC 技术与应用理实一体化教程［M］．北京：机械工业出版社，2013.

[3] 高安邦，智淑亚，董泽斯．新编电气控制与 PLC 应用技术［M］．北京：机械工业出版社，2013.

[4] 高安邦，董泽斯，吴洪兵．德国西门子 S7-200PLC 版新编机床电气与 PLC 控制技术［M］．北京：机械工业出版社，2012.

[5] 高安邦，石磊，张晓辉．西门子 S7200/300/400 系列 PLC 自学手册［M］．北京：中国电力出版社，2012.

[6] 高安邦，石磊，张晓辉．德国西门子 S7-200PLC 版机床电气与 PLC 控制技术理实一体化教程［M］．北京：机械工业出版社，2012.

[7] 高安邦，田敏，俞宁，等．西门子 S7-200PLC 工程应用设计［M］．北京：机械工业出版社，2011.

[8] 高安邦，薛岚，刘晓艳，等．三菱 PLC 工程应用设计［M］．北京：机械工业出版社，2011.

[9] 高安邦，田敏，成建生，等．机电一体化系统设计实用案例精选［M］．北京：中国电力出版社，2010.

[10] 隋秀凛，高安邦．实用机床设计手册［M］．北京：机械工业出版社，2010.

[11] 高安邦，成建生，陈银燕．机床电气与 PLC 控制技术项目教程［M］．北京：机械工业出版社，2010.

[12] 高安邦，杨帅，陈俊生．LonWorks 技术原理与应用［M］．北京：机械工业出版社，2009.

[13] 高安邦，孙社文，单洪，等．LonWorks 技术开发和应用［M］．北京：机械工业出版社，2009.

[14] 高安邦，等．机电一体化系统设计实例精解［M］．北京：机械工业出版社，2008.

[15] 高安邦，智淑亚，徐建俊．新编机床电气与 PLC 控制技术［M］．北京：机械工业出版社，2008.

[16] 高安邦，等．机电一体化系统设计禁忌［M］．北京：机械工业出版社，2008.

[17] 高安邦．典型电线电缆设备电气控制［M］．北京：机械工业出版社，1996.

[18] 张海根，高安邦．机电传动控制［M］．北京：高等教育出版社，2001.

[19] 朱伯欣．德国电气技术［M］．上海：上海科学技术文献出版社，1992.

[20] 朱立义．冷冲压工艺与模具设计［M］．重庆：重庆大学出版社，2006.

[21] 张立勋．电气传动与调速系统［M］．北京：中央广播电视大学科学出版社，2005.

[22] 高安邦，等．LonWorks 技术专辑[J]．全国高职高专特色学报(教学与研究)，2008，4(1).

[23] 王再英，等. 楼宇自动化系统原理与应用［M］. 北京：电子工业出版社，2011.
[24] 马莉. 智能控制与 Lon 网络开发技术［M］. 北京：北京航空航天大学出版社，2003.
[25] 孙景芝，张铁东. 楼宇智能化技术［M］. 武汉：武汉理工大学出版社，2009.
[26] 曲丽萍，王修岩. 楼宇自动化系统［M］. 北京：中国电力出版社，2004.
[27] 张振昭，等. 楼宇智能化技术［M］. 北京：机械工业出版社，2003.
[28] 温红真. 楼宇智能化技术［M］. 武汉：武汉理工大学出版社，2009.
[29] 凌志浩. 从 Neuron 芯片到控制网络［M］. 北京：北京航空航天大学出版社，2005.
[30] 雷霖. 现场总线控制网络技术［M］. 北京：电子工业出版社，2004.
[31] 阳宪惠. 工业数据通信与控制网络［M］. 北京：清华大学出版社，2003.
[32] 杨育红. LON 网络控制技术及应用［M］. 西安：西安电子科技大学出版社，1999.
[33] 甘永梅. 现场总线技术及其应用［M］. 北京：机械工业出版社，2005.
[34] 韩兵，于飞. 现场总线控制系统应用实例［M］. 北京：化学工业出版社，2006.
[35] 许锦标，张振昭. 楼宇智能化技术［M］. 3 版. 北京：机械工业出版社，2010.
[36] 高安邦，等. "LonWorks"现场总线技术综述［J］. 电脑学习，2006（5）：2-4.
[37] 高安邦，宗宏森，单片机在 LONWORKS 多 I/O 智能节点开发中的应用［J］. 淮阴工学院学报，2007，16（5）：39-42.
[38] 高安邦. 基于 LonWorks 技术的现代智能测控系统创新实验设计［J］. 哈尔滨理工大学学报，2008，13（3）：1-4.
[39] 姜姗，高安邦，关士岩. 基于 Lon 总线的智能小区节点的设计与开发［J］. 黑龙江科技信息，2007（12）：66-67.
[40] 宗宏森，高安邦. 基于 LonWorks 和 Delphi 的智能家居系统设计［J］. 金陵科技学院学报，2007（4）：24-27.
[41] 段曙彬，高安邦. LON 智能节点开发及组网研究［J］. 哈尔滨理工大学学报，2006，11（1）：100-104.
[42] 智淑亚，高安邦，李忠华. 基于 LON 测控网络的自动抄表系统设计［J］. 电脑学习，2005（5）：12-13.
[43] 姜福祥，高安邦，等. 基于单片机的多 I/O 节点开发设计［J］. 电力自动化设备，2008，28（10）：98-102.
[44] 徐建俊，高安邦，等. 基于 LON 现场总线技术的电力线收发器 PLT-22 的设计［J］. 电力自动化设备，2008，28（9）：108-111.
[45] 徐建俊，杨帅，高安邦，等. 基于神经元芯片 MC143150 和单片机 AT89S51 的 LON 节点研究与设计［J］. 电测与仪表，2007，44（7）：57-60.
[46] 姜福祥，杨帅，高安邦，等. 基于 LonWorks 技术的数字量输入节点 DI 的研究［J］. 科学技术与工程，2007，7（20）：5260-5267.
[47] 俞宁，杨帅，高安邦，等. 基于 LonWorks 技术的数字量输出节点的研究［J］. 机电工程，2007（11）：8-11.
[48] 朱静，刘磊，高安邦，等. 基于 LonWorks 电力线收发器 PLT-22 的数据采集节点设计［J］. 哈尔滨理工大学学报，2008，13（5）：95-98.
[49] 于建明，高安邦. 网络控制延时解决方案探讨［J］. 电脑学习，2008（4）：25-26.

[50] 丁艳玲，张广川，高安邦. LonWorks 智能小区抄表系统的设计［J］. 电脑学习，2008（3）：16-17.
[51] 居海清，陈玉华，高安邦. 基于 LonWorks 的温度监控系统设计［J］. 电脑学习，2008（1）：6-7.
[52] 徐建俊，陈玉华，高安邦. 基于 NodeBuilder 智能节点开发设计［J］. 电脑学习，2008（1）：8-10.
[53] 徐建俊，高安邦，等. LonWorks 技术在智能大厦中的应用［J］. 科技咨询，2007（15）：34-35.